Elemente der Mathematik

EdM

Berlin / Brandenburg

Gymnasiale Oberstufe Band 1
Grund- und Leistungskurs
ma 1/2 – MA 1/2

Herausgegeben von
Heinz Griesel, Andreas Gundlach, Helmut Postel, Friedrich Suhr

Schroedel

Elemente der Mathematik

EdM

Berlin und Brandenburg – Gymnasiale Oberstufe Band 1
Grund- und Leistungskurs ma 1/2 – MA 1/2

Herausgegeben von
Prof. Dr. Heinz Griesel, Dr. Andreas Gundlach, Prof. Helmut Postel, Friedrich Suhr

Bearbeitet von
Gabriele Dybowski, Dr. Andreas Gundlach, Dr. Arnold Hermans, Anke Horn, Reinhard Kind, Dr. Reinhard Köhler, Werner Ladenthin, Jakob Langenohl, Hanns Jürgen Morath, Prof. Dr. Lothar Profke, Heinz Klaus Strick, Friedrich Suhr, Dr. Jürgen Vaupel

Für Berlin und Brandenburg wirkten mit
Werner Ladenthin, Matthias Lösche

Zum Schülerband erscheint: Lösungen Best.-Nr. 978-3-507-87933-1
Dem Schülerband liegt eine CD-ROM „Mathematik interaktiv“ bei.

Druck A[1] / Jahr 2010
Alle Drucke der Serie A sind im Unterricht parallel verwendbar.

Redaktion: Dr. Petra Brinkmeier
Herstellung: Reinhard Hörner
Umschlaggestaltung: sensdesign, Roland Sens, Hannover
Illustrationen: Dietmar Griese, Laatzen
Zeichnungen: Michael Wojczak, Budjadingen; Langner und Partner, Hemmingen
Satz und Layout: imprint, Ilona Külen, Zusmarshausen
Repro, Druck und Bindung: westermann druck GmbH, Braunschweig

ISBN 978-3-507-**87931**-7

Vorwort

Zur allgemeinen Zielsetzung des Buches

Elemente der Mathematik Band 1 wurde auf der Basis des *Kerncurriculums für die Qualifikationsphase der gymnasialen Oberstufe für Berlin, Brandenburg und Mecklenburg-Vorpommern* entwickelt. Der vorliegende Band 1 berücksichtigt die Kompetenzen und Inhalte des ersten und zweiten Kurshalbjahres, wie sie im *Rahmenlehrplan für Berlin und Brandenburg* angegeben sind. Der Band kann sowohl für den Unterricht im Grundkursfach als auch im Leistungskursfach eingesetzt werden. Zur leichteren Orientierung sind die Inhalte des Leistungskursfachs extra gekennzeichnet, teilweise sind damit aber auch ergänzende Inhalte für Grundkurse abgedeckt. Der Aufbau und die didaktische Konzeption des vorliegenden Buches zielen darauf hin, vielfältige Lernsituationen zum Erwerb prozess- und inhaltsbezogener Kompetenzen bereitzustellen. So werden die Lernenden optimal auf das Abitur vorbereitet und den Lehrenden werden Anregungen und Hilfen für einen zeitgemäßen Mathematikunterricht gegeben.

Zum Entwicklungsstand des vorliegenden Buches

Neben den Erfahrungen aus dem Unterricht sind aktuelle fachdidaktische Erkenntnisse bei der Entwicklung des vorliegenden Buches eingeflossen.

Durchgängig werden neue Technologien eingesetzt, dabei sind die betreffenden Stellen mit dem Symbol deutlich gekennzeichnet und können im Fall eines technologiefreien Unterrichts umgangen oder vom Lehrenden auch abgeändert werden. Die Entwicklung händischer Fähigkeiten und Fertigkeiten wird in diesem Buch konsequent verfolgt und die notwendigen mathematischen Argumentationen werden von den Lernenden immer wieder gezielt eingefordert.

Die Entwicklung der prozessbezogenen Kompetenzen erfolgt über Aktivitäten der Lernenden; Voraussetzung für Aktivität überhaupt ist Grundwissen, womit wiederum inhaltliche Kompetenzen verbunden sind. Die Kompetenzentwicklung bei Lernenden kann über vier *Aktivitätsbereiche* sowohl analysiert, als auch konstruiert werden. So fördert das vorliegende Buch die Entwicklung von Kompetenzen aus den Bereichen Lernen, Begründen, Problemlösen und Kommunizieren in besonderer Weise dadurch, dass die Zugänge und Aufgaben gezielt *darstellend-interpretative Aktivitäten*, *heuristisch-experimentelle Aktivitäten*, *kritisch-argumentative Aktivitäten*, aber auch *formal-operative Aktivitäten* einfordern. Die reichhaltige Aufgabenkultur ermöglicht es den Schülerinnen und Schülern, durch Anknüpfen an Vorerfahrungen und Alltagserfahrung mathematische Zusammenhänge eigenständig zu entdecken und zu entwickeln. Dabei werden sie sich der Lösungsstrategien bewusst und erkennen auch Fehler und Umwege als bedeutsame Bestandteile von Lernprozessen. Aufgaben zur Fehlersuche sind am Symbol zu erkennen. Insbesondere wird bei den Aufgaben Wert gelegt auf das Ermöglichen unterschiedlicher Unterrichtsformen, zu erkennen an den Symbolen für Partnerarbeit und für Gruppenarbeit.

Zum Aufbau des Buches

1. Die Kapitel beginnen mit einem zweiseitigen ***Lernfeld.*** Hier haben die Lernenden anhand verschiedener Problemsituationen die Gelegenheit, neue Inhalte auf eigenen Wegen zu erarbeiten. Die Problemstellungen eines Lernfeldes müssen nicht im Block nacheinander bearbeitet werden, vielmehr ist es dem Lehrenden überlassen, an welchen Stellen im Unterricht das jeweilige Problem als Zugang zu neuen Erkenntnissen genutzt wird. Außerdem werden auf diesen Seiten die Ziele des jeweiligen Kapitels genannt.
2. Die Erarbeitung des Stoffes erfolgt in einzelnen ***Lerneinheiten***, die alle durchnummeriert und im Inhaltsverzeichnis aufgeführt sind. Eine Lerneinheit beginnt im Allgemeinen mit einer problemorientierten ***Einstiegsaufgabe*** mit vollständiger Lösung, die zum Kern der Einheit führt. Ist das Problem allerdings so gelagert, dass die Lernenden kaum eine Chance haben, selbstständig eine Lösung zu finden, so wird statt der Einstiegsaufgabe eine aktivitätsbezogene ***Einführung*** in das Problem gegeben. Sowohl die Einstiegsaufgaben mit Lösung, als auch die Einführungen geben den Lernenden die wertvolle Gelegenheit, die Lerneinheiten in Ruhe zu Hause nachzuarbeiten. Lehrerinnen und Lehrer können sich an diesen Stellen schnell einen Überblick über den vorgeschlagenen didaktisch-methodischen Weg der Autoren verschaffen und ihn deshalb leichter für ihr eigenes Curriculum nutzen, abändern oder einen anderen Zugang wählen.

   Um den Theorieteil einer Lerneinheit im Buch übersichtlicher beieinander zu haben, folgen nach der Einstiegsaufgabe bzw. der Einführung ***weiterführende Aufgaben***, die im Unterricht in aller Regel erst nach einer ersten Festigung der neuen Inhalte behandelt werden. Deshalb ist in den weiterführenden Aufgaben auch immer an einer Überschrift zu erkennen, welcher weiterführende Aspekt angesprochen wird, sodass die Lehrenden entscheiden können, ob und wann sie diesen Aspekt behandeln möchten.

Die Ergebnisse aus den Einstiegsaufgaben bzw. Einführungen und mitunter auch aus weiterführenden Aufgaben werden in übersichtlichen ***Informationen*** mit Definitionen, Sätzen und Beispielen zusammengefasst.

Die ***Übungsaufgaben*** beginnen in aller Regel mit einer ***alternativen Einstiegsaufgabe***, deren Lösung nicht im Buch ausgeführt wird. Damit wird ein anderer, in der Lösung oft auch offenerer Zugang zum Kern der Lerneinheit angeboten.

3. Neben den oben erwähnten Lerneinheiten werden im Buch auch Lerneinheiten zum ***selbst lernen*** angeboten, in denen das Thema so aufbereitet ist, dass es von den Lernenden selbstständig bearbeitet werden kann.
4. Unter der Überschrift ***Blickpunkt*** werden innermathematische, aber insbesondere auch fachübergreifende, komplexere Themen, die von besonderem Interesse sind und in engem Zusammenhang mit dem Lerninhalt des Kapitels stehen, als Ganzes behandelt. Diese Abschnitte eignen sich auch zur Differenzierung und Förderung von eigenständigen Schüleraktivitäten über einen etwas größeren Zeitraum.
5. ***Exkurse*** geben interessante Einblicke in die Geschichte der Mathematik und in das Leben und Wirken ausgewählter bedeutender Mathematiker.
6. Den Abschluss eines Kapitels bildet ein ***Kompetenz-Check***. Die Aufgaben dienen der Organisation des selbstständigen Lernprozesses. Zur Kontrolle sind alle Lösungen im Anhang des Buches abgedruckt.
7. In den Abschnitten ***Bleib fit im Umgang mit ...*** vor einigen Kapiteln, werden Inhalte aus früheren Schuljahren sowohl bezüglich der Grundvorstellungen, als auch der Grundfähigkeiten wiederholt und damit die Voraussetzungen für die Erarbeitung neuer Inhalte gesichert.

Besonderheiten, die sich aus der Nutzung moderner Rechner ergeben

Bei den Hinweisen auf die Nutzung eines Rechners durch das Symbol haben die Autorinnen und Autoren nicht nur CAS-Rechner berücksichtigt, sondern auch an Funktionenplotter, an PC-Programme und Taschenrechner für symbolische oder numerische Berechnungen oder auch an grafikfähige Taschenrechner. Aus Platzgründen können wir hier nur auf einige Möglichkeiten eingehen, die sich bei der Nutzung eines Rechners ergeben:

- Für den Umgang mit Funktionen sei hier besonders darauf hingewiesen, dass ein Rechner die Wertetabellen von Funktionen zur Verfügung stellt. Man sollte deshalb die Wertetabelle einer Funktion intensiver nutzen, als man dies ohne einen Rechner konnte.
- Bei den Folgen ist neben der expliziten Eingabemöglichkeit besonders die rekursive Eingabemöglichkeit sehr wertvoll, denn mithilfe von Graphen und Wertetabellen von Folgen kann man sich einen guten Eindruck von der Entwicklung der Folgenglieder verschaffen.
- In der Differenzial- und Integralrechnung ist besonders am Anfang die numerische Bestimmung von Steigungen und orientierten Flächeninhalten für die Entwicklung von Grundvorstellungen beim Lernenden wichtig. Durch die numerischen Verfahren (z. B. mit den Befehlen *nDeriv* und *nInt*) können die exakten Verfahren, die zu den Grenzwertdefinitionen führen, gut vorbereitet werden. Erst später, wenn Ableitungsregeln und Regeln zur Bestimmung von Integralen erarbeitet sind, kann manchmal auch die symbolische Bestimmung einer Ableitungsfunktion oder eines Integrals mit einem CAS hilfreich sein.
- Für die Berechnung des Flächeninhalts der Fläche zwischen zwei Graphen über einem Intervall [a, b] kann man direkt die Betragsformel $\int_a^b |f(x) - g(x)|\,dx$ verwenden.
- Lineare Gleichungssysteme können nach Eingabe der Koeffizientenmatrix leicht mit nur einem Rechnerbefehl gelöst werden.
- Mit einem Rechner können Zufallsversuche simuliert werden. Die Ergebnisse kann man in Listen speichern und anschließend leicht rechnerisch und grafisch auswerten. Wahrscheinlichkeiten für Binomialverteilungen können bequem mit einem Rechner bestimmt werden, das Arbeiten mit Wahrscheinlichkeitstabellen wird damit überflüssig.

Inhaltsverzeichnis

Im Buch verwendete Symbole

- Alternativer Einstieg
- Partnerarbeit
- Gruppenarbeit
- thematisiert häufige Schülerfehler
- Einsatz eines Rechners (z. B. CAS oder grafikfähiger TR) sinnvoll
- LK Übungsaufgaben für den Leistungskurs
- kennzeichnet Abschnitte für den Leistungskurs
- kennzeichnet Abschnitte zum selbst lernen

Bleib fit im Umgang mit Änderungsraten und Steigung

Zum Aufwärmen

1 Während einer Mountainbike-Tour speichert ein Fahrradcomputer mit GPS das Strecken- und Geschwindigkeitsprofil. Die gesammelten Daten werden mithilfe eines Computerprogramms ausgewertet und in einem Weg-Zeit-Diagramm dargestellt.

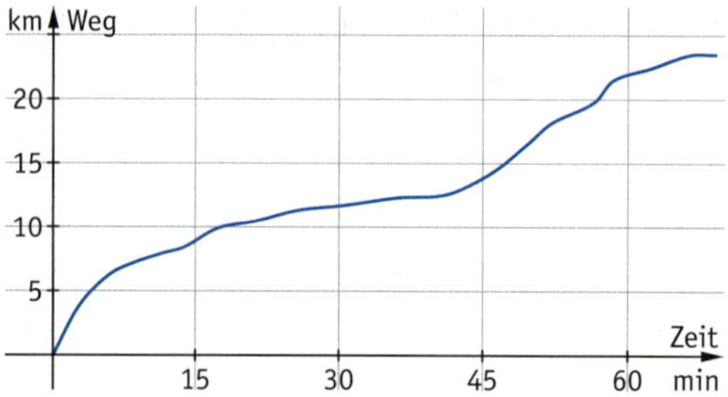

a) Beschreiben Sie den Verlauf des Graphen und erläutern Sie daran den Verlauf der Fahrt.

b) Bestimmen Sie unter Verwendung von Werten aus der Grafik die Durchschnittsgeschwindigkeit für die gesamte Tour [die erste Hälfte der Tour; die zweite Hälfte der Tour].

c) Zu welchen Zeitpunkten ist die Momentangeschwindigkeit größer als die Durchschnittsgeschwindigkeit der gesamten Fahrt? Begründen Sie Ihre Aussage am Graphen.

2 Windsurfen ist seit den Olympischen Spielen in Los Angeles im Jahr 1984 olympische Disziplin. Will man im Wettkampf eine möglichst große Geschwindigkeit erreichen, benötigt man neben einer guten Technik auch im richtigen Moment den nötigen Wind.
Die Diagramme stellen die Fahrt von 3 Surfern während eines Wettkampfes dar.

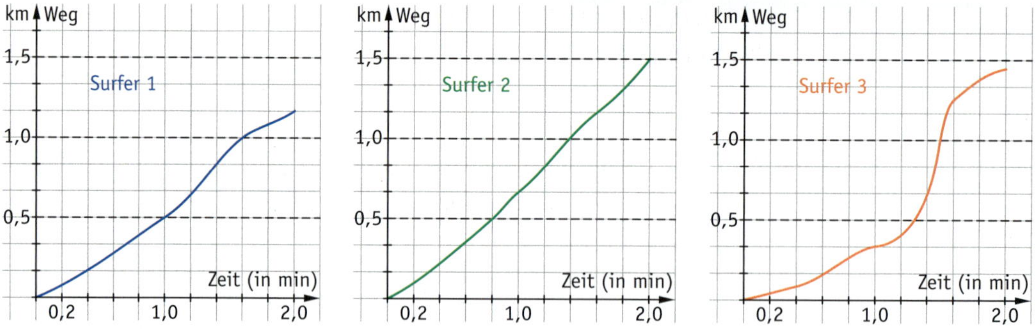

(1) Beschreiben Sie die Fahrt der drei Surfer für die dargestellten Zeiträume.

(2) Wann hat ein Surfer [besonders viel] Geschwindigkeit aufnehmen können, wann wurde er langsamer?

(3) Welcher der drei Surfer hätte ein Speedrennen über 500 m [1 km] gewonnen?

(4) Welcher der drei Surfer erreichte während der Wettfahrt die größte Geschwindigkeit? Denken Sie hierbei an unterschiedliche Bedeutungen des Begriffs Geschwindigkeit.

3

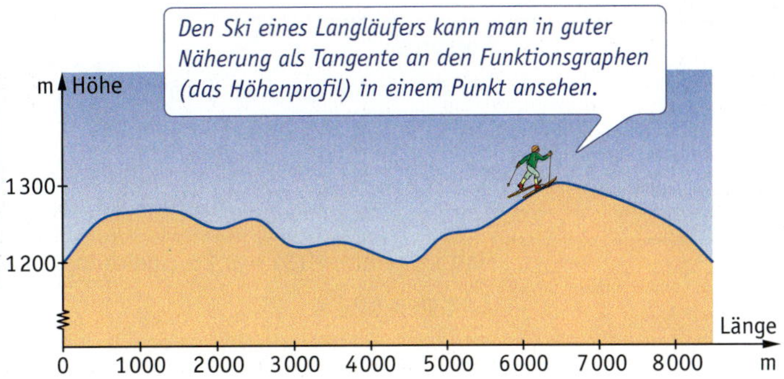

a) Bestimmen Sie Abschnitte der Wettkampfstrecke mit positiver und negativer Steigung.

b) An welchen Stellen ist die Steigung null? Welche Eigenschaft hat die Funktion an diesen Stellen?

c) Geben Sie Stellen an, an denen der Funktionsgraph besonders steil ist.

Zur Erinnerung

(1) Mittlere Änderungsrate über einem Intervall

Oft betrachtet man bei einer Funktion die durchschnittliche Veränderung der Funktionswerte in Abhängigkeit von der Ausgangsgröße. Dies legt folgende Definition der Änderungsrate nahe.

Definition: Änderungsrate

Gegeben ist eine Funktion f, die in einem Intervall [a; b] definiert ist.

Man sagt auch Differenzenquotient.

Der Quotient $\frac{f(b) - f(a)}{b - a}$ heißt **mittlere** (oder durchschnittliche) **Änderungsrate von f im Intervall [a; b]**.

Geometrisch gedeutet ist dieser Quotient die Steigung m_s der Geraden (Sekante) durch die Punkte $P(a \mid f(a))$ und $Q(b \mid f(b))$ auf dem Graphen von f, also $m_s = \frac{f(b) - f(a)}{b - a}$.

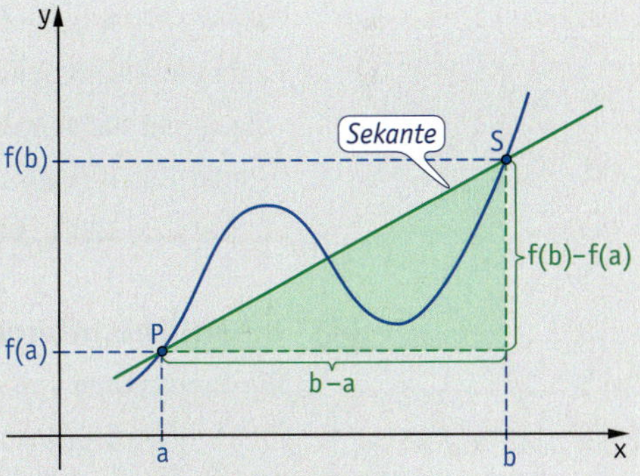

(2) Steigung eines Funktionsgraphen in einem Punkt – Ableitung

In Aufgabe 3 wurde die Steigung des Funktionsgraphen *an einer Stelle* betrachtet. Dies legt die folgende Definition nahe.

Definition

Die Steigung der Tangente an den Graphen von f im Punkt $P(x_0 \mid f(x_0))$ bezeichnet man als **Steigung des Graphen der Funktion f im Punkt P.**

Die Steigung der Tangente an den Graphen einer Funktion f *an der Stelle* x_0 heißt **Ableitung** der Funktion f an der Stelle x_0.
Diese wird mit $f'(x_0)$ bezeichnet, gelesen: *f Strich von* x_0.

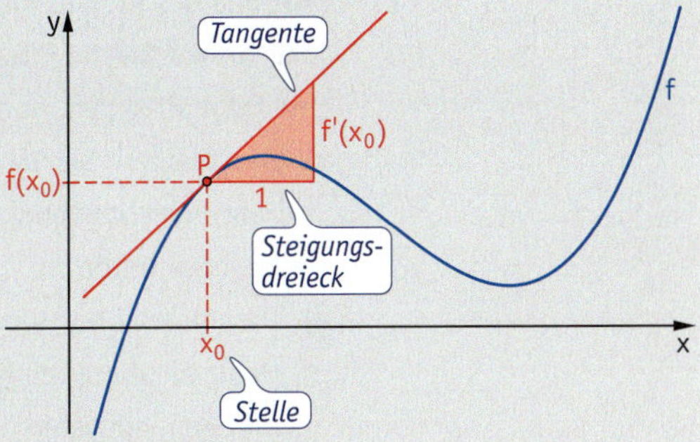

Beispiel

Der Graph der Funktion f hat an der Stelle 3 die Steigung $\frac{0,7}{2,8} = 0,25$.

Man sagt dann: f hat an der Stelle 3 die Ableitung 0,25.

Man schreibt: $f'(3) = 0,25$, gelesen: *f Strich von 3 ist gleich 0,25.*

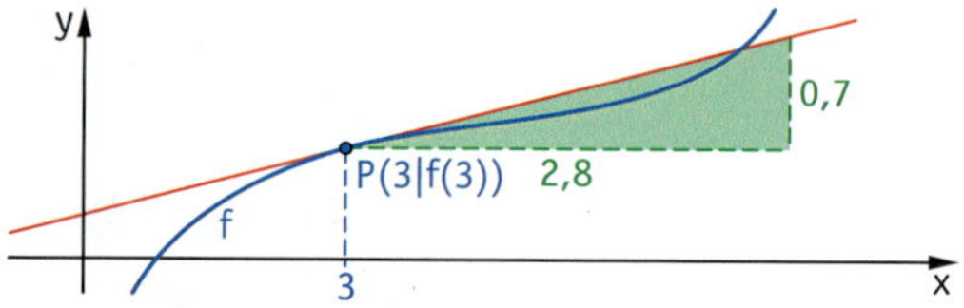

(3) Lokale Änderungsrate einer Funktion an einer Stelle

Während bei der mittleren Änderungsrate das Änderungsverhalten einer Funktion über einem Intervall betrachtet wird, betrachtet man bei der Ableitung einer Funktion die Änderungsrate an einer Stelle des Definitionsbereichs der Funktion. Daher spricht man auch von einer lokalen Änderungsrate.

Definition: Lokale Änderungsrate

Die **lokale Änderungsrate** einer Funktion f an einer Stelle x_0 ist die Ableitung $f'(x_0)$ der Funktion an der Stelle x_0.

Geometrisch gedeutet ist die lokale Änderungsrate einer Funktion f an einer Stelle x_0 die Steigung der Tangente an den Graphen von f im Punkt $P(x_0 \mid f(x_0))$.

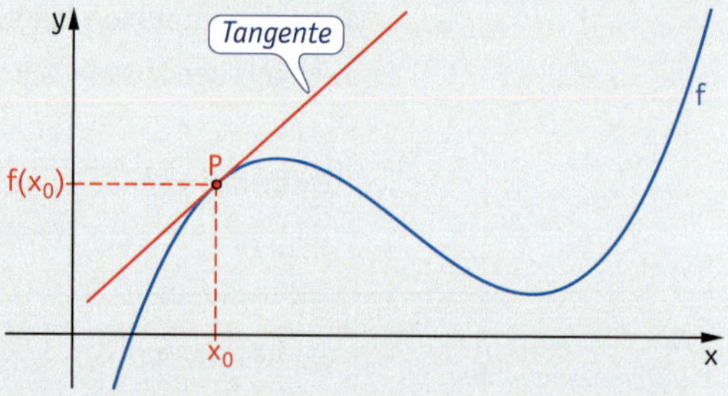

(4) Inhaltliche Interpretation von Änderungsraten in Anwendungen

Die Betrachtung von Änderungsraten ist insbesondere in Anwendungssituationen von Bedeutung.

Statt Änderungsrate im Intervall sagt man auch mittlere Änderungsrate oder durchschnittliche Änderungsrate.

Funktion	Änderungsrate im Intervall	lokale Änderungsrate
Zeit → zurückgelegter Weg	Durchschnittsgeschwindigkeit	Momentangeschwindigkeit
Zeit → Geschwindigkeit	durchschnittliche Beschleunigung	Momentanbeschleunigung
Weg → benötigtes Benzinvolumen	durschschnittlicher Benzinverbrauch	momentaner Benzinverbrauch
Zeit → Wassermenge in einer Badewanne, die gefüllt wird	durchschnittliche Zuflussgeschwindigkeit	momentane Zuflussgeschwindigkeit
Höhenprofil: Entfernung → Höhe	durchschnittliche Steigung	Steigung in einem Punkt

Zum Trainieren

1 Die Abbildung zeigt die Achterbahn *Steel Dragon* in Japan. Während einer Fahrt verändert sich die Höhe des Wagens über dem Boden ständig. Jeder horizontalen Entfernung vom Startpunkt kann eine Höhe über dem Boden zugeordnet werden.

a) Beschreiben Sie den Höhenverlauf bei einer Fahrt vom Startpunkt über den höchsten Punkt bis nach unten.

b) Die durchschnittlichen Änderungsraten der Höhe für die zwei Abschnitte vom Startpunkt bis zum höchsten Punkt (Anfahrt) und vom höchsten Punkt bis nach unten (Abfahrt) sind unterschiedlich. Welche ist kleiner? Begründen Sie.

c) An welcher Stelle ist die lokale Änderungsrate der Höhe besonders groß, an welcher besonders klein? Wo stimmt die lokale Änderungsrate mit der durchschnittlichen Änderungsrate des Abschnitts überein?

2 Vergleichen Sie die Steigung des Graphen in den Punkten
(1) A und B;
(2) C und D;
(3) E und F.

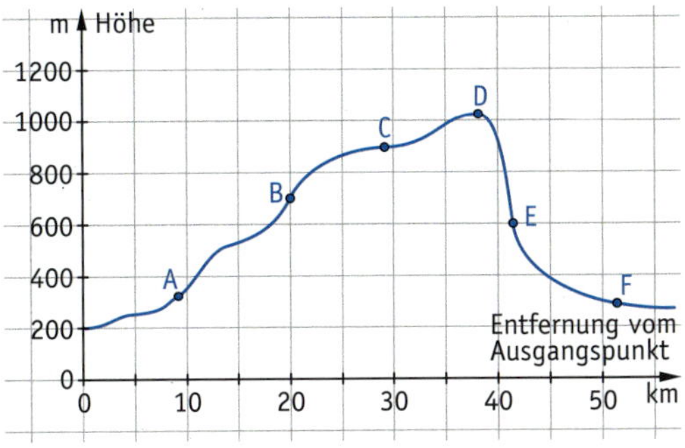

3 In den Grafiken ist jeweils die Tangente an den Graphen der Funktion f im Punkt $P(x_0 | f(x_0))$ eingezeichnet. Bestimmen Sie die Ableitung $f'(x_0)$.

a)

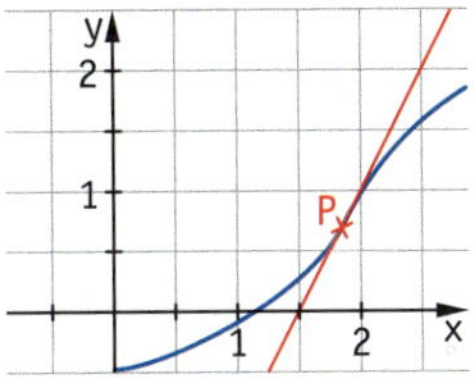

b)

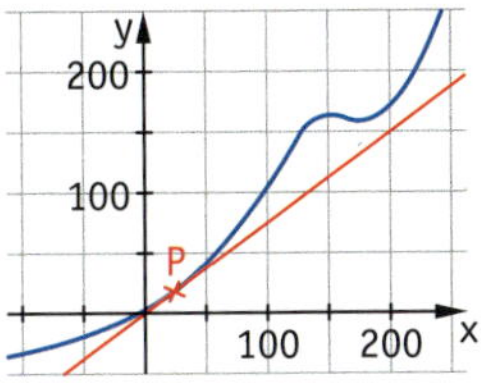

c)

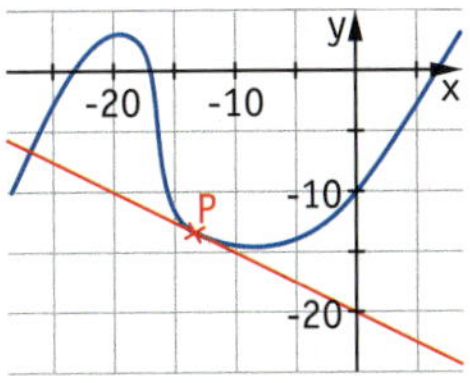

d)

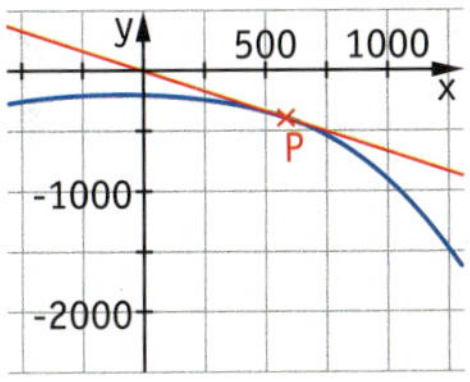

4 Zeichnen Sie den Graphen einer Funktion, für den beim Durchlaufen von links nach rechts gilt:

a) Die Steigung ist vom Ursprung (0 | 0) bis zum Punkt A (2 | 6) positiv. Im Intervall [2; 5] ist die Steigung überall null. Anschließend ist sie wieder positiv, aber kleiner als zu Beginn.

b) Die Funktion verläuft nur im 1. und 2. Quadraten mit negativer Steigung, die betragsmäßig kleiner wird.

c) Die Funktion hat den y-Achsenabschnitt 2 und schneidet die y-Achse mit der Steigung $\frac{1}{2}$. Im Punkt P (3 | 5) wechselt das Vorzeichen der Steigung.

d) Die Tangente durchsetzt den Graphen der Funktion im Punkt A (2 | 2) und hat die Steigung 2. Weitere gemeinsame Punkte zwischen dem Graphen und der Tangente sind nicht vorhanden.

5 In der folgenden Tabelle ist die Größe einer Maispflanze während ihrer Wachstumsphase dargestellt.

Messdatum	15. Mai	24. Mai	1. Juni	9. Juni	24. Juni	5. Juli	30. Juli	9. August	26. August
Größe (in cm)	2	8	21	36	74	102	235	278	280

a) Stellen Sie die Werte im Koordinatensystem dar und beschreiben Sie den Wachstumsverlauf.

b) Bestimmen Sie die mittleren Änderungsraten für die einzelnen Monate und vergleichen Sie diese mit der mittleren Änderungsrate über den gesamten Beobachtungszeitraum.

c) Zeichnen Sie näherungsweise durch die Punkte den Graphen einer Wachstumsfunktion. An welchem Tag war das Wachstum vermutlich maximal?

1 Ableitung einer Funktion

Autofahrt in den Bergen

1 Ein Autofahrer sieht bei seiner Fahrt in den Bergen die nebenstehenden Verkehrszeichen.
Was bedeuten die Angaben auf diesen Schildern?

Entwicklung von Pantoffeltierchen

2 Die drei nebenstehenden Grafiken zeigen die Entwicklung zweier Pantoffeltierchen-Arten (grüner Graph: *Paramecium caudatum*, blauer Graph: *Paramecium aurelia*) jeweils einmal in Reinkultur und einmal in Mischkultur beider Arten.
Machen Sie anhand der Grafiken Aussagen zu der Entwicklung beider Arten.

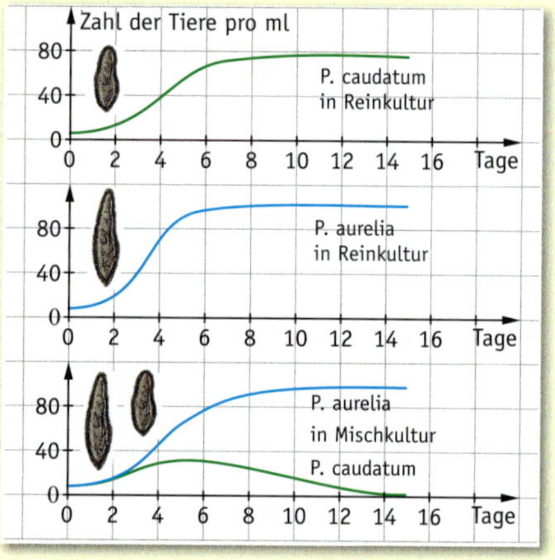

Tangenten an Parabeln

3 Rechts sind verschobene Parabeln dargestellt.

a)
- Bestimmen Sie die Funktionsgleichungen für diese Parabeln.
- Ermitteln Sie die Steigung der eingezeichneten Tangente an der Stelle $x = 4$.
- Welche Steigungen haben die Tangenten an der Stelle $x = 4$ an den verschobenen Parabeln?

b) Was ergibt sich für die Steigungen der Tangenten an die Parabeln an einer Stelle?

c) Der Graph einer Funktion f hat an der Stelle x_0 die Steigung m. Welche Steigung hat dann der Graph der verschobenen Funktion g mit $g(x) = f(x) + c$ an der Stelle x_0?

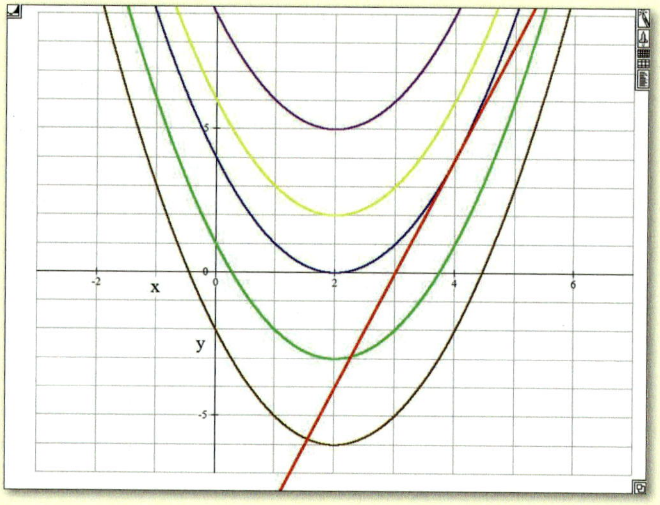

Immer näher

4 Rechts ist ein Funktionsgraph und die Tangente in einem Punkt P des Graphen dargestellt.
Außerdem wurde eine Gerade – auch *Sekante* genannt – durch P und einen weiteren Punkt Q auf dem Graphen der Funktion gezeichnet. Dieser Punkt Q wird auf dem Graphen entlang auf den Punkt P zu bewegt.
Beschreiben Sie, wie sich dabei die Steigung der Sekante durch P und Q verändert.
Untersuchen Sie dies auch für den konkreten Fall mit dem Graphen zu $f(x) = x^2$ und dem Punkt $P(1|1)$.

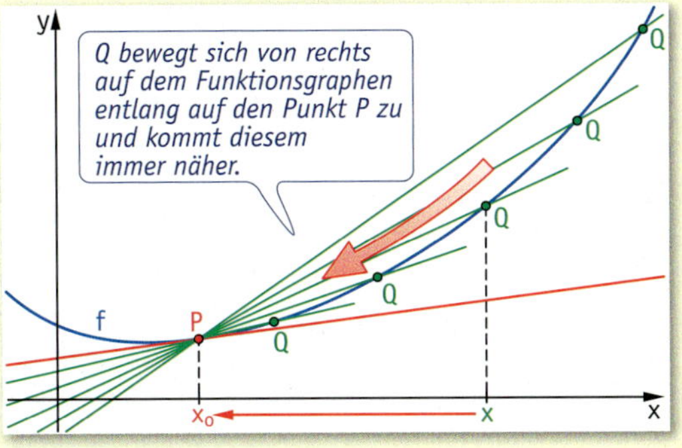

Dreieckszahlen LK

5 Die Abbildung rechts zeigt, wie die sogenannten *Dreieckszahlen* D_n entstehen.
Berechnet man weitere Dreieckszahlen, so kann man diese Zahlen fortlaufend aufschreiben: 1, 3, 6, 10, 15, ...
Berechnen Sie weitere Dreieckszahlen.
Wie geht man dabei am geschicktesten vor?

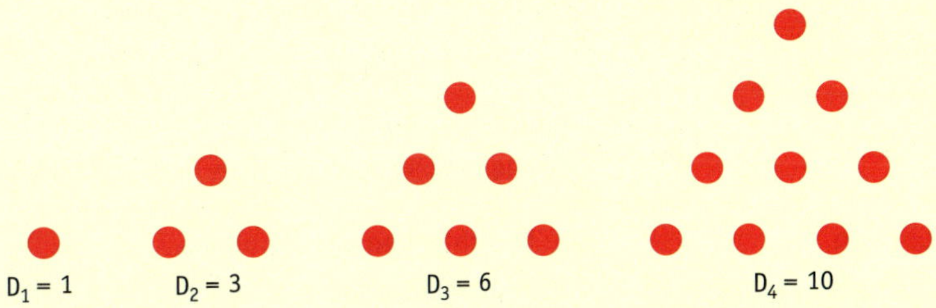

Näherungswerte für die Kreiszahl π LK

6 Die Bestimmung der Zahl π war in der Geschichte der Mathematik eine der wichtigsten Aufgaben. Dazu wurden verschiedene Verfahren entwickelt. Ein Verfahren besteht darin, einen Halbkreisbogen mit dem Radius 1 durch einen Streckenzug aus gleich langen Strecken anzunähern.

a) Berechnen Sie π näherungsweise für drei gleich lange Strecken. Beurteilen Sie das Ergebnis.

b) Entwickeln Sie ein Verfahren, mit dem man zu einer besseren Näherung für die Zahl π kommt.

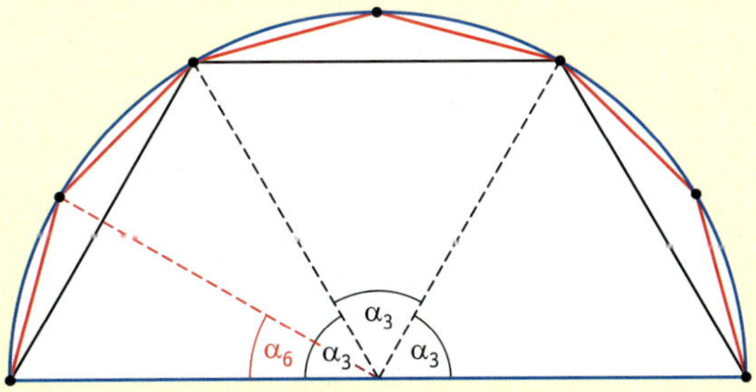

In diesem Kapitel

LK
- erfahren Sie, was Zahlenfolgen sind und was man unter dem Grenzwert einer Zahlenfolge versteht;
- lernen Sie ein Verfahren zur Bestimmung der Steigung der Tangente an den Graphen einer Funktion in einem Punkt P kennen;
- entwickeln Sie aus diesem Verfahren Regeln zur Bestimmung von Ableitungen.

LK 1.1 Folgen und Grenzwerte

1.1.1 Rekursive und explizite Vorgabe einer Folge

Aufgabe

Die nebenstehende Geschichte stammt von dem Mathematiker EDOUARD LUCAS *(1842–1891).*

1 Der Turm von Hanoi

Der indische Gott Brahma soll in einem Tempel einen Turm errichtet haben, der aus 64 runden Goldplättchen besteht, die auf einer Nadel stecken und nach oben immer kleiner werden. Er wird heute der *Turm von Hanoi* genannt.
Neben der Nadel mit dem Turm gibt es noch zwei weitere leere Nadeln. Brahma gab seinen Priestern die Anweisung: „Baut den Turm auf einer leeren Nadel neu auf. Beachtet dabei die Umlegeregeln:
1. Es darf bei jeder Umlegung jeweils nur ein Plättchen bewegt werden.
2. Ein Plättchen darf nur auf eine leere Nadel oder auf ein größeres Plättchen gelegt werden."

Der Legende nach befolgen die Priester Tag und Nacht bis zum heutigen Tage die Anweisung ihres Gottes. Sie sollen immer noch nicht fertig sein. Kann das stimmen? Ist dieser Auftrag überhaupt ausführbar?

Lösung

(1) Vereinfachen des Problems

Wir vereinfachen das Problem, indem wir das Umlegen mit wenigen Plättchen simulieren. Dazu können wir auch Bücher oder Geldstücke verwenden.

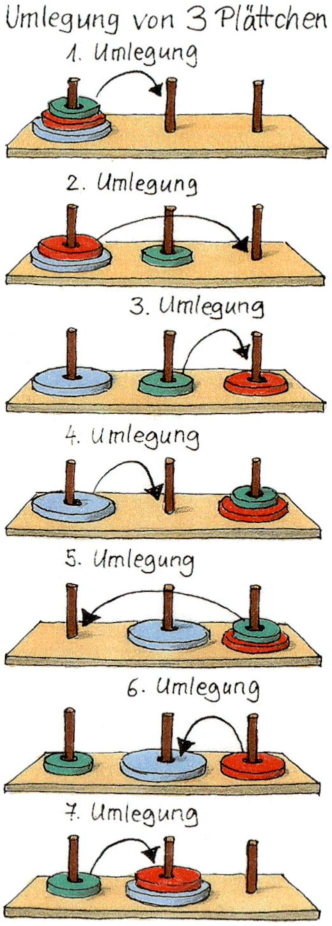

1 Plättchen:

Wenn man nur ein Plättchen hat, braucht man nur eine Umlegung.

2 Plättchen:

Hat man zwei Plättchen, so legt man zuerst das kleinere Plättchen auf Nadel (2) und danach das größere auf Nadel (3). Anschließend legt man das kleine Plättchen wieder auf das größere.
Man benötigt also insgesamt 3 Umlegungen.

3 Plättchen:

Zunächst bauen wir die 2 oberen Plättchen auf die Nadel (3); dafür benötigen wir bekanntlich 3 Umlegungen. Anschließend legen wir das größte Plättchen auf die Nadel (2), also 1 Umlegung. Danach werden die 2 Plättchen von Nadel (3) ebenfalls auf Nadel (2) verlegt, das sind wieder 3 Umlegungen.
Insgesamt benötigen wir also $3 + 1 + 3 = 7$ Umlegungen (siehe Abbildung rechts).
Den Prozess des Umlegens von 3 Plättchen konnten wir auf den Prozess des Umlegens von 2 Plättchen zurückführen. Übertragen wir diese Überlegungen auf eine Anzahl von $n + 1$ Plättchen, so führt uns dies zu einer Strategie (siehe links).

Strategie
Wir führen den Prozess des Umlegens von $n + 1$ Plättchen auf den Prozess des Umlegens von n Plättchen zurück.

4 Plättchen:

Wir verwenden wieder die gleiche Strategie: Wir legen zunächst die 3 oberen Plättchen auf die Nadel (3), dafür benötigen wir bekanntlich 7 Umlegungen. Anschließend legen wir das größte Plättchen auf die Nadel (2). Danach werden die 3 Plättchen von Nadel (3) ebenfalls auf die Nadel (2) verlegt, das sind wieder 7 Umlegungen. Insgesamt sind das $7 + 1 + 7 = 15$ Umlegungen.

Da das 4. Plättchen größer ist als die ersten drei Plättchen, sind alle 7 Umlegungen erlaubt.

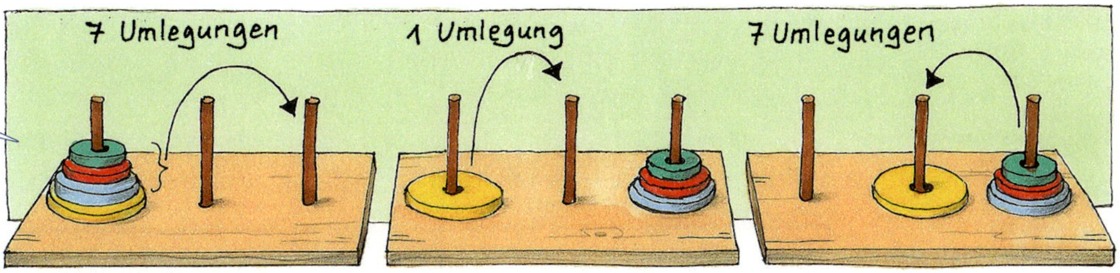

(2) Berechnen weiterer Anzahlen von Umlegungen

Im Folgenden bezeichnen wir die Anzahl der notwendigen Umlegungen bei n Plättchen mit u_n. Wir haben oben den Prozess des Umlegens von 3 Plättchen auf das Umlegen von 2 Plättchen zurückgeführt. Die gleiche Strategie haben wir beim Umlegen von 4 Plättchen angewandt. Diese Strategie kann man auch auf $n + 1$ Plättchen übertragen:

Wenn wir einen Turm mit $n + 1$ Plättchen umbauen müssen, so verlegen wir erst den Turm aus n Plättchen. Dafür benötigen wir u_n Umlegungen. Anschließend legen wir das größte Plättchen auf die freie Nadel, das ist 1 Umlegung. Danach wird der Turm aus n Plättchen auf die Nadel mit dem größten Plättchen umgelegt, das sind wieder u_n Umlegungen. Insgesamt benötigen wir also $u_n + 1 + u_n = 2u_n + 1$ Umlegungen für $n + 1$ Plättchen.

Es gilt also: $\mathbf{u_{n+1} = 2u_n + 1}$ **mit** $\mathbf{u_1 = 1}$

Mithilfe dieser Gleichung können wir weitere Anzahlen u_n berechnen:

n	1	2	3	4	5	6	7	8	9	10	...
u_n	1	3	7	15	31	63	127	255	511	1023	...

(3) Aufsuchen einer expliziten Formel für die Anzahl der Umlegungen

Mit der Gleichung $u_{n+1} = 2u_n + 1$ und dem **Anfangswert** (oder **Startwert**) $u_1 = 1$ kann man die Anzahlen der Umlegungen nacheinander für jedes n berechnen. Um so herauszufinden, wie viele Umlegungen für $n = 64$ nötig sind, müssten wir allerdings erst alle vorhergehenden Anzahlen bestimmen, was sehr aufwendig ist. Es wäre besser, wenn wir eine **explizite** Formel hätten, d. h. eine Formel, mit der man direkt aus der Plättchenanzahl n die Anzahl u_n der Umlegungen berechnen kann.

Aus den Werten der Tabelle können wir eine Formel vermuten. Die Zahlen 1, 3, 7, 15, 31, ... sind alle um 1 kleiner als eine Potenz von 2. Es ist $1 = 2^1 - 1$, $3 = 2^2 - 1$, $7 = 2^3 - 1$, $15 = 2^4 - 1$, ...

Zum Auffinden der expliziten Formel siehe auch Aufgabe 2.

Wir vermuten daher: $\mathbf{u_n = 2^n - 1}$

Das Einsetzen von Werten für $n = 1, 2, 3, ..., 10$ und ein Vergleich mit der Tabelle zeigt, dass die Formel die richtigen Werte für u_n liefert.

(4) Wie lange benötigen die Priester zur Durchführung des Auftrages?

Die Erde ist ca. 5 Milliarden Jahre alt. Neueren Schätzungen zufolge ist das Universum ca. 13,7 Milliarden Jahre alt.

Zunächst einmal können wir ausrechnen, wie viele Umlegungen die Priester für 64 Plättchen benötigen: $u_{64} = 2^{64} - 1 \approx 1{,}8 \cdot 10^{19}$. Geht man davon aus, dass die Priester schnell arbeiten und zur Umlegung eines Plättchens nur eine Sekunde benötigen, dann brauchen sie etwa $1{,}8 \cdot 10^{19}$ Sekunden. Ein Jahr hat 31 536 000 Sekunden, also brauchen die Priester ungefähr $5{,}7 \cdot 10^{11}$ Jahre, das sind 570 Milliarden Jahre. Die Priester arbeiten also immer noch und werden auch noch lange arbeiten müssen.

Information

(1) Der Begriff Folge

Bei der Lösung von Aufgabe 1 haben wir jeder Anzahl n von Plättchen eine Zahl u_n von Umlegungen zugeordnet. Allgemeiner definiert man:

$\mathbb{N}^*$ ist die Menge der natürlichen Zahlen ohne Null: $\{1; 2; 3; 4; ...\}$.

Definition 1

Eine Funktion $n \mapsto a_n$, bei der jeder natürlichen Zahl n (mit $n \in \mathbb{N}^*$) eine reelle Zahl a_n zugeordnet ist, heißt **Folge** (oder auch **Zahlenfolge**).

Eine Folge notiert man häufig so: $a_1, a_2, a_3, a_4, ...$

Die Zahlen $a_1, a_2, a_3, a_4, ...$ heißen die **Folgenglieder** der Folge, n heißt **Platznummer** des Folgengliedes a_n. Um eine Folge von ihrem Folgenglied a_n zu unterscheiden, bezeichnet man sie mit (a_n).

Beispiele

- Die Folge (a_n) der Vielfachen von 7: $a_1 = 7;\ a_2 = 14;\ a_3 = 21;\ a_4 = 28;\ ...$
  3 ist die Platznummer des Folgengliedes 21.
- Die Folge (b_n) der Potenzen von (-3): $b_1 = -3;\ b_2 = 9;\ b_3 = -27;\ b_4 = 81;\ ...$
  4 ist die Platznummer des Folgengliedes 81.

(2) Rekursive und explizite Darstellung einer Folge

In der Lösung von Aufgabe 1 haben wir für die Anzahl der Umlegungen u_n zwei Gleichungen bestimmt:

(1) $u_{n+1} = 2u_n + 1$ mit $u_1 = 1$

(2) $u_n = 2^n - 1$

Mit der ersten Gleichung können wir die Folgenglieder nacheinander berechnen. Aus einem Folgenglied mit der Platznummer n können wir mithilfe der Gleichung (1) das nächste Folgenglied mit der Platznummer $n + 1$ bestimmen.

rekursiv: auf Bekanntes zurückgeführt

Man nennt (1) auch **rekursive** Darstellung der Folge oder **Rekursionsgleichung**.

Wichtig ist, dass bei einer rekursiven Vorgabe immer ein Anfangswert u_1 (auch *Startwert* genannt) vorgegeben sein muss. Ein Nachteil der rekursiven Vorgabe ist: Um mit der Rekursionsgleichung z. B. das Folgenglied u_{64} zu bestimmen, müssen wir erst alle vorhergehenden Folgenglieder von u_1 bis u_{63} bestimmen.

Mit der zweiten Gleichung können wir direkt durch Eingabe der Platznummer 64 das Folgenglied

$u_{64} = 2^{64} - 1 \approx 1{,}8 \cdot 10^{19}$ berechnen,

ohne dass wir die vorangegangenen Folgenglieder u_1 bis u_{63} bestimmen müssen.

explizit: ausführlich dargestellt

In einem solchen Fall spricht man von einer **expliziten** Darstellung für die Folge.

Beispiele

- Die Folge (a_n) der ungeraden Zahlen: $a_1 = 1;\ a_2 = 3;\ a_3 = 5;\ a_4 = 7;\ ...$
  Rekursive Darstellung: $a_{n+1} = a_n + 2;\ a_1 = 1;$
  Explizite Darstellung: $a_n = 2n - 1$
- Auch die folgenden Gleichungen sind Beispiele für rekursive Darstellungen von Folgen, da man immer ein oder mehrere vorangegangene Folgenglieder benötigt, um das nächste Folgenglied zu bestimmen:
  $a_{n+1} = 2a_n + n;\ a_1 = -1$
  $b_n = b_{n-1} - b_{n-2};\ b_1 = 3;\ b_2 = 2$
- Nicht jede Folge kann durch eine Gleichung angegeben werden. Ein Beispiel dafür ist die Folge (p_n) der Primzahlen, das sind alle natürlichen Zahlen größer als 1, die nur durch 1 und sich selbst teilbar sind:
  $p_1 = 2;\ p_2 = 3;\ p_3 = 5;\ p_4 = 7;\ p_5 = 11;\ p_6 = 13;\ p_7 = 17;\ p_8 = 19;\ ...$

(3) Darstellung von Folgen als Graphen

Um die Entwicklung einer Folge (a_n) für wachsende Werte von n grafisch zu veranschaulichen, kann man in einem x-y-Koordinatensystem auf der x-Achse die Platznummern n und auf der y-Achse die zugehörigen Folgenglieder a_n abtragen. Die Punkte mit den Koordinaten $(n\,|\,a_n)$ nennt man auch **Graphenpunkte** der Folge (a_n). Alle Graphenpunkte einer Folge bilden den **Graphen der Folge**.

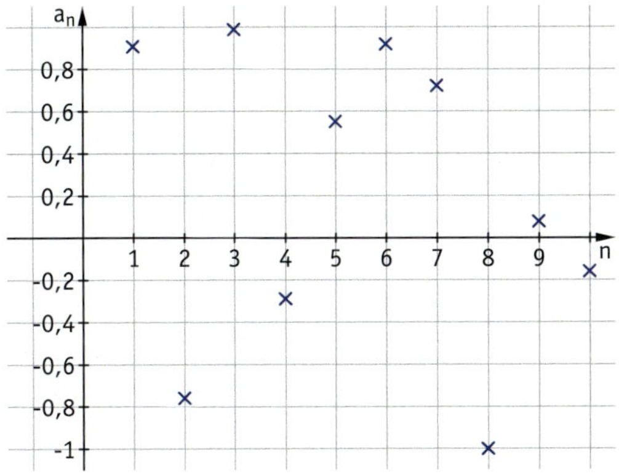

Beispiel

Rechts ist der Graph einer Folge mit der Gleichung $a_n = \sin(2^n)$ dargestellt.

(4) Graphen und Tabellen für Folgen mit einem Rechner erstellen

Die meisten Rechner verfügen über die Möglichkeit, die Folgenglieder einer Folge in einer Tabelle aufzulisten und den zugehörigen Graphen darzustellen. Oft kann man dabei sogar wählen, ob man eine explizite oder eine rekursive Darstellung der Folge eingibt. Informieren Sie sich, welche Eingabemöglichkeiten Ihr Rechner dafür bietet. Als Beispiel wurde oben die Folge (u_n) mit der folgenden rekursiven Bildungsvorschrift eingegeben:

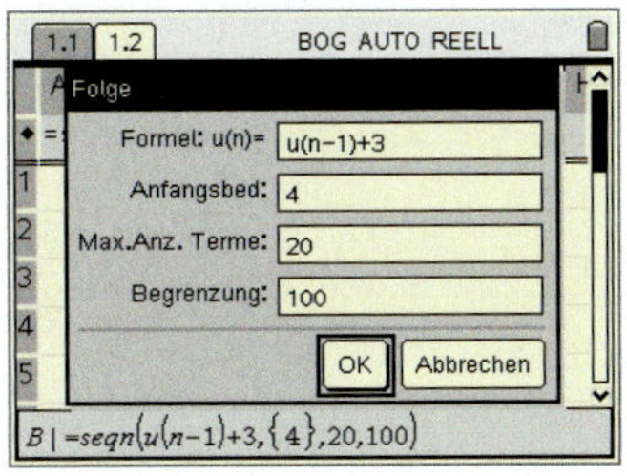

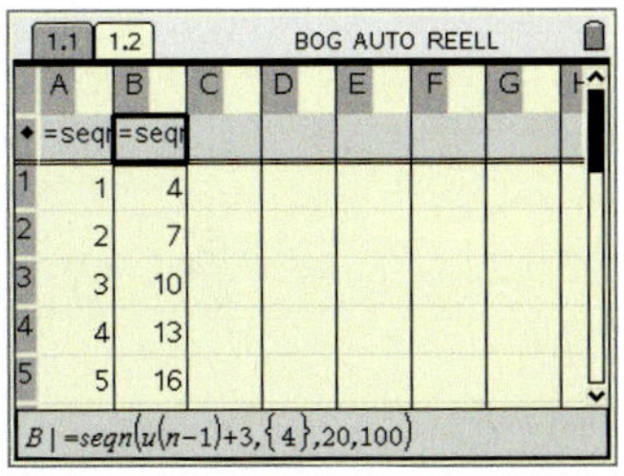

$$u_n = u_{n-1} + 3 \quad \text{mit} \quad u_1 = 4$$

Weiterführende Aufgabe

2 Strategie zum Auffinden von expliziten Vorgaben

Eva hat die explizite Gleichung für die Anzahl der Umlegungen bei der Lösung von Aufgabe 1 wie rechts bestimmt.

Marcus meint: *Das ist doch viel zu umständlich. Ich habe bei den Zahlen gleich gesehen, dass Potenzen von 2 eine Rolle spielen.*

Eva behauptet: *Dafür kann ich mit meiner Methode aber auch explizite Gleichungen zu vielen anderen Rekursionsgleichungen bestimmen.*

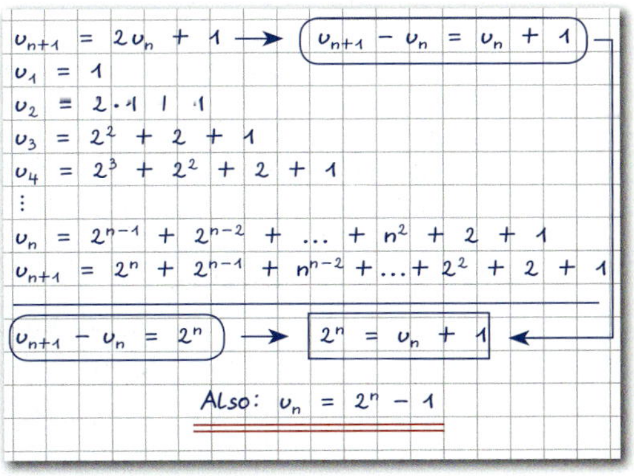

Was meinen Sie dazu? Kann man mit Evas Methode auch eine explizite Gleichung für

(1) $a_{n+1} = 5a_n - 2$, mit $a_1 = 2$, oder für

(2) $b_{n+1} = -3b_n + 4$, mit $b_1 = 3$ oder sogar für

(3) $c_{n+1} = m \cdot c_n + b$, mit konstanten m, b und einem Anfangswert c_1 ermitteln?

Beschreiben Sie Evas Methode.

Übungsaufgaben

3 Das Nim-Spiel

Für das Nim-Spiel legt man 121 Streichhölzer auf einen Haufen. Es wird von zwei Spielern, Spieler A und Spieler B, gespielt. Jeder Spieler nimmt abwechselnd nach seiner Wahl 1, 2 oder 3 Streichhölzer vom Haufen weg. Wer das letzte Streichholz erhält, hat gewonnen.

Spieler A, der anfängt, überlegt sich folgende Strategie:

- Im ersten Zug nimmt Spieler A ein Streichholz weg.
- Im zweiten Zug ist Spieler B an der Reihe und nimmt ein, zwei oder drei Streichhölzer. Hat Spieler B ein Streichholz genommen, so nimmt Spieler A beim dritten Zug drei Streichhölzer, hat Spieler B zwei Streichhölzer genommen, so nimmt Spieler A ebenfalls zwei, hat B drei Streichhölzer genommen, nimmt Spieler A ein Streichholz.

a) Notieren Sie die Anzahl der Streichhölzer, die nach einem Zug, nach 3 Zügen; 5 Zügen; 7 Zügen; 9 Zügen; 11 Zügen; … noch im Haufen liegen.

b) Begründen Sie, warum nach dieser Strategie Spieler A stets gewinnt. Wie verhält es sich, wenn mit 122 Streichhölzern gespielt wird?

c) Geben Sie eine andere Anzahl [alle Anzahlen] von Streichhölzern an, bei der die Strategie von A zum Erfolg führt.

4 Berechnen Sie die Folgenglieder a_2 bis a_{10} für die Folge (a_n).
Finden Sie eine explizite Darstellung.

a) $a_1 = 0;\ a_{n+1} = a_n + 1$
b) $a_1 = 100;\ a_{n+1} = a_n - 5$
c) $a_1 = 10;\ a_{n+1} = -a_n$
d) $a_1 = 0{,}5;\ a_{n+1} = (-2)\cdot a_n$
e) $a_1 = 1;\ a_{n+1} = 3a_n + 1$
f) $a_1 = 7;\ a_{n+1} = a_n$

5 Zeichnen Sie den Graphen der rekursiv vorgegebenen Folge mit der Darstellung
$a_n = a_{n-1} + 2\sqrt{a_{n-1}} + 1;\quad a_1 = 1$ für $1 \le n \le 5$. Wie lautet die explizite Darstellung der Folge?

6 Geben Sie für die Zahlenfolge eine mögliche Darstellung an.

a) 2; 5; 8; 11; …
b) −2; 4; −8; 16; …
c) 1; 1; 1; 1; …
d) $-\frac{1}{2}; -\frac{1}{3}; -\frac{1}{4}; -\frac{1}{5}; \dots$

7

a) Die ersten fünf Folgenglieder einer Folge sind: 1; 1; 2; 3; 5. Petra und Alex diskutieren, wie das nächste Folgenglied lautet. Wer hat Recht?

b) Von einer Folge liegen die ersten drei Folgenglieder vor: 1; 3; 5.
Alex: *Die explizite Gleichung ist* $a_n = 2n - 1$.
Paul: *Die explizite Gleichung ist* $a_n = \frac{7}{6}n^3 + 7n^2 - \frac{65}{6}n + 6$.
Petra: *Die Rekursionsgleichung ist* $a_n = a_{n-1} + 2$, *mit* $a_1 = 1$.
Wer hat Recht?

8 Eine Folge, bei der alle Folgenglieder den gleichen Wert haben, heißt **konstante Folge**, z.B.: 3; 3; 3; 3; ... Geben Sie zwei weitere Beispiele an und bestimmen Sie für jedes Beispiel eine rekursive und eine explizite Darstellung.

9 Ordnen Sie jedem der abgebildeten Graphen eine der angegebenen expliziten Darstellungen zu. Begründen Sie Ihre Zuordnung.

(A) $a_n = 5 - 3n$ (B) $a_n = 1 + \frac{1}{n^2}$ (C) $a_n = (-1)^n 2^n$ (D) $a_n = \frac{1}{7}n^2$

(1)

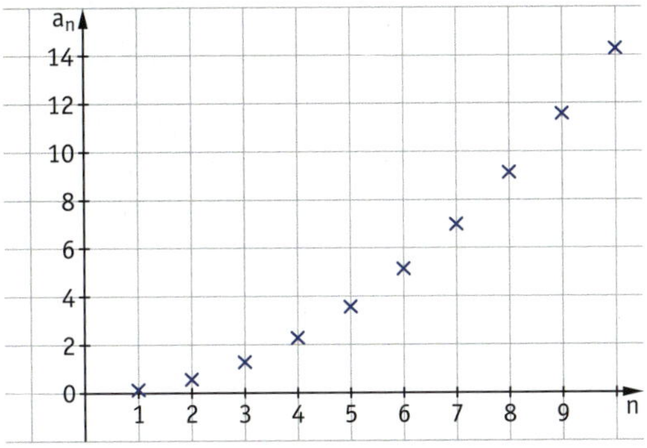

(3)

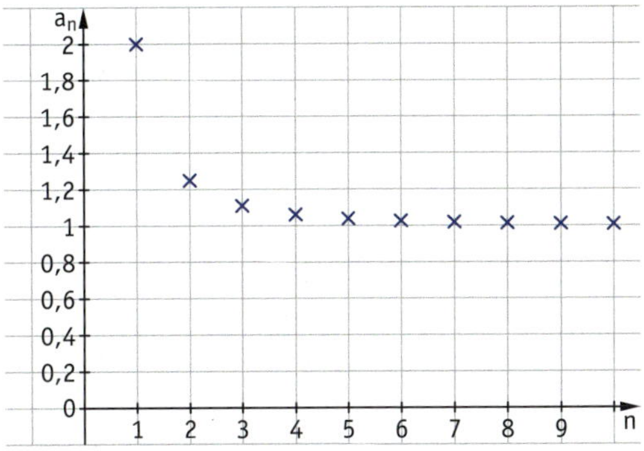

(2)

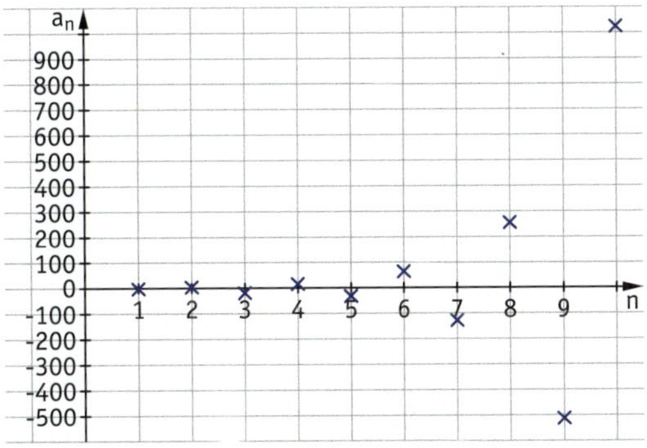

(4)

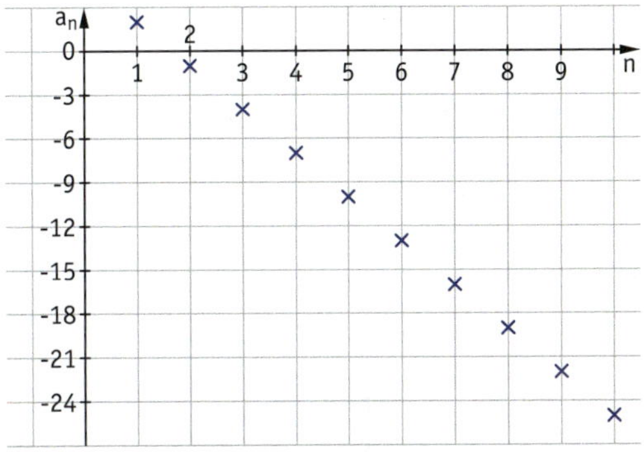

10 Finden Sie eine explizite Darstellung für die Folge.

a) Das erste Folgenglied ist 1. Jedes weitere Folgenglied erhält man, indem man das vorherige Folgenglied um 3 vergrößert.

b) Das erste Folgenglied ist 5. Die Folgenglieder nehmen in jedem Schritt um 10 % zu.

c) Das erste Folgenglied ist 10. Die Folgenglieder halbieren sich bei jedem Schritt.

d) Das erste Folgenglied ist 52. Jedes Folgenglied ist um 3 kleiner als das vorhergehende.

11 In einem begrenzten Gebiet können maximal 300 Feldhamster leben. Am Anfang sind nur 10 Hamster vorhanden. Von Jahr zu Jahr nimmt der Bestand an Hamstern um 10 % des Unterschiedes zwischen 300 und dem vorherigen Bestand zu.

Beschreiben Sie das Wachstum der Hamsterpopulation mithilfe einer Folge. Stellen Sie das Wachstum auch grafisch dar.

Wann erreicht die Population erstmals eine Größe von 250 Tieren?

1.1.2 Grenzwert einer Folge

Aufgabe

1 Entwicklung der Wahrscheinlichkeit bei wachsender Versuchszahl

Beim Würfelspiel *Mensch ärgere dich nicht* benötigt man eine Sechs, um ins Spiel zu kommen.

a) Es wurde vereinbart, dass man anfangs höchstens dreimal hintereinander würfeln darf, um ins Spiel zu kommen. Wie groß ist die Wahrscheinlichkeit, dass drei Würfe genügen, um ins Spiel zu kommen?

b) Wie groß ist die Wahrscheinlichkeit, dass vier Würfe, fünf Würfe, ..., n Würfe genügen, um ins Spiel zu kommen? Wie verhält sich diese Wahrscheinlichkeit bei wachsendem n?

Lösung

a) Um ins Spiel zu kommen, benötigt man mindestens eine Sechs. Bei jedem Wurf mit einem regelmäßigen sechsseitigen Würfel beträgt die Wahrscheinlichkeit, dass keine Sechs gewürfelt wird, $\frac{5}{6}$ und die Wahrscheinlichkeit, dass eine Sechs gewürfelt wird, $\frac{1}{6}$. Am Baumdiagramm wird mithilfe der Pfadmultiplikation deutlich, dass bei 3 Würfen die Wahrscheinlichkeit dafür, dass keine Sechs fällt, $\left(\frac{5}{6}\right)^3$ ist. Für die Wahrscheinlichkeit p_3, dass nach höchstens 3 Würfen eine Sechs gefallen ist, gilt also: $p_3 = 1 - \left(\frac{5}{6}\right)^3 \approx 0{,}421$

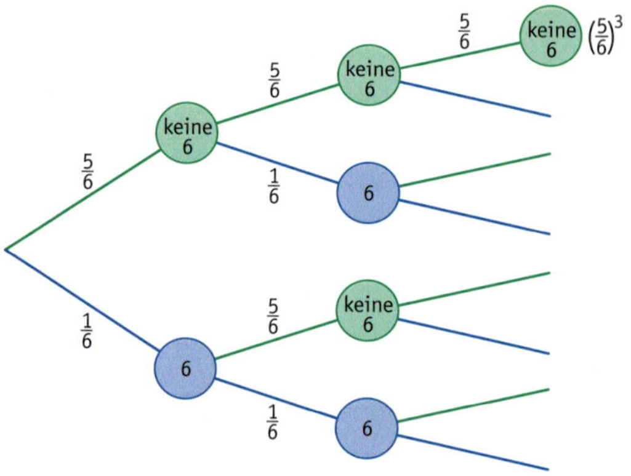

b) Man kann das Baumdiagramm fortsetzen und erkennt: Für die Wahrscheinlichkeit p_4, dass nach höchstens 4 Würfen eine Sechs gefallen ist, gilt $p_4 = 1 - \left(\frac{5}{6}\right)^4 = 0{,}518$; für die Wahrscheinlichkeit p_5, dass nach höchstens 5 Würfen eine Sechs gefallen ist, gilt $p_5 = 1 - \left(\frac{5}{6}\right)^5 = 0{,}598$, usw. Für die Wahrscheinlichkeit p_n, dass nach höchstens n Würfen eine Sechs gefallen ist, gilt also: $p_n = 1 - \left(\frac{5}{6}\right)^n$.

Man erwartet, dass mit zunehmender Zahl n der Würfe die Wahrscheinlichkeit, ins Spiel zu kommen, wächst. Um zu sehen, wie sich die Wahrscheinlichkeit p_n für wachsende Werte von n entwickelt, betrachten wir die Folge (p_n) und untersuchen sie mithilfe eines Rechners.

Die Folgenglieder liegen für wachsende n immer näher bei 1.

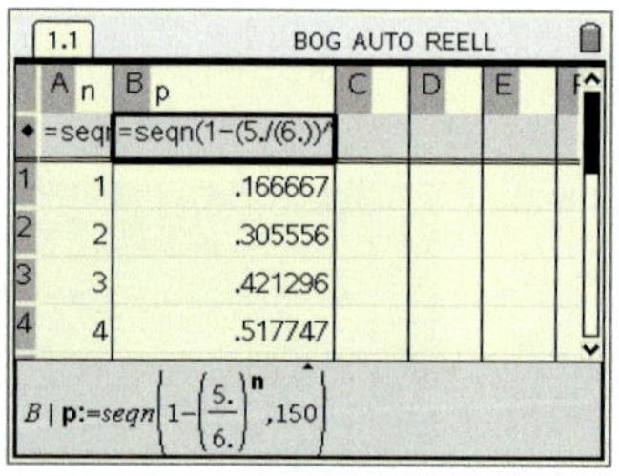

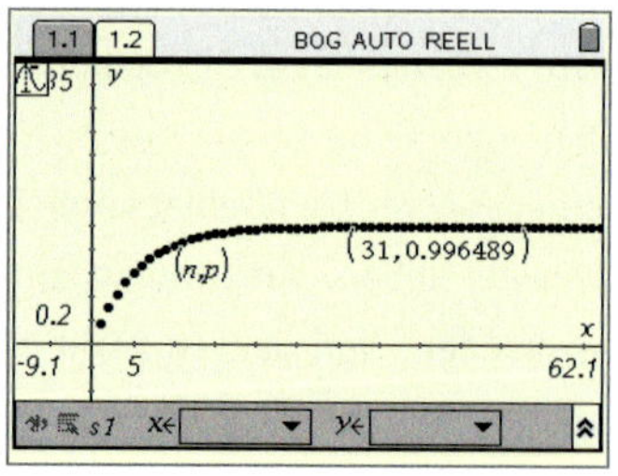

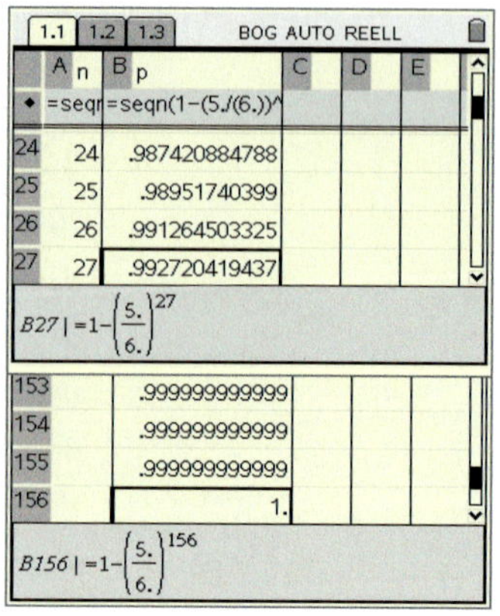

Am Graphen und an der Wertetabelle ist zu erkennen, dass sich die Folgenglieder p_n mit wachsenden n immer mehr dem Wert 1 nähern. Der hier verwendete Rechner zeigt ab $n = 156$ sogar $p_{156} = 1$ an, obwohl $p_{156} = 1 - \left(\frac{5}{6}\right)^{156} < 1$ gilt. Dies liegt an der begrenzten Stellenzahl, mit der ein Rechner rechnet.

Aufgabe

2 Entwicklung von Folgen bei wachsender Platznummer untersuchen

a) Wie verhalten sich die Folgenglieder der angegebenen Folgen bei wachsender Platznummer n? Beschreiben Sie Gemeinsamkeiten und Unterschiede der drei Folgen.

$a_n = 3 + \frac{1}{2n}$ $\qquad b_n = 3 - \frac{1}{2n}$ $\qquad c_n = 3 + \frac{(-1)^n}{2n}$

b) Gibt es eine Platznummer, von der ab alle Graphenpunkte der Folge innerhalb eines „Streifens" um den Wert 3 auf der y-Achse liegen? Einen Streifen mit der Breite 2ε um den Wert 3 kann man durch ein offenes Intervall $]3 - \varepsilon; 3 + \varepsilon[$ auf der y-Achse beschreiben.
Führen Sie die Untersuchungen für $\varepsilon = 0{,}1;\ 0{,}01;\ 0{,}001$ durch.

Lösung

a) An den zugehörigen Graphen der Folgen verschaffen wir uns einen ersten Überblick. Hier haben wir jeweils folgende Ansichtsfenster gewählt: $0 \le x \le 100$ und $2 \le y \le 4$

Graph zu (a_n)

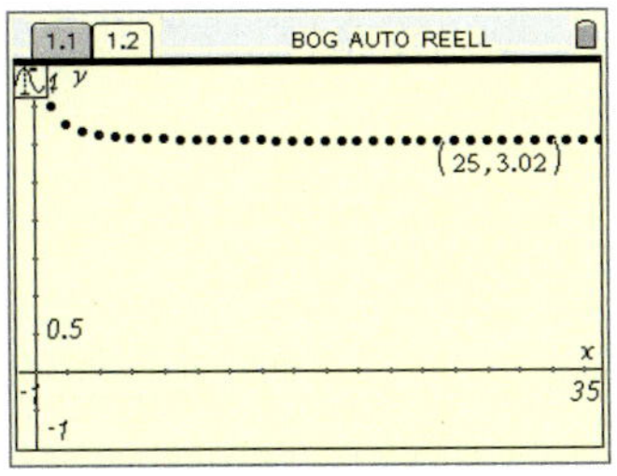

Graph zu (b_n)

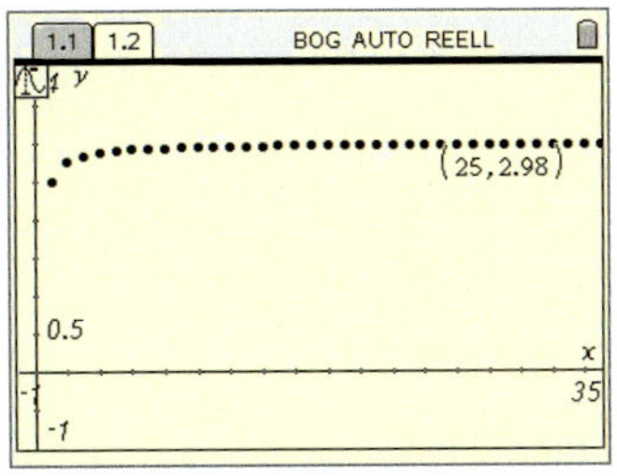

Graph zu (c_n)

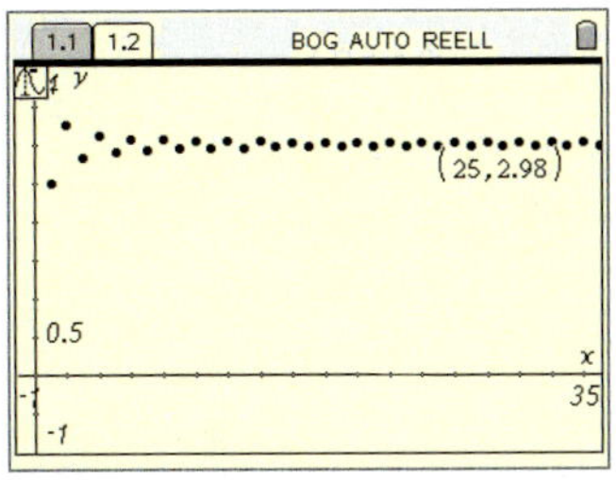

Die Folgenglieder aller drei Folgen nähern sich offensichtlich mit zunehmender Platznummer n dem Wert 3. Die Annäherung an den Wert 3 erfolgt jedoch unterschiedlich.

Am Graphen erkennt man:	An der expliziten Gleichung erkennt man:
Die Folgenglieder a_n nähern sich dem Wert 3 von oben.	$a_n = 3 + \frac{1}{2n} > 3$ für alle n, da $\frac{1}{2n} > 0$
Die Folgenglieder b_n nähern sich dem Wert 3 von unten.	$b_n = 3 - \frac{1}{2n} < 3$ für alle n, da $-\frac{1}{2n} < 0$
Die Folgenglieder c_n nähern sich dem Wert 3 abwechselnd von oben und von unten.	$c_n = 3 + \frac{(-1)^n}{2n} > 3$ für gerade n, da $\frac{(-1)^n}{2n} > 0$ $c_n = 3 + \frac{(-1)^n}{2n} < 3$ für ungerade n, da $\frac{(-1)^n}{2n} < 0$

b) Im Koordinatensystem mit dem Graphen einer Folge können wir uns das Intervall $]3 - \varepsilon; 3 + \varepsilon[$ auf der y-Achse als einen Streifen um den Wert 3 vorstellen. Am Graphen der Folge erkennt man dann, dass von einer bestimmten Platznummer an alle Graphenpunkte der Folge innerhalb des Streifen um den Wert 3 liegen, siehe z. B. rechts den Graphen der Folge (c_n).

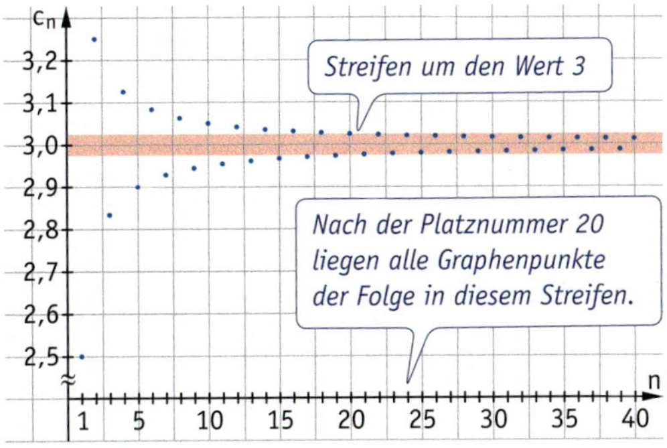

1. Möglichkeit

Im Grafikfenster des Rechners kann man mithilfe des **Spur**- oder **TRACE**-Befehls die Platznummer finden, von der ab die Folgenglieder innerhalb eines Intervalls $]3 - \varepsilon; 3 + \varepsilon[$ liegen.
Siehe die Rechner-Fenster in der Lösung von Teilaufgabe a).

2. Möglichkeit

Man kann aber auch die Wertetabelle des Rechners zur Hilfe nehmen. Für die Folge (c_n) zeigt die nebenstehende Tabelle, wie die Platznummer $n = 51$ für $\varepsilon = 0{,}01$ gefunden wurde, von der ab alle Folgenglieder in dem Intervall $]2{,}99; 3{,}01[$ liegen. Für die beiden anderen Folgen kann man analog verfahren.

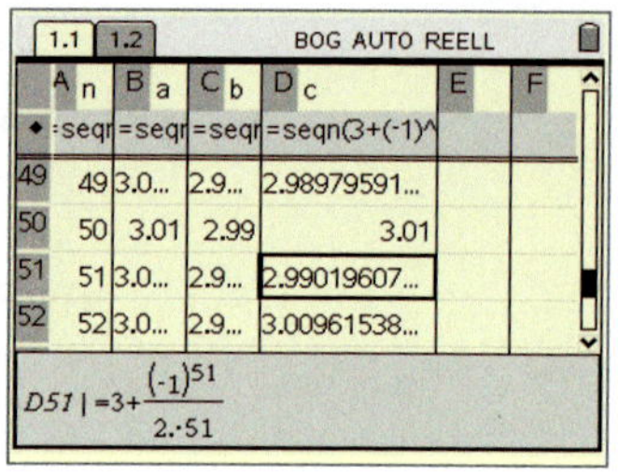

3. Möglichkeit

Auch anhand der expliziten Darstellung einer Folge findet man die jeweilige Platznummer, von der ab alle Folgenglieder z. B. im Intervall $]2{,}99; 3{,}01[$ liegen.

Wir zeigen dies hier für die Folge (a_n) durch Äquivalenzumformungen:

$2{,}99 < a_n$ und $a_n < 3{,}01$

$2{,}99 < 3 + \frac{1}{2n}$ $\qquad 3 + \frac{1}{2n} < 3{,}01$

Wegen $n \geq 1$ ist diese Bedingung immer erfüllt.

$\frac{1}{2n} < 0{,}01$

$1 < 0{,}02\,n$

$50 < n$

Durch Äquivalenzumformungen erhält man aus $50 < n$ wieder $a_n < 3{,}01$, also ist die Bedingung $a_n < 3{,}01$ für alle natürlichen Zahlen $n > 50$ erfüllt.

Man kann für die beiden anderen Folgen und für die anderen Intervalle analog verfahren und erhält so die gesuchten Platznummern.

Ergebnisse

Für $n > 5$ gilt: Alle Folgenglieder liegen im Intervall $]2{,}9; 3{,}1[$.
Für $n > 50$ gilt: Alle Folgenglieder liegen im Intervall $]2{,}99; 3{,}01[$.
Für $n > 500$ gilt: Alle Folgenglieder liegen im Intervall $]2{,}999; 3{,}001[$.

Information

(1) Definition des Begriffs Grenzwert einer Folge

Wir haben in den Aufgaben 1 und 2 gesehen, dass es Folgen gibt, bei denen die Folgenglieder mit größer werdender Platznummer einem bestimmten Wert g beliebig nahe kommen. Einen solchen Wert g nennt man **Grenzwert** der Folge. Selbst als wir in Aufgabe 2 um den Wert $g = 3$ ein immer kleineres Intervall (einen schmaleren Streifen) betrachteten, gab es doch immer eine Platznummer, von der an alle weiteren Folgenglieder innerhalb dieses Intervalls (Streifens) lagen. Diese Vorstellung nutzen wir für eine exakte Definition des Begriffs Grenzwert einer Folge.

Definition 2

Eine Zahl g heißt **Grenzwert der Folge** (a_n)**,** falls gilt:
Zu jedem Intervall $]g - \varepsilon; g + \varepsilon[$ mit $\varepsilon > 0$ gibt es eine Platznummer n_ε, von der an alle Folgenglieder a_n mit $n \geq n_\varepsilon$ innerhalb dieses Intervalls liegen.

Wir schreiben dann: $\lim\limits_{n \to \infty} a_n = g$

Eine Folge, die einen Grenzwert hat, heißt **konvergent.** Eine Folge, die keinen Grenzwert hat, heißt **divergent.**

Beispiel:
Ab Platznummer 6 liegen alle Graphenpunkte der Folge in einem Streifen, also alle Folgenglieder im Intervall $]g - \varepsilon; g + \varepsilon[$.

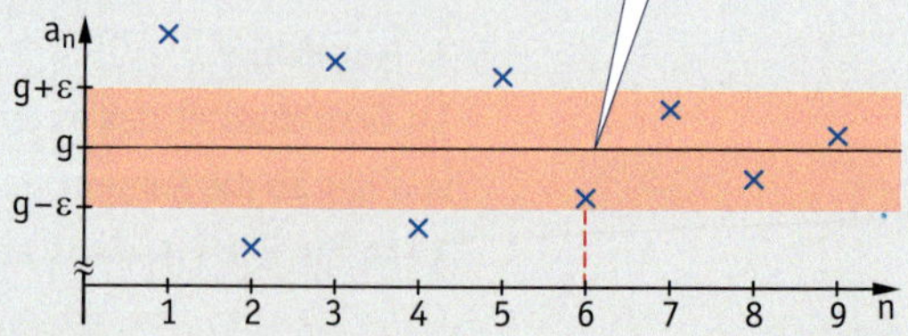

(2) Anhand von Definition 2 prüfen, ob eine Zahl g Grenzwert einer Folge ist

Die Definition 2 hilft uns, eine Vorstellung von dem Begriff Grenzwert einer Folge zu entwickeln. Man kann mithilfe dieser Definition aber auch zeigen, ob eine gegebene Zahl wirklich der Grenzwert einer Folge ist oder nicht.

Beispiel 1

In der Aufgabe 2 haben wir gezeigt, dass es zu den Intervallen]2,9; 3,1[,]2,99; 3,01[und]2,999; 3,001[jeweils eine Platznummer gibt, von der an alle Folgenglieder $a_n = 3 + \frac{1}{2n}$ in diesen Intervallen liegen. Deshalb haben wir vermutet, dass 3 der Grenzwert der Folge ist. Wir haben aber in der Lösung nicht gezeigt, dass es für jedes Intervall $]3 - \varepsilon; 3 + \varepsilon[$ mit $\varepsilon > 0$ eine solche Platznummer gibt. Wir holen dies hier nach:

Gesucht wird also eine Platznummer n mit

$3 - \varepsilon < a_n$ und $a_n < 3 + \varepsilon$

$3 - \varepsilon < 3 + \frac{1}{2n}$

Die Bedingung ist immer erfüllt, denn es gilt: $3 - \varepsilon < 3 < 3 + \frac{1}{2n}$ wegen $\varepsilon > 0$ und $n > 1$.

$$3 + \frac{1}{2n} < 3 + \varepsilon$$
$$\frac{1}{2n} < \varepsilon$$
$$1 < 2\varepsilon n$$
$$\frac{1}{2\varepsilon} < n$$

Durch Äquivalenzumformungen erhält man aus $\frac{1}{2\varepsilon} < n$ wieder $a_n < 3 + \varepsilon$, also findet man zu jedem Wert $\varepsilon > 0$ eine natürliche Zahl n_ε, von der an alle natürlichen Zahlen, die größer als n_ε sind, die Ungleichung erfüllen.

Beispiel 2

Gegeben ist die Folge $a_n = (-1)^n + (-0{,}1)^n$. Entwickelt man die Folgenglieder aus dieser Bildungsvorschrift, so erhält man:

$-1{,}1;\ 1{,}01;\ -1{,}001;\ 1{,}0001;\ -1{,}00001;\ \ldots$

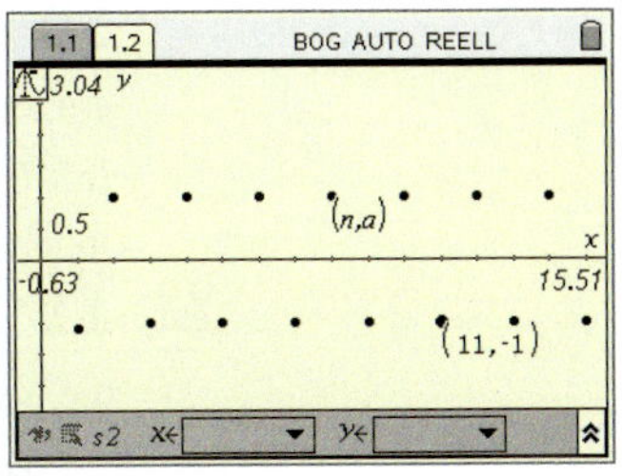

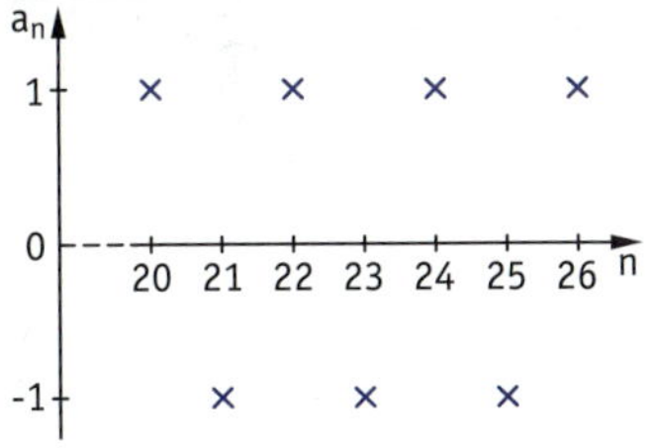

Betrachtet man den Graphen der Folge, so könnte man meinen, dass diese Folge die zwei Grenzwerte −1 und 1 hat. Dies ist jedoch falsch. Die Zahl 1 kann nicht Grenzwert der Folge sein, denn z. B. für das Intervall $I =]0{,}999; 1{,}001[$ gibt es keine Platznummer, von der ab alle Folgenglieder innerhalb dieses Intervalls liegen. Für jede Platznummer n gilt nämlich: Liegt a_n innerhalb von I, so liegt a_{n+1} außerhalb von I. Genauso lässt sich auch zeigen, dass −1 kein Grenzwert der Folge ist. Man sagt: Die Folge a_n hat die *Häufungspunkte* 1 und −1. Die Folge a_n ist divergent.

Übungsaufgaben

3 Ein Patient nimmt täglich eine Tablette mit 5 mg eines Medikamentes ein. Im Laufe eines Tages werden im Körper 40 % abgebaut und ausgeschieden. Der Arzt weiß, dass nicht mehr als 15 mg von dem Medikament im Körper eines Menschen vorhanden sein dürfen. Warum kann er dem Patienten dennoch das Medikament bedenkenlos über mehrere Tage verordnen?

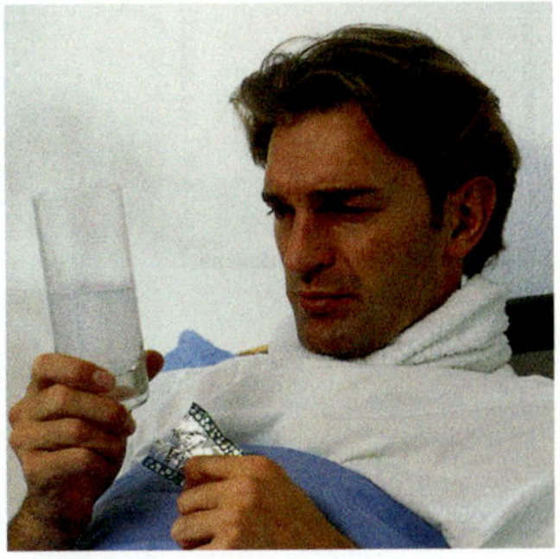

4 Betrachten Sie den Graphen der Folge.
Welchen Grenzwert g hat die Folge vermutlich?
Von welcher Platznummer an liegen alle Folgenglieder in Intervall $]g - \varepsilon; g + \varepsilon[$ mit $\varepsilon = 0{,}1;\ 0{,}05;\ 0{,}002$?

a) $a_n = 0{,}1^n$ **b)** $a_n = 1 - \frac{1}{10^n}$ **c)** $a_n = 5 + \frac{(-1)^n}{n}$ **d)** $a_{n+1} = 0{,}2 \cdot a_n$ mit $a_1 = 100$

5 Welche Folge ist konvergent, welche ist divergent?

(1) $a_n = 100 + \frac{5}{n}$ (3) $a_{n+1} = 1{,}4 \cdot a_n$ mit $a_1 = 300$ (5) $a_n = \frac{n^2 - 1}{n}$

(2) $a_n = 4 - \left(\frac{1}{2}\right)^n$ (4) $a_n = 3 - n$ (6) $a_{n+1} = \frac{a_n}{3}$ mit $a_1 = -27$

6 Geben Sie jeweils den Grenzwert der Folge an.

$a_1 = 0{,}2$	$b_1 = 0{,}34$	$c_1 = -0{,}9$	$d_1 = 3{,}5$
$a_2 = 0{,}22$	$b_2 = 0{,}3434$	$c_2 = -0{,}99$	$d_2 = 3{,}55$
$a_3 = 0{,}222$	$b_3 = 0{,}343434$	$c_3 = -0{,}999$	$d_3 = 3{,}555$
⋮	⋮	⋮	⋮

7 Wählen Sie eine konstante Folge und untersuchen Sie diese auf Konvergenz.

8 Stellen Sie die Folgen grafisch dar. Welchen Grenzwert haben die Folgen?

a) $a_n = \frac{1}{n}$; $b_n = 2 - \frac{1}{n}$; $c_n = 5 + \frac{1}{n}$

b) $a_n = -\frac{6}{n^2}$; $b_n = 4 + \frac{6}{n^2}$; $c_n = 8 - \frac{6}{n^2}$

c) $a_n = \left(\frac{1}{2}\right)^n$; $b_n = 3 - \left(\frac{1}{2}\right)^n$; $c_n = 4 + \left(\frac{1}{2}\right)^n$

d) $a_n = \frac{1}{n^2}$; $b_n = \pi - \frac{1}{n^2}$; $c_n = \pi + \frac{1}{n^2}$

9 Markus und Simone untersuchen die Folge (a_n) mit $a_n = (-1)n \cdot 5 - \frac{2}{5n}$. Markus meint: *5 und −5 sind die Grenzwerte dieser Folge*. Simone behauptet: *Eine Folge kann höchstens einen Grenzwert haben.*

10 Wie groß ist die Wahrscheinlichkeit, dass beim Werfen einer Münze nach ein, zwei, drei, vier, … nach n Würfen immer nur Wappen oben lag und niemals Zahl? Wie verhält sich diese Wahrscheinlichkeit für wachsende n?

11 Geben Sie Ihrem Tischnachbarn eine Bildungsvorschrift für eine Folge an, die als Grenzwert Ihre Hausnummer hat. Ihr Tischnachbar soll dann Ihre Hausnummer bestimmen.

12 Das Foto zeigt das Innere eines Handys ohne Stabantenne. Die quadratische Platte mit den quadratischen Löchern dient als Antenne, sie hat die Form wie die Figur F_3. Man kann sich diese Figur F_3 durch Herausnehmen von kleineren Quadraten aus einem größeren Quadrat entstanden denken. Setzt man das Herausnehmen weiter fort, so kann man sich eine Folge $F_1, F_2, F_3, F_4, \ldots$ von Figuren denken. Setzt man diesen Prozess unendlich fort, so entsteht als „Endprodukt" eine Fläche, die man SIERPINSKI*'schen Teppich* nennt.

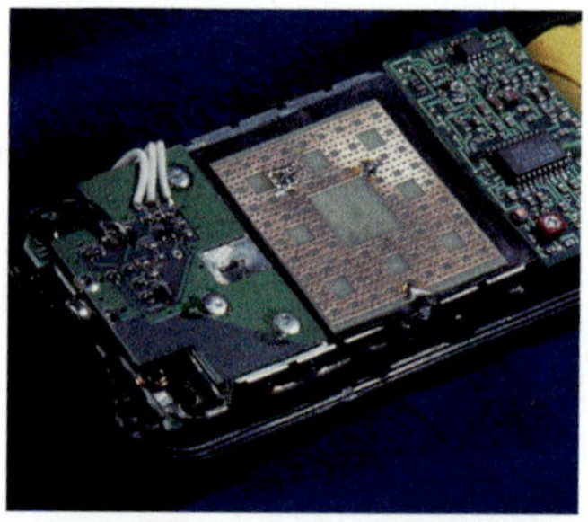

WACLAW SIERPINSKI entdeckte diese Figuren bereits 1929.

WACLAW SIERPINSKI (1882–1969), polnischer Mathematiker
Zu seinen herausragenden Leistungen gehören Entdeckungen in der Chaostheorie und der Mengenlehre.

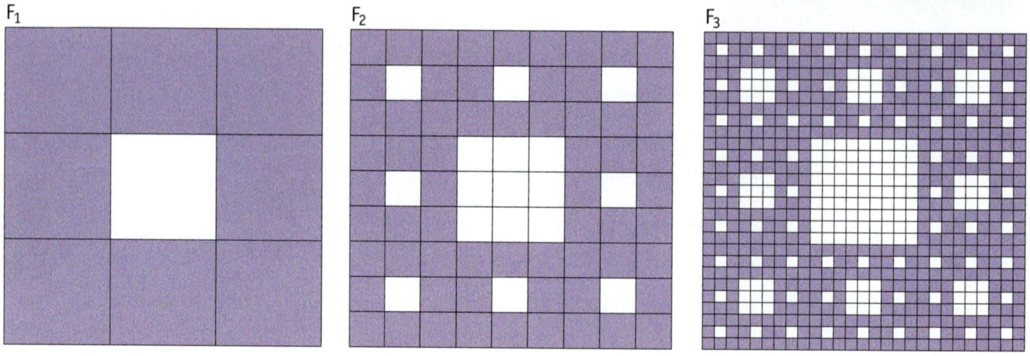

Betrachten Sie die Folge der Flächeninhalte der Figuren $F_1, F_2, F_3, \ldots$. Welchen Grenzwert hat diese Folge?

1.2 Ableitung der Quadratfunktion

Einführung

(1) Grundidee

Wir wollen die Steigung der Normalparabel an der Stelle 0,5 bestimmen. Mit dem Funktionsterm $f(x) = x^2$ erhalten wir die y-Koordinate des Punktes P: $f(0{,}5) = 0{,}5^2 = 0{,}25$.

Wir betrachten zunächst statt der Tangente im Punkt P(0,5 | 0,25) Geraden durch P, die die Normalparabel noch in einem weiteren Punkt Q schneiden. Solche Geraden nennt man *Sekanten*. Aus den Koordinaten der Punkte auf der Normalparabel kann man die Steigung einer Sekante genau berechnen. Je näher der zweite Schnittpunkt Q der Sekante am Punkt P liegt, desto näher liegt die Sekante an der Tangente und desto weniger unterscheidet sich die Steigung der Sekante von der Steigung der Tangente.

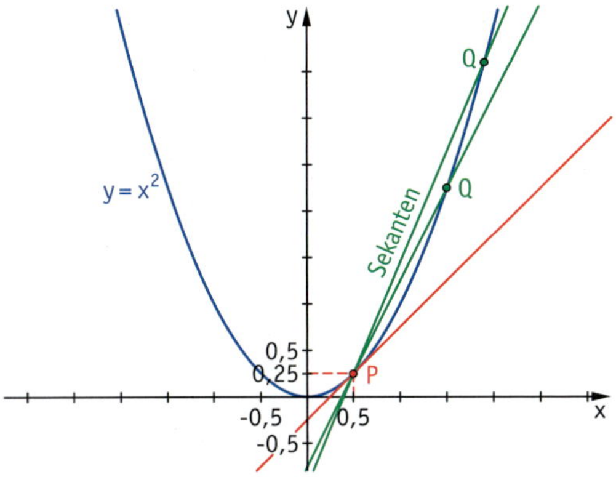

(2) Berechnen der Steigung von Sekanten durch den Punkt P (0,5 | 0,25)

Wir betrachten zunächst eine Sekante durch P(0,5 | 0,25) mit dem zweiten Schnittpunkt Q(1,5 | 2,25).

Diese Sekante hat die Steigung:

$$m = \frac{f(1{,}5) - f(0{,}5)}{1{,}5 - 0{,}5} = \frac{2{,}25 - 0{,}25}{1{,}5 - 0{,}5} = \frac{2}{1} = 2$$

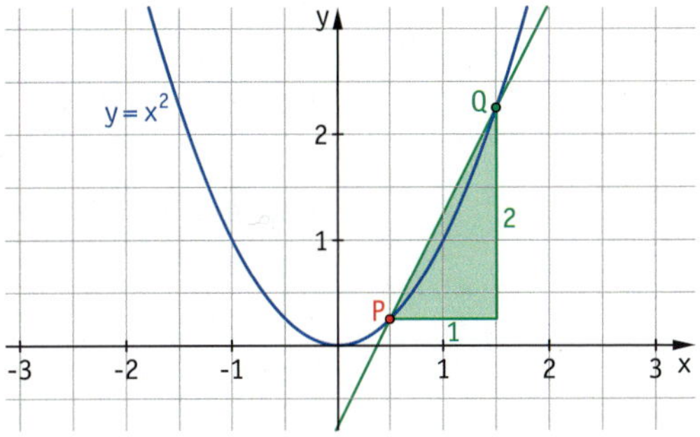

Einen noch besseren Näherungswert für die Tangentensteigung erhalten wir, wenn wir die Sekante durch den zweiten Punkt Q(1 | 1) betrachten, der nun näher bei P liegt.

Diese Sekante hat die Steigung:

$$m = \frac{f(1) - f(0{,}5)}{1 - 0{,}5} = \frac{1 - 0{,}25}{1 - 0{,}5} = \frac{0{,}75}{0{,}5} = 1{,}5$$

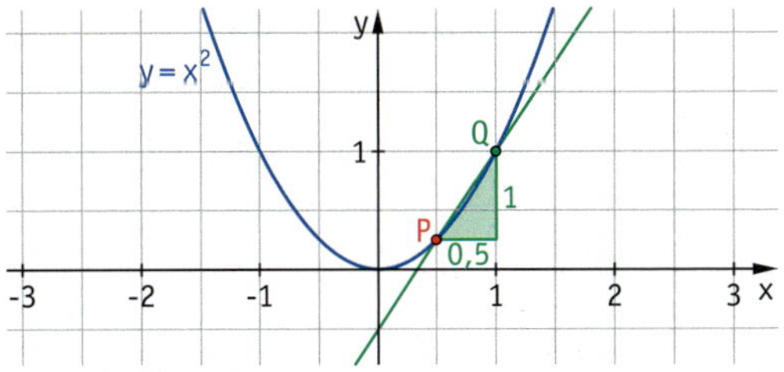

Um die Steigungen weiterer Sekanten zu berechnen, bezeichnen wir den zweiten Schnittpunkt allgemein mit $Q(x \mid x^2)$ mit $x \neq 0{,}5$. Für die Steigung der Sekanten erhalten wir damit den Term:

$$m = \frac{f(x) - f(0{,}5)}{x - 0{,}5} = \frac{x^2 - 0{,}25}{x - 0{,}5}$$

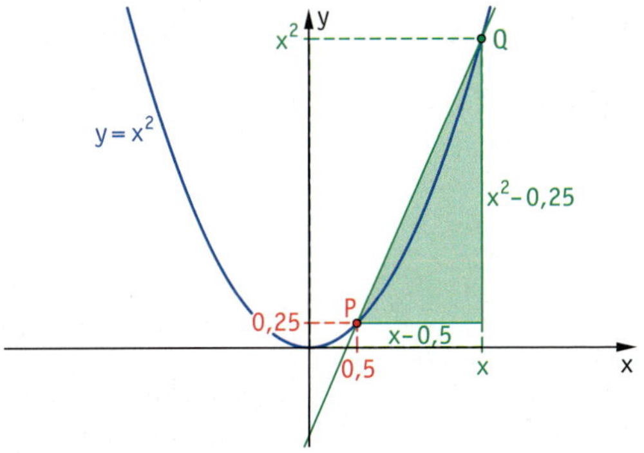

Division durch 0 ist nicht definiert!

Mithilfe dieses Terms können wir die Steigung weiterer Sekanten bequem mit einem Rechner bestimmen.

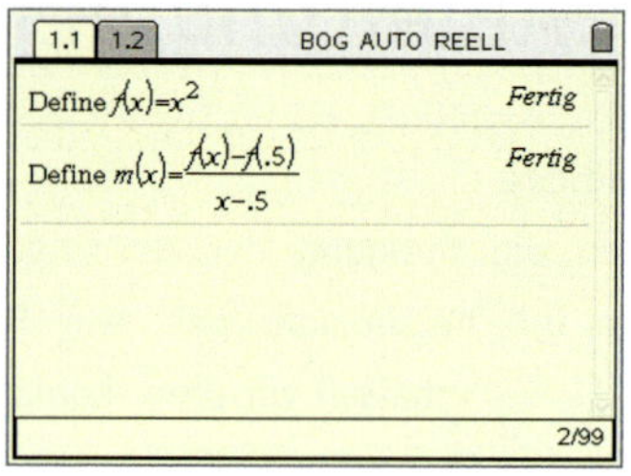

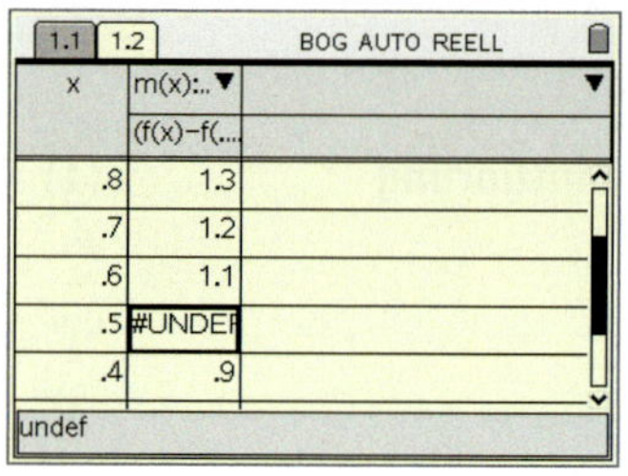

Für $x = 0{,}5$ meldet der Rechner einen Fehler (**#UNDEF**), weil der Nenner des Terms $\frac{x^2 - 0{,}25}{x - 0{,}5}$ den Wert 0 hat.

Der Rechner liefert auch einen Wert für die Sekante, wenn der zweite Schnittpunkt Q links von der Stelle 0,5 liegt. Die Formel für die Steigung der Sekanten gilt auch, falls der zweite Schnittpunkt Q links von P(0,5 | 0,25) liegt:

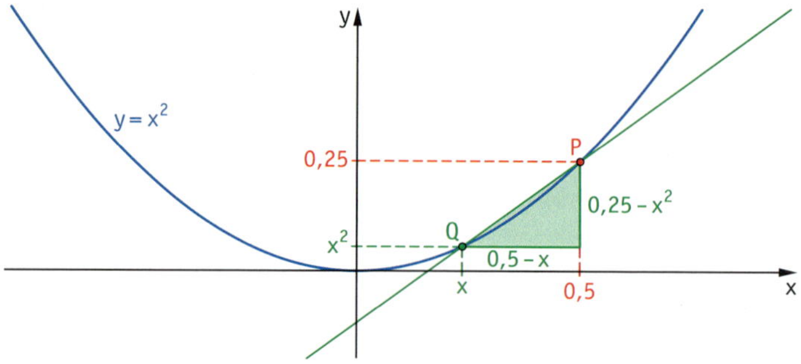

$$m = \frac{0{,}25 - x^2}{0{,}5 - x}$$

$$= \frac{-(0{,}25 - x^2)}{-(0{,}5 - x)} = \frac{-0{,}25 + x^2}{-0{,}5 + x} = \frac{x^2 - 0{,}25}{x - 0{,}5}$$

Um noch genauere Werte für die Tangentensteigung zu erhalten, kann man die Wertetabelle verfeinern. Dabei gibt es auch die Möglichkeit, statt einer Schrittweite direkt die x-Werte einzugeben, für die die Steigungen berechnet werden sollen. Aus den Werten der Tabelle lässt sich vermuten, dass die Sekantensteigung umso näher bei 1 liegt, je näher x bei 0,5 liegt.

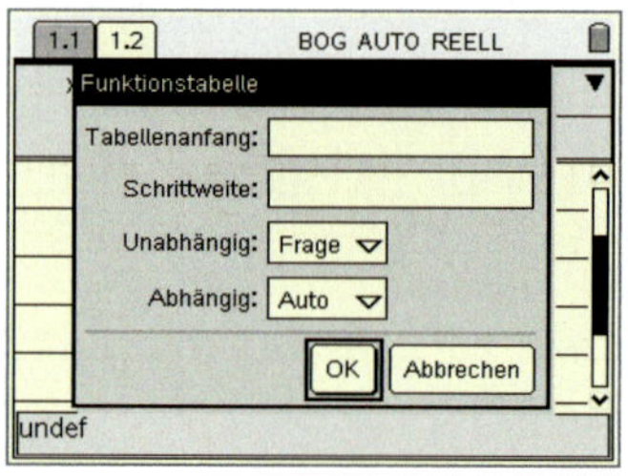

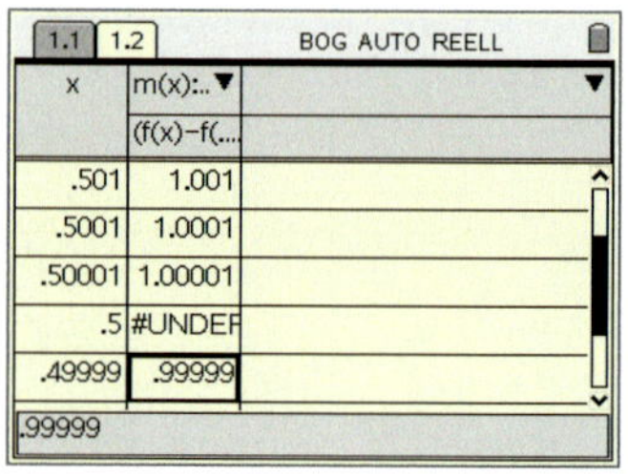

(3) Bestimmen der Tangentensteigung im Punkt P(0,5 | 0,25)

Durch Umformen des Terms für die Sekantensteigung kann man zeigen, dass sich die Werte tatsächlich genau der Zahl 1 nähern. Für $x \neq 0{,}5$ gilt:

$$m = \frac{x^2 - 0{,}25}{x - 0{,}5}$$

$$= \frac{(x + 0{,}5)(x - 0{,}5)}{x - 0{,}5}$$ *3. binomische Formel*

$$= x + 0{,}5$$

Liegt Q rechts von P (d. h. ist $x > 0{,}5$), so ist $m = x + 0{,}5 > 1$.

Liegt Q links von P (d. h. ist $x < 0{,}5$), so ist $m = x + 0{,}5 < 1$.

An der Formel $m = x + 0{,}5$ (für $x \neq 0{,}5$) erkennt man, dass sich die Sekantensteigung m umso weniger von der Zahl $0{,}5 + 0{,}5$, also 1, unterscheidet, je weniger sich x von 0,5 unterscheidet.

Die Zahl 1 ist offenbar die gesuchte Steigung der Tangente im Punkt P(0,5 | 0,25).

Die Tangente im Punkt P(0,5 | 0,25) hat also die Steigung 1.

Die Steigung der Tangente an den Graphen der Funktion f an der Stelle 0,5 ist bekanntlich die Ableitung von f an der Stelle 0,5, also gilt: $f'(0{,}5) = 1$.

Information

(1) Steigung des Graphen einer Funktion in einem Punkt bestimmen

In der Einführung haben wir für die Sekantensteigung den Term $x + 0{,}5$ ermittelt. Zur Berechnung der Tangentensteigung haben wir die Stelle x, an der die Sekante die Normalparabel schneidet, der Stelle 0,5 immer mehr angenähert und untersucht, wie sich dabei die Sekantensteigung ändert. Kurz kann man das so formulieren:

Wenn $x \to 0{,}5$, dann $x + 0{,}5 \to 0{,}5 + 0{,}5 = 1$, gelesen: Wenn x gegen 0,5 strebt, dann strebt $x + 0{,}5$ gegen 1.

Die Zahl 1 bezeichnet man auch als Grenzwert des Terms $x + 0{,}5$ bei Annäherung von x an 0,5.

Dafür schreibt man auch:

limes (lat.): Grenze

$\lim\limits_{x \to 0{,}5} (x + 0{,}5) = 1$, gelesen: limes von $x + 0{,}5$ für x gegen 0,5 ist gleich 1.

Die Steigung des Graphen einer Funktion f im Punkt $P\left(x_0 \mid f(x_0)\right)$ erhält man folgendermaßen:

(1) Man wählt einen von P verschiedenen Punkt $Q\left(x \mid f(x)\right)$ auf dem Graphen von f.

(2) Man bestimmt die Steigung der Sekante durch P und Q:

$$m = \frac{f(x) - f(x_0)}{x - x_0}$$

Diesen Term bezeichnet man als **Differenzenquotient.**

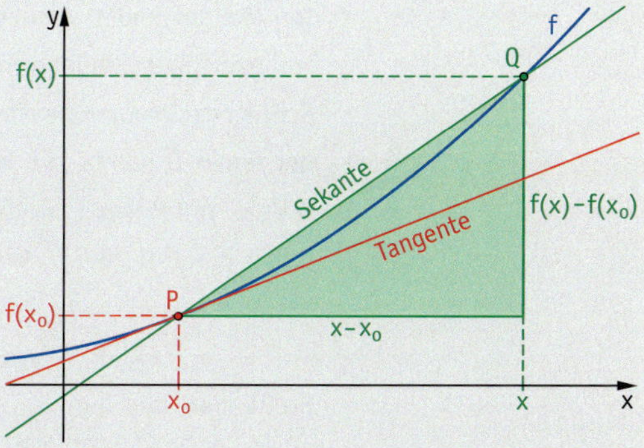

(3) Man lässt den Punkt Q auf dem Graphen zum Punkt P wandern; dabei nähert sich x der Stelle x_0 an.

Die Steigung der Tangenten ist dann der *Grenzwert* der Steigungen der Sekanten durch Q und P:

$$f'(x_0) = \lim_{x \to x_0} \frac{f(x) - f(x_0)}{x - x_0}$$

Diesen Term bezeichnet man als **Differenzialquotient**.

Aufgabe

1 Bestimmen Sie die Steigung der Normalparabel in einem beliebigen Punkt $P\left(x_0 \mid x_0^2\right)$.

Lösung

(1) Bestimmen der Sekantensteigung

Wir betrachten eine Sekante durch den Punkt $P\left(x_0 \mid x_0^2\right)$ und einem anderen Punkt $Q(x \mid x^2)$. Für deren Steigung gilt:

$$m = \frac{x^2 - x_0^2}{x - x_0} = \frac{(x + x_0)(x - x_0)}{(x - x_0)} = x + x_0$$

(für $x \neq x_0$)

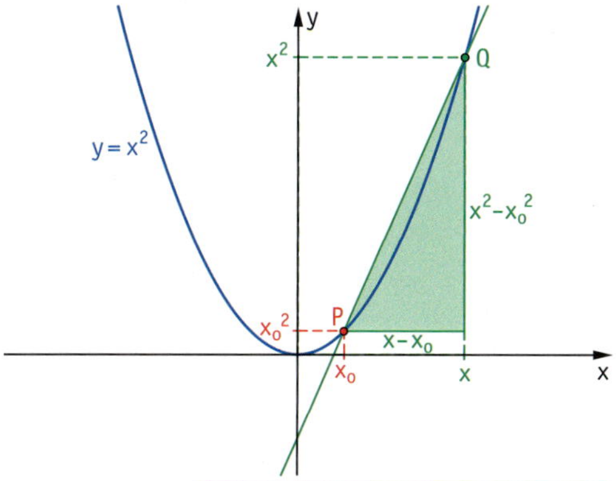

(2) Bestimmen der Tangentensteigungen

Wandert der zweite Schnittpunkt $Q(x \mid x^2)$ der Sekante auf der Normalparabel immer näher an den Punkt $P\left(x_0 \mid x_0^2\right)$, so gilt für die Sekantensteigung:

Wenn $x \to x_0$, dann $m = x + x_0 \to x_0 + x_0 = 2x_0$

Die Tangentensteigung ist der Grenzwert der Sekantensteigung:

$$f'(x_0) = \lim_{x \to x_0} \frac{x^2 - x_0^2}{x - x_0} = \lim_{x \to x_0} (x + x_0) = 2x_0$$

Oder anders gesagt: Der Differenzialquotient ist der Grenzwert des Differenzenquotienten.

Information

(2) Ableitung der Quadratfunktion

In der Aufgabe 1 haben wir bewiesen:

> **Satz 1:** Ableitung von $f(x) = x^2$
> Die Quadratfunktion f mit $f(x) = x^2$ hat an der Stelle x_0 die Ableitung $f'(x_0) = 2x_0$.

(3) Berechnen der Ableitung mit der h-Schreibweise

In Aufgabe 1 haben wir die Koordinaten des 2. Schnittpunktes der Sekanten mit $Q(x\,|\,x^2)$ bezeichnet. Für manche Berechnungen ist es günstiger, die Stelle, an der die Sekante den Graphen zum zweiten Mal schneidet, nicht mit x sondern mit $x_0 + h$ zu bezeichnen. Dabei gibt h an, wie weit die zweite Schnittstelle von x_0 entfernt ist. h ist positiv, falls der Punkt Q rechts von P liegt, h ist negativ, falls Q links von P liegt. Für die Steigung m der Sekante durch P und Q gilt:

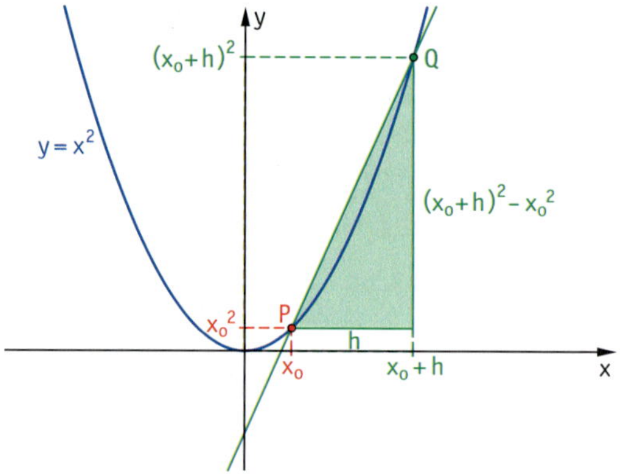

$$m = \frac{(x_0 + h)^2 - x_0^2}{h} = \frac{x_0^2 + 2x_0h + h^2 - x_0^2}{h} = 2x_0 + h \quad (\text{für } h \neq 0)$$

Stellt man sich nun vor, dass Q auf P zu wandert, so unterscheidet sich h immer weniger von 0 und die Steigung m immer weniger von $2x_0$. Es gilt also:

Wenn $h \to 0$, dann $m = 2x_0 + h \to 2x_0$

Daher gilt für die Ableitung der Quadratfunktion an einer Stelle x_0:

$$f'(x_0) = \lim_{h\to 0} \frac{(x_0 + h)^2 - x_0^2}{h} = \lim_{h\to 0} (2x_0 + h) = 2x_0$$

Übungsaufgaben

2 Für die Funktion f mit $f(x) = 4 - x^2$ soll die Tangentensteigung im Punkt $P(1\,|\,3)$ möglichst genau bestimmt werden. Betrachten Sie das Bild rechts. Dort wird die Tangente in P näherungsweise durch Sekanten ersetzt.

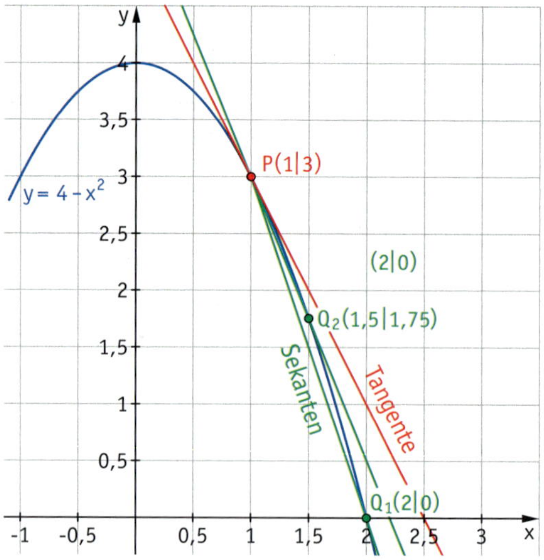

a) Bestimmen Sie die Steigungen aller eingezeichneten Sekanten rechnerisch.
Wie kann man einen noch besseren Näherungswert für die Tangentensteigung erhalten?

b) Entwickeln Sie aus den Überlegungen in Teilaufgabe a) ein Verfahren zur rechnerischen Bestimmung der Ableitung von f an einer beliebigen Stelle x_0.

3 Bestimmen Sie mithilfe von Sekantensteigungen die Steigung der Tangente an den Graphen der Funktion $f(x) = x^2$ an der angegebenen Stelle x_0, ohne Satz 1 zu verwenden.

a) $x_0 = 2$ **b)** $x_0 = -1$ **c)** $x_0 = 0$ **d)** $x_0 = -0{,}5$ **e)** $x_0 = \sqrt{5}$

4

a) Geben Sie die Ableitung der Quadratfunktion an der Stelle 3 $\left[7;\ -4;\ -0{,}5;\ \frac{2}{3}\right]$ an.

b) An welcher Stelle hat die Quadratfunktion die Ableitung 8 $\left[-6;\ 0;\ \frac{1}{2};\ -0{,}8\right]$?

5 Betrachten Sie die Quadratfunktion f mit $f(x) = x^2$.

a) Geben Sie an: (1) $f'(5)$, (2) $f'(-5)$, (3) $f'(0)$, (4) $f'\left(\frac{1}{2}\right)$, (5) $f'\left(-\frac{1}{2}\right)$

b) An welchen Stellen x gilt: (1) $f'(x) = 3$, (2) $f'(x) = -3$, (3) $f'(x) = 0$, (4) $f'(x) = 1{,}8$?

6 Bestimmen Sie die Ableitung der Funktion f an den Stellen 3 und −3 mithilfe der h-Schreibweise.

a) $f(x) = x^2 + 3$ **b)** $f(x) = 3x^2$ **c)** $f(x) = (x - 2)^2$ **d** $f(x) = x^2 + 2x$

7 Arbeiten Sie mit der dem Buch beiliegenden CD *Mathematik interaktiv*. Stellen Sie mit dem Programmteil *Steigung* das Verfahren zur Bestimmung der Tangente an eine Parabel grafisch dar. Experimentieren Sie mit den Programm und beschreiben Sie Ihre Beobachtungen.

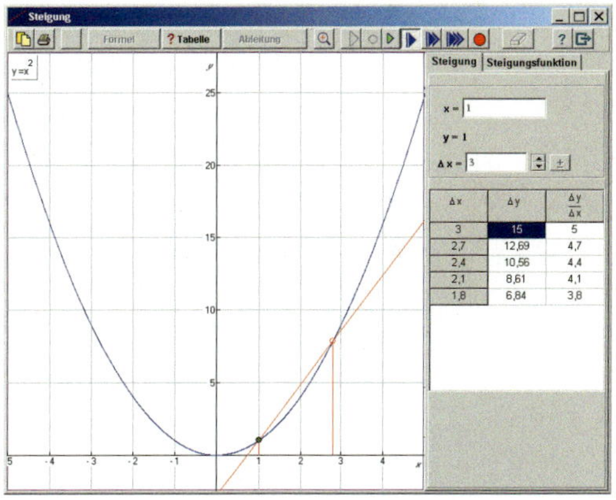

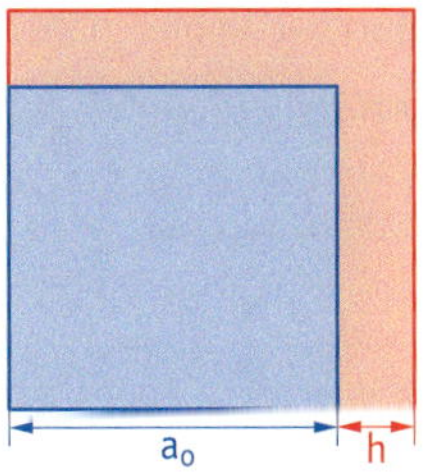

8 Betrachten Sie die Funktion, die jeder Seitenlänge a_0 den Flächeninhalt des entsprechenden Quadrates zuordnet. Berechnen Sie die lokale Änderungsrate für eine Seitenlänge a_0.
Deuten Sie das Ergebnis geometrisch.

9 Die Parabelkirche in Gelsenkirchen wurde von dem Architekten Josef Franke in den Jahren 1927 bis 1929 erbaut. Beim Bau des Kirchenmittelschiffes (bei einer Breite b von 10 Metern und einer Höhe h von 15 Metern) wurden die in den Boden eingelassenen Stützpfeiler aus Fertigungsgründen als einfache Geradenstücke, nicht mehr als Parabelstücke angefertigt.

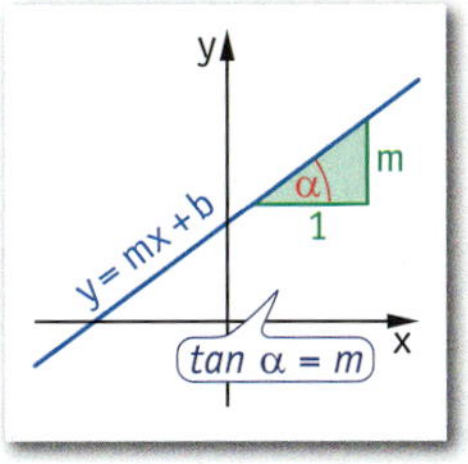

a) Wählen Sie ein Koordinatensystem und bestimme eine Parabelgleichung.

b) Berechnen Sie die Steigung eines in den Boden eingelassenen geraden Stützpfeilers.

c) Welchen Winkel schließen Pfeiler und Erdboden miteinander ein?

d) Ermitteln Sie Gleichungen für die Stützpfeiler.

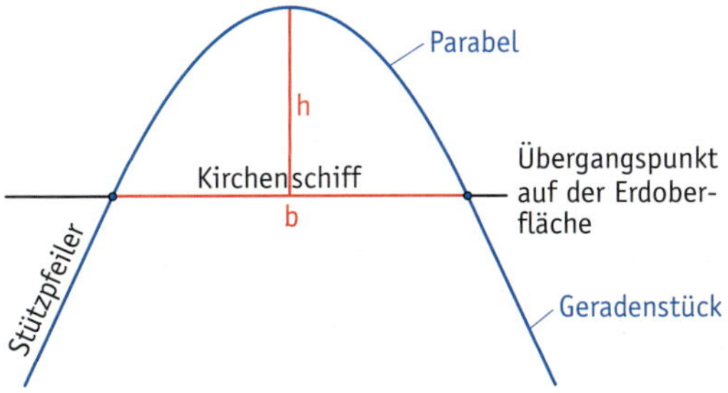

1.3 Ableitung weiterer Funktionen

Ziel

Hier bestimmen Sie die Ableitungen weiterer Funktionen mit den Verfahren, die Sie bei der Quadratfunktion kennengelernt haben.

Zum Erarbeiten

(1) Ableitung der Kubikfunktion

Gegeben ist die Funktion f mit $f(x) = x^3$. Mithilfe der h-Schreibweise bestimmen wir die Ableitung von f an einer Stelle x_0.

Die Steigung der Tangente an der Stelle x_0 wird in folgenden Schritten bestimmt:

(1) Bestimmen der Sekantensteigung

Wir betrachten eine Sekante durch die Punkte $P\left(x_0 \mid x_0^3\right)$ und $Q\left(x_0 + h \mid (x_0 + h)^3\right)$ mit $h \neq 0$.

Für deren Steigung gilt:

$$m = \frac{(x_0 + h)^3 - x_0^3}{x_0 + h - x_0} = \frac{(x_0 + h)^2 (x_0 + h) - x_0^3}{h}$$

$$= \frac{(x_0^2 + 2x_0 h + h^2)(x_0 + h) - x_0^3}{h}$$

2. binomische Formel: $(a + b)^2 = a^2 + 2ab + b^2$

$$= \frac{x_0^3 + 3x_0^2 h + 3x_0 h^2 + h^3 - x_0^3}{h}$$

$$= \frac{3x_0^2 h + 3x_0 h^2 + h^3}{h}$$

$$= 3x_0^2 + 3x_0 h + h^2$$

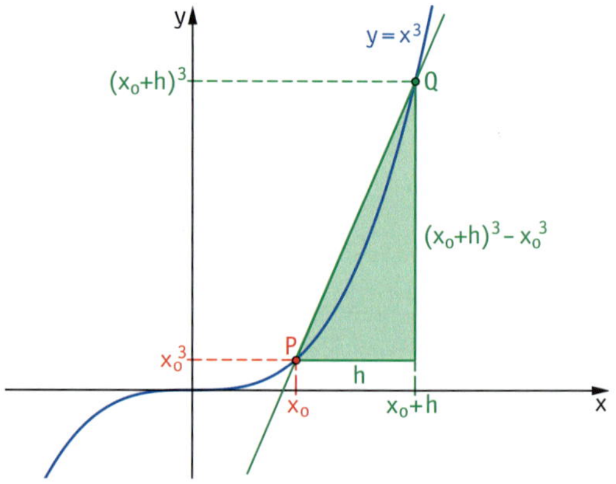

(2) Bestimmen der Tangentensteigung

Wandert der zweite Schnittpunkt $Q\left(x_0 + h \mid (x_0 + h)^3\right)$ der Sekante auf der Normalparabel immer näher an den Punkt $P\left(x_0 \mid x_0^3\right)$ heran, unterscheidet sich h immer weniger von 0. Für die Sekantensteigung folgt daraus:

$$m = 3x_0^2 + 3x_0 h + h^2 \to 3x_0^2 \quad \text{für } h \to 0$$

Die Tangentensteigung ist der Grenzwert der Sekantensteigung:

$$f'(x_0) = \lim_{h \to 0} \frac{(x_0 + h)^3 - x_0^3}{h} = \lim_{h \to 0} \left(3x_0^2 + 3x_0 h + h^2\right) = 3x_0^2$$

Satz 2: Ableitung von $f(x) = x^3$

Die Funktion f mit $f(x) = x^3$ hat an der Stelle x_0 die Ableitung $f'(x_0) = 3x_0^2$.

(2) Ableitung der Kehrwertfunktion

Gegeben ist die Funktion f mit $f(x) = \frac{1}{x}$ für $x \neq 0$. Mithilfe der h-Schreibweise bestimmen wir die Ableitung von f an einer Stelle x_0.

Die Steigung der Tangente an der Stelle x_0 wird in folgenden Schritten bestimmt:

(1) Bestimmen der Sekantensteigung

Wir betrachten eine Sekante durch die Punkte $P\left(x_0 \middle| \frac{1}{x_0}\right)$ und $Q\left(x_0 + h \middle| \frac{1}{x_0 + h}\right)$ mit $h \neq 0$.

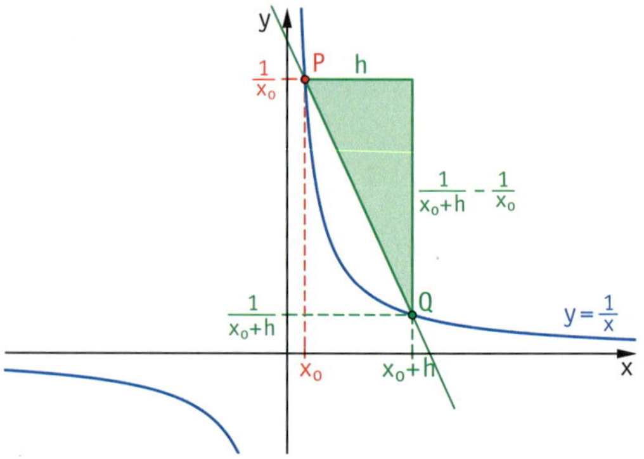

Für deren Steigung gilt:

$$m = \frac{\frac{1}{x_0 + h} - \frac{1}{x_0}}{x_0 + h - x_0} = \frac{\frac{x_0}{(x_0 + h)\,x_0} - \frac{x_0 + h}{x_0\,(x_0 + h)}}{h}$$

Erweitern auf den Hauptnenner $x_0\,(x_0 + h)$

$$= -\frac{\frac{h}{x_0\,(x_0 + h)}}{h} = -\frac{h}{x_0\,(x_0 + h)\,h} = -\frac{1}{x_0\,(x_0 + h)}$$

für $h \neq 0$

(2) Bestimmen der Tangentensteigung

Wandert der zweite Schnittpunkt $Q\left(x_0 + h \,\middle|\, \frac{1}{x_0 + h}\right)$ der Sekante auf der Hyperbel immer näher an den Punkt $P\left(x_0 \,\middle|\, \frac{1}{x_0}\right)$, unterscheidet sich h immer weniger von 0 und es folgt für die Sekantensteigung:

Wenn $h \to 0$, dann $m = -\frac{1}{x_0\,(x_0 + h)} \to -\frac{1}{x_0 x_0} = -\frac{1}{x_0^2}$.

Die Tangentensteigung ist der Grenzwert der Sekantensteigung:

$$f'(x_0) = \lim_{h \to 0} \frac{\frac{1}{x_0 + h} - \frac{1}{x_0}}{h} = \lim_{h \to 0} \left(-\frac{1}{x_0\,(x_0 + h)}\right) = -\frac{1}{x_0^2}$$

Satz 3: Ableitung von $f(x) = \frac{1}{x}$

Die Funktion f mit $f(x) = \frac{1}{x}$ hat an der Stelle $x_0 \neq 0$ die Ableitung $f'(x_0) = -\frac{1}{x_0^2}$.

(3) Ableitung der Quadratwurzelfunktion

Gegeben ist die Funktion f mit $f(x) = \sqrt{x}$ für $x \geq 0$. Die Ableitung von f an einer Stelle x_0 wird hier ohne Verwendung der h-Schreibweise bestimmt.

Die Steigung der Tangente an der Stelle x_0 wird in folgenden Schritten bestimmt:

(1) Bestimmen der Sekantensteigung

Wir betrachten eine Sekante durch die Punkte $P\left(x_0 \,\middle|\, \sqrt{x_0}\right)$ und $Q\left(x \,\middle|\, \sqrt{x}\right)$ mit $x \neq x_0$.

Für deren Steigung gilt:

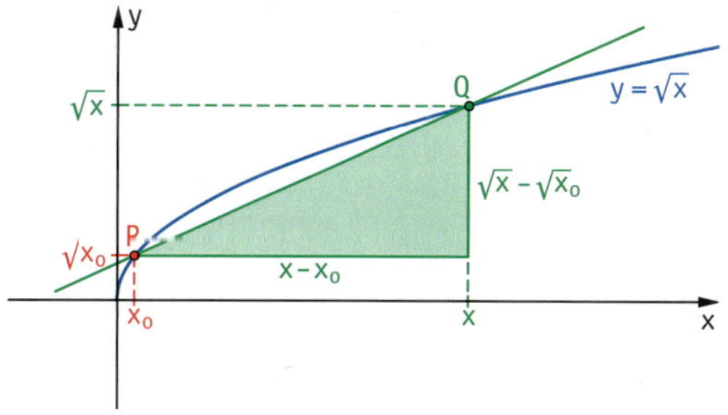

$$m = \frac{\sqrt{x} - \sqrt{x_0}}{x - x_0}$$

3. binomische Formel: $a^2 - b^2 = (a + b) \cdot (a + b)$

$$= \frac{\sqrt{x} - \sqrt{x_0}}{(\sqrt{x})^2 - (\sqrt{x_0})^2}$$

$$= \frac{\sqrt{x} - \sqrt{x_0}}{(\sqrt{x} + \sqrt{x_0})(\sqrt{x} - \sqrt{x_0})}$$

$$= \frac{1}{(\sqrt{x} + \sqrt{x_0})}$$

(2) Bestimmen der Tangentensteigung

Wandert der zweite Schnittpunkt $Q\left(x \,\middle|\, \sqrt{x}\right)$ der Sekante auf dem Graphen immer näher an den Punkt $P\left(x_0 \,\middle|\, \sqrt{x_0}\right)$, so unterscheidet sich x immer weniger von x_0.

Für die Sekantensteigung folgt daraus: Wenn $x \to x_0$, dann $m = \frac{1}{(\sqrt{x} + \sqrt{x_0})} \to \frac{1}{(\sqrt{x_0} + \sqrt{x_0})} = \frac{1}{2\sqrt{x_0}}$.

Die Tangentensteigung ist der Grenzwert der Sekantensteigung:

$$f'(x_0) = \lim_{x \to x_0} \frac{\sqrt{x} - \sqrt{x_0}}{x - x_0} = \lim_{x \to x_0} \frac{1}{(\sqrt{x} + \sqrt{x_0})} = \frac{1}{2\sqrt{x_0}}$$

Satz 4: Ableitung von $f(x) = \sqrt{x}$

Die Funktion f mit $f(x) = \sqrt{x}$ hat an der Stelle $x_0 > 0$ die Ableitung $f'(x_0) = \frac{1}{2\sqrt{x_0}}$.

Die Stelle $x_0 = 0$ ist hier ausgeschlossen, warum wird auf der nächsten Seite erklärt.

(3) Ausschließen der Stelle 0

Die Sekante durch den Ursprung $O(0|0)$ und den Punkt $Q(x|\sqrt{x})$ hat die Steigung $m = \frac{\sqrt{x} - 0}{x - 0} = \frac{\sqrt{x}}{x} = \frac{1}{\sqrt{x}}$. Je näher Q auf dem Graphen an 0 rückt, desto kleiner wird $\sqrt{x}$. Die Sekantensteigung $\frac{1}{\sqrt{x}}$ wird beliebig groß. An der Stelle 0 hat die Quadratwurzelfunktion somit eine senkrechte Tangente. Für eine Gerade, die parallel zur y-Achse verläuft, kann man keine Steigung angeben. Daher muss die Stelle 0 beim Bestimmen der Ableitung ausgeschlossen werden.

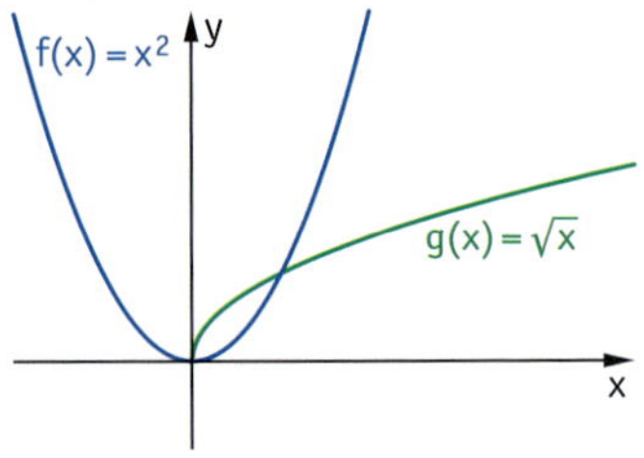

Zum Üben

1 Die Ableitung der Kubikfunktion und der Kehrwertfunktion haben wir mit der h-Schreibweise bestimmt, die der Quadratwurzelfunktion nicht.
Untersuchen Sie, ob die Bestimmung der Ableitung mit der jeweils anderen Methode genauso günstig ist.

2 Bestimmen Sie die Ableitung einer linearen Funktion f mit $f(x) = mx + c$ an einer Stelle x_0. Welches Ergebnis erwarten Sie? Bestimmen Sie anschließend die Ableitung mithilfe von Sekantensteigungen.

3 Beweisen Sie:

Satz 5: Ableitung von $f(x) = x^4$
Die Funktion f mit $f(x) = x^4$ hat an einer Stelle $x_0 \neq 0$ die Ableitung $f'(x_0) = 4x_0^3$.

4 Beweisen Sie:

Satz 6: Ableitung von $f(x) = x^{-2}$
Die Funktion f mit $f(x) = \frac{1}{x^2}$ hat an einer Stelle x_0 die Ableitung $f'(x_0) = -\frac{2}{x_0^3}$.

5 Bestimmen Sie für die Funktion f die Ableitungen $f'(1)$, $f'(2)$, $f'(2{,}5)$, $f'\left(\frac{1}{4}\right)$.

a) $f(x) = x^3$ **b)** $f(x) = \frac{1}{x}$ **c)** $f(x) = \sqrt{x}$ **d)** $f(x) = x^4$ **e)** $f(x) = \frac{1}{x^2}$

6 An welcher Stelle hat der Graph von f die angegebene Steigung?

a) $f(x) = x^3$, Steigung 27 [7; 0]
b) $f(x) = x^4$, Steigung 16 [−1; 4]
c) $f(x) = \frac{1}{x}$, Steigung −1 [−4; −7]
d) $f(x) = \sqrt{x}$, Steigung $\frac{1}{9}$ [16; 3]

7 Welche Steigungen kommen für den Graphen von f überhaupt nicht vor?
Deuten Sie das Ergebnis geometrisch.

a) $f(x) = x^3$ **b)** $f(x) = \frac{1}{x}$ **c)** $f(x) = \sqrt{x}$

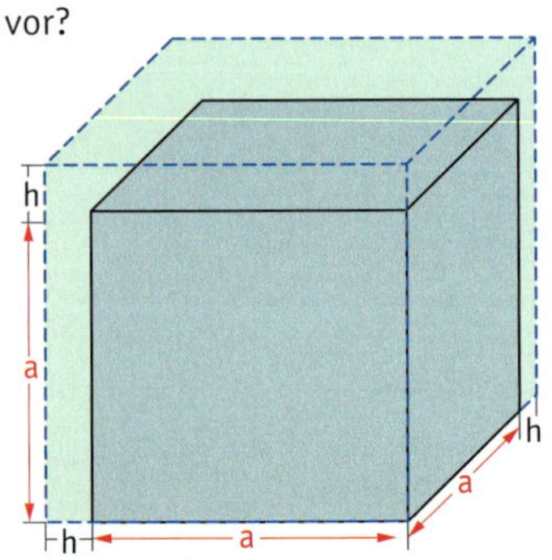

8 Betrachten Sie die Funktion, die jeder Kantenlänge a das Volumen des zugehörigen Würfels zuordnet. Bestimmen Sie die lokale Änderungsrate. Deuten Sie Ihr Ergebnis geometrisch.

LK 1.4 Stetigkeit und Differenzierbarkeit

1.4.1 Stetigkeit

Einführung

Funktionsgraph mit Sprüngen

Lucas telefoniert mit einer Telefonkarte, auf der nur noch wenig Guthaben ist. Daher betrachtet er das angezeigte Restguthaben sorgfältig:

1,30 €; 1,10 €; 0,90 €; …

Zu bestimmten Zeitpunkten verringert sich das Guthaben schlagartig um 20 Cent.

Betrachtet man den Graphen der Funktion

Gesprächsdauer (in min) ⟼ *Restguthaben (in €)*,

so weist dieser eine Besonderheit auf:

Der Graph fällt nicht kontinuierlich, sondern zu bestimmten Zeitpunkten mit einem Sprung: Bis unmittelbar vor 2 Minuten Gesprächsdauer beträgt das Guthaben 1,30 €, ab genau 2 Minuten dann nur noch 1,10 €. An dieser Stelle symbolisiert • einen Punkt, der zum Graphen gehört, und ∘ einen Punkt, der nicht dazu gehört.

Im Gegensatz zu vielen anderen Graphen, die wir bislang betrachtet haben, kann man diesen also nicht in einem Zuge durchzeichnen.

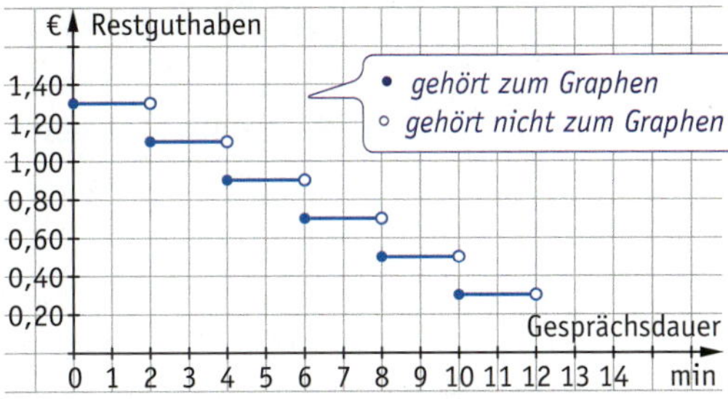

Aufgabe

1 Zeichnen Sie die Graphen der Funktionen zu

(1) $f(x) = \begin{cases} -x-1 & \text{für } x \le 1 \\ x^2 & \text{für } x > 1 \end{cases}$

(2) $g(x) = \begin{cases} |x|+1 & \text{für } x \neq 0 \\ -1 & \text{für } x = 0 \end{cases}$

Beschreiben Sie Besonderheiten der Graphen.

Lösung

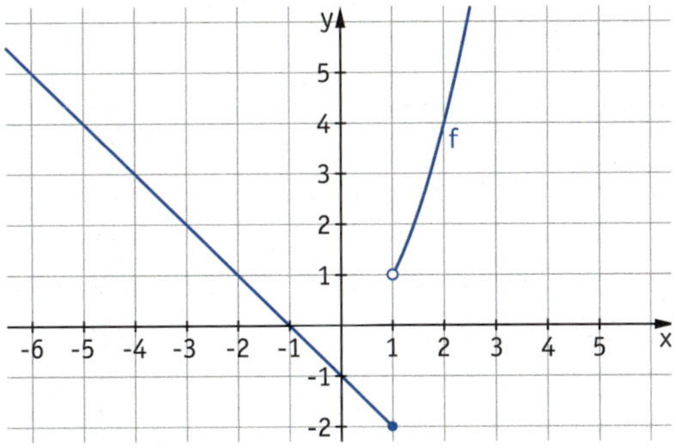

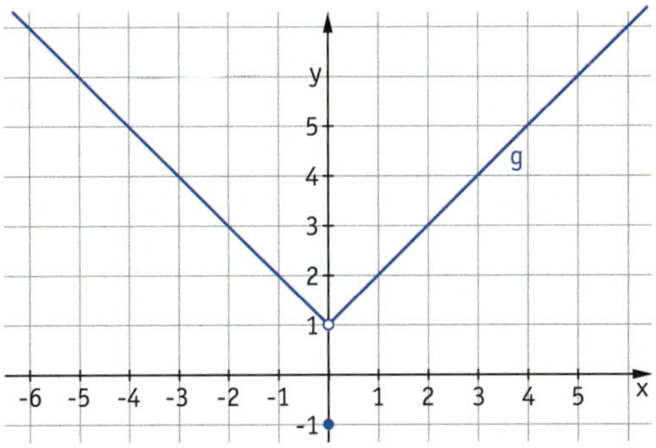

Beide Graphen weisen an einer Stelle einen Sprung auf. Nähert man sich auf dem Graphen von f von links der Stelle 1, so nähern sich die Funktionswerte dem Funktionswert $f(1) = -2$. Nähert man sich dagegen von rechts dieser Stelle, so nähern sich die Funktionswerte dem Wert 1.

Nähert man sich auf dem Graphen von g der Stelle 0, so nähern sich die Funktionswerte dem Wert 1; es ist aber $g(1) = -1$.

Information

(1) Stetigkeit an einer Stelle x_0.

In der Einführung und in Aufgabe 1 haben wir Funktionen betrachtet, die Stellen aufweisen, an denen der Graph einen Sprung macht. Nähern sich die x-Werte dieser Stelle an, so nähern sich die zugehörigen Funktionswerte nicht dem Funktionswert an dieser Stelle an. Wir nennen die Funktion an dieser Stelle *unstetig*.

Definition 3

Die Funktion f sei an der Stelle x_0 definiert. Sie heißt dann **an der Stelle x_0 stetig**, falls $\lim\limits_{x \to x_0} f(x)$ existiert und $\lim\limits_{x \to x_0} f(x) = f(x_0)$ ist. Andernfalls heißt die Funktion *an der Stelle x_0 unstetig.*

(1) f ist stetig an der Stelle x_0

(2) f ist unstetig an der Stelle x_0

(3) f ist weder stetig, noch unstetig an der Stelle x_0

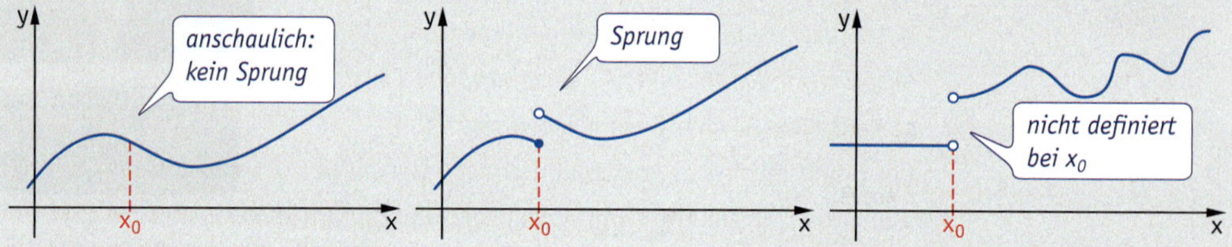

(2) Beispiele stetiger Funktionen

Die meisten einfachen Funktionen sind stetig.

Satz 7

Folgende Funktionen sind an jeder Stelle ihres Definitionsbereichs stetig:

$f(x) = x$; $f(x) = c$; $f(x) = \sqrt{x}$; $f(x) = x^r$ (für $r \in \mathbb{R}$);

$f(x) = b^x$ (für $b > 0$); $f(x) = \sin x$; $f(x) = \cos x$; $f(x) = \tan x$

(3) Stetigkeit im Definitionsbereich

Definition 4

Eine Funktion heißt **stetig**, wenn sie an jeder Stelle ihres Definitionsbereichs stetig ist.

Stetig bedeutet anschaulich: Man kann den Graphen in D durchzeichnen.

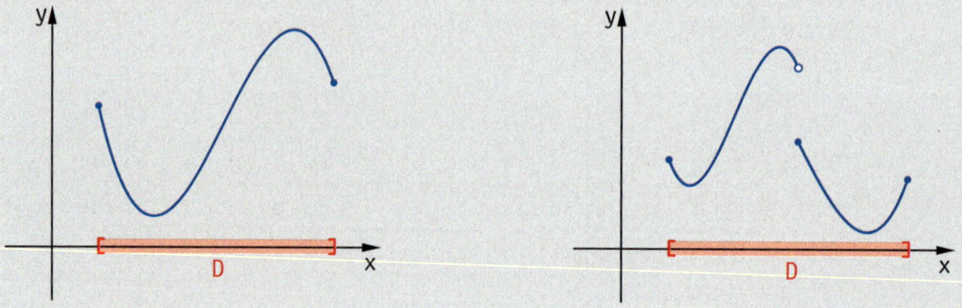

stetig unstetig

Satz 8

Jede ganzrationale Funktion ist stetig in $\mathbb{R}$.

Übungsaufgaben

2 Zeichnen Sie den Graphen der Funktion *Gewicht (in kg)* $\mapsto$ *Porto (in €)* für Postpakete. Beschreiben Sie Besonderheiten des Graphen.

▶ DHL Paket
Preise

Gewicht	Deutschland
bis 10 kg	6,90 Euro
bis 20 kg	9,90 Euro
bis 31,5 kg	13,90 Euro

3 Zeichnen Sie den Graphen der Funktion und untersuchen Sie diese auf Stetigkeit.

a) $H(x) = \begin{cases} 0 & \text{für } x \le 0 \\ 1 & \text{für } x > 0 \end{cases}$ *Heaviside-Funktion*

b) $\operatorname{sgn}(x) = \begin{cases} -1 & \text{für } x < 0 \\ 0 & \text{für } x = 0 \\ 1 & \text{für } x > 0 \end{cases}$ *Signum-Funktion*

c) $f(x) = [x]$ *Gauß-Klammer [x] bezeichnet die größte ganze Zahl kleiner gleich x.*

4 Zeigen Sie, dass die Funktion f an der Stelle x_0 unstetig ist.

a) $f(x) = \begin{cases} x & \text{für } x < 0 \\ x^2 + 1 & \text{für } x \ge 0 \end{cases}; \; x_0 = 0$

b) $f(x) = \begin{cases} x + 4 & \text{für } x \ge -3 \\ 4 - x & \text{für } x < -3 \end{cases}; \; x_0 = -3$

c) $f(x) = \begin{cases} x & \text{für } x \le 0 \\ x - 1 & \text{für } x > 0 \end{cases}; \; x_0 = 0$

d) $f(x) = \begin{cases} x & \text{für } x \le 2 \\ x - 1 & \text{für } x > 2 \end{cases}; \; x_0 = 2$

5 Untersuchen Sie die Funktionen auf Stetigkeit.

a) $y = \frac{1}{x - 1}$ **b)** $y = \frac{2}{(x + 2)^2}$ **c)** $y = \frac{x^2 - 1}{x + 1}$

6 Üblicherweise wird definiert: $0^0 = 1$.

a) Untersuchen Sie die Funktionen zu $f(x) = x^0$ sowie $g(x) = 0^x$ auf Stetigkeit.

b) Wie würde sich das Ergebnis von Teilaufgabe a) ändern, wenn man definieren würde $0^0 = 0$?

c) Geben Sie mithilfe der obigen Überlegungen ein Argument an, warum die zunächst ungewöhnlich erscheinende Definition $0^0 = 1$ sinnvoller ist als $0^0 = 0$.

7 In der Abbildung rechts fehlt der mittlere Teil des Graphen einer abschnittsweise definierten Funktion. Ergänzen Sie für den Mittelteil

a) einen linearen Term,

b) einen quadratischen Term,

sodass die Funktion aus den drei Teilen stetig ist.

Geben Sie jeweils die vollständige Definition der Funktion an und zeichnen Sie auch den Graphen.

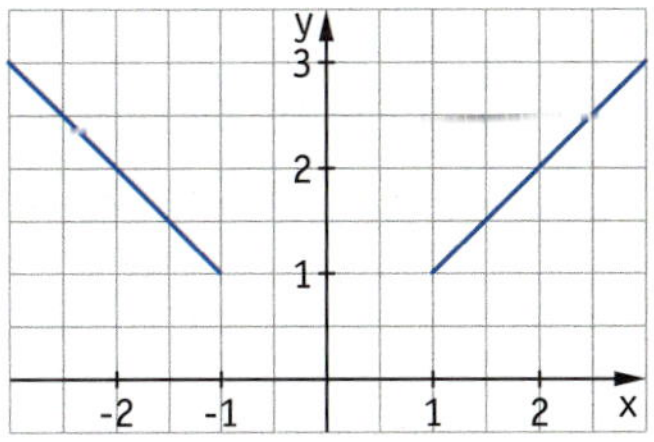

8

a) Die Funktion $x \mapsto \frac{x^2 - 1}{x - 1}$ ist an der Stelle 1 nicht definiert. Sie hat dort eine Lücke. Welchen Funktionswert muss man für $x = 1$ festsetzen, damit die dadurch erweiterte Funktion an der Stelle 1 stetig ist (sogenannte *stetige Ergänzung* an der Stelle 1)?

b) Verfahren Sie ebenso mit folgenden Funktinen: (1) $x \mapsto \frac{x^2 - 4}{x + 2}$ (2) $x \mapsto \frac{\sin x}{x}$

9 Wo ist die Funktion f stetig, wo unstetig, wo weder stetig noch unstetig?

a) $f(x) = 4(x - 1)$ **b)** $f(x) = \frac{\operatorname{sgn}(x^2)}{\operatorname{sgn}(x)}$ **c)** $f(x) = \frac{\sqrt{|x|}}{\operatorname{sgn}(x)}$ **d)** $f(x) = \frac{\sqrt{x}}{\operatorname{sgn}(x)}$

10 Zeigen Sie, dass die Funktion f an allen Stellen unstetig ist: $f(x) = \begin{cases} 1 & \text{für } x \text{ rational} \\ 2 & \text{für } x \text{ irrational} \end{cases}$

1.4.2 Differenzierbarkeit

Einführung

Rechts ist der Graph der Funktion f mit $f(x) = |x^2 - 1|$ abgebildet. Man kann ihn sich folgendermaßen entstanden denken:

Der Teil des Graphen zu $y = x^2 - 1$, der unterhalb der x-Achse liegt, wird an der x-Achse gespiegelt. Somit hat der Graph zu $f(x) = |x^2 - 1|$ an den Stellen 1 und -1 eine Spitze.

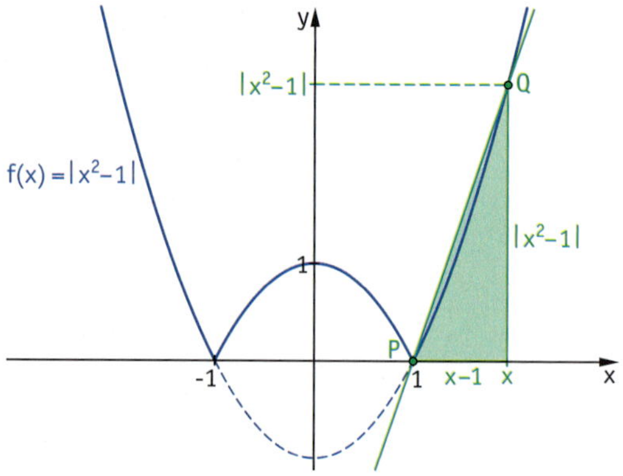

Wir wollen nun die Ableitung von f an der Stelle 1 bestimmen. Dazu betrachten wir zunächst eine Sekante durch den Punkt P(1 | 0) mit zweitem Schnittpunkt $Q(x|f(x))$ mit $x \neq 1$. Deren Steigung beträgt:

$$m = \frac{f(x) - f(1)}{x - 1} = \frac{|x^2 - 1| - 0}{x - 1} = \frac{|x^2 - 1|}{x - 1}$$

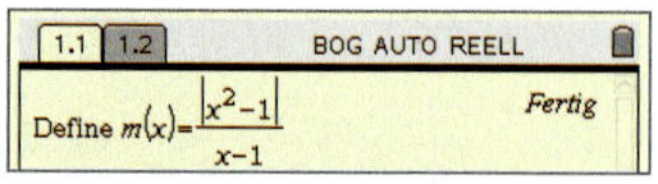

Wegen des Betrages müssen wir eine Fallunterscheidung zum Umformen dieses Terms vornehmen.

1. Fall: Für $x > 1$, d.h. Q liegt rechts von P, gilt:

$$m = \frac{|x^2 - 1|}{x - 1} = \frac{x^2 - 1}{x - 1} \qquad (\text{da } x^2 - 1 > 0 \text{ für } x > 1)$$

$$= \frac{(x + 1)(x - 1)}{x - 1} = x + 1$$

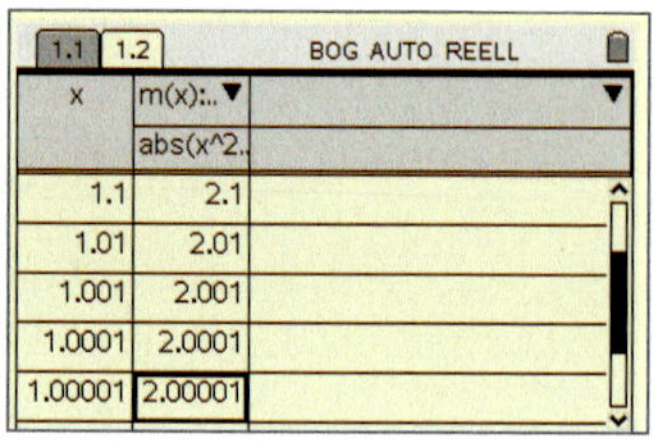

Für die Steigung dieser Sekante gilt: Wenn $x \to 1$, dann $x + 1 \to 2$.

2. Fall: Für $x < 1$ liegt Q links von P. Da wir Q an P annähern wollen, können wir uns darauf beschränken, nur den Fall $x > 0$ zu betrachten. In diesem Fall gilt:

$$m = \frac{|x^2 - 1|}{x - 1} = \frac{-(x^2 - 1)}{x - 1} \quad (\text{da } x^2 - 1 < 0 \text{ für } 0 < x < 1)$$

$$= \frac{-(x + 1)(x - 1)}{x - 1} = -x - 1$$

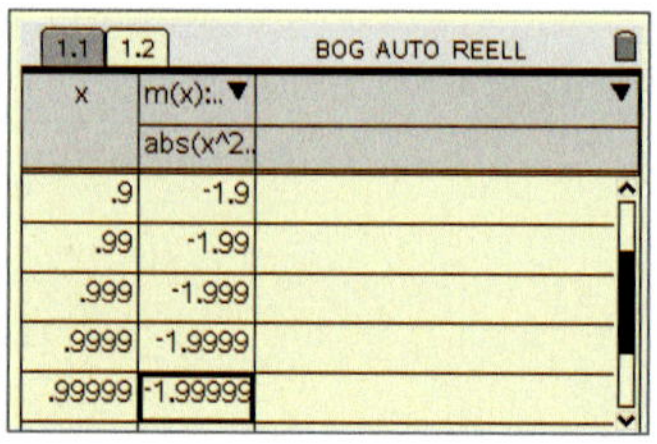

Für die Steigung dieser Sekante gilt:
Wenn $x \to 1$, dann $-x - 1 \to -2$.

Lässt man bei einer Sekante einen zweiten Schnittpunkt rechts von P auf P zu wandern, so nähern sich die Sekantensteigungen dem Wert 2. Dagegen nähern sich bei Sekanten mit zweitem Schnittpunkt links von P die Sekantensteigungen dem Wert -2.

Bei Annäherung von links und rechts nähern sich die Sekanten verschiedenen Geraden an. Es gibt also keine Gerade, die sich zugleich links und rechts von P gut an den Graphen von f anschmiegt. Daher gibt es keine Tangente im Punkt P an der Stelle 1. Folglich hat die Funktion f an der Stelle 1 keine Ableitung.
Mit den entsprechenden Überlegungen ergibt sich: f hat auch an der Stelle -1 keine Ableitung.

Aufgabe

1 Die HEAVISIDE-Funktion H hat keinen einheitlichen Funktionsterm, sondern wird abschnittsweise definiert: $H(x) = \begin{cases} 0 & \text{für } x \le 0 \\ 1 & \text{für } x > 0 \end{cases}$

Zeichnen Sie den Graphen der Funktion und untersuchen Sie, ob die Funktion eine Ableitung an der Stelle 0 besitzt.

OLIVER HEAVISIDE
(1850 – 1925)
britischer Mathematiker
und Physiker

Lösung

Wir betrachten zunächst eine Sekante durch den Punkt $P(0|0)$ und den zweiten Schnittpunkt $Q(x|H(x))$ mit $x \neq 0$. Für deren Steigung gilt:

$m = \frac{H(x) - H(0)}{x - 0} = \frac{H(x) - 0}{x - 0} = \frac{H(x)}{x}$,

also $m = \begin{cases} \frac{1}{x} & \text{für } x > 0 \\ 0 & \text{für } x < 0 \end{cases}$

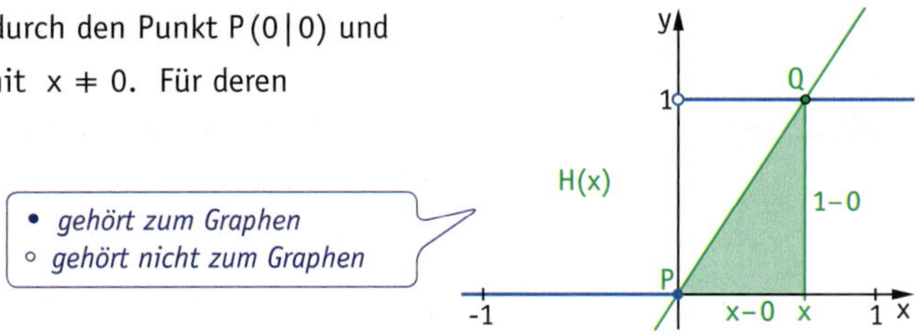

Alle Sekanten mit zweiten Schnittpunkt Q links von P haben also die Steigung 0.

Für Sekanten mit zweitem Schnittpunkt rechts von P gilt:

1. Koordinate von Q	1	0,5	0,1	0,01	0,001	...
Sekantensteigung $\frac{1}{x}$	1	2	10	100	1000	...

Je näher der zweite Schnittpunkt an P rückt, desto größer wird die Steigung der Sekante. Sie nähert sich keiner Zahl an. Bei Annäherung von links und rechts nähern sich die Sekanten verschiedenen Geraden an. Es gibt also keine Gerade, die sich zugleich links und rechts von P gut an den Graphen von H anschmiegt. Daher gibt es keine Tangente im Punkt P an der Stelle 0. Folglich hat die HEAVISIDE-Funktion H an der Stelle 0 keine Ableitung.

Information

(1) Differenzierbarkeit

An einer Stelle, an der ein Graph eine Spitze oder einen Sprung aufweist, gibt es keine Gerade, die sich dem Graphen zugleich links und rechts von dieser Stelle gut anschmiegt. Der Graph hat an dieser Stelle keine Tangente. Daher hat die Funktion an dieser Stelle keine Ableitung. An dieser Stelle nähern sich die Sekantensteigungen keiner gemeinsamen Zahl an, wenn sich die zweite Schnittstelle von links oder rechts dieser Stelle nähert.

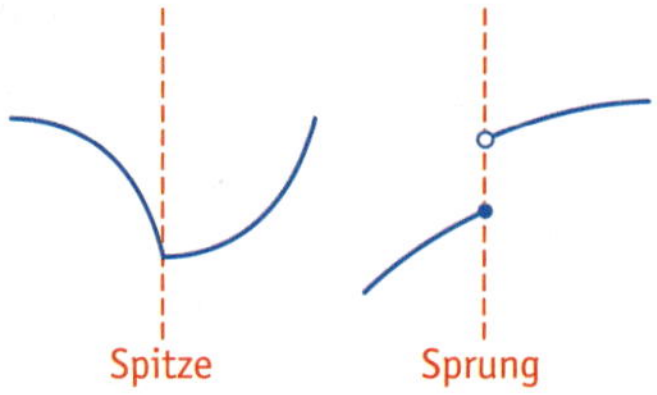

Definition 5

Zur Bestimmung der Ableitung einer Funktion f an einer Stelle x_0 geht man folgendermaßen vor:

(1) Man bestimmt für Sekanten, die den Graphen an einer zweiten Stelle $x \neq x_0$ schneiden, die Steigung, d.h. den Differenzenquotienten:

$m = \frac{f(x) - f(x_0)}{x - x_0}$

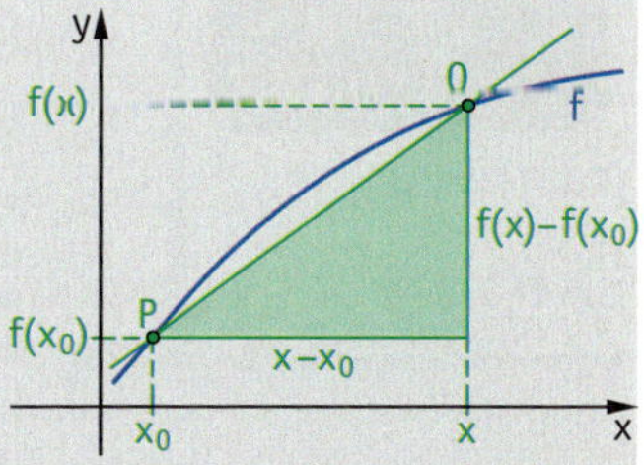

(2) Man nähert die Stelle x immer mehr der Stelle x_0 an. Nähern sich dabei die Werte des Differenzenquotienten sowohl bei Annäherung von links als auch von rechts derselben Zahl an, so nennt man die Funktion **differenzierbar** an der Stelle x_0. Der Grenzwert des Differenzenquotienten ist die **Ableitung**:

$f'(x_0) = \lim\limits_{x \to x_0} \frac{f(x) - f(x_0)}{x - x_0}$

Andernfalls heißt die Funktion f **nicht differenzierbar** an der Stelle x_0 und hat dann an dieser Stelle keine Ableitung.

Weiterführende Aufgabe

2 Untersuchung auf Differenzierbarkeit bei parallel zur y-Achse verlaufenden Tangenten

Betrachten Sie die Funktion f mit: $f(x) = \begin{cases} \sqrt{x} & \text{für } x \geq 0 \\ -\sqrt{-x} & \text{für } x < 0 \end{cases}$

Untersuchen Sie, ob die Funktion f an der Stelle 0 differenzierbar ist.

Hat der Graph an der Stelle 0 eine Tangente?

Information

(2) Exakte Definition der Tangente

Bisher haben wir anschaulich von einer Tangenten an einen Funktionsgraphen gesprochen. Beim zeichnerischen Bestimmen ergaben sich dabei ungenaue Werte. Mithilfe der Ableitung können wir nun festlegen:

Definition 6

Der Graph einer Funktion f hat in einem Punkt $P(x_0 \mid f(x_0))$ eine Tangente, wenn f an der Stelle x_0 differenzierbar ist.

Die Tangente ist dann die Gerade durch P, welche die Steigung $f'(x_0) = \lim\limits_{x \to x_0} \frac{f(x) - f(x_0)}{x - x_0}$ hat.

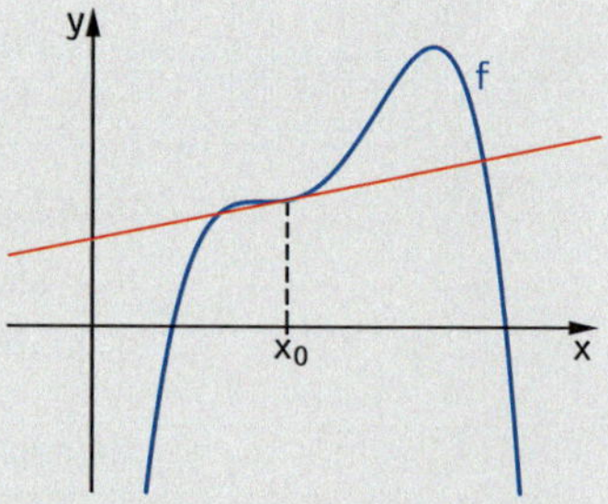

Ist f an der Stelle x_0 nicht differenzierbar, so hat der Graph im Punkt $P(x_0 \mid f(x_0))$ auch keine Tangente, es sei denn, die Tangente verläuft parallel zur y-Achse.

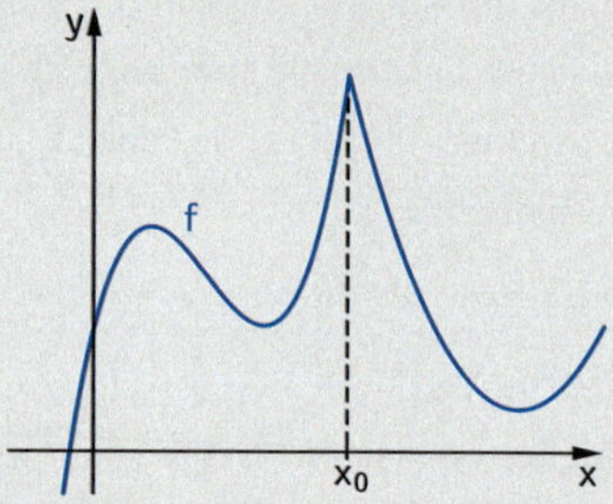

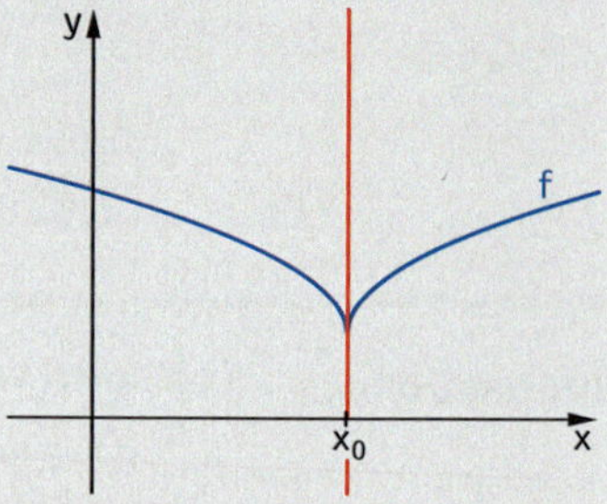

(3) Andere Sprech- und Bezeichnungsweisen

GOTTFRIED WILHELM LEIBNIZ (1646 – 1716)

Die Ableitung der an der Stelle x_0 differenzierbaren Funktion wird auch **Differenzialquotient** genannt. Diese Bezeichnung hat historische Gründe. GOTTFRIED WILHELM LEIBNIZ vertrat die Auffassung, die Steigung der Tangente sei ein Quotient von sogenannten Differenzialen. Dafür führte er 1675 das Symbol $\frac{dy}{dx}$ ein. Vor allem bei Anwendungen in Physik und Technik schreibt man auch Δx (gelesen: Delta x) für die Koordinatendifferenz $x - x_0$:

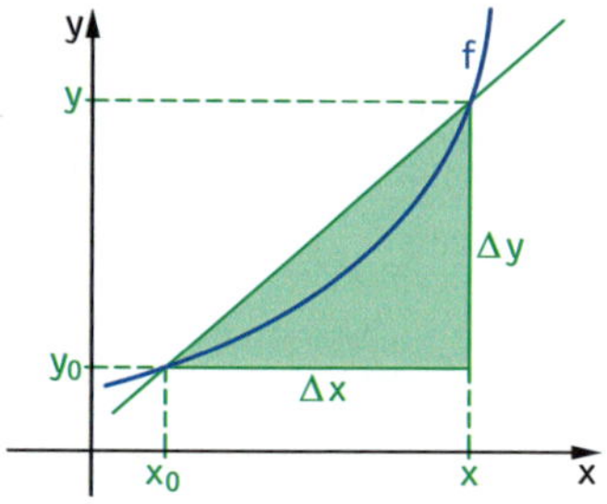

$\Delta x = x - x_0$

Für die Differenz $f(x) - f(x_0)$ schreibt man dann folgerichtig Δy:

$\Delta y = y - y_0 = f(x) - f(x_0)$

Für die Sekantensteigung m gilt dann: $m = \frac{\Delta y}{\Delta x}$

Für die Ableitung $f'(x)$ an einer beliebigen Stelle schreiben wir dann auch y' oder $\frac{dy}{dx}$. $\frac{dy}{dx}$ ist nach unserer Theorie *kein* Quotient. Das Symbol $\frac{dy}{dx}$ muss hier als Ganzes gesehen werden. Deswegen wird gelesen: *dy nach dx.*

Beispiel

Die Funktion f ist durch die Gleichung $y = x^2$ gegeben.

Dann ist $\frac{dy}{dx} = 2x$. *gelesen: dy nach dx gleich 2x*

Bei vielen CAS-Rechnern lautet der Befehl zum Ableiten $\frac{d}{dx}(\;)$. Die Schreibweise dieses Befehls erinnert an die von LEIBNIZ.

(4) Differenzierbarkeit und Stetigkeit

Anschaulich ist klar:

> **Satz 9**
>
> Ist eine Funktion f an einer Stelle x_0 differenzierbar, so ist sie an dieser Stelle auch stetig.

Beweis:

Wir schreiben den Funktionsterm von f so, dass er den Differenzenquotienten an der Stelle x_0 enthält:

$$f(x) = \underbrace{\frac{f(x) - f(x_0)}{x - x_0}}_{\substack{\to f'(x) \\ \text{für } x \to x_0}} \cdot \underbrace{(x - x_0)}_{\substack{\to 0 \\ \text{für } x \to x_0}} + f(x_0)$$

Daraus folgt $\lim\limits_{x \to x_0} f(x) = f(x_0)$, d. h. f ist an der Stelle x_0 stetig. Dieser Satz besagt auch:

> Ist eine Funktion f an einer Stelle unstetig, so kann sie an dieser Stelle nicht differenzierbar sein.

Übungsaufgaben

3 Der Graph zu $f(x) = |4 - x^2|$ weist besondere Punkte auf.
Untersuchen Sie, ob der Graph in diesen Punkten eine Tangente hat.

4 In den Bildern rechts wurde jeweils eine Stelle des Graphen zur Funktion f mit $f(x) = |x^2 - 2{,}25|$ mehrfach vergrößert („Funktionenmikroskop"). Beschreiben Sie und vergleichen Sie die beiden Beispiele.

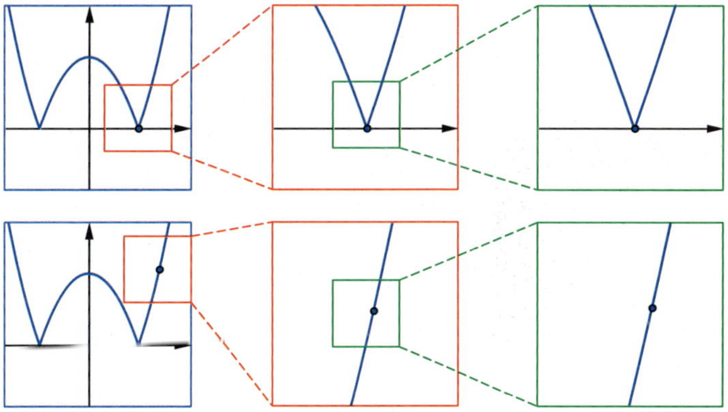

5 An den Graphen einer Funktion wurden an der Stelle x_0 Tangenten eingezeichnet. Nehmen Sie Stellung.

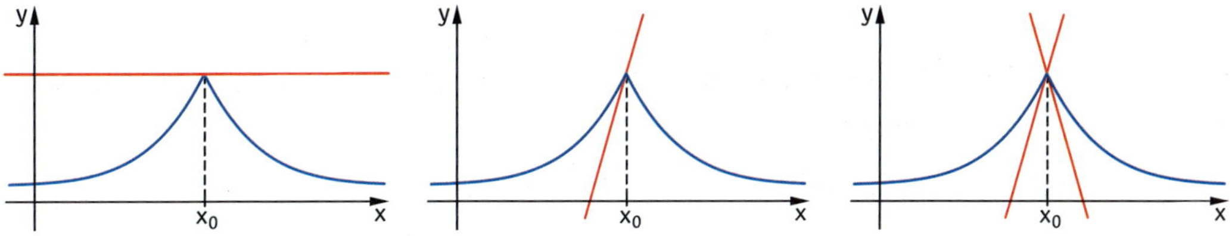

6 An welchen Stellen hat der Graph keine Tangente?

a)

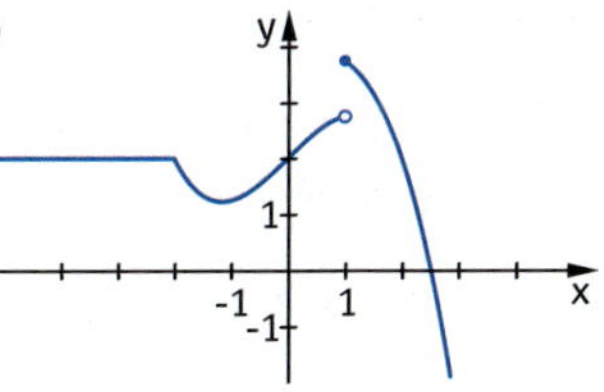

b)

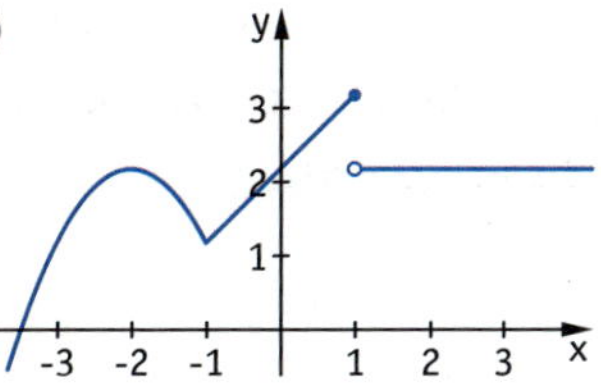

c)

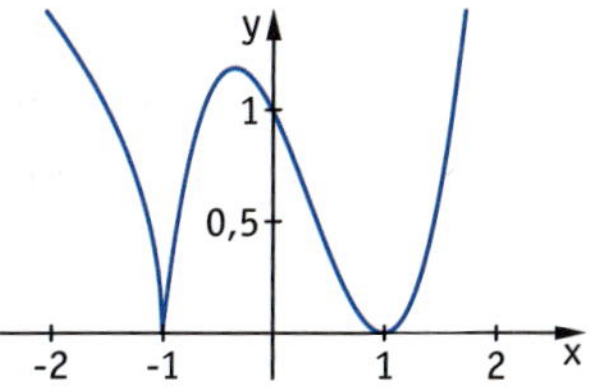

1.5 Ableitungsfunktion

Aufgabe

1 Betrachten Sie die Quadratfunktion f mit $f(x) = x^2$.

a) Legen Sie eine Tabelle an, in der für jede der Stellen −4; −3; −2; −1; 0; 1; 2; 3; 4 die Ableitung von f an der betreffenden Stelle notiert ist.

Die Tabelle kann als Wertetabelle einer neuen Funktion aufgefasst werden. Zeichnen Sie den Graphen dieser Funktion und geben Sie ihren Funktionsterm an.

b) Vergleichen Sie diese neue Funktion mit der Funktion f.

Lösung

a) Für die Ableitung an der Stelle x_0 gilt: $f'(x_0) = 2x_0$

Damit erhält man folgende Tabelle:

x_0	−4	−3	−2	−1	0	1	2	3	4
$f'(x_0)$	−8	−6	−4	−2	0	2	4	6	8

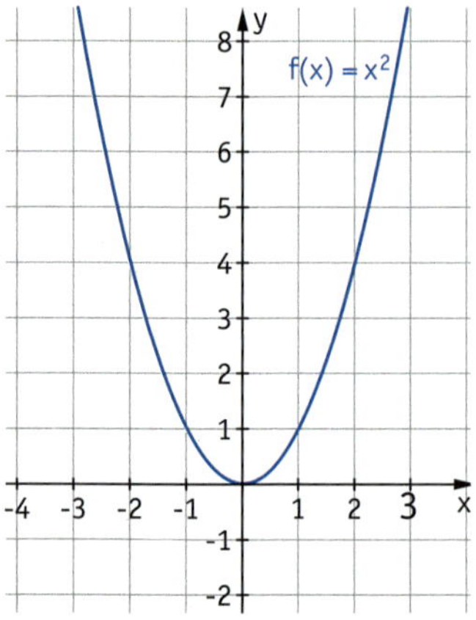

Der Graph dieser Funktion ist eine Ursprungsgerade mit der Steigung 2. Der Funktionsterm dieser Funktion ist 2x. Er gibt die Ableitung der Quadratfunktion f an der Stelle x an. Also können wir dafür schreiben: $f'(x) = 2x$

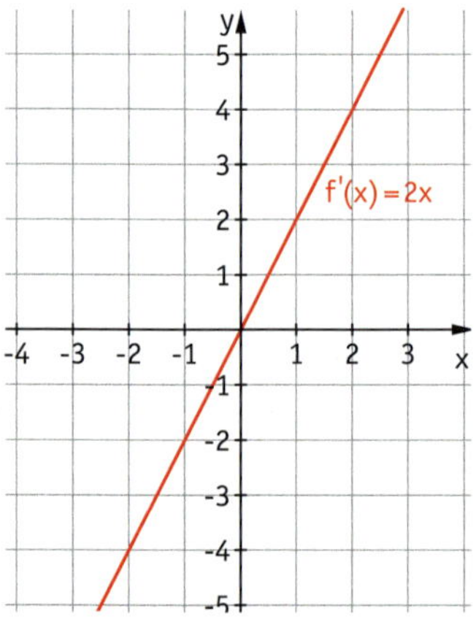

b) Links von der y-Achse fällt der Graph der Funktion f und zwar umso weniger, je mehr er sich der Stelle 0 nähert. Die Steigung ist hier an jeder Stelle negativ und wird zunehmend weniger negativ. Entsprechend verläuft der Graph der *Ableitungsfunktion f'* unterhalb der x-Achse und nähert sich dieser von unten an.

An der Stelle 0 hat der Graph der Funktion f eine waagerechte Tangente im Scheitelpunkt. Entsprechend hat die Ableitungsfunktion an der Stelle 0 den Wert 0.

Rechts von der y-Achse steigt der Graph der Funktion f zunehmend stärker an. Die Steigung ist hier an jeder Stelle positiv und wird immer größer. Entsprechend verläuft der Graph der Ableitungsfunktion f' oberhalb der x-Achse und steigt stets an.

Information

(1) Ableitungsfunktion

In Aufgabe 1 haben wir zu der Quadratfunktion f mit $f(x) = x^2$ die Funktion betrachtet, die an jeder Stelle x die Ableitung der Quadratfunktion angibt. Der Funktionsterm dieser Funktion f' ist $f'(x) = 2x$.

Definition 7

Unter der **Ableitungsfunktion f'** der Ausgangsfunktion f (meist kurz **Ableitung f'** von f genannt) versteht man diejenige Funktion, die jeder Stelle x die Ableitung von f an dieser Stelle zuordnet.

Mithilfe der h-Schreibweise zum Bestimmen der Ableitungen können wir den Funktionsterm der Ableitungsfunktion so schreiben: $f'(x) = \lim\limits_{h \to 0} \frac{f(x+h) - f(x)}{h}$

Da dieser Funktionsterm der Grenzwert eines Differenzenquotienten ist, nennt man das Bilden der Ableitung f′ einer Funktion f auch **Differenzieren.**

Die Ableitungsfunktion f′ ordnet jeder Stelle x des Definitionsbereichs eine Tangentensteigung der Ausgangsfunktion f an dieser Stelle zu. Der Graph von f′ heißt deshalb auch **Tangentensteigungskurve** von f.

(2) Zusammenstellung wichtiger Grundfunktionen und ihrer Ableitungen

Funktion: $f(x) = mx + b$
Ableitung: $f'(x) = m$
Graphen:

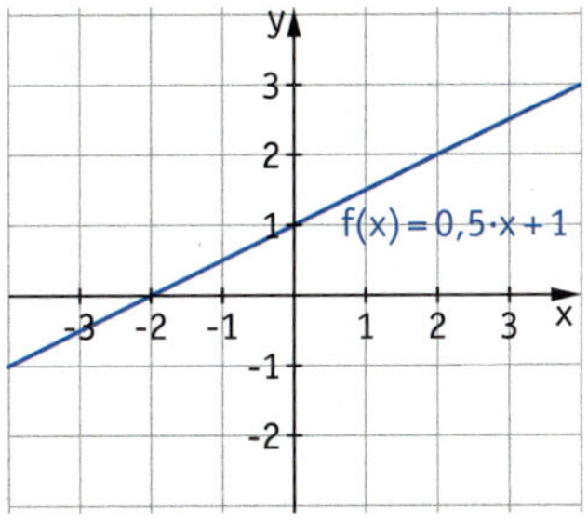

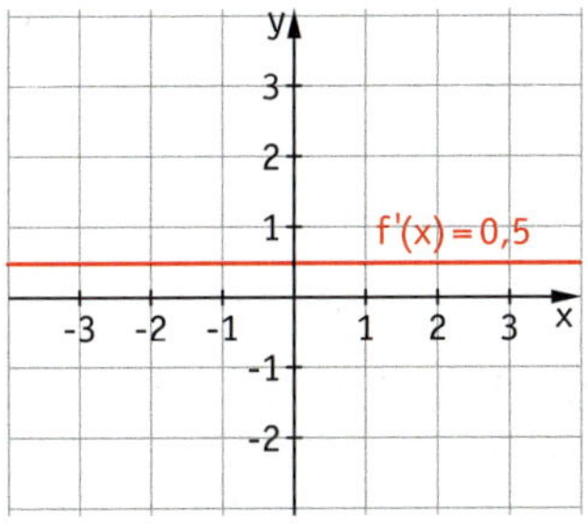

Funktion: $f(x) = x^2$
Ableitung: $f'(x) = 2x$
Graphen:

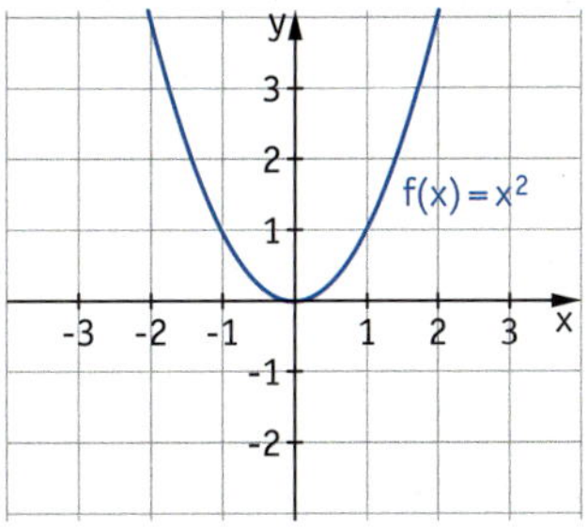

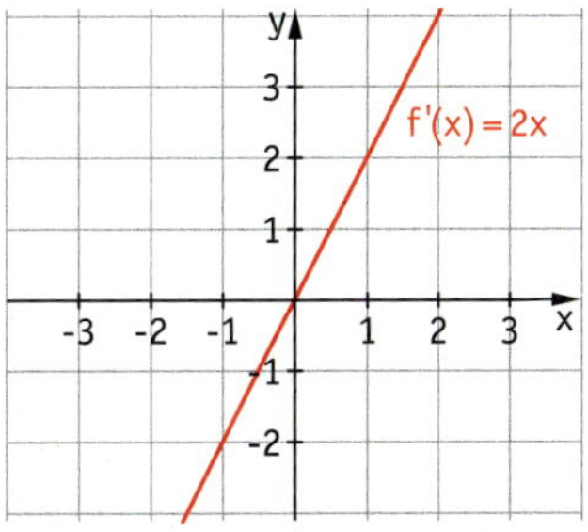

Funktion: $f(x) = x^3$
Ableitung: $f'(x) = 3x^2$
Graphen:

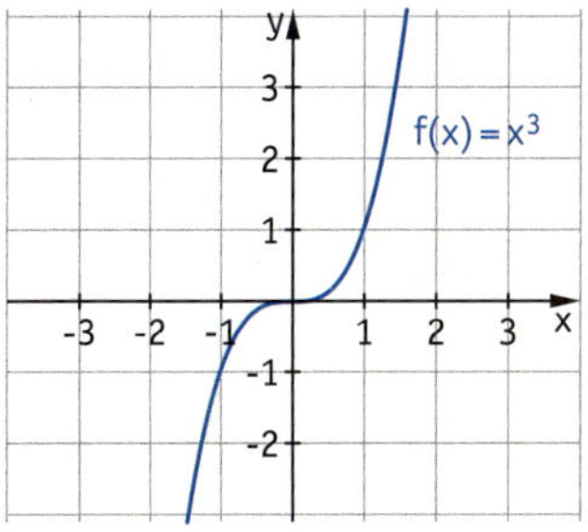

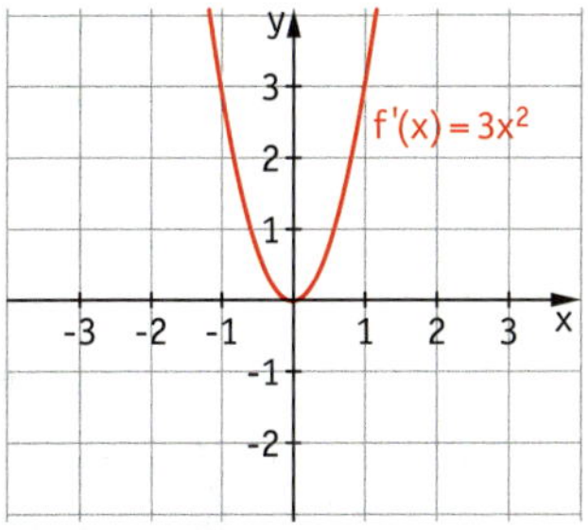

Funktion: $f(x) = x^4$
Ableitung: $f'(x) = 4x^3$
Graphen:

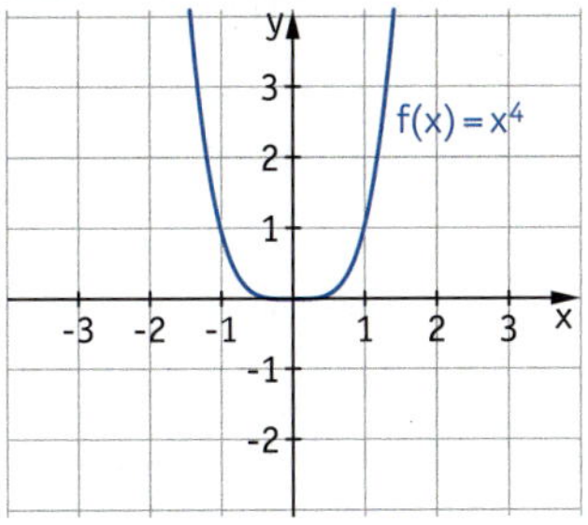

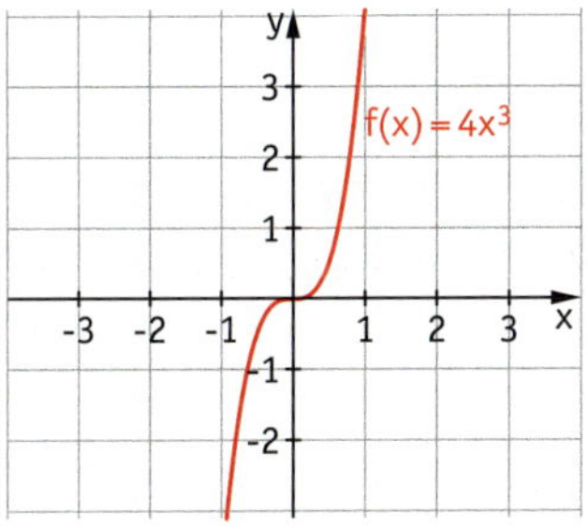

Funktion: $f(x) = \frac{1}{x}$
Ableitung: $f'(x) = -\frac{1}{x^2}$
Graphen:

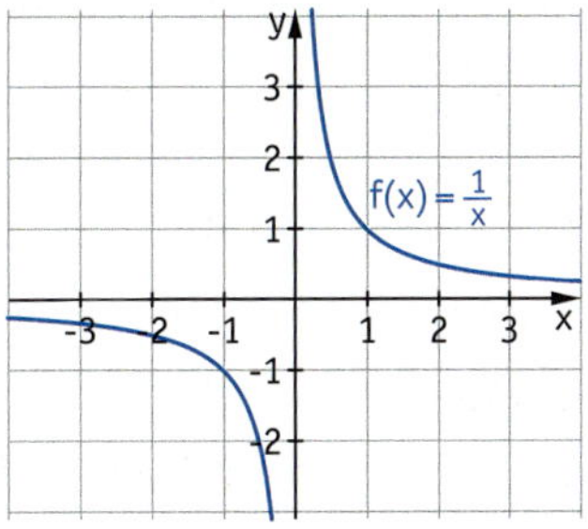

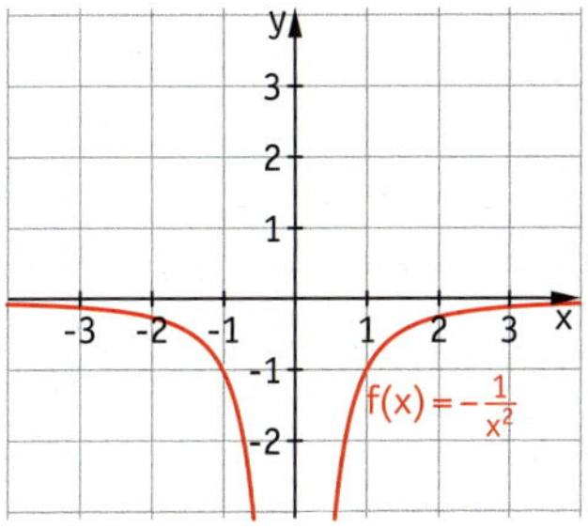

Funktion: $f(x) = \sqrt{x}$
Ableitung: $f'(x) = \frac{1}{2\sqrt{x}}$
Graphen:

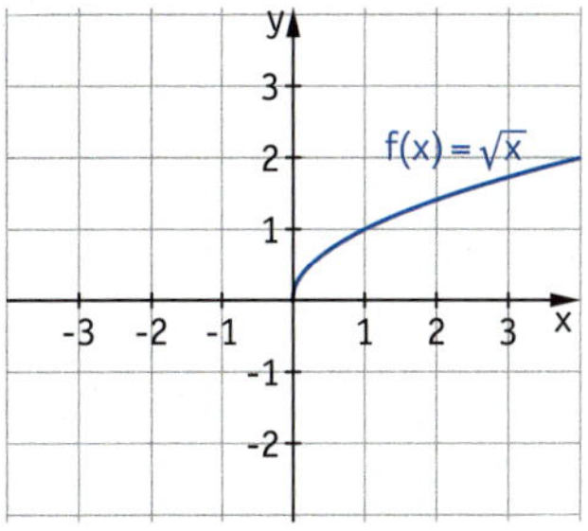

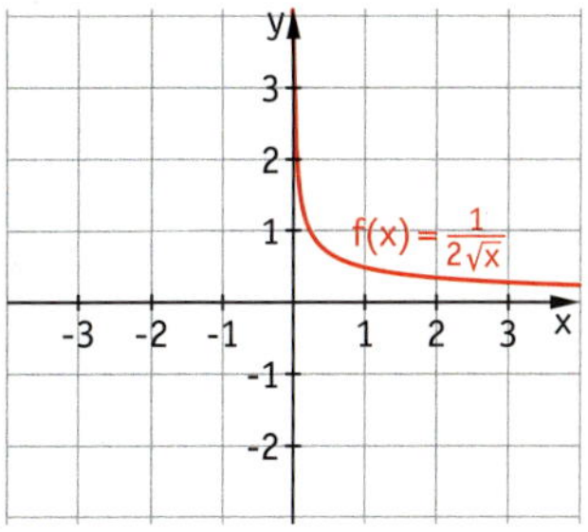

Weiterführende Aufgaben

2 Graph der Ableitungsfunktion durch grafisches Differenzieren bestimmen

In der Abbildung rechts ist nur der Graph einer Funktion gegeben. Der Funktionsterm ist nicht bekannt. Durch grafisches Differenzieren kann man jedoch hier den Graphen der Ableitungsfunktion näherungsweise bestimmen. Übertragen Sie dazu die Grafik mit beiden Koordinatensystemen auf Karopapier. Bestimmen Sie durch zeichnerisches Differenzieren die Tangentensteigungen der Tangenten an den eingezeichneten und an weiteren Punkten. Tragen Sie die erhaltenen Werte in das untere Koordinatensystem ein.

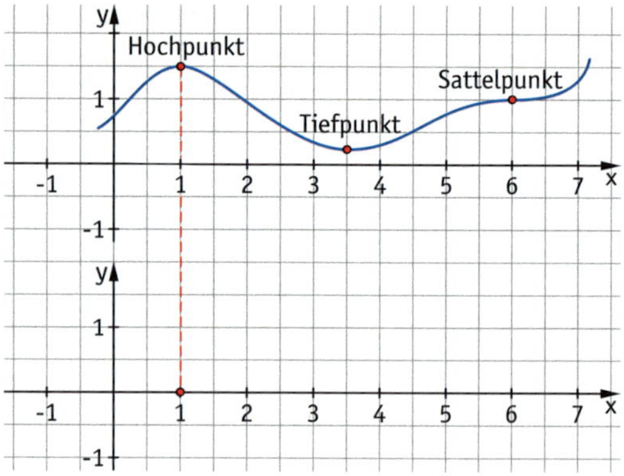

Verwenden Sie dabei zunächst markante Punkte des Graphen: Hochpunkte, Tiefpunkte, Sattelpunkte. Verbinden Sie die erhaltenen Punkte zu einem durchgehenden Graphen. So erhält man den Graphen der Ableitungsfunktion.

3 Graph der Ableitungsfunktion mit einem Rechner bestimmen

Will man den Graphen einer Funktion zusammen mit dem Graphen ihrer Ableitungsfunktion zeichnen, kann man die Funktionsterme der Funktion und der Ableitungsfunktion eingeben.

Viele Rechner bieten jedoch auch die Möglichkeit, den Graphen einer Ableitungsfunktion zu zeichnen, deren Term man nicht kennt. In diesem Fall bestimmt der Rechner die Ableitung näherungsweise mit dem Befehl **nDeriv**.

Es sind dabei anzugeben:

- Der Funktionsterm f(x) der Funktion, deren Ableitung bestimmt werden soll.
- Die Variable, nach der abgeleitet werden soll, also hier die Variable x.

Führen Sie dieses mit selbst gewählten Funktionen durch.

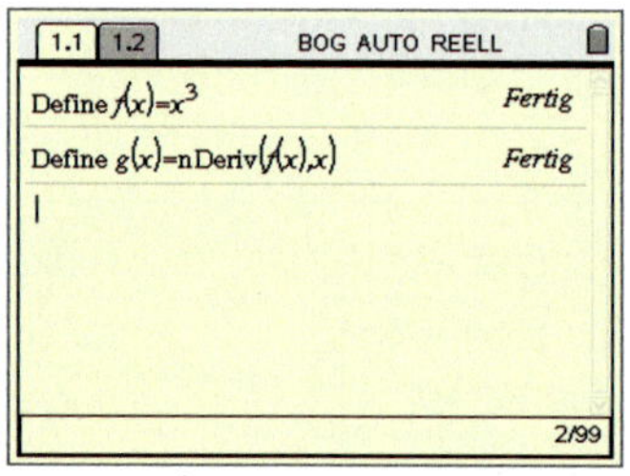

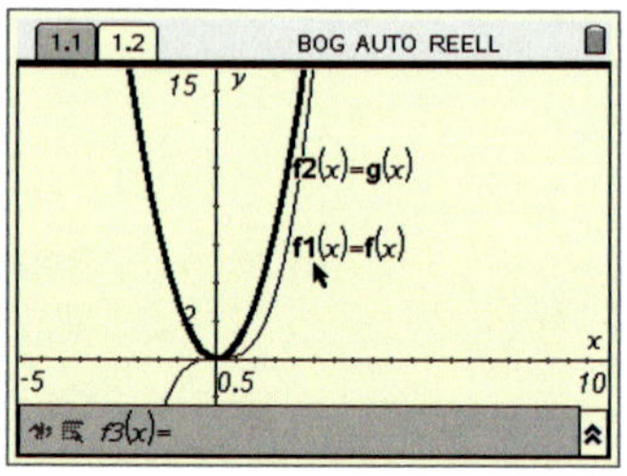

Übungsaufgaben

4 Gegeben ist die Funktion f mit $f(x) = x^3$. Notieren Sie in einer Tabelle die Ableitung von f an den folgenden Stellen: −3; −2; −1; 0; 1; 2; 3

Die Tabelle kann als Wertetabelle der Ableitungsfunktion f′ aufgefasst werden. Geben Sie den Funktionsterm f′(x) an und zeichnen Sie den Graphen von f′.

5 Zeichnen Sie die Graphen von f und f′ in untereinander gezeichnete Koordinatensysteme.

a) $f(x) = 2x + 3$ **b)** $f(x) = -3x + 1$ **c)** $f(x) = x$ **d)** $f(x) = 5$ **e)** $f(x) = \frac{1}{x^2}$

6 Beschreiben Sie, wie der Graph der Funktion f aus dem Graphen der Quadratfunktion entsteht. Folgern Sie daraus die Ableitung der Funktion. Zeichnen Sie die Graphen von f und f′ in untereinander gezeichnete Koordinatensysteme.

a) $f(x) = x^2 + 1$ **b)** $f(x) = x^2 - 3$ **c)** $f(x) = -x^2$ **d)** $f(x) = (x + 1)^2$ **e)** $f(x) = (x - 3)^2$

7 Übertragen Sie den Funktionsgraphen in Ihr Heft und bestimmen Sie durch grafisches Differenzieren in ein darunter gezeichnetes Koordinatensystem den Graphen der Ableitungsfunktion.

a)

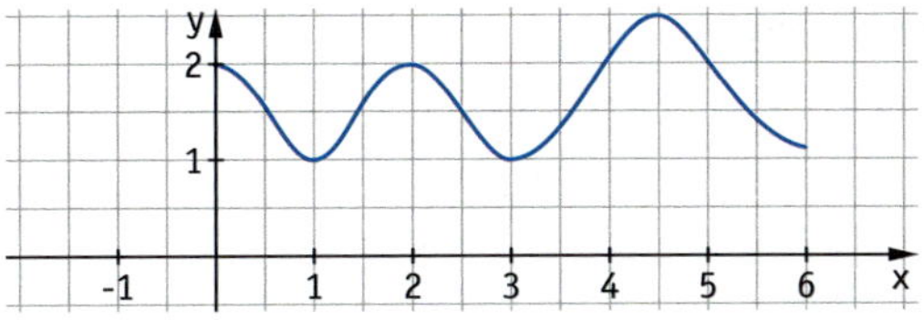

b)

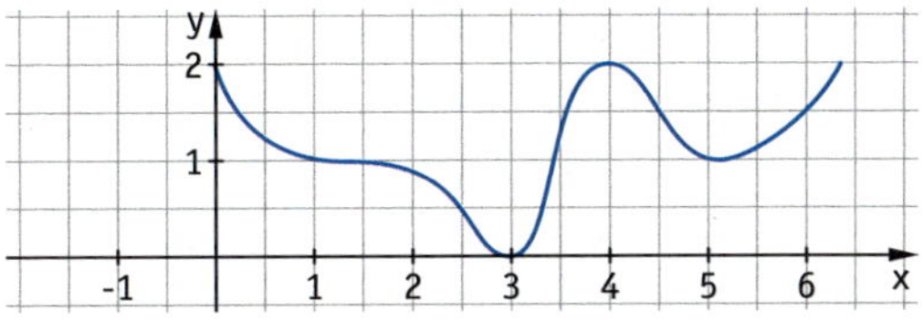

c)

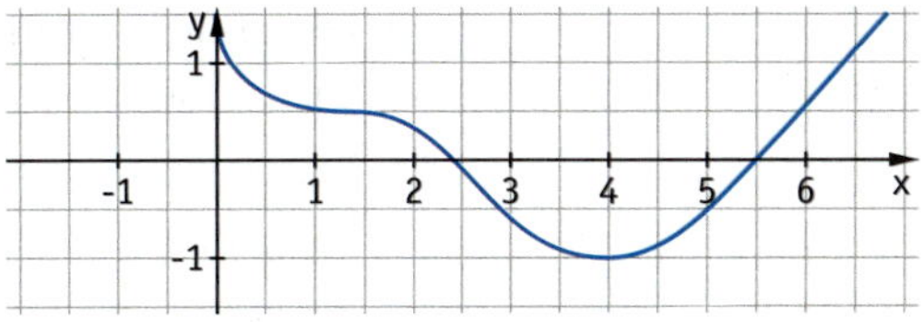

d)

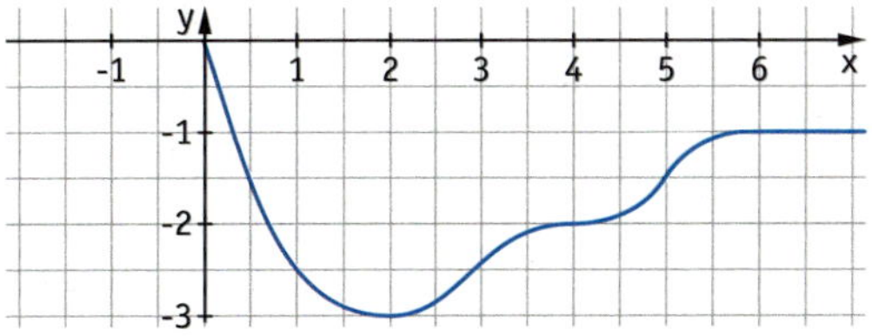

8 Zeichnen Sie selbst Funktionsgraphen und lassen Sie Ihren Partner durch grafisches Differenzieren in einem darunter gezeichneten Koordinatensystem den Graphen der Ableitungsfunktion skizzieren. Tauschen Sie die Rollen nach jedem Graphen.

9 In (1), (2) und (3) sind Graphen von Funktionen gezeichnet, in (A), (B) und (C) die Graphen ihrer Ableitungsfunktionen. Ordnen Sie zu und begründen Sie Ihre Entscheidung.

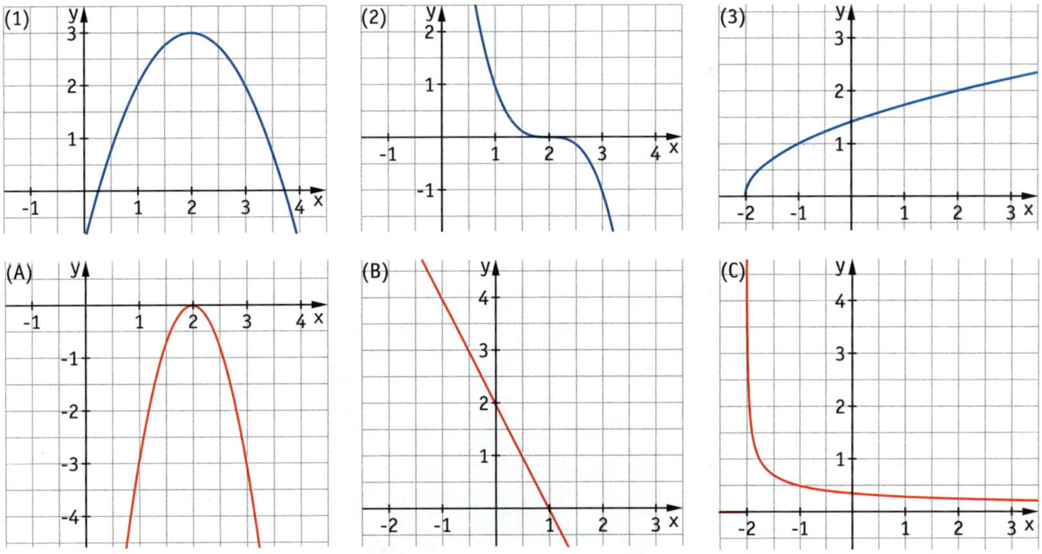

10 Zeichnen Sie mithilfe eines Rechners die Graphen der Funktion f und der Ableitungsfunktion f′.

a) $f(x) = x^3 + x^2$ **b)** $f(x) = x^2 - x$ **c)** $f(x) = 4x^2 + 2x$ **d)** $f(x) = -2x^2 + 3x$

11 Gegeben sind die Funktionen f und g mit $f(x) = x^3 - 2$ und $g(x) = x^3 + 4$. Geben Sie eine Wertetabelle für die Ableitungsfunktionen f′ und g′ an. Verwenden Sie dazu einen Rechner. Was stellen Sie fest?

12 Die Ableitungsfunktion f′ einer Funktion f ist konstant: es gilt $f'(x) = 3$ für alle $x \in \mathbb{R}$. Machen Sie Aussagen zur Ausgangsfunktion f.

13 Das Diagramm rechts zeigt den Anfahrvorgang eines Autos.

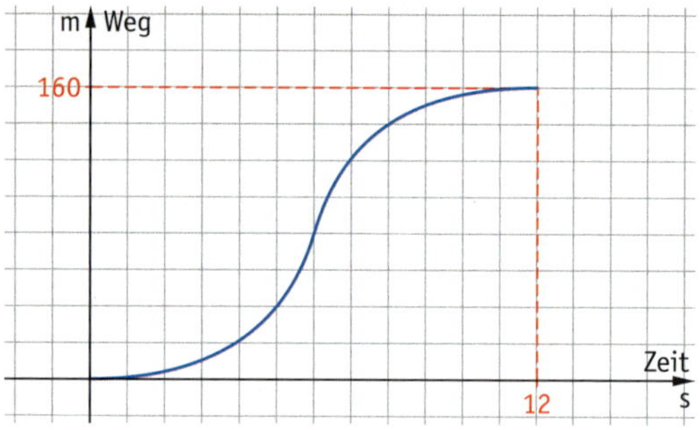

a) Berechnen Sie die Durchschnittsgeschwindigkeit während dieses Anfahrvorgangs. Veranschaulichen Sie sie grafisch.

b) Ermitteln Sie zu einigen Zeitpunkten die Momentangeschwindigkeiten und zeichnen Sie den Graphen der Funktion *Zeit* ↦ *Momentangeschwindigkeit*.
Stellen Sie Zusammenhänge zu den Graphen der Funktion *Zeit* ↦ *Weg* her.

14 Der Graph rechts beschreibt einen Schulweg.

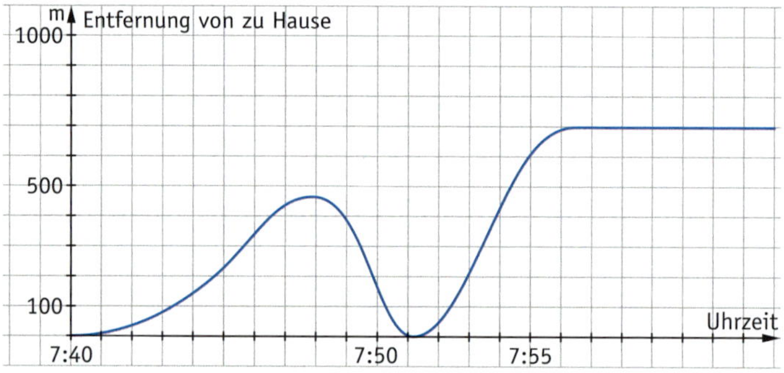

a) Welche Informationen können Sie daraus entnehmen?

b) Skizzieren Sie dazu den entsprechenden Graphen mit den jeweiligen lokalen Änderungsraten.
Beschreiben Sie ihn, auch im Zusammenhang zum obenstehenden Graphen.

15 Betrachten Sie zur Vase links die Funktion *eingefüllte Wassermenge (in ml)* ↦ *Füllhöhe (in cm)*.

a) Skizzieren Sie den Graphen dieser Funktion.

b) Skizzieren Sie auch den Graphen der zugehörigen lokalen Änderungsraten. Vergleichen Sie beide Graphen.

16 Beim Test eines neuen Motorrad-Modells wurden die Beschleunigungswerte gemessen.

Beschleunigung	Zeit
0–10 km/h	0,55 s
0–20 km/h	0,85 s
0–30 km/h	1,2 s
0–40 km/h	1,5 s
0–50 km/h	1,8 s
0–60 km/h	2,1 s
0–70 km/h	2,45 s
0–80 km/h	2,8 s
0–90 km/h	3,1 s
0–100 km/h	3,4 s

Beschleunigung	Zeit
0–110 km/h	3,8 s
0–120 km/h	4,3 s
0–130 km/h	4,8 s
0–140 km/h	5,2 s
0–150 km/h	5,8 s
0–160 km/h	6,6 s
0–170 km/h	7,2 s
0–180 km/h	8,0 s
0–190 km/h	8,9 s
0–200 km/h	9,9 s

a) Zeichnen Sie den Graphen der Funktion *Zeit (in s)* ↦ *erreichte Geschwindigkeit* $\left(in\ \frac{km}{h}\right)$.
Beschreiben Sie ihn.

b) Ermitteln Sie grafisch zu den angegebenen Zeitpunkten die lokalen Änderungsraten. Welche Bedeutung haben sie?

c) Zeichnen Sie einen Graphen für die lokale Änderungsrate in Abhängigkeit von der Zeit und beschreiben Sie ihn.

1.6 Ableitung der Sinus- und Kosinusfunktion

Aufgabe

1

a) Bestimmen Sie durch grafisches Differenzieren den Graphen der Ableitungsfunktion der
(1) Sinusfunktion; (2) Kosinusfunktion.
Formulieren Sie eine Vermutung.

b) Überprüfen Sie Ihre Vermutung mithilfe eines Rechners.

Lösung

a) Wir erstellen den Graphen der Ableitung anhand markanter Punkte, in denen der Graph der Funktion die Steigung 0 hat (Hoch- und Tiefpunkte).

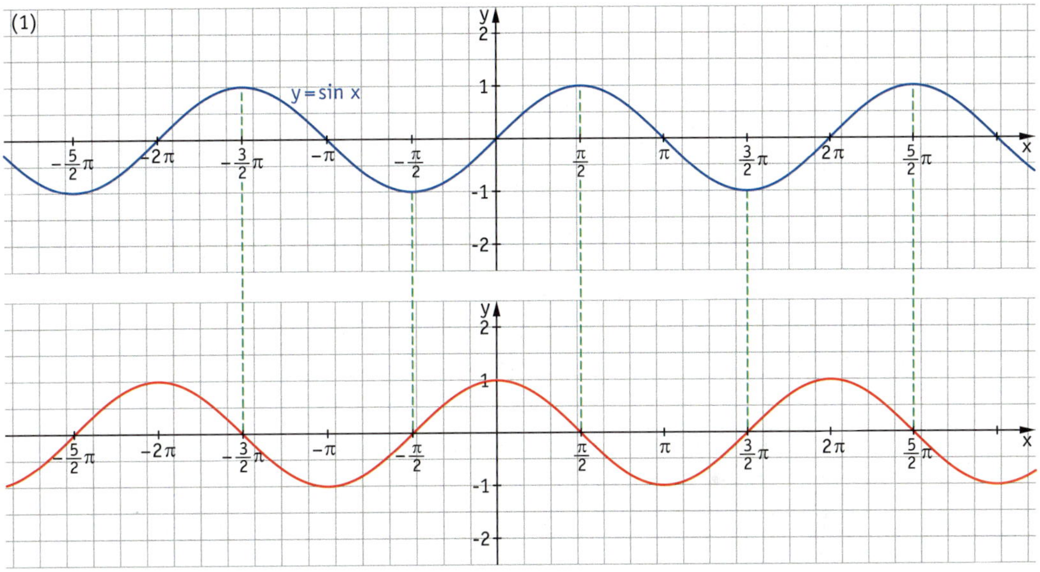

Vermutung: Die Sinusfunktion mit $f(x) = \sin x$ hat die Ableitung $f'(x) = \cos x$.

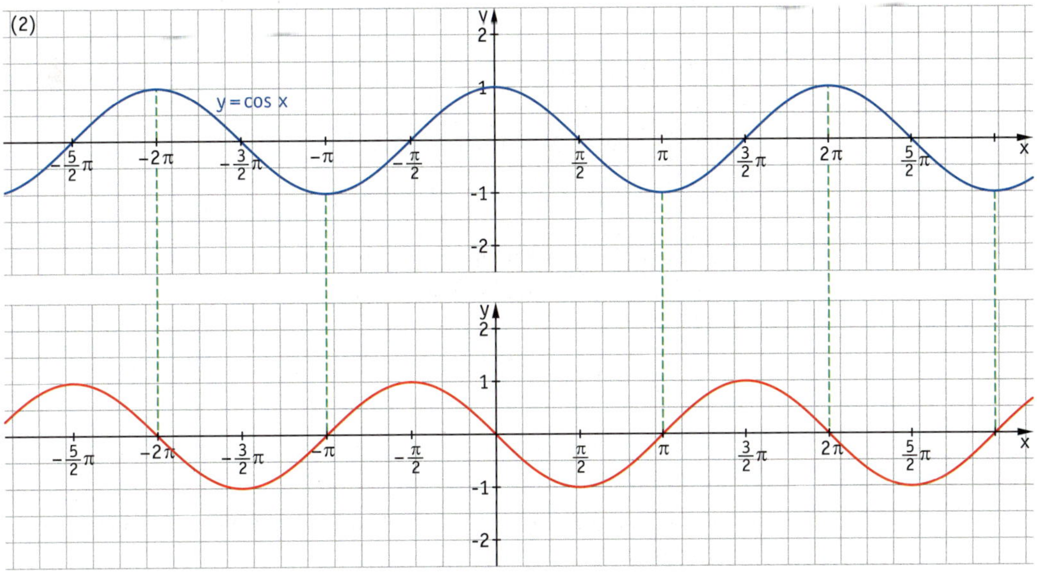

Vermutung: Die Kosinusfunktion mit $f(x) = \cos x$ hat die Ableitung $f'(x) = -\sin x$.

b) Beim grafischen Differenzieren in Teilaufgabe a) haben wir die Steigungen in den Hoch- und Tiefpunkten exakt bestimmt.
Mithilfe des **nDeriv**-Befehls eines Rechners können auch an den übrigen Stellen gute Näherungswerte ermittelt werden. Wir zeichnen jeweils die Graphen der numerisch ermittelten Ableitungsfunktion und der vermuteten Ableitungsfunktion in ein Koordinatensystem. Die jeweilige Übereinstimmung der beiden Graphen bestätigt unsere Vermutung.

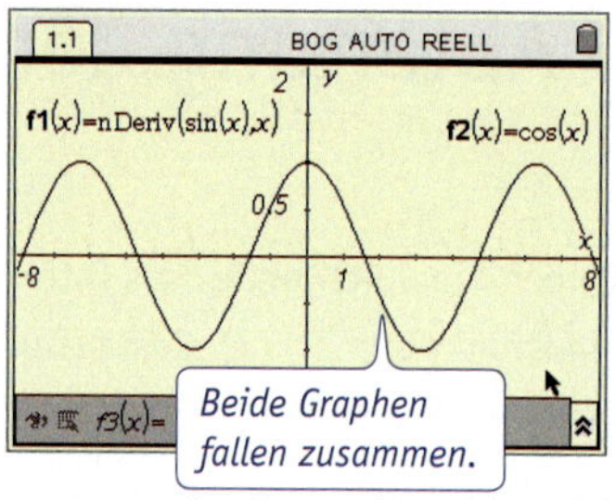

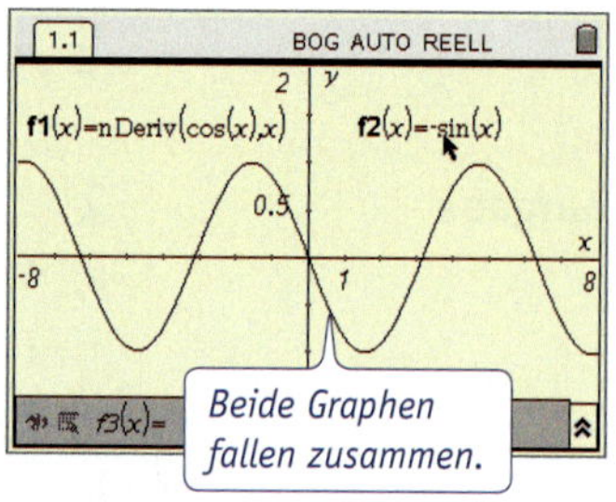

Information

Wir fassen die Ergebnisse von Aufgabe 1 zusammen. Auf einen Beweis verzichten wir.

Satz 10
Für die Sinusfunktion f mit $f(x) = \sin x$ gilt: $f'(x) = \cos x$
Für die Kosinusfunktion f mit $f(x) = \cos x$ gilt: $f'(x) = -\sin x$

Übungsaufgaben

2 Ermitteln Sie mithilfe des **nDeriv**-Befehls des Rechners die Ableitungen der Sinus- und Kosinusfunktion. Was vermuten Sie?

3 Bestimmen Sie die Ableitung der Funktion f für die angegebenen Stellen.
Stellen: $0, \frac{\pi}{2}, \frac{\pi}{4}, \pi, \frac{3}{2}\pi, 2\pi, \frac{3}{4}\pi$
a) $f(x) = \sin x$ **b)** $f(x) = \cos x$

4 An welchen Stellen hat die Ableitung der Funktion f den Wert $0, \frac{1}{2}, -\frac{1}{2}, 1, -1$?
a) $f(x) = \sin x$ **b)** $f(x) = \cos x$

5 Welche Werte kommen für die Tangentensteigung an den Graphen der Sinusfunktion nicht vor?

6 Die beiden Tangenten an den Graphen der Sinusfunktion an den Stellen 1 und 2 schließen zusammen mit der x-Achse ein Dreieck ein. Bestimmen Sie den Flächeninhalt dieses Dreiecks.

LK **7** Mithilfe der Figur rechts kann bewiesen werden, dass die Ableitung der Sinusfunktion die Kosinusfunktion ist. Die x-Werte sind hier als Bogenlängen auf einem Einheitskreis gezeichnet.
(1) Beweisen Sie zunächst, dass die beiden Dreiecke RAT und OFQ ähnlich zueinander sind.
(2) Erstellen Sie dann den Term für den Differenzenquotienten $\frac{\sin(x_0 + h) - \sin(x_0)}{h}$. Zeigen Sie, dass dieser wertgleich zu $\cos\left(x_0 + \frac{h}{2}\right)$ ist.
(3) Folgern Sie daraus die Ableitung.

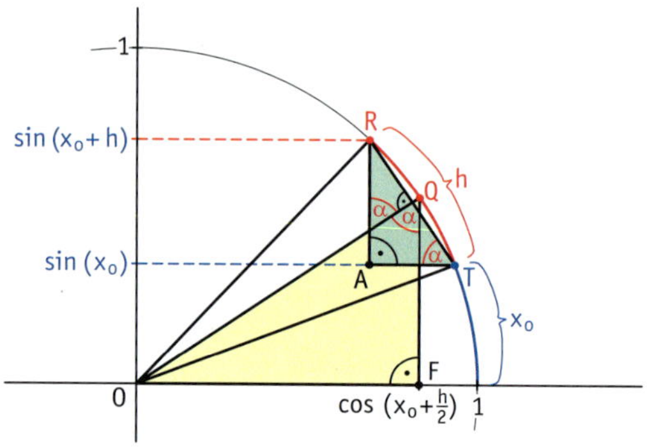

1.7 Ableitungsregeln

1.7.1 Ableitung von Potenzfunktionen – Potenzregel

Aufgabe

1

a) Erstellen Sie eine Tabelle mit den Potenzfunktionen zu $f(x) = x$, $f(x) = x^2$, $f(x) = x^3$, $f(x) = x^4$ und ihren Ableitungen. Formulieren Sie eine Regel für die Ableitung der Potenzfunktion zu $f(x) = x^n$.

b) Überprüfen Sie, ob die vermutete Regel auch für die Exponenten 0, −1, und $\frac{1}{2}$ zutrifft.

Lösung

a)

f(x)	x	x^2	x^3	x^4
f′(x)	1	2x	$3x^2$	$4x^3$

Vermutung: Die Potenzfunktion zu $f(x) = x^n$ hat die Ableitung $f'(x) = n \cdot x^{n-1}$.

$\frac{1}{x^n} = x^{-n}$

$\sqrt[n]{x} = x^{\frac{1}{n}}$

b) Exponent 0: Die Potenzfunktion f mit $f(x) = x^0 = 1$ hat die Ableitung $f'(x) = 0$.
Dafür können wir auch schreiben: $f'(x) = 0 \cdot x^{-1}$ falls $x \neq 0$.
Also trifft die Regel auch für den Exponenten 0 zu falls $x \neq 0$.

Exponent −1: Die Potenzfunktion f mit $f(x) = x^{-1} = \frac{1}{x}$ mit $x \neq 0$ hat die Ableitung $f'(x) = -\frac{1}{x^2}$.
Dafür können wir auch schreiben: $f'(x) = -1 \cdot x^{-2}$
Also trifft die Regel auch für den Exponenten −1 zu.

Exponent $\frac{1}{2}$: Die Potenzfunktion f mit $f(x) = x^{\frac{1}{2}} = \sqrt{x}$ hat die Ableitung $f'(x) = \frac{1}{2\sqrt{x}}$ für $x > 0$.
Dafür können wir auch schreiben: $f'(x) = \frac{1}{2} \cdot \frac{1}{\sqrt{x}} = \frac{1}{2} \cdot x^{-\frac{1}{2}}$
Also trifft die Regel auch für den Exponenten $\frac{1}{2}$ zu.

Information

Potenzfunktionen können nach der folgenden Regel abgeleitet werden. Auf einen Beweis verzichten wir.

Satz 11: Potenzregel
Für alle rationalen Zahlen r gilt: Die Funktion f mit $f(x) = x^r$ hat als Ableitung: $f'(x) = r \cdot x^{r-1}$

Übungsaufgaben

2 Rechts ist zu sehen, wie die Ableitungen einiger Potenzfunktionen mithilfe eines Rechners bestimmt werden. Formulieren Sie eine Regel und überprüfen Sie diese an weiteren Beispielen.

3 Bestimmen Sie die Ableitung.

a) $f(x) = x^7$ **c)** $f(x) = x^{-3}$ **e)** $f(x) = x^{\frac{3}{2}}$
b) $f(x) = x^{12}$ **d)** $f(x) = x^{n+2}$ **f)** $g(s) = s^{-2}$

4 Bestimmen Sie eine Potenzfunktion mit der angegebenen Ableitung.

a) $f'(x) = 7x^6$ **b)** $f'(x) = -5x^{-6}$ **c)** $f'(x) = (s-2)x^{s-3}$ **d)** $f'(x) = \frac{3}{2}x^{\frac{1}{2}}$

5 Welche Fehler wurden rechts gemacht?

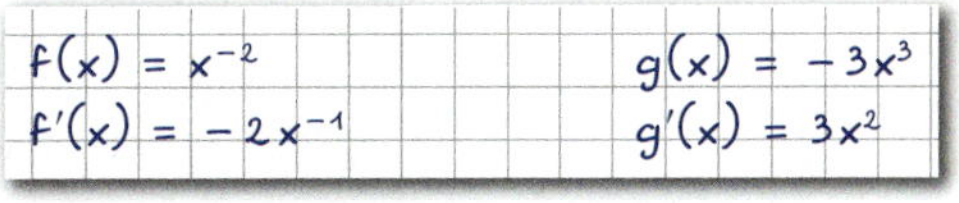

6 An welchen Stellen haben die Funktionen zu f mit $f(x) = x^n$ mit $n \in \mathbb{Z}$ die Steigung 1 [−1]?

1.7.2 Faktorregel

Aufgabe

1 Es soll die Ableitung der Funktion f mit $f(x) = 1{,}5\,x^2$ bestimmt werden.

a) Zeichnen Sie den Graphen der Funktion f und beschreiben Sie, wie er aus der Normalparabel, dem Graphen der Quadratfunktion u mit $u(x) = x^2$, hervorgeht.

b) Zeichnen Sie an der Stelle 2 sowohl an den Graphen von u als auch an den Graphen von f die Tangenten und vergleichen Sie beide. Formulieren Sie eine Vermutung für die Ableitung von f.

c) Überprüfen Sie diese Vermutung mithilfe eines Rechners.

d) Begründen Sie die Vermutung mithilfe von Sekantensteigungen.

Lösung

a) Der Graph von f entsteht aus der Normalparabel durch Strecken mit dem Faktor 1,5 parallel zur y-Achse.

b) Die Tangente an die Normalparabel an der Stelle 2 hat die Steigung $f'(2) = 2 \cdot 2 = 4$.
Die Tangente an die Funktion f an der Stelle 2 entsteht vermutlich auch durch Strecken mit dem Faktor 1,5 aus der entsprechenden Tangente an die Normalparabel. Ihre Steigung beträgt dann $1{,}5 \cdot 4 = 6$.
Da diese Überlegungen sich auf andere Stellen übertragen lassen, hat die Funktion f vermutlich die Ableitung:

$$f'(x) = 1{,}5 \cdot u'(x) = 1{,}5 \cdot 2x = 3x$$

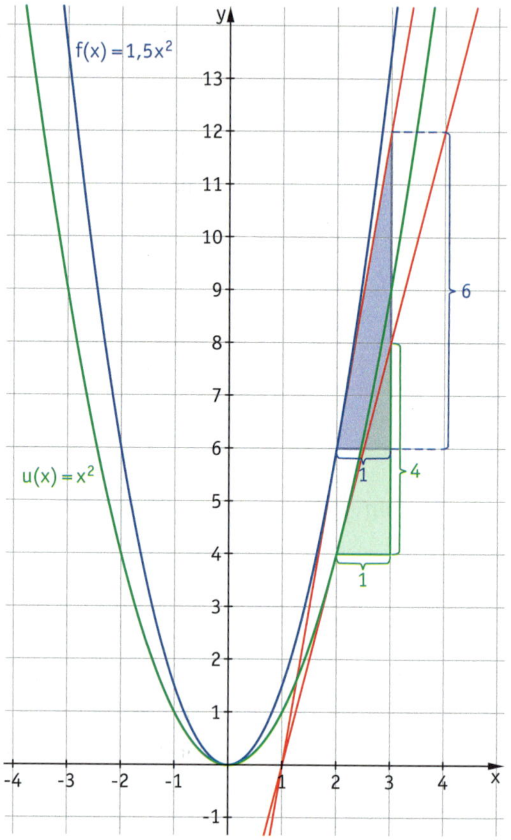

c) Wir zeichnen mithilfe des Befehls **nDeriv** den Graphen der Ableitung der Funktion f sowie den Graphen der Funktion zu $y = 3x$.
Da beide Graphen aufeinander fallen, ist die Vermutung bestätigt. Eine andere Möglichkeit ist ein Vergleich der beiden Wertetabellen, der ebenfalls die Vermutung bestätigt.

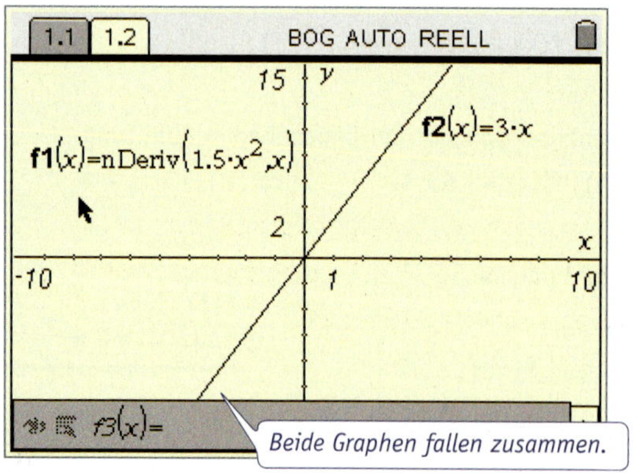

Beide Graphen fallen zusammen.

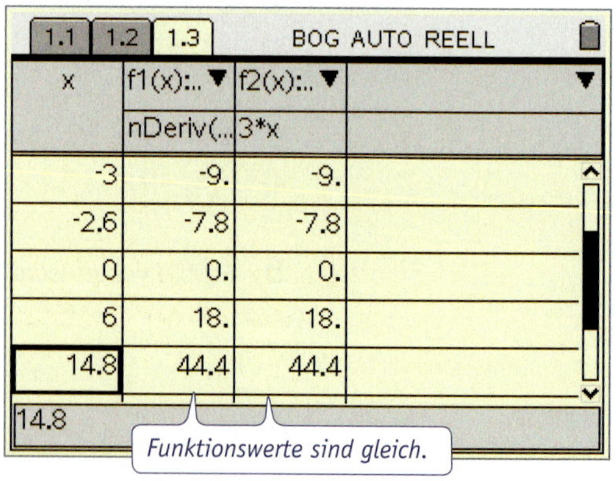

x	f1(x):.. nDeriv(..	f2(x):.. 3*x
-3	-9.	-9.
-2.6	-7.8	-7.8
0	0.	0.
6	18.	18.
14.8	44.4	44.4

Funktionswerte sind gleich.

d) Wir bestimmen die Ableitung an einer Stelle x mit der h-Schreibweise. Dazu betrachten wir zunächst eine Sekante des Graphen zu f durch die Punkte $P(x\,|\,1{,}5x^2)$ und $Q\big(x+h\,|\,1{,}5(x+h)^2\big)$ mit $h \neq 0$.

Diese Sekante hat die Steigung:

$$m = \frac{1{,}5(x+h)^2 - 1{,}5x^2}{h} = \frac{1{,}5\big((x+h)^2 - x^2\big)}{h} = \frac{1{,}5(x^2 + 2xh + h^2 - x^2)}{h} = \frac{1{,}5(2xh + h^2)}{h} = \frac{1{,}5h(2x+h)}{h} = 1{,}5(2x+h)$$

für $h \neq 0$

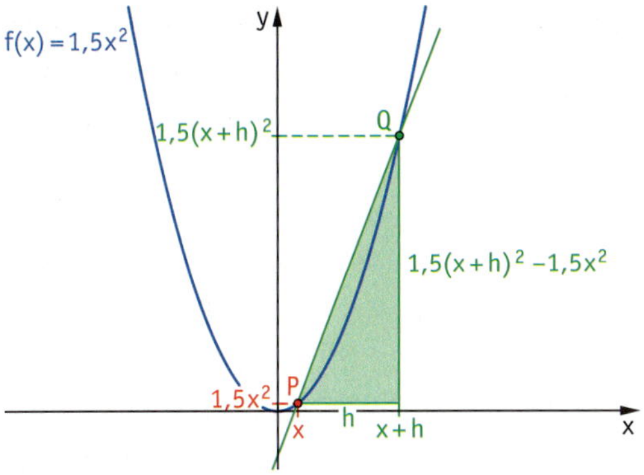

Nähert sich nun der zweite Schnittpunkt Q der Sekante auf dem Graphen immer mehr P an, so folgt:

Wenn $h \to 0$, dann $m = 1{,}5(2x+h) \to 1{,}5 \cdot 2x = 3x$.

Also hat die Tangente an der Stelle x die Steigung $f'(x) = 3x$.

Die Funktion f mit $f(x) = 1{,}5x^2$ hat somit die Ableitung f′ mit $f'(x) = 3x$.

Information

Faktorregel

Satz 12: Faktorregel

Wenn die Funktion u die Ableitung u′ hat, dann hat die Funktion f mit $f(x) = k \cdot u(x)$ die Ableitung: $f'(x) = k \cdot u'(x)$ mit $k \in \mathbb{R}$. *Ein konstanter Faktor bleibt beim Ableiten erhalten!*

Beispiele

$f(x) = -2x^4$ $\qquad$ $g(x) = 5 \cdot \sin x$

$f'(x) = (-2) \cdot 4x^3 = -8x^3$ $\qquad$ $g'(x) = 5 \cdot \cos x$

Beweis

Der Graph der Funktion f mit $f(x) = k \cdot u(x)$ geht aus dem der Funktion u durch Streckung mit dem Faktor k parallel zur y-Achse hervor. Dabei ist anschaulich klar, dass die Tangenten an dem Graphen von f durch Streckung aus den Tangenten an den Graphen von u entstehen.

Dies lässt sich auch mithilfe von Sekantensteigungen beweisen.

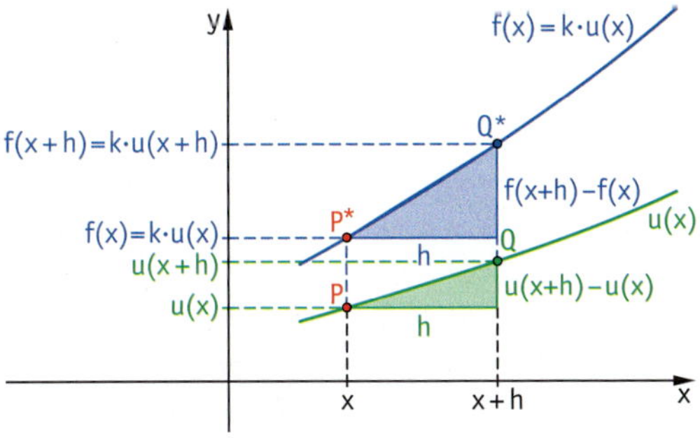

Wir betrachten eine Sekante des Graphen von f durch die Punkte $P^*\big(x\,|\,f(x)\big)$ und $Q^*\big(x+h\,|\,f(x+h)\big)$. Für deren Steigung gilt:

$$m = \frac{f(x+h) - f(x)}{h} = \frac{k \cdot u(x+h) - k \cdot u(x)}{h} = k \cdot \frac{u(x+h) - u(x)}{h}$$

Der Term $\frac{u(x+h) - u(x)}{h}$ gibt die Steigung der Sekante des Graphen von u durch die Punkte $P\big(x\,|\,u(x)\big)$ und $Q\big(x+h\,|\,u(x+h)\big)$ an. Je mehr sich $x+h$ der Stelle x annähert, desto mehr nähert sich diese Sekantensteigung der Tangentensteigung u′ an der Stelle x an:

Wenn $h \to 0$, dann $\frac{u(x+h) - u(x)}{h} \to u'(x)$.

Für die Ableitung der Funktion f mit $f(x) = k \cdot u(x)$ an der Stelle x gilt daher: $f'(x) = k \cdot u'(x)$

Übungsaufgaben

2 Bestimmen Sie die Ableitung zu $f(x) = 2 \cdot \sin x$. Vergleichen Sie mit der Ableitung der Sinusfunktion.

3 Bestimmen Sie die Ableitung.

a) $f(x) = 3x^5$
b) $f(x) = 7x^9$
c) $g(x) = \frac{1}{8}x^5$
d) $f(t) = \frac{1}{10}t^6$
e) $h(t) = \sqrt{2} \cdot t^4$
f) $f(t) = \frac{3}{4}t^8$
g) $f(s) = (-7) \cdot \frac{1}{s}$
h) $f(s) = \frac{1}{3}\sqrt{s}$
i) $h(s) = \frac{1}{6}s$
j) $g(r) = \frac{2}{3}r^3$
k) $f(r) = 4 \cdot \sin(r)$
l) $f(r) = -5 \cdot \cos(r)$

4 Wie könnte die zugehörige Funktion f lauten? Überprüfen Sie durch Ableiten.

a) $f'(x) = 4x^3$
b) $f'(x) = x^4$
c) $f'(x) = x^9$
d) $f'(s) = 7s^8$
e) $f'(x) = 4x^6$
f) $f'(x) = \frac{1}{x^2}$
g) $f'(x) = 0$
h) $f'(x) = 5x$
i) $f'(x) = 7x^2$
j) $f'(x) = \sin(x)$
k) $f'(x) = 3 \cdot \cos(x)$
l) $f'(t) = 2 \cdot \sin(t)$

5

Am 25.1.2004 landete das Marsmobil *Opportunity* auf dem Mars im Krater *Eagle*, der einen Durchmesser von 22 m aufweist. Am 24.3.2004 gelang es ihm im zweiten Anlauf, diesen Krater zu verlassen. Beim ersten Versuch, die 16%ige Steigung am Rand des Kraters zu nehmen, rutschte der Rover ab und drohte sogar umzukippen.

Nehmen Sie an, dass der Querschnitt des Kraters durch eine gestreckte Parabel bestimmt werden kann. Bestimmen Sie deren Gleichung. Ermitteln Sie damit näherungsweise die Tiefe des Kraters.

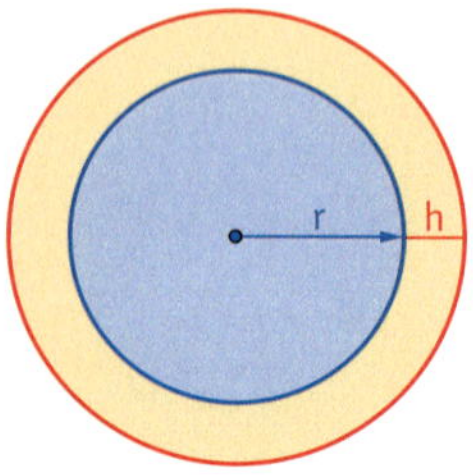

6 Betrachten Sie die Funktion, die jedem Kreis mit Radius r den Flächeninhalt A (r) zuordnet.

a) Bestimmen Sie die lokale Änderungsrate dieser Funktion. Deuten Sie das Ergebnis geometrisch.

b) Zeichnen Sie den Graphen der Funktion zu A (r) und den der lokalen Änderungsrate in zwei Koordinatensysteme untereinander. Beschreiben Sie beide Graphen.

7 Führen Sie Überlegungen wie in Aufgabe 6 für die Funktion *Radius* ↦ *Volumen* bei Kugeln durch.

8

a) Ermitteln Sie eine Formel für die Geschwindigkeit v (t) einer Schneelawine in Abhängigkeit von der Zeit t.

b) Zeichnen Sie den Graphen der Geschwindigkeit v (t) für verschiedene Neigungswinkel α in ein gemeinsames Koordinatensystem.

c) Geben Sie Beispiele für den Neigungswinkel α und die Zeit t an, sodass die Lawinengeschwindigkeit $300\,\frac{km}{h}$ beträgt.

Tückische Gefahr für Winterurlauber

SCHNEELAWINEN

Lawinen können mehrere Ursachen haben:

Vibrationen lockern den Schnee	Gewichtsbelastungen, Schwerkraft	Temperaturschwankungen machen Schnee instabil.

Lawinen können den Berg mit der Geschwindigkeit eines Formel-1-Rennwagens hinunterdonnern: 300 km/h sind keine Seltenheit! Je steiler der Hang ist und je länger die Lawine schon rollt, desto schneller wird sie: Für den zurückgelegten Weg s(t) in Abhängigkeit von der Zeit t gilt:

$$s(t) = \frac{1}{2} g \sin(\alpha) \cdot t^2.$$

Dabei ist $g = 9{,}81\,\frac{m}{s^2}$ die Erdbeschleunigung und α der Neigungswinkel des Berges.

1.7.3 Summenregel

Aufgabe

1 Gegeben sind die Funktionen u mit $u(x) = x^3$ und v mit $v(x) = x^2$.

a) Untersuchen Sie mithilfe eines Rechners die Ableitung f′ der Funktion $f(x) = u(x) + v(x) = x^3 + x^2$. Vergleichen Sie dabei die Funktionswerte von f′ mit den Funktionswerten von u′ und v′.

b) Formulieren Sie eine Vermutung und begründen Sie diese mithilfe von Sekantensteigungen.

Lösung

a) Für die Ableitungsfunktionen u′ und v′ gilt: $u'(x) = 3x^2$ und $v'(x) = 2x$

Wir geben die Summe dieser Funktionsterme in einen Rechner ein. Die Ableitungsfunktion der Funktion f bestimmen wir näherungsweise mit dem Befehl **nDeriv**.

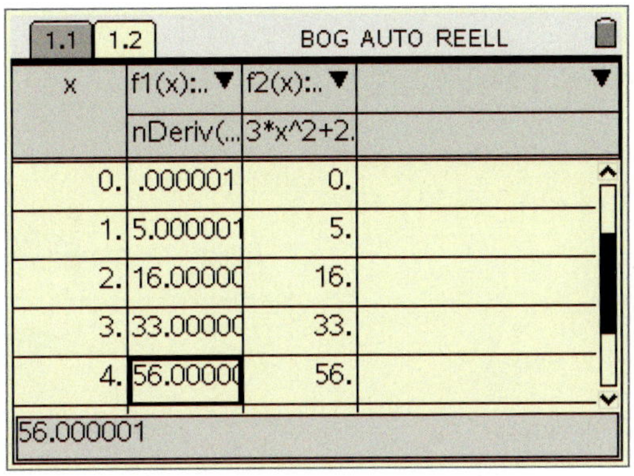

x	f1(x):.. nDeriv(...	f2(x):.. 3*x^2+2.
0.	.000001	0.
1.	5.000001	5.
2.	16.00000	16.
3.	33.00000	33.
4.	56.00000	56.

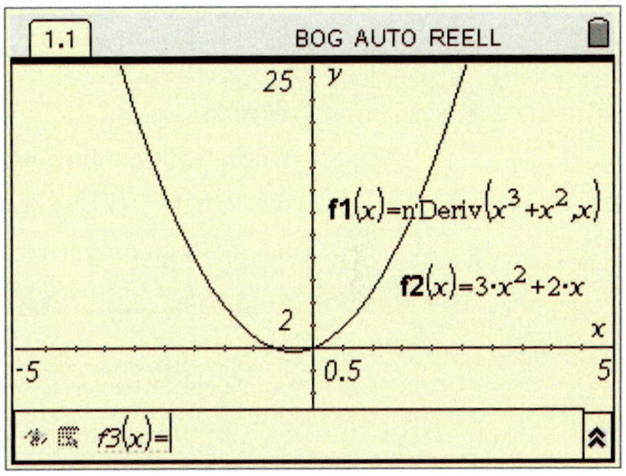

Die Wertetabellen zeigen, dass die Summen der Funktionswerte von u′ und v′ mit den Funktionswerten von f′ übereinstimmen. An den beiden Graphen sieht man, dass sie genau übereinander liegen.

b) Vermutung:

Für die Ableitung der Funktion f mit $f(x) = x^3 + x^2$ gilt: $f'(x) = 3x^2 + 2x$

Begründung:

Wir betrachten eine Sekante des Graphen von f durch die Punkte $P(x \mid f(x))$ und $Q(x + h \mid f(x + h))$.

Für deren Steigung gilt:

$$\begin{aligned} m &= \frac{f(x+h) - f(x)}{h} \\ &= \frac{\left((x+h)^3 + (x+h)^2\right) - (x^3 + x^2)}{h} \\ &= \frac{(x+h)^3 + (x+h)^2 - x^3 - x^2}{h} \\ &= \frac{(x+h)^3 - x^3 + (x+h)^2 - x^2}{h} \\ &= \frac{(x+h)^3 - x^3}{h} + \frac{(x+h)^2 - x^2}{h} \end{aligned}$$

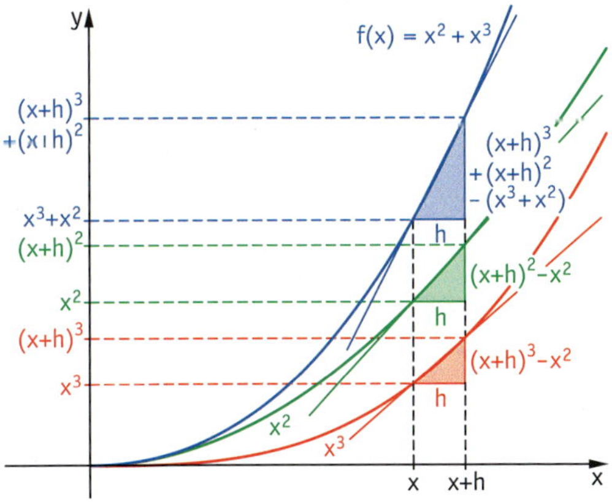

Steigung der Sekante an den Graphen von u durch $P_1(x \mid x^3)$ und $Q_1(x + h \mid (x + h)^3)$.

Steigung der Sekante an den Graphen von v durch $P_2(x \mid x^2)$ und $Q_2(x + h \mid (x + h)^2)$.

Je mehr sich $x + h$ der Stelle x annähert, desto mehr nähern sich die Sekantensteigungen den Tangentensteigungen $u'(x)$ und $v'(x)$ an:

Wenn $h \to 0$, dann $m = \frac{(x+h)^3 - x^3}{h} + \frac{(x+h)^2 - x^2}{h} \to 3x^2 + 2x$.

Also gilt für die Ableitung der Funktion f an der Stelle x:

$$\begin{aligned} f'(x) &= 3x^2 + 2x \\ &= u'(x) + v'(x) \end{aligned}$$

Information

(1) Summenregel

Die Überlegungen aus der obigen Aufgabe lassen sich auf beliebige Funktionen verallgemeinern.

Satz 13: Summenregel

Wenn die Funktion u die Ableitung $u'(x)$ und die Funktion v die Ableitung $v'(x)$ haben, dann hat die Funktion f mit $f(x) = u(x) + v(x)$ die Ableitung:

$f'(x) = u'(x) + v'(x)$ *Eine Summe wird gliedweise abgeleitet!*

Beispiele

$f(x) = x^4 + x^5$ $\qquad$ $g(x) = \frac{1}{x} + \sin(x)$

$f'(x) = 4x^3 + 5x^4$ $\qquad$ $g'(x) = -\frac{1}{x^2} + \cos(x)$

Beweis

Wir betrachten die Sekante an den Graphen f durch die Punkte $P(x\,|\,f(x))$ und $Q(x+h\,|\,f(x+h))$. Für deren Steigung gilt:

$$m = \frac{f(x+h) - f(x)}{h} = \frac{u(x+h) + v(x+h) - (u(x) + v(x))}{h} = \frac{u(x+h) - u(x) + v(x+h) - v(x)}{h} = \underbrace{\frac{u(x+h) - u(x)}{h}}_{} + \underbrace{\frac{v(x+h) - v(x)}{h}}_{}$$

Steigung der Sekante des Graphen von u durch $P_1(x\,|\,u(x))$ und $Q_1(x+h\,|\,u(x+h))$.

Steigung der Sekante des Graphen von v durch $P_2(x\,|\,v(x))$ und $Q_2(x+h\,|\,v(x+h))$.

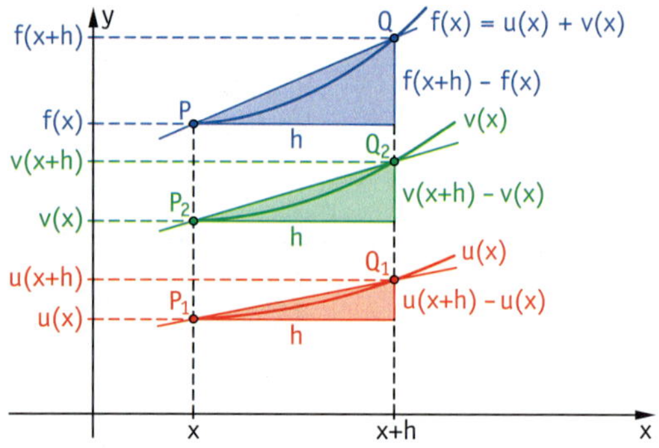

Je mehr sich $x + h$ der Stelle x annähert, desto mehr nähern sich diese Sekantensteigungen den Tangentensteigungen $u'(x)$ und $v'(x)$ an der Stelle x an:

Wenn $h \to 0$, dann $\frac{u(x+h) - u(x)}{h} + \frac{v(x+h) - v(x)}{h} \to u'(x) + v'(x)$.

Für die Ableitung der Funktion f mit $f(x) = u(x) + v(x)$ gilt daher:

$f'(x) = u'(x) + v'(x)$

Weiterführende Aufgaben

2 Differenzregel

Beweisen Sie folgende Regel zum Ableiten einer Differenz.

Satz 14: Differenzregel

Wenn die Funktion u die Ableitung $u'(x)$ und die Funktion v die Ableitung $v'(x)$ haben, dann hat die Funktion f mit $f(x) = u(x) - v(x)$ die Ableitung:

$f'(x) = u'(x) - v'(x)$ *Eine Differenz wird gliedweise abgeleitet!*

Beispiele

$f(x) = x^4 - x^5$ $\qquad$ $g(x) = \frac{1}{x} - \sin x$

$f'(x) = 4x^3 - 5x^4$ $\qquad$ $g'(x) = -\frac{1}{x^2} - \cos x$

3 Ein konstanter Summand fällt beim Differenzieren weg

a) Der Graph der Funktion f wird um c parallel zur y-Achse verschoben. Wir erhalten den Graphen der Funktion g mit $g(x) = f(x) + c$. Begründen Sie geometrisch, dass beide Funktionen an der Stelle x dieselbe Steigung haben, dass also gilt: $g'(x) = f'(x)$

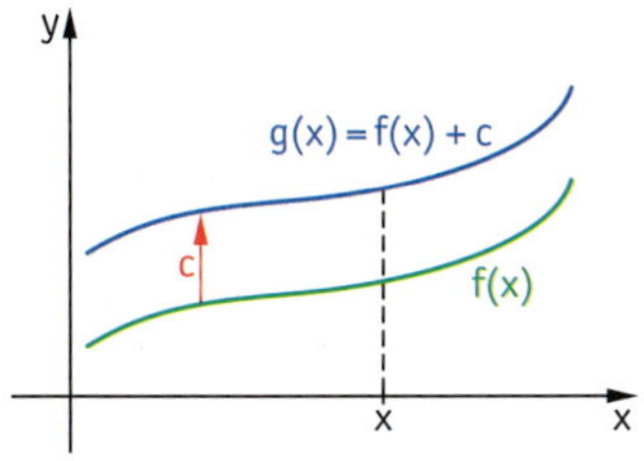

b) Das Ergebnis in Teilaufgabe a) kann man auch so formulieren:

> Ein konstanter Summand wird beim Differenzieren zu null.

Begründen Sie diese Regel auch mithilfe von Ableitungsregeln.

4 Werden Produkte und Quotienten gliedweise abgeleitet?

Zeigen Sie am Beispiel $f(x) = x^5$ und $g(x) = x^3$, dass im Allgemeinen gilt:

a) $(f(x) \cdot g(x))' \neq f'(x) \cdot g'(x)$ **b)** $\left(\frac{f(x)}{g(x)}\right)' \neq \frac{f'(x)}{g'(x)}$

Information **(2) Rückblick auf die Ableitungsregeln**

Die Potenzregel einerseits und die Faktorregel, die Summenregel und die Differenzregel andererseits sind Ableitungsregeln in unterschiedlichem Sinne:

Während die Potenzregel unmittelbar die Ableitung einer Potenzfunktion angibt, lassen sich die anderen drei Regeln nur anwenden, um die Ableitung einer Funktion auf schon bekannte Ableitungen zurückzuführen.

Übungsaufgaben

5 Ermitteln Sie die Ableitung der Funktion f mit $f(x) = x^2 + (-1)x$.
Formulieren Sie eine allgemeine Vermutung.

6 Leiten Sie die Funktion f ab.

a) $f(x) = x^5 + x^8$
b) $f(x) = x^4 - x^3$
c) $f(x) = x^3 + x^4$
d) $f(x) = x^5 - x^7$
e) $g(x) = x^9 + x^5$
f) $f(x) = 2x^4 - 3x^6$
g) $h(x) = x^{10} + 2x$
h) $f(s) = 2s^2 + 3s$
i) $f(x) = x + \frac{1}{x}$
j) $f(x) = \frac{1}{x} - \sqrt{x}$
k) $f(x) = x^2 + \sqrt{x}$
l) $h(t) = t^2 - \frac{1}{t^2}$

7 Bilden Sie die Ableitung der Funktion f.

a) $f(x) = \frac{1}{8}x^5 + \frac{1}{2}x^3 - 0{,}7x$
b) $f(x) = 2x^4 - 7x^2 + 5x$
c) $f(x) = 8x^{12} - \sqrt[3]{17}x^2 + 5x$
d) $h(x) = 9x^4 - \sqrt{3}x^3 + 5x - 7$
e) $g(x) = 4x^6 + 2x^3 - 9x^2 - 18x + 2$
f) $f(x) = 9x^4 - \frac{1}{3}x^3 + \frac{1}{2}x^2 - \sqrt[3]{2}x + 8$

8 Geben Sie die Ableitung an.

a) $f(x) = \frac{3}{x} + 2\sqrt{x}$
b) $f(x) = \frac{1}{x} - x^2 - x^4$
c) $g(x) = \frac{7}{x} + \frac{2}{3}x^2 + 5$
d) $h(x) = 4x^5 + \frac{3}{x} - \frac{1}{2}\sqrt{x}$
e) $f(x) = \frac{1}{x} + \cos x$
f) $f(x) = ax^2 - \frac{b}{x} + \frac{\sqrt{x}}{5}$
g) $h(x) = 2\sin x - 3\cos x$
h) $f(x) = a \cdot \cos(x) + c$
i) $f(t) = 4\sqrt{t} + 2\cos t$

9 Gegeben ist die Ableitungsfunktion f′. Gesucht ist eine mögliche Ausgangsfunktion f.

a) $f'(x) = 3x^2 + 2x$
b) $f'(x) = 4x^3 - 7x^6$
c) $f'(x) = 9x^8 - 6x^5 + 8$
d) $f'(t) = t^6 + t^2$
e) $f'(x) = x^4 - x^3$
f) $f'(x) = 8x^3 - 6x^2$
g) $f'(x) = 2x^4 - 8x^3 + 2x^2$
h) $f'(t) = \sin t - \cos t$
i) $f'(x) = 2\cos(x) - \frac{1}{2x^2}$

10 Kontrollieren Sie durch Rechnung.

$f(x) = x^2 \cdot \frac{1}{x}$ $\quad g(x) = \frac{\sqrt{x}}{x}$

$f'(x) = 2x \cdot \left(-\frac{1}{x^2}\right) = -\frac{2}{x}$ $\quad g'(x) = \frac{\frac{1}{2\sqrt{x}}}{1} = \frac{1}{2\sqrt{x}}$

11 Leiten Sie folgende Funktion ab.

a) $f(x) = (x + 1)^2$

b) $f(x) = x^{-1} + x^{\frac{1}{2}}$

c) $f(x) = \frac{x^2 - 1}{x + 1}$

d) $f(x) = (7x - 4) \cdot (3x^2 + 7x + 4)$

e) $f(x) = (ax^2 + b) \cdot (cx + d)$

f) $g(x) = 3 \cdot (4 - x^2) \cdot (2 - x) + \frac{1}{2}(4 - x)$

g) $f(t) = t \cdot (t - 1) - t \cdot (t + 1)$

h) $f(s) = (s - 5)^2 + (s - 2)^2 - 3(s + 5)$

i) $f(p) = 2p(p - 4)^2 + 7p^2(p + 5)^2$

12 Ein Fallschirmspringer fliegt im freien Fall, dann öffnet er den Fallschirm und schwebt zu Boden. Für die Höhe (in m) h(t) in Abhängigkeit von der Zeit t (in s) kann näherungsweise folgende Funktionsvorschrift verwendet werden:

$$h(t) = \begin{cases} 2000 - 1{,}2 \cdot t^2 & \text{für } 0 \le t \le 29 \\ 991 - 5t & \text{für } t > 29 \end{cases}$$

a) Zeichnen Sie mit einem Rechner den Graphen dieser Funktion. In welchen Zeitabschnitten nimmt die Geschwindigkeit zu, in welchen nimmt sie ab und in welchen bleibt sie konstant?

b) Skizzieren Sie den Graphen der Zeit-Geschwindigkeit-Funktion.

c) Finden Sie eine Funktionsvorschrift für die Zeit-Geschwindigkeit-Funktion. Zeichnen Sie den zugehörigen Graphen mit einem Rechner und kontrollieren Sie damit das Resultat aus Teilaufgabe b).
Mit welcher Geschwindigkeit kommt der Springer am Boden an?
Wann hat er seine größte Geschwindigkeit? Was passiert unmittelbar danach?

13

Bewegliche Fußgängerbrücke

Um einen reibungslosen Schiffsverkehr im Hafenbecken zu ermöglichen, wurde in Duisburg eine bewegliche Fußgängerbrücke erdacht. Bei Bedarf kann sie sich unterschiedlich stark krümmen und zu einem Buckel formen. Die Pylone (Pfeiler der Hängebrücke) werden dabei von vier Hydraulikzylindern immer weiter nach außen gezogen. Dadurch spannen sich die beiden Tragseile und der damit verbundene Fußweg wird nach oben gezogen. Das Tragwerk und der Fußweg bilden dabei jeweils unterschiedlich gekrümmte Parabeln.

Wenn die Brücke in eine mittlere Stellung gezogen wird, liegt ihr Scheitelpunkt etwa 4,50 Meter über dem Normalniveau, in der höchsten Lage sind es 9 Meter und der Steigungswinkel α des Fußweges erreicht dabei fast 45°.

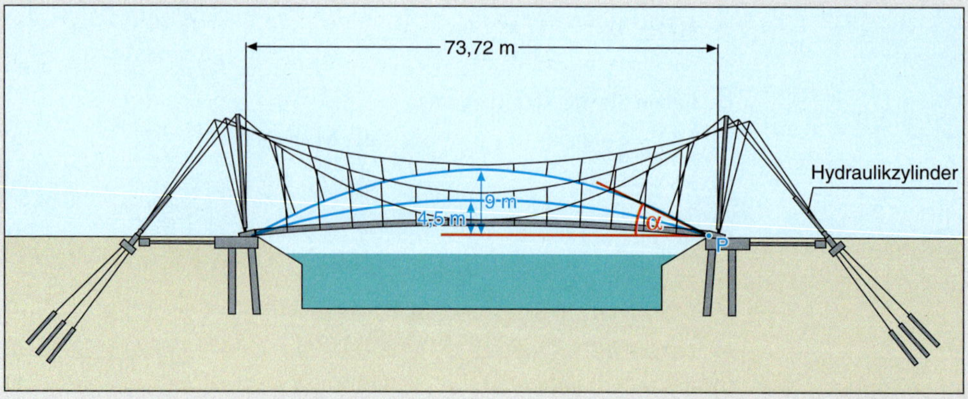

Überprüfen Sie die Aussage über den Steigungswinkel im Zeitungstext durch eigene Berechnungen.

Parabelflug

Zehnjähriges Jubiläum

Vom 3. bis zum 7. September 2007 veranstaltete das Deutsche Zentrum für Luft- und Raumfahrt (DLR) zum zehnten Mal seine Parabelflüge mit dem Airbus A300 ZERO-G. Vom Köln Bonn Airport aus startete das größte fliegende Labor der Welt zu insgesamt fünf Forschungsflügen in die Schwerelosigkeit.
Diese nutzten die Wissenschaftler für ihre Versuche in Biologie, Humanphysiologie, Physik und Materialforschung. Über dem Atlantik vollführte das Flugzeug etwa dreißig Mal immer wieder dasselbe Flugmanöver:

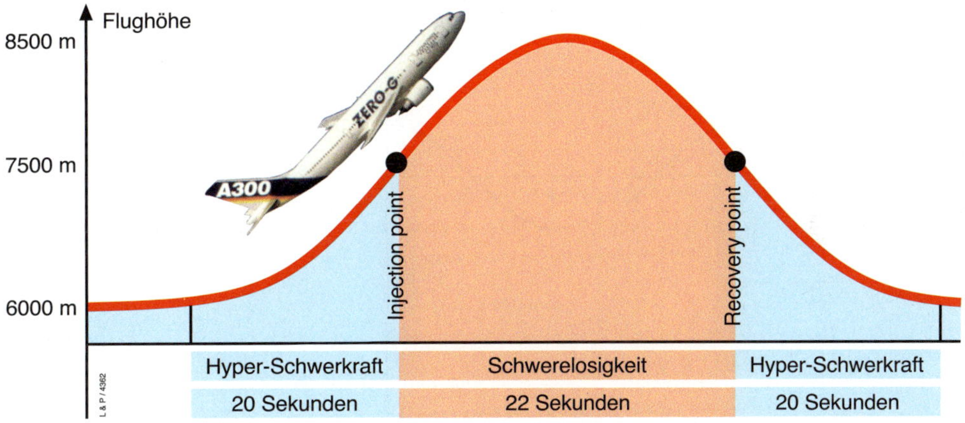

Die Maschine fliegt zunächst horizontal mit Höchstgeschwindigkeit. Sie geht dann mit einem Bahnneigungswinkel von 45° in einer 1. Phase in einen Steigflug über. Während dieser Phase herrscht in der Maschine ca. doppelte Erdbeschleunigung, also circa 2 g.

In der normalerweise circa 5 Sekunden andauernden 2. Phase, der Transitionsphase, werden die Triebwerke gedrosselt, sodass der Schub nur den Luftwiderstand ausgleicht. In dieser Phase kann man eine deutliche Schwerkraftabnahme spüren (freier Fall).

In der 3. Phase, der eigentlichen Schwerelosigkeitsphase, die im englischen Sprachraum mit *microgravity* genauer beschrieben wird, steigt die Maschine weiter, indem sie dem Verlauf einer Wurfparabel folgt. Sie erreicht am höchsten Punkt, abhängig vom Flugzeugtyp, etwa 8 500 m. Die Zeitdauer der Schwerelosigkeit beträgt circa 22 Sekunden.

Der Pilot steuert in der 4. Phase die Maschine so, dass sie einen Bahnneigungswinkel von circa –45° erreicht und leitet damit durch Starten der Triebwerke den Parabelflug aus. Hierbei herrschen wiederum circa 2 g. Dieser Vorgang dauert 20 Sekunden.

Nach circa 2 Minuten kann dann der nächste Parabelflug beginnen.

1 Beschreiben Sie die Parabel, auf der sich das Flugzeug in der Phase der Schwerelosigkeit befindet, in einem geeigneten Koordinatensystem.

2 Ein anderes Flugzeug startet mit einem Steigwinkel von 52°, erreicht eine Höhe von 10 000 m und hat eine 25 Sekunden dauernde Phase der Schwerelosigkeit.
Erstellen Sie eine Parabelgleichung und vergleichen Sie diese mit der Gleichung aus der Aufgabe 1.

1.7.4 Kettenregel

Aufgabe

1 Erzeugen Sie schrittweise den Graphen zur Funktion $h(x) = \sin\left(3x + \frac{\pi}{2}\right)$ aus dem Graphen der Sinusfunktion. Fertigen Sie dafür drei Koordinatensysteme nebeneinander an.
Erzeugen Sie nun zu jeder der drei Funktionen in einem Koordinatensystem darunter zeichnerisch den Graphen der Ableitungsfunktion.
Äußern Sie auch Vermutungen für deren Funktionsterme.

Lösung

Man erhält den Graphen der Funktion h folgendermaßen:

- Man verschiebt die Sinuskurve zunächst um $\frac{\pi}{2}$ nach links.
- Dann streckt man den verschobenen Graphen mit dem Faktor $\frac{1}{3}$ parallel zur x-Achse.

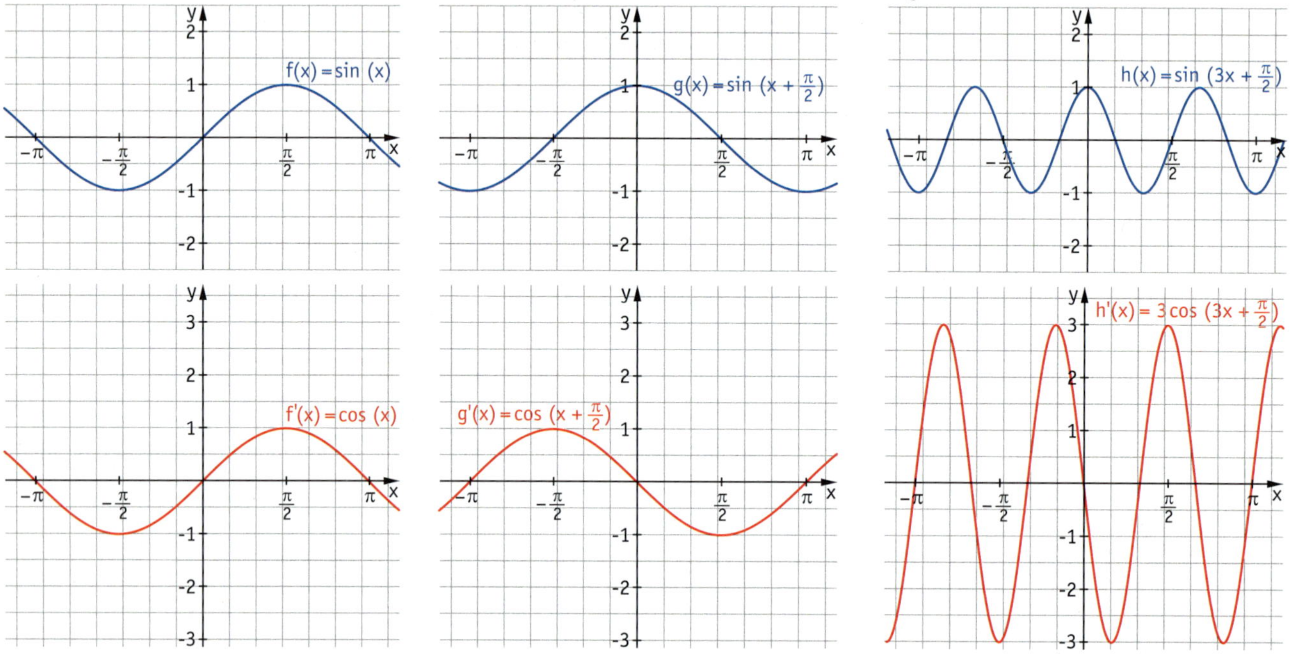

Die Ableitung der Sinusfunktion mit $f(x) = \sin x$ ist die Kosinusfunktion: $f'(x) = \cos x$

Da der Graph von g durch Verschieben um $\frac{\pi}{2}$ nach links aus dem Graphen von f entsteht, entsteht auch der Graph der Ableitungsfunktion g′ aus dem Graphen von f′ durch Verschieben um $\frac{\pi}{2}$ nach links: $g'(x) = \cos\left(x + \frac{\pi}{2}\right)$

Der Graph zu h (x) entsteht aus dem Graphen zu g (x) durch Streckung mit dem Faktor $\frac{1}{3}$ in Richtung der x-Achse.
Die Steigung des Graphen nimmt dabei zu. Durch die Streckung mit dem Faktor $\frac{1}{3}$ in Richtung der x-Achse bleiben zwar die y-Werte der Punkte erhalten, aber die x-Werte werden gedrittelt. Das Erreichen einer Höhe erfolgt dadurch schon nach einem Drittel der Strecke parallel zur x-Achse. Damit ist jede Steigung von h 3-mal so groß wie die entsprechende Steigung der Funktion g.
Für $h(x) = \sin\left(3x + \frac{\pi}{2}\right)$ erhalten wir als Vermutung für die Ableitung:
$h'(x) = 3 \cdot \cos\left(3x + \frac{\pi}{2}\right)$

Information

(1) Kettenregel bei linearer innerer Funktion

Die Lösung der Aufgabe 1 legt folgende Regel zum Ableiten einer Funktion f nahe, in deren Term ein linearer Term $a x + b$ eingesetzt wurde:

Satz 15: Kettenregel bei linearer innerer Funktion

Hat die Funktion f die Ableitung f', so hat die Funktion h mit $h(x) = f(a x + b)$ die Ableitung:
$h'(x) = a \cdot f'(a x + b)$

Beispiel: $h(x) = \frac{1}{2x-3}$; $h'(x) = 2 \cdot \left(-\frac{1}{(2x-3)^2}\right)$

Merkregel:

Der Faktor a ist die Ableitung der „inneren Funktion" $x \mapsto ax + b$.

Ableitung der Gesamtfunktion = innere Ableitung · äußere Ableitung.

(2) Geometrischer Beweis der Kettenregel bei linearer innerer Funktion

Der Graph der Funktion h mit $h(x) = f(a x + b)$ entsteht aus dem Graphen von f, indem man den Graphen von f um $-b$ entlang der x-Achse verschiebt und anschließend mit dem Faktor $\frac{1}{a}$ parallel zur x-Achse streckt. Wir betrachten im Folgenden, was dabei mit einer Tangente passiert.

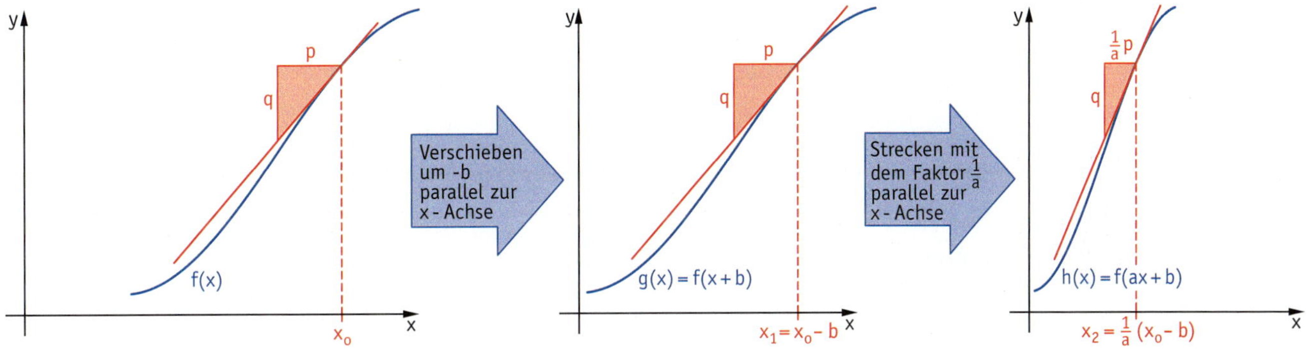

Wir betrachten eine Tangente an der Stelle x_0 an den Graphen von f zusammen mit einem Steigungsdreieck. Offensichtlich gilt: $f'(x_0) = \frac{q}{p}$.

Bei der Verschiebung des Graphen von f zusammen mit der Tangente um $-b$ entlang der x-Achse bleibt die Steigung der Tangente unverändert.
Die Tangente befindet sich jetzt jedoch an der Stelle $x_1 = x_0 - b$ am verschobenen Graphen.
Somit gilt:
$g'(x_1) = f'(x_1 + b) = \frac{q}{p} = f'(x_0)$

Bei der Streckung des Graphen von f zusammen mit der Tangente mit dem Faktor $\frac{1}{a}$ parallel zur x-Achse wird auch die Länge der Kathete p mit dem Faktor $\frac{1}{a}$ gestreckt. Die Länge der anderen Kathete bleibt unverändert. Die Tangente befindet sich nach der Verschiebung und der anschließenden Streckung nun an der Stelle
$x_2 = \frac{1}{a}(x_0 - b)$.
Somit gilt: $h'(x_2) = \frac{q}{\frac{1}{a}p} = a\frac{q}{p} = a \cdot f'(x_0)$
Wegen $x_2 = \frac{1}{a}(x_0 - b)$ gilt $x_0 = a x_2 + b$.
Setzt man dies rechts in die obere Gleichung ein, so erhält man:
$h'(x_2) = a \cdot f'(a x_2 + b)$
Allgemeiner kann man dies mit $x_2 = x$ schreiben und erhält schließlich die Regel:
$h'(x) = a \cdot f'(a x + b)$ für $h(x) = f(a x + b)$

Weiterführende Aufgabe

2 Allgemeine Kettenregel

Gegeben sind folgende Funktionen h vom Typ $h(x) = f(g(x))$.

(1) $h(x) = \sin(x^2)$ (2) $h(x) = \sin(x^3)$ (3) $h(x) = \sin(x^2 - 2x)$

a) Bestimmen Sie jeweils die äußere Funktion f und die innere Funktion g der Verkettung.

b) Erstellen Sie mithilfe eines Rechners eine Wertetabelle für die Funktionswerte von $g'(x)$, von $f'(g(x))$ und näherungsweise auch die Funktionswerte von $h'(x)$. Was stellen Sie fest? Formulieren Sie eine Regel.
Hinweis: Falls Sie ein CAS verwenden, können Sie auch die Funktionsterme betrachten.

Information

(3) Allgemeine Kettenregel

Die Ergebnisse aus der Aufgabe 2 lassen folgenden Satz vermuten:

Satz 16: Kettenregel
Für eine Funktion $h(x) = f(g(x))$ mit der äußeren Funktion f mit der Ableitung f′ sowie der inneren Funktion g mit der Ableitung g′ gilt: $h'(x) = g'(x) \cdot f'(g(x))$

Beispiel

$h(x) = \sin(3x^2 - x)$; $h'(x) = (6x - 1) \cdot \cos(3x^2 - x)$

Die Kettenregel bei Verkettung mit einer inneren linearen Funktion ist ein Spezialfall der Kettenregel. Allgemein gilt folgende *Merkregel*, die wir in diesem Buch nicht beweisen.

Ableitung der Verkettung = innere Ableitung · äußere Ableitung

Übungsaufgaben

2 Bestimmen Sie für die Funktion h mit $h(x) = \frac{1}{3x-2}$ die Ableitung, indem Sie die Graphen schrittweise aus der Funktion f mit $f(x) = \frac{1}{x}$ erzeugen und dabei eine Tangente und deren Veränderung betrachten.

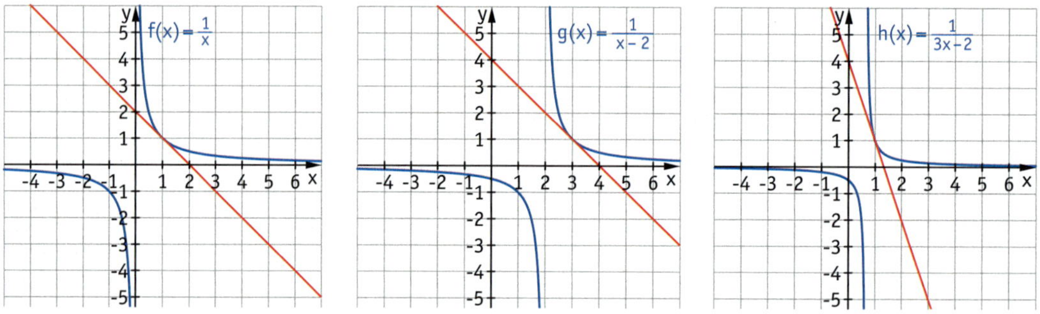

3 Strecken Sie den Graphen der Kosinusfunktion mit $f(x) = \cos x$ mit dem Faktor 2 parallel zur x-Achse. Geben Sie den Term der Funktion zum entstandenen Graphen an.
Bestimmen Sie zunächst zeichnerisch die Ableitungsfunktion des gestreckten Graphen. Formulieren Sie eine Vermutung für die Ableitungsfunktion und begründen Sie diese.

4 Zeichnen Sie jeweils den Graphen der Funktion und ermitteln Sie auch die zugehörige Ableitung.

a) Verschieben Sie den Graphen der Sinusfunktion um $\frac{\pi}{2}$ Einheiten nach links und strecken Sie ihn anschließend mit dem Faktor 0,5 in Richtung der x-Achse.

b) Verschieben Sie den Graphen der Sinusfunktion um π Einheiten nach rechts und strecken Sie ihn anschließend mit dem Faktor 3 in Richtung der x-Achse.

5 Leiten Sie mithilfe der Kettenregel bei linearer innerer Funktion ab. Kontrollieren Sie das Ergebnis durch Ausmultiplizieren des Funktionstermes.

a) $g(x) = (3x - 4)^2$ **b)** $g(x) = (x - 2)^2$ **c)** $g(x) = \sqrt{25 \cdot x}$

6 Bestimmen Sie die Ableitung. Kontrollieren Sie das Ergebnis mithilfe eines Rechners durch Zeichnen des Graphen der Ableitungsfunktion und der näherungsweisen Ableitung (**nDeriv**).

a) $g(x) = \sin(2x + 1)$ **b)** $g(x) = \cos\left(\frac{1}{2}x - 3\right)$ **c)** $g(x) = \frac{1}{3x - 5}$

7 Antonio hat Ableitungen gebildet. Kontrollieren Sie seine Ergebnisse und erläutern Sie Ihre Überlegungen.

$f(x) = \cos(-x)$	$g(x) = \sin(2x)$	$h(x) = \sqrt{2x + 3}$
$f'(x) = -\sin(x)$	$g'(x) = 2\cos(2x)$	$h'(x) = \frac{x}{\sqrt{2 + 3}}$
$i(x) = \frac{1}{2x - 4}$	$j(x) = (-3x + 7)^4$	$k(x) = \sqrt{3 - x}$
$i'(x) = \frac{1}{(2x - 4)^2}$	$j'(x) = 4(-3 + 7)^3 - 3$	$k'(x) = \frac{1}{2\sqrt{3 - x}}$

8 Bestimmen Sie die Ableitung.

a) $g(x) = \sin(2x + \pi)$ **d)** $g(x) = \frac{1}{3x - 5}$ **g)** $f(z) = \frac{4}{2 - 3z}$

b) $g(x) = \cos\left(\frac{1}{2}x - \pi\right)$ **e)** $f(x) = \frac{1}{4}\cos\left(3x + \frac{\pi}{2}\right)$ **h)** $f(x) = x^2 + \sin(2x - 3)$

c) $g(x) = \sqrt{2x - 4}$ **f)** $f(t) = 2 \cdot \sqrt{5 - 2t}$ **i)** $f(t) = t - t^2 - 3\sqrt{2t - 1}$

9

Gezeitenkraftwerke

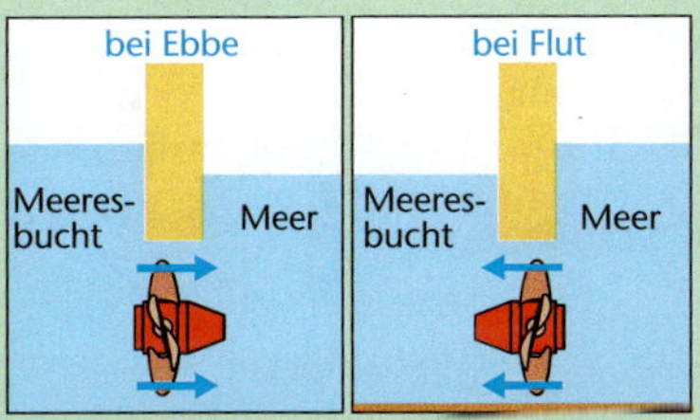

funktionieren nach dem Staudamm-Prinzip und werden an Meeresbuchten errichtet, die einen besonders hohen Tidenhub (Differenz zwischen Hoch- und Niedrigwasserstand) aufweisen. Dazu wird die entsprechende Bucht mit einem Deich abgedämmt. Im Deich befinden sich Wasserturbinen, die bei Flut vom einfließenden Wasser, bei Ebbe vom ausfließenden Wasser durchströmt werden.
Das erste und zur Zeit größte Gezeitenkraftwerk wurde von 1961 bis 1966 an der Atlantikküste in der Mündung der Rance bei Saint-Malo in Frankreich erbaut. Der Betondamm ist 750 Meter lang, wodurch ein Staubecken mit einer Oberfläche von 22 km² und einem Nutzinhalt von 184 Mio. m³ entsteht. Der Damm besitzt 24 Durchlässe, in denen jeweils eine Turbine mit einer Nennleistung von 10 MW installiert ist. Die gesamte Anlage hat somit eine Leistung von 240 MW und erzeugt jährlich rund 600 Millionen Kilowattstunden Strom.

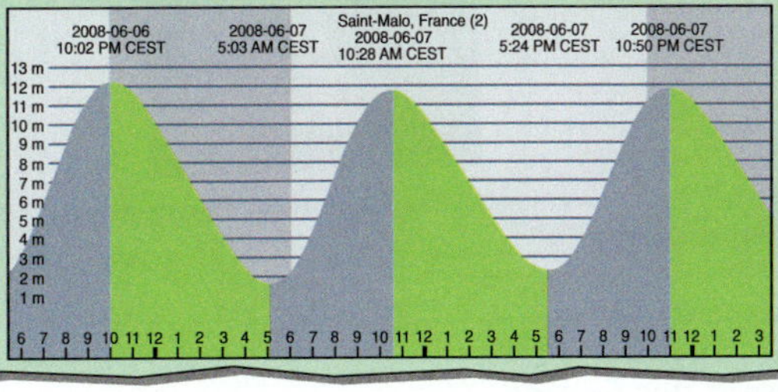

Modellieren Sie den Verlauf des Wasserstandes mithilfe einer geeigneten Sinuskurve. Bestimmen Sie dann die Funktion, die die Steig- und Sinkgeschwindigkeit des Pegelstandes angibt. Welchen höchsten Wert weist diese auf?

10 Bestimmen Sie die Ableitung.

a) $f(x) = \sin(x^2 - 4)$ **c)** $f(x) = \frac{1}{2x^2 - 1}$ **e)** $f(x) = \frac{1}{x^3 - 1}$

b) $f(x) = \cos(x^3 - x^2 + 6)$ **d)** $f(x) = \sqrt{\sin(x)}$ **f)** $f(x) = \sin(2x^3 - x^2)$

Der Prioritätsstreit zwischen NEWTON und LEIBNIZ

Wissenschaftler im Streit

Immer wieder kommt es insbesondere in den Naturwissenschaften zu Prioritätsstreitigkeiten, d. h. Wissenschaftler sind uneins, wer zuerst eine bestimme Entdeckung gemacht hat. Der Grund, eine Entdeckung als die eigene zu reklamieren, liegt auf der Hand. Dem Erstentdecker gebührt Ruhm und Ehre nicht nur zu Lebzeiten, sondern zumeist weit darüber hinaus – schließlich werden Entdeckungen nicht selten nach ihrem Entdecker benannt. Zudem werden wichtige Entdeckungen häufig mit beträchtlich dotierten Preisen belohnt. Der zweifelsohne berühmteste und wahrscheinlich heftigste Prioritätsstreit der Wissenschaftsgeschichte entbrannte in der Zeit um 1700 zwischen dem englischen Physiker und Mathematiker Sir ISAAC NEWTON und seinem deutschen Widerpart GOTTFRIED WILHELM LEIBNIZ über die Entdeckung der Differenzialrechnung. Um diesen Streit nachvollziehen zu können, sollte man einen Einblick in die Persönlichkeiten der beiden Genies gewinnen.

ISAAC NEWTON (1643 – 1727) – Das zornige Genie

NEWTON war auf vielen Gebieten der Naturwissenschaft eine Koriphäe. Zu seinen bekanntesten Errungenschaften gehören die drei nach ihm benannten Bewegungsgesetze, mit denen er den Grundstein für die klassische Mechanik legte. Aber auch auf politischem Gebiet war er zu seiner Zeit einer der wichtigsten Männer Englands. So wurde er 1696 Direktor der königlichen Münze Großbritanniens und jagte in diesem Amt unerbittlich Münzfälscher.

NEWTON war mit genialen Geistesgaben gesegnet, aber zugleich auch ein aufbrausender, jähzorniger Mensch. Er war extrem ehrgeizig und gewohnt, von einem Erfolg zum nächsten zu gelangen. Zugleich war er zeitlebens in heftige Streitigkeiten mit seinen Mitmenschen verwickelt. So stritt er nicht nur mit LEIBNIZ über die Entdeckung der Differentialrechnung, sondern auch mit ROBERT HOOKE über Einfluss an der Universität Cambridge und mit dem Jesuitenorden über die Dreifaltigkeitslehre. NEWTON starb reich und berühmt.

GOTTFRIED WILHELM LEIBNIZ (1646–1716) – Der letzte Universalgelehrte

LEIBNIZ ist den meisten Menschen als Philosoph bekannt. Er schrieb wegweisende philosophische Traktate, die noch heute zum Kerncurriculum der Philosophie gehören. Doch auch in Politik, Medizin, Technik und Mathematik hat sich LEIBNIZ einen Namen gemacht. Er konstruierte komplizierte Rechenmaschinen und entwickelte beispielsweise Pläne für ein Unterseeboot.

Anders als NEWTON verstand LEIBNIZ sich selbst nicht als Genie. Obwohl man LEIBNIZ aus heutiger Sicht berechtigterweise als einen der letzten „Universalgelehrten", der das gesamte Wissen seiner Zeit kannte, bezeichnet, litt er zeitlebens unter Minderwertigkeitskomplexen aufgrund seines wenig attraktiven Erscheinungsbildes und eines Sprachfehlers, der mit einem starken sächsischen Dialekt einherging.

Leibniz konnte seine wegweisenden Forschungsergebnisse nie in materiellen Wohlstand umwandeln. Er starb verarmt und wurde – nach den Worten eines Zeitgenossen – „wie ein Straßenräuber" begraben.

„Ich hab' ihm das Herz gebrochen!" – Kampf der Genies

1664 – 1666	NEWTON macht erste Entdeckungen zur Fluxionsrechnung, die von ihm geprägte Bezeichnung für die Infinitesimalrechnung.
16. Mai 1966	NEWTON verfasst ein erstes Manuskript, welches das Problem von Momentan- und Durchschnittsgeschwindigkeiten lösen soll.
August 1669	NEWTON schickt seine Erkenntnisse an verschiedene englische Mathematiker. Weil er stets eine große Angst vor Plagiaten hatte (diese waren früher viel schwerer nachzuweisen als heutzutage), veröffentlichte er seine Ergebnisse nur sehr ungern.
20. Dezember 1672	In einem Brief an JOHN COLLINS, Mitglied und Sekretär der Royal Society (einem wichtigen Wissenschaftlerzirkel Englands), erläutert NEWTON die Tangentenmethode zur Bestimmung der Steigung des Graphen in einem Punkt.

Anfang 1673	LEIBNIZ besucht zum ersten Mal London und wird ebenfalls Mitglied der Royal Society. Da eine von ihm vorgestellte Rechenmaschine nicht funktioniert, hinterlässt er aber Skepsis in der englischen Wissenschaftswelt hinsichtlich seiner Fähigkeiten.
1675	LEIBNIZ entwickelt seine Version der Differenzialrechnung. Sein Ausgangspunkt ist allerdings ein anderer als der NEWTONS.
Juli 1676 – Juli 1677	Der Briefverkehr zwischen NEWTON und LEIBNIZ (über HENRY OLDENBOURG, Sekretär der Royal Society) beginnt. Er beinhaltet den Austausch über mathematische Entdeckungen. LEIBNIZ' Bitte um weitere Informationen zu NEWTONS Infinitesimalmethoden macht diesen stutzig. NEWTON stellt deshalb seine allgemeinen Methoden nur in Form von Anagrammen dar, d. h. er notiert zwar alle Buchstaben, aber in willkürlicher Reihenfolge. So kann er stets nachweisen, der Urheber des Textes zu sein, ohne den Inhalt des Textes zu verraten.
13. Oktober 1676	LEIBNIZ veröffentlicht die von ihm entdeckten Ergebnisse. Seine Ideen breiten sich schnell auf dem Kontinent aus, da sein Kalkül bereits sehr weit entwickelt und in der Praxis gut handhabbar ist.
1708	JOHN KEILL, ein Günstling Newtons, der ebenfalls in der Royal Society tätig ist, beschuldigt LEIBNIZ öffentlich (in einem Absatz seines Buches „Philosophical Transactions") des Plagiates. LEIBNIZ beschwert sich daraufhin bei der Royal Society, woraufhin diese eine Kommission zur Prüfung der Beschwerde einberuft.
22. März 1711	An diesem Tag findet die Sitzung der Kommission statt, die – unter anonymer Mitwirkung NEWTONS, der mittlerweile Präsident der Royal Society ist – schnell zu einem Schauprozess gegen den deutschen Wissenschaftler umschwenkt.
Frühjahr 1712	Die Royal Society veröffentlicht einen Bericht, der im Prioritätsstreit zugunsten ISAAC NEWTONS entscheidet. Bis heute existiert jedoch das Gerücht, dass dieser Bericht von NEWTON selbst verfasst wurde. Der persönliche Streit zwischen den beiden Forschern endete 1716 mit dem Tode LEIBNIZ'. Bis heute geht die – allerdings unbestätigte – Legende, dass NEWTON das Ableben seines Widersachers gefeiert haben soll. Zitaten zufolge soll er sich noch Jahre danach damit gerühmt haben, dass er LEIBNIZ das Herz gebrochen habe.

Von verschiedenen Problemen zum gleichen Ergebnis – die Wege zur Differenzialrechnung

NEWTONS Idee der Differenzialrechnung entstand aus einer kinematischen Vorstellung. So stellte er sich zum Beispiel eine Gerade nicht als eine Aneinanderreihung von Punkten, sondern als eine fortwährenden Bewegung von Punkten vor. Diese Punkte oder andere mathematische Größen bezeichnete er mit den letzten Buchstaben des Alphabets: v, x, y und z.

Die Geschwindigkeit, mit denen sich die Größen verändern, kennzeichnete er durch dieselben Buchstaben mit einem Punkt darüber. Bei dieser Geschwindigkeit handelt es sich um die Ableitung der jeweiligen Größe. NEWTON ließ das Zeitintervall, in dem sich die Größe veränderte, beliebig klein werden und konnte so den Begriff der Momentangeschwindigkeit, also der Ableitung an einer Stelle, definieren.

LEIBNIZ wählte einen stärker geometrischen Ansatz. Er wollte den Anstieg einer Tangente an einer Kurve ermitteln, um damit Aussagen über den Anstieg der Kurve selbst zu machen. Hierzu betrachtete er eine Kurve als Polygon mit unendlich vielen Ecken, die unendlich nah beieinander liegen. Zwischen zwei solcher Ecken konnte er nun unendlich kleine Steigungsdreiecke anlegen. Die Katheten dieser Steigungsdreiecke wurden als Infinitesimalzahlen bezeichnet. Anders als NEWTON betrachtete LEIBNIZ die Ableitung nicht unter dem Gesichtspunkt der Grenzwertermittlung, sondern als ein geometrisches Phänomen.

So ist der uns bekannte Differenzenquotient entstanden, der schließlich zur Ableitung einer Funktion an einer Stelle führt.

Begriffe, wie Differential, Integral oder das Symbol d für das Differential, wie es noch heute benutzt wird, wurden von LEIBNIZ eingeführt. Zudem bewies er Ableitungsregeln für Summen, Produkte, Quotienten und Potenzfunktionen und beschrieb das Verfahren zur Bestimmung von Extrem- und Wendepunkten.

Die wissenschaftlichen Folgen des Streites waren sehr tiefgreifend und sind bis heute spürbar. Britische Mathematiker entfernten sich immer weiter von ihren Kollegen auf der anderen Seite des Ärmelkanals, mit der Konsequenz, dass sich die LEIBNIZ'sche Schreibweise in Europa, aber nicht auf den britischen Inseln durchsetzte, was man bis heute in der mathematischen Literatur beobachten kann. Heute geht man davon aus, dass NEWTON und LEIBNIZ ihre Entdeckungen weitgehend unabhängig voneinander gemacht haben. NEWTON gelangte zwar früher zu den wichtigsten Erkenntnissen, publizierte diese jedoch nie in einer vollständigen, lesbaren Form. Viele Manuskripte wurden erst nach seinem Tod entdeckt und der Öffentlichkeit zugänglich gemacht. LEIBNIZ hingegen entwickelte nicht nur den mathematischen Kalkül, sondern auch eine bis heute gebräuchliche Schreibweise für diesen, die auch in diesem Buch verwendet wird.

Die folgenden Aufgaben helfen Ihnen bei der Organisation des selbstständigen Lernprozesses. Zur Selbstkontrolle sind alle Lösungen dieser Aufgaben im Anhang dieses Buches abgedruckt.

1 Bestimmen Sie die erste Ableitung von f.

a) $f(x) = 3x^7 - 5x^4 + 2x^3 + 1$

b) $f(x) = \sqrt{3x - 4}$

LK **c)** $f(x) = \sin\sqrt{x^2 + 1}$

LK **d)** $f(x) = \frac{1}{(x^3 - 2x)^4}$

2 Welche Ableitungskurve aus der Abbildung (1), (2), (3) oder (4) gehört zu welchem Funktionsgraphen aus der Abbildung (A), B), (C) oder (D)? Begründen Sie.

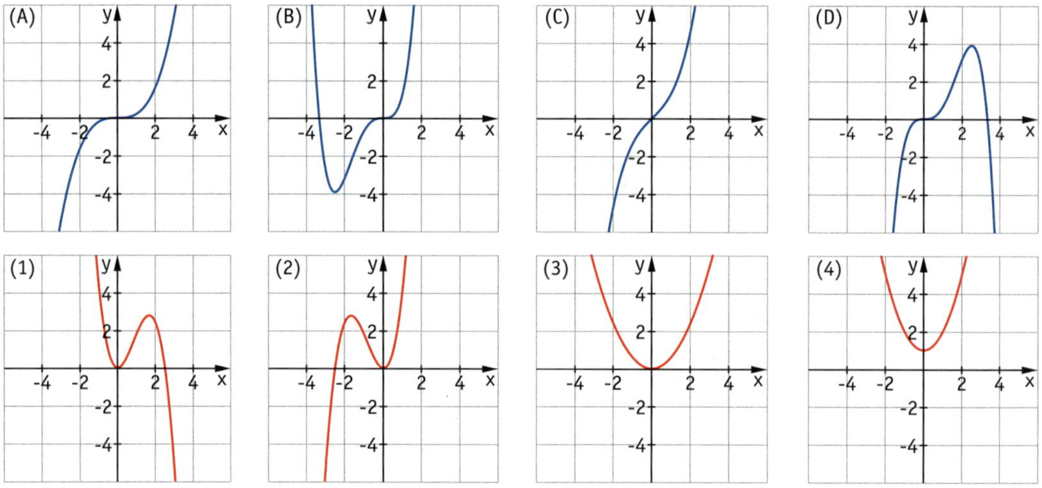

3 Gegeben sind die beiden Funktionen f und g mit $f(x) = 1 + x - x^2 - x^3$ und $g(x) = 2x^2 - 8x - 1$. An einer Stelle a wird eine Tangente an den Graphen von f und eine Tangente an den Graphen von g gezeichnet. Bestimmen Sie alle Stellen a, an denen die beiden Tangenten parallel zueinander sind.

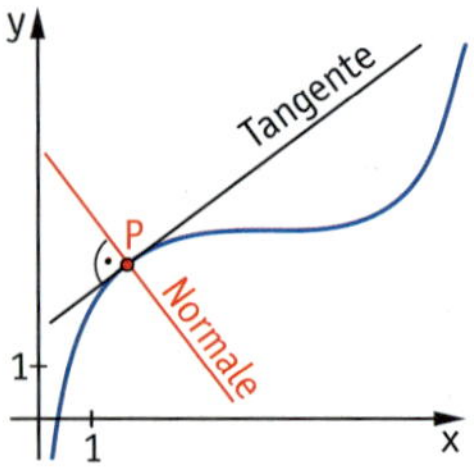

4 Gegeben ist der Graph einer Funktion f mit $f'(x_0) \neq 0$ an einer Stelle x_0.

a) Geben Sie die Gleichung der Normalen des Graphen der Funktion f an der Stelle x_0 an.

b) Bestimmen Sie die Schnittpunkte dieser Normalen mit den Koordinatenachsen.

c) Wie würde die Normale verlaufen, wenn $f'(x_0) = 0$ wäre?

5 Durch die Punkte P und S verläuft eine Sekante des Graphen von f. Zu der Sekante ist eine parallele Tangente gezeichnet. Berechnen Sie den Berührungspunkt dieser Tangente mit dem Graphen.

a) $f(x) = 2x^2 + 5x - 4$; $P(1|y)$; $S(3|y)$

b) $f(x) = 3x + 4 + \frac{1}{x}$; $P(0{,}5|y)$; $S(2|y)$

6 Gegeben sind die Graphen der Funktionen f und g mit $f(x) = x^2$ und $g(x) = x^3$. Im Schnittpunkt $P(x_1|y_1)$ mit $x > 0$ sind die Tangenten an die Graphen gezeichnet.

a) Wo schneiden diese Tangenten die y-Achse?

b) Die beiden Tangenten schließen zusammen mit der y-Achse ein Dreieck ein. Wie groß ist dessen Flächeninhalt?

LK **7** Gegeben ist die Funktion f mit $f(x) = \begin{cases} ax + b & \text{für } x \le 1 \\ \frac{1}{x} & \text{für } x > 1 \end{cases}$

a) Bestimmen Sie die Parameter a und b so, dass f(x) in $x_0 = 1$ stetig ist.

b) Bestimmen Sie die Parameter a und b so, dass f(x) in $x_0 = 1$ differenzierbar ist.

Hinweis
Zwei Geraden, von denen keine parallel zur y-Achse verläuft, schneiden sich genau dann unter einem Winkel von 90°, wenn für ihre Anstiege m_1 und m_2 gilt:
$m_1 \cdot m_2 = -1$

8 Gegeben ist die Funktion f mit $f(x) = 3x^2 - 1$.

a) Ermitteln Sie die Gleichung der Tangente an den Graphen von f im Punkt $P(-1 \mid f(-1))$.

b) Bestimmen Sie die Gleichung der Normalen zum Graphen von f in $P(-1 \mid f(-1))$.

c) Die Tangente und die Normale aus den Teilaufgaben a) und b) bilden mit der y-Achse ein Dreieck. Bestimmen Sie den Flächeninhalt und die Größe der Innenwinkel für dieses Dreieck.

9 Die Graphen der Funktionen f und g mit $f(x) = \frac{1}{8}x^2$ und $g(x) = \frac{1}{x}$ schneiden sich im Punkt S.
Die Tangenten an die Graphen von f und g im Punkt S bilden ein Dreieck mit der x-Achse und ein Dreieck mit der y-Achse.
Bestimmen Sie für diese Dreiecke jeweils den Flächeninhalt.

10 Die Tangenten an die Graphen der Funktion f mit $f(x) = x^2$ an der Stelle x_0 und der Funktion g mit $g(x) = \sqrt{x}$ an der Stelle 9 sind orthogonal zueinander.
Berechnen Sie die Stelle x_0.

11 Betrachten Sie die Funktionen f und g mit $f(x) = x^2 - 2x$ und $g(x) = -x^2 + \frac{1}{2}x$.

a) Zeichnen Sie die Graphen von f und g in dasselbe Koordinatensystem, berechnen sie die Schnittpunkte S_1 und S_2. Zeigen Sie, dass sich die Graphen orthogonal schneiden.

b) Die Funktion h ist gegeben durch $h(x) = -2x^2 + \frac{1}{2}x$.
Zeigen Sie, dass die Graphen von g und h mit dem Graphen von f *einen* gemeinsamen Schnittpunkt haben und den Graphen von f in diesem Schnittpunkt orthogonal schneiden.

12 Gegeben ist die Funktion f mit $f(x) = \frac{1}{8}(x^2 - 8x + 36)$. Bestimmen Sie alle Punkte B des Funktionsgraphen, sodass die Tangente an den Graphen von f im Punkt B durch den Koordinatenursprung verläuft. Fertigen Sie eine Skizze an.

13 Zeichnen Sie mit dem Rechner eine Parabel und eine zweite Parabel, verschoben längs der Symmetrieachse der ersten. Zeichnen Sie mehrere Tangenten an die innere Parabel und bestimmen Sie z. B. mit **TRACE/Spur** oder **intersect** die Schnittpunkte mit der äußeren Parabel. Vergleichen Sie die Koordinaten der Schnittpunkte mit den Koordinaten des jeweiligen Berührungspunktes einer Tangente. Stellen Sie eine Vermutung auf und beweisen Sie sie anschließend für die Parabeln $f(x) = x^2$ und $g(x) = x^2 - k$.

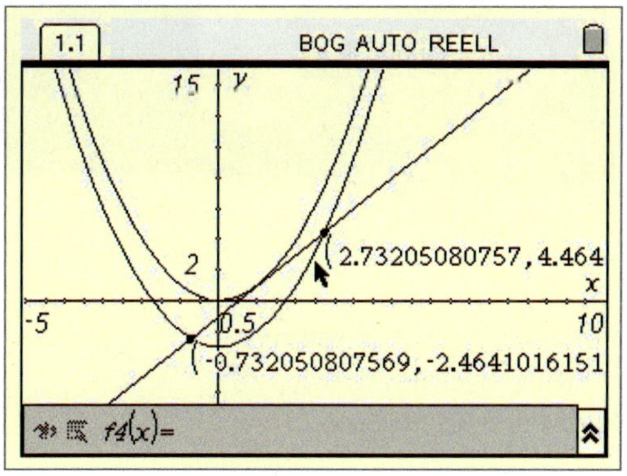

14

a) Skizzieren Sie den Graphen von f und entscheiden Sie, ob f an der Stelle 0 eine Ableitung hat.
(1) $f(x) = (x + 1) \cdot |x|$ (2) $f(x) = (|x| + 1) \cdot |x|$

b) Prüfen Sie, ob die Funktion f an der Stelle 0 eine Ableitung besitzt. Wenn ja, geben Sie die Ableitung von f an dieser Stelle an.
(1) $f(x) = (x + 1)x$ (2) $f(x) = (|x| + 1)x$

2 Eigenschaften von Funktionen

Wurfhöhe

1 Ein kleiner Ball wird mit einer Abwurfgeschwindigkeit von $20\frac{m}{s}$ und einem Abwurfwinkel von 45° zur Waagerechten geworfen. Neben der geradlinigen und gleichförmigen Wurfbewegung wirkt auf den Ball die Erdbeschleunigung. Vernachlässigt man den Luftwiderstand, so kann die Flugbahn näherungsweise durch die Gleichung $y = 1{,}8 + x - \frac{49}{2\,000}x^2$ modelliert werden.

a) Zeichnen Sie den Graphen zur Gleichung und berechnen Sie die Wurfweite.

b) Berechnen Sie den höchsten Punkt der Flugbahn.

Einnahmemaximierung

2 Die Klasse 9a hat von einem Sponsor 250 Erfrischungsgetränke bekommen. Die Schülerinnen und Schüler wollen ihre Klassenkasse aufbessern, indem sie die Getränke in den Pausen auf dem Schulhof verkaufen.
Aus einer Umfrage wissen sie, dass sie bei einem Preis von 50 Cent pro Getränk etwa 200 Getränke verkaufen könnten. Die Schülerinnen und Schüler gehen davon aus, dass die Anzahl der verkauften Getränke um 1 Getränk je 1 Cent Preiserhöhung sinkt.

a) Wie hoch sind vermutlich die Einnahmen bei einem Verkaufspreis von 50 Cent und wie hoch bei einem Preis von 70 Cent?

b) Erklären Sie, dass allgemein bei einem Preis von p Cent pro Getränk für die gesamten Verkaufseinnahmen E gilt: $E = p \cdot (250 - p)$.

c) Für welchen Preis werden die Verkaufseinnahmen maximal?

Links- und Rechtskurven

3 Der nebenstehende Funktionsgraph stellt einen Ausschnitt aus einer Motorradrennstrecke dar. Die Fahrtrichtung verläuft in Richtung der x-Achse, also von links nach rechts.
Geben Sie an, in welchen Bereichen der Motorradfahrer eine Linkskurve und in welchen Bereichen er eine Rechtskurve durchfährt.

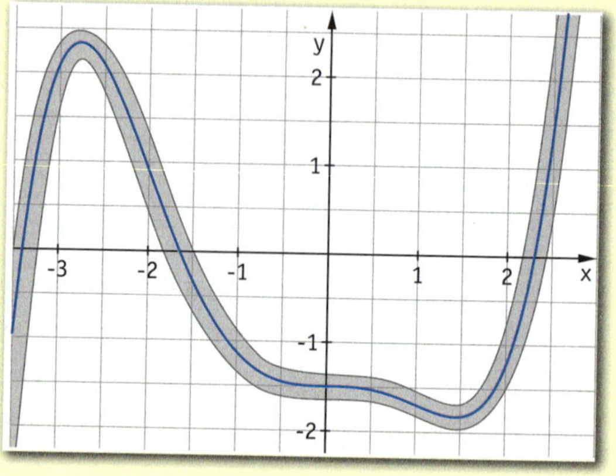

Gute oder schlechte Nachrichten?

4 Die nebenstehenden Meldungen findet man oft in Zeitungen.

a) Erklären Sie die Nachrichten und suchen Sie ähnliche Formulierungen.

b) Verdeutlichen Sie die Aussagen durch typische Funktionsgraphen.

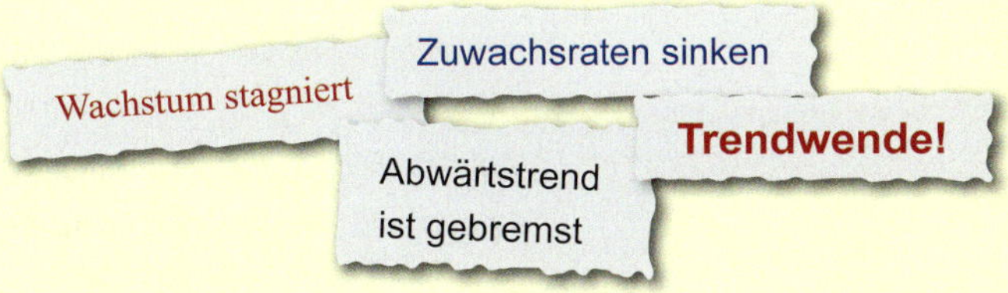

Wendestellen finden

5 Mithilfe eines Funktionenplotters wurde zum blauen Funktionsgraphen der rote Graph der zugehörigen Ableitungsfunktion gezeichnet. Zum roten Funktionsgraphen wurde ebenfalls der Graph der Ableitungsfunktion in grün gezeichnet.

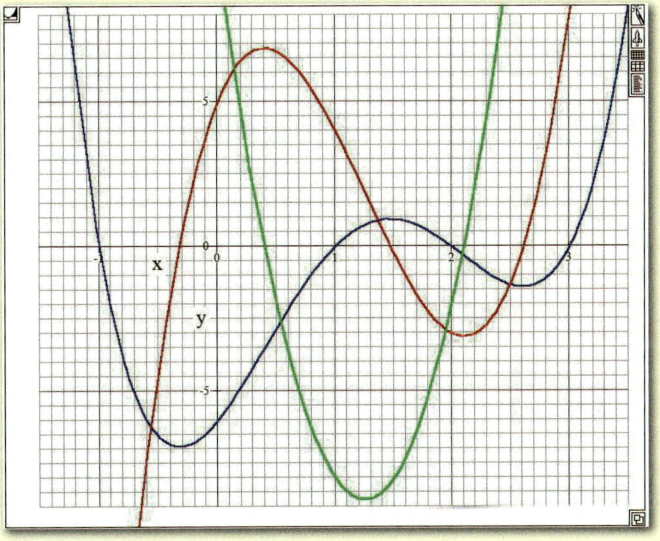

Bestimmen Sie die Wendestellen des blauen Funktionsgraphen und untersuchen Sie die Bedeutung dieser Stellen für die beiden anderen Graphen.
Formulieren Sie eine Vermutung und untersuchen Sie diese an weiteren selbstgewählten Beispielen grafisch und rechnerisch.

In diesem Kapitel

- erarbeiten Sie Kriterien und Verfahren, anhand derer man charakteristische Punkte eines Funktionsgraphen, beispielsweise Achsenschnittpunkte und Extrempunkte, ermitteln kann;
- erarbeiten Sie geometrische Eigenschaften von Funktionsgraphen und Kriterien zu deren Nachweis;
- lernen Sie, wie man Extremwertprobleme löst.

2.1 Globalverlauf und Symmetrie

2.1.1 Polynome und ganzrationale Funktionen

Aufgabe

1 In einer Werkstatt wird zum Auffangen und Aufbewahren von Altöl eine Wanne verwendet.

a) Berechnen Sie das Volumen des enthaltenen Altöls V (in m^3), die sogenannte Füllmenge, in Abhängigkeit von der Füllhöhe x (in m). Benutzen Sie dazu eine Formelsammlung.

b) Skizzieren Sie den Graphen der Funktion *Füllhöhe (in m)* ↦ *Füllmenge (in m³)* und beschreiben Sie ihn.

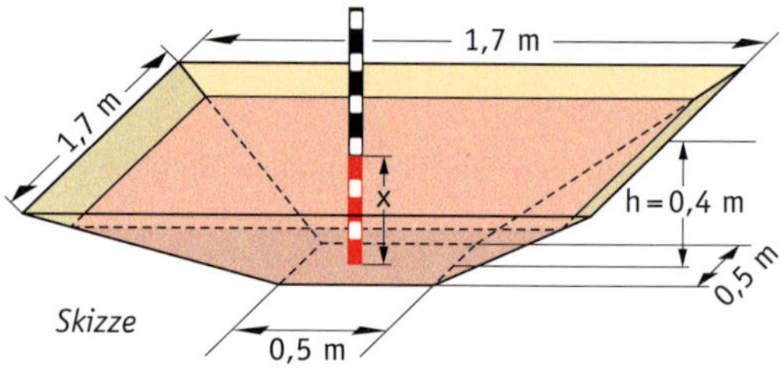

Lösung

a) Die ganze Wanne hat die Form eines Pyramidenstumpfes mit quadratischer Grundfläche. Auch das bis zur Füllhöhe darin stehende Altöl nimmt die Form eines Pyramidenstumpfes mit quadratischer Grundfläche an. Der Formelsammlung kann man Formeln für Pyramidenstümpfe entnehmen. Am besten eignet sich hier die Formel für das Volumen eines quadratischen Pyramidenstumpfs:

$$V = \frac{1}{3}h\,(a_1^2 + a_1a_2 + a_2^2).$$

Die Seitenlänge a_2 ist 0,5 m und die Höhe h ist die Füllhöhe x. Zu bestimmen ist noch die Seitenlänge a_1. Bei einer Füllhöhe von 0 m beträgt diese 0,5 m; bei einer Füllhöhe von 0,4 m beträgt sie 1,7 m. Dazwischen ändert sie sich gleichmäßig mit ansteigender Füllhöhe. Der Zuwachs beträgt 1,7 m − 0,5 m = 1,2 m bei 0,4 m Höhenzuwachs, also 3 m pro m Höhenzuwachs. Damit kann man die Seitenlänge a_1 in Abhängigkeit von der Füllhöhe x mit dem Term einer linearen Funktion beschreiben: $a_1 = 0{,}5 + 3x$. Mit diesen Informationen ergibt sich durch Einsetzen in die obige Formel:

Binomische Formel

$$\begin{aligned} V(x) &= \frac{1}{3}x\left((0{,}5 + 3x)^2 + (0{,}5 + 3x)\cdot 0{,}5 + 0{,}5^2\right) \\ &= \frac{1}{3}x\,(0{,}25 + 3x + 9x^2 + 0{,}25 + 1{,}5x + 0{,}25) \\ &= \frac{1}{3}x\,(9x^2 + 4{,}5x + 0{,}75) \\ &= 3x^3 + 1{,}5x^2 + 0{,}25x \end{aligned}$$

Formelsammlung

Pyramidenstumpf

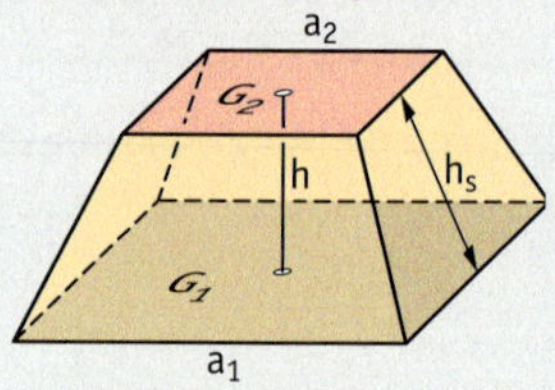

$V = \frac{1}{3}h\left(G_1 + \sqrt{G_1\cdot G_2} + G_2\right)$

Quadratischer Pyramidenstumpf:

$V = \frac{1}{3}h\left(a_1^2 + a_1\cdot a_2 + a_2^2\right)$

$M = 4\cdot\frac{a_1 + a_2}{2}\cdot h_s$

$O = a_1^2 + a_2^2 + 4\cdot\frac{a_1 + a_2}{2}\cdot h_s$

$h_s = \sqrt{h^2 + \left(\frac{a_1 + a_2}{2}\right)}$

b) Wir zeichnen den Graphen der Funktion V mithilfe eines Rechners. Die Füllmenge steigt nicht gleichmäßig mit steigender Füllhöhe an, sondern zunächst langsam und dann immer stärker. Dies liegt daran, dass die Wanne nach oben weiter wird und je höher das Altöl schon steht, desto mehr Altöl kommt pro cm Füllhöhenvergrößerung hinzu.
Die Änderungsrate der Funktion
V: *Füllhöhe (in m)* ↦ *Füllmenge (in m³)* ist also nicht konstant, sondern nimmt stets zu.

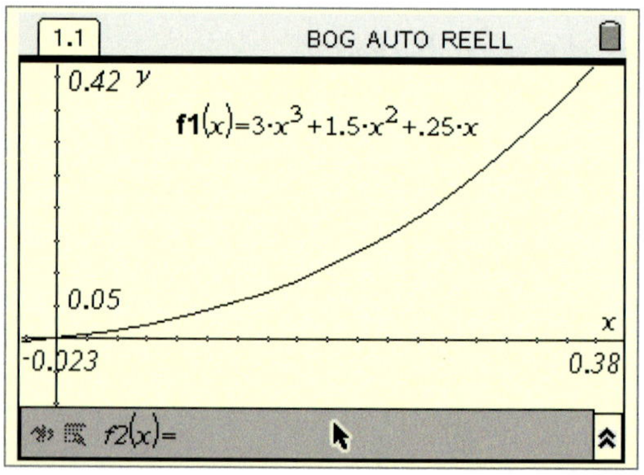

Information

In Aufgabe 1 haben wir den Funktionsterm für die Füllmenge V in Abhängigkeit von der Füllhöhe x als Summe von Vielfachen verschiedener Potenzen der Variablen x geschrieben:

$V(x) = 3x^2 + 1{,}5x^2 + 0{,}25x.$

Dabei werden die Potenzen x^3, x^2 und x jeweils mit konstanten reellen Zahlen, hier 3; 1,5 und 0,25 multipliziert.

Solche Terme nennt man *Polynome*.

Definition 1: Polynome und ganzrationale Funktionen

(1) Ein Term der Form $a_n x^n + a_{n-1}x^{n-1} + \ldots + a_2x^2 + a_1x + a_0$ mit $n \in \mathbb{N}$, $a_0, a_1, a_2, \ldots, a_{n-1}, a_n \in \mathbb{R}$ und $a_n \neq 0$ heißt **Polynom** mit der Variablen x.
Die Zahlen $a_0, a_1, a_2, \ldots, a_{n-1}, a_n$ nennt man die **Koeffizienten** des Polynoms.
Als **Grad** des Polynoms wird der höchste Exponent n von x bezeichnet, dessen zugehöriger Koeffizient a_n nicht null ist.

(2) Eine Funktion f, deren Funktionsterm f(x) als Polynom geschrieben werden kann, heißt **ganzrationale Funktion.**
Der Grad des Polynoms heißt auch Grad der ganzrationalen Funktion.
Als Definitionsmenge einer ganzrationalen Funktion wählt man üblicherweise die Menge $\mathbb{R}$ der reellen Zahlen.

Beispiel

Die Koeffizienten müssen keine ganzen Zahlen sein.

Die Funktion f mit $f(x) = \frac{1}{2}x^7 - 3x^5 + \sqrt{2}x^3 - x + 13$ ist eine ganzrationale Funktion 7. Grades.

Ihr Funktionsterm lässt sich in der Form

$f(x) = \frac{1}{2}x^7 + 0 \cdot x^6 - 3x^5 + 0 \cdot x^4 + \sqrt{2}x^3 + 0 \cdot x^2 - 1 \cdot x + 13$ schreiben.

Die Exponenten aller vorkommenden Potenzen der Variablen x sind natürliche Zahlen.

Für die Koeffizienten gilt:

$a_7 = \frac{1}{2};\ a_6 = 0;\ a_5 = -3;\ a_4 = 0;\ a_3 = \sqrt{2};\ a_2 = 0;\ a_1 = -1;\ a_0 = 13$

Alle Koeffizienten sind reelle Zahlen.

Weiterführende Aufgabe

2 Spezialfälle ganzrationaler Funktionen

Untersuchen Sie, ob lineare und quadratische Funktionen sowie Potenzfunktionen zu den ganzrationalen Funktionen gehören. Geben Sie gegebenenfalls den Grad an.

Auch konstante Funktionen sind lineare Funktionen! Achtung: $x^0 = 1$

Übungsaufgaben

3 Aus einem rechteckigen Karton mit den Seitenlängen 30 cm und 40 cm soll eine oben offene Schachtel hergestellt werden. Dazu werden an allen vier Ecken gleich große Quadrate aus dem Karton ausgeschnitten und anschließend die vier verbliebenen Randstücke nach oben gebogen. Falze zum Zusammenkleben werden nicht berücksichtigt.

Berechnen Sie das Volumen der Schachtel in Abhängigkeit von der Seitenlänge x der an den Ecken herausgeschnittenen Quadrate.

4 Bestimmen Sie den Grad der ganzrationalen Funktion.

a) $f(x) = 3x^2 - 7 + 5x^6 + \frac{x}{2}$
b) $f(x) = 7x + 3$
c) $f(x) = 13$
d) $f(x) = (x - 5)^2$
e) $f(x) = (2x^3 + 1)^2$
f) $f(x) = 3 \cdot (x - 2) - 2 \cdot (x^2 + 3)^2$

5 Ist Maiks Behauptung richtig oder falsch? Begründen Sie Ihre Entscheidung.

6 Ist f eine ganzrationale Funktion? Begründen Sie Ihre Entscheidung. Bestimmen Sie gegebenenfalls den Grad der ganzrationalen Funktion und ihre Koeffizienten.

a) $f(x) = \frac{3x^5 - 4x + 1}{5}$
b) $f(x) = \frac{3x^5 - 4x + 1}{x}$
c) $f(x) = \sqrt{2}$
d) $f(x) = \sqrt{2} - \frac{3}{\sqrt{x}}$

7 Ein Getreidesilo ist 16 m hoch. Vereinfacht dargestellt besteht er aus einem Zylinder mit einer aufgesetzten Halbkugel.

a) Bestimmen Sie das Volumen eines insgesamt 16 m hohen Silos in Abhängigkeit vom Radius x des Zylinders.
b) Die Innenwand des zylinderförmigen Teils soll mit einem Spezialanstrich versehen werden. Wie groß ist die Größe der Fläche, die gestrichen werden muss, in Abhängigkeit vom Radius x?
c) Bestimmen Sie anhand einer Wertetabelle oder eines Graphen näherungsweise das maximal mögliche Volumen.

8 Der abgebildete Graph ist durch Verschieben und/oder Strecken aus dem Graphen einer Potenzfunktion hervorgegangen. Geben Sie die Abbildungen an. Prüfen Sie, ob eine ganzrationale Funktion vorliegt, indem Sie einen Funktionsterm ermitteln. Überprüfen Sie Ihr Ergebnis mit einem Rechner.

a)
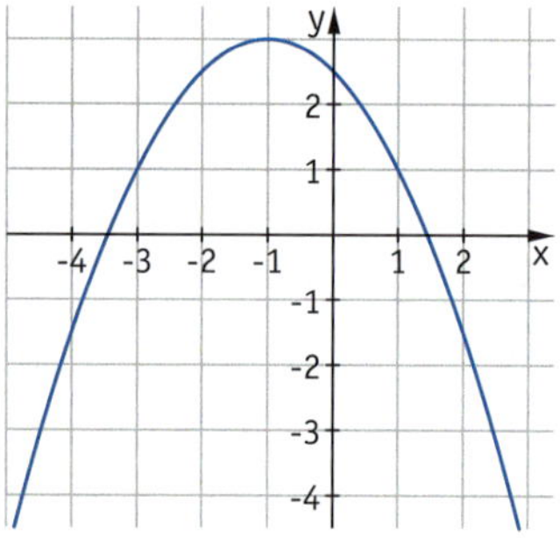

b)
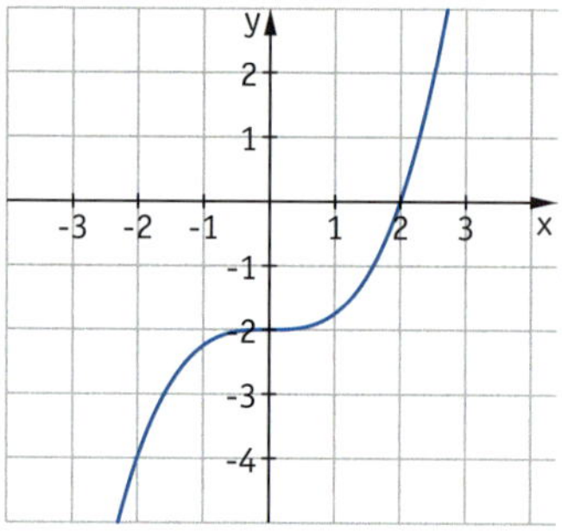

c)
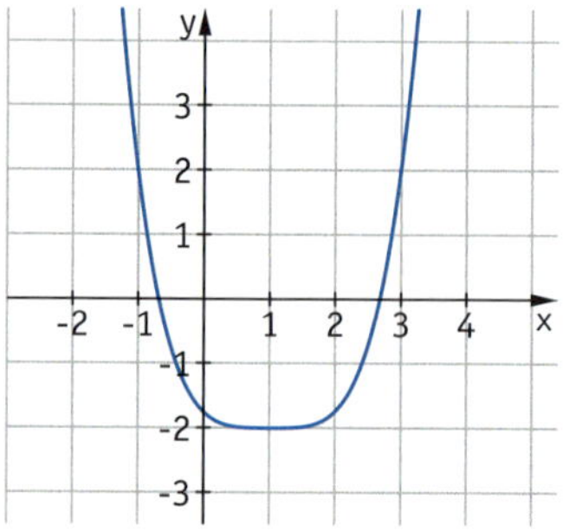

9 Untersuchen Sie die Funktionen, die sich durch Addition oder Multiplikation der Funktionen mit den folgenden Termen ergeben.

$f_1(x) = x - 2$; $f_2(x) = x + 2$; $f_3(x) = -x + 1$; $f_4(x) = x$; $f_5(x) = x^2 + 1$

a) Begründen Sie, dass sich in jedem Fall eine ganzrationale Funktion ergibt.
b) Erzeugen Sie eine Funktion vom Grad 4.
c) Welchen Einfluss hat das Addieren bzw. Multiplizieren auf den Grad der neuen Funktion?

2.1.2 Globalverlauf ganzrationaler Funktionen

Einführung

Wir zeichnen den Graphen der Funktion f mit $f(x) = 0{,}1x^3 - 0{,}3x + 0{,}1$ mit einen Rechner in verschiedenen Fenstern.

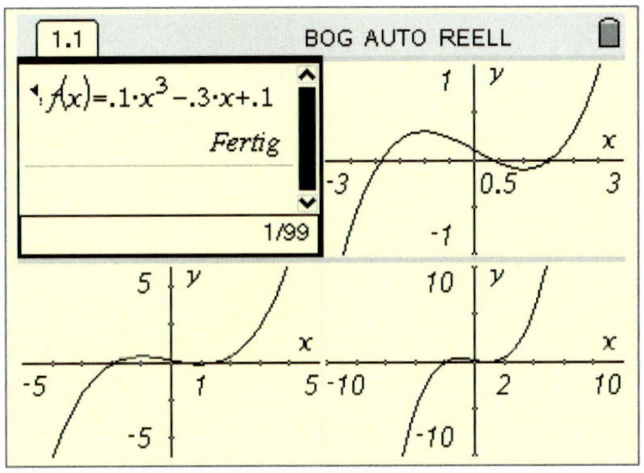

Im Fenster oben rechts erkennt man gut, dass der Graph zunächst bis zu einem Hochpunkt ansteigt, dann abfällt bis zu einem Tiefpunkt und anschließend wieder ansteigt.
In den beiden unteren Fenstern mit einem größeren Zeichenbereich sieht der Graph zunehmend aus wie der einer kubischen Potenzfunktion.

Wir zeichnen nun den Graphen der Funktion g mit $g(x) = 0{,}1x^3$ zusammen mit Graphen von f in denselben Fenstern.

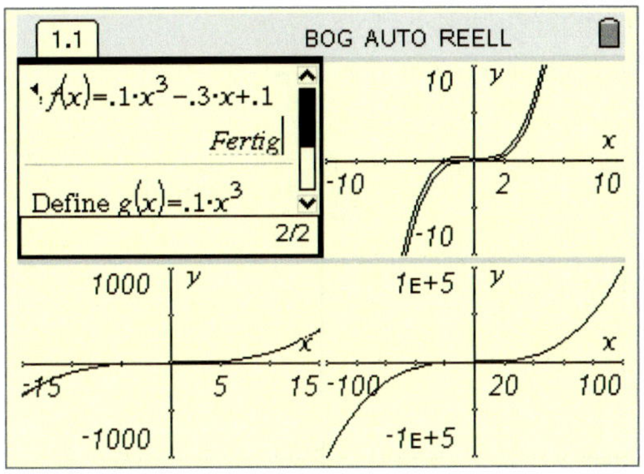

Offensichtlich sieht der Graph von f immer mehr wie der Graph von g aus, je größer der Zeichenbereich gewählt wird.
Dies bedeutet: Wenn die (positiven) x-Werte unbeschränkt größer bzw. die (negativen) x-Werte unbeschränkt kleiner werden, stimmen die Funktionswerte f(x) ungefähr mit $0{,}1x^3$ überein. Die Summanden mit den niedrigeren Potenzen scheinen dann keine Rolle mehr zu spielen.

Dieses Verhalten der Funktionswerte f(x) kann man sich folgendermaßen klarmachen:
Wir klammern die Potenz von x mit dem höchsten Exponenten, also x^3, aus:

$$f(x) = x^3 \cdot \left(0{,}1 - \frac{0{,}3}{x^2} + \frac{0{,}1}{x^3}\right)$$

Am Term in der Klammer erkennen wir:

- Je größere Werte wir für x einsetzen (z. B. 10, 100, 1000, ...), desto größer werden die Nenner der Terme. Die Werte der Terme $\frac{0{,}3}{x^2}$ und $\frac{0{,}1}{x^3}$ unterscheiden sich bei größer werdendem x immer weniger von 0 und damit nähert sich der Wert der Klammer der Zahl 0,1.
- Entsprechend nähert sich der Wert der Klammer beim Einsetzen von –10, –100, –1000, ... ebenfalls immer mehr der Zahl 0,1 an.

In beiden Fällen nähert sich der Wert in der Klammer 0,1 an und damit nähert sich f(x) dem Term $0{,}1 \cdot x^3$ an, wie es die Rechnerfenster gezeigt haben.

Betrachtet man unbeschränkt größer werdende Zahlen für x, wie z. B. 10, 100, 1000, ..., so schreibt man dafür:

$x \to \infty$, gelesen: *x gegen unendlich*

Für $x \to \infty$ werden die Funktionswerte f(x) der Funktion f mit $f(x) = 0{,}1x^3 - 0{,}3x + 0{,}1$ unbeschränkt größer.

Wir schreiben dafür:

$f(x) \to \infty$ für $x \to \infty$, gelesen: *f(x) geht gegen unendlich für x gegen unendlich*

Betrachtet man unbeschränkt kleiner werdende Zahlen für x, wie z. B. −10, −100, −1000, ..., so schreibt man dafür:

$x \to -\infty$, gelesen: *x gegen minus unendlich*

Für $x \to -\infty$ werden die Funktionswerte f(x) der Funktion f mit $f(x) = 0{,}1x^3 - 0{,}3x + 0{,}1$ unbeschränkt kleiner. Wir schreiben dafür:

$f(x) \to -\infty$ für $x \to -\infty$, gelesen: *f(x) geht gegen minus unendlich für x gegen minus unendlich*

Das Verhalten der Funktionswerte einer Funktion für $x \to \infty$ und $x \to -\infty$ bezeichnet man als **Globalverlauf** der Funktion.

Aufgabe

1 Untersuchen Sie den Globalverlauf der Funktion f mit:

a) $f(x) = -2x^3 + 3x^2$ **b)** $f(x) = \frac{1}{2}x^4 - x^3 + 2x^2 - 5$ **c)** $f(x) = -2x^6 + x^4 + 3$

Lösung

Wir klammern jeweils die Potenz mit dem höchsten Exponenten aus.

a) $f(x) = x^3 \cdot \left(-2 + \frac{3}{x}\right)$

Sowohl für $x \to \infty$ als auch für $x \to -\infty$ nähert sich der Wert in der Klammer der Zahl −2 an.

Aus $x^3 \to \infty$ für $x \to \infty$ folgt: $f(x) \to -\infty$ für $x \to \infty$

Aus $x^3 \to -\infty$ für $x \to -\infty$ folgt: $f(x) \to \infty$ für $x \to -\infty$

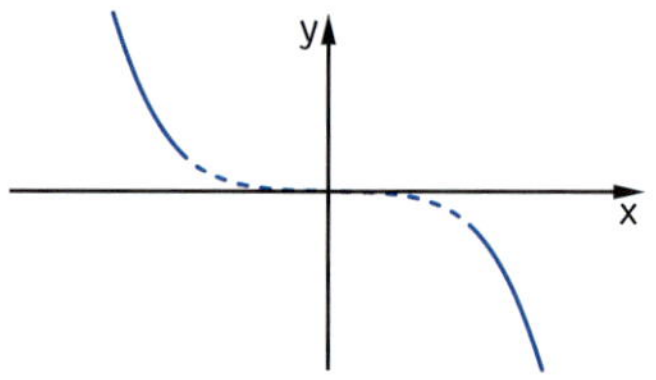

b) $f(x) = x^4 \cdot \left(\frac{1}{2} - \frac{1}{x} + \frac{2}{x^2} - \frac{5}{x^4}\right)$

Sowohl für $x \to \infty$ als auch für $x \to -\infty$ nähert sich der Wert in der Klammer der Zahl $\frac{1}{2}$ an.

Aus $x^4 \to \infty$ für $x \to \infty$ folgt: $f(x) \to \infty$ für $x \to \infty$

Aus $x^4 \to \infty$ für $x \to -\infty$ folgt: $f(x) \to \infty$ für $x \to -\infty$

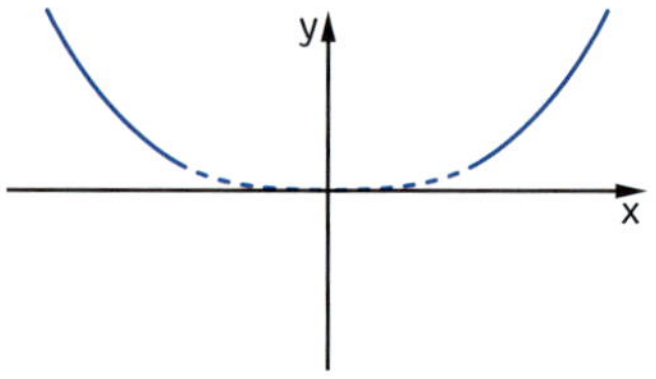

c) $f(x) = x^6 \cdot \left(-2 + \frac{1}{x^2} + \frac{3}{x^6}\right)$

Sowohl für $x \to \infty$ als auch für $x \to -\infty$ nähert sich der Wert in der Klammer der Zahl −2 an.

Aus $x^6 \to \infty$ für $x \to \infty$ folgt: $f(x) \to -\infty$ für $x \to \infty$

Aus $x^6 \to \infty$ für $x \to -\infty$ folgt: $f(x) \to -\infty$ für $x \to -\infty$

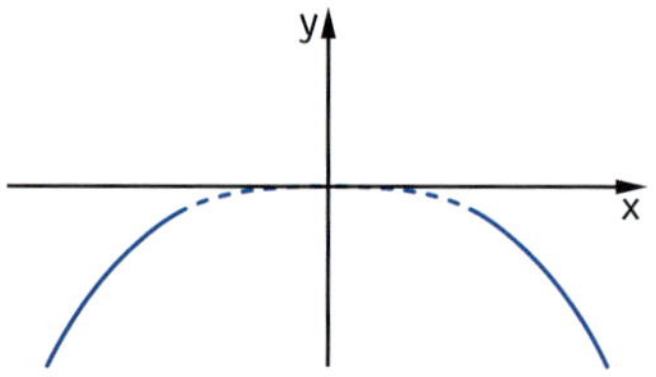

Information

In der Einführung und in der Aufgabe 1 haben wir gesehen:

Für $x \to \infty$ und $x \to -\infty$ bestimmt der Summand mit dem höchsten Exponenten über das Verhalten der Funktionswerte einer ganzrationalen Funktion.

Satz 1: Globalverlauf einer ganzrationalen Funktion

Bei einer ganzrationalen Funktion f mit $f(x) = a_n x^n + a_{n-1}x^{n-1} + \ldots + a_2x^2 + a_1x + a_0$, wobei $a_n \neq 0$, entscheidet der Summand $a_n x^n$ mit dem größten Exponenten über das Verhalten von f(x) für $x \to \infty$ und $x \to -\infty$.

Dabei gilt für die Potenz x^n:

Wenn $x \to +\infty$, dann $x^n \to +\infty$.

Wenn $x \to -\infty$, dann $x^n \to \begin{cases} +\infty, & \text{falls n gerade} \\ -\infty, & \text{falls n ungerade} \end{cases}$

Beim Verhalten des Summanden $a_n x^n$ ist das Vorzeichen von a_n zu beachten.

Man kann den Globalverlauf einer ganzrationalen Funktion f mit

$f(x) = a_n x^n + a_{n-1} x^{n-1} + \ldots + a_2 x^2 + a_1 x + a_0$

vom Grad n auf einen der folgenden Funktionstypen mit $y = a_n x^n$ zurückführen:

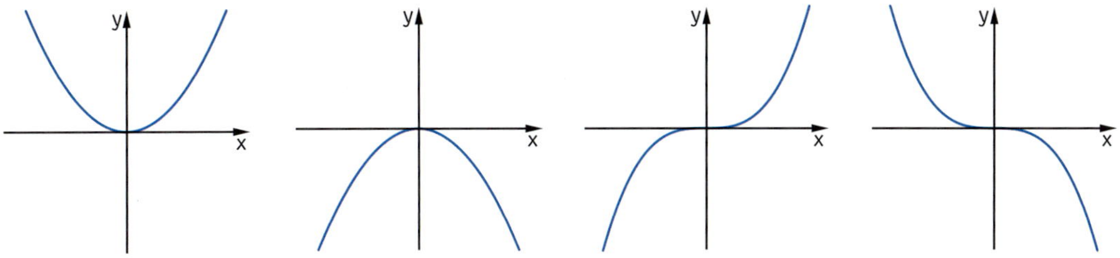

n gerade, $a_n > 0$	n gerade, $a_n < 0$	n ungerade, $a_n > 0$	n ungerade, $a_n < 0$
$f(x) \to \infty$ für $x \to \infty$	$f(x) \to -\infty$ für $x \to \infty$	$f(x) \to \infty$ für $x \to \infty$	$f(x) \to -\infty$ für $x \to \infty$
$f(x) \to \infty$ für $x \to -\infty$	$f(x) \to -\infty$ für $x \to -\infty$	$f(x) \to -\infty$ für $x \to -\infty$	$f(x) \to \infty$ für $x \to -\infty$

Übungsaufgaben

2 Gegeben ist die Funktion f mit $f(x) = -\frac{1}{12}x^4 - \frac{1}{9}x^3 + \frac{3}{2}x^2 + 3x - 4$.
Zeichnen Sie mit einem Rechner den Graphen von f zusammen mit dem Graphen der Funktion g mit $g(x) = -\frac{1}{12}x^4$ nacheinander in drei verschieden skalierte Koordinatensysteme für $-5 \le x \le 5$ bzw. für $-15 \le x \le 15$ bzw. für $-50 \le x \le 50$. Vergleichen Sie jeweils die beiden Graphen.

3 Untersuchen Sie das Verhalten der Funktion f für $x \to \infty$ und für $x \to -\infty$.

a) $f(x) = -\frac{3}{4}x^2 + \frac{1}{2}x^5 + 3$

b) $f(x) = -3x^5 + 12x^3 - 8$

c) $f(x) = \frac{1}{2}x^4 - 28x^3 + 6x^2 - 34$

d) $f(x) = 4x^3 + 2x^2 - 7x + 12$

e) $f(x) = -2x^4 + x^3 + 21x^2 + 45x + 205$

f) $f(x) = \frac{1}{4}\cdot(2x + 1)^3 + \frac{1}{2}x^3 + 2$

4 Kontrollieren Sie folgende Behauptungen zum Globalverlauf der Funktion f mit $f(x) = x^3 + x$.

Je größer x wird, desto weniger unterscheiden sich die Funktionswerte von $f(x) = x^3 + x$ und $g(x) = x^3$.

Je größer x wird, desto mehr nähert sich der Quotient $\frac{f(x)}{g(x)}$ dem Wert 1 an.

5 Das nebenstehende Rechner-Fenster zeigt den Graphen einer ganzrationalen Funktion 6. Grades.
Begründen Sie, warum der wesentliche Verlauf des Graphen nicht vollständig zu sehen ist.

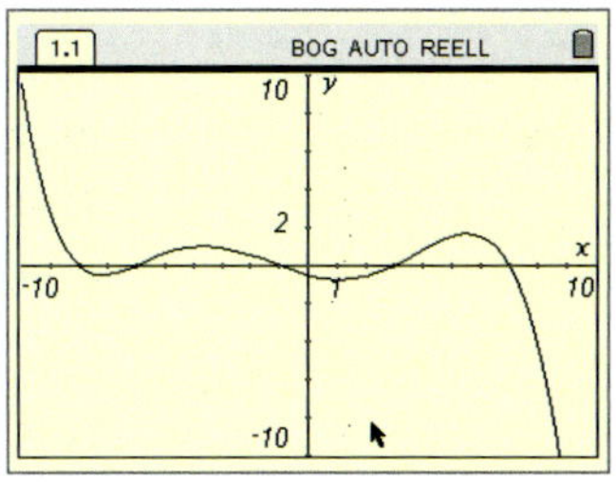

6 Ordnen Sie den Graphen die zugehörigen Funktionsterme zu, ohne einen Rechner zu verwenden.
Begründen Sie Ihre Entscheidung.

$f(x) = -\frac{1}{4}x^4 + 2x^2 + 1$

$f(x) = \frac{1}{4}x^3 - 2x$

$f(x) = \frac{1}{9}x^4 - \frac{1}{4}x^3 + 1$

$f(x) = -\frac{1}{6}x^3 + 3x$

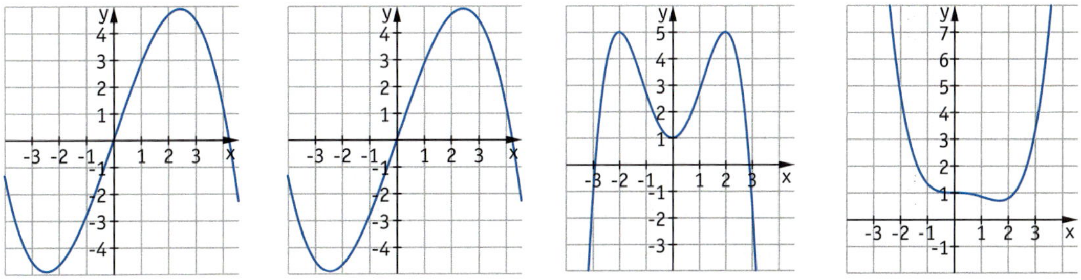

2.1.3 Symmetrie

Ziel

Bereits bei den Potenzfunktionen wurden Symmetrieeigenschaften von Funktionsgraphen betrachtet. Jetzt können Sie sich erarbeiten, wie man am Funktionsterm einer Funktion leicht erkennbare Symmetrien zur y-Achse bzw. zum Koordinatenursprung untersuchen kann.

Zum Erarbeiten

(1) Symmetrie zur y-Achse

Wir betrachten den Graphen und die Funktionswerte der Funktion f mit $f(x) = \frac{1}{2}x^4 - 4x^2 + 3$.

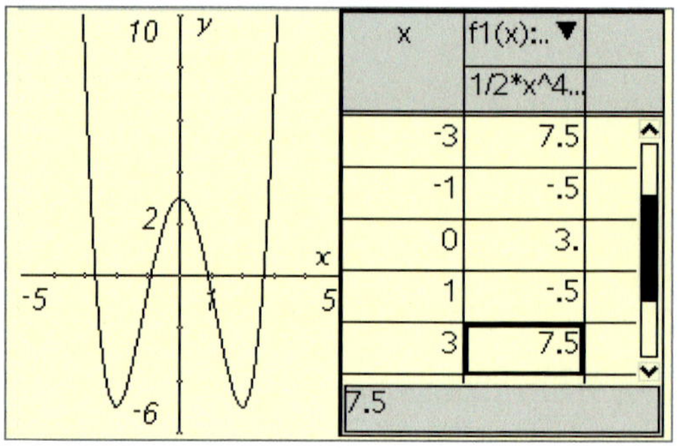

Beim Betrachten des Funktionsgraphen kann man vermuten, dass er achsensymmetrisch zur y-Achse verläuft. Die Funktionswerte stimmen an Stellen, die zur y-Achse symmetrisch liegen, überein.

Es ist z. B.:

$f(4) = \frac{1}{2} \cdot 4^4 - 4 \cdot 4^2 + 3 = 67$

$f(-4) = \frac{1}{2} \cdot (-4)^4 - 4 \cdot (-4)^2 + 3 = 67$

also gilt: $f(-4) = f(4)$

Die Funktionswerte stimmen an den Stellen −4 und 4 überein, da nur Potenzen von x mit geradem Exponenten vorhanden sind. Die Punkte $P_1(-4\,|\,67)$ und $P_2(4\,|\,67)$ liegen also achsensymmetrisch zur y-Achse. Dies gilt auch für alle anderen Stellen, die sich nur durch das Vorzeichen unterscheiden, wie man leicht zeigen kann:

$f(-x) = \frac{1}{2} \cdot (-x)^4 - 4 \cdot (-x)^2 + 3 = \frac{1}{2} \cdot x^4 - 4 \cdot x^2 + 3 = f(x)$

Da im Funktionsterm von f nur Potenzen von x mit geraden Exponenten vorkommen, behalten alle Summanden im Funktionsterm ihren Wert, wenn man x durch −x ersetzt.

Es gilt also: $f(-x) = f(x)$

(2) Symmetrie zum Ursprung

Wir betrachten den Graphen und die Funktionswerte der Funktion g mit $g(x) = \frac{1}{3}x^3 - 2x$.

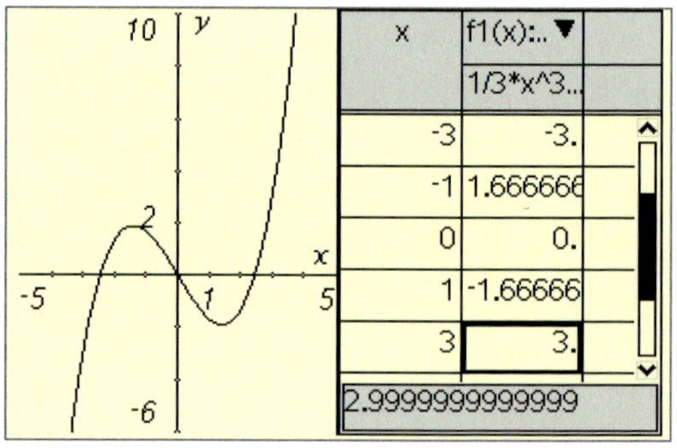

Vermutlich ist der Graph der Funktion g punktsymmetrisch zum Ursprung. Die Funktionswerte unterscheiden sich an Stellen, die zur y-Achse symmetrisch liegen, nur durch ihr Vorzeichen. Z. B. gilt an den Stellen −6 und 6:

$g(6) = \frac{1}{3} \cdot 6^3 - 2 \cdot 6 = 60$

$g(-6) = \frac{1}{3} \cdot (-6)^3 - 2 \cdot (-6) = -60;$

also gilt: $g(-6) = -g(6)$

Die Funktionswerte an den beiden Stellen −6 und 6 stimmen bis auf das Vorzeichen überein, da im Funktionsterm von g nur Potenzen von x mit ungeradem Exponenten vorkommen. Die Punkte $Q_1(-6\,|\,-60)$ und $Q_2(6\,|\,60)$ liegen punktsymmetrisch zum Ursprung.

Dies kann man verallgemeinern:

$g(-x) = \frac{1}{3} \cdot (-x)^3 - 2 \cdot (-x) = -\frac{1}{3} \cdot x^3 + 2 \cdot x = -\left(\frac{1}{3} \cdot x^3 - 2 \cdot x\right) = -g(x)$

Kommen im Funktionsterm einer ganzrationalen Funktion g nur Potenzen von x mit ungeraden Exponenten vor, so ändern alle Summanden im Funktionsterm ihr Vorzeichen, wenn man x durch −x ersetzt. Damit gilt dann: $g(-x) = -g(x)$

(3) Keine Symmetrie

Wir betrachten den Graphen und die Funktionswerte zu $h(x) = \frac{1}{5}x^5 - \frac{3}{4}x^4$.

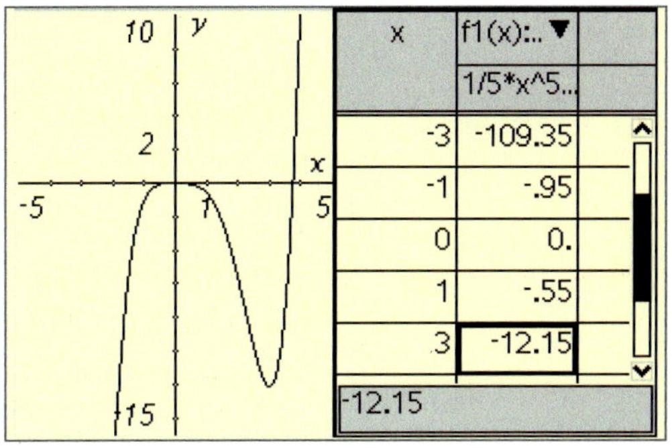

Der Graph der Funktion h ist weder achsensymmetrisch zur y-Achse noch punktsymmetrisch zum Ursprung. Z. B. stimmt der Funktionswert $h(-3)$ weder mit $h(3)$ noch mit $-h(3)$ überein.

Im Funktionsterm von h kommen sowohl Potenzen von x mit geraden als auch mit ungeraden Exponenten vor.

Wir fassen die Ergebnisse zusammen:

Satz 2: Symmetrieeigenschaften eines Graphen

Der Graph einer Funktion f ist achsensymmetrisch in Bezug auf die y-Achse, falls gilt:
$f(-x) = f(x)$.

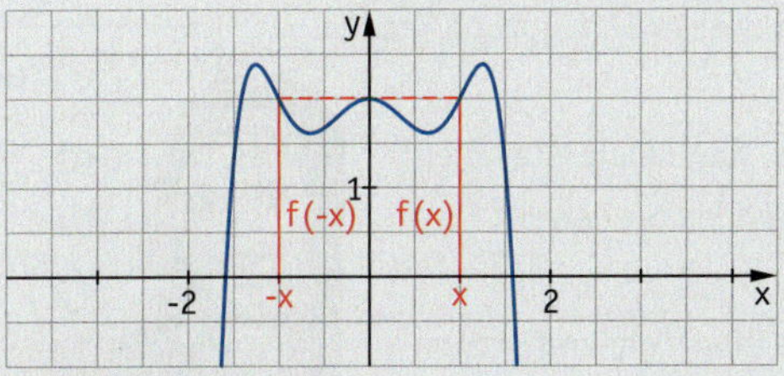

Der Graph einer Funktion f ist punktsymmetrisch in Bezug auf den Koordinatenursprung, falls gilt:
$f(-x) = -f(x)$.

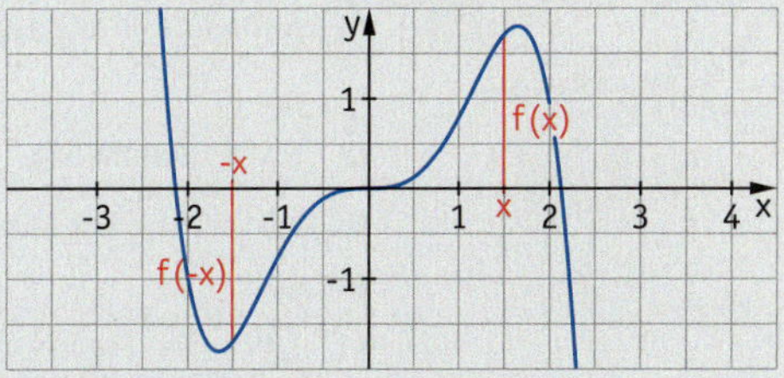

Ist f eine ganzrationale Funktion, so lässt sich die vorhandene Symmetrie einfach erkennen:

Treten im Funktionsterm von f nur Potenzen von x mit **geraden Exponenten** auf, so ist der Graph von f **achsensymmetrisch in Bezug auf die y-Achse.**

Treten im Funktionsterm von f nur Potenzen von x mit **ungeraden Exponenten** auf, so ist der Graph von f **punktsymmetrisch in Bezug auf den Koordinatenursprung** $O(0|0)$.

(4) Symmetrie zu einem beliebigen Punkt

Wir betrachten den Graphen zu $f(x) = x^3 - x - 5$.

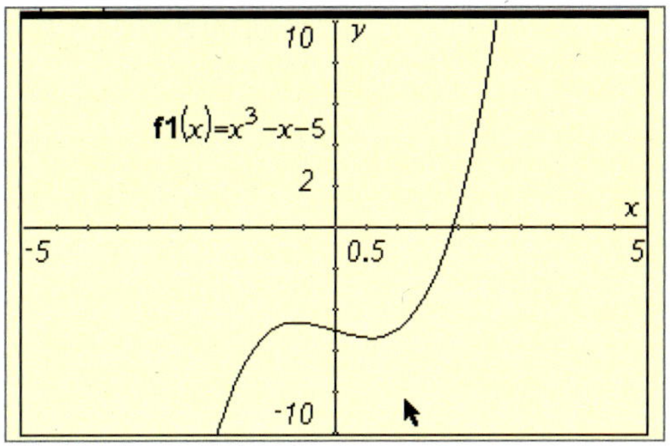

Der Graph verläuft durch den Punkt $P(0|-5)$ auf der y-Achse, also nicht durch den Ursprung. Daher kann er nicht punktsymmetrisch zum Ursprung sein.

Der Funktionsterm enthält zwar die ungeraden Exponenten 3 und 1 von x, aber zusätzlich als Teilterm ohne x die Zahl −5. Diese Zahl sorgt dafür, dass der Graph nicht durch den Ursprung verläuft.

Der Graph entsteht aus dem Graphen zu $y = x^3 - x$ durch Verschieben um −5 in Richtung der y-Achse. Da der Graph zu $y = x^3 - x$ wegen der ungeraden Exponenten punktsymmetrisch zum Koordinatenursprung ist, wird bei einer Verschiebung auch das Symmetriezentrum verschoben.

Also ist der Graph von f punktsymmetrisch zum Punkt $P(0|-5)$.

Zum Üben

1 Vervollständigen Sie die Wertetabelle, die zu einer Funktion f gehört, deren Graph punktsymmetrisch zum Ursprung ist.

x	−5	−3	−2	−1	0	1	2	3	5
f(x)	−80	0		8			−10		

2 Paul hat am Funktionsterm einer ganzrationalen Funktion f erkannt, dass der Graph von f punktsymmetrisch zum Ursprung ist. Zum Zeichnen des Graphen legt er eine Wertetabelle an:

x	−3	−2	−1	0	1	2	3
f(x)	−7,5	0	1,5	1	−1,5	0	6,5

Hat Paul richtig gerechnet?

3 Untersuchen Sie, ob der Funktionsgraph symmetrisch zur y-Achse oder zum Ursprung ist.

a) $f(x) = -\frac{1}{4}x^5 + 3x$
b) $f(x) = x^3 - 5x + 1$
c) $f(x) = -\frac{1}{2}x^4 + 3x^2 - 8x + 2$
d) $f(x) = \frac{1}{100}x^6 - 12x^2 + 4$
e) $f(x) = \left(\frac{1}{2}x^3 - 1\right)^2$
f) $f(x) = x^3(x^5 + x)$

4 Nehmen Sie Stellung zu Larissas Behauptung rechts.

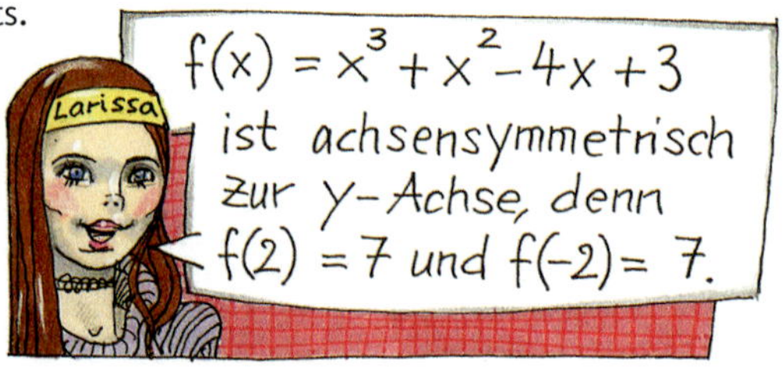

5 Untersuchen Sie, ob die folgenden Aussagen richtig oder falsch sind. Begründen Sie jeweils Ihre Antwort.

(1) Ist beim Funktionsterm einer ganzrationalen Funktion der konstante Summand a_0 ungleich 0, kann der Graph von f nicht punktsymmetrisch zum Ursprung verlaufen.

(2) Es gibt Funktionen, deren Graphen symmetrisch zur x-Achse verlaufen.

6 Ordnen Sie die Rechner-Fenster den Funktionstermen zu, ohne selbst einen Rechner zu verwenden. Entscheiden Sie auch, ob der Verlauf des Graphen im Wesentlichen vollständig zu sehen ist.

(1) $f(x) = -x^4 - 33x^2 + 90$
(2) $g(x) = 0{,}1x^5 - 1{,}1x^3 + x$
(3) $h(x) = x^3 + x^2 - 9x - 9$

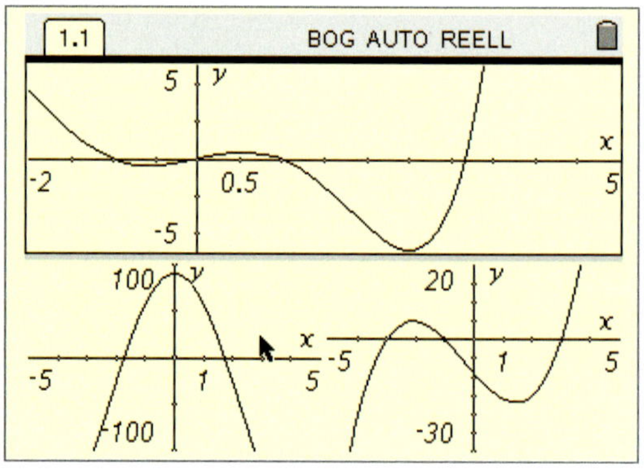

7 Die Funktion f ist gegeben durch den Funktionsterm $f(x) = 3x^5 + 3x^3 - x + 4$. Begründen Sie, dass der Graph von f punktsymmetrisch zum Punkt P(0 | 4) ist.

8 Die Funktion f ist gegeben durch den Funktionsterm $f(x) = 2(x-1)^8 - 3(x-1)^6 + 5$. Begründen Sie, dass der Graph von f symmetrisch in Bezug zur Geraden zu $x = 1$ ist.

9 Geben Sie den Term einer ganzrationalen Funktion an, die symmetrisch ist:

a) zur Geraden mit $x = -2$;
b) zum Punkt P(1 | 2).

2.2 Nullstellen ganzrationaler Funktionen

2.2.1 Linearfaktorzerlegung

Aufgabe

Algebraische Summe:
Term mit Additions- und Subtraktionsschritten, der als Summe geschrieben werden kann.

1 Linearfaktorzerlegung quadratischer Funktionen

a) Bestimmen Sie die Nullstellen der Funktionen f mit $f(x) = \frac{1}{2}(x - 2)(x + 3)$ und g mit $g(x) = x^2 + 6x - 7$. An welchem Funktionsterm kann man die Nullstellen schneller erkennen?

b) Der Funktionsterm von f ist als Produkt geschrieben, der von g als algebraische Summe. Formen Sie nun beide in die jeweils andere Form um:

(1) Lösen Sie im Funktionsterm von f die Klammern auf.

(2) Schreiben Sie den Funktionsterm von g als Produkt zweier Terme, sodass man die Nullstellen unmittelbar erkennen kann.

Lösung

a) Nullstellen von f

$\frac{1}{2}(x - 2)(x + 3) = 0$

$x - 2 = 0$ *oder* $x + 3 = 0$

$x = 2$ *oder* $x = -3$

Ein Produkt ist gleich 0, wenn mindestens ein Faktor 0 ist, sonst nicht.

Nullstellen von g

$x^2 + 6x - 7 = 0$

$(x + 3)^2 - 9 - 7 = 0$ *Quadratische Ergänzung*

$(x + 3)^2 = 16$

$x + 3 = 4$ *oder* $x + 3 = -4$

$x = 1$ *oder* $x = -7$

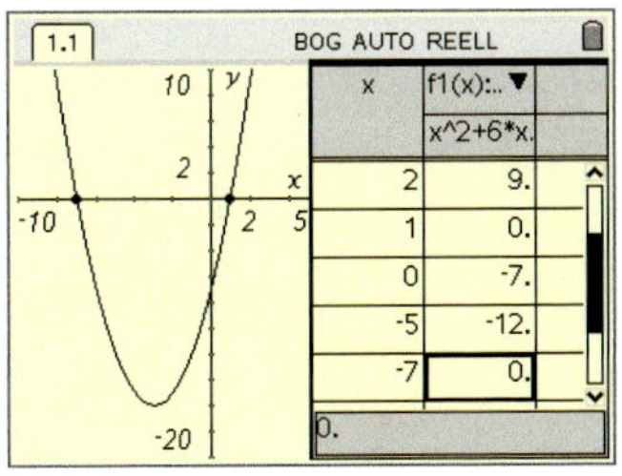

Aus dem Funktionsterm von f kann man die Nullstellen unmittelbar erkennen, bei dem von g müssen sie erst durch Lösen einer quadratischen Gleichung ermittelt werden oder sie können mithilfe eines Rechners bestimmt werden.

b) (1) Durch Ausmultiplizieren erhalten wir eine algebraische Summe:

$f(x) = \frac{1}{2}(x - 2)(x + 3) = \frac{1}{2}(x^2 - 2x + 3x - 6) = \frac{1}{2}x^2 + \frac{1}{2}x - 3$

(2) Da g die Nullstellen 1 und −7 hat, können wir g als Produkt der Terme $(x - 1)$ und $(x + 7)$ schreiben:

$(x - 1)(x + 7) = x^2 - x + 7x - 7 = x^2 + 6x - 7 = g(x)$

Information

(1) Linearfaktoren

In Aufgabe 1 wurden Terme quadratischer Funktionen in verschiedenen Formen betrachtet:

(a) in ausmultiplizierter Form: $f(x) = ax^2 + bx + c$

(b) als Produkt linearer Terme: $f(x) = a(x - x_1)(x - x_2)$

Die Terme $(x - x_1)$ und $(x - x_2)$ bezeichnet man als **Linearfaktoren** des Funktionsterms, die Darstellung $f(x) = a(x - x_1)(x - x_2)$ als **Linearfaktorzerlegung** des Funktionsterms.

Beispiele

Nullstelle 3: Linearfaktor $(x - 3)$

Nullstelle −4: Linearfaktor $(x - (-4)) = (x + 4)$

Nullstelle 0: Linearfaktor $(x - 0) = x$

(2) Linearfaktorzerlegung quadratischer Terme

Jeden quadratischen Funktionsterm in Linearfaktorzerlegung $f(x) = a(x - x_1)(x - x_2)$ kann man ausmultiplizieren und erhält einen Term der Gestalt $f(x) = ax^2 + bx + c$.

Umgekehrt ist es schwieriger, einen quadratischen Term der Gestalt $f(x) = ax^2 + bx + c$ in Linearfaktoren zu zerlegen. Da man den Faktor a ausklammern kann, reicht es, einen Term der Form $h(x) = x^2 + px + q$ zu betrachten.

$$\begin{aligned} f(x) &= ax^2 + bx + c \\ &= a\left(x^2 + \frac{b}{a}x + \frac{c}{a}\right) \\ &= a(x^2 + px + q) \end{aligned}$$

Hat die Funktion h mit $h(x) = x^2 + px + q$ Nullstellen, so können diese z. B. mithilfe der Lösungsformel für quadratische Gleichungen berechnet werden:

$x_1 = -\frac{p}{2} + \sqrt{\left(\frac{p}{2}\right)^2 - q}$ und $x_2 = -\frac{p}{2} - \sqrt{\left(\frac{p}{2}\right)^2 - q}$

Da die Funktion mit dem Term $(x - x_1)(x - x_2)$ genau diese Nullstellen hat, überprüfen wir, ob dieser Term mit dem von h übereinstimmt.

$$\begin{aligned} &(x - x_1)(x - x_2) \\ &= \left(x - \left(-\frac{p}{2} + \sqrt{\left(\frac{p}{2}\right)^2 - q}\right)\right)\left(x - \left(-\frac{p}{2} - \sqrt{\left(\frac{p}{2}\right)^2 - q}\right)\right) \\ &= \left(x + \frac{p}{2} - \sqrt{\left(\frac{p}{2}\right)^2 - q}\right)\left(x + \frac{p}{2} + \sqrt{\left(\frac{p}{2}\right)^2 - q}\right) \\ &= \left(x + \frac{p}{2}\right)^2 - \left(\sqrt{\left(\frac{p}{2}\right)^2 - q}\right)^2 \\ &= x^2 + px + \left(\frac{p}{2}\right)^2 - \left(\left(\frac{p}{2}\right)^2 - q\right) \\ &= x^2 + px + q \end{aligned}$$

3. binomische Formel angewendet:
$(a - b)(a + b) = a^2 - b^2$

Da dieser Term der Funktionsterm $h(x)$ ist, ist es gelungen, den Term $h(x)$ in Linearfaktoren zu zerlegen. Hat die Funktion h nur eine Nullstelle, so stimmen die Lösungen x_1 und x_2 überein, die obige Berechnung verläuft damit jedoch völlig analog.

Satz 3

Hat eine quadratische Funktion f mit dem Term $f(x) = ax^2 + bx + c$ die Nullstellen x_1 und x_2, so hat f die **Linearfaktorzerlegung** $f(x) = a(x - x_1)(x - x_2)$.
Hat f nur eine Nullstelle, so gilt: $x_1 = x_2$ und damit $f(x) = a(x - x_1)^2$

Aufgabe

2 Linearfaktoren ganzrationaler Funktionen

a) Bestimmen Sie alle Nullstellen der Funktion f mit $f(x) = (x + 2)(x - 1)(x^2 + 1)$. Zeigen Sie, dass f eine ganzrationale Funktion 4. Grades ist.

b) Ermitteln Sie aus dem Graphen der Funktion g mit $g(x) = x^3 - 3x^2 - x + 3$ die Nullstellen von g. Schreiben Sie anschließend den Funktionsterm von g in Linearfaktorzerlegung.

Lösung

a) Da der Funktionsterm von f als Produkt gegeben ist, kann man die Nullstellen leicht ermitteln.

$$\begin{aligned} f(x) &= 0 \\ (x + 2)(x - 1)(x^2 + 1) &= 0 \\ x + 2 = 0 \;\textit{oder}\; x - 1 = 0 \;&\textit{oder}\; x^2 + 1 = 0 \\ x = -2 \;\textit{oder}\; x = 1 \;&\textit{oder}\; x^2 = -1 \end{aligned}$$

Da x^2 bei allen Einsetzungen für x nicht negativ ist, hat f nur die beiden Nullstellen −2 und 1.
Durch Ausmultiplizieren des Funktionsterms erhält man:

$$\begin{aligned} f(x) &= (x + 2)(x - 1)(x^2 + 1) \\ &= (x^2 + x - 2)(x^2 + 1) \\ &= x^4 + x^2 + x^3 + x - 2x^2 - 2 \\ &= x^4 + x^3 - x^2 + x - 2 \end{aligned}$$

Also ist f eine ganzrationale Funktion 4. Grades.

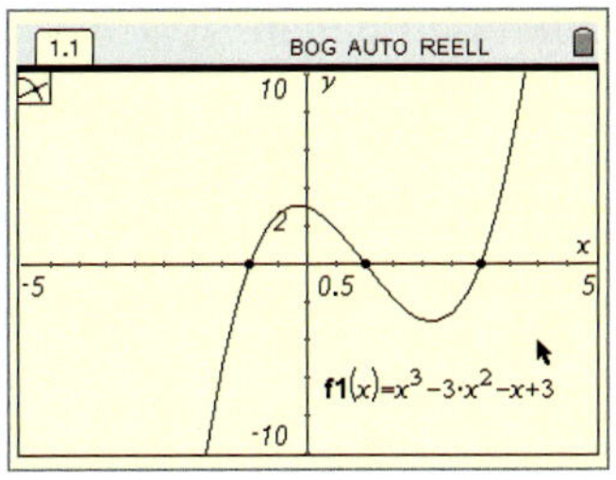

b) Zeichnet man den Graphen von g mit einem Rechner, so kann man vermuten, dass g die Nullstellen -1, 1 und 3 hat.
Durch Berechnen der Funktionswerte $g(-1)$, $g(1)$ und $g(3)$ kann man das bestätigen, z. B.:
$g(-1) = (-1)^3 - 3\cdot(-1)^2 - (-1) + 3 = -1 - 3 + 1 + 3 = 0$
Zu den drei Nullstellen gehören die Linearfaktoren
$x - (-1) = x + 1$, $x - 1$ sowie $x - 3$.
Die Funktion mit dem Term $(x + 1)(x - 1)(x - 3)$ ist offensichtlich eine ganzrationale Funktion 3. Grades mit denselben Nullstellen wie g.
Wir prüfen durch Ausmultiplizieren, ob dieser Term mit dem von g übereinstimmt:

$$(x + 1)(x - 1)(x - 3) = (x^2 - 1)(x - 3)$$
$$= x^3 - 3x^2 - x + 3$$

Also gilt: $g(x) = (x + 1)(x - 1)(x - 3)$

Information

Linearfaktor zur Nullstelle einer ganzrationalen Funktion

In Aufgabe 2 a) haben wir gesehen, dass sich ein Produkt von Linearfaktoren und eines quadratischen Terms durch Ausmultiplizieren als Term einer ganzrationalen Funktion darstellen lässt. Umgekehrt haben wir in Aufgabe 2 b) die Nullstellen einer ganzrationalen Funktion bestimmt und gesehen, dass sich dieser Funktionsterm als Produkt der zugehörigen Linearfaktoren schreiben lässt.
Der Linearfaktor zu jeder Nullstelle der Funktion g ist ein Faktor des Funktionsterms $g(x)$, z. B. ist 3 Nullstelle von g und $g(x)$ hat die Form $g(x) = (x^2 - 1)(x - 3)$, d. h. wir haben den Funktionsterm $g(x)$ geschrieben als Produkt des Linearfaktors $x - 3$ und des quadratischen Terms $x^2 - 1$.
Allgemein gilt:

Satz 4

Ist x_1 eine Nullstelle der ganzrationalen Funktion f mit dem Grad n, so lässt sich der Funktionsterm von f als Produkt des Linearfaktors $(x - x_1)$ mit einem Polynom $g(x)$ schreiben:

$$f(x) = (x - x_1)\cdot g(x)$$

Dabei ist $g(x)$ ein Polynom, das den Grad $n - 1$ hat.

Wir verzichten auf einen Beweis. Ein rechnerisches Verfahren zur Bestimmung des Polynoms $g(x)$ wird im Abschnitt 2.2.3 behandelt.

Weiterführende Aufgabe

CAS **3 Linearfaktorzerlegung ganzrationaler Funktionen mithilfe von CAS**

Rechts ist zu sehen, wie mithilfe des Befehls **factor** der Funktionsterm $f(x) = x^3 - 2x^2 + x - 2$ in ein Produkt umgeformt wurde.
Faktorisieren Sie entsprechend:

a) $f_1(x) = x^4 - 4x^3 + 5x^2 - 4x + 4$
b) $f_2(x) = x^5 - 6x^4 + 13x^3 - 14x^2 + 12x - 8$
c) $f_3(x) = x^6 - 8x^5 + 25x^4$
d) $f_4(x) = -40x^3 + 40x^2 - 32x + 16$
e) $f_5(x) = x^4 - 1$
f) $f_6(x) = x^4 - 2x^2 + 1$

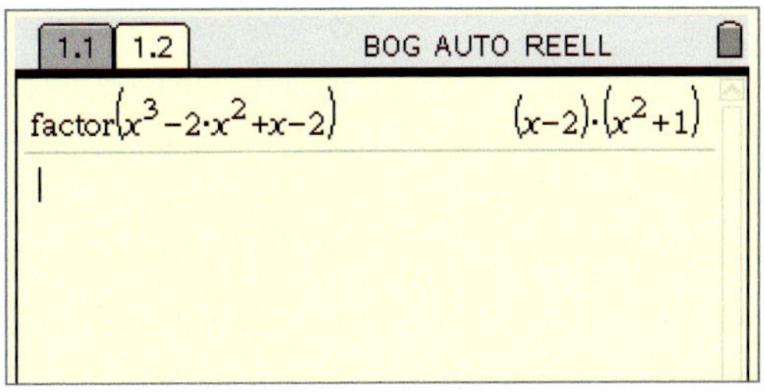

Übungsaufgaben

4

a) Bestimmen Sie die Nullstellen der Funktion f_1 mit $f_1(x) = (2x - 3) \cdot (x + 2) \cdot (x^2 + 2)$.

b) Bestimmen Sie die Nullstellen der Funktion f_2 mit $f_2(x) = x^3 - x^2 - 6x$.
Wie kann man mit diesem Ergebnis den Funktionsterm von f_2 als Produkt schreiben?

c) Ermitteln Sie anhand des Graphen die Nullstellen der Funktion f_3 mit $f_3(x) = x^3 + 3x^2 - 4x - 12$.
Stellen Sie den Funktionsterm von f_3 in Produktform dar und bestätigen Sie diese Zerlegung rechnerisch.

5 Bestimmen Sie alle Nullstellen der Funktion f.

a) $f(x) = (x - 3)(x + 2)(x - 5)$

b) $f(x) = x(x + 4)(x^2 + 3)$

c) $f(x) = (x - 1)^2(x + 5)$

d) $f(x) = (x + 2)^2(x - 3)^3(x^2 - 9)$

e) $f(x) = x^5 - 4x^3$

f) $f(x) = x^4 + 5x^3 - 6x^2$

6 Bestimmen Sie einen möglichen Funktionsterm.

a)

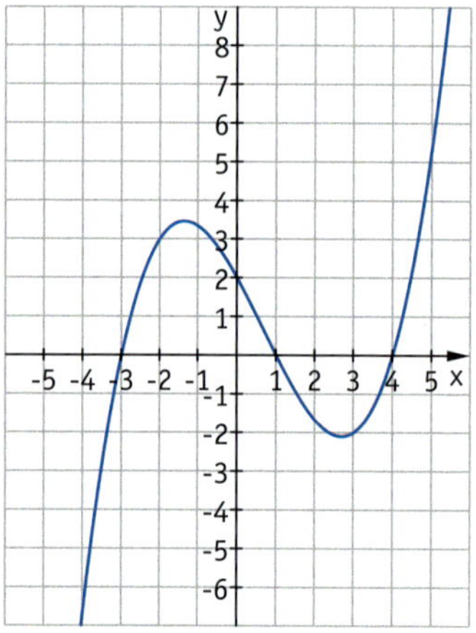

b)

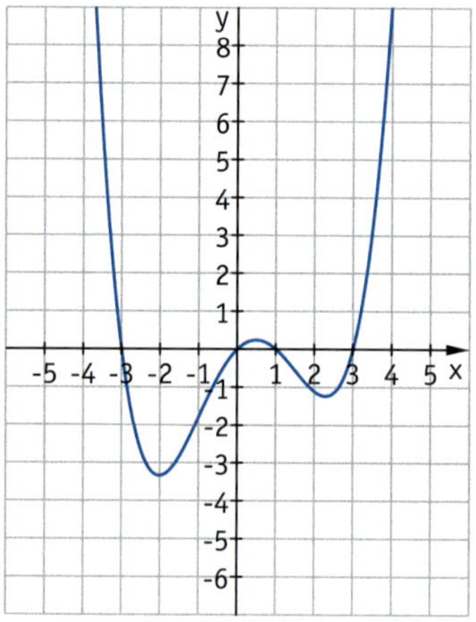

c)

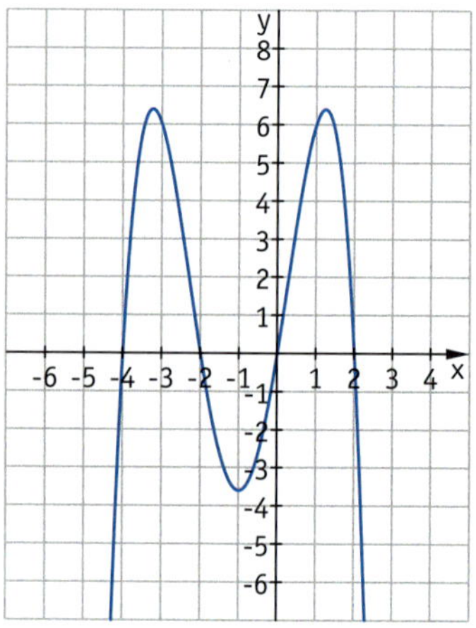

7 Anna liest am Graphen der Funktion f die Nullstellen ab und erstellt damit den Funktionsterm:

$f(x) = (x - 4) \cdot (x - 1) \cdot (x + 2)$

Ist dieser Funktionsterm richtig?

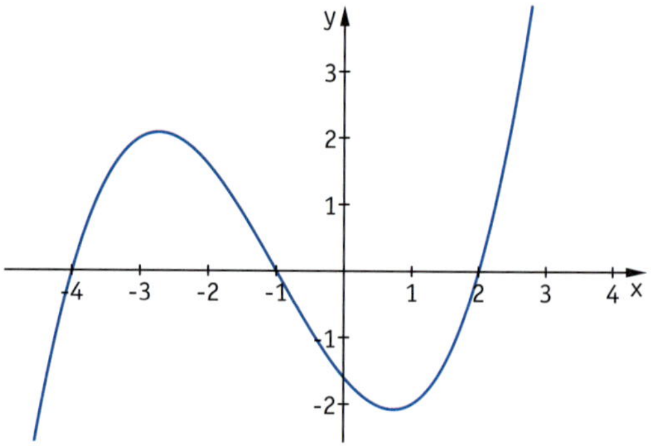

8 Eine ganzrationale Funktion 3. Grades hat die drei Nullstellen $x_1 = -3$, $x_2 = 1$ und $x_3 = 2$. Ihr Graph verläuft durch den Punkt $P(3|4)$.
Bestimmen Sie den Funktionsterm der Funktion.

9 Zerlegen Sie den Funktionsterm der Funktion f vollständig in Linearfaktoren.

a) $f(x) = 8x^2 + 2x - 3$

b) $f(x) = 6x^3 + 11x^2 - 10x$

c) $f(x) = \frac{1}{4}x^7 - \frac{13}{4}x^5 + 9x^3$

d) $f(x) = 2x^4 - 32$

e) $f(x) = 2x^3 + 2x^2 - 4x - 4$

f) $f(x) = x^4 - 13x^2 + 36$

2.2.2 Sätze über Nullstellen

Aufgabe

1 Minimale und maximale Anzahlen von Nullstellen

Das rechnerische Bestimmen von Nullstellen kann schwierig sein. Manche Aussagen über die Existenz von Nullstellen lassen sich jedoch einfach treffen, ohne diese genau zu kennen.

a) Entscheiden Sie ohne weitere Hilfsmittel anhand des Funktionsterms, welche der folgenden Funktionen mindestens eine Nullstelle haben müssen.

(1) $f(x) = x^3 - x + 7$ (2) $g(x) = x^4 + x + 5$ (3) $h(x) = -2x^5 + x^2 + 3$

b) Entscheiden Sie ohne weitere Hilfsmittel, wie viele Nullstellen die Funktion f mit $f(x) = 2x^4 - x^2 + 7x - 5$ maximal haben kann.

Lösung

a) Wir betrachten den Globalverlauf der Funktionen.

(1) $f(x) = x^3 - x + 7$

$f(x) \to \infty$ für $x \to \infty$

$f(x) \to -\infty$ für $x \to -\infty$

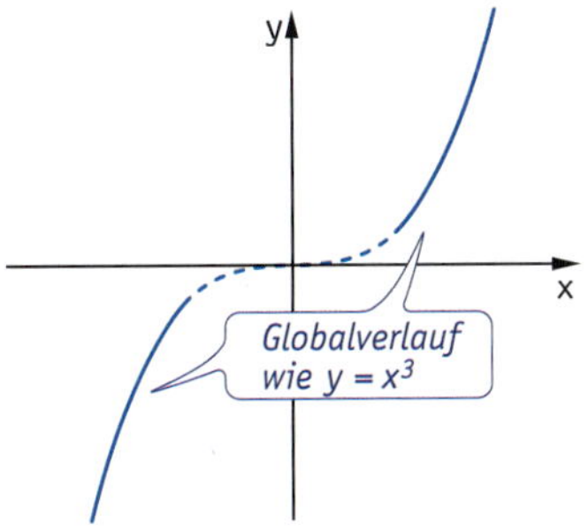

Der Graph von f muss die x-Achse schneiden.
f hat mindestens eine Nullstelle.

(2) $g(x) = x^4 + x + 5$

$g(x) \to \infty$ für $x \to \infty$

$g(x) \to \infty$ für $x \to -\infty$

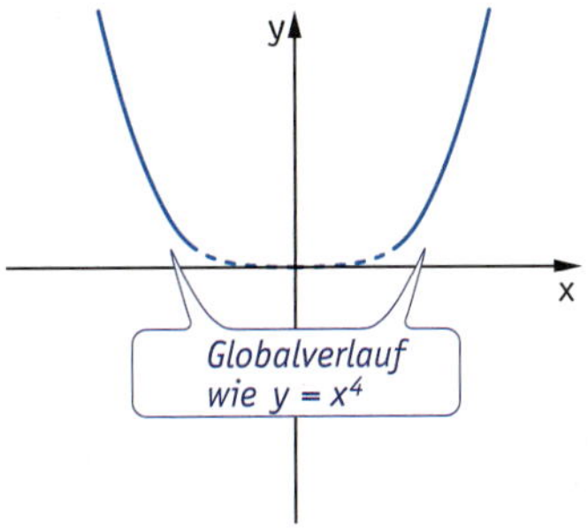

Der Graph von g kann die x-Achse schneiden, muss es aber nicht. Möglicherweise hat g keine Nullstelle.

(3) $h(x) = -2x^5 + x^2 + 3$

$h(x) \to -\infty$ für $x \to \infty$

$h(x) \to \infty$ für $x \to -\infty$

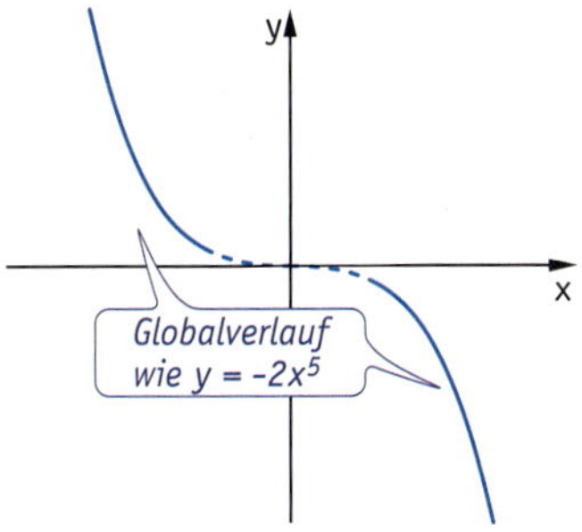

Der Graph von h muss die x-Achse schneiden.
h hat mindestens eine Nullstelle.

b) Nach Satz 3 ist für jede Nullstelle von f der zugehörige Linearfaktor als Faktor im Funktionsterm enthalten. Daraus ergibt sich, dass die Funktion f mit $f(x) = 2x^4 - x^2 + 7x - 5$ höchstens 4 Nullstellen haben kann. Denn hätte f zum Beispiel 5 Nullstellen x_1, x_2, x_3, x_4, x_5, so wäre das Produkt der Linearfaktoren dieser Nullstellen ein Polynom 5. Grades:

$(x - x_1)(x - x_2)(x - x_3)(x - x_4)(x - x_5) = x^5 + \ldots$

Information

(1) Minimale und maximale Nullstellenanzahl bei ganzrationalen Funktionen

Für quadratische Funktionen wissen Sie, dass diese keine, eine oder zwei Nullstellen haben können. Verallgemeinert man die Überlegungen der Aufgabe 1, so erhält man:

Satz 5: Existenz und größtmögliche Anzahl der Nullstellen einer ganzrationalen Funktion in Abhängigkeit vom Grad der Funktion

Für eine ganzrationale Funktion f vom Grad n gilt:

(1) Die Funktion f hat höchstens n Nullstellen.

(2) Ist der Grad der Funktion f eine ungerade Zahl, so hat f mindestens eine Nullstelle.

Die beiden Sätze sind anschaulich klar, wir verzichten auf einen Beweis.

Aufgabe

2 Mehrfache Nullstellen

Bestimmen Sie die Nullstellen der Funktion f mit $f(x) = (x + 3)^3 (x - 3)(x - 1)^2$. Betrachten Sie das Verhalten des Graphen in der Nähe der Nullstellen. Welche Unterschiede stellen Sie fest? Begründen Sie am Funktionsterm.

Lösung

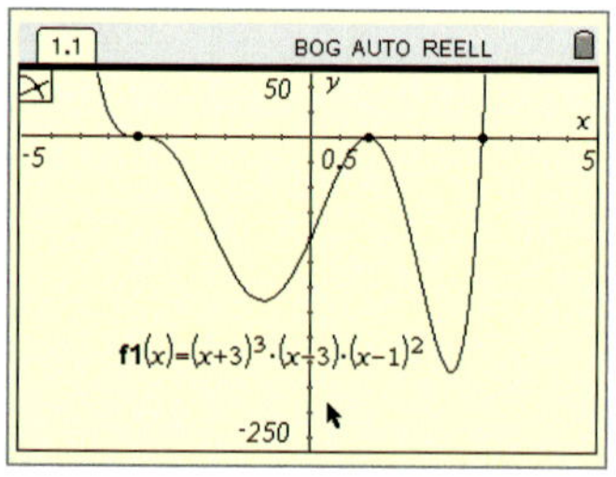

Die Funktion f hat die drei Nullstellen $x_1 = -3$, $x_2 = 3$ und $x_3 = 1$. Beim Betrachten des Funktionsgraphen in der Nähe der drei Nullstellen stellt man fest, dass die Funktionswerte in der Umgebung der Nullstellen −3 und 3 jeweils das Vorzeichen wechseln. An diesen beiden Stellen schneidet der Graph die x-Achse. An der Stelle 1 dagegen haben die Funktionswerte in der Umgebung der Stelle $x_3 = 1$ das gleiche Vorzeichen, der Graph berührt also an dieser Stelle die x-Achse nur.

Zur Begründung des Verlaufs des Graphen in der Nähe der Nullstelle 3 folgern wir das Vorzeichen der Funktionswerte aus den Vorzeichen der Linearfaktoren.

	$(x + 3)^3$	$x - 3$	$(x - 1)^2$	$f(x) = (x + 3)^3 (x - 3)(x - 1)^2$
$2{,}5 < x < 3$	> 0	< 0	> 0	< 0
$3 < x < 3{,}5$	> 0	> 0	> 0	> 0

Da der Linearfaktor $(x - 3)$ das Vorzeichen an der Nullstelle 3 ändert, alle anderen Faktoren aber nicht, ändert sich das Vorzeichen der Funktionswerte an der Stelle 3.

Entsprechend erhalten wir für die Nullstelle 1:

	$(x + 3)^3$	$x - 3$	$(x - 1)^2$	$f(x) = (x + 3)^3 (x - 3)(x - 1)^2$
$0{,}5 < x < 1$	> 0	< 0	> 0	< 0
$1 < x < 1{,}5$	> 0	< 0	> 0	< 0

Alle Faktoren ändern ihr Vorzeichen an der Stelle 1 nicht, daher bleibt auch das Vorzeichen der Funktionswerte hier gleich.

Entsprechend erhalten wir für die Nullstelle −3:

	$(x + 3)^3$	$x - 3$	$(x - 1)^2$	$f(x) = (x + 3)^3 (x - 3)(x - 1)^2$
$-3{,}5 < x < -3$	< 0	< 0	> 0	> 0
$-3 < x < -2{,}5$	> 0	< 0	> 0	< 0

Der Vorzeichenwechsel des Faktors $(x + 3)^3$ an der Stelle −3 verursacht also den Wechsel der Vorzeichen der Funktionswerte an dieser Nullstelle.

Die Funktionswerte von f wechseln somit an den Stellen 3 und −3 ihr Vorzeichen, da die zugehörigen Linearfaktoren wegen ihrer ungeraden Exponenten 3 bzw. 1 ihr Vorzeichen ändern. An der Nullstelle 1 findet dagegen kein Vorzeichenwechsel der Funktionswerte von f statt, da der Exponent 2 des zugehörigen Linearfaktors gerade ist und der Linearfaktor somit sein Vorzeichen nicht wechselt.

Information

(2) Mehrfache Nullstelle

In der Linearfaktorzerlegung der Funktion f aus Aufgabe 2 kommen Linearfaktoren mehrfach vor:

$$f(x) = (x + 3)^3 (x - 3)(x - 1)^2$$

Da der Linearfaktor zur Nullstelle −3 dreifach vorkommt, bezeichnet man −3 als **dreifache Nullstelle**.

Entsprechend ist 3 eine **einfache Nullstelle** und 1 eine **doppelte Nullstelle**.

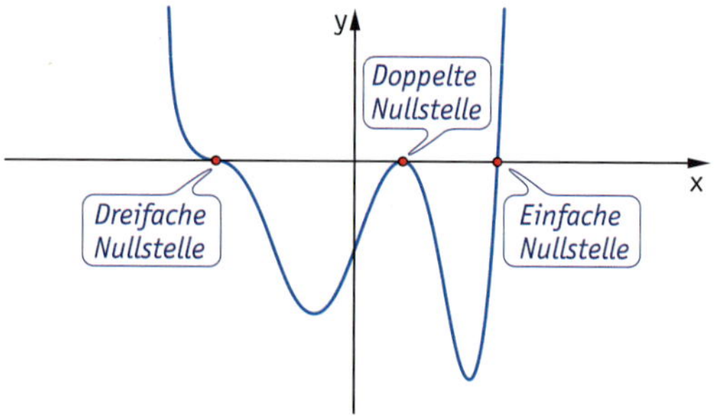

(3) Vorzeichenwechsel

Hat eine Funktion links und rechts von einer Nullstelle Funktionswerte mit verschiedenen Vorzeichen, so spricht man von einer **Nullstelle mit Vorzeichenwechsel**.

Sind die Vorzeichen der Funktionswerte auf beiden Seiten der Nullstelle gleich, so spricht man von einer **Nullstelle ohne Vorzeichenwechsel**.

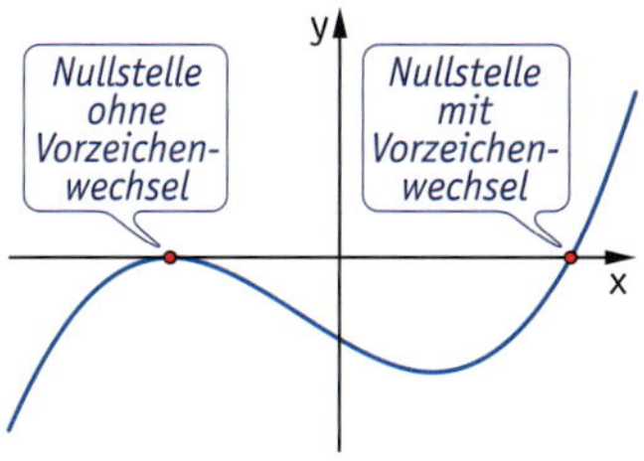

(4) Vorzeichenwechsel und Verlauf des Graphen an mehrfachen Nullstellen

Einfache (dreifache, fünffache,...) Nullstellen sind Nullstellen mit Vorzeichenwechsel.
Doppelte (vierfache, sechsfache,...) Nullstellen sind Nullstellen ohne Vorzeichenwechsel.
Allgemeiner gilt noch:

Satz 6

Der Graph einer ganzrationalen Funktion f verläuft in der Nähe einer n-fachen Nullstelle prinzipiell so wie der Graph einer entsprechenden Potenzfunktion g mit $g(x) = k \cdot x^n$ in der Nähe der Stelle 0 mit geeignetem Streckfaktor k.

Einfache Nullstelle: **Doppelte Nullstelle:** **Dreifache Nullstelle:**

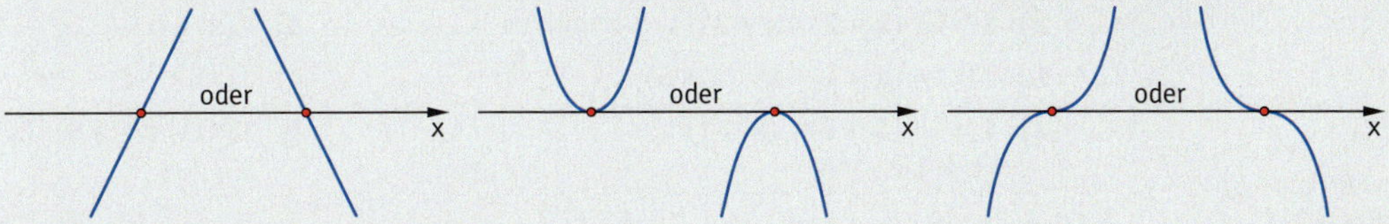

(5) Nullstellen mit einem Rechner bestimmen

Um die Nullstellen einer Funktion f zu bestimmen, muss man die Lösungen der Gleichung $f(x) = 0$ berechnen. Gleichungen zweiten Grades kann man mithilfe der quadratischen Ergänzung oder der Lösungsformel lösen. Für Gleichungen 3. und 4. Grades kennt man ebenfalls Lösungsformeln, die jedoch so schwer zu handhaben sind, dass sie in der Regel nicht verwendet werden. Der norwegische Mathematiker NIELS HENRIK ABEL hat bewiesen, dass es für Gleichungen 5. und höheren Grades prinzipiell keine solche Formel gibt. In vielen Fällen lassen sich deshalb die Nullstellen einer Funktion nur näherungsweise bestimmen. Die Verwendung eines Rechners erleichtert diese Aufgabe erheblich.

NIELS HENRIK ABEL
(1802 – 1829)
norwegischer Mathematiker

Viele Rechner bieten heute Möglichkeiten zur Bestimmung von Nullstellen. Rechts wurden alle Nullstellen der Funktion f mithilfe des CAS-Befehls **zeros** bestimmt. Außerdem wurde die doppelte Nullstelle 2 am Graphen der Funktion mithilfe des **TRACE**-Befehls ermittelt.

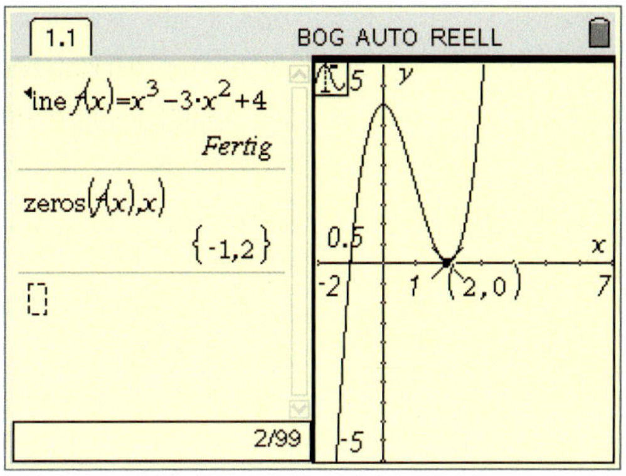

Informieren Sie sich darüber, über welche Möglichkeiten zur Bestimmung von Nullstellen Ihr Rechner verfügt. Überprüfen Sie auch, ob ihr Rechner doppelte Nullstellen bestimmen kann. Einige Rechnermodelle können Nullstellen nur dann näherungsweise bestimmen, wenn die Funktion dort auch einen Vorzeichenwechsel hat, also wenn der Graph von f die x-Achse schneidet.

Übungsaufgaben

3 Nehmen Sie Stellung zu den Behauptungen. Begründen Sie Ihre Meinung.

> Felix:
> Ich kenne eine Funktion 4. Grades ohne Nullstellen!

> Klestor:
> Kennt ihr auch eine Funktion 3. Grades mit 4 Nullstellen?

> Marie:
> Ich kenne eine 5. Grades ohne Nullstellen!

4 Bestimmen Sie ohne Verwendung eines Rechners alle Nullstellen der Funktion f. Geben Sie jeweils an, ob es sich um einfache, doppelte, dreifache usw. Nullstellen handelt.
An welchen Nullstellen wechseln die Funktionswerte das Vorzeichen, an welchen bleibt es gleich?

a) $f(x) = \frac{3}{5}\cdot(2x - 1)\cdot(5 + 3x)\cdot(x - 3)^2$
b) $f(x) = (x - 4)^3\cdot x^2\cdot(x + 1)$
c) $f(x) = -3(x - 2)^5(x + 2)^7$
d) $f(x) = \frac{1}{6}x^5 - 2x^4$
e) $f(x) = x^4 - 6x^3 + 9x^2$
f) $f(x) = (x + 3)\cdot(x^2 - 4x + 9)$

5 Geben Sie alle Nullstellen der ganzrationalen Funktion f an und notieren Sie jeweils, ob es sich um eine einfache oder mehrfache Nullstelle handelt.
Skizzieren Sie damit einen ungefähren Verlauf des Graphen von f. Kontrollieren Sie mit einem Rechner.

a) $f(x) = (x - 2)\cdot(x + 3)^2$
b) $f(x) = (x - 4)^3\cdot x^2\cdot(x + 5)$
c) $f(x) = (5 - 2x)(x + 1)^3$
d) $f(x) = x^4 + 3x^3 - 18x^2$
e) $f(x) = \frac{1}{4}x^5 - 2x^2$
f) $f(x) = (x^2 - 9)\cdot(x^2 - 6x + 15)$

6 Sven hat den Graphen der Funktion f mit
$f(x) = \frac{1}{8}\cdot(x + 3)^2\cdot(x + 1)\cdot(x - 2)^2$ rechts gezeichnet.
Leider hat er vergessen, die y-Achse einzuzeichnen. Können Sie ihm helfen, ohne einen Rechner zu benutzen?

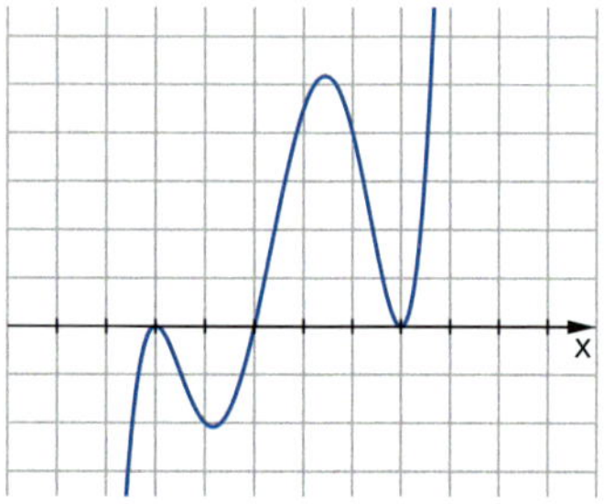

7 An welchen Stellen tritt bei den Funktionswerten der Funktion f ein Vorzeichenwechsel auf? In welchen Intervallen sind die Funktionswerte positiv, in welchen negativ? Skizzieren Sie grob den Verlauf des Graphen von f. Kontrollieren Sie anschließend mit einem Rechner.

a) $f(x) = (x - 2)^2\cdot(x - 4)$
b) $f(x) = (2 - x)\cdot(x + 1)\cdot(x + 4)^2$
c) $f(x) = (x + 1)^2\cdot(x^2 - 9)$
d) $f(x) = (x^2 - 4)\cdot(x^2 + 1)$
e) $f(x) = (x + 3)^5\cdot(x - 2)^4$
f) $f(x) = (2x + 1)\cdot(3x - 8)^3$

> Beispiel:
> Gegeben ist f mit $f(x) = (x - 3)(1 - x)(x + 1)^2$.
> (1) Grad von f: 4
> (2) Summand mit dem größten Exponenten: $-x^4$
> (3) Globalverlauf: • Wenn $x \to \infty$, dann $f(x) \to -\infty$.
> • Wenn $x \to -\infty$, dann $f(x) \to -\infty$.
> (4) Nullstellen: $x_1 = 3$ (mit Vorzeichenwechsel),
> $x_2 = 1$ (mit Vorzeichenwechsel),
> $x_3 = -1$ (doppelte Nullstelle)
> (5) Skizze:
>
> 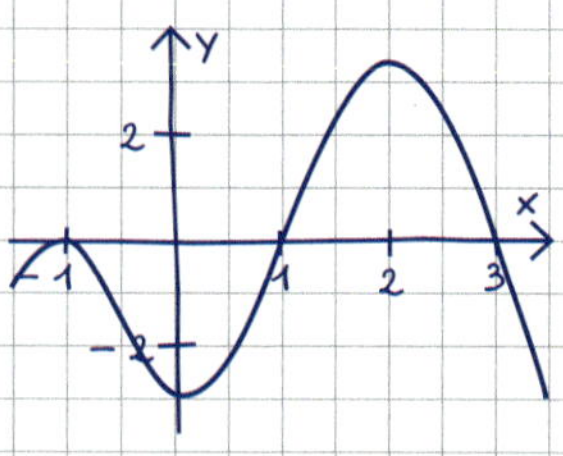
>
>
> (6) Vorzeichen von f:
> $f(x) \geq 0$ für $x \in [1; 3]$,
> sonst gilt $f(x) \leq 0$

9 Die Abbildung zeigt den Graphen der Funktion f mit
$f(x) = \frac{1}{1000}x^4 - \frac{23}{500}x^3 + \frac{321}{1000}x^2 + \frac{151}{250}x - \frac{123}{25}$
in der Standardeinstellung eines Rechners.
Sind in der Abbildung alle Nullstellen von f sichtbar?
Begründen Sie zuerst Ihre Antwort, ohne den Rechner zu benutzen.
Bestimmen Sie anschließend die Nullstellen von f.

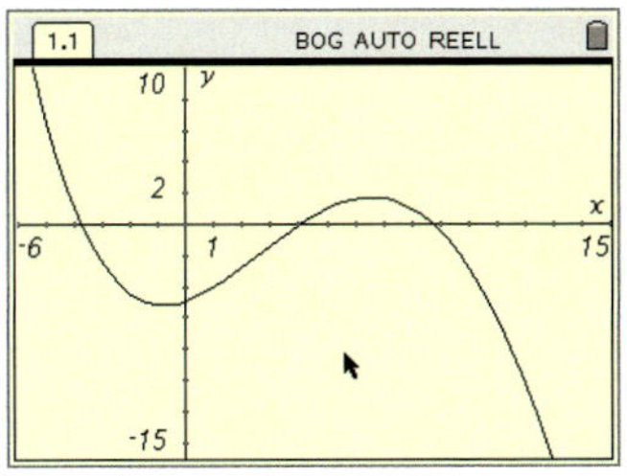

10 Eine ganzrationale Funktion 3. Grades hat die einfache Nullstelle −2 und die doppelte Nullstelle 3.
Ist der Funktionsgraph rechts richtig wiedergegeben?

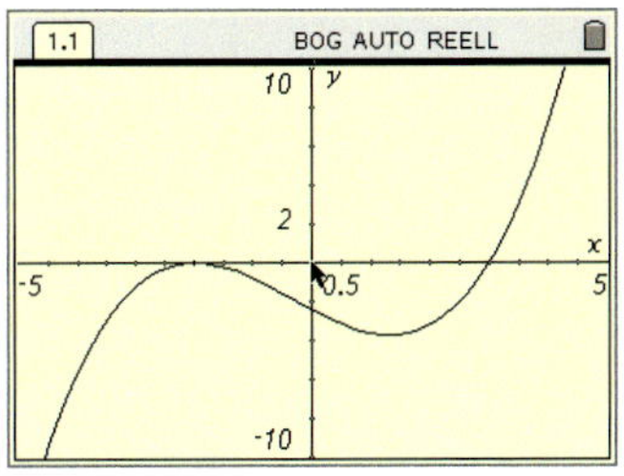

11 Geben Sie drei Beispiele für ganzrationale Funktionen an, die keine Nullstellen besitzen.

12 Nehmen Sie Stellung zu Sandras Aussage.

> Sandra:
> Eine ganzrationale Funktion 5. Grades kann entweder eine, drei oder fünf Nullstellen besitzen. Eine andere Anzahl kommt nicht in Frage.

13 Begründen Sie folgende Aussage oder widerlegen Sie sie.

a) Jede ganzrationale Funktion 2. Grades hat genau eine Extremstelle.

b) Ist der Grad einer ganzrationalen Funktion gerade, so hat sie mindestens eine Extremstelle.

c) Eine ganzrationale Funktion mit 4 Extremstellen hat mindestens den Grad 5.

14 Gegeben sind die Funktionen f und g mit $f(x) = \frac{3}{16}x^3 - \frac{9}{4}x$ und $g(x) = -\frac{3}{4}x^2$.
Bestimmen Sie die Koordinaten der Schnittpunkte der beiden Funktionsgraphen. Skizzieren Sie anschließend die beiden Graphen in einem gemeinsamen Koordinatensystem.

LK **15** Bestimmen Sie die Nullstelle der Funktion f mit $f(x) = x^3 + 1$.
Zeigen Sie, dass sich die Funktion g mit $g(x) = x^3 - 12x^2 + 48x - 63$ in der Form $g(x) = (x-4)^3 + 1$ schreiben lässt.
Durch welche Abbildung erhält man den Graphen von g aus dem Graphen von f? Was können Sie über die Nullstellen von g aussagen?

LK **16** Eine ganzrationale Funktion f vom Grad 7 hat die dreifache Nullstelle −3 und die vierfache Nullstelle 2. Kann f weitere Nullstellen besitzen? Begründen Sie Ihre Antwort.
Skizzieren Sie den Graphen von f und geben Sie einen möglichen Funktionsterm von f an.

LK **17** Kann eine ganzrationale Funktion, deren Graph punktsymmetrisch zum Ursprung verläuft, dort eine doppelte Nullstelle besitzen? Begründen Sie.

LK **18** Für welche Werte von a hat die Funktion f mit $f(x) = (x^2 - 9) \cdot (x^2 + a)$
(1) zwei Nullstellen; (2) drei Nullstellen; (3) vier Nullstellen?

2.2.3 Polynomdivision

Einführung

Die Nullstellen der Funktion f mit $f(x) = 12x^3 - 23x^2 - 3x + 2$ sollen bestimmt werden.

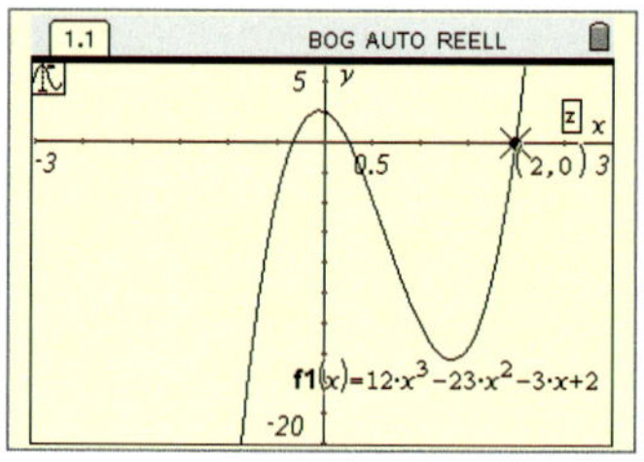

1. Schritt: Bestimmen einer Nullstelle durch Probieren

Am Graphen lässt sich gut 2 als Nullstelle vermuten. Durch Einsetzen kann man dies bestätigen.

$f(2) = 12 \cdot 2^3 - 23 \cdot 2^2 - 3 \cdot 2 + 2 = 96 - 92 - 6 + 2 = 0$

2. Schritt: Abspalten eines Linearfaktors – Polynomdivision

Nach Satz 4 von Seite 77 lässt sich der Funktionsterm von f als Produkt des Linearfaktors $(x - 2)$ dieser Nullstelle und eines Polynoms $g(x)$ schreiben:

$12x^3 - 23x^2 - 3x + 2 = (x - 2) \cdot g(x)$

Das Polynom $g(x)$ können wir ermitteln, indem wir $12x^3 - 23x^2 - 3x + 2$ durch $(x - 2)$ dividieren.
Das Verfahren zur Division erfolgt analog zur schriftlichen Division bei natürlichen Zahlen:

Polynomdivision

$(12x^3 - 23x^2 - 3x + 2) : (x - 2) = 12x^2 + x - 1$
$-(12x^3 - 24x^2)$ ← $\cdot(x - 2)$
$x^2 - 3x + 2$
$-(x^2 - 2x)$ ← $\cdot(x - 2)$
$-x + 2$
$-(-x + 2)$ ← $\cdot(x - 2)$
0

Schriftliche Division

6552 : 21 = 312
63 ← ·21
25
21 ← ·21
42
42 ← ·21
0

Damit können wir den Funktionsterm $f(x)$ als Produkt schreiben:
$f(x) = 12x^3 - 23x^2 - 3x + 2 = (x - 2) \cdot (12x^2 + x - 1)$

3. Schritt: Bestimmen der weiteren Nullstellen

Die Gleichung $f(x) = 0$ kann man so schreiben:
$(x - 2) \cdot (12x^2 + x - 1) = 0$
$x - 2 = 0$ *oder* $12x^2 + x - 1 = 0$
$x = 2$ *oder* $x = \frac{1}{4}$ *oder* $x = -\frac{1}{3}$

Lösen mithilfe quadratischer Ergänzung oder der Lösungsformel

Die Nullstellen von f sind: $2; \frac{1}{4}; -\frac{1}{3}$.

Der Funktionsterm von f kann damit vollständig in Linearfaktoren zerlegt werden:

$$f(x) = (x - 2) \cdot 12 \cdot \left(x - \tfrac{1}{4}\right)\left(x + \tfrac{1}{3}\right) = 12 \cdot (x - 2)\left(x - \tfrac{1}{4}\right)\left(x + \tfrac{1}{3}\right)$$

Information

Nullstellen einer ganzrationalen Funktion durch Probieren finden

Hilfreich für das Auffinden von Nullstellen ist der folgende Satz.

Satz 7

Für eine ganzrationale Funktion f mit $f(x) = a_n x^n + a_{n-1} x^{n-1} + \ldots + a_2 x^2 + a_1 x + a_0$, deren Koeffizienten alle ganzzahlig sind, gilt:
Jede ganzzahlige Nullstelle von f ist ein Teiler des absoluten Gliedes a_0.

Beweis des Satzes:

Ist x_0 eine Nullstelle von f, so gilt:

$0 = f(x_0) = a_n x_0^n + a_{n-1} x_0^{n-1} + \ldots + a_2 x_0^2 + a_1 x_0 + a_0$

$\quad = x_0 \cdot (a_n x_0^{n-1} + a_{n-1} x_0^{n-2} + \ldots + a_2 x_0 + a_1) + a_0$

Hieraus folgt: $-x_0 \cdot (a_n x_0^{n-1} + a_{n-1} x_0^{n-2} + \ldots + a_2 x_0 + a_1) = a_0$.

Da x_0 und alle Koeffizienten $a_n, a_{n-1}, \ldots, a_2, a_1$ ganzzahlig sind, ist auch der Term $a_n x_0^{n-1} + a_{n-1} x_0^{n-2} + \ldots + a_2 x_0 + a_1$ ganzzahlig und daher x_0 ein Teiler von a_0.

Aufgabe

1 Ermitteln Sie ohne Rechner alle Nullstellen der Funktion f mit $f(x) = 5x^3 - 8x^2 - 27x + 18$.

Lösung

„Nullstellenkandidaten" sind nach Satz 7 die Teiler von 18, also $+1; -1; +2; -2; +3; -3; +6; -6; +9; -9; +18; -18$.

$$\begin{aligned}
&(5x^3 - 8x^2 - 27x + 18) : (x + 2) = 5x^2 - 18x + 9 \\
&-(5x^3 + 10x^2) \\
&\quad -18x^2 - 27x + 18 \\
&\quad -(-18x^2 - 36x) \\
&\qquad 9x + 18 \\
&\qquad -(9x + 18) \\
&\qquad\quad 0
\end{aligned}$$

Man stellt fest, dass $f(-2) = 0$ ist. Also kann man den Linearfaktor $(x + 2)$ durch Polynomdivision abspalten:

$f(x) = (x + 2) \cdot (5x^2 - 18x + 9)$

Die Lösungen der quadratischen Gleichung $5x^2 - 18x + 9 = 0$ sind 3 und $\frac{3}{5}$; folglich gilt:

$5x^2 - 18x + 9 = 5 \cdot (x - 3) \cdot \left(x - \frac{3}{5}\right)$

Damit lautet die Faktorisierung: $f(x) = 5 \cdot (x + 2) \cdot (x - 3) \cdot \left(x - \frac{3}{5}\right)$

Die Nullstellen der Funktion f sind -2, $\frac{3}{5}$ und 3.

Übungsaufgaben

2 Führen Sie die Polynomdivision aus.

a) $(x^3 - 8x^2 + 22x - 21) : (x - 3)$

b) $(x^3 - 8x - 8) : (x + 2)$

c) $(x^4 - 1{,}5x^3 - x^2 + 5{,}5x - 6) : (x - 1{,}5)$

d) $(2x^4 - 5x^3 + 6x^2 - 9x + 2) : (x - 2)$

e) $(3x^5 - 1{,}5x^4 + 1{,}5x^3 + 0{,}5x^2 - 0{,}5x) : (x + 0{,}5)$

f) $(x^3 - 1) : (x - 1)$

g) $(x^{10} - 1) : (x - 1)$

h) $(x^n - 1) : (x - 1)$

3 Prüfen Sie für geeignete ganze Zahlen, ob sie Nullstellen der ganzrationalen Funktion f sind. Bestimmen Sie dann mithilfe von Polynomdivision die weiteren Nullstellen.

a) $f(x) = x^5 - x^4 - 5x^3 - 5x^2 + 4x + 6$

b) $f(x) = x^5 - 6x^4 + 4x^3 + 4x^2 + 3x + 10$

c) $f(x) = x^3 - 5x^2 + 2x + 8$

d) $f(x) = 2x^3 - 3x^2 - 23x + 12$

e) $f(x) = x^3 + 4x^2 + 13x + 10$

f) $f(x) = 4x^3 + 8x^2 - x - 2$

g) $f(x) = x^5 - x^3$

h) $f(x) = x^3 + 3x^2 + 2x$

4

Gesucht: Nullstellen von $f(x) = x^3 - 2x^2 - 11x + 12$

Probieren: $f(1) = 1 - 2 - 11 + 12 = 0$

Polynomdivision: $(x^3 - 2x^2 - 11x + 12) : (x - 1) = x^2 - x - 10 + \frac{2}{x - 1}$

Paul hat versucht, die Nullstellen einer Funktion zu bestimmen.
Er ist nun ratlos. Helfen Sie ihm.

2.2.4 Intervallhalbierungsverfahren

Im Allgemeinen kann man Nullstellen ganzrationaler Funktionen nicht algebraisch exakt berechnen, sondern muss diese näherungsweise ermitteln.

Aufgabe

1 Eine Nullstelle der Funktion f mit $f(x) = x^3 + 6x^2 - 30$ soll näherungsweise ermittelt werden.

a) Begründen Sie: Weil $f(-1) > 0$ und $f(4) < 0$, liegt zwischen $x_1 = -1$ und $x_2 = 4$ eine Nullstelle.

b) Berechnen Sie das arithmetische Mittel x_3 von x_1 und x_2 und bestimmen Sie den Funktionswert an der Stelle x_3. Liegt die Nullstelle von f nun zwischen x_1 und x_3 oder zwischen x_3 und x_2?

c) Setzen Sie das Verfahren aus Teilaufgabe b) fort.

Lösung

a) Aus der Rechnung $f(-1) = -25$ und $f(4) = 130$ erkennen wir:
Der Punkt $P(-1 \mid f(-1))$ liegt unterhalb der x-Achse, der Punkt $Q(4 \mid f(4))$ liegt oberhalb der x-Achse.
Zwischen diesen beiden Punkten schneidet der Graph von f die x-Achse.

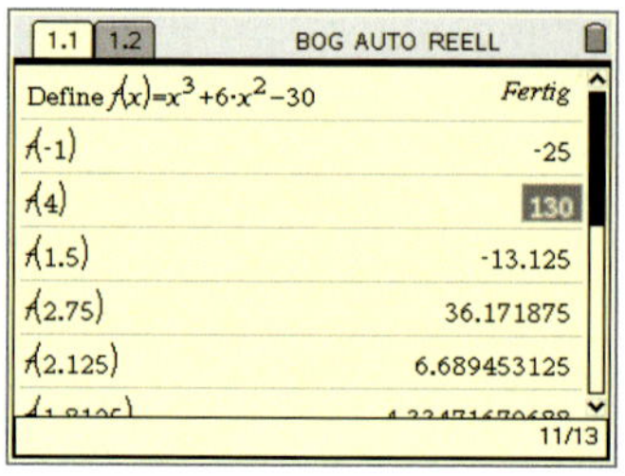

b) Für das arithmetische Mittel x_3 von $x_1 = -1$ und $x_2 = 4$ gilt:
$x_3 = \frac{x_1 + x_2}{2} = \frac{-1 + 4}{2} = 1{,}5$.
Weil $f(1{,}5) = -13{,}125$ ist, liegt der Punkt $R(1{,}5 \mid f(1{,}5))$ unterhalb der x-Achse.
Der Graph scheidet zwischen R und Q die x-Achse: Die Nullstelle muss also zwischen 1,5 und 4 liegen.

c) Wir berechnen nun das arithmetische Mittel zwischen 1,5 und 4 und erhalten $x_4 = 2{,}75$. Weil $f(2{,}75) \approx 36{,}17$ positiv ist, liegt der Punkt $S(2{,}75 \mid f(2{,}75))$ oberhalb der x-Achse. Die Nullstelle muss somit im Intervall [1,5; 2,75] liegen.

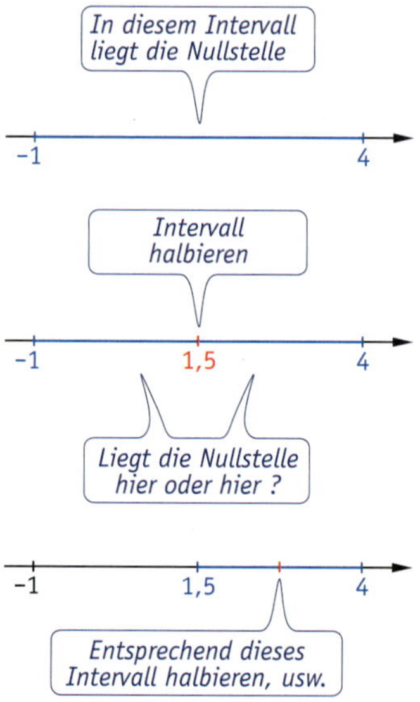

Die weiteren Schritte lassen sich gut in einer Tabelle zusammenfassen:

untere Näherungszahl	obere Näherungszahl	Mittelwert	f(Mittelwert)	Differenz der Näherungszahlen
−1	4	1,5	≈ −13,12	5
1,5	4	2,75	≈ 36,17	2,5
1,5	2,75	2,125	≈ 6,69	1,25
1,5	2,125	1,8125	≈ −4,33	0,625
1,8125	2,125	1,96875	≈ 0,89	0,3125
1,8125	1,96875	1,890625	≈ −1,80	0,15625
1,890625	1,96875	1,9296875	≈ −0,47	0,078125
1,9296875	1,96875	1,94921875	≈ 0,20	0,0390625

Ergebnis: Die im Intervall [−1; 4] gesuchte Nullstelle ist ungefähr 1,9…

Information

(1) Intervallhalbierungsverfahren

Das in Aufgabe 1 beschriebene Verfahren erzeugt bei jedem Schritt aus einem Intervall, in dem die gesuchte Nullstelle liegt, ein neues, nur noch halb so großes Intervall, in dem die gesuchte Nullstelle liegt. Man nennt es daher **Intervallhalbierungsverfahren (Bisektionsmethode)**.

Seine Vorgehensweise lässt sich in wenigen Schritten eindeutig formulieren:

1. Schritt: Legen Sie zwei x-Werte x_1 und x_2 mit einem positiven und einem negativen Funktionswert fest.
2. Schritt: Bilden Sie aus den beiden x-Werten x_1 und x_2 den Mittelwert $x_3 = \frac{x_1 + x_2}{2}$
3. Schritt: Berechnen Sie den Funktionswert des Mittelwertes und entscheiden Sie, ob die Nullstelle im Intervall $[x_1; x_3]$ oder $[x_3; x_2]$ liegt.
4. Schritt: Wiederholen Sie die Schritte 2 und 3, bis die gewünschte Genauigkeit erreicht ist.

Iteration (lat.): Wiederholung
iterativ (lat.): wiederholend

Man bezeichnet das Intervallhalbierungsverfahren als ein *Iterationsverfahren*, da sich die Berechnungen von Schritt zu Schritt wiederholen und dabei einen immer besseren Näherungswert liefern.

Übungsaufgaben

2 Gegeben ist die Funktion f mit $f(x) = x^3 + 6x^2 - 30$.

a) Begründen Sie, dass die Funktion f zwischen $x_1 = -4$ und $x_2 = -2$ eine Nullstelle hat.

b) Berechnen Sie das arithmetische Mittel x_3 von x_1 und x_2 und bestimmen Sie den Funktionswert an Stelle x_3. Liegt die Nullstelle nun zwischen x_1 und x_3 oder zwischen x_3 und x_2?

c) Berechnen Sie analog zu Teilaufgabe b) eine noch bessere Näherung für die Nullstelle.

3 Gegeben ist die Funktion f mit $f(x) = x^3 - 5x^2 + 8x - 4$.
Bestimmen Sie alle Nullstellen der Funktion f. Eine Nullstelle kann nicht mit dem Intervallhalbierungsverfahren bestimmt werden. Erläutern Sie, woran das liegt.

4 Gegeben ist die Funktion f durch $f(x) = x^4 - 6x^3 + 20x$.

a) Begründen Sie: 0 ist eine Nullstelle von f.

b) Bestimmen Sie die weiteren Nullstellen näherungsweise mithilfe des Intervallhalbierungsverfahrens.

5 Die Funktion f mit $f(x) = x^4 - 7x - 5$ hat zwei Nullstellen; eine liegt im Intervall [1; 2,2], die andere im Intervall [−1; 0]. Beide sollen mithilfe des Intervallhalbierungsverfahrens angenähert werden.

a) Wie lang ist das Intervall, in dem sich die positive Nullstelle nach 5 Schritten des Intervallhalbierungsverfahrens befindet?

b) Wie viele Schritte muss man durchführen, damit das Intervall für die negative Nullstelle eine Länge von höchstens 0,001 hat?

LK **6** Bestimmen Sie mithilfe des Intervallhalbierungsverfahrens näherungsweise die Lösung der angegebenen Gleichung.

a) $\sqrt{x^3 + 10} = -x^2 + 10$ **b)** $x^2 - 2 = \cos x$

LK **7** Gegeben ist die Funktion f mit $f(x) = 0{,}2^x + \frac{3}{x}$

a) Begründen Sie, dass f im Intervall [−2; 0] eine Nullstelle hat.

b) Bestimmen Sie die Nullstelle im Intervall [−2; 0] mithilfe des Intervallhalbierungsverfahrens auf Tausendstel genau.

LK 2.2.5 NEWTON-Verfahren

Einführung

(1) Eine Idee von NEWTON

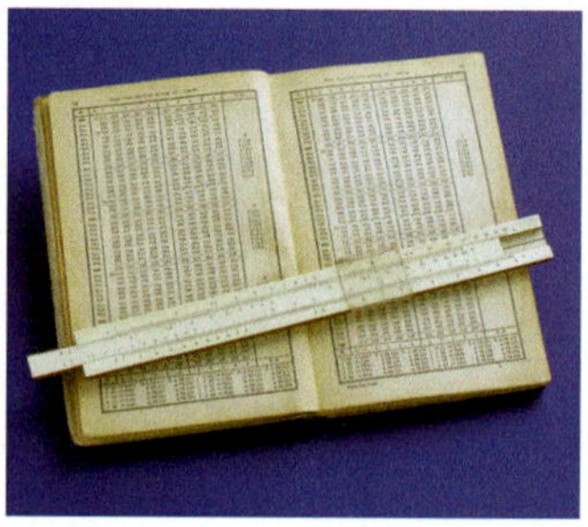

Noch bis Mitte der 70er-Jahre des 20. Jahrhunderts waren Rechenschieber und Tafelwerk selbstverständliche Hilfsmittel im Mathematikunterricht bis zum Abitur. Heute benutzt man statt eines Rechenschiebers Taschenrechner, grafikfähige Taschenrechner oder Computer-Algebra-Systeme, um z. B. die dritte Wurzel aus einer Zahl zu ziehen oder um die Nullstellen einer Funktion zu bestimmen. Solche modernen Rechner benutzen dabei intern unterschiedliche mathematische Näherungsverfahren, von denen einige schon seit mehr als zweihundert Jahren bekannt sind. Die folgende Idee eines Näherungsverfahrens kann auf ISAAC NEWTON (1643 – 1727) zurückgeführt werden.

Ist ein Näherungswert x_1 für die Nullstelle einer Funktion f gegeben, so ist die Schnittstelle x_2, an der die Tangente an den Graphen von f an der Stelle x_1 die x-Achse schneidet, oft ein besserer Näherungswert für die Nullstelle von f.

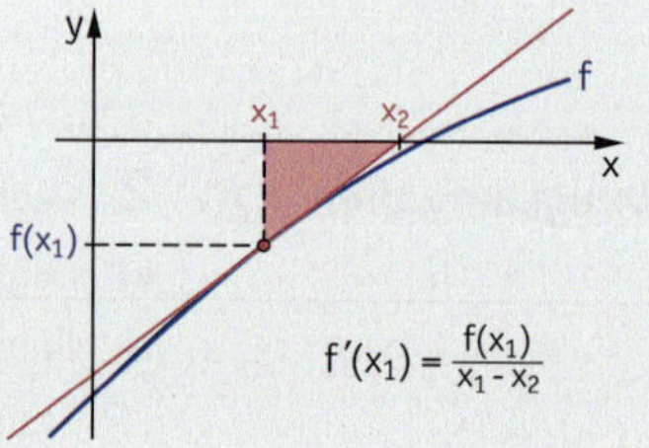

(2) Wiederholte Anwendung des Verfahrens

Von der Funktion f mit $f(x) = 0{,}1x^3 - 1{,}8x^2 + 7x - 6$ wurde durch Probieren $x_1 = 1$ als erste Näherung für eine Nullstelle von f gefunden.

Nutzt man die obige Idee, so ergibt sich aus der Steigung der Tangente $f'(x_1) = \frac{f(x_1)}{x_1 - x_2}$ durch Umstellen:

$$x_2 = x_1 - \frac{f(x_1)}{f'(x_1)}, \text{ also } x_2 = 1 - \frac{-0{,}7}{3{,}7} \approx 1{,}1892$$

Man kann nun das Verfahren mit x_2 wiederholen und erhält:

$$x_3 = x_2 - \frac{f(x_2)}{f'(x_2)}, \text{ also } x_3 \approx 1{,}1892 - \frac{-0{,}053}{3{,}1431} \approx 1{,}2061$$

Wiederholt man das Verfahren erneut, so ergibt sich:

$$x_4 = x_3 - \frac{f(x_3)}{f'(x_3)}, \text{ also } x_4 \approx 1{,}2061 - \frac{-0{,}0003}{3{,}0944} \approx 1{,}2062$$

Allgemein erhält man mit

$$x_{n+1} = x_n - \frac{f(x_n)}{f'(x_n)}$$

und einem Startwert x_1 eine Folge (x_n) von Näherungswerten für die Nullstelle von f.

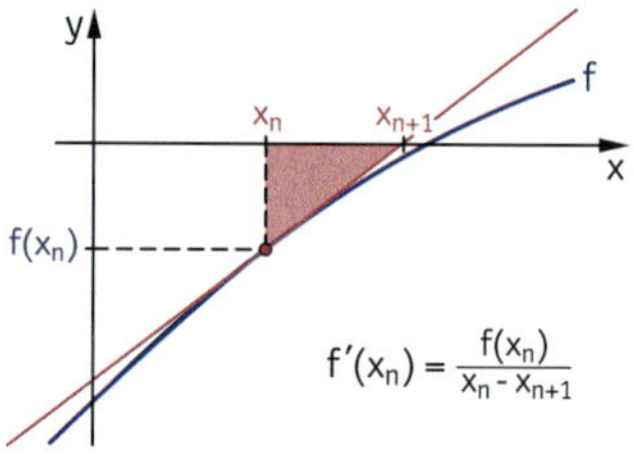

Rekursive Vorschrift für das Newton-Verfahren:
$x_{n+1} = x_n - \frac{f(x_n)}{f'(x_n)}$

(3) NEWTON-Verfahren mit einem Rechner realisieren

Das Rechnerfenster zeigt, wie mithilfe eines Rechners ein Näherungswert für eine Nullstelle von f mit $f(x) = x^2 - 0{,}8 \cdot 2^x$ nach dem NEWTON-Verfahren ermittelt wurde. Dabei wurde mit dem Startwert $x_1 = 1$ begonnen.

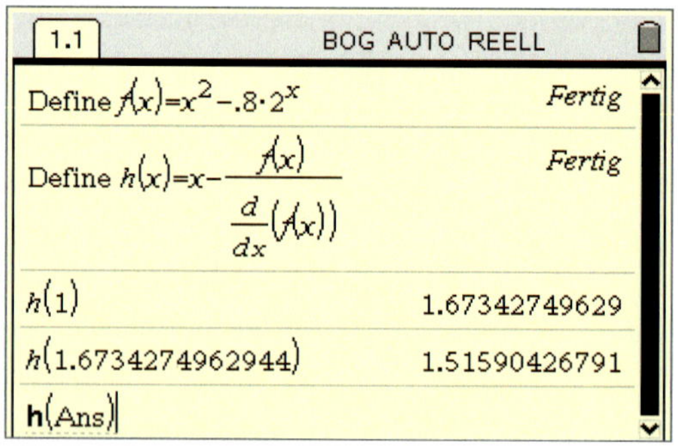

Übungsaufgaben

1 Bestimmen Sie mit dem NEWTON-Verfahren einen auf Hundertstel genauen Näherungswert für eine Lösung der Gleichung $x^3 - x - 0{,}5 = 0$. Vergleichen Sie ihre Lösung mit dem grafischen Verfahren.

2 Bestimmen Sie eine Lösung der Gleichung $\cos x = x^2$.

3 Mit dem HERON-Verfahren ist es relativ schnell möglich, einen Näherungswert für $\sqrt{2}$ zu ermitteln. Die Formel lautet: $x_{n+1} = \frac{1}{2}\left(x_n + \frac{2}{x_n}\right)$

a) Zeigen Sie, dass das HERON-Verfahren ein Spezialfall des NEWTON-Verfahrens ist. Gehen Sie dazu von der Funktion f mit $f(x) = x^2 - 2$ aus.

b) Leiten Sie eine Formel zur näherungsweisen Bestimmung von $\sqrt{a}$ und $\sqrt[n]{a}$ her.

c) Wenden Sie die Formel zur Berechnung von $\sqrt{20}$ und $\sqrt[3]{5}$ an.

4 In der Abbildung ist der Graph der Funktion f mit $f(x) = x^3 - 2x + 2$ dargestellt. Erläutern Sie anhand der Abbildung, warum das NEWTON-Verfahren mit den Startwerten 1 oder 0 keine besseren Näherungswerte liefert.

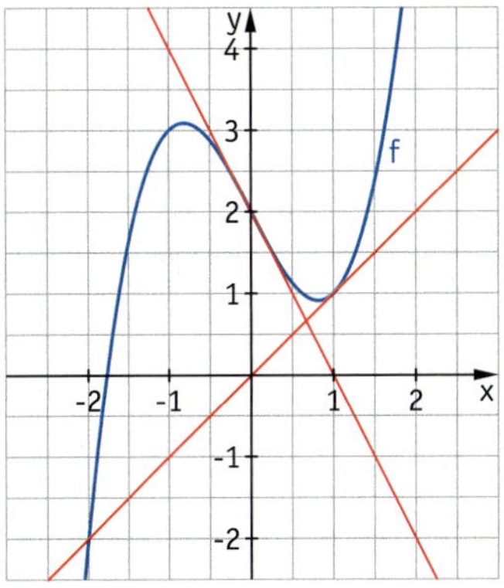

5 Skizzieren Sie den Graphen der Funktion f mit $f(x) = \frac{1}{20} \cdot (x^4 - 13x^3 + 51x^2 - 67x + 38)$ auf Karopapier. Ermitteln Sie dann mit dem NEWTON-Verfahren Startwerte,

(1) die zur linken Nullstelle führen,

(2) die zur rechten Nullstelle führen,

(3) die zu keiner Nullstelle führen.

Zeichnen Sie jeweils mehrere Approximations-Schritte und überprüfen Sie Ihre Überlegungen mit einem Rechner. Markieren Sie abschließend auf der x-Achse das vermutliche „Einzugsgebiet" der linken Nullstelle in Rot und das der rechten in Blau.

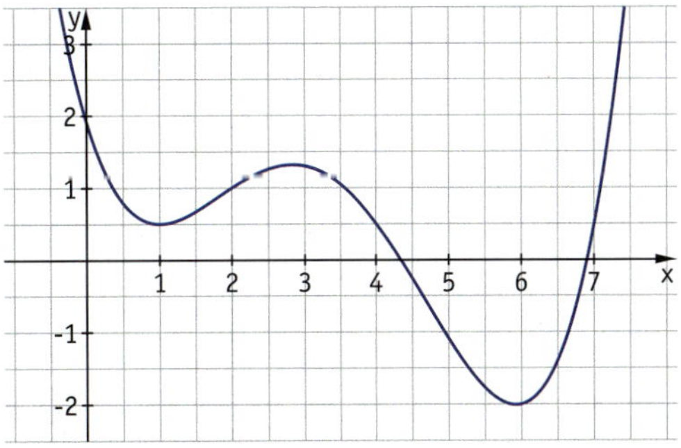

6 Ein Quader hat die Kantenlängen $a = 6\,\text{cm}$; $b = 4\,\text{cm}$ und $c = 3\,\text{cm}$.
Jede Kante soll um x vergrößert werden. Wie groß muss man x wählen, damit ein Quader mit viermal so großem Volumen entsteht?

7 In eine gerade quadratische Pyramide mit der Grundkante $a = 5\,\text{cm}$ und der Höhe $h = 7\,\text{cm}$ soll ein Quader mit quadratischer Grundfläche gestellt werden. Sein Volumen soll ein Drittel des Pyramidenvolumens betragen. Seine Grundkanten verlaufen parallel zu den Grundkanten der Pyramide.
Welche Höhe hat der Quader?

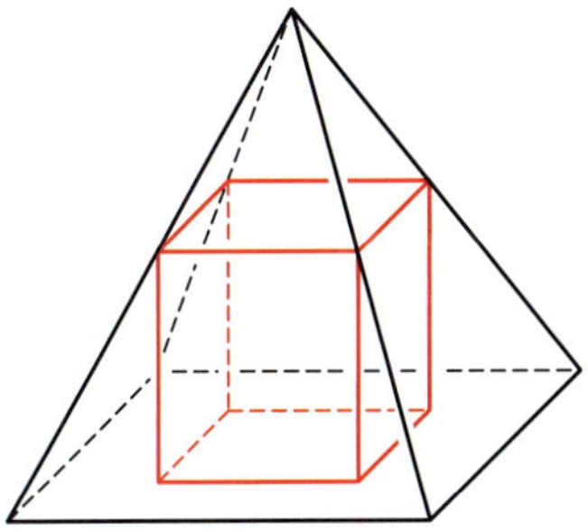

2.3 Extrema und Monotonie

Aufgabe

1

a) Untersuchen Sie den Graphen der Funktion f mit $f(x) = \frac{1}{4}x^4 - \frac{7}{9}x^3$ auf Extrempunkte. Berechnen Sie deren Koordinaten exakt.

b) Rechts ist der Graph einer Ableitungsfunktion f′ zu sehen. Treffen Sie anhand dieses Graphen zu folgenden Punkten Aussagen über die zugehörige Ausgangsfunktion f und begründen Sie diese:

(1) In welchen Intervallen wachsen die Funktionswerte von f, in welchen fallen sie?

(2) Wo liegen die Extremstellen von f und von welcher Art sind sie?

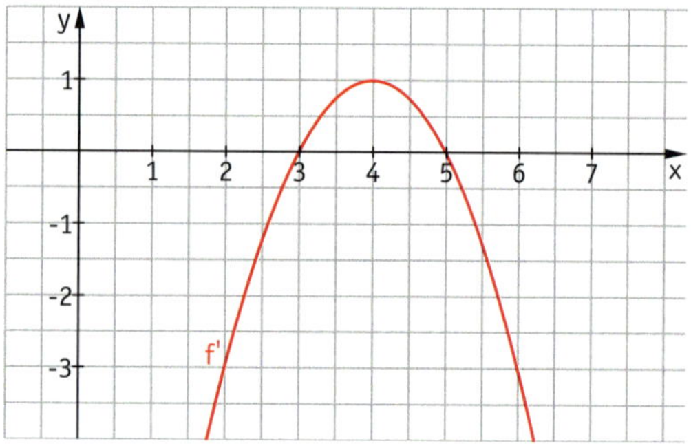

Lösung

a) Wir zeichnen zunächst den Graphen von f. Man erkennt, dass in der Nähe der Stelle 2 ein Tiefpunkt vorliegt. Dort hat der Graph von f eine waagerechte Tangente.

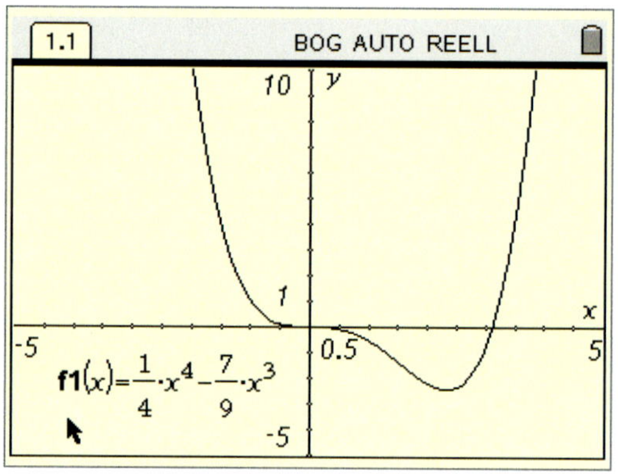

Zur genauen Berechnung des Tiefpunktes bilden wir die Ableitung f′ und bestimmen deren Nullstellen:

$f'(x) = x^3 - \frac{7}{3}x^2$

$x^3 - \frac{7}{3}x^2 = 0$

$x^2\left(x - \frac{7}{3}\right) = 0$

$x^2 = 0$ *oder* $x - \frac{7}{3} = 0$

$x = 0$ *oder* $x = \frac{7}{3}$

An der Stelle 0 hat der Graph von f eine waagerechte Tangente, aber keinen Extrempunkt.
Einziger Extrempunkt ist der Tiefpunkt an der Stelle $\frac{7}{3}$. Seine y-Koordinate beträgt $f\left(\frac{7}{3}\right) = -\frac{2401}{972}$.
Der Tiefpunkt hat somit die Koordinaten $T\left(\frac{7}{3}\middle|-\frac{2401}{972}\right)$, näherungsweise $T(2{,}3\,|\,-2{,}5)$.

b) (1) Der Graph von f′ gibt für jede Stelle x die Steigung von f an dieser Stelle an.

- Zwischen 2,5 und 3 ist die Steigung negativ, folglich werden die Funktionswerte von f mit zunehmenden x-Werten immer kleiner, also fallen die Funktionswerte von f in dem Intervall [2,5; 3].
- Zwischen den Nullstellen von f′, also im Intervall [3; 5] verläuft der Graph von f′ oberhalb der x-Achse. Die Steigungen von f sind in diesem Intervall also positiv, folglich werden die Funktionswerte von f mit zunehmenden x-Werten immer größer, also steigen die Funktionswerte von f in dem Intervall [3; 5].
- Entsprechend fallen die Funktionswerte von f im Intervall [5; 6.5].

(2) Die Stellen $x = 3$ und $x = 5$ sind Nullstellen von f′, d. h. der Graph von f hat an diesen Stellen eine waagerechte Tangente. Betrachten wir das Verhalten des Graphen von f′ in der Nähe der Nullstellen, so erkennen wir:

- f′ hat an der Stelle 3 einen Vorzeichenwechsel von – zu +, das bedeutet: Für $x < 3$ ist die Steigung von f negativ und für $x > 3$ positiv, also hat der Graph von f an der Stelle 3 einen Tiefpunkt.
- An der Stelle 5 hat f′ einen Vorzeichenwechsel von + zu –, das bedeutet: Für $x < 5$ ist die Steigung von f positiv und für $x > 5$ negativ, also hat der Graph von f an der Stelle 5 einen Hochpunkt.

Information

(1) Kriterien für Extremstellen

In der Lösung von Aufgabe 1 a) haben wir uns anschaulich klargemacht, dass ein Funktionsgraph an einer Extremstelle x_e eine waagerechte Tangente hat. Allerdings hat ein Funktionsgraph auch in einem *Sattelpunkt* eine waagerechte Tangente.

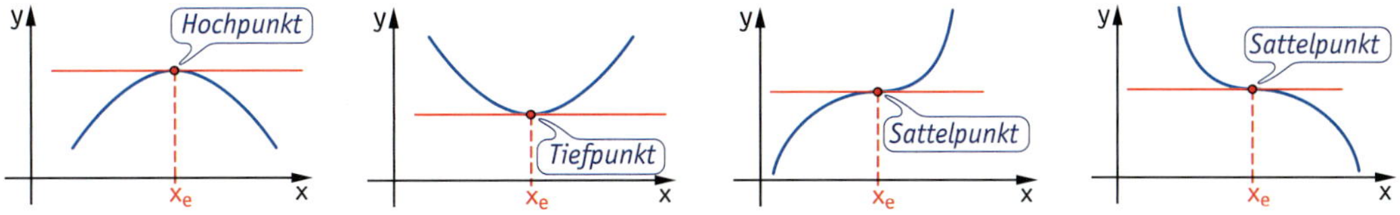

Beim Lösen von Aufgabe 1 b) haben wir dann gesehen, dass man am Vorzeichenwechsel von f′ an der Stelle x_e erkennt, ob ein Hochpunkt oder ein Tiefpunkt vorliegt. Die Ergebnisse fassen wir in folgendem Satz zusammen, der unmittelbar einleuchtend ist. Auf einen formalen Beweis verzichten wir hier.

Satz 8: Vorzeichenwechselkriterium

Für eine Funktion f, die über einem offenen Intervall definiert ist, und für eine Stelle x_e aus diesem Intervall gilt:

(1) Wenn f an der Stelle x_e einen Extrempunkt besitzt, dann gilt $f'(x_e) = 0$.

(2) Wenn f′ an der Stelle x_e einen (–/+)-Vorzeichenwechsel hat, dann liegt an der Stelle x_e ein Tiefpunkt von f.
Wenn f′ an der Stelle x_e einen (+/–)-Vorzeichenwechsel hat, dann liegt an der Stelle x_e ein Hochpunkt von f.

Allgemein sagt man statt „Wenn A, dann B." auch: „B ist eine notwendige Bedingung für A.", oder: „A ist eine hinreichende Bedingung für B."

Man bezeichnet Teil (1) von Satz 8 auch als **notwendiges Kriterium** für eine Extremstelle, da die Bedingung $f'(x_e) = 0$ notwendig dafür ist, dass an der Stelle x_e ein Extrempunkt liegt. Allerdings muss, selbst wenn diese notwendige Bedingung erfüllt ist, an der Stelle x_e nicht unbedingt ein Extrempunkt liegen, es könnte sich auch um einen Sattelpunkt handeln. Teil (2) von Satz 8 bezeichnet man auch als **hinreichendes Kriterium** für eine Extremstelle, denn wenn an einer Stelle x_e die Ableitung f′ eine Nullstelle mit Vorzeichenwechsel hat, dann ist x_e eine Extremstelle von f.

(2) Streng monotone Funktionen

monoton (griech.: mono-tonos): mit gleichbleibender Spannung, eintönig, einförmig

Will man den Verlauf des Graphen einer Funktion f beschreiben, so fallen sehr schnell die Intervalle auf, in denen bei wachsenden x-Werten die Funktionswerte f(x) ständig zu- oder abnehmen.

Definition 2

Eine Funktion f heißt in einem Intervall **streng monoton wachsend**, wenn für beliebige Stellen x_1, x_2 aus dem Intervall gilt:
Wenn $x_1 < x_2$, dann ist $f(x_1) < f(x_2)$.

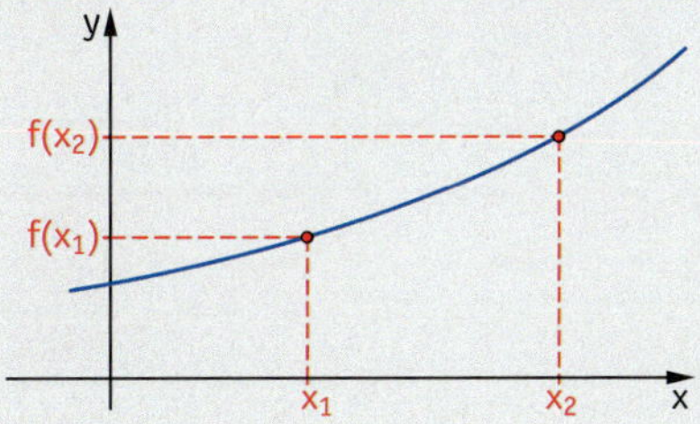

Eine Funktion f heißt in einem Intervall **streng monoton fallend**, wenn für beliebige Stellen x_1, x_2 aus dem Intervall gilt:
Wenn $x_1 < x_2$, dann ist $f(x_1) > f(x_2)$.

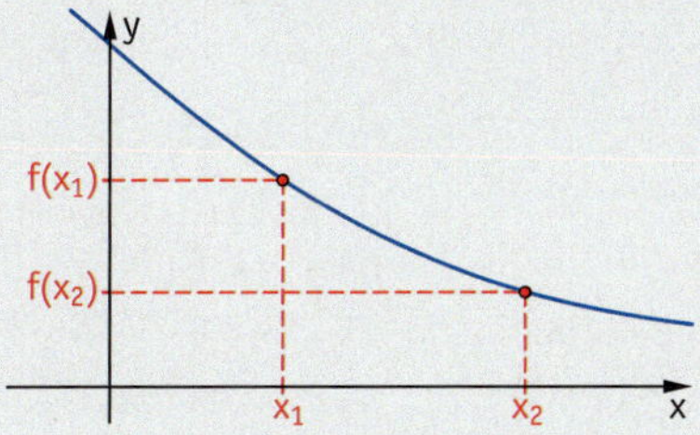

Gilt für $x_1 < x_2$ statt $f(x_1) < f(x_2)$ nur $f(x_1) \le f(x_2)$, so heißt f *monoton wachsend*. Ist eine Funktion f auf dem Intervall monoton wachsend, so heißt dies, dass die Funktionswerte auf dem Intervall nicht abnehmen. Sie müssen aber nicht ständig zunehmen, sie können auch für verschiedene x-Werte aus dem Intervall denselben Funktionswert annehmen.

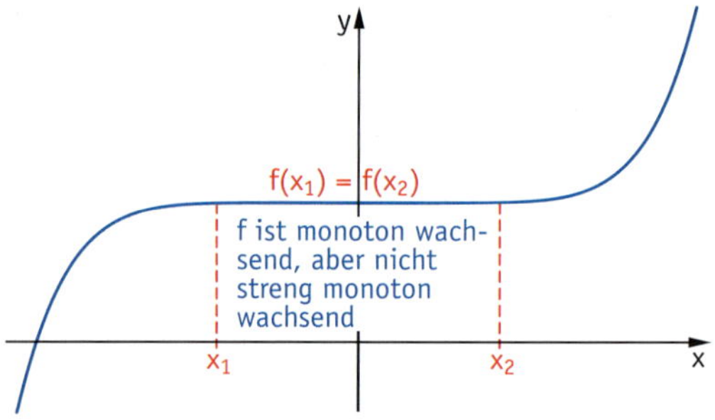

Definition 3

Eine Funktion heißt in einem Intervall **monoton wachsend**, wenn für beliebige Stellen x_1, x_2 aus dem Intervall gilt:
Wenn $x_1 < x_2$, dann ist $f(x_1) \le f(x_2)$.

Eine Funktion heißt in einem Intervall **monoton fallend**, wenn für beliebige Stellen x_1, x_2 aus dem Intervall gilt:
Wenn $x_1 < x_2$, dann ist $f(x_1) \ge f(x_2)$.

Auch Intervalle mit den Grenzen $-\infty$ oder ∞ sind möglich, wie z. B.:

$]-\infty;\ b] = \{x \in \mathbb{R} \mid x \le b\}$ $]-\infty;\ b[= \{x \in \mathbb{R} \mid x < b\}$

$]a;\ \infty[= \{x \in \mathbb{R} \mid x > a\}$ $[a;\ \infty[= \{x \in \mathbb{R} \mid x \ge a\}$

Information

(3) Zusammenhang zwischen dem Monotonieverhalten einer Funktion und ihrer Ableitung

Auch der folgende Satz ist anschaulich einleuchtend, sein Beweis ist aber schwieriger als man vermutet, weshalb wir hier auf einen Beweis verzichten.

Satz 9: Monotoniesatz

Gegeben ist eine Funktion f in einem Intervall I.

(1) Wenn $f'(x) > 0$ für alle x aus einem Intervall I gilt, dann ist die Funktion f im Intervall I **streng monoton wachsend.**

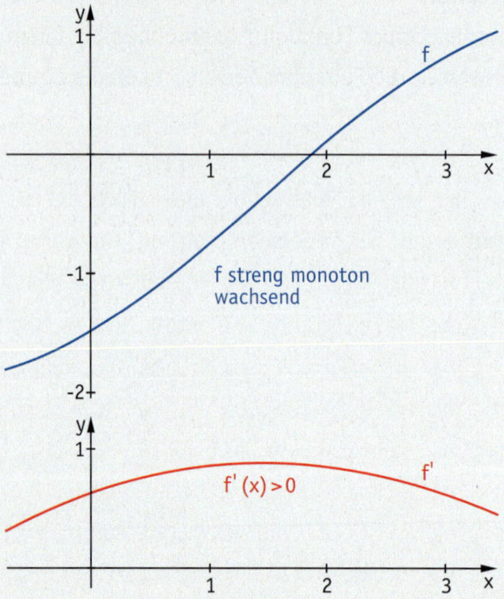

(2) Wenn $f'(x) < 0$ für alle x aus einem Intervall I gilt, dann ist die Funktion f im Intervall I **streng monoton fallend.**

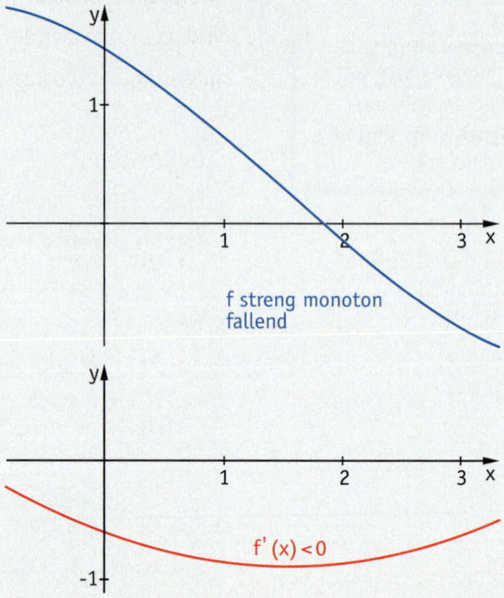

Weiterführende Aufgabe

2 Vorzeichenwechsel von f′ mithilfe der Tangentensteigung ermitteln

a) Erläutern Sie die Abbildung rechts und begründen Sie damit das folgende Kriterium für Extremstellen.

Hinweis:

$f''(x_e)$ ist die Steigung der Tangente an den Graphen der Ableitungsfunktion f′ an der Stelle x_e.

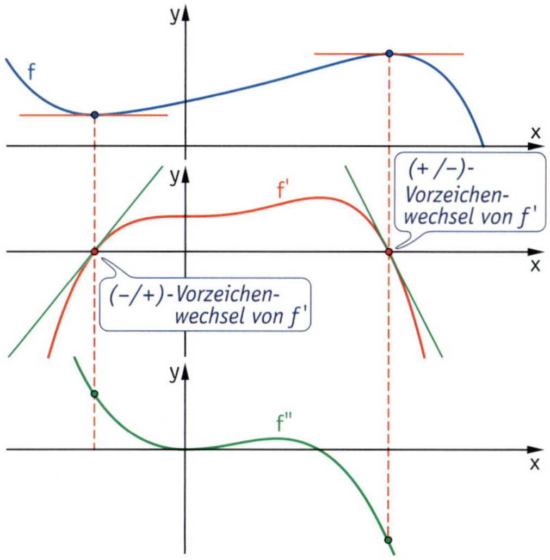

Satz 10: f″-Kriterium für Extrema

Wenn $f'(x_e) = 0$ und $f''(x_e) < 0$,
dann hat f an der Stelle x_e einen Hochpunkt.
Wenn $f'(x_e) = 0$ und $f''(x_e) > 0$,
dann hat f an der Stelle x_e einen Tiefpunkt.

b) Erläutern Sie am Beispiel von $f(x) = x^4$, warum die Umkehrungen der Aussagen in Satz 10 nicht gelten.

Information

(4) Zweite Ableitung einer Funktion

In Aufgabe 2 haben wir gesehen, dass man bei diesem Kriterium für Hoch- und Tiefpunkte die Ableitung der Ableitung einer Funktion benötigt.

Definition 4

Hat auch die Ableitung f′ einer Funktion f noch eine Ableitung, so bezeichnet man diese als **zweite Ableitung** der Funktion und nennt sie f″.

Beispiele

- $f(x) = 2x + 4;\ f'(x) = 2;\ f''(x) = 0$
- $g(x) = \sin x;\ g'(x) = \cos x;\ g''(x) = -\sin x$

Entsprechend kann man durch weiteres Ableiten *höhere Ableitungen*, z. B. f‴ als Ableitung von f″, usw. bilden.

Übungsaufgaben

3

a) Skizzieren Sie zum gegebenen Graphen der Funktion f jeweils den Graphen der Ableitungsfunktion f′. In welchen Intervallen ist f streng monoton wachsend bzw. streng monoton fallend? Formulieren Sie einen Zusammenhang zwischen dem Monotonieverhalten von f und dem Vorzeichen von f′ als Wenn-dann-Satz. Welche Steigung hat der Graph in einem Extrempunkt?

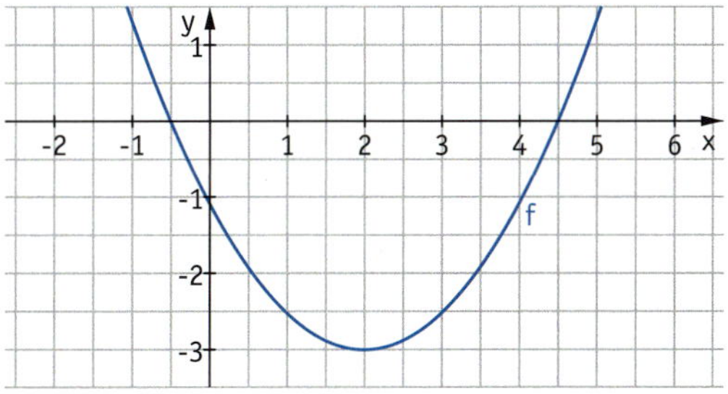

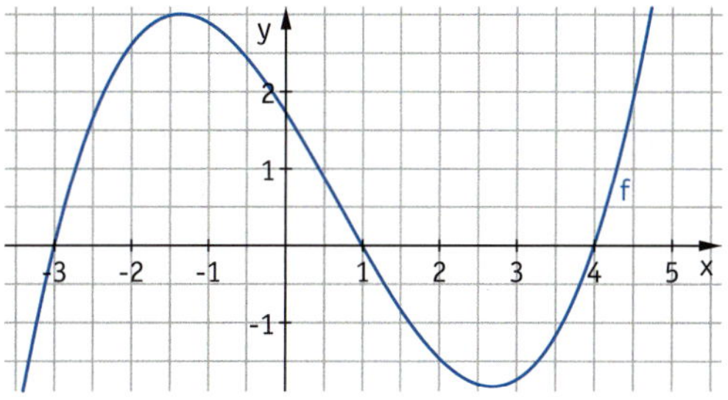

b) Gegeben ist der Graph einer Ableitungsfunktion f'. Skizzieren Sie einen möglichen Graphen der Funktion f.
Formulieren Sie einen Zusammenhang zwischen dem Vorzeichen von f' und dem Monotonieverhalten von f als Wenn-dann-Satz. Welche Bedeutung haben die Stellen mit $f'(x) = 0$?

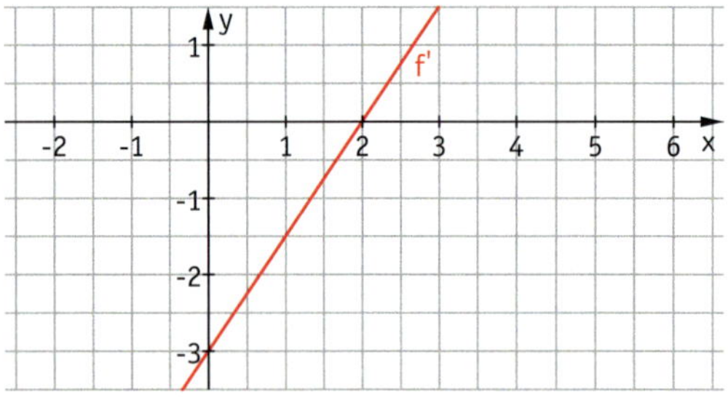

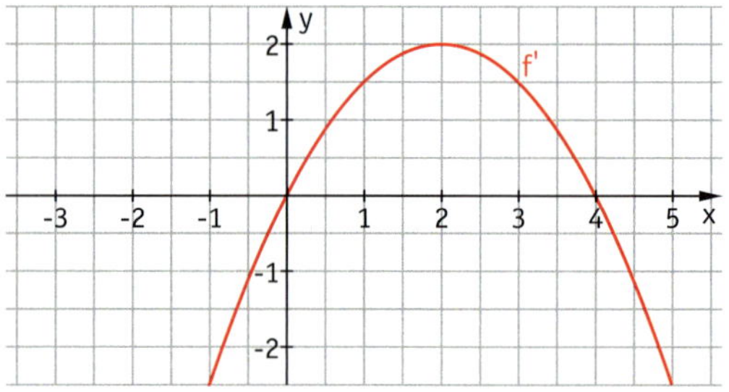

4 Betrachten Sie den nebenstehenden Graphen einer Funktion f. Untersuchen Sie, ob die folgenden Aussagen richtig oder falsch sind. Begründen Sie jeweils Ihre Entscheidung.

(1) Die Funktion f' ist im Intervall $[-1; 4]$ streng monoton wachsend.

(2) $f'(x) > 0$ für $0 < x < 4$

(3) Die Funktion f' ist für $x < 0$ streng monoton fallend, für $x > 0$ streng monoton wachsend.

(4) $f'(4) = 0$

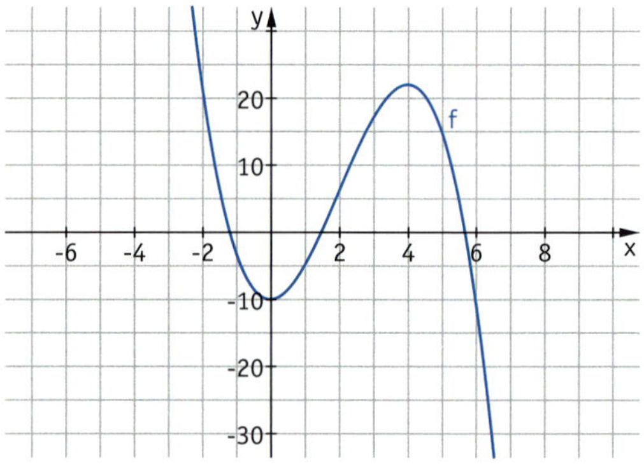

5 Überprüfen Sie die Richtigkeit der folgenden Aussage. Geben Sie, falls eine Aussage falsch ist, ein Gegenbeispiel an.

a) Jede Funktion mit $f'(x) \geq 0$ im Intervall I ist monoton wachsend, aber nicht streng monoton wachsend.

b) Ist die Funktion f streng monoton wachsend im Intervall I, so kann an keiner Stelle des Intervalls $f'(x) = 0$ sein.

6 Bestimmen Sie alle Hoch- und Tiefpunkte von f.

a) $f(x) = \frac{1}{2}x^2 + 2x + 3$

b) $f(x) = \frac{1}{3}x^3 + \frac{1}{2}x^2 - 6x - 4$

c) $f(x) = \frac{1}{4}x^3 - \frac{3}{2}x^2 + 3x$

d) $f(x) = \frac{1}{8}x^4 + \frac{1}{2}x^3 - x^2 - 3$

e) $f(x) = x^3 - 3x^2 - 45x$

f) $f(x) = x^3 - 8x^2 - 1$

g) $f(x) = \frac{1}{4}x^3 + 5x^2 - 4x + \frac{2}{3}$

h) $f(x) = x^4 - 2x^2 + x - 1$

i) $f(x) = x^4 - x^3 + x^2 - x$

7 Zeigen Sie ohne Verwendung eines Rechners, dass die Funktion f keine Extremstellen besitzt.

a) $f(x) = \frac{1}{2}x - 4$

b) $f(x) = x^3 + 6x - 2$

c) $f(x) = -2x^3 - 8x + 60$

d) $f(x) = 8x^3 + x - 8$

e) $f(x) = \frac{1}{5}x^5 + \frac{11}{3}x^3 + 18x - 5$

f) $f(x) = 3x^5 + 7x^3 + 5x - 10$

8 Ermitteln Sie die 2. Ableitung f'' zur Funktion f.

a) $f(x) = x^3$ **b)** $f(x) = x^4 - 3x$ **c)** $f(x) = \sin x$ **d)** $f(x) = x^3 + \frac{1}{x}$

9 Geben Sie verschiedene Funktionen an, die alle dieselbe zweite Ableitung f'' besitzen.

a) $f''(x) = 6x^3$ **b)** $f''(x) = x^4$ **c)** $f''(x) = x^2 - x$ **d)** $f''(x) = \sin x$

10 Überprüfen Sie Sofias Hausaufgabe rechts.

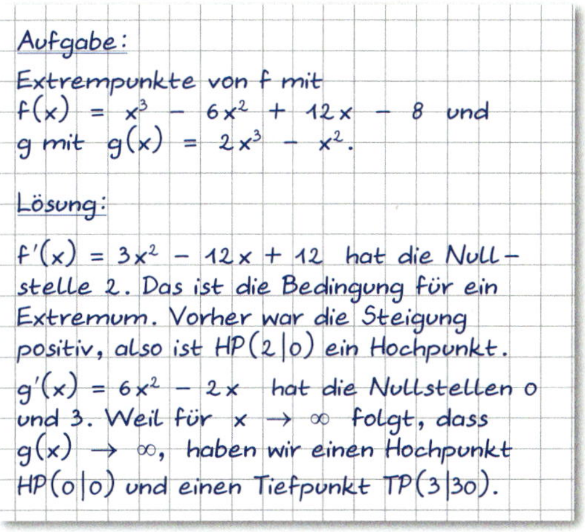
Aufgabe:
Extrempunkte von f mit
$f(x) = x^3 - 6x^2 + 12x - 8$ und
g mit $g(x) = 2x^3 - x^2$.

Lösung:
$f'(x) = 3x^2 - 12x + 12$ hat die Nullstelle 2. Das ist die Bedingung für ein Extremum. Vorher war die Steigung positiv, also ist HP(2|0) ein Hochpunkt.
$g'(x) = 6x^2 - 2x$ hat die Nullstellen 0 und 3. Weil für $x \to \infty$ folgt, dass $g(x) \to \infty$, haben wir einen Hochpunkt HP(0|0) und einen Tiefpunkt TP(3|30).

11 Eine Funktion f ist im Intervall [−3; 5] streng monoton wachsend. An genau zwei Stellen in diesem Intervall gilt $f'(x) = 0$. Skizzieren Sie einen möglichen Graphen der Funktion f und ihrer Ableitungsfunktion f'.

12 Skizzieren Sie einen möglichen Graphen von f mit
(1) $f(-1) = 1$ und $f(5) = 7$;
(2) $f'(2) = 0$ sowie
(3) $f'(x) > 0$ für alle $x \neq 2$ im Intervall $I = [-1; 5]$.

13 Betrachten Sie den nebenstehenden Graphen der Funktion f mit $f(x) = \frac{1}{40}x^4 - \frac{1}{10}x^3 - 9x^2 + \frac{1}{10}$. Beurteilen Sie die folgenden Aussagen; korrigieren Sie sie oder vervollständigen Sie sie gegebenenfalls.
(1) Der Funktionsgraph hat genau einen Extrempunkt, nämlich den Hochpunkt H(0|0).
(2) Die Funktion f ist für $x < 0$ streng monoton wachsend, für $x > 0$ streng monoton fallend.
(3) Sowohl für $x \to \infty$ als auch für $x \to -\infty$ gilt $f(x) \to \infty$.

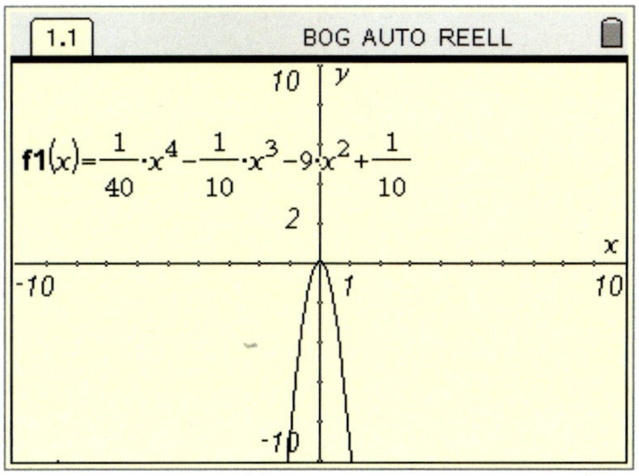

14 Die nebenstehende Abbildung zeigt den Graphen der Ableitungsfunktion f' einer Funktion f. Entscheiden Sie, welche der folgenden Aussagen wahr, falsch oder unentscheidbar sind. Begründen Sie jeweils Ihre Entscheidung.
(1) Die Funktion f ist im Intervall [−4; 4] streng monoton wachsend.
(2) Der Graph der Funktion f hat an der Stelle $x = 0$ einen Hochpunkt.
(3) Der Graph von f ist achsensymmetrisch zur y-Achse.
(4) Der Graph von f hat im Intervall [−4; 4] zwei Tangenten, die parallel zur Geraden mit der Gleichung $y = x$ sind.

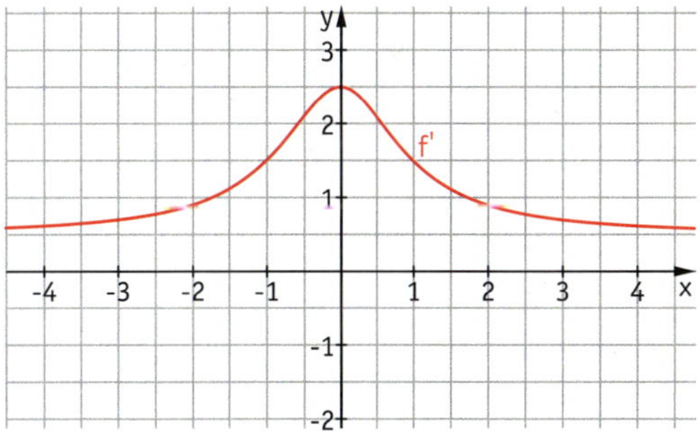

15 Der Graph einer ganzrationalen Funktion 4. Grades ist symmetrisch zur Geraden $x = 6$ und hat im Punkt H(2|4) einen Hochpunkt. Was kann man über die Existenz und die Lage weiterer Extrempunkte des Graphen aussagen? Skizzieren Sie einen möglichen Funktionsgraphen.

16 Der Graph einer ganzrationalen Funktion 5. Grades, der punktsymmetrisch zum Ursprung ist, hat die Hochpunkte $H_1(-4|5)$ und $H_2(1|2)$. Gibt es weitere Extrempunkte? Bestimmen Sie gegebenenfalls ihre Art und geben Sie ihre Koordinaten an. Skizzieren Sie einen möglichen Funktionsgraphen.

2.4 Extremalprobleme

Die Behandlung von Minimum- und Maximumproblemen war schon immer ein zentraler Gegenstand der Mathematik und hat die Entwicklung der Differenzialrechnung wesentlich mitgeprägt. Auch in anderen Bereichen ist das Bestimmen von Extrema von Bedeutung. Hierbei findet die Differenzialrechnung eine ihrer Anwendungen.
Die Strategie zur Lösung derartiger Extremwertprobleme wird hier an einem Beispiel entwickelt.

Einführung

Aus einer quadratischen Pappe der Seitenlänge 20 cm soll durch Aussparen von Quadraten an allen vier Ecken eine möglichst große, oben offene Schachtel gefaltet werden.

(1) Vorüberlegung mit Probierwerten

Wir suchen unter den angegebenen Bedingungen das maximale Volumen. Für eine Seitenlänge der Grundfläche der Schachtel von z. B. 12 cm beträgt die Höhe 4 cm, da $12\,\text{cm} + 2 \cdot 4\,\text{cm} = 20\,\text{cm}$. Das Volumen beträgt dann $12\,\text{cm} \cdot 12\,\text{cm} \cdot 4\,\text{cm} = 576\,\text{cm}^3$.
Für eine Seitenlänge von 14 cm ergibt sich entsprechend für das Volumen ein größerer Wert:
$14\,\text{cm} \cdot 14\,\text{cm} \cdot 3\,\text{cm} = 588\,\text{cm}^3$.
Eine Seitenlänge von 16 cm dagegen liefert einen kleineren Wert: $16\,\text{cm} \cdot 16\,\text{cm} \cdot 2\,\text{cm} = 512\,\text{cm}^3$.
Das Volumen verändert sich also mit der Seitenlänge und wird bei einer Seitenlänge von 14 cm ziemlich groß.
Es liegt also eine Funktion *Seitenlänge* ↦ *Volumen* vor.
Um die genaue Seitenlänge für das maximale Volumen bestimmen zu können, müssen wir einen Funktionsterm für das Volumen aufstellen.

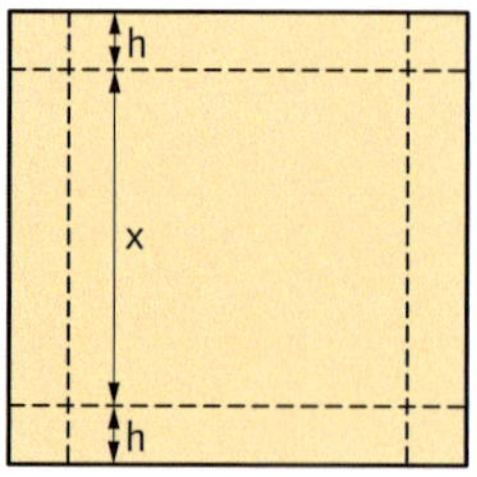

(2) Erstellen einer Funktionsgleichung für das Volumen

Für das Volumen der Schachtel mit der Seitenlänge x der quadratischen Grundfläche und der Höhe h gilt

Extremalbedingung

$V = x \cdot x \cdot h = x^2 h$. V soll maximal werden.

In dieser Gleichung hängt das Volumen noch von zwei Variablen ab.
Wenn man die Seitenlänge x gewählt hat, liegt damit aber auch bereits der Wert der Höhe h fest; es muss gelten: $h + x + h = 20$, also $2h = 20 - x$, d. h.

Nebenbedingung

$h = 10 - \frac{1}{2}x$.

Setzen wir diesen Term für h in die Gleichung für das Volumen ein, so erhalten wir den gesuchten Funktionsterm:

$V(x) = x^2\left(10 - \frac{1}{2}x\right)$

Aus der Sachsituation ist klar, dass die Seitenlänge x positiv und kleiner als 20 sein muss, damit die Höhe der Schachtel positiv sein kann. Der Definitionsbereich der Funktion V ist also das Intervall]0; 20[.

(3) Bestimmen der Maxima mithilfe eines Rechners

Um das Maximum von V zu bestimmen, lassen wir den Graphen von einem Rechner im Definitionsbereich zeichnen.

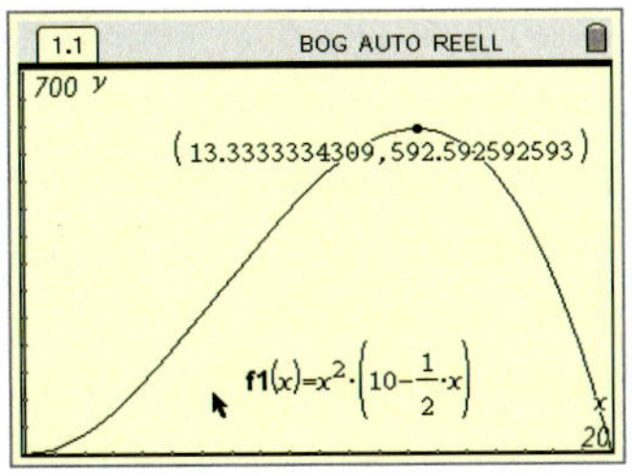

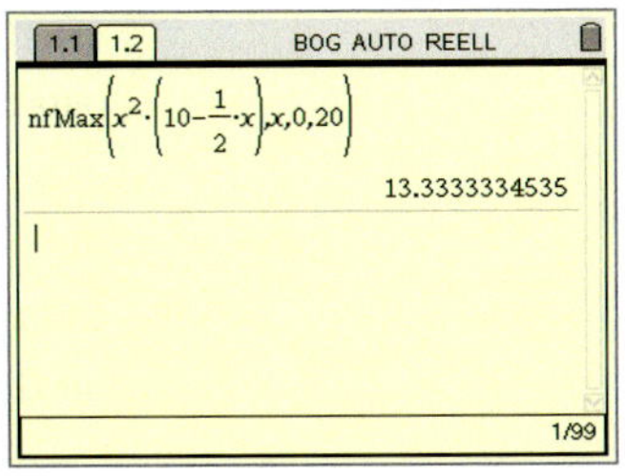

Die Seitenlänge mit dem maximalen Volumen lässt sich am Graphen ablesen oder auch numerisch bestimmen. Der Rechner liefert dann als gesuchte Seitenlänge ca. 13,3 cm, für die das Volumen einen maximalen Wert von ca. 592,6 cm^3 hat.

Die Höhe der Schachtel beträgt dann $h = 10 - \frac{1}{2}x = 10 - \frac{1}{2}\cdot 13{,}3 \approx 3{,}3$, also etwa 3,3 cm.

Für praktische Zwecke zum Herstellen der Schachtel ist dieses Ergebnis völlig ausreichend, da sicher nicht genauer als auf Millimeter gefaltet werden kann.

(4) Algebraische Bestimmung des Maximums

Der Zahlenwert im Rechnerfenster oben legt die Vermutung nahe, dass die gesuchte Seitenlänge $13\frac{1}{3}$ cm und die Höhe $3\frac{1}{3}$ cm ist. Dies lässt sich numerisch nicht beweisen, sondern nur algebraisch.

An der Stelle x_e des Maximums hat der Funktionsgraph eine waagerechte Tangente; es gilt dort also $V'(x) = 0$. Daher bilden wir die Ableitung der Funktion V und bestimmen deren Nullstellen.

$$V(x) = x^2\left(10 - \frac{1}{2}x\right) = 10x^2 - \frac{1}{2}x^3$$

$$V'(x) = 20x - \frac{3}{2}x^2$$

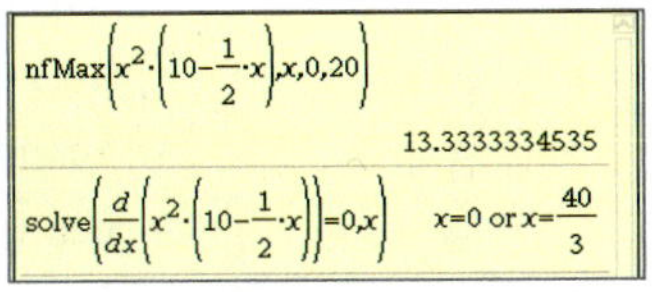

Die Nullstellen von V' lassen sich leicht berechnen:

$$20x - \frac{3}{2}x^2 = x\left(20 - \frac{3}{2}x\right) = 0, \text{ also } x = 0 \text{ oder } 20 - \frac{3}{2}x = 0.$$

Damit ergeben sich die möglichen Extremstellen mit

$$x_1 = 0 \text{ und } x_2 = \frac{40}{3} = 13\frac{1}{3}.$$

Nur die Stelle x_2 liegt im Definitionsbereich und da die ganzrationale Funktion V an den Rändern des Definitionsbereichs bei $x = 0$ und $x = 20$ den Wert null annimmt, liegt bei x_2 ein Maximum vor.

(5) Verallgemeinerung des Problems

Die algebraische Lösung des Problems gibt Anlass zu einer allgemeinen Vermutung: Faltet man eine solche Schachtel aus einer quadratischen Pappe der Seitenlänge a, so erhält man die mit dem größten Volumen, wenn man als Seitenlänge der Schachtel $\frac{2}{3}$ der Seitenlänge a wählt.

Dies lässt sich durch Verallgemeinerung der obigen Überlegungen nachweisen.

$$V = x^2 h \text{ mit } h + x + h = a, \text{ also } h = \frac{1}{2}(a - x)$$

$$V(x) = x^2\cdot\frac{1}{2}(a - x) = \frac{1}{2}ax^2 - \frac{1}{2}x^3 \text{ mit } 0 < x < a.$$

Diese Funktion hat die Ableitung:

$$V'(x) = ax - \frac{3}{2}x^2$$

Für deren Nullstellen ergibt sich:

$$ax - \frac{3}{2}x^2 = x\left(a - \frac{3}{2}x\right) = 0, \text{ also } x = 0 \text{ oder } a - \frac{3}{2}x = 0.$$

Damit ergeben sich die möglichen Extremstellen

$$x_1 = 0 \text{ und } x_2 = \frac{2}{3}a.$$

Die Stelle x_1 liegt wieder außerhalb des Definitionsbereiches.

Die zweite Stelle x_2 bestätigt die Vermutung, hier liegt ein Maximum vor. An den Rändern des Definitionsbereichs bei $x = 0$ und $x = a$ nimmt die ganzrationale Funktion V den Wert 0 an.

Aufgabe

1 Von einer wertvollen Glas-Tischplatte mit den Abmessungen 64 cm mal 144 cm ist eine Ecke abgestoßen. Die Bruchkante kann als parabelförmig mit der Gleichung $y = -\frac{1}{16}x^2 + 64$ modelliert werden, wobei x und y in cm angegeben werden. Aus dem Rest soll eine möglichst große rechteckige Platte herausgeschnitten werden.
Bestimmen Sie deren Abmessungen. Verwenden Sie dabei die Differenzialrechnung als Hilfsmittel.

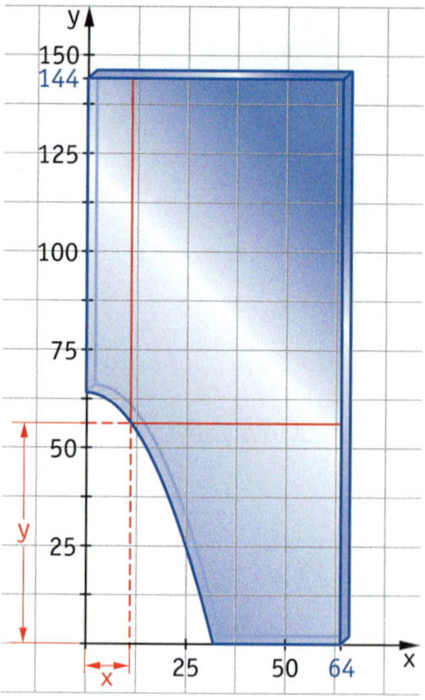

Lösung

(1) Erstellen eines Funktionsterms für die Größe der neuen Platte

Für den Flächeninhalt der neuen rechteckigen Platte gilt:

$A = (64 - x)(144 - y)$

Ersetzt man hier y durch den Term für die Parabel, so erhält man

$A(x) = (64 - x)\left(144 - \left(-\frac{1}{16}x^2 + 64\right)\right) = -\frac{1}{16}x^3 + 4x^2 - 80x + 5120$

Der Definitionsbereich dieser Funktion ergibt sich aus $x \geq 0$ und der Bedingung, dass x kleinergleich der positiven Nullstelle der Parabel sein muss, um eine möglichst große Restplatte zu erhalten. Diese Nullstelle ergibt sich aus der Gleichung $-\frac{1}{16}x^2 + 64 = 0$ mit $x = 32$.
Der Definitionsbereich ist also das Intervall [0; 32].

(2) Bestimmen der Extremstellen der Funktion

Zunächst bilden wir die Ableitung der Funktion A und bestimmen deren Nullstellen

$A'(x) = -\frac{3}{16}x^2 + 8x - 80 = 0$

Die Lösungen dieser quadratischen Gleichung sind 16 sowie $\frac{80}{3} = 26\frac{2}{3}$.

Beide Stellen liegen im Definitionsbereich der Funktion A. Um herauszufinden, welche Stelle zu einem Maximum führt, zeichnen wir den Graphen der Funktion A.

An der Stelle 16 liegt ein Tiefpunkt vor, an der Stelle $26\frac{2}{3}$ ein Hochpunkt. Aber auch dieser liefert nicht die Abmessungen der gesuchten maximal großen Platte, da die Funktion A am Rand des Definitionsbereiches an der Stelle 0 den allergrößten Wert im Definitionsbereich aufweist, nämlich 5120.

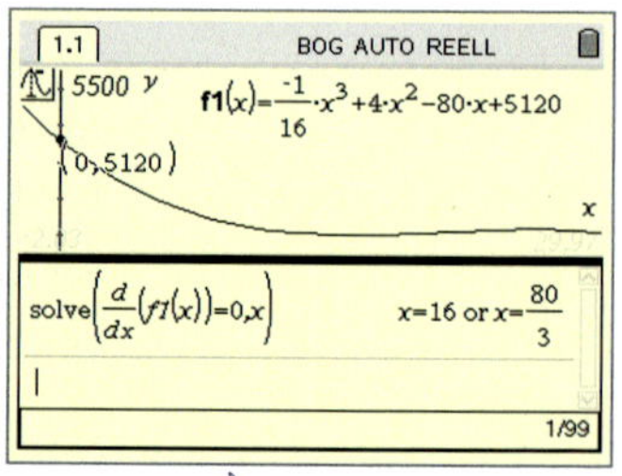

0 ≤ x ≤ 32;
4500 ≤ y ≤ 5500

(3) Ergebnis

Man erhält die größtmögliche Platte, wenn man oberhalb des Parabelscheitelpunkts schneidet. Sie hat die Seitenlängen 80 cm und 64 cm und ist 5120 cm² groß.

Information

Vorgehen beim Lösen von Extremwertproblemen

(1) Erstellen einer Funktionsgleichung für die zu optimierende Größe

(a) Bezeichnen aller wichtigen Größen mit Variablen, häufig an einer Skizze
(b) Gleichung für die zu optimierende Größe angeben, die in der Regel noch von mehreren Variablen abhängt (**Extremalbedingung**)
(c) Gleichung für den Zusammenhang zwischen diesen Variablen aufstellen (**Nebenbedingung**)
(d) Variable in der Extremalbedingung durch Einsetzen der Nebenbedingung eliminieren, sodass die Funktionsgleichung mit nur *einer* Variablen entsteht (**Zielfunktion**)
(e) Definitionsbereich der Zielfunktion ermitteln

(2) Ermitteln der Extremstellen der Zielfunktion

(a) Falls nur Näherungswerte erforderlich sind, kann dies grafisch mithilfe eines Rechners erfolgen.

(b) Für exakte Werte oder allgemeine Aussagen bestimmt man die Nullstellen der Ableitung der Zielfunktion.

(c) Stets ist zu prüfen, ob am Rand des Definitionsbereiches größere oder kleinere Funktionswerte (**Randextrema**) vorliegen als an den Extremstellen.

Treten die Extrema an den Rändern eines Definitionsbereichs auf, so heißen sie Randextrema.

(3) Ergebnis mit allen relevanten Größen angeben und an der Realität prüfen, ob es sinnvoll ist.

Übungsaufgaben

Extremalprobleme mit Figuren und Körpern

2 Auf 850 ml Volumen ausgelegte Konservendosen haben, unabhängig vom Inhalt, alle dieselbe Form.
Warum wurde wohl gerade diese Form gewählt?

3 Ein Draht der Länge 20 cm soll ein Rechteck mit möglichst großem Flächeninhalt umrahmen.

4 Aus einem Stück Draht der Länge 1 m soll das Kantenmodell einer quadratischen Säule hergestellt werden. Wie müssen die Kantenlängen gewählt werden, damit das Volumen des Quaders möglichst groß ist?

5 In einem historischen Gebäude sollen wieder Fenster in der ursprünglichen Form eingesetzt werden. Diese hatten die Form eines Rechteckes mit oben aufgesetztem Halbkreis. Nach alten Unterlagen betrug der Umfang eines Fensters 6 m, für die beiden Fensterteile wurden verschiedene Glassorten verwendet. Man stellt fest, dass das Glas, das im rechteckigen Fensterteil verwendet worden war, 10 % des Lichtes, das Glas im Halbkreis dagegen 35 % absorbiert. Wie könnten die Maße des Fensters gewählt werden, damit ein möglichst großer Lichteinfall erreicht werden kann?

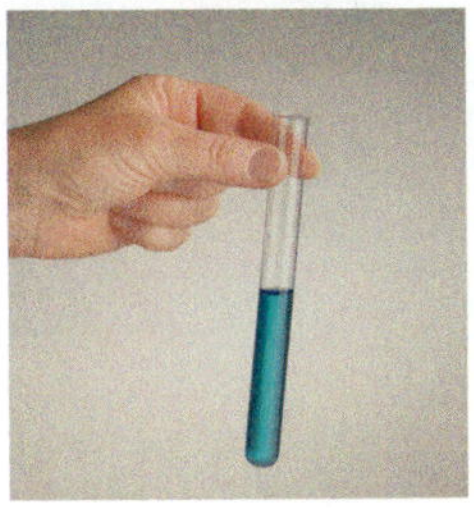

6 Modellieren Sie ein Reagenzglas mithilfe einfacher Körper. Es soll ein Fassungsvermögen von 40 cm^3 aufweisen.
Bestimmen Sie, bei welchen Abmessungen sich ein minimaler Materialverbrauch ergibt. Bewerten Sie das erhaltene Ergebnis.

7 Gegeben ist ein gleichschenkliges Dreieck mit der Basis $a = 4$ cm und der Höhe $h = 6$ cm. Dem Dreieck soll ein Rechteck so einbeschrieben werden, dass eine Rechteckseite auf der Basis liegt und die anderen Eckpunkte des Rechteckes auf den Schenkeln des Dreiecks liegen.
Bestimmen Sie das Rechteck, das den größten Flächeninhalt hat.

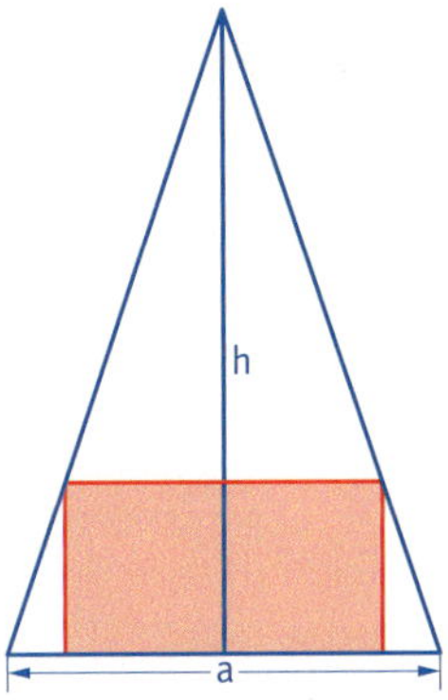

8 Einem Kreis mit Radius $r = 10\,\text{cm}$ soll ein Rechteck so einbeschrieben werden, dass der Flächeninhalt [der Umfang] maximal ist.

9 Einem geraden Kreiskegel mit Radius $r = 5\,\text{cm}$ und $h = 10\,\text{cm}$ soll ein Kreiszylinder mit maximalem Mantel [Volumen] einbeschrieben werden.

10 Ein Landwirt möchte einen neuen Getreidesilo bauen, der die Form eines Zylinders mit einer aufgesetzten Halbkugel haben und $80\,\text{m}^3$ Getreide fassen soll. Die gesamte Innenfläche des Silos soll mit einem teuren Isolationsmaterial verkleidet werden.
Untersuchen Sie, ob es Maße für die geplante Form gibt, bei denen die Kosten für die Isolation möglichst gering sind.

11

a) Aus einem Kreis mit Radius $r = 10\,\text{cm}$ soll ein Sektor so herausgeschnitten werden, dass sich aus ihm ein Kreiskegel mit maximalem Volumen herstellen lässt.

b) Aus dem ergänzenden Sektor soll ebenfalls ein Kreiskegel hergestellt werden. Wie sind die Sektoren zu wählen, damit die Summe der Volumina maximal ist?

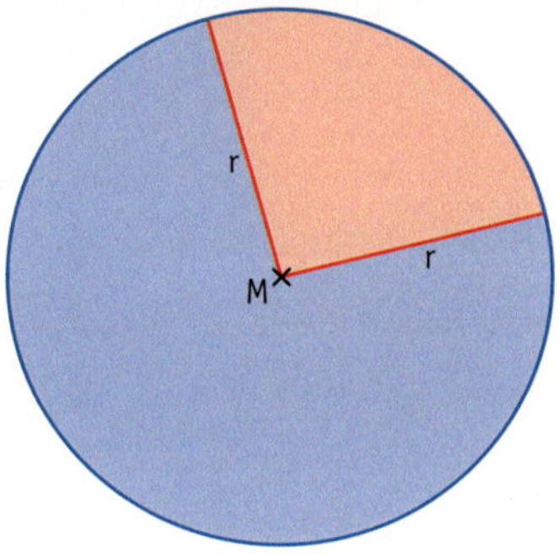

12 Einer Kugel mit Radius r soll ein Kreiskegel mit möglichst großem Volumen einbeschrieben werden.

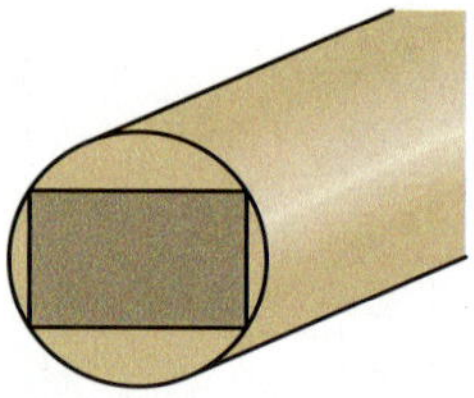

13 Die Tragfähigkeit eines Balkens mit rechteckiger Querschnittsfläche ist proportional zur Breite b und dem Quadrat der Höhe h.
Ein Balken wird aus einem 30 cm dicken Stamm angefertigt. Wie sind die Maße zu wählen, damit seine Tragfähigkeit möglichst groß ist?

14

a) Viele Lebensmittel werden in einer Konservendose mit einem Volumen von $425\,\text{cm}^3$ verkauft. Dabei beträgt die Höhe 10,8 cm und der Durchmesser 7,4 cm.
Sind die Maße optimal, wenn bei gleichem Volumen möglichst wenig Material verwendet werden soll?

b) Der Mantel und die beiden Böden der Dose sind jeweils in einem Falz miteinander verbunden.
Die nebenstehende Abbildung zeigt, wie ein solcher Falz entsteht. Nach Angaben des Herstellers muss zur Herstellung des Falzes zur Höhe der Dose ein Zuschlag von 1,4 cm (je 7 mm oben und unten) zugegeben werden. Für Boden und Deckel ist ein Zuschlag von je 1,8 cm erforderlich.
Geben Sie eine Formel an, die für eine zylindrische Dose mit der Höhe h und dem Durchmesser d den Materialverbrauch zur Herstellung der Dose angibt.
Wie sind nun die Maße einer Dose mit $425\,\text{cm}^3$ Inhalt, wenn der Materialverbrauch minimal ist?

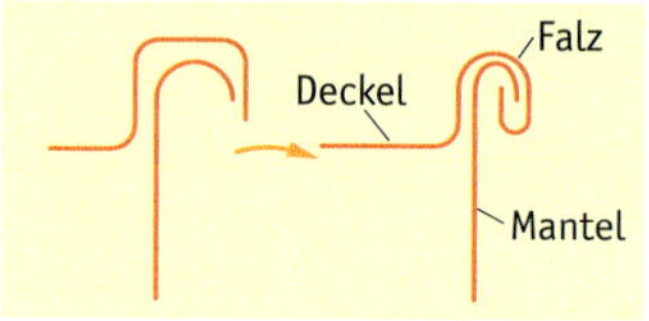

2.5 Krümmung – Wendepunkte

Aufgabe

1 Extremale Änderungsraten

KERS (Kinetic Energy Recovery System)

Unter dieser Bezeichnung hat die Formel 1 in der Saison 2009 ein System zur Rückgewinnung kinetischer Energie beim Bremsen eingeführt. Dabei wird die freiwerdende Energie durch einen Generator in elektrische Energie umgewandelt und in einer Batterie (Akkumulator) gespeichert. Das Reglement begrenzt die speicherbare Energiemenge auf 400 Kilojoule, die dann vom Fahrer in einem Zeitraum von gut 6 Sekunden je Runde als zusätzliche Leistung wieder abgerufen werden kann.

L & P/4243

Die Grafik rechts zeigt die im Akkumulator gespeicherte Energiemenge in Abhängigkeit von der Zeit. Beschreiben und interpretieren Sie den Verlauf des Graphen. Bestimmen Sie auch den grafischen Verlauf der lokalen Änderungsrate der gespeicherten Energiemenge. Welche Informationen lassen sich daraus entnehmen?

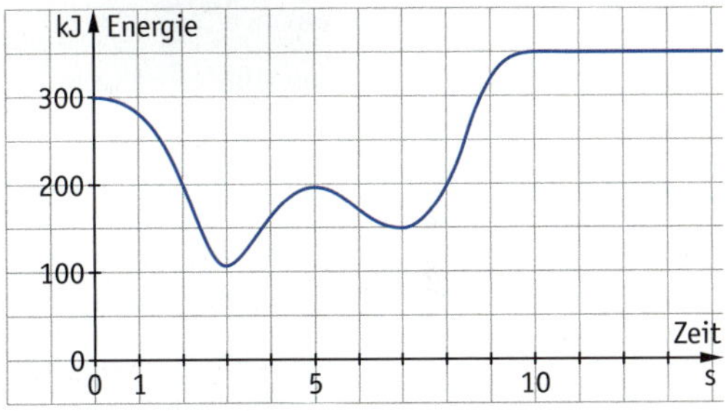

Lösung

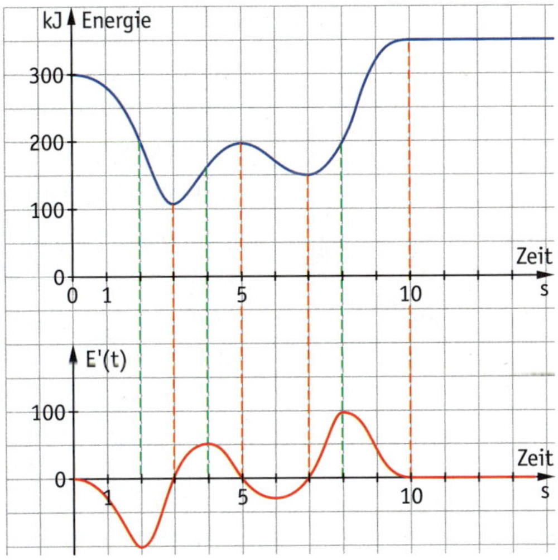

Zunächst nimmt die Energiemenge 3 s lang ab, in diesem Zeitraum beschleunigt der Fahrer. Danach steigt die Energie im Akkumulator bis zum Zeitpunkt 5 s an, da der Fahrer dem Akkumulator durch Abbremsen Energie zuführt. Bis zum Zeitpunkt 7 s nimmt die Energiemenge bei einem kurzen Beschleunigungsvorgang wieder ab. Anschließend steigt die Energiemenge an, bis sie zum Zeitpunkt 10 s den maximalen Wert von 400 kJ erreicht und konstant bleibt.

Die lokale Änderungsrate ist somit zunächst negativ und nimmt bis zum Zeitpunkt 3 s bis auf den Wert 0 zu. Dann ist sie positiv, hat bei 4 s einen Höchstwert, von dem aus sie wieder auf den Wert 0 bei 5 s abnimmt. Sie wechselt dann zu negativen Werten bis hin zum Zeitpunkt 7, erreicht einen größeren Höchstwert bei 8 s und nimmt dann ab auf den Wert 0 bei 10 s, den sie danach beibehält.

Zu den Zeitpunkten, an denen die lokale Änderungsrate den Wert 0 hat, ist die Energiemenge extremal. Auch die lokale Änderungsrate weist extremale Werte auf. Diese lassen sich folgendermaßen deuten:

- bei 2 s: stärkste Abnahme der Energiemenge durch starke Beschleunigung;
- bei 4 s: stärkste Zunahme der Energiemenge durch Bremsen;
- bei 6 s: Abnahme der Energiemenge durch Beschleunigung;
- bei 8 s: allerstärkste Zunahme der Energiemenge durch heftiges Bremsen;
- ab 10 s: weder Zu- noch Abnahme der Energiemenge im Akku.

Die Extrempunkte der lokalen Änderungsrate liefern also zusätzliche Informationen über die Stärke der Energiezufuhr bzw. Energieabnahme im Akkumulator.

Aufgabe

2 Links- und Rechtskurven – Wendepunkte

Der Schottenring war eine der ältesten Rennstrecken in Hessen, auf der zwischen 1925 und 1955 vor allem Motorradrennen veranstaltet wurden. Heutzutage wird der Schottenring nur noch für Rennen mit historischen Fahrzeugen genutzt. Der Graph rechts zeigt einen Teil der Strecke. Fassen Sie die Strecke als Graph einer Funktion f auf: Jeder x-Koordinate wird die y-Koordinate des zugehörigen Punktes auf dieser Teilstrecke zugeordnet. Skizzieren Sie zu dem Funktionsgraphen den Ableitungsgraphen. Erläutern Sie Zusammenhänge zwischen beiden Graphen unter Berücksichtigung besonderer Punkte.

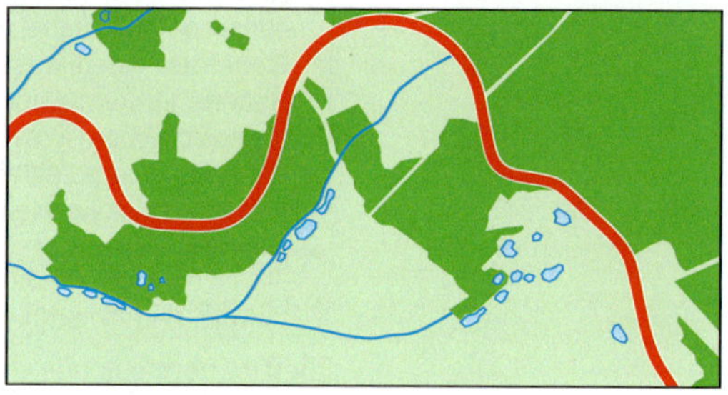

Lösung

Wir ermitteln den Graphen der Ableitungsfunktion f′ näherungsweise durch grafisches Differenzieren. An den Stellen mit Hoch- und Tiefpunkten des Graphen der Funktion f sind Nullstellen der Ableitung f′. Zwischen je zwei Nullstellen der Ableitung weist der Ableitungsgraph einen Hoch- oder Tiefpunkt auf.

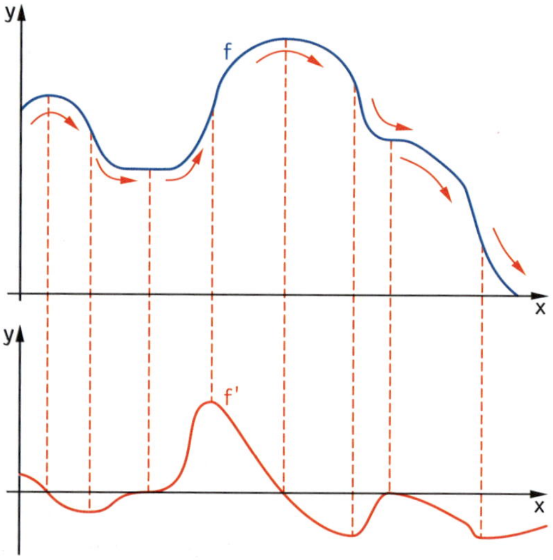

Aber auch die Extrempunkte der Ableitung f′ haben für die Funktion f eine Bedeutung:

Bis zum ersten Tiefpunkt des Graphen von f′ fällt f′ monoton. Die Steigungen des Graphen von f werden in diesem Bereich kleiner; der Graph bildet eine Rechtskurve. Nach dem Tiefpunkt des Graphen von f′ steigt f′ monoton bis zum nächsten Hochpunkt. Bis dorthin werden die Steigungen von f größer; der Graph von f bildet eine Linkskurve.

An der Stelle eines Extrempunktes des Ableitungsgraphen findet beim Funktionsgraph ein Wechsel von einer Kurve in die nächste statt. An einer solchen Stelle muss der Motorradfahrer den Lenker wenden.

Information

(1) Linkskurve und Rechtskurve eines Funktionsgraphen

In Aufgabe 2 haben wir die Begriffe Linkskurve und Rechtskurve aus dem Alltag übernommen. Sie sollen nun für Funktionsgraphen mithilfe der Ableitung präzisiert werden. Dazu betrachten wir den Funktionsgraphen rechts mit seinem Ableitungsgraphen:

Negative Steigung bei fallenden Graphen

In einer Linkskurve des Graphen nimmt die Steigung ständig zu; die Ableitungsfunktion ist monoton steigend. In einer Rechtskurve nimmt die Steigung des Funktionsgraphen ab; die Ableitungsfunktion ist monoton fallend.

Wir verwenden diese Eigenschaft zur Definition der Begriffe *Linkskurve* und *Rechtskurve*.

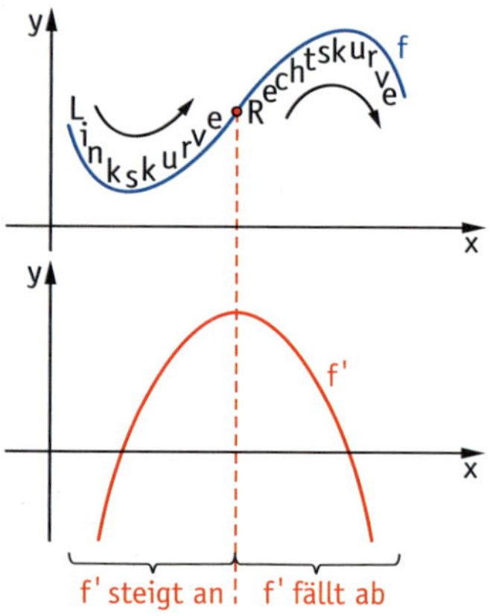

Definition 5

Die Funktion f soll in einem Intervall an jeder Stelle eine Ableitung besitzen.

(1) Der Graph von f bildet im Intervall eine **Linkskurve**, falls die Ableitungsfunktion f′ im Intervall streng monoton steigt. Man sagt auch: Der Graph von f ist **linksgekrümmt**.

(2) Der Graph von f bildet im Intervall eine **Rechtskurve**, falls die Ableitungsfunktion f′ im Intervall streng monoton fällt. Man sagt auch: Der Graph von f ist **rechtsgekrümmt**.

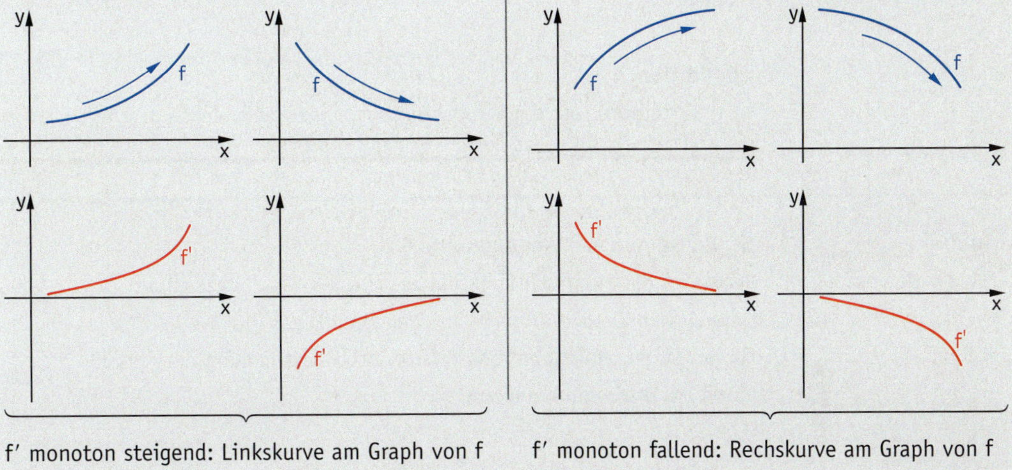

(2) Wendepunkt

Ein Funktionsgraph hat an einer Stelle, an der ein Übergang von einer Linkskurve in eine Rechtskurve stattfindet, eine maximale Steigung. Denn vor dieser Stelle werden die Ableitungswerte größer (monotones Steigen von f′) und nach dieser Stelle werden die Ableitungswerte kleiner (monotones Fallen von f′).

Entsprechend findet an einer Stelle mit minimaler Steigung ein Übergang von einer Rechtskurve in eine Linkskurve statt. Stellt man sich den Funktionsgraphen als Verlauf einer Straße vor, so muss ein Fahrer an solchen Punkten mit Kurvenwechsel den Lenker wenden. Daher bezeichnet man solche Punkte auch als *Wendepunkte*.

Definition 6

Ein Punkt, an dem bei einem Funktionsgraphen ein Wechsel von einer Linkskurve in eine Rechtskurve oder umgekehrt von einer Rechts- in eine Linkskurve stattfindet, heißt **Wendepunkt** des Graphen der Funktion.

Die x-Koordinate dieses Punktes nennt man auch **Wendestelle**.

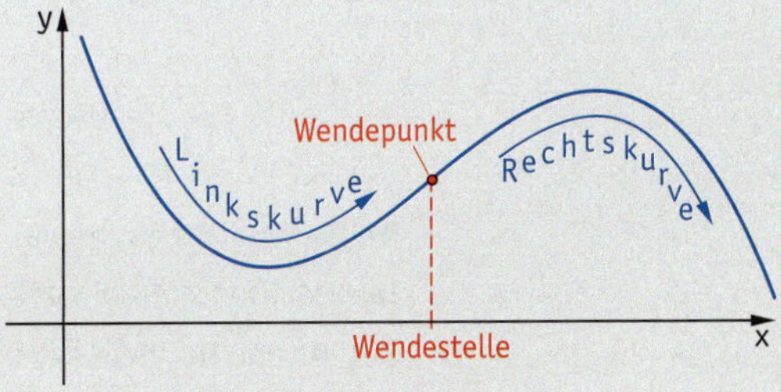

(3) Sattelpunkte als spezielle Wendepunkte

Sattelpunkte haben wir bereits als Punkte mit waagerechter Tangente kennengelernt, die weder Hoch- noch Tiefpunkte sind. Jetzt können wir dies präzisieren:

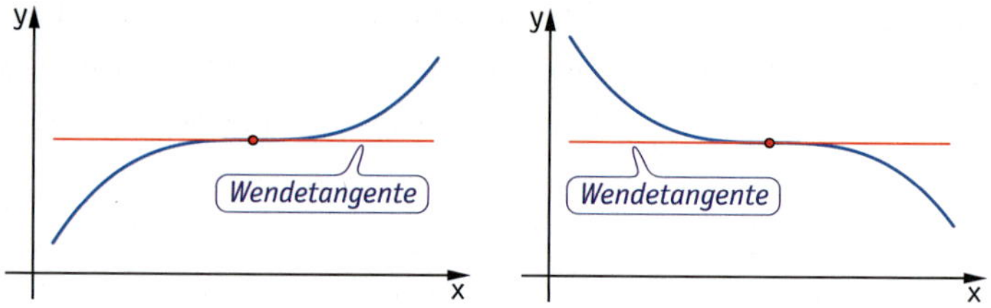

Definition 7

Ein **Sattelpunkt** ist ein Wendepunkt mit einer zur x-Achse parallelen Tangente.

Aufgabe

3 Berechnen von Wendepunkten

Rechts ist der Graph der Funktion zu $f(x) = x^5 - x^4$ gezeichnet.
Untersuchen Sie den Graphen auf Wendepunkte.
Führen Sie anschließend eine rechnerische Bestimmung der Koordinaten der Wendepunkte durch.

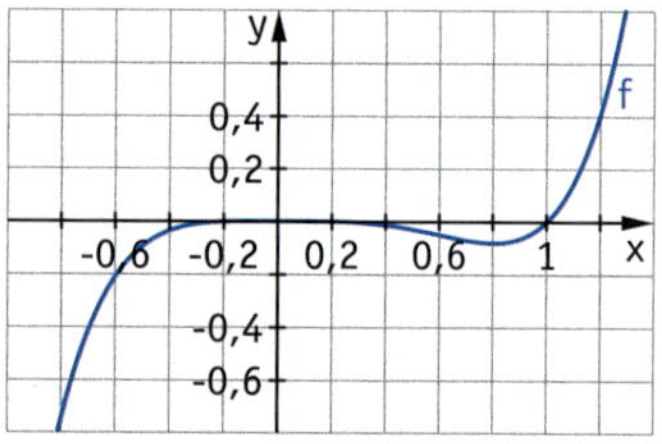

Lösung

Der Graph zeigt zunächst eine Rechtskurve und wechselt dann an einer Stelle in der Nähe von 0,5 in eine Linkskurve. An dieser Stelle liegt ein Wendepunkt vor.

Am Wendepunkt findet bei der Ableitungsfunktion f′ ein Wechsel vom monotonen Fallen zum monotonen Steigen statt; also liegt an dieser Stelle ein Tiefpunkt des Graphen f′ vor.

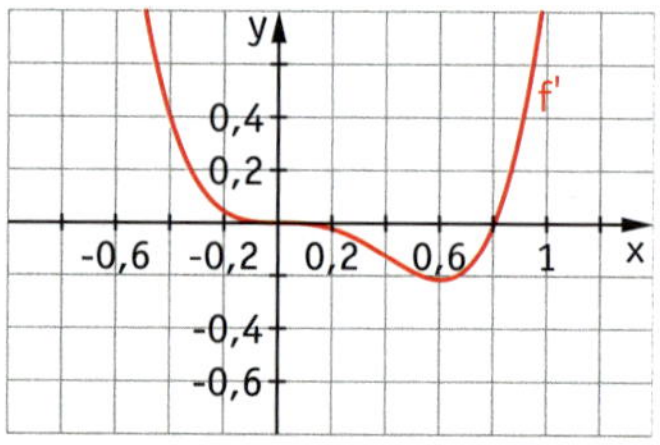

Die genaue Lage dieses Tiefpunktes können wir bestimmen, indem wir die Ableitungsfunktion f′ noch einmal ableiten und die Nullstellen dieser zweiten Ableitung f″ bestimmen.

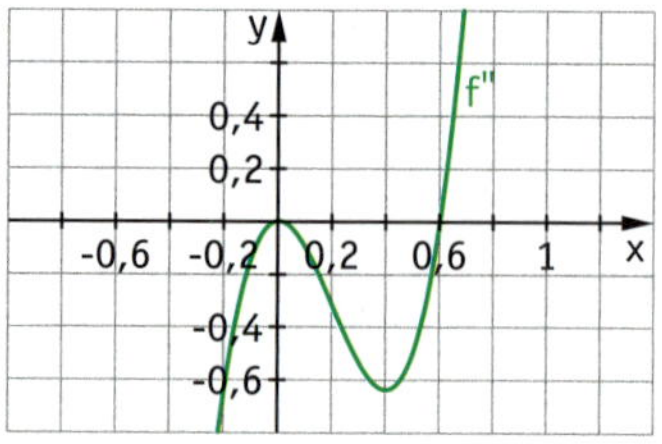

Ableitung f′: $f'(x) = 5x^4 - 4x^3$

Ableitung der Ableitung f″: $f''(x) = 20x^3 - 12x^2$

Nullstellen von f″:

$$20x^3 - 12x^2 = 0$$
$$4x^2(5x - 3) = 0$$
$$4x^2 = 0 \quad \text{oder} \quad 5x - 3 = 0$$
$$x = 0 \quad \text{oder} \quad x = \frac{3}{5} = 0{,}6$$

An der Stelle 0 liegt kein Wendepunkt der Funktion vor, da an dieser Stelle die Ableitung f′ ihr Monotonieverhalten nicht ändert, also keinen Extrempunkt hat.
Der einzige Wendepunkt des Funktionsgraphen liegt also an der Stelle $x = 0{,}6$.
Der Wendepunkt ist $W(0{,}6\,|-0{,}05184)$.

Monotoniesatz:
Wenn für eine Funktion f für alle x in einem Intervall $f'(x) > 0$ gilt, dann ist die Funktion f in diesem Intervall streng monoton wachsend.
Entsprechend folgt aus $f'(x) < 0$, dass f streng monoton fallend ist.

(4) Charakterisieren von Links- und Rechtskurve mithilfe der zweiten Ableitung

Die Monotonie einer Funktion f kann man mithilfe des Monotoniesatzes mit der Ableitung f′ der Funktion untersuchen. Links- und Rechtskurve eines Funktionsgraphen erkennt man an der Monotonie von f′. Diese kann man folglich mithilfe der 2. Ableitung f″ untersuchen. Daraus folgt:

Satz 11

Die Funktion f soll in einem Intervall eine zweite Ableitung besitzen.

(1) Gilt für alle x aus dem Intervall $f''(x) > 0$, so hat der Graph von f in diesem Intervall eine Linkskurve.

(2) Gilt für alle x aus dem Intervall $f''(x) < 0$, so hat der Graph von f in diesem Intervall eine Rechtskurve.

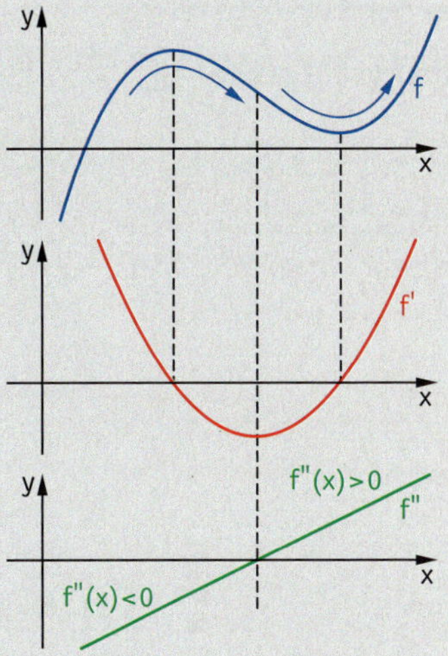

(5) Bestimmen von Wendepunkten

Da die Wendestellen einer Funktion f die Extremstellen der ersten Ableitung f′ dieser Funktion sind, hat an den Wendestellen die zweite Ableitung f″ Nullstellen.

Satz 12

Hat eine Funktion f an der Stelle x_w eine Wendestelle und eine zweite Ableitung f″, so gilt:
$f''(x_w) = 0$.

Beachte: Da nicht jede Nullstelle der 2. Ableitung zu einer Extremstelle der 1. Ableitung gehören muss, kann es Nullstellen der 2. Ableitung geben, die keine Wendestellen der Funktion sind. Ein Beispiel dafür ist die Stelle 0 der Funktion f in Aufgabe 3.

Weiterführende Aufgabe

4 Hinreichendes Kriterium für Wendestellen

Untersuchen Sie an geeigneten Skizzen für Funktionsgraphen und deren 1. und 2. Ableitung, unter welcher Bedingung eine Nullstelle der 2. Ableitung einen Wendepunkt des Funktionsgraphen zur Folge hat.

Information

(6) Kriterien für Wendestellen

Satz 13

Für eine Funktion f mit den Ableitungen f′, f″ und f‴ in einem Intervall gilt:

(1) Wenn f″ an der Stelle x_w eine Nullstelle mit Vorzeichenwechsel hat, dann ist x_w Wendestelle von f.

(2) Wenn $f''(x_w) = 0$ und zugleich $f'''(x_w) \neq 0$ gilt, dann ist x_w Wendestelle von f.

Diese Bedingungen in Satz 13 bezeichnet man auch als **hinreichende Kriterien** für Wendestellen. Liegen die in dem Wenn-Satz formulierten Voraussetzungen vor, dann liegt an der Stelle ein Wendepunkt vor. Demgegenüber bezeichnet man die Bedingung aus Satz 12 nur als **notwendig**: Wenn an einer Stelle x_w ein Wendepunkt von f vorliegt, dann muss $f''(x_w) = 0$ gelten. Aber diese Bedingung alleine reicht noch nicht aus, um das Vorliegen eines Wendepunktes an dieser Stelle zu garantieren (siehe Aufgabe 3).

Übungsaufgaben

5 Folgende Gefäße werden bei konstantem Zufluss mit Wasser gefüllt.

a) Zeichnen Sie jeweils den Graphen der Funktion *Zeit* ↦ *Füllhöhe* und beschreiben Sie ihn.

b) Zeichnen Sie jeweils den Graphen der Funktion *Zeit* ↦ *Steiggeschwindigkeit des Wasserspiegels im Gefäß* und beschreiben Sie ihn.

c) Stellen Sie Zusammenhänge her zwischen dem Graphen für die Füllhöhe und dem Graphen für die Steiggeschwindigkeit.

6 Bestimmen Sie Intervalle, in denen der Graph von f eine Linkskurve bzw. eine Rechtskurve hat.

a) $f(x) = \frac{1}{3}x^3 - x$ **b)** $f(x) = \frac{1}{4}x^4 - \frac{1}{2}x^2$ **c)** $f(x) = (x-2)^3$ **d)** $f(x) = \sin x$

7 Nehmen Sie Stellung zu den Äußerungen der Schüler.

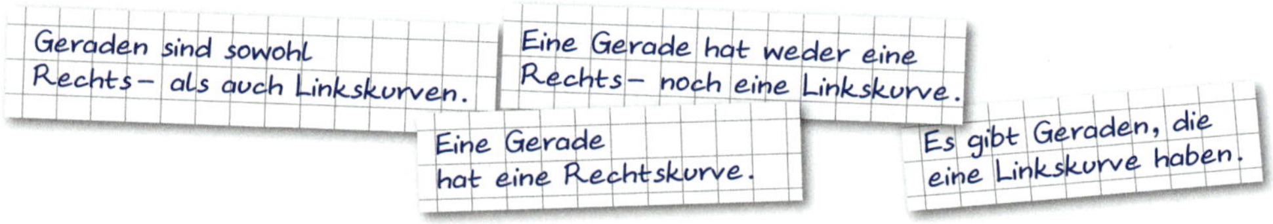

8 Bestimmen Sie die Wendepunkte des Graphen der Funktion f und geben Sie an, in welchen Intervallen eine Rechts- beziehungsweise Linkskurve beschrieben wird.

a) $f(x) = \frac{1}{3}x^3 - x$ **c)** $f(x) = \frac{1}{4}x^4 - \frac{1}{2}x^2$ **e)** $f(x) = -3 \cdot x + 4$

b) $f(x) = -3 \cdot x^2 - 2 \cdot x + 1$ **d)** $f(x) = x^4 - 2 \cdot x$ **f)** $f(x) = (x-1)^3$

9 Kontrollieren Sie Antonias Hausaufgabe. Erläutern Sie Ihre Anmerkungen.

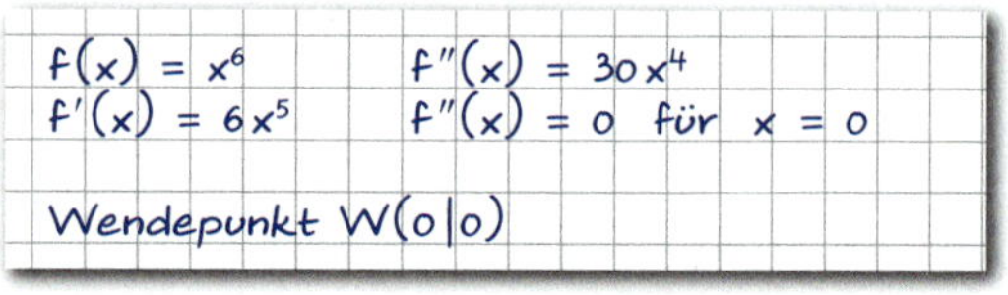

10 Untersuchen Sie den Graphen der Funktion f zu $f(x) = x^4 - x$ auf Extrempunkte und Wendepunkte. Erläutern Sie insbesondere die Besonderheit an der Stelle 0.

11 Von einer Funktion f ist die zweite Ableitung f″ bekannt. Was lässt sich über Wendepunkte und Extrempunkte des Graphen von f aussagen? Skizzieren Sie einen möglichen Verlauf des Funktionsgraphen.

a) $f''(x) = -x + 1$ **b)** $f''(x) = 2$ **c)** $f''(x) = x^2 - 1$ **d)** $f''(x) = -x^2 + 2$ **e)** $f''(x) = x^2$

12 Eine Bergetappe wird beschrieben durch den Graphen der Funktion mit
$f(x) = -0{,}1x^6 + 0{,}9x^5 - 3x^4 + 4{,}4x^3 - 2{,}4x^2 + 2$
im Intervall [0; 2,5], wobei in einem örtlichen Koordinatensystem in der Einheit km gemessen wird.

a) Bestimmen Sie die Stelle, an der die Steigung dieser Bergetappe maximal ist.
Wie groß ist diese?

b) Untersuchen Sie, an welcher Stelle das stärkste Gefälle vorliegt.

13 Das Wachstum einer Schimmelpilzkultur wird im Zeitintervall [0; 2,3] beschrieben durch die Funktion f mit $f(x) = 9x^3 - x^5$. Dabei bezeichnet x die Zeit nach Beobachtungsbeginn in Tagen und f(x) die Größe der von der Kultur bedeckten Fläche in cm^2.
Untersuchen Sie, wann die Änderungsrate des bedeckten Flächeninhalts maximal ist. Welche Bedeutung hat der entsprechende Zeitpunkt für den Wachstumsprozess?

14 Die Abbildungen (1), (2), (3) und (4) zeigen die Graphen von vier Funktionen, die Abbildungen (A), (B), (C) und (D) zeigen die zugehörigen Graphen der 2. Ableitung. Ordnen Sie die Graphen einander zu. Begründen Sie Ihre Zuordnung.

(1)
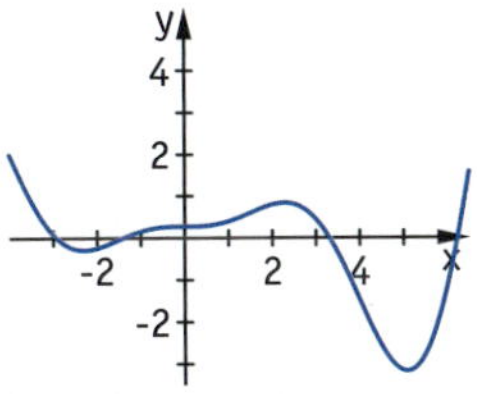

(2)
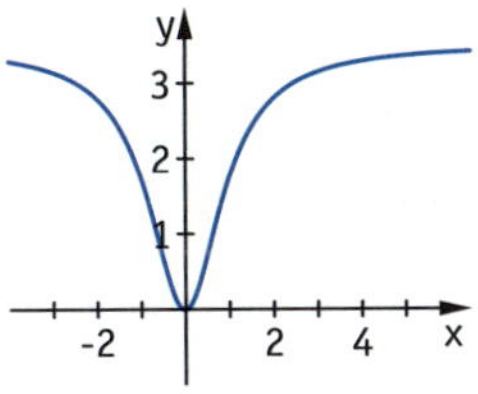

(3)
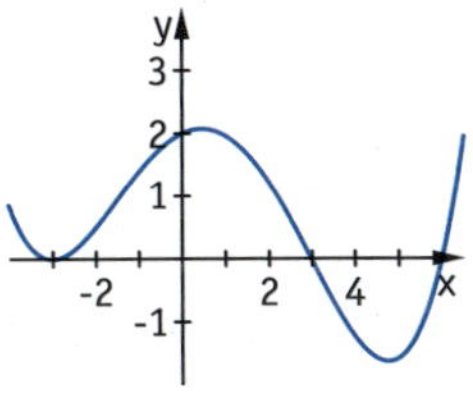

(4)
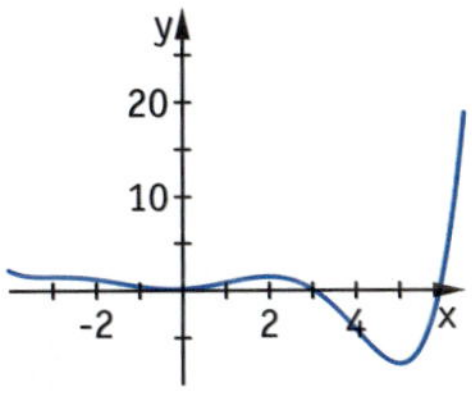

(A)
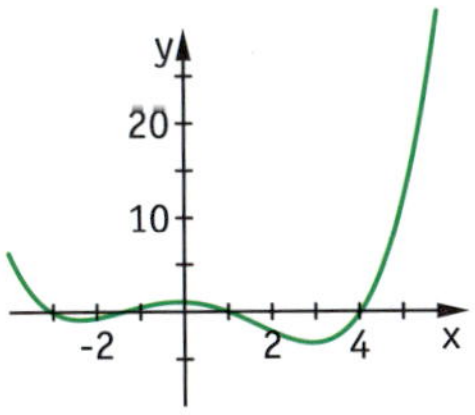

(B)
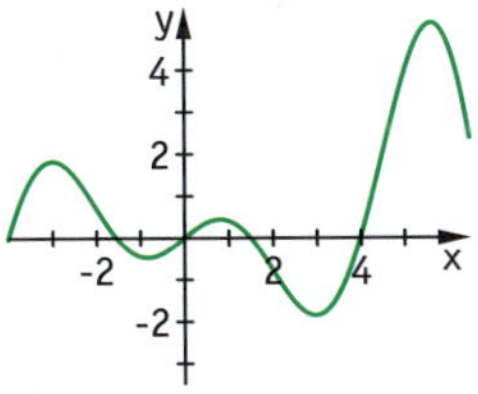

(C)
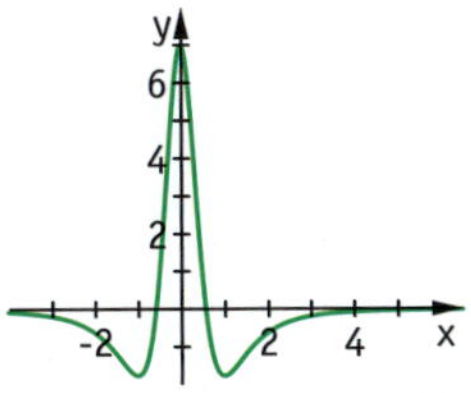

(D)
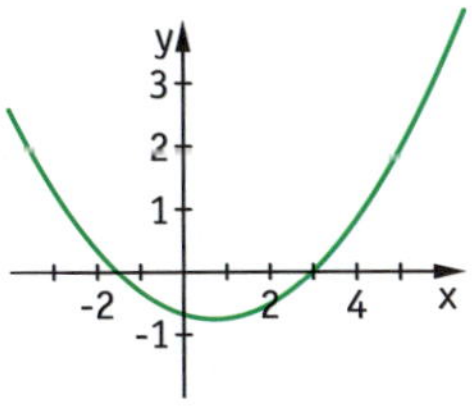

15 Begründen oder widerlegen Sie.

a) Wenn $f'(a) = 0$ ist, dann hat der Graph von f an der Stelle a einen Extrempunkt.

b) Wenn $f''(a) = 0$ ist und $f''(x)$ an der Stelle a einen Vorzeichenwechsel hat, dann ist a eine Wendestelle.

c) Wenn der Graph einer Funktion f an der Stelle 1 einen Hochpunkt und an der Stelle 3 einen Tiefpunkt hat, dann liegt zwischen den Stellen 1 und 3 eine Wendestelle.

d) Wenn f über dem Intervall I streng monoton steigend ist, dann ist $f'(x) > 0$ für alle $x \in I$.

e) Wenn $f'(x) \geq 0$ ist für alle $x \in I$, dann ist f über dem Intervall I streng monoton steigend.

16 Gegeben ist die Funktion f mit $f(x) = x^4 - 4{,}5x^2 + 5{,}2x + 4$.
Untersuchen Sie den Graphen von f mithilfe eines Rechners auf Extrem- und Wendepunkte.

Die folgenden Aufgaben helfen Ihnen bei der Organisation des selbstständigen Lernprozesses. Zur Selbstkontrolle sind alle Lösungen dieser Aufgaben im Anhang dieses Buches abgedruckt.

1 Bestimmen Sie den Globalverlauf, die Symmetrie, die Nullstellen sowie die Extrem- und Wendepunkte des Graphen der Funktion f mit $f(x) = x^3 - 12x$ ohne einen Rechner zu verwenden. Skizzieren Sie den Graphen von f.

2 In der nebenstehenden Abbildung sind die Graphen der Funktion f sowie ihrer 1. Ableitung dargestellt.
Ordnen Sie die Graphen f bzw. f′ zu und lesen Sie näherungsweise die Koordinaten der Extrem- und Wendepunkte des Graphen von f ab.

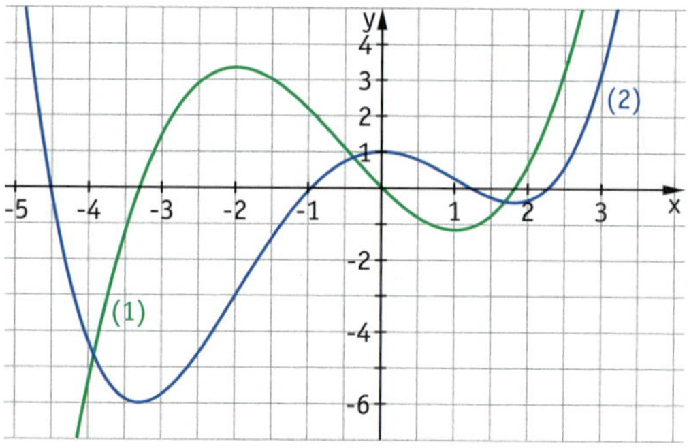

3 Bestimmen Sie die Extrem- und die Wendepunkte des Graphen der Funktion f.

a) $f(x) = x^3 - 6x^2 + 12x + 6$

b) $f(x) = x^4 + 4x^3 - 8x^2 + 8$

4 In der nebenstehenden Abbildung ist der Graph der 1. Ableitung f′ einer Funktion f dargestellt.

a) Geben Sie an, an welchen Stellen der Graph der Funktion f Extrem- bzw. Wendepunkte hat.

b) Der Graph der Ausgangsfunktion f verläuft durch den Koordinatenursprung. Skizzieren Sie den Graphen von f.

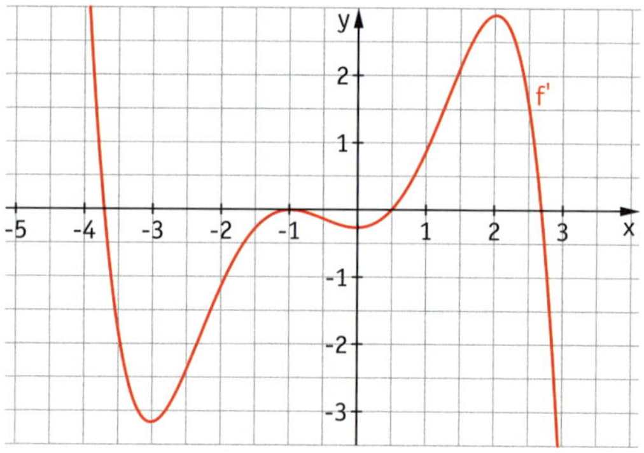

5 Geben Sie die Monotoniebereiche von f an.

a) $f(x) = 3x^4 - 8x^3 - 24x^2 - 12x + 6$

b) $f(x) = x^6 - 3x^4 + 3x^2 - 1$

6 Begründen oder widerlegen Sie.

a) Wenn $f'(a) = 0$ ist, dann hat der Graph von f an der Stelle a einen Extrempunkt.

b) Wenn $f''(a) = 0$ ist und $f''(x)$ an der Stelle a einen Vorzeichenwechsel hat, dann ist a eine Wendestelle von f.

c) Wenn der Graph einer Funktion f an der Stelle 1 einen Hochpunkt und an der Stelle 3 einen Tiefpunkt hat, dann liegt zwischen den Stellen 1 und 3 eine Wendestelle.

d) Wenn f über dem Intervall I streng monoton steigend ist, dann ist $f'(x) > 0$ für alle $x \in I$.

e) Wenn $f'(x) \geq 0$ ist für alle $x \in I$, dann ist f über dem Intervall I streng monoton steigend.

7

a) Zeigen Sie, dass der Graph der Funktion f mit $f(x) = x^5 + 0{,}3x^3$ keine Extrempunkte besitzt.

b) Gegeben ist die Funktion f_a mit $f_a(x) = x^5 + a x^3$. Wie ist a zu wählen, damit der Graph von f_a keine Extrempunkte besitzt?

8 Untersuchen Sie den Graphen von f auf Symmetrie in Bezug auf die y-Achse bzw. den Koordinatenursprung.

a) $f(x) = 3x^4 + 3x^2 - 4$ **b)** $f(x) = -2x^5 + 7x + 1$

9 Bestimmen Sie alle Lösungen der Gleichung $3x^5 + 10x^4 - 20x^3 + 60x - 120 = 0$.

10 Gegeben ist die Funktion f mit $f(x) = \frac{1}{10}x^5 - \frac{3}{4}x^4 + 8x^2 - \frac{112}{5}$.
Untersuchen Sie den Graphen von f auf Achsenschnittpunkte, Extrempunkte und Wendepunkte. Begründen Sie jeweils die Anzahl der Nullstellen, Extremstellen und Wendestellen sorgfältig. Skizzieren Sie den Funktionsgraphen in einem geeigneten Maßstab so im Heft, dass alle charakteristischen Punkte dargestellt werden.

11 Der Innenbogen einer großen Brücke kann näherungsweise durch die Funktion f mit
$f(x) = \frac{-1}{15\,000}(x^4 - 80x^3 + 2\,900x^2 - 52\,000x)$,
wobei $f(x) \geq 0$ ist, beschrieben werden.
Berechnen Sie Spannweite und Höhe des Bogens.

12 Eine 400-m-Laufbahn in einem Sportstadion besteht aus zwei Halbkreisen, die durch zwei parallele Strecken verbunden sind.
Wie muss der Radius r der Halbkreise gewählt werden, damit die mittlere Rechteckfläche einen maximalen Flächeninhalt hat?

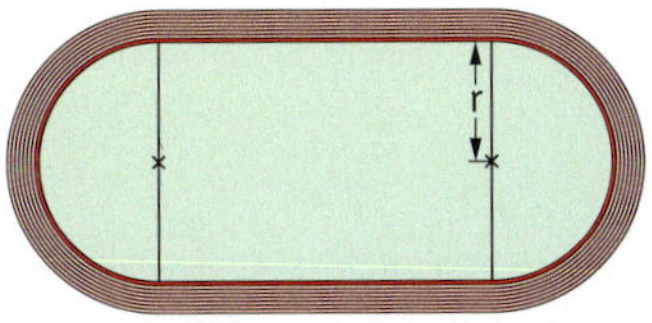

13 Von einer wertvollen rechteckigen Marmorplatte mit den Maßen 4 m × 3 m ist wie in der Skizze dargestellt eine Ecke abgesprungen. Aus dem verbliebenen Reststück soll eine rechteckige Platte mit möglichst großem Flächeninhalt herausgeschnitten werden. Übertragen Sie die Skizze in Ihr Heft und berechnen Sie Länge, Breite und Flächeninhalt der neuen Platte.

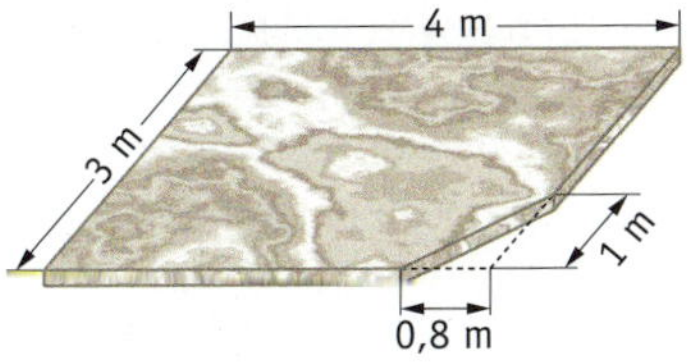

14 Ein Betrieb plant, neuartige Batterien für Digitalkameras herzustellen, die zum Stückpreis von 30 € verkauft werden sollen. Die Kosten für die Produktion von x Batterien betragen pro Monat
$K(x) = \frac{1}{420\,000}x^3 - \frac{1}{160}x^2 + 22x + 5\,000$ mit $x \geq 0$.
Berechnen Sie, für welche Produktionsmenge der monatliche Gewinn maximal wird.
Wie groß ist der maximale Gewinn?
Hinweis:
Gehen Sie bei Ihren Berechnungen davon aus, dass alle hergestellten Batterien auch verkauft werden.

15 Gegeben ist die Funktion $f_k(x) = x^5 - 5kx^4$. Untersuchen Sie den Graphen von f_k auf Nullstellen und Extrempunkte in Abhängigkeit von $k \in \mathbb{R}$.

3 Funktionen und deren Anwendungen

Bevölkerungsentwicklung in Deutschland

1 Von 1984 bis 1992 wuchs die Gesamtbevölkerung in Deutschland relativ stark an, danach wurde das Wachstum deutlich schwächer. Ab 2002 ist sogar eine leichte Abnahme festzustellen.

Den vorliegenden Daten soll eine geeignete Funktion angepasst werden.

Welche Funktionstypen kommen in Frage? Sind damit mittel- oder gar langfristige Prognosen möglich?

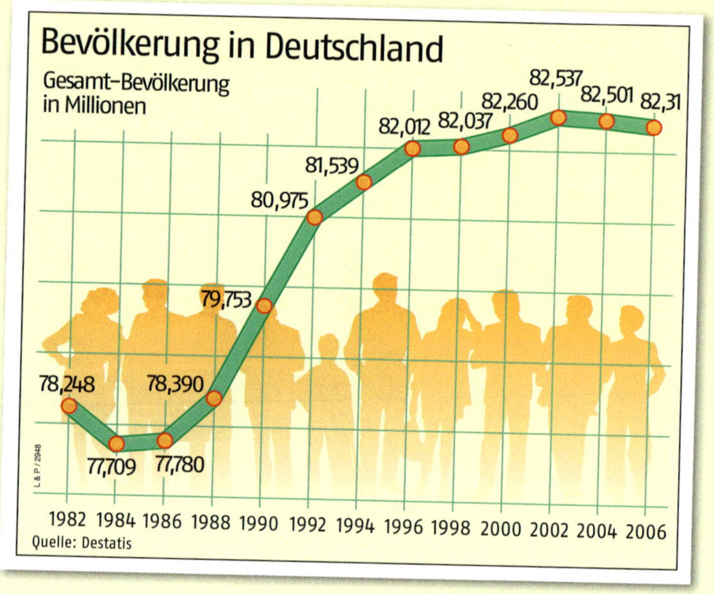

Gleichungssysteme – Lösen mit System

2 Gleichungssysteme aus zwei Gleichungen mit zwei Variablen können Sie schon lösen.
Bestimmen Sie die Lösungsmenge folgender Gleichungssysteme und beschreiben Sie Ihre Lösungsstrategie.

a) $\left|\begin{array}{rrrrl} 2x + & 6y - & 30z + & 12w = & -6 \\ & y - & z + & w = & -2 \\ & & z + & w = & 4 \\ & & & 3w = & -6 \end{array}\right|$

b) $\left|\begin{array}{rrrl} x - & y + & 2z = & 9 \\ -x + & 2y + & z = & -1 \\ 3x + & 2y - & z = & -7 \end{array}\right|$

Funktionen für die Beschreibung einer Fallbewegung

3 Von einem Turm wird ein Ball fallen gelassen. Dabei wird gemessen, in welcher Zeit er welche Strecke zurückgelegt hat.

Für den Zusammenhang zwischen Zeit und Streckenlänge werden die folgenden drei Funktionen vorgeschlagen:

$f(x) = 4{,}85x^2 + 0{,}55x - 0{,}4;$

$g(x) = 5{,}05x^2 - 0{,}21x + 0{,}2;$

$h(x) = 5 \cdot x^2$

Für welche dieser Funktionen würden Sie sich entscheiden? Formulieren Sie Entscheidungskriterien und begründen Sie Ihre Entscheidung.

Zeit x (in s)	Streckenlänge y (in m)
1	5,0
2	20,1
3	44,9
4	80,2

Funktionsgraph durch gegebene Punkte

4 Bestimmen Sie eine ganzrationale Funktion möglichst niedrigen Grades, deren Graph durch die gegebenen Punkte verläuft.

a) $P_1(-1|1)$; $P_2(0|-3)$; $P_3(2|4)$

b) $P_1(-4|-8)$; $P_2(-2|1)$; $P_3(3|5)$

Übergangsbögen beim Gleisbau

5 Zwei in fünf Meter Abstand parallel verlaufende Bahngleise sollen auf einer Länge von 200 m miteinander verbunden werden.
Aus Gründen der Verkehrssicherheit dürfen dabei in den Übergangspunkten natürlich keine Knicke auftreten. Außerdem sind auch für die Werte der zweiten Ableitungen keine ruckartigen Änderungen erlaubt.
Legen Sie ein Koordinatensystem fest und geben Sie an, welche Bedingungen eine Funktion erfüllen muss, deren Graph als Modellierung für das Übergangsstück geeignet ist.

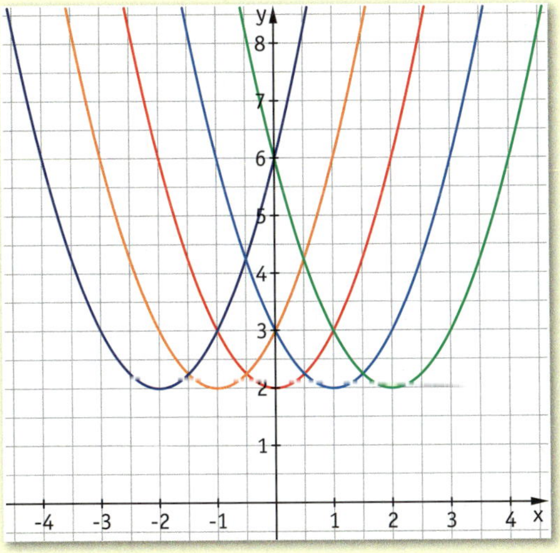

Eine Gleichung für viele Parabeln

6

a) In der Abbildung links sind mehrere verschobene Normalparabeln gegeben, deren Scheitelpunkte alle auf einer Geraden liegen. Geben Sie jeweils die Funktionsgleichung für die Parabel an, deren Scheitelpunkt an der Stelle
(1) $x = -2$, (2) $x = -1$, (3) $x = 0$, (4) $x = 1$, (5) $x = 2$ liegt.
Welche Funktionsgleichung gehört zu der Parabel mit dem Scheitelpunkt an der Stelle $x = k$?

b) Der Scheitelpunkt einer verschobenen Normalparabel hat die Koordinaten $(k|k)$. Geben Sie eine passende Funktionsgleichung an. Zeichnen Sie die Parabeln für $k = -2$, $k = -1$, $k = 0$, $k = 1$ und $k = 2$ in ein Koordinatensystem. Geben Sie die Gleichung der Geraden an, auf der alle Scheitelpunkte dieser Parabeln liegen.

In diesem Kapitel

- lernen Sie, wie man ganzrationale Funktionen zu vorgegebenen Bedingungen bestimmen kann;
- wenden Sie diese Techniken bei der Modellierung realitätsnaher Probleme an. Dazu ist es im Allgemeinen erforderlich, lineare Gleichungssysteme zu lösen.
- lernen Sie neue Wachstumsmodelle kennen;
- lernen Sie, wie man Exponential- und Logarithmusfunktionen ableitet;
- lernen Sie weitere Ableitungsregeln kennen;
- führen Sie Funktionsuntersuchungen durch.

3.1 Bestimmen ganzrationaler Funktionen mit vorgegebenen Eigenschaften

3.1.1 Bestimmen ganzrationaler Funktionen – lineare Gleichungssysteme

Einführung

Eine Rutsche in ein Schwimmbecken soll aus drei Blechteilen hergestellt werden. Das erste Blechteil, von A nach B, ist waagerecht eben, das dritte, von C nach D, ist auch eben und wird mit einer Steigung von 150 % montiert. Zwischen diesen beiden Blechen soll ein gebogenes Teil knickfrei montiert werden.
Gesucht ist eine Funktion, die den Verlauf dieses Bleches beschreibt.

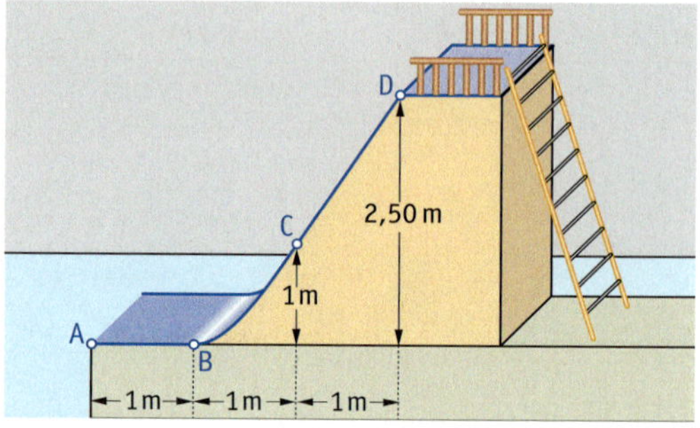

absolutes Glied:
Summand ohne Variable im Funktionsterm einer ganzrationalen Funktion

(1) Festlegen eines Koordinatensystems

Wir legen den Ursprung des Koordinatensystems in den Punkt B. Damit gilt $f(0) = 0$. Der Funktionsterm hat somit kein absolutes Glied.

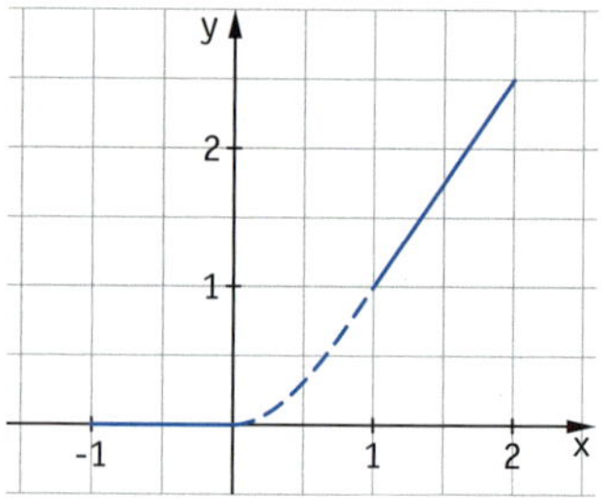

(2) Eigenschaften der Funktion

Für die Funktion f, die das Profil des gebogenen Bleches beschreibt, muss neben $f(0) = 0$ weiterhin gelten:

$f'(0) = 0$; da der Graph im Ursprung eine waagerechte Tangente haben muss, um glatt an das waagerechte Blech anzuschließen.

$f(1) = 1$; da der Graph im Punkt $C(1|1)$ an das dritte Blech anschließt.

$f'(1) = 1{,}5$; da der Graph im Punkt $C(1|1)$ dieselbe Steigung haben muss wie das anschließende Blech mit der Steigung 150 %.

(3) Erstellen eines linearen Gleichungssystems aus den Bedingungen

Nach dem Festlegen des Koordinatensystems haben wir die geforderten Eigenschaften der Funktion in drei Bedingungen zusammengefasst.
Daher liegt es nahe, eine ganzrationale Funktion mit drei Koeffizienten im Funktionsterm ohne absolutes Glied zu bestimmen:

Gesucht: a, b und c

$f(x) = ax^3 + bx^2 + cx$, also eine ganzrationale Funktion 3. Grades.

Die Ableitung dieser Funktion hat den Term:

$f'(x) = 3ax^2 + 2bx + c$

Durch Einsetzen der drei Bedingungen aus (2) erhalten wir drei Gleichungen:

$f'(0) = 0$ liefert: $3a \cdot 0^2 + 2b \cdot 0 + c = 0$, also $c = 0$

$f(1) = 1$ liefert: $a \cdot 1^3 + b \cdot 1^2 + c \cdot 1 = 1$, also $a + b + c = 1$

$f'(1) = 1{,}5$ liefert: $3a \cdot 1^2 + 2b \cdot 1 + c = 1{,}5$, also $3a + 2b + c = 1{,}5$

Damit erhalten wir drei lineare Gleichungen mit drei Variablen.

Zusammengefasst ist dies ein Gleichungssystem aus drei Gleichungen, die alle drei zugleich erfüllt sein müssen:

$$\left|\begin{array}{rrrl} & & c = & 0 \\ a + & b + & c = & 1 \\ 3a + & 2b + & c = & 1{,}5 \end{array}\right|$$

Aus der ersten Gleichung kann man schon den Wert für c entnehmen. Daher setzt man diesen in die 2. und 3. Gleichung ein.

$$\left|\begin{array}{rrrl} & & c = & 0 \\ a + & b + & c = & 1 \\ 3a + & 2b + & c = & 1{,}5 \end{array}\right| \quad \text{Einsetzen}$$

$$\left|\begin{array}{rrrl} & & c = & 0 \\ a + & b & = & 1 \\ 3a + & 2b & = & 1{,}5 \end{array}\right|$$

Betrachtet man nur die 2. und 3. Gleichung, so handelt es sich um ein Gleichungssystem aus 2 Gleichungen mit 2 Variablen. Nächstes Ziel ist es, in einer der beiden Gleichungen eine Variable zu eliminieren. Wir verwenden dazu das Additionsverfahren und eliminieren b in der letzten Gleichung.

$$\left|\begin{array}{rrrl} & & c = & 0 \\ a + & b & = & 1 \\ 3a + & 2b & = & 1{,}5 \end{array}\right| \quad \cdot(-2) \; \oplus$$

In der letzten Gleichung kann man nun den Wert für a ablesen. Setzt man diesen Wert in die 2. Gleichung ein, so enthält diese nur noch eine Variable, deren Wert berechnet werden kann.

$$\left|\begin{array}{rrrl} & & c = & 0 \\ a + & b & = & 1 \\ a & & = & -0{,}5 \end{array}\right| \quad \text{Einsetzen}$$

$$\left|\begin{array}{rrrl} & & c = & 0 \\ -0{,}5 + & b & = & 1 \\ a & & = & -0{,}5 \end{array}\right|$$

$$\left|\begin{array}{rrrl} & & c = & 0 \\ & b & = & 1{,}5 \\ a & & = & -0{,}5 \end{array}\right|$$

Die gesuchte Funktionsgleichung lautet also $f(x) = -0{,}5x^3 + 1{,}5x^2$.

(4) Probe am gestellten Problem

Durch Berechnen von $f'(0)$, $f(1)$, $f'(1)$ kann man schnell feststellen, dass diese Funktion alle geforderten Bedingungen erfüllt. Die Ableitungsfunktion hat den Term $f'(x) = -1{,}5x^2 + 3x$.

$f'(0) = 0$

$f(1) = -0{,}5 \cdot 1 + 1{,}5 \cdot 1 = 1$

$f'(1) = -1{,}5 \cdot 1 + 3 \cdot 1 = 1{,}5$

Dabei ist nur der Bereich $0 \le x \le 1$ zu betrachten.

Durch Zeichnen des Graphen mit einem Rechner gewinnt man einen anschaulichen Eindruck von der Form des Bleches.

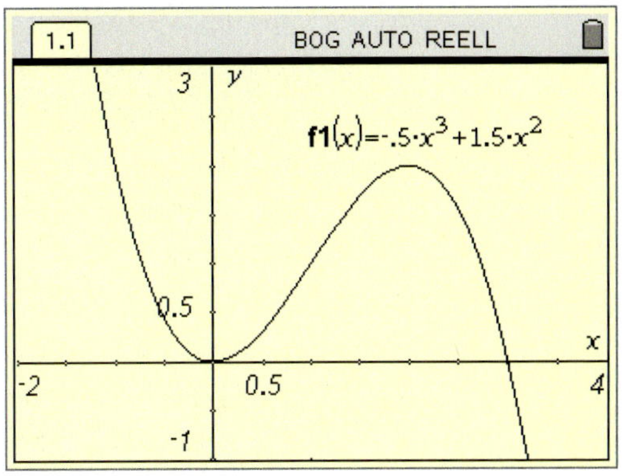

Ergebnis

Das Profil des gebogenen Blechs wird also beschrieben durch die Funktion f mit $f(x) = -0{,}5x^3 + 1{,}5x^2$ mit $0 \le x \le 1$.

Information

(1) Schritte beim Bestimmen ganzrationaler Funktionen mit vorgegebenen Eigenschaften

In der Einführung sind wir folgendermaßen vorgegangen, um den Term einer Funktion zu ermitteln:

- Formulieren der Bedingungen an die Funktion
- Festlegen eines allgemeinen Funktionsterms mit variablen Koeffizienten
- Erstellen eines linearen Gleichungssystems aus den formulierten Bedingungen
- Lösen des linearen Gleichungssystems
- Probe

Eine solche Aufgabe zum Ermitteln einer Funktion mit vorgegebenen Eigenschaften nennt man auch *Steckbriefaufgabe*.

(2) Lineare Gleichungen – lineare Gleichungssysteme

Aus der Sekundarstufe I wissen Sie:

- Lineare Gleichungen mit *einer* Variablen haben einzelne Zahlen als Lösung. Beispielsweise hat die Gleichung $4 \cdot x = 8$ die Lösung 2; die Gleichung $0 \cdot x = 0$ hat jede reelle Zahl als Lösung.
- Lineare Gleichungen mit *zwei* Variablen haben *Zahlenpaare* als Lösung. Beispielsweise ist $(1|2)$ eine Lösung der Gleichung $8x - 4y = 0$, denn $8 \cdot 1 - 4 \cdot 2 = 0$.

Entsprechend haben lineare Gleichungen mit *drei* Variablen *Zahlentripel* als Lösung, usw. Beispielsweise ist $(1|2|3)$ eine Lösung der linearen Gleichung $4x - y + z = 5$, denn $4 \cdot 1 - 2 + 3 = 5$.

Man nennt eine Gleichung **linear**, wenn sie nur aus einer Summe von Vielfachen der Variablen besteht. Sollen mehrere lineare Gleichungen zugleich erfüllt sein, so spricht man von einem **linearen Gleichungssystem.**

(3) Lösen eines linearen 3×3-Gleichungssystems

In der Einführung haben wir ein Gleichungssystem aus 3 Gleichungen mit 3 Variablen gelöst. Dies war besonders einfach, weil eine Gleichung schon einen Wert für eine der Variablen enthielt. Allgemein strebt man dieses Zwischenziel an und geht folgendermaßen vor:

$$\left|\begin{array}{rcrcrcr} x&+&2y&+&6z&=&9\\ x&+&y&+&4z&=&5\\ 2x&+&3y&+&13z&=&23\end{array}\right|$$

$\cdot(-1)$, $\cdot(-2)$ — *Mithilfe der 1. Gleichung wird aus der 2. Gleichung und aus der 3. Gleichung die Variable x eliminiert.*

$$\left|\begin{array}{rcrcrcr} x&+&2y&+&6z&=&9\\ &-&y&-&2z&=&-4\\ &-&y&+&z&=&5\end{array}\right|$$

$\cdot(-1)$ — *Mithilfe der 2. Gleichung wird aus der 3. Gleichung die Variable y eliminiert.*

Dreiecksgestalt

$$\left|\begin{array}{rcrcrcr} x&+&2y&+&6z&=&9\\ &-&y&-&2z&=&-4\\ &&&&3z&=&9\end{array}\right|$$

← Wert für z berechnen

$$\left|\begin{array}{rcrcrcr} x&+&2y&+&6z&=&9\\ &-&y&-&2z&=&-4\\ &&&&z&=&3\end{array}\right|$$

← Wert für z einsetzen und vereinfachen
← Wert für z einsetzen und Wert für y berechnen

$$\left|\begin{array}{rcrcrcr} x&+&2y&&&=&-9\\ &&y&&&=&-2\\ &&&&z&=&3\end{array}\right|$$

← Wert für y einsetzen und Wert für x berechnen

$$\left|\begin{array}{rcrcrcr} x&&&&&=&-5\\ &&y&&&=&-2\\ &&&&z&=&3\end{array}\right|$$

Lösungsmenge $L = \{(-5|-2|3)\}$

Probe: Das Einsetzen der Lösung in das Ausgangssystem bestätigt das Ergebnis.

Rückblick auf den Lösungsweg

Der entscheidende Schritt zum Lösen des Gleichungssystems war das Umformen auf **Dreiecksgestalt.**

In dieser enthält die letzte Gleichung nur eine Variable und jede vorherige höchstens eine mehr als die nachfolgende.

Aus der letzten Gleichung kann dann sofort der Wert einer Variablen berechnet werden. Dieser wird dann in die vorletzte Gleichung eingesetzt, aus der dann der Wert einer weiteren Variable berechnet werden kann. Die zwei ermittelten Werte werden dann in die drittletzte Gleichung eingesetzt, aus der dann der Wert einer dritten Variablen berechnet werden kann usw.

Die zum Schluss entstehende Form des Gleichungssystems, aus der man die Lösung unmittelbar ablesen kann, nennt man **Diagonalgestalt.**

$$\left|\begin{array}{lllr} x & & & = -5 \\ & y & & = -2 \\ & & z & = 3 \end{array}\right|$$

Weiterführende Aufgaben

1 Notwendigkeit der Probe

Gesucht ist eine quadratische Funktion, deren Graph einen Tiefpunkt bei $T(2\,|\,1)$ hat, ferner soll der Graph an der Stelle -1 die Steigung 3 haben.

Deuten Sie Ihr Ergebnis am Graphen.

2 Widersprüchliche Bedingungen

Gesucht ist eine quadratische Funktion, deren Graph an der Stelle 2 eine waagerechte Tangente hat und durch die Punkte $P(1\,|\,2)$ und $Q(3\,|\,3)$ verläuft.

Deuten Sie Ihr Ergebnis am Graphen.

3 Mehrere Funktionen als Lösung

Gesucht ist eine quadratische Funktion, deren Graph durch die Punkte $P(1\,|\,1)$ und $Q(3\,|\,1)$ verläuft und an der Stelle 2 eine waagerechte Tangente hat.

Deuten Sie Ihr Ergebnis am Graphen.

Information

(4) Fälle für die Lösung einer Steckbriefaufgabe

Eine Aufgabe zum Bestimmen einer ganzrationalen Funktion mit vorgegebenen Eigenschaften kann *keine*, *eine* oder *mehrere* Lösungen haben.

In jedem Fall ist nach dem Lösen des linearen Gleichungssystems eine Probe erforderlich.

(5) Der GAUSS-Algorithmus zum Lösen eines linearen Gleichungssystems

CARL FRIEDRICH GAUSS; (1777 – 1855)

Das in der Information (3) angewandte Verfahren heißt **GAUSS-Algorithmus**, benannt nach dem deutschen Mathematiker CARL FRIEDRICH GAUSS. Es ermöglicht, für jedes lineare Gleichungssystem die Lösungsmenge *systematisch* zu bestimmen. Die Grundidee besteht darin, das gegebene System so umzuformen, dass es eine dreiecksähnliche Gestalt hat. Im umgeformten System enthält jede Gleichung eine Variable weniger als die vorhergehende.

Zum Umformen wendet man das Additionsverfahren wiederholt an:

- Multiplikation beider Seiten einer Gleichung mit einer geeigneten Zahl ungleich Null;
- Addition einer Gleichung zu einer anderen, sodass eine Variable eliminiert wird, also wegfällt;
- Vertauschen der Reihenfolge der Gleichungen.

Auch die nicht veränderten Gleichungen muss man weiter mitführen. Das Weglassen einer Gleichung bedeutet nämlich den Verzicht auf eine Bedingung.

Information

(6) Einfacheres Notieren eines linearen Gleichungssystems und Lösen mit einem Rechner

Um Schreibarbeit zu sparen und die Übersichtlichkeit zu erhöhen, notiert man ein lineares Gleichungssystem oft in Form eines Zahlenschemas, der sogenannten *Koeffizientenmatrix*, in dem nur die Koeffizienten der Gleichungen notiert werden:

Statt des Gleichungssystems

$$\left| \begin{array}{l} x_1 + 6x_2 - 3x_3 = -6 \\ 4x_1 + 3x_2 + 3x_3 = 3 \\ 4x_1 - 3x_2 + 6x_3 = 18 \end{array} \right| \quad \text{schreibt man} \quad \begin{array}{ccc} x_1 & x_2 & x_3 \\ \end{array} \begin{pmatrix} 1 & 6 & -3 & -6 \\ 4 & 3 & 3 & 3 \\ 4 & -3 & 6 & 18 \end{pmatrix}$$

Erweiterte Koeffizienten-Matrix

rref = **r**ow **r**educed **e**cholon **f**orm

Mit dieser erweiterten Koeffizientenmatrix lassen sich alle Schritte des GAUSS-Algorithmus durchführen. Auch bei einer Lösung mithilfe eines Rechners wird die erweiterte Koeffizientenmatrix benötigt. Wenn wir dieses Zahlenschema in den Rechner eingeben, erhalten wir durch Benutzung des **rref**-Befehls eine Lösung des linearen Gleichungssystems in Diagonalgestalt:

Die Lösung kann man unmittelbar aus dem Rechnerfenster entnehmen:

$x_1 = 9,\ x_2 = -\frac{16}{3},\ x_3 = -\frac{17}{3}$

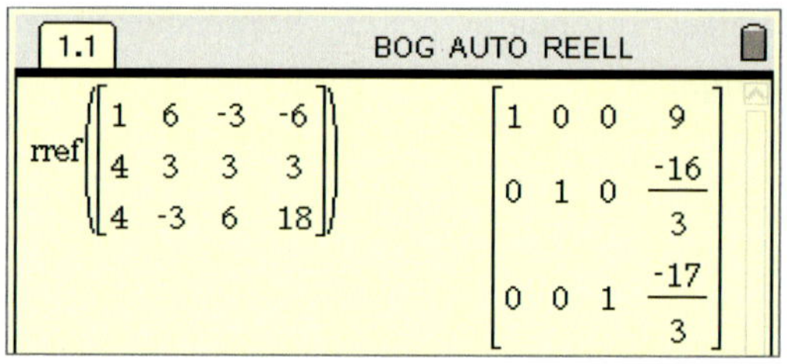

Statt eine Matrix einzugeben, kann man alternativ auch den **solve**-Befehl verwenden:

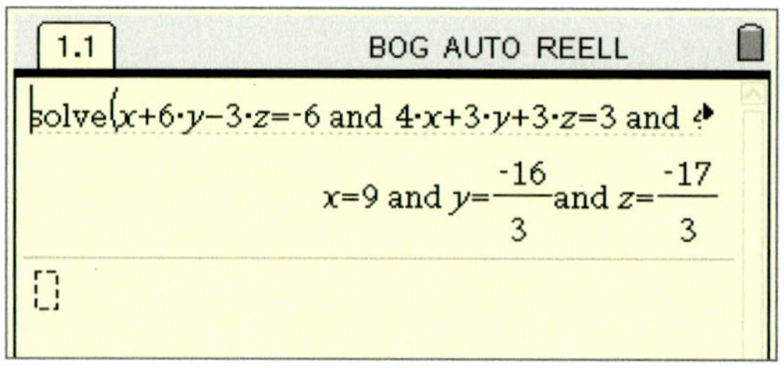

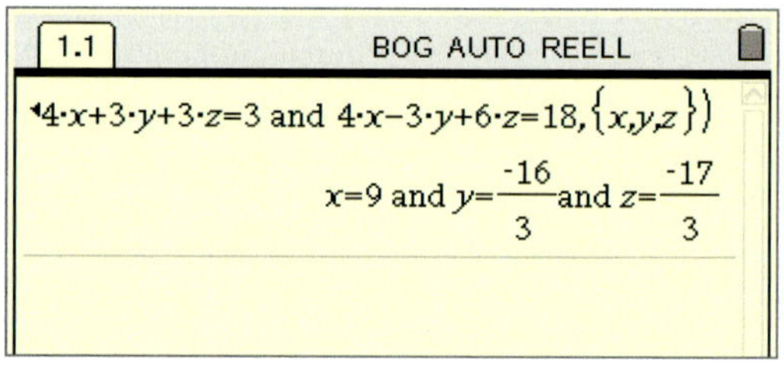

Übungsaufgaben

4 Ermitteln Sie den Funktionsterm der im Steckbrief rechts gesuchten Funktion.

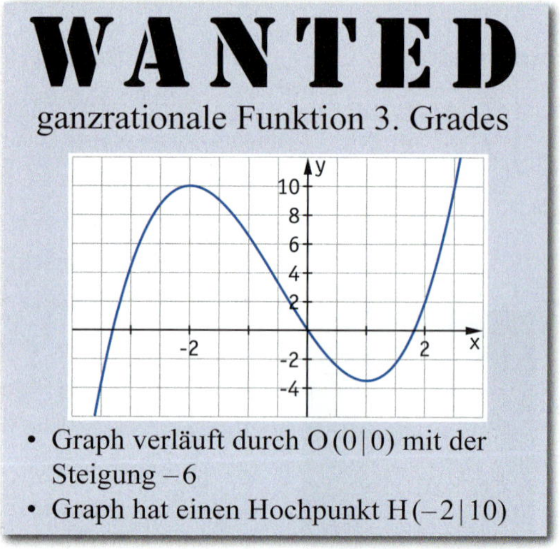

5 Bestimmen Sie eine ganzrationale Funktion dritten Grades, deren Graph die angegebenen Eigenschaften hat. Skizzieren Sie zunächst einen möglichen Verlauf des Graphen per Hand.

a) Der Koordinatenursprung ist Punkt des Graphen, W(2|4) ist Wendepunkt, die zugehörige Wendetangente hat die Steigung −3.

b) Der Koordinatenursprung ist Wendepunkt, der Punkt H(3|2) ist Hochpunkt.

c) Der Graph verläuft durch die Punkte A(−4|−8), B(−2|1), C(1|1) und D(3|5).

d) Der Graph geht durch den Ursprung und hat in S(2|1) einen Sattelpunkt.

e) Der Graph hat den Wendepunkt W(0|1) und berührt die Parabel mit der Gleichung $y = x^2 + x$ im Scheitelpunkt.

f) Der Graph hat den Wendepunkt W(1|0). Weitere Nullstellen liegen bei −1 und 3. Die Tangente im Wendepunkt W hat die Steigung −4.

6 Bei einem Glas wurde gemessen, in welcher Höhe bestimmte Radien vorliegen:

h (in cm)	0	1	2	3
r (in cm)	1	1,5	1,8	2

Bestimmen Sie die Funktion, welche den Radius in Abhängigkeit von der Höhe angibt.

7 Beschreiben Sie die Strategie, die dem rechts begonnenen Lösungsweg zugrunde liegt. Führen Sie ihn dann zu Ende.

$$\left|\begin{array}{rcl} x + y + 3z &=& -5 \\ -x + 3y - z &=& 1 \\ 2x + 10y + 2z &=& -4 \end{array}\right| \quad \cdot(-2)\ \oplus\ \oplus$$

$$\left|\begin{array}{rcl} x + y + 3z &=& -5 \\ 4y + 2z &=& -4 \\ 8y - 4z &=& 6 \end{array}\right|$$

8 Bestimmen Sie die Lösungen des linearen Gleichungssystems durch Anwendung des GAUSS-Algorithmus ohne Rechner.

a) $\left|\begin{array}{l} 2x_1 + 3x_2 = 4 \\ 3x_1 + 4x_2 = 5 \end{array}\right|$

b) $\left|\begin{array}{r} x_2 + 3x_3 = 1 \\ x_3 = 1 \\ x_1 + 2x_2 + 2x_3 = 3 \end{array}\right|$

c) $\left|\begin{array}{l} x_2 - x_3 + x_1 = 0 \\ x_1 - x_2 + x_3 = 0 \\ x_3 - x_1 + x_2 = 0 \end{array}\right|$

d) $\left|\begin{array}{l} 4x + 3y + 3z = 6 \\ x + 3y - z = 4 \\ 4x + 2y + 3z = 1 \end{array}\right|$

e) $\left|\begin{array}{r} 2a - 3b - 4c = 8 \\ 3a + 5b + c = 10 \\ -4a + b - 3c = 7 \end{array}\right|$

f) $\left|\begin{array}{r} z + 3y = 5 - 4x \\ 2x - 5y + 3z = 1 \\ -2z + 5 = 2 - 7x + y \end{array}\right|$

9 Anne und Christoph lösen beide das folgende lineare Gleichungssystem:

$$\left|\begin{array}{r} b + 2c + 2k + 5m = 64 \\ 2b + 3c + 4k + m = 69 \\ 2b + 3c + 2k + 3m = 67 \\ 5b + c + k + 3m = 80 \end{array}\right|$$

Anne rechnet von Hand mit dem GAUSS-Algorithmus und erhält:

$$\left|\begin{array}{r} b + 2c + 2k + 5m = 64 \\ -c - 9m = -59 \\ -2k + 2m = -2 \\ -50m = -300 \end{array}\right|$$

Christoph rechnet mit dem **ref**-Befehl eines Rechners (statt **rref**) und erhält mithilfe des **Frac**-Befehls:

$$\begin{pmatrix} 1 & \frac{1}{5} & \frac{1}{5} & \frac{3}{5} & 16 \\ 0 & 1 & \frac{8}{13} & \frac{9}{13} & \frac{175}{13} \\ 0 & 0 & 1 & -1 & 1 \\ 0 & 0 & 0 & 1 & 6 \end{pmatrix}$$

Haben beide richtig gerechnet?

10 Müsli-Hersteller Cerealis hat bisher eine Mischung verkauft, die in etwa auf 40 % Weizen- und Roggenflocken, 35 % Cornflakes, 15 % Rosinen und Trockenobst sowie 10 % Nüssen und Mandeln besteht. Nach umfangreichen Verbrauchertests und zurückgehenden Verbraucherzahlen entschließt er sich, die Mischung zu ändern:

Die Anteile sollen in Zukunft 50 %, 20 %, 24 % und 6 % betragen. Von der alten Mischung sind noch 1 000 kg vorhanden. Diese soll durch Hinzufügen geeigneter Mengen zur neuen Geschmacksrichtung abgeändert werden.

Welches sind die Mindestmengen, die hinzugefügt werden müssen?

3.1.2 Trassierung

Ziel

In diesem Abschnitt lernen Sie Bedingungen kennen, wie zwei Abschnitte einer Trasse (z. B. einer Straße oder eines Gleises) so verbunden werden können, dass der Übergang zwischen beiden Teilen möglichst „glatt" ist. Dann kann er von Fahrzeugen gefahrlos durchfahren werden.

Zum Erarbeiten

Zwei Eisenbahngleise verlaufen in einem Abstand von 5 m parallel zueinander. Zwischen ihnen soll auf einer Länge von 100 m ein Übergang hergestellt werden. Gesucht ist eine Funktion, deren Graph den Übergangsbogen zwischen den beiden Gleisen darstellt.

(1) Einführen eines Koordinatensystems

Da der Übergang in beiden Richtungen in gleicher Weise befahren werden kann, ist es offensichtlich sinnvoll, den Verlauf des Übergangs punktsymmetrisch zu gestalten. Daher bietet es sich an, den Koordinatenursprung in der Mitte zwischen den beiden Gleisen und in der Mitte der Übergangslänge vorzusehen.

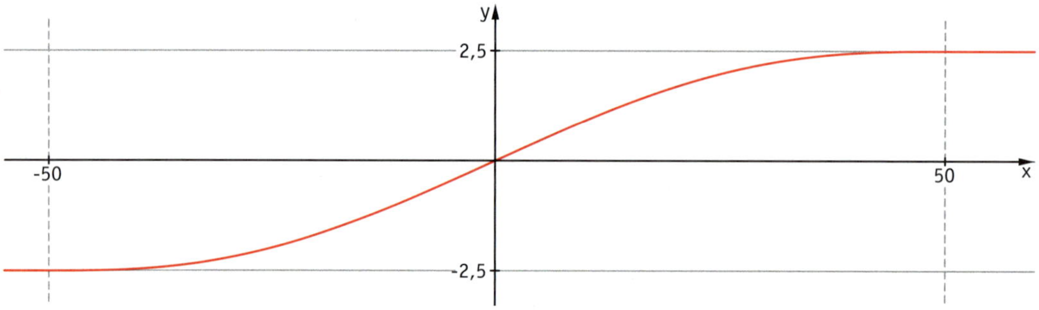

(2) Wahl eines Funktionstyps

Punktsymmetrie zum Ursprung bei einer ganzrationalen Funktion: nur *ungerade* Exponenten

Im einfachsten Fall bietet sich eine ganzrationale Funktion 3. Grades an mit einem Funktionsterm der Form $f(x) = a x^3 + b x$. Die beiden Parameter a und b lassen sich aus folgenden Bedingungen bestimmen:

An der Stelle 50 muss der Übergangsbogen das Gleis treffen:

$f(50) = 2{,}5$

Durch Einsetzen in den Funktionsterm folgt daraus:

$a \cdot 50^3 + b \cdot 50 = 2{,}5$

Ferner soll der Graph hier tangential in das Gleis einmünden, da sich sonst ein Knick ergeben würde, der sich ungünstig auf den Fahrverlauf des Fahrzeugs auswirken würde:

$f'(50) = 0$

Die Ableitung von f hat den Funktionsterm $f'(x) = 3 a x^2 + b$.

Durch Einsetzen von $x = 50$ erhält man:

$3 a \cdot 50^2 + b = 0$

Insgesamt ergibt sich folgendes Gleichungssystem:

$$\left| \begin{array}{l} a \cdot 50^3 + b \cdot 50 = 2{,}5 \\ 3a \cdot 50^2 + b = 0 \end{array} \right|$$

Dieses Gleichungssystem hat die Lösung

$(a \mid b) = (-0{,}00001 \mid 0{,}075)$.

Somit ist der Funktionsterm der gesuchten Funktion

$f(x) = -0{,}00001\,x^3 + 0{,}075\,x$.

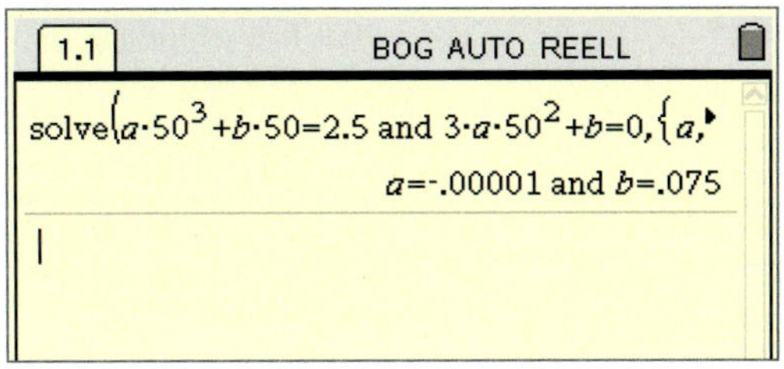

(3) Kritische Betrachtung des Ergebnisses

Beim Bau eines solches Überganges zeigt sich, dass dieser an den Anschlussstellen an die geraden Gleise bei höheren Geschwindigkeiten des Zuges zu ruckartigen Bewegungen führt. Die geraden Gleise sind ungekrümmt, der Übergangsbogen weist eine Krümmung auf. Zur genaueren Analyse betrachten wir die Graphen der Funktionen f, f′ und f″.

$$f(x) = \begin{cases} -2{,}5 & \text{für } -100 \le x < -50 \\ -0{,}00001\,x^3 + 0{,}075\,x & \text{für } -50 \le x < 50 \\ 2{,}5 & \text{für } 50 \le x \le 100 \end{cases}$$

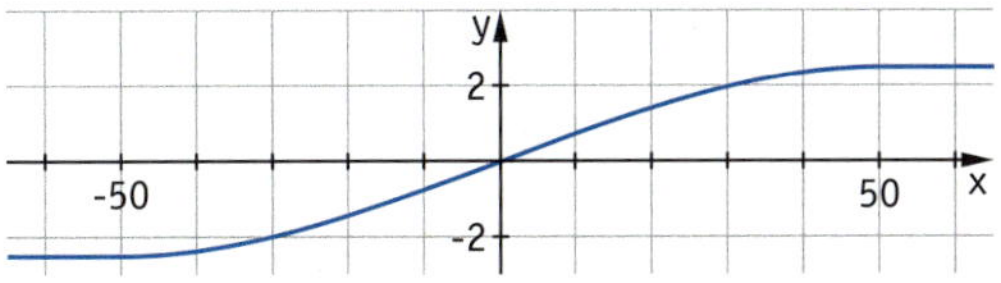

$$f'(x) = \begin{cases} 0 & \text{für } -100 \le x < -50 \\ -0{,}00003\,x^2 + 0{,}075 & \text{für } -50 \le x < 50 \\ 0 & \text{für } 50 \le x \le 100 \end{cases}$$

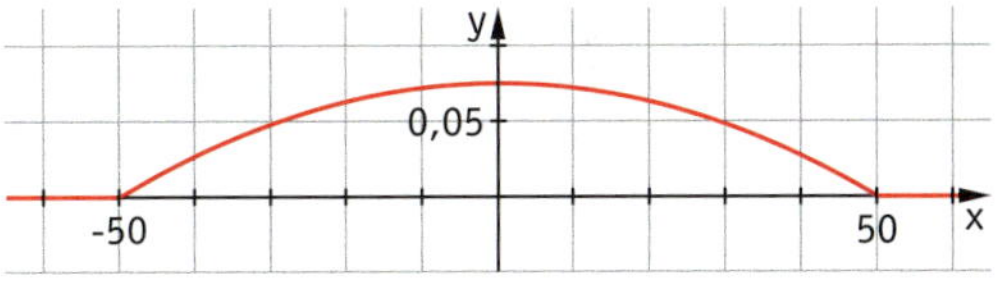

$$f''(x) = \begin{cases} 0 & \text{für } -100 \le x < -50 \\ -0{,}00006\,x & \text{für } -50 \le x < 50 \\ 0 & \text{für } 50 \le x \le 100 \end{cases}$$

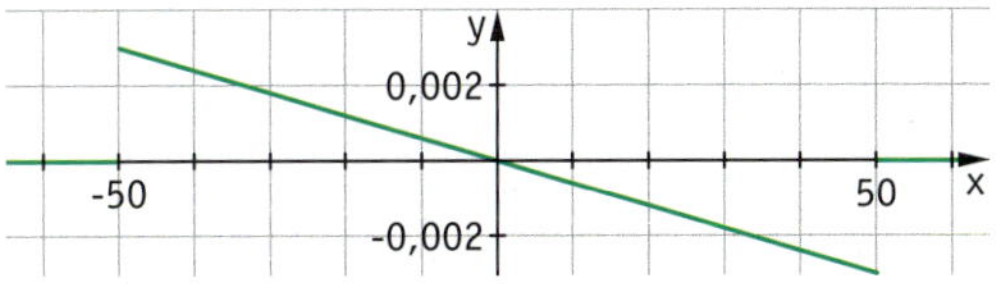

Im Bereich einer Linkskrümmung des Graphen einer Funktion f gilt $f''(x) > 0$, im Bereich einer Rechtskrümmung $f''(x) < 0$.

An den Graphen erkennt man, dass der Übergangsbogen zwar nahtlos und mit gleicher Steigung an die geraden Gleise anschließt, aber mit einem Sprung in den Werten der zweiten Ableitung von 0 im geraden (das heißt ungekrümmten) Teil auf 0,003 bzw. −0,003 an den Enden des gekrümmten Teils. So ein Verhalten bezeichnet man als *Krümmungsruck*.

(4) Konstruktion einer Funktion ohne Krümmungsruck an den Anschlussstellen

Neben den schon formulierten Bedingungen $f(50) = 2{,}5$ und $f'(50) = 0$ muss zusätzlich gelten $f''(50) = 0$. Da jetzt drei Bedingungen an die punktsymmetrische ganzrationale Funktion gestellt sind, muss der Funktionsterm drei Parameter haben, also vom Grad 5 sein:

$f(x) = a\,x^5 + b\,x^3 + c\,x$ für $-50 \le x \le 50$

Die drei obigen Bedingungen liefern das lineare Gleichungssystem:

$$\left| \begin{array}{l} a \cdot 50^5 + b \cdot 50^3 + c \cdot 50 = 2{,}5 \\ 5\,a \cdot 50^4 + 3\,b \cdot 50^2 + c = 0 \\ 20\,a \cdot 50^3 + 6\,b \cdot 50 = 0 \end{array} \right|, \text{ also}$$

$$\left| \begin{array}{l} 312\,500\,000\,a + 125\,000\,b + 50\,c = 2{,}5 \\ 31\,250\,000\,a + 7\,500\,b + c = 0 \\ 2\,500\,000\,a + 300\,b = 0 \end{array} \right|$$

Dieses hat die Lösung $(a \mid b \mid c) = (0{,}000000003 \mid -0{,}000025 \mid 0{,}09375)$.

Daraus ergibt sich der folgende Funktionsterm:

$f(x) = 0{,}000000003\,x^5 - 0{,}000025\,x^3 + 0{,}09375\,x$.

Wir betrachten die Graphen der Funktionen f, f′ und f″.

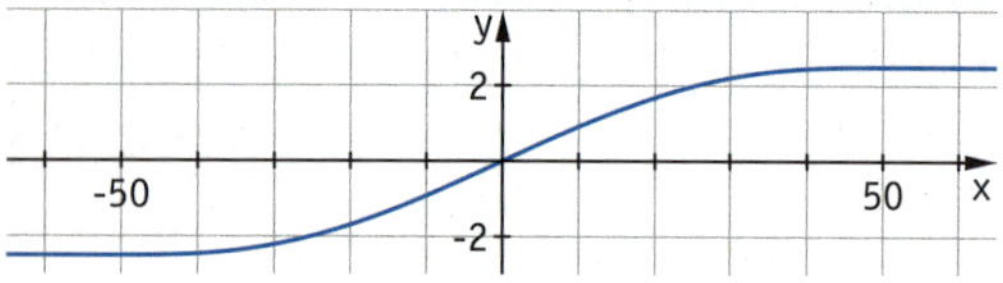

$$f(x) = \begin{cases} -2{,}5 & \text{für } -100 \le x < -50 \\ 0{,}000000003\,x^5 - 0{,}000025\,x^3 + 0{,}09375\,x & \text{für } -50 \le x < 50 \\ 2{,}5 & \text{für } x \le 50 \le 100 \end{cases}$$

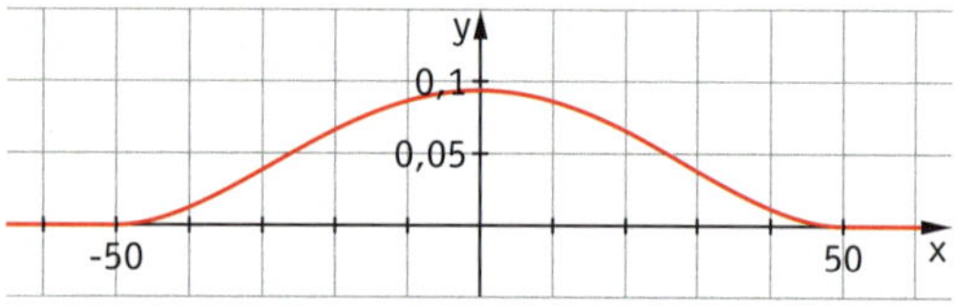

$$f'(x) = \begin{cases} 0 & \text{für } -100 \le x < -50 \\ 0{,}000000015\,x^4 - 0{,}000075\,x^2 + 0{,}09375 & \text{für } -50 \le x < 50 \\ 0 & \text{für } 50 \le x \le 100 \end{cases}$$

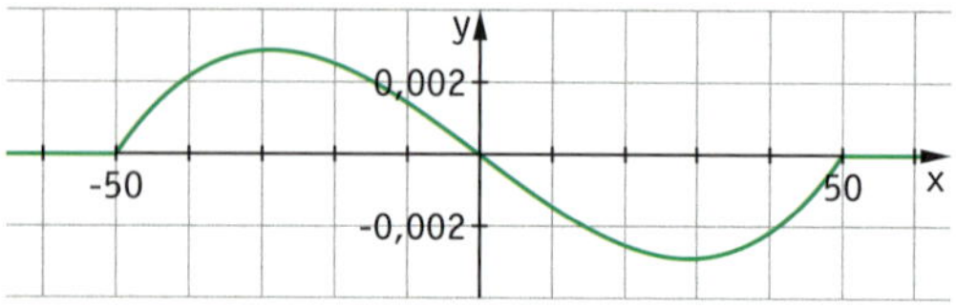

$$f''(x) = \begin{cases} 0 & \text{für } -100 \le x < -50 \\ 0{,}00000006\,x^3 - 0{,}00015\,x & \text{für } -50 \le x < 50 \\ 0 & \text{für } 50 \le x \le 100 \end{cases}$$

Die Graphen zeigen, dass hier ein glatter Übergang der Krümmungen vorliegt.

Information

Beim Verbinden von zwei Trassen (Straßen, Gleisen, ...), deren Verlauf durch zwei Funktionen f und g gegeben ist, muss an einer Verbindungsstelle x_0 gelten:

- $f(x_0) = g(x_0)$: nahtloser Übergang
- $f'(x_0) = g'(x_0)$: glatter Übergang
- $f''(x_0) = g''(x_0)$: krümmungsruckfreier Übergang

Zum Üben

1

1865 – 1869 Bau der ersten transkontinentalen Eisenbahn Amerikas

Der Bau der ersten Eisenbahnstrecke durch Nordamerika von Küste zu Küste begann in Omaha durch die *Union Pacific Railroad* und in Sacramento durch die *Central Pacific Railroad*. Der Staat gewährte für jedes Streckenstück einen Zuschuss und schenkte den Bahngesellschaften Land entlang der Bahnlinie. Aufgrund dieser Regelung waren die Gesellschaften bestrebt, so schnell wie möglich so viele Streckengleise wie möglich zu verlegen. So kam es zu Beginn des Jahres 1869 dazu, dass die beiden Gesellschaften nahezu parallele Gleise bauten, die einen von Ost nach West und die anderen von West nach Ost. Schließlich einigte man sich darauf, die beiden Strecken in den Hügeln am Großen Salzsee in Utah zu verbinden. Am 10. Mai 1869 wurde die Verbindung mit einem symbolischen goldenen Gleisnagel gefeiert. Der Ort der Feier ist heute als *Golden Spike National Historic Site* ausgewiesen. (Wikipedia, April 2009)

Nehmen Sie an, dass die 2 Meilen voneinander entfernten Gleise auf einer Länge von 10 Meilen miteinander verbunden werden sollen. Erstellen Sie eine Funktion, die diesen Übergang beschreibt.

2 Ein Grundstück liegt unterhalb des Straßenniveaus. Überlegen Sie verschiedene Möglichkeiten für die Gestaltung der Auffahrt und vergleichen Sie diese.

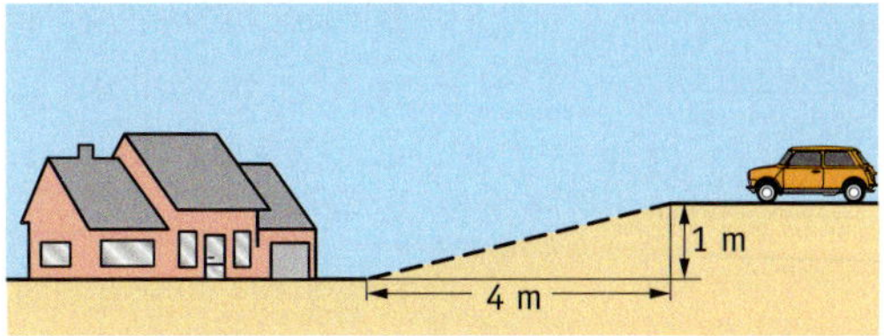

3 Das nebenstehende Bild zeigt den Entwurf einer Metallrutsche für Spielplätze. Das seitliche Profil der Rutsche soll durch den Graphen einer ganzrationalen Funktion modelliert werden und durch deren Extrempunkte begrenzt sein.

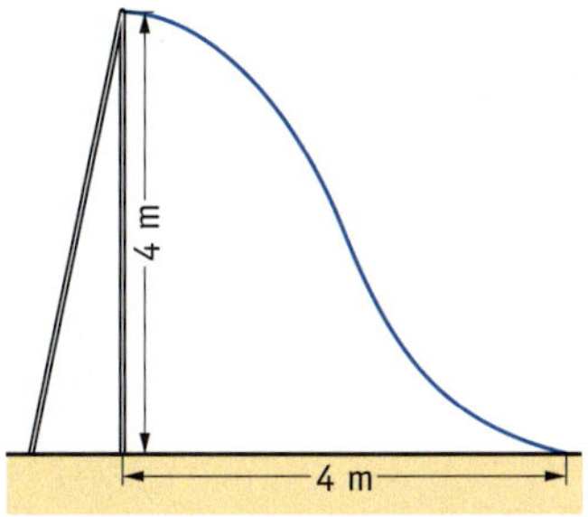

a) Bestimmen Sie einen geeigneten Funktionsterm.

b) Der TÜV fordert von den Herstellern, dass Spielzeugrutschen an keiner Stelle steiler sein dürfen als 50° gegen die Horizontale. Entspricht die Rutsche dieser Anforderung?

c) Entwerfen Sie eine 4 m hohe Rutsche, deren Steigung an der steilsten Stelle genau 45° beträgt.

4 In einer Siedlung sollen zwei Stichstraßen miteinander verbunden werden, um dazwischen einen Supermarkt zu bauen.
Bestimmen Sie eine ganzrationale Funktion f, die den Straßenverlauf des Übergangsbogens zwischen beiden Straßen beschreibt. Vergleichen und bewerten Sie verschiedene Lösungen.

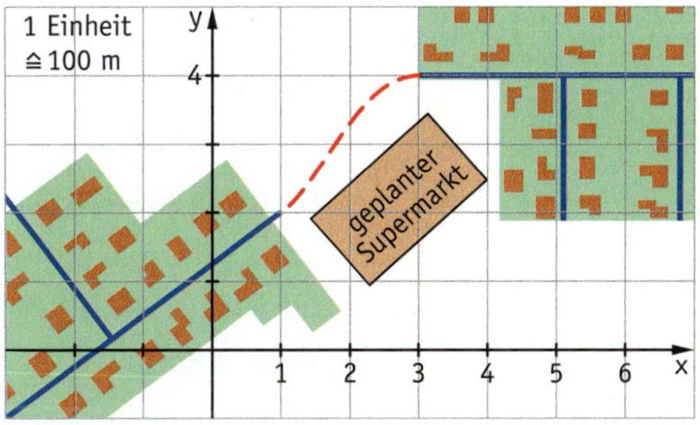

5

Aufbau einer Sprungschanze

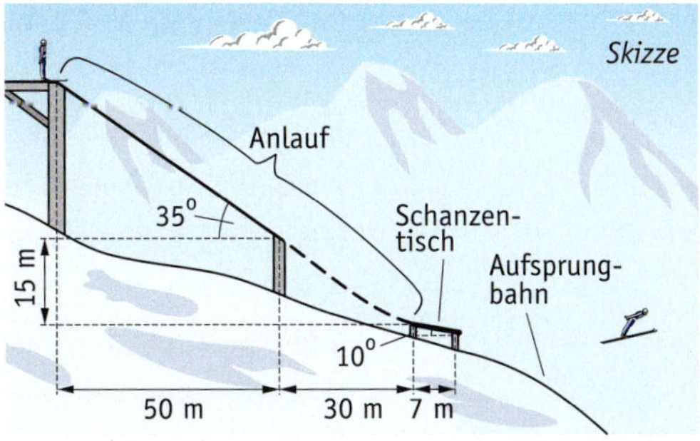

Bei den meisten Schanzen wird der Anlauf auf einem künstlichen Turm errichtet, bei sogenannten Naturschanzen direkt am Berghang. Man kann die Länge des Anlaufs variieren, indem man den Ausstieg oder den Startbalken, auf dem der Skispringer vor Beginn des Sprunges sitzt, verschiebt. Den Startbalken nennt man auch Happle-Balken, nach dem ehemaligen Skispringer und Schanzenbauexperten Wolfgang Happle. Der Schanzentisch ist der Bereich, in dem der Absprung erfolgt. Dieser ist üblicherweise um etwa 10 Grad nach unten geneigt.

Ermitteln Sie eine Funktion zur Beschreibung des Übergangs zwischen dem geradlinigen Teil des Anlaufs und dem Schanzentisch.

6 Im „Höhenplan" eines Straßenstücks sollen die Spitzen – man sagt im Straßenbau auch: die „Kuppen" und die „Wannen" – durch quadratische Parabelstücke ausgerundet werden.
Es gibt mehrere Möglichkeiten. Ermitteln Sie eine Möglichkeit und stellen Sie diese grafisch dar.

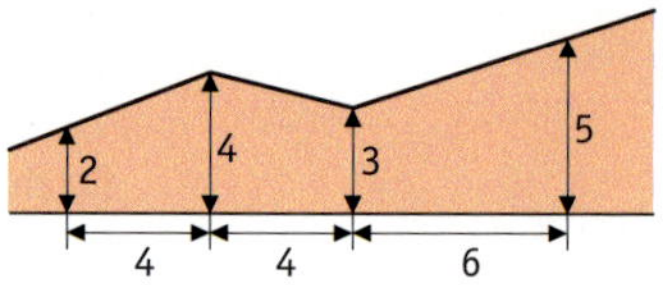

7 Beim Bau einer Go-Kart-Bahn sind die beiden bereits vorhandenen geradlinigen Teilstücke der Fahrbahn durch einen Übergangsbogen glatt miteinander zu verbinden. Dabei wird zusätzlich gefordert, dass dieses Verbindungsstück ein einheitliches Krümmungsverhalten aufweist, also keinen Wendepunkt besitzt.

(1) Prüfen Sie zunächst, ob es eine geeignete ganzrationale Funktion dritten Grades gibt.

(2) Versuchen Sie es dann, falls erforderlich, mit Funktionen vierten Grades.

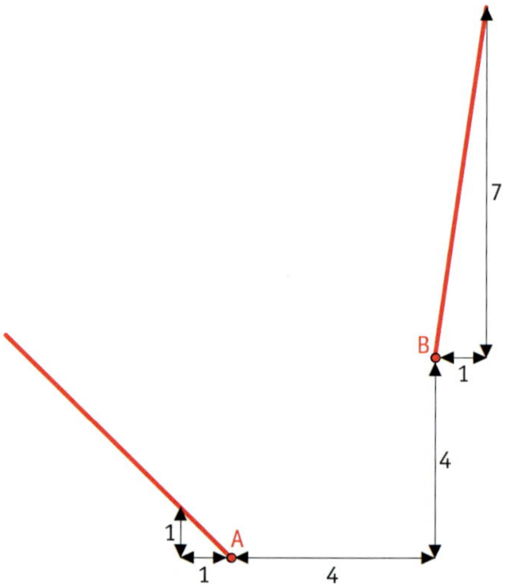

8 Die rechtwinklige Ecke einer Straße soll durch einen Bogen ersetzt werden, um Unfallgefahren zu vermindern. Für die neue Straßenführung soll der Bogen ansetzen an die Straßen, die in einem lokalen Koordinatensystem in der Einheit km beschrieben werden durch $f(x) = x$ für $x \geq 1$ und $g(x) = -x$ für $x \leq -1$.
Bestimmen Sie eine geeignete Funktion.

9 Zwei Straßenstücke, die in einem lokalen Koordinatensystem mit der Einheit km durch $f(x) = 0$ für $x \leq 0$ und $g(x) = \frac{1}{2}x$ für $x \geq 1$ bescrieben werden, sollen verbunden werden.
Ermitteln Sie eine geeignete Funktion.

10 An einer Straße wurde ein neuer Fahrradweg so gebaut, dass ein alter Baum nicht gefällt werden musste.
Schätzen Sie geeignete Maße und bestimmen Sie damit eine Funktionsgleichung für den Verlauf des Fahrradweges.

LK 3.2 Funktionenscharen

Aufgabe

1

a) Rechts sehen Sie die Graphen der Funktionen zu $f_1(x) = x(x-1)^2$, $f_2(x) = x(x-2)^2$ und $f_3(x) = x(x-3)^2$. Beschreiben Sie diese. Äußern Sie Vermutungen.

b) Diese Funktionen haben alle einen Funktionsterm der Form $f_a(x) = x(x-a)^2$ mit einem Parameter $a > 0$. Bestimmen Sie allgemein die Nullstellen und die Extrempunkte dieser Funktionen.

c) Betrachten Sie die Hochpunkte aller Graphen der Funktionen aus Teilaufgabe b). Alle diese Hochpunkte liegen auf einer Linie, die man als Graph einer Funktion auffassen kann. Bestimmen Sie deren Funktionsgleichung.

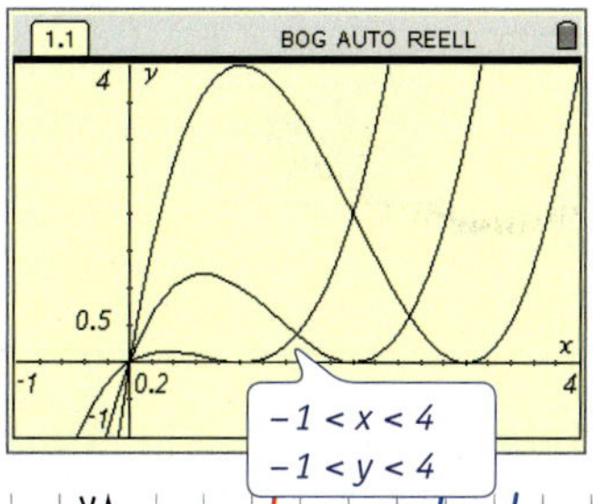

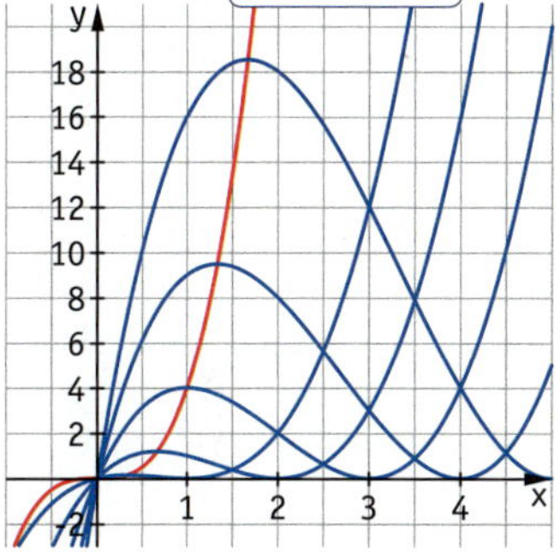

Lösung

> **Globalverlauf:**
> Verhalten der Funktionswerte f(x) für $x \to \infty$ und $x \to -\infty$

a) Alle drei Graphen haben denselben Globalverlauf und verlaufen durch den Ursprung. Die zweite Nullstelle der drei Graphen ist eine doppelte Nullstelle bei 1 bzw. 2 bzw. 3. Ferner haben alle Graphen zwischen den beiden Nullstellen einen Hochpunkt.

b) Globalverlauf

Allgemein gilt:

$f_a(x) = x(x-a)^2 \to \infty$ für $x \to \infty$ und $f_a(x) \to -\infty$ für $x \to -\infty$

Nullstellen

$f_a(x) = 0$, also $x(x-a)^2 = 0$

$x = 0$ oder $(x-a)^2 = 0$

$x = 0$ oder $x = a$

Die Funktion f_a hat somit an der Stelle 0 eine einfache und an der Stelle a eine doppelte Nullstelle, also eine Nullstelle ohne Vorzeichenwechsel. Wegen des Globalverlaufs einer ganzrationalen Funktion 3. Grades liegt bei der doppelten Nullstelle zugleich ein Tiefpunkt vor.

Extrempunkte

Zum Berechnen der Extrempunkte benötigt man die 1. Ableitung. Zum Bilden der Ableitung wird der Funktionsterm zunächst ausmultipliziert:

$f_a(x) = x(x-a)^2 = x(x^2 - 2ax + a^2) = x^3 - 2ax^2 + a^2x$.

Daraus ergibt sich: $f_a'(x) = 3x^2 - 4ax + a^2$.

An den Extremstellen hat die 1. Ableitung den Wert 0.

$f_a'(x) = 0$

$3x^2 - 4ax + a^2 = 0$

$x = \frac{a}{3}$ oder $x = a$.

Wegen der Nullstellen und des Globalverlaufs muss an der Stelle a ein Tiefpunkt und an der Stelle $\frac{a}{3}$ ein Hochpunkt vorliegen. Der Tiefpunkt hat die Koordinaten $T_a(a\,|\,0)$. Für den Hochpunkt muss noch die y-Koordinate berechnet werden:

$f_a\left(\frac{a}{3}\right) = \frac{a}{3}\left(\frac{a}{3} - a\right)^2 = \frac{4}{27}a^3$

Der Hochpunkt des Graphen zur Funktion f_a hat die Koordinaten $H_a\left(\frac{a}{3}\,\middle|\,\frac{4}{27}a^3\right)$.

c) Der Hochpunkt hat in Abhängigkeit vom Parameter a die Koordinaten $x = \frac{a}{3}$ und $y = \frac{4}{27}a^3$. Um eine Funktionsgleichung für den Graphen zu bestimmen, auf dem die Hochpunkte liegen, müssen wir eine Funktion $x \mapsto y$ finden, d.h. wir benötigen eine Vorschrift, wie man die y-Koordinate aus der x-Koordinate berechnen kann. Da diese Vorschrift unabhängig vom Parameter a sein muss, formen wir die Gleichung für die x-Koordinate zunächst nach a um: $x = \frac{a}{3}$ liefert $a = 3x$.

Da $a > 0$, muss $x > 0$ gelten.

Diesen Term für a setzen wir dann in die Gleichung für die y-Koordinate ein: $a = 3x$, also $y = \frac{4}{27}(3x)^3 = 4x^3$. Somit liegen alle Hochpunkte auf dem Graphen der Funktion zu $y = 4x^3$.
Jeder Punkt $H(x\,|\,4x^3)$ mit $x > 0$ ist Hochpunkt einer Funktion f_a.

Information

(1) Funktionenschar

Ein Term, der neben einer Funktionsvariablen (z.B. der Variablen x) noch einen Parameter (z.B. die Variable a) enthält, definiert mehrere Funktionen zugleich: Zu jeder zulässigen Wahl des Parameters a gehört eine Funktion $x \mapsto f_a(x)$. Die Menge aller dieser Funktionen bezeichnet man als **Funktionenschar**.

(2) Ortslinie

Statt Ortslinie verwendet man oft auch den Begriff Ortskurve.

Einen Graphen, auf dem alle Hochpunkte einer Funktionenschar liegen, bezeichnet man als **Ortslinie** der Hochpunkte. Entsprechend erhält man die Ortslinie für andere markante Punkte, z.B. Wendepunkte.

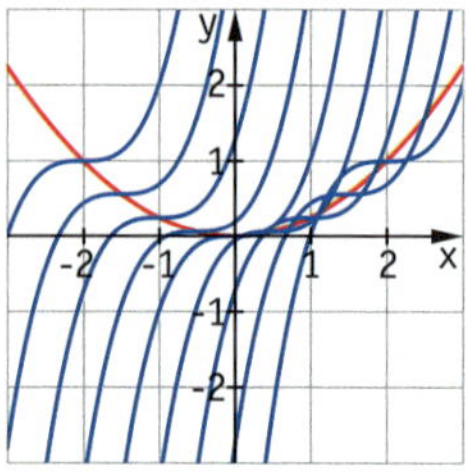

Vorgehen zum Bestimmen einer Ortslinie

Die Koordinaten für die betrachteten Punkte werden in Abhängigkeit vom Parameter bestimmt.
- Die Gleichung für die x-Koordinate wird nach dem Parameter aufgelöst.
- Damit wird der Parameter in der Gleichung für die y-Koordinate ersetzt.
- Die entstandene Gleichung beschreibt die Ortslinie.

Beispiel

$f_a(x) = (x - a)^3 + \frac{1}{4}a^2$: Die Ortskurve der Wendepunkte $W_a\left(a\,\middle|\,\frac{1}{4}a^2\right)$ ist der Graph zu $g(x) = \frac{1}{4}x^2$.

Weiterführende Aufgaben

2 Klassifikation der Funktionen einer Schar

Betrachten Sie die Funktionenschar mit dem Term $f_a(x) = x(x^2 - a)$ für $a \in \mathbb{R}$. Führen Sie eine Fallunterscheidung durch und fertigen Sie eine Übersicht an, welche Formen von Graphen möglich sind.

Übungsaufgaben

3 Flugbahnen beim Kugelstoßen – Funktionenschar

Flugbahnen beim Kugelstoßen können sehr gut durch quadratische Funktionen der Form $f(x) = ax^2 + bx + c$ beschrieben werden, wenn man vom Einfluss des Luftwiderstandes absieht. Dabei hängen die Werte für a und b von der Abstoßgeschwindigkeit und dem Abstoßwinkel des Stoßes ab, der konstante Summand c gibt die Abstoßhöhe an.

Bei den Olympischen Spielen 2004 in Athen erhielt Nadine Kleinert-Schmitt die Silbermedaille im Kugelstoßen der Frauen. Sie verbesserte bei diesem Wettbewerb ihre persönliche Bestleistung von 19,23 m auf 19,55 m.

Bei diesem Versuch wurden als Abstoßgeschwindigkeit $13{,}24\,\frac{m}{s}$, als Abstoßwinkel 37,5° und als Abstoßhöhe 2,07 m gemessen. Die Flugbahn bei diesem Stoß lässt sich näherungsweise durch die Funktion f mit $f(x) = -0{,}0445\,x^2 + 0{,}7673\,x + 2{,}07$ beschreiben.

a) Stellen Sie die Flugbahn grafisch dar. Welche Stoßweite erhält man bei dieser Näherungskurve? Geben Sie Gründe für die Abweichung vom gemessenen Wert an.

b) Bei Spitzensportlern schwanken die Abstoßhöhen je nach Körpergröße und Stoßtechnik zwischen 1,90 m und 2,30 m. Im Folgenden soll untersucht werden, welchen Einfluss die Abstoßhöhe auf die Stoßweite hat, wenn Abstoßgeschwindigkeit v_0 und Abstoßwinkel α konstant bleiben.
Geben Sie die Funktionsgleichung der *Funktionenschar* f_h an. Ersetzen Sie dazu in der Funktion f die Abstoßhöhe 2,07 m des Versuchs von Nadine Kleinert-Schmitt durch den allgemeinen Parameter h. $v_0 = 13{,}24\,\frac{m}{s}$ und $\alpha = 37{,}5°$ werden als konstant vorausgesetzt.
Wie wirkt sich eine Änderung des Parameters h auf die Graphen der Schar aus?
Stellen Sie für mehrere Werte von h die zugehörigen Flugbahnen in einem gemeinsamen Koordinatensystem dar. Wie unterscheiden sich die Stoßweiten, wenn h sich in dem angegebenen Bereich ändert? Geben Sie eine Faustregel an.

4 Geben Sie jeweils eine Funktionenschar an, zu der die folgenden Funktionsgraphen gehören.

a)

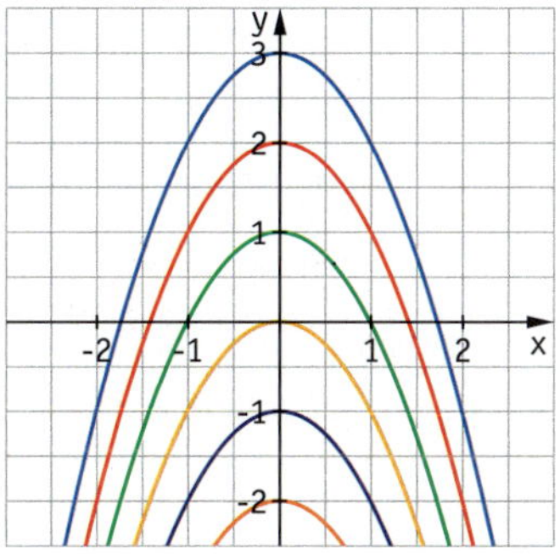

b)

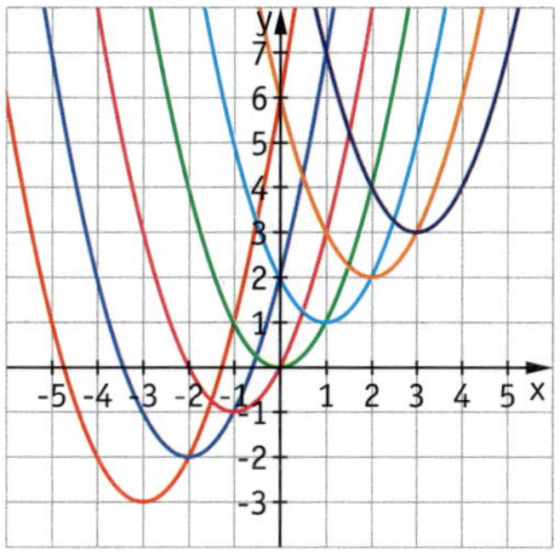

c)

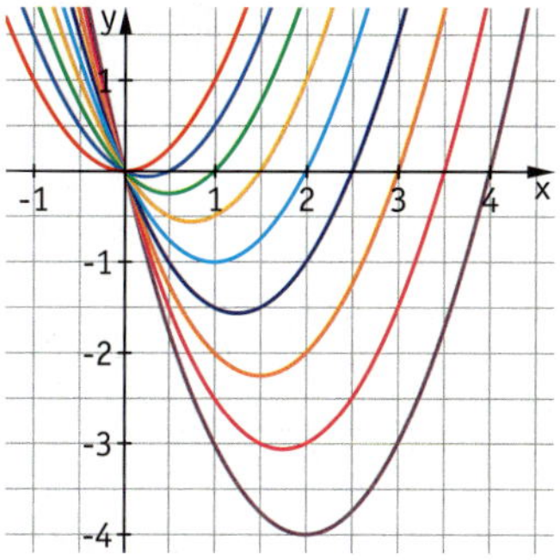

5 In der nebenstehenden Abbildung sind Heizkennlinien für eine Heizungsanlage dargestellt. Sie geben jeweils die Heizwassertemperatur (in °C) in Abhängigkeit von der Außentemperatur (in °C) für verschiedene Einstellungen (Skalenwerte) an der Anlage an. Ermitteln Sie einen Funktionsterm $f_k(x)$, der die Heizkennlinien in Abhängigkeit vom Parameter k, $0 \le k \le 20$ beschreibt. Wählen Sie als Ansatz eine Parabelschar.

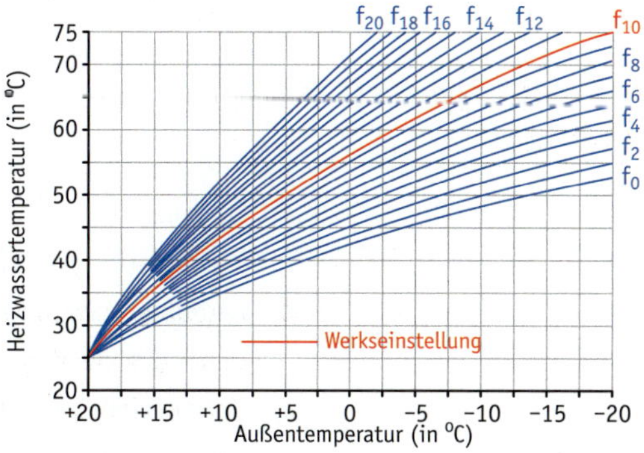

6 Gegeben sind die Funktionen f_k mit $f_k(x) = 2x^3 - 3kx^2 + k^3$, $k \in \mathbb{R}$.

a) Zeigen Sie, dass für $k \neq 0$ alle Funktionen die x-Achse berühren.

b) Skizzieren Sie die Graphen für $k = -1$ und $k = 1$. Was fällt auf? Begründen Sie Ihre Vermutung.

c) Zeigen Sie: Die Graphen von f_k und f_{-k} mit $k > 0$ sind symmetrisch zueinander.

7 Gegeben ist die Funktionenschar f_k mit $f_k(x) = (x^2 - 1)\cdot(x - k)$, $k \in \mathbb{R}$.

a) Zeigen Sie, dass sich alle Funktionsgraphen in zwei Punkten schneiden.

b) Bestimmen Sie k so, dass der Graph von f_k die x-Achse berührt.

8 Gegeben ist die Funktionenschar f_t mit $f_t(x) = x^5 - tx^3$, $t \in \mathbb{R}$.
Untersuchen Sie die Graphen der Funktionen f_t auf besondere Punkte. Zeichnen Sie die Graphen von f_t für $t = -3$ und für $t = 3$. Bestimmen Sie eine Ortslinie für alle Extrempunkte der Graphen von f_t.

9 Für $k \in \mathbb{R}$ ist $f_k(x) = -x^3 + kx^2 + (k-1)x$.

a) Zeigen Sie, dass sich alle Funktionsgraphen in genau zwei Punkten schneiden.

b) Bestimmen Sie k so, dass der Graph von f_k an der Stelle $x = 3$ einen Extrempunkt hat.

c) Für welchen Wert des Parameters k hat der Graph von f_k *keinen* Extrempunkt?

d) Gibt es Parameter k, sodass der Graph von f_k keinen Wendepunkt hat?

10 Für $k \in \mathbb{R}$ ist $f_k(x) = -(x-k)^2 + k$. Zeichnen Sie mithilfe eines Rechners die Graphen von f_k für $k = -2;\ -1{,}75;\ -1{,}5;\ \ldots;\ 1{,}75;\ 2$.
Stellen Sie eine Vermutung auf bezüglich einer gemeinsamen Tangente für die Graphen aller Funktionen f_k, $k \in \mathbb{R}$. Prüfen Sie diese Vermutung.

11 Zwei Masten A und B einer Seilbahn stehen 500 m auseinander. Der Mast B liegt um 100 m höher als Mast A. Das Seil zwischen den beiden Masten kann durch die Graphen der Funktionenschar f_t mit $f_t(x) = tx^2 + (0{,}2 - 500t)x$ beschrieben werden (Einheiten in m).

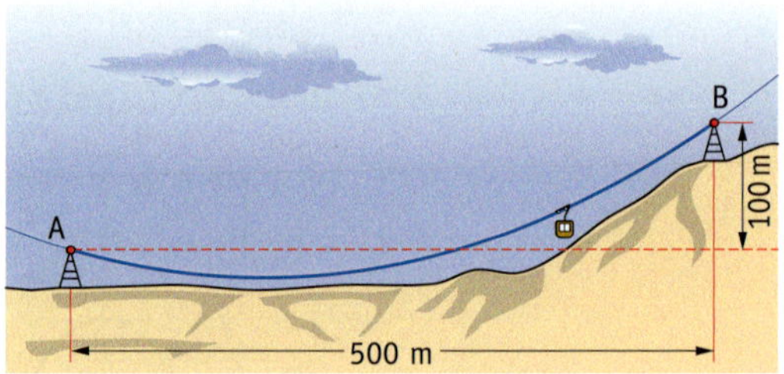

a) Welche Werte kommen für den Parameter t in Frage? Stellen Sie für einige dieser Werte den Verlauf des Seils grafisch dar.

b) Bei welcher Form des Seils kommt das Seil unter einem Winkel von 45° in der Bergstation an? Unter welchem Winkel verlässt in diesem Fall das Seil die Talstation?

c) Zeichnet man die Gerade zwischen Tal- und Bergstation, so versteht man unter dem *Durchhang* des Seiles an einer Stelle x die Differenz zwischen den Funktionswerten der linearen Funktion und der quadratischen Funktion an dieser Stelle. Ermitteln Sie für den Verlauf des Seils aus Teilaufgabe b) auf grafischem Weg möglichst genau die Stelle, an der der Durchhang am größten ist.

12 Zu jedem $t \in \mathbb{R}$ ist eine Funktionenschar f_t gegeben durch $f_t(x) = \frac{1}{4}x^4 + tx^3 - x^2$.

a) Zeichnen Sie die Graphen zu den Scharparametern $t = 0$, $t = 0{,}2$ und $t = -0{,}2$ in ein gemeinsames Koordinatensystem.

b) Begründen Sie, dass sich die Tangenten an den Wendestellen der Graphen auf der y-Achse schneiden. Geben Sie die Koordinaten dieses Schnittpunktes an.

c) Untersuchen Sie, ob es mehr als einen Punkt gibt, durch den alle Graphen von f_t gehen. Bestimmen Sie die Anzahl der gemeinsamen Punkte der Graphen von f_t mit der x-Achse.

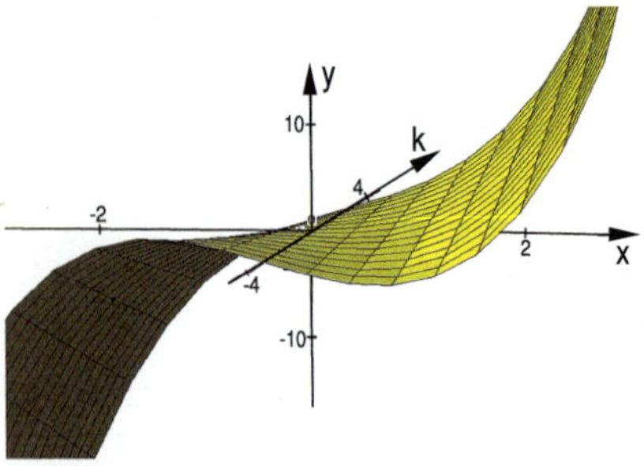

13 Wenn man neben der x-Achse und der y-Achse noch eine 3. Achse für den Parameter k verwendet, kann man $y = f_k(x)$ als Funktionsgleichung mit zwei Veränderlichen auffassen. Den Graphen von f_k kann man dann als gekrümmte Fläche im 3-dimensionalen Raum darstellen.

a) Interpretieren Sie die mit einem CAS gezeichnete Grafik als Darstellung der Funktionenschar f_k mit $f_k(x) = x^3 + kx$.

b) Stellen Sie die Funktionenschar f_k mit $f_k(x) = x^4 - kx^2$ mitilfe eines CAS dar.

3.3 Beschreibung von Wachstumsvorgängen

3.3.1 Wachstumsgeschwindigkeit – e-Funktion

Einführung

Killeralgen im Mittelmeer

Caulerpa taxifolia, auch „Killeralge" genannt, ist in den Gewässern der Karibik und des Pazifiks beheimatet. Auffällige Merkmale sind ihre frische grüne Farbe und ihre federartigen Blätter. Da die Alge giftig ist, hat sie keine natürlichen Feinde, mit ihrem Gift schadet sie vielen Pflanzen- und Tierarten. Zu Beginn der Achtzigerjahre wurde *Caulerpa taxifolia* aufgrund ihrer auffälligen Färbung als Dekoration für Aquarien mit tropischen Fischen eingesetzt. Bei einer Filterreinigung im Ozeanografischen Institut in Monaco im Jahr 1984 gelang es der Killeralge, ins offene Meer zu entkommen.
Seitdem breitet sie sich unkontrollierbar im Mittelmeerraum aus: Nach nur drei Jahren war der Meeresboden vor der französischen Mittelmeerküste großflächig überwuchert. Die Alge erwies sich schnell als äußerst aggressiver Eindringling: Mit Wurzeln, die sich auf nahezu jedem Untergrund festsetzen können, ist sie praktisch unverwundbar. Experten rechnen mit einer Versechsfachung der bedeckten Fläche von Jahr zu Jahr.

Für einfache Prognosen reicht es aus, die Größe der bedeckten Fläche mithilfe der Faustformel der jährlichen Versechsfachung zu berechnen. Für genauere Prognosen ist es wichtig zu wissen, ob die Wachstumsgeschwindigkeit, also die Änderungsrate der Größe der bedeckten Fläche sich ändert.

Das Wachstum der „Killeralge" werde durch die Funktion beschrieben, die jedem Zeitpunkt x die Größe f(x) der bedeckten Fläche zuordnet.
Die *mittlere Wachstumsgeschwindigkeit* im Zeitintervall $[x, x + h]$ ist die Flächenzunahme pro Zeitspanne:

$$\frac{f(x+h) - f(x)}{(x+h) - x} = \frac{f(x+h) - f(x)}{h}$$

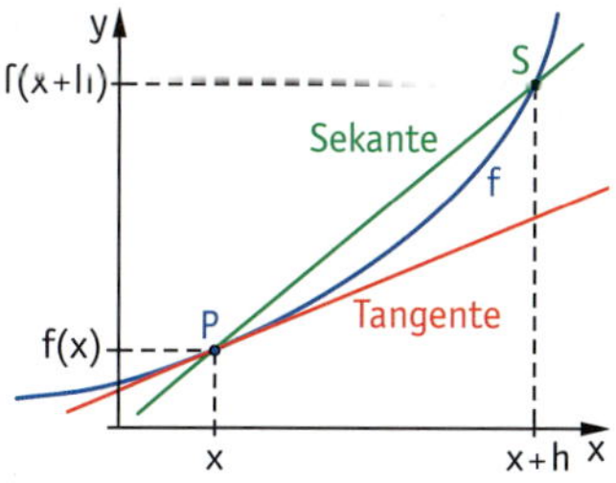

Geometrisch ist dieser Differenzenquotient die Steigung der Sekante durch die Punkte $P\big(x\,|\,f(x)\big)$ und $S\big(x + h\,|\,f(x + h)\big)$.

Die *momentane Wachstumsgeschwindigkeit* zum Zeitpunkt x ist der Grenzwert der mittleren Wachstumsgeschwindigkeit für immer kleiner werdende Zeitintervalle: $\lim\limits_{h \to 0} \frac{f(x+h) - f(x)}{h} = f'(x)$

Geometrisch ist dies die Steigung der Tangente an den Graphen im Punkt $P\big(x\,|\,f(x)\big)$. Zur Bestimmung der Wachstumsgeschwindigkeit exponentieller Prozesse benötigen wir also die Ableitung der Exponentialfunktion.

Aufgabe

1 Ableitung von Exponentialfunktionen

a) Zeichnen Sie mit einem Rechner die Graphen zu $f_2(x) = 2^x$ und $f_3(x) = 3^x$. Bestimmen Sie numerisch die Ableitung, erstellen Sie auch Wertetabellen. Äußern Sie eine Vermutung.

b) Beweisen Sie Ihre Vermutung, indem Sie allgemein die Ableitung für $f_b(x) = b^x$ bestimmen.

Lösung

a)

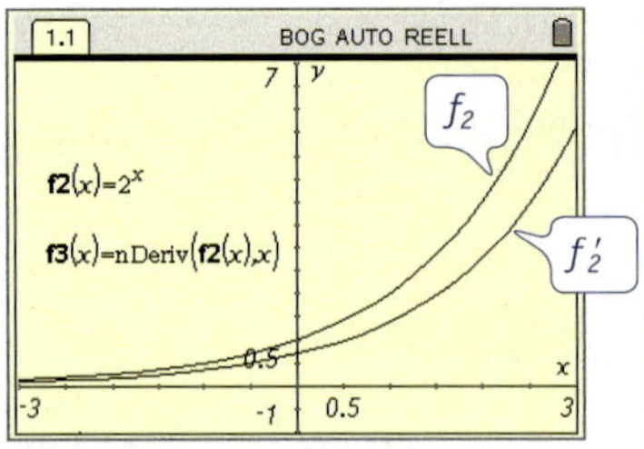

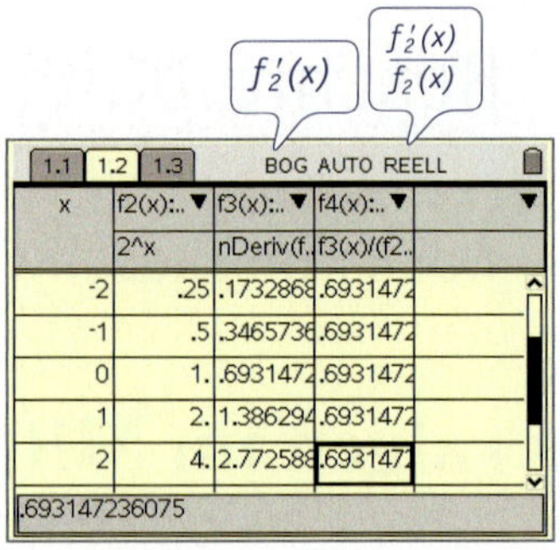

x	f2(x):..	f3(x):..	f4(x):..
	2^x	nDeriv(f..	f3(x)/(f2..
-2	.25	.1732868	.6931472
-1	.5	.3465736	.6931472
0	1.	.6931472	.6931472
1	2.	1.386294	.6931472
2	4.	2.772588	.6931471

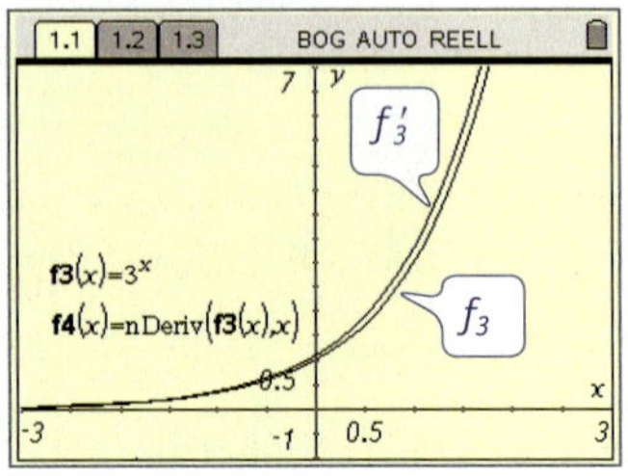

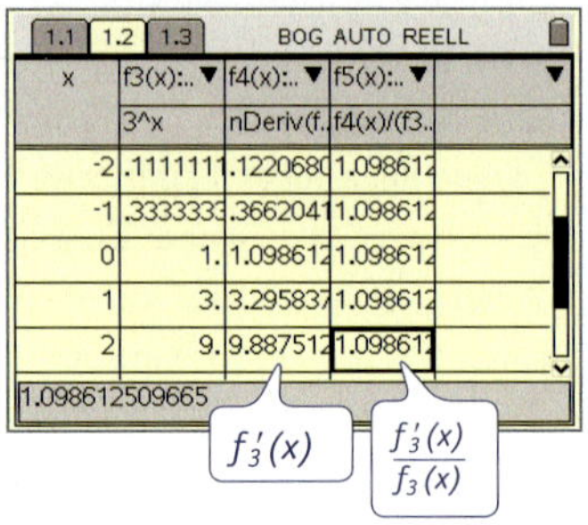

x	f3(x):..	f4(x):..	f5(x):..
	3^x	nDeriv(f..	f4(x)/(f3..
-2	.1111111	.1220680	1.098612
-1	.3333333	.3662041	1.098612
0	1.	1.098612	1.098612
1	3.	3.295837	1.098612
2	9.	9.887512	1.098612

Die Bilder legen die Vermutung nahe, dass die Graphen der Ableitungsfunktionen ebenfalls Graphen von Exponentialfunktionen sind. Wir vermuten, dass die Graphen der Ableitungsfunktionen durch Streckungen parallel zur y-Achse aus den Graphen der Ausgangsfunktionen entstehen, d. h. dass sich die Funktionsterme von f und f′ nur durch einen konstanten Faktor unterscheiden.

Zur Kontrolle berechnen wir die Quotienten $\frac{f_2'(x)}{f_2(x)}$ und $\frac{f_3'(x)}{f_3(x)}$.

Es ist $\frac{f_2'(x)}{f_2(x)} \approx 0{,}7$, also $f_2'(x) \approx 0{,}7 \cdot f_2(x)$. Der Graph von f_2' entsteht also aus dem Graphen von f_2 durch Streckung parallel zur y-Achse, ungefähr mit dem Faktor 0,7.

Es ist $\frac{f_3'(x)}{f_3(x)} \approx 1{,}1$, also $f_3'(x) \approx 1{,}1 \cdot f_3(x)$. Der Graph von f_3' entsteht also aus dem Graphen von f_3 durch Streckung parallel zur y-Achse ungefähr mit dem Faktor 1,1.

Die Streckfaktoren lassen sich gut an der Stelle $x = 0$ ablesen, da sie mit der jeweiligen Ableitung an der Stelle 0 übereinstimmen.

b) Wir wollen die Ableitung für $f_b(x) = b^x$ bestimmen.
Die Steigung der Sekanten durch die Punkte $P\left(x \mid f_b(x)\right)$ und $Q\left(x + h \mid f_b(x + h)\right)$ ist der Differenzenquotient:

$$\frac{b^{x+h} - b^x}{(x + h) - x} = \frac{b^x \cdot b^h - b^x}{h} = \frac{b^h - 1}{h} \cdot b^x$$

Für die Ableitung ergibt sich daraus:

$$f_b'(x) = \lim_{h \to 0}\left(\frac{b^h - 1}{h} \cdot b^x\right) = \left(\lim_{h \to 0} \frac{b^h - 1}{h}\right) \cdot b^x$$

Dieser Term zeigt schon, dass sich der Graph zu f_b' durch Streckung mit dem Faktor $\lim\limits_{h \to 0} \frac{b^h - 1}{h}$ parallel zur y-Achse aus dem Graphen zu f_b erzeugen lässt.

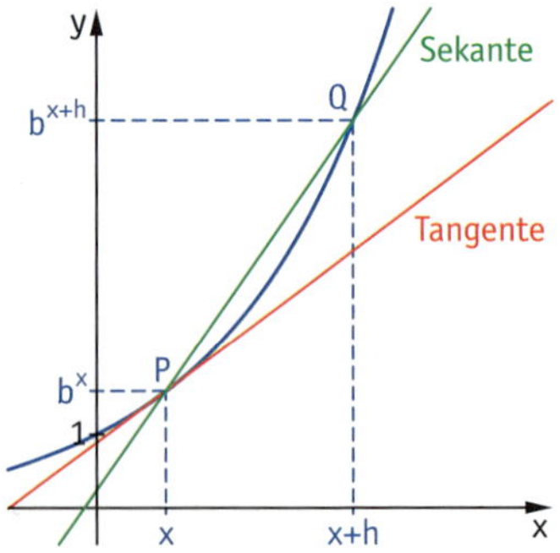

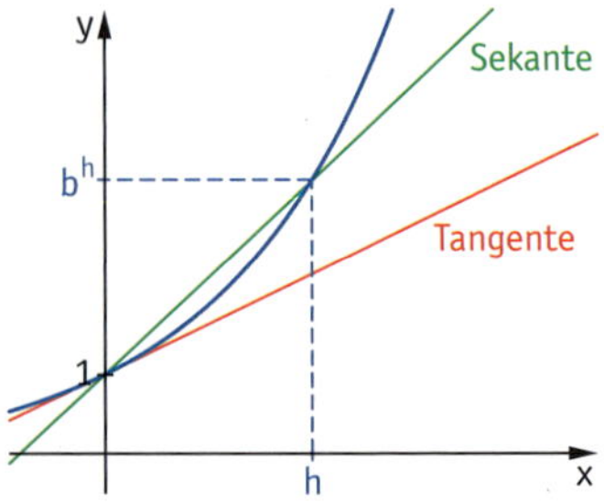

Der Streckfaktor ist der Grenzwert $\lim\limits_{h \to 0} \frac{b^h - 1}{h} = \lim\limits_{h \to 0} \frac{b^h - b^0}{h - 0}$, also die Ableitung der Funktion f_b an der Stelle 0. (Deren Existenz entnehmen wir der Anschauung.) Damit können wir den Streckfaktor zu jedem b nur numerisch berechnen.

Es ergibt sich folgender Satz:

Kennt man $f'_b(0)$, so kennt man auch $f'_b(x)$

Satz 1: Ableitung von Exponentialfunktionen

Für eine Exponentialfunktion f_b mit $f_b(x) = b^x$ gilt:

$$f'_b(x) = f'_b(0) \cdot b^x.$$

Der Graph der Ableitungsfunktion f'_b geht also aus dem Graphen von f_b durch Streckung parallel zur y-Achse mit dem Faktor $f'_b(0)$ hervor.

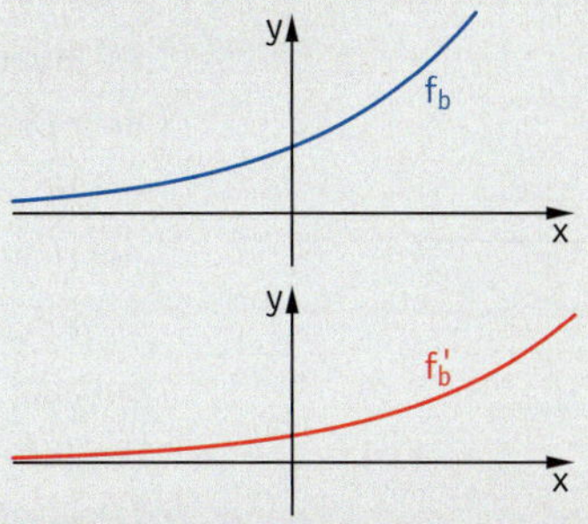

Aufgabe

2 Eine Exponentialfunktion, die mit ihrer Ableitung übereinstimmt

Den Graphen der Ableitung zu $f_2(x) = 2^x$ erhalten wir durch Streckung mit einem Faktor kleiner 1 aus dem Graphen der Funktion f_2. Um den Graphen der Ableitung zu $f_3(x) = 3^x$ zu erhalten, müssen wir den Graphen der Funktion f_3 mit einem Faktor größer 1 strecken. Wir suchen nun eine Exponentialfunktion f_b mit $f_b(x) = b^x$, die mit ihrer Ableitung übereinstimmt. Zu dieser Funktion gehört dann der Streckfaktor 1.

Lösung

Es gibt mehrere Möglichkeiten, diese Exponentialfunktion näherungsweise zu finden.

1. Möglichkeit:

Wir wählen verschiedene Werte für die Basis und kontrollieren anhand des Graphen oder der Wertetabelle, wie gut Funktion und Ableitung übereinstimmen.

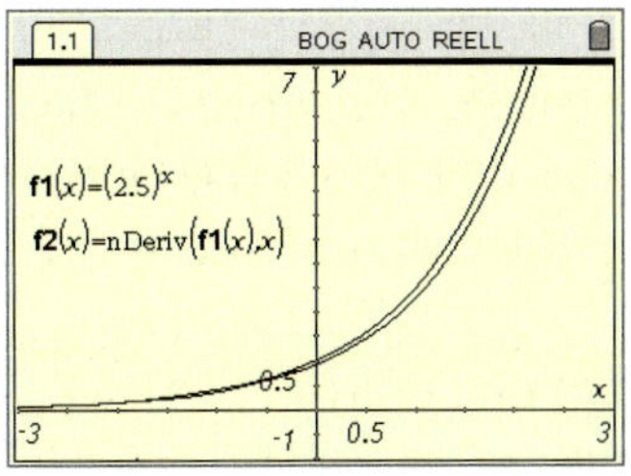

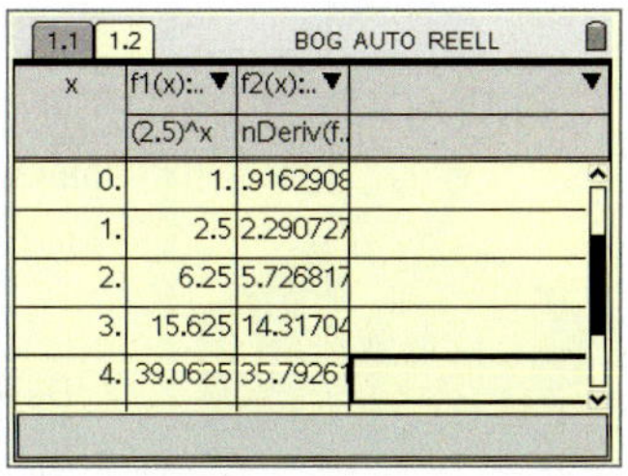

x	f1(x):= (2.5)^x	f2(x):= nDeriv(f.
0.	1.	.9162908
1.	2.5	2.290727
2.	6.25	5.726817
3.	15.625	14.31704
4.	39.0625	35.79261

Man kann aber auch direkt mit verschiedenen Werten für b nach $f'_b(0) = 1$ suchen:

Die gesuchte Basis liegt zwischen 2,7 und 2,8.

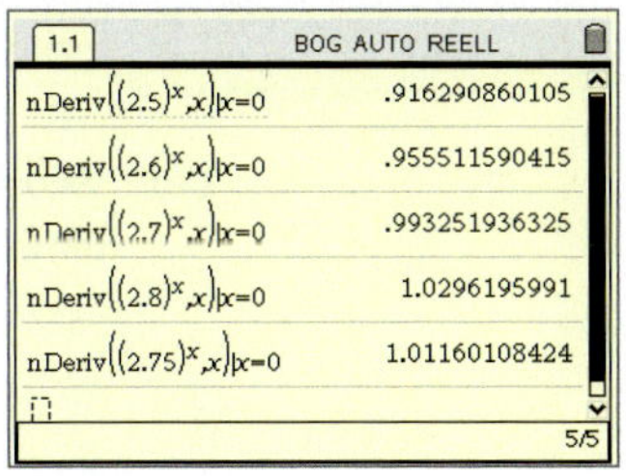

nDeriv((2.5)^x,x)|x=0	.916290860105
nDeriv((2.6)^x,x)|x=0	.955511590415
nDeriv((2.7)^x,x)|x=0	.993251936325
nDeriv((2.8)^x,x)|x=0	1.0296195991
nDeriv((2.75)^x,x)|x=0	1.01160108424

2. Möglichkeit:

Gesucht ist die Basis b, für die gilt $f'_b(0) = 1$. Wir nähern dazu die Ableitung $f'_b(0) = \lim\limits_{h \to 0} \frac{b^h - 1}{h}$ durch einen Differenzenquotienten mit $h = \frac{1}{1000}$ an.

Der Differenzenquotient für $h = \frac{1}{1000}$ an der Stelle 0 ist $\frac{b^{\frac{1}{1000}} - 1}{\frac{1}{1000}} = 1000\left(b^{\frac{1}{1000}} - 1\right)$.

Wir suchen die Basis b zwischen 2 und 3, für die dieser Differenzenquotient den Wert 1 hat. Mit einem Rechner können wir die Basis numerisch bestimmen.

Algebraisch können wir folgendermaßen vorgehen:

Durch Lösen der Gleichung $\frac{b^{\frac{1}{1000}} - 1}{\frac{1}{1000}} = 1$ erhalten wir $b^{\frac{1}{1000}} = 1 + \frac{1}{1000}$, also $b = \left(1 + \frac{1}{1000}\right)^{1000} \approx 2{,}72$.

Ergebnis: Die Exponentialfunktion zu $f_{2,72}(x) = 2{,}72^x$ stimmt fast mit ihrer Ableitung $f'_{2,72}(x) = 1{,}001 \cdot 2{,}72^x$ überein.

Information

(1) Exponentialfunktion, die mit ihrer Ableitung übereinstimmt

In Teilaufgabe 1 b) wurde gezeigt, dass der Graph der Ableitungsfunktion einer Exponentialfunktion aus dem Graphen der Exponentialfunktion durch Streckung parallel zur y-Achse mit dem Faktor $f_b'(0)$ hervorgeht.

Anschaulich ist klar, dass es genau eine Exponentialfunktion gibt, die mit ihrer Ableitung übereinstimmt. In Aufgabe 2 haben wir gesehen, dass ihre Basis in der Nähe von 2,72 liegt. Wir wollen diese Basis nun genauer bestimmen.

Der Differenzenquotient zur Bestimmung der Ableitung $f_b'(0)$ der Exponentialfunktion f_b mit $f_b(x) = b^x$ im Intervall [0; h] ist $\frac{b^h - b^0}{h - 0} = \frac{b^h - 1}{h}$.

Setzt man $h = \frac{1}{n}$ ergibt sich daraus $\frac{b^{\frac{1}{n}} - 1}{\frac{1}{n}}$.

$h = \frac{1}{n}$
für $n \to \infty$
gilt $h \to 0$

Für die gesuchte Basis b gilt für große n:

$$\frac{b^{\frac{1}{n}} - 1}{\frac{1}{n}} \approx 1 \qquad \left| \cdot \frac{1}{n} \right.$$

$$b^{\frac{1}{n}} - 1 \approx \frac{1}{n} \qquad | + 1$$

$$b^{\frac{1}{n}} \approx 1 + \frac{1}{n} \qquad | \text{ Potenzieren mit n}$$

$$b \approx \left(1 + \frac{1}{n}\right)^n$$

Leonhard Euler
1707 – 1783

Damit ist die Basis der Exponentialfunktion, die mit ihrer Ableitung übereinstimmt, der Grenzwert $\lim\limits_{n \to \infty} \left(1 + \frac{1}{n}\right)^n \approx 2{,}718\ldots$

Man kann zeigen, dass dieser Grenzwert eine irrationale Zahl ist, d. h. sie kann nicht als Bruch mit ganzzahligem Zähler und Nenner geschrieben werden.

Als Dezimalbruch hat sie unendlich viele Nachkommastellen ohne Periode.

Definition 1

Die Euler'sche Zahl e ist der Grenzwert $e = \lim\limits_{n \to \infty} \left(1 + \frac{1}{n}\right)^n \approx 2{,}71828182845\ldots$

(2) Definition der e-Funktion

Die Exponentialfunktion f mit $f(x) = e^x$ stimmt nach Satz 1 mit ihrer Ableitung überein: $f'(x) = e^x$

An jeder Stelle ist die Tangentensteigung gleich dem Funktionswert an dieser Stelle. Ihrer besonderen Bedeutung wegen erhält sie einen eigenen Namen:

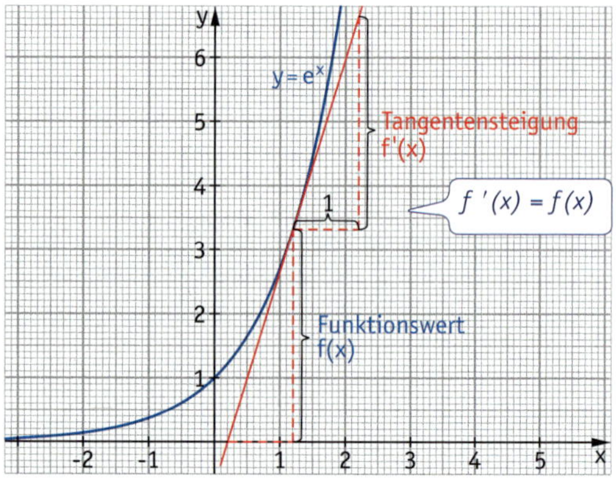

Definition 2

Die Exponentialfunktion f mit $f(x) = e^x$ und $x \in \mathbb{R}$ wird **e-Funktion** genannt.

Damit können wir knapp formulieren:

Satz 2

Die e-Funktion mit $f(x) = e^x$ stimmt mit ihrer Ableitung überein: $f'(x) = e^x$.

Die Ableitung von e^x ist e^x.

Übungsaufgaben

3 Zeichnen Sie die Graphen verschiedener Exponentialfunktionen $x \mapsto b^x$ und der dazugehörigen Ableitungen. Denken Sie auch an Basen $b < 1$. Schreiben Sie eine Zusammenfassung Ihrer Beobachtungen und formulieren Sie eine Vermutung.

4 Rechts sehen Sie, wie Marc abgeleitet hat.
Überprüfen Sie seine Behauptung.

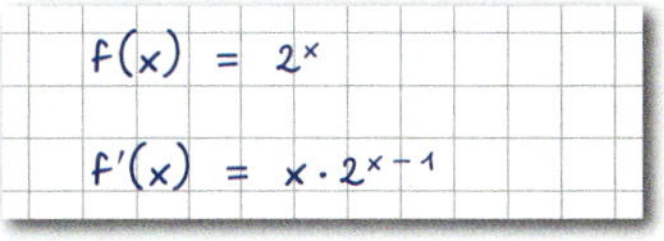

5 Gegeben ist die Funktion f mit $f(t) = 5^t$, die einen Wachstumsprozess beschreibt.
Bestimmen Sie wie in der Lösung von Aufgabe 1 mithilfe des Differenzenquotienten näherungsweise die momentane Wachstumsgeschwindigkeit zu einem beliebigen Zeitpunkt t.

6 Für eine Exponentialfunktion mit $f(x) = b^x$ gilt: $f'(0) = 1{,}3$.

a) Wie geht der Graph von f′ aus dem Graphen von f hervor?

b) Bestimmen Sie näherungsweise die Basis b für den Funktionsterm von f. Geben Sie auch einen Funktionsterm für f′ an.

7 Überprüfen Sie folgende Behauptung:
Der Graph der Ableitung einer Exponentialfunktion entsteht durch eine Verschiebung des Graphen der Exponentialfunktion parallel zur x-Achse. Für Basen größer als 3 ist der Graph nach links verschoben; für Basen kleiner als 2,5 nach rechts.

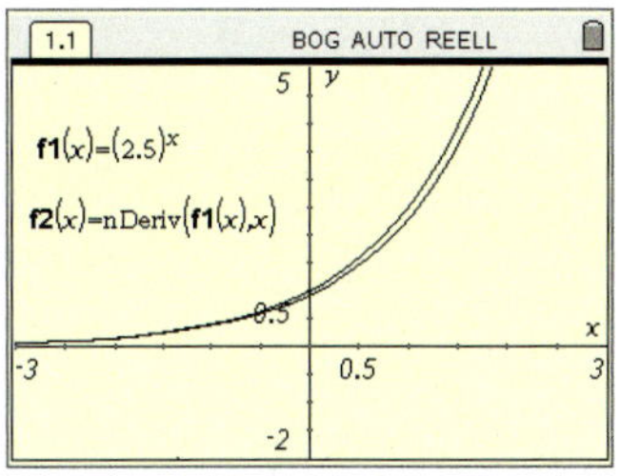

8 Berechnen Sie $\left(1 + \frac{1}{n}\right)^n$ für $n = 1; 10; 100; \ldots; 10^{14}$.
Was fällt auf? Begründen Sie.

9 Nehmen Sie Stellung zu der Argumentation rechts.

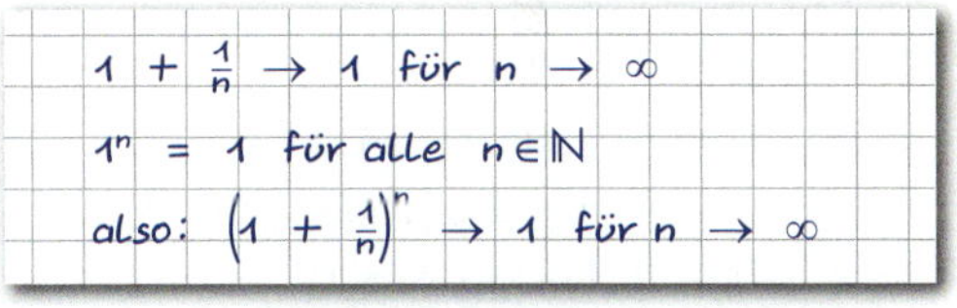

10 Die Größe einer bestimmten Schimmelpilz-Kultur in cm^2 kann durch den Funktionsterm $3 \cdot e^t$ beschrieben werden, wobei t für die Zeit in Stunden steht.

Penicillin

Der britische Bakteriologe ALEXANDER FLEMING entdeckte 1928, dass ein Schimmelpilz, der Pinselschimmel *Penicillium notatum*, besonders wirksam gegen Bakterien ist. Noch heute wird das Antibiotikum Penicillin daraus gewonnen.

a) Ermitteln Sie die durchschnittlichen Wachstumsgeschwindigkeiten der Schimmelpilz-Kultur in den Zeitintervallen
(1) [0; 1], (2) [1; 2], (3) [2; 3], (4) [3; 4], (5) [4; 5].

b) Ermitteln Sie die momentanen Wachstumsgeschwindigkeiten zu den Zeitpunkten
(1) 0, (2) 1, (3) 2, (4) 3, (5) 4 Stunden.

11 Zeichnen Sie den Graphen der Funktion f und geben Sie an, durch welche Abbildung(en) er aus dem Graphen der e-Funktion entsteht.

a) $f(x) = e^x - 1$ **c)** $f(x) = -\frac{1}{4}e^x$ **e)** $f(x) = e^{-x}$ **g)** $f(x) = e^{\frac{1}{3}x}$

b) $f(x) = \frac{1}{2}e^x$ **d)** $f(x) = 2e^x - 3$ **f)** $f(x) = e^{2x}$ **h)** $f(x) = e^{-\frac{1}{2}x}$

12 Bilden Sie die Ableitungen f′ und f″.

a) $f(x) = e^x + 1$ **d)** $f(x) = -3e^x$ **g)** $f(x) = e^x + x^2 + x + 1$ **j)** $f(x) = -e^{-3x}$

b) $f(x) = e^x + x$ **e)** $f(x) = 4e^x - 1$ **h)** $f(x) = -e^x - x + 5$ **k)** $f(x) = e^{4x-3}$

c) $f(x) = 2e^x$ **f)** $f(x) = -e^x + 3$ **i)** $f(x) = e^{2x}$ **l)** $f(x) = e^{-\frac{x}{2}+1} - x^2$

13 Unten sind die Graphen der Ableitungsfunktionen f_1', f_2' und f_3' abgebildet. Ordnen Sie die Graphen den Funktionen zu. Begründen Sie Ihre Entscheidung. $f_1(x) = e^{(x-2)}$; $f_2(x) = 2e^x$; $f_3(x) = e^x + 2$

(1)

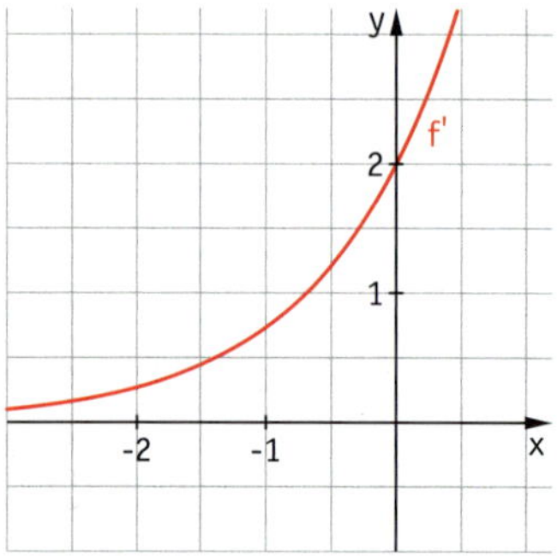

(2)

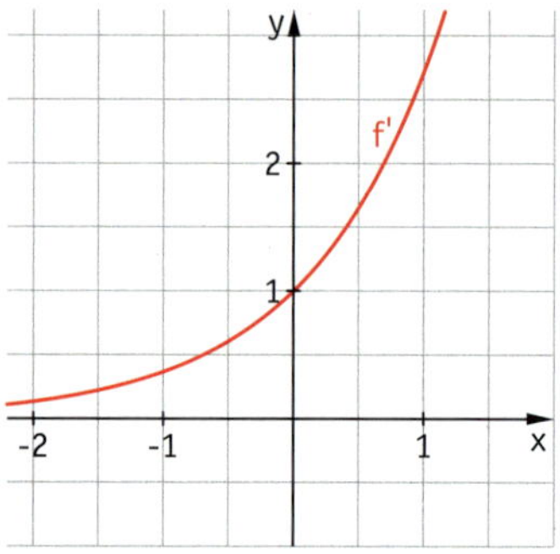

(3)

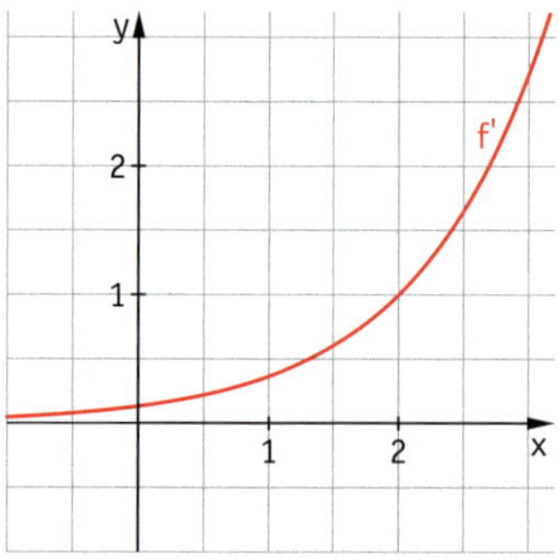

14 Eine Funktion f ist gegeben durch $f(x) = e^x + 1$. Die Tangente in einem Punkt P des Graphen der e-Funktion schneidet die x-Achse im Punkt Q. Wie muss die Lage von P gewählt werden, damit die Länge der Strecke $\overline{PQ}$ möglichst klein wird?

Unser Angebot: Bankschatzbriefe

Wählen Sie entsprechend Ihren Auszahlungswünschen

Typ A: jährliche Zinszahlung von 4 %

Typ B: halbjährliche Zinszahlung von 2 %

Typ C: vierteljährliche Zinszahlung von 1 %

15 Marie und Kevin unterhalten sich über das nebenstehende Angebot.

Marie meint: *„Wer vierteljährlich seine Zinsen haben will, verschenkt sein Geld: 1 % als Zinssatz ist ganz schön wenig."*

Kevin entgegnet: *„Ich denke, alle Angebote sind gleich günstig: zweimal 2 % sind 4 %, viermal 1 % sind 4 %."*

Bewerten Sie die Argumentation der beiden anhand von Kunden, die die ausgezahlten Zinsen sofort wieder in Bankschatzbriefen desselben Typs anlegen.

16

a) Erläutern Sie die Überlegung rechts.

b) Welcher Endbetrag ergibt sich bei täglicher, stündlicher, minütlicher, sekündlicher Zinszahlung?

c) Erörtern Sie, ob bei immer kürzeren Zeitspannen das Kapital nach einem Jahr beliebig groß werden kann.

Stetige Verzinsung

Ausgangskapital 1 000 €, Zinssatz 100 % p. a.

Kapital nach einem Jahr bei

- jährlicher Zinszahlung: $K = 1000 \cdot (1 + 1) = 2000$
- monatlicher Zinszahlung: $K = 1000 \cdot \left(1 + \frac{1}{12}\right)^{12} = 2613{,}04$

3.3.2 Ableitung von Exponentialfunktionen – Natürlicher Logarithmus

Einführung

Im Abschnitt 3.3.1 haben wir versucht, die Ableitung zu einer Exponentialfunktion zu bestimmen und vorerst nur ein Zwischenergebnis erhalten:

$f(x) = b^x$ hat als Ableitung $f'(x) = f'(0) \cdot b^x$, wobei wir den Faktor $f'(0)$ bislang nur numerisch bestimmen können.

Andererseits kennen wir die Ableitung der e-Funktion genau. Daher versuchen wir am Beispiel der Exponentialfunktion zu $f(x) = 2^x$ die Basis 2 so zu schreiben, dass sie eine Potenz von e ist.

Am Graphen der e-Funktion oder einer Wertetabelle erkennen wir, dass gilt $e^{0,7} \approx 2$.

Damit können wir mithilfe der Potenzgesetze umformen:

$$f(x) = 2^x \approx (e^{0,7})^x = e^{0,7 \cdot x}$$

Mithilfe der Kettenregel mit innerer linearer Funktion ergibt sich dann

$$f'(x) \approx 0,7 \cdot e^{0,7 \cdot x} \approx 0,7 \cdot 2^x,$$

also das Ergebnis, das wir auch zeichnerisch ermittelt hatten.

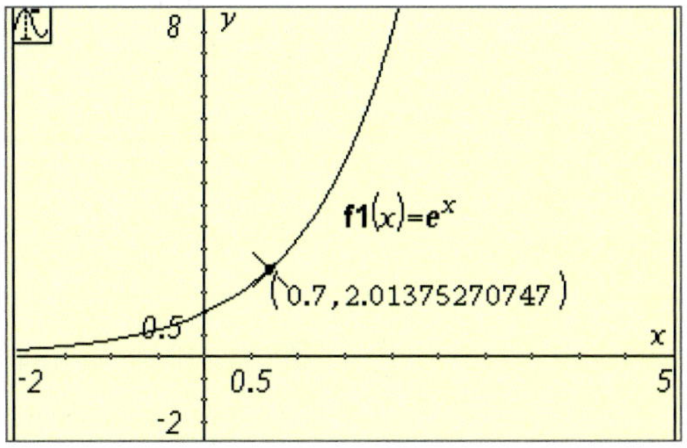

Information

(1) Natürlicher Logarithmus

Beliebige Exponentialfunktionen mit dem Term b^x können wir ableiten, wenn es uns gelingt, die Basis b als Potenz der EULER'schen Zahl e zu schreiben. Der gesuchte Exponent dieser Potenz ist der Logarithmus zur Basis e.

logarithmus naturalis

Definition 3

Der Logarithmus zur Basis e heißt **natürlicher Logarithmus**; er wird mit ln bezeichnet: $\ln x = \log_e x$

Die Funktion f mit $f(x) = \ln x$ und $x > 0$ nennt man **natürliche Logarithmusfunktion.**

Beispiele

$\ln 4 \approx 1,3863$, denn $e^{1,3863} \approx 4$; $\ln 20,09 \approx 3$, denn $e^3 \approx 20,09$

(2) Zusammenhang zwischen e-Funktion und natürlichem Logarithmus

Für die ln-Funktion gilt:

$\ln(e^x) = x$ (für alle $x \in \mathbb{R}$)

$e^{\ln x} = x$ (für $x > 0$).

Insbesondere gilt: $\ln e = 1$

Beachten Sie: Die Einheiten auf den Koordinatenachsen müssen gleich sein.

Der Graph der natürlichen Logarithmusfunktion entsteht durch Spiegelung des Graphen der e-Funktion an der Winkelhalbierenden mit der Gleichung $y = x$.

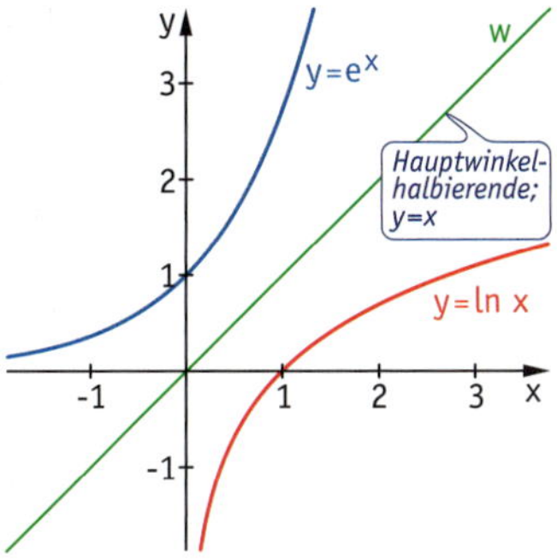

(3) Logarithmengesetze

Die bekannten Logarithmengesetze lauten für den Spezialfall zur Basis e:

(a) $\ln(x \cdot y) = \ln x + \ln y$ (b) $\ln\left(\frac{x}{y}\right) = \ln x - \ln y$ (c) $\ln(x^t) = t \cdot \ln x$

Aufgabe

1 Bestimmen Sie die Ableitung einer Exponentialfunktion mit dem Funktionsterm $f(x) = b^x$ für eine beliebige Basis $b > 0,\ b \neq 1$.

Lösung

Wir schreiben die Basis b als Potenz von e: $b = e^{\ln b}$.
Damit lautet der Funktionsterm $f(x) = (e^{\ln b})^x = e^{(\ln b)\cdot x}$
In dieser Form können wir ihn mithilfe der Kettenregel mit innerer linearer Funktion ableiten:

$$f'(x) = (\ln b)\cdot e^{(\ln b)\cdot x} = (\ln b)\cdot b^x$$

Information

(4) Ableitung von Exponentialfunktionen

Satz 3
Die Exponentialfunktion zu $f(x) = b^x$ mit $b > 0$ und $b \neq 1$ hat die Ableitung $f'(x) = (\ln b)\cdot b^x$.

Beispiel: $f(x) = 3^x,\ f'(x) = (\ln 3)\cdot 3^x \approx 1{,}099\cdot 3^x$

Aufgabe

2 Das Bilden des natürlichen Logarithmus macht das Potenzieren von e rückgängig: $\ln(e^x) = x$. Die e-Funktion stimmt mit ihrer Ableitung überein.
Welche Ableitung hat die Logarithmusfunktion f mit $f(x) = \ln x$? Untersuchen Sie dies mithilfe eines Rechners und stellen Sie eine Vermutung auf.

Lösung

Betrachtet man die numerische Ableitung der Logarithmusfunktion in einer Wertetabelle, so gelangt man zu der Vermutung $f'(x) = \frac{1}{x}$.

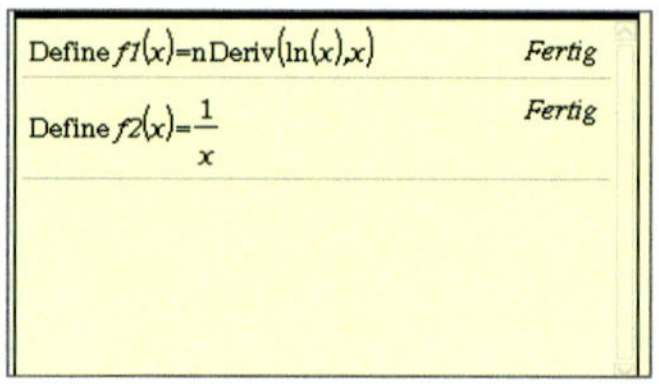

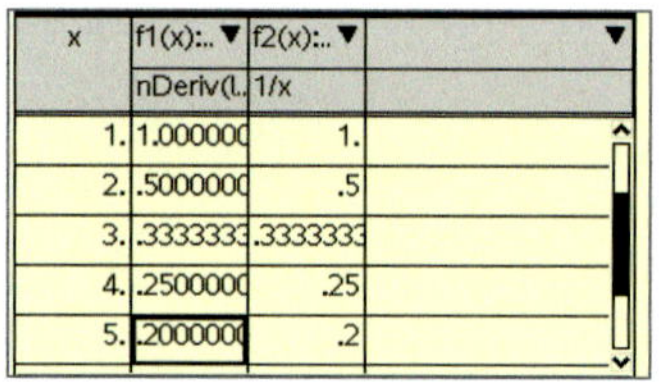

Information

(5) Ableitung der Logarithmusfunktion

Die Lösung von Aufgabe 2 lässt folgenden Satz vermuten:

Satz 4: Ableitung des natürlichen Logarithmus
Die Funktion f mit $f(x) = \ln x$ hat für alle $x > 0$ die Ableitung $f'(x) = \frac{1}{x}$.

Satz 4 kann man wie folgt begründen:
An der Stelle $\ln x$ hat die e-Funktion mit $g(x) = e^x$ die Ableitung $g'(\ln x) = e^{\ln x} = x$.
Das Steigungsdreieck an den Graphen der e-Funktion an der Stelle $\ln x$ ist kongruent zum Steigungsdreieck an den Graphen der Logarithmusfunktion an der Stelle x.
Daraus ergibt sich für den natürlichen Logarithmus $f'(x) = \frac{1}{x}$.

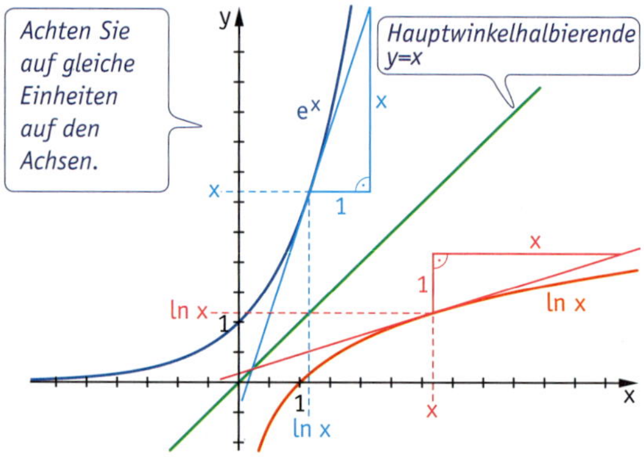

Übungsaufgaben

3 Begründen Sie die Formel aus einer Formelsammlung

$f(x)$	$f'(x)$
b^x	$b^x \cdot \ln b$

$\ln b$ ist der Logarithmus von b zur Basis e

4

a) Zeichnen Sie den Graphen der natürlichen Logarithmusfunktion und beschreiben Sie seinen Verlauf.

b) Verdeutlichen Sie die Logarithmengesetze aus der Information (3) durch Zahlenbeispiele am Graphen.

5 Vereinfachen Sie folgende Terme:

a) $\ln e^2$ **b)** $\ln \frac{1}{e^2}$ **c)** $\ln \sqrt{e}$ **d)** $\ln \sqrt[3]{e}$ **e)** $\ln \frac{e^2}{k}$ **f)** $\ln(2 \cdot e^3)$ **g)** $\ln \sqrt{\frac{3}{e}}$ **h)** $\ln(e^{3k})$ **i)** $\ln \sqrt[n]{e}$ **j)** $e^{\ln 3}$ **k)** $e^{-\ln 2}$ **l)** $e^{\frac{1}{2}\ln 3}$

6 Fassen Sie zusammen.

a) $\ln(x+1) - \ln x + \ln \frac{1}{x}$ **b)** $3 \ln x - \ln(2+x) - \ln(x-2)$ **c)** $\ln(e^{x+1}) \cdot \ln(e^{-x^2})$

7 Bestimmen Sie die Lösungsmenge.

a) $\ln x = 3$ **b)** $\ln x = -1$ **c)** $\ln(x+1) = 2$ **d)** $\ln(x^2) = 1$ **e)** $\ln(3x-5) = 0$ **f)** $e^x = 2$ **g)** $e^{\frac{1}{2}x} = 3$ **h)** $e^{2x+1} = \frac{1}{2}$ **i)** $e^{\sqrt{x}} = 2$ **j)** $e^{3x^2} = 7$

8 Beschreiben Sie, wie der Graph von f aus dem Graphen des natürlichen Logarithmus entsteht.

a) $f(x) = \ln x + 1$ **b)** $f(x) = \ln x - 3$ **c)** $f(x) = \ln(x+1)$ **d)** $f(x) = \ln(x-3)$ **e)** $f(x) = 2 \cdot \ln x$ **f)** $f(x) = \ln\left(\frac{1}{3}x\right)$ **g)** $f(x) = \ln(2x)$ **h)** $f(x) = \frac{1}{3}\ln x$

9 Bestimmen Sie mögliche Funktionsterme zu den Graphen rechts und überprüfen Sie das Ergebnis mit einem Rechner.

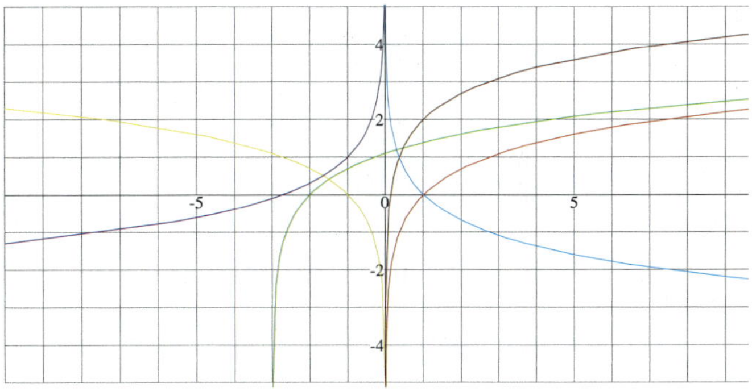

10 Bilden Sie die 1. und 2. Ableitung.

a) $f(x) = 3^x$ **b)** $f(x) = 2 \cdot 3^x$ **c)** $f(t) = 1{,}02^t + t^2$ **d)** $f(x) = 2{,}5^x - 2{,}5 \cdot 2^x$ **e)** $f(x) = k \cdot k^x - k^x$ **f)** $f(x) = 3^x - e^x$

11 An den Graphen von f mit $f(x) = \left(\frac{1}{4}\right)^x$ sollen an den Stellen 1 und −2 die Tangenten gelegt werden. Bestimmen Sie den Schnittpunkt der beiden Tangenten.

12 Bilden Sie die 1. und 2. Ableitung.

a) $f(x) = \ln(x+1)$ **b)** $f(x) = 2\ln(2x)$ **c)** $f(x) = \ln(1+kx)$ **d)** $f(x) = e^{2\ln x} + \ln(e^{2x})$ **e)** $h(t) = \frac{1}{2}\ln\left(\frac{t}{b} - 1\right)$ **f)** $f(s) = \ln(3s-2) + 2s^3$

13 An welchem Punkt ist die Tangente an den Graphen der natürlichen Logarithmusfunktion parallel zur Geraden mit der Gleichung $2x - 3y + 7 = 0$? Bestimmen Sie die Gleichung der Tangente.

3.3.3 Beschreibung von exponentiellem Wachstum mithilfe der e-Funktion

Ziel

In diesem Abschnitt können Sie sich erarbeiten, wie exponentielles Wachstum mithilfe der e-Funktion beschrieben werden kann.

Zum Erarbeiten

(1) Exponentielle Abnahme

Das Cäsium-Isotop ^{137}Cs kommt ausschließlich als Spaltprodukt bei Kernreaktionen vor. Es wird von Menschen über die Luft, über Pflanzen und ganz besonders über Milch und Fleisch aufgenommen. Das Cäsium-Isotop ^{137}Cs hat eine Halbwertzeit von 30 Jahren.

Radioaktive Substanzen zerfallen so, dass für die Halbierung einer vorhandenen Menge der Substanz stets die gleiche Zeitspanne nötig ist, unabhängig von der Größe der vorhandenen Menge. Diese Zeitspanne nennt man **Halbwertszeit**. Der radioaktive Zerfall ist ein exponentieller Abnahmeprozess. In der Physik wird dieser Prozess mit dem folgenden Zerfallsgesetz aus einer Formelsammlung beschrieben: $N = N_0 \cdot e^{-\lambda t}$
Dabei ist N die zum Zeitpunkt t vorhandene Menge der radioaktiven Substanz, N_0 ist die Menge, die zum Beobachtungsbeginn $t = 0$ vorhanden ist, λ ist eine stoffspezifische Zerfallskonstante.

$1\,\mu g = 10^{-6}\,g$ (µg: Mikrogramm)

- Ermitteln Sie das Zerfallsgesetz für eine Menge von 100 µg ^{137}Cs.
  Der Einfachheit halber rechnen wir hier – anders als in der Physik – nur mit den Maßzahlen ohne Einheiten. Es ist $N_0 = N(0) = 100$. Die Konstante λ ermitteln wir aus der Bedingung, dass nach 30 Jahren nur noch die Hälfte, also 50 µg, vorhanden ist:

$$50 = 100\,e^{-\lambda \cdot 30} \quad |:100$$
$$\frac{1}{2} = e^{-\lambda \cdot 30} \quad |\ln$$
$$\ln\left(\frac{1}{2}\right) = -\lambda \cdot 30 \quad |:(-30)$$
$$\lambda = \frac{\ln\left(\frac{1}{2}\right)}{-30} \approx 0{,}0231$$

  Damit lautet das Zerfallsgesetz $N(t) = 100 \cdot e^{-0{,}0231t}$ und wir können mit einem Rechner den Graphen und die Wertetabelle betrachten.

  N (t) statt nur N

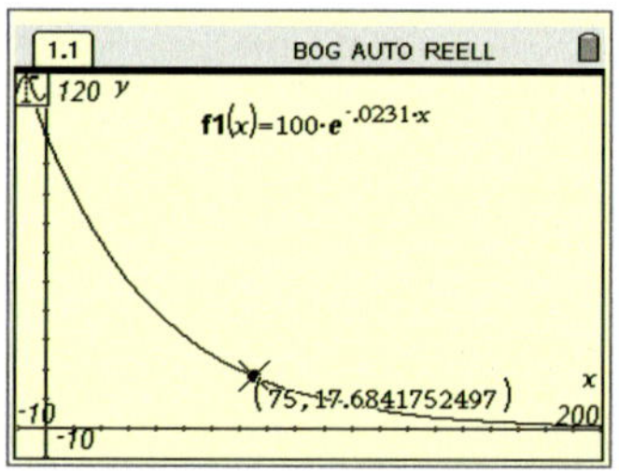

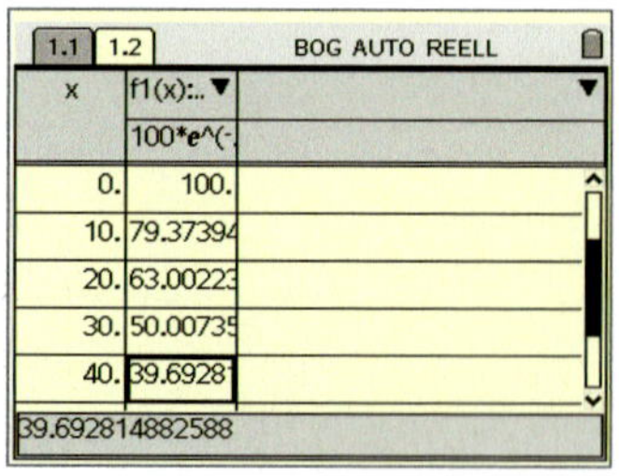

Becquerel (Bq), nach dem Physiker Antoine HENRI BECQUEREL benannte Einheit der Aktivität radioaktiver Stoffe: $1\,Bq = 1\,s^{-1}$ bedeutet 1 radioaktiver Zerfall pro Sekunde.

- Die Bestimmung der vorhandenen ^{137}Cs-Menge erfolgt experimentell über die Messung der Zerfallsgeschwindigkeit in der Einheit Bq, also Zerfälle pro Sekunde.
  Erläutern Sie, warum es möglich ist, mithilfe der Zerfallsgeschwindigkeit die Menge der radioaktiven Isotope zu ermitteln, indem Sie $N(t)$ und $N'(t)$ vergleichen.
  Am Beispiel der 100 µg ^{137}Cs gilt für die Menge zum Zeitpunkt t:
  $$N(t) = 100 \cdot e^{-0{,}0231t}$$
  und für die Zerfallsgeschwindigkeit zum Zeitpunkt t
  $$N'(t) = 100 \cdot e^{-0{,}0231t} \cdot (-0{,}0231) = N(t) \cdot (-0{,}0231)$$
  Kettenregel mit innerer linearer Funktion
  d. h. zu jedem Zeitpunkt ist die Zerfallsgeschwindigkeit proportional zur vorhandenen Menge und der Proportionalitätsfaktor ist $-\lambda = -0{,}0231$. Man kann also aus der Zerfallsgeschwindigkeit unmittelbar die noch vorhandene Menge ermitteln.

(2) Exponentielle Zunahme

Bei einer von Grünalgen befallenen Wasserfläche nimmt die befallene Fläche durchschnittlich um 4 % pro Woche zu. Damit ergibt sich der Wachstumsfaktor $1 + \frac{4}{100}$ pro Woche. Die Entwicklung der befallenen Fläche kann durch die Funktion A mit $A(t) = A(0) \cdot 1{,}04^t$ beschrieben werden. Dabei ist A (0) der Flächeninhalt der zum Beobachtungsbeginn befallenen Fläche und t die Zeit in Wochen.

In den Naturwissenschaften beschreibt man exponentielle Prozesse allerdings lieber mithilfe der e-Funktion, weil für sie eine einfache Ableitungsregel gilt und man deshalb auf einfache Weise Wachstumsgeschwindigkeiten bestimmen kann.

- Schreiben Sie den Funktionsterm A (t) mit e als Basis.

  Es gilt: $1{,}04 = e^{\ln 1{,}04} \approx e^{0{,}0392}$

  $A(t) = A(0) \cdot 1{,}04^t = A(0) \cdot (e^{0{,}0392})^t = A(0)\, e^{0{,}0392t}$

- Berechnen Sie, wie lange es dauert, bis sich die Algenfläche verdoppelt hat.

  Aus der Bedingung $A(t) = 2 \cdot A(0)$ folgt

  $2 \cdot A(0) = A(0) \cdot e^{0{,}0392t}$ | : A (0)

  $2 = e^{0{,}0392t}$ | Logarithmieren beider Seiten

  $\ln 2 = 0{,}0392t$ | : 0,0392

  $t = \frac{\ln 2}{0{,}0392} \approx 17{,}7$

  Unabhängig davon, wie groß die Algenfläche ist, dauert es stets 17,7 Jahre, bis sich deren Größe verdoppelt hat.

- Vergleichen Sie die Wachstumsgeschwindigkeit mit der vorhandenen Menge.

  Für die Wachstumsgeschwindigkeit gilt:

  $A'(t) = A(t) \cdot e^{0{,}0392t} \cdot 0{,}0392$ *Kettenregel mit innerer linearer Funktion*

  $= A(t) \cdot 0{,}0392$

  D. h. die Wachstumsgeschwindigkeit ist proportional zur vorhandenen Menge.

Information

(1) e als Basis für jedes exponentielle Wachstum

Wir benutzen den Begriff exponentielles Wachstum als Oberbegriff für exponentielle Zunahme und exponentielle Abnahme.

Jedes exponentielle Wachstum mit einem Funktionsterm $f(t) = a \cdot b^t$ (mit dem Anfangsbestand $a = f(0)$ zum Zeitpunkt $t = 0$ und $b > 0$) lässt sich mit der EULER'schen Zahl e als Basis schreiben:

$f(t) = a \cdot e^{kt}$ mit $k = \ln b$, da $b^t = (e^{\ln b})^t = e^{(\ln b) \cdot t}$.

Ist $b > 1$, also $k > 0$, so beschreibt die Funktion f eine **exponentielle Zunahme.**

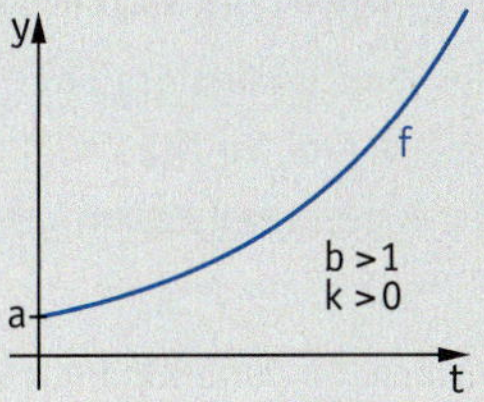

Ist $b < 1$, also $k < 0$, so beschreibt die Funktion f eine **exponentielle Abnahme.**

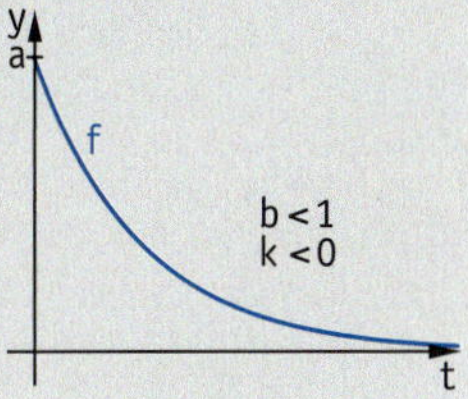

Beispiele

- $f(x) = 2 \cdot 1{,}25^x = 2 \cdot e^{\ln(1{,}25) \cdot x} \approx 2 \cdot e^{0{,}2231 \cdot x}$ *Zunahme: k > 0*
- $f(x) = 9 \cdot 0{,}67^x = 9 \cdot e^{\ln(0{,}67) \cdot x} \approx 9 \cdot e^{-0{,}4005 \cdot x}$ *Abnahme: k < 0*

(2) Wachstumsgeschwindigkeit exponentiellen Wachstums

Bei exponentiellem Wachstum ist die Wachstumsgeschwindigkeit in jedem Moment proportional zum vorhandenen Bestand.

Für $f(t) = a \cdot e^{kt}$ gilt: $f'(t) = a \cdot k \cdot e^{kt} = k \cdot f(t)$

(3) Halbierungszeit bzw. Verdoppelungszeit

Bei einer exponentiellen Abnahme mit dem Funktionsterm $f(t) = a \cdot e^{kt}$, $k < 0$, beträgt die **Halbierungszeit** $t_H = \frac{-\ln 2}{k}$

Bei einer exponentiellen Zunahme mit dem Funktionsterm $f(t) = a \cdot e^{kt}$, $k > 0$, beträgt die **Verdoppelungszeit** $t_V = \frac{\ln 2}{k}$.

Zum Üben

1 Über die Atmung und die Haut sowie durch das Trinken von Wasser und die Nahrungsaufnahme nehmen wir täglich radioaktive Stoffe auf, die sich im menschlichen Körper ablagern. Iod (^{131}I) lagert sich fast ausschließlich in der Schilddrüse ab und kann Schilddrüsen-Krebs auslösen. Pro Tag zerfallen ca. 8,3 % der aktuellen Masse. Von einem Menschen wurden 0,5 mg Iod aufgenommen.

a) Geben Sie einen Funktionsterm der Exponentialfunktion an, die diesen Zerfallsprozess beschreibt. Verwenden Sie zur Beschreibung die Basis e.

b) Wie lange dauert es, bis noch 320 µg vorhanden sind?

$1\,\mu g = 10^{-6}\,g$ (µg: Mikrogramm)

c) Ermitteln Sie, wie lange es dauert, bis die Iodmenge (1) 0,25 mg (2) 0,125 mg beträgt. Was fällt auf?

d) Beweisen Sie Ihre Vermutung aus Teilaufgabe c).

2

Wer nie sein Beef mit Salmonellen aß

München (dpa) – Kartoffel- und Geflügelsalate können bei Sommerpartys leicht zum Erreger für eine Salmonellenerkrankung werden. Salmonellen finden zwischen 15 und 45 Grad Celsius ideale Wachstumsvoraussetzungen. Die staatliche Beratung für Ernährung wies in München darauf hin, dass sich Salmonellen im lauwarmen Kartoffelsalat und nicht durchgegarten Frikadellen von 800 Keimen in vier Stunden auf über drei Millionen vermehren. Zubereitete Salate sollten unbedingt im Kühlschrank aufbewahrt und in Kühltaschen zur Party transportiert werden. Kartoffel- und Meeresfrüchtesalate sollten schnell abkühlen und in kleinen Mengen aufgeteilt in den Kühlschrank gestellt werden.

a) Beschreiben Sie das Anwachsen der Salmonellen-Anzahl durch einen Funktionsterm mit e als Basis und 800 als Anfangswert.

b) Berechnen Sie, wann 1 600, 3 200, 6 400 Salmonellen vorhanden sind. Was fällt auf?

c) Beweisen Sie Ihre Vermutung aus Teilaufgabe b).

3 Milch der Güteklasse 1 enthält etwa 20 000 Keime von Milchsäurebakterien (Laktobazillen) pro ml Milch. In warmer Umgebung (20 °C bis 30 °C) nimmt die Zahl der Keime exponentiell zu. Nach 5 Stunden sind bereits ca. 140 000 Keime pro ml vorhanden. Milch wird sauer, wenn sie etwa 1 000 000 Keime pro ml enthält.
Berechnen Sie, wann die Milch sauer wird.

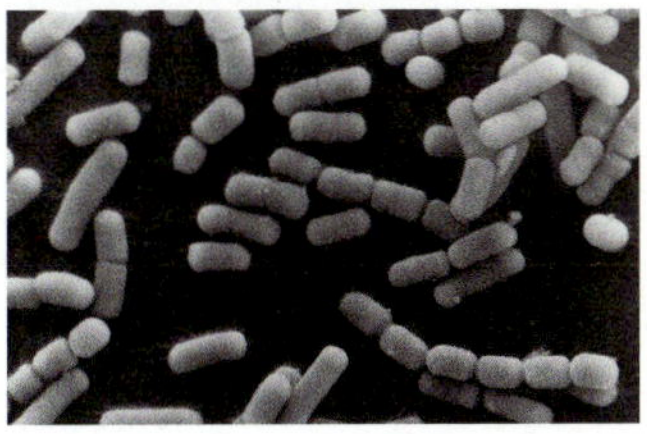

4 Ein exponentieller Wachstumsprozess wird durch eine Funktion f mit $f(t) = a \cdot e^{k \cdot t}$ beschrieben.

a) Erklären Sie den Einfluss des Parameters a auf den Graphen von f.

b) Welchen Einfluss hat eine Veränderung von a auf die Verdoppelungszeit des Wachstumsprozesses?

c) Untersuchen Sie, wie man die Wachstumskonstante k verändern muss, damit die Verdoppelungszeit nur noch halb so groß ist.

5

Am 26. April 1986 fand mit der Explosion des Blocks 4 des Kernkraftwerks in Tschernobyl (Ukraine) die bislang schwerste Katastrophe in der Geschichte der zivilen Nutzung der Atomtechnologie statt. Im radioaktiven Fallout war vor allem das Isotop Cäsium (^{131}Cs) mengenmäßig stark vertreten, das eine Halbwertszeit von 30 Jahren hat. In der „Todeszone" in der Nähe des Reaktors betrug die Bodenbelastung unmittelbar nach dem Reaktorunfall bis zu $55\,000\,000 \frac{\text{Bq}}{\text{m}^2}$.

1 Becquerel (Bq) = 1 radioaktiver Zerfall pro Sekunde

Als „unverseucht" gelten Gebiete mit einer Bodenbelastung unter $35\,000 \frac{\text{Bq}}{\text{m}^2}$.
Bestimmen Sie, wann diese Region wieder bewohnbar sein wird.
Hinweis: Weitere Informationen zur heutigen Lage in Tschernobyl und Antworten auf häufig gestellte Fragen zum Thema finden Sie z. B. auf der Web-Seite des *Bundesamts für Strahlenschutz* in Salzgitter.

6 Nehmen Sie Stellung.

7 Fällt ein Lichtstrahl ins Wasser, so nimmt seine Lichtstärke pro Meter Wassertiefe um 8 % ab.

a) Wie viel Prozent der Lichtstärke an der Wasseroberfläche hat das Licht noch in 3 m Wassertiefe?

b) In welcher Tiefe beträgt die Lichtstärke nur noch die Hälfte der Lichtstärke an der Wasseroberfläche?

3.4 Produkt- und Quotientenregel

3.4.1 Produktregel

Einführung

(1) Versuch, ein Produkt zweier Funktionen gliedweise abzuleiten

Lukas hat versucht, die Ableitung der Funktion f mit $f(x) = x \cdot e^x$ zu bestimmen.
Beschreiben Sie, wie er vorgegangen ist. Zur Kontrolle hat er Graphen gezeichnet.
Wie kann man erkennen, dass sein Vorgehen fehlerhaft war?

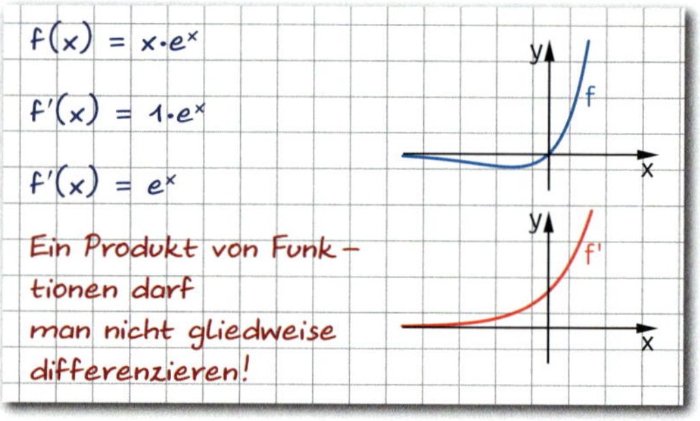

(2) Herleitung einer Regel

Wir betrachten eine Funktion f, die Produkt zweier Funktionen u und v ist:

$$f(x) = u(x) \cdot v(x)$$

Um die Ableitung von f an der Stelle x_0 zu bestimmen, bilden wir zunächst den Differenzenquotienten:

$$\frac{f(x) - f(x_0)}{x - x_0} = \frac{u(x) \cdot v(x) - u(x_0) \cdot v(x_0)}{x - x_0}$$

Um $f'(x_0)$ auf $u'(x_0)$ und $v'(x_0)$ zurückzuführen, formen wir den Term rechts so um, dass die Differenzenquotienten von u und v auftreten. Dies wird erreicht, wenn wir im Zähler des Bruches das Produkt $u(x_0) \cdot v(x)$ zugleich subtrahieren und addieren. Dann erhalten wir:

$$\frac{u(x) \cdot v(x) - u(x_0) \cdot v(x) + u(x_0) \cdot v(x) - u(x_0) \cdot v(x_0)}{x - x_0} = \frac{u(x) - u(x_0)}{x - x_0} \cdot v(x) + u(x_0) \cdot \frac{v(x) - v(x_0)}{x - x_0}$$

Nun muss untersucht werden, ob der Grenzwert des Differenzenquotienten für $x \to x_0$ existiert und welchen Wert er hat.

Haben u und v an der Stelle x_0 die Ableitungen $u'(x_0)$ und $v'(x_0)$, so gilt für $x \to x_0$:

$$\frac{u(x) - u(x_0)}{x - x_0} \to u'(x_0), \quad v(x) \to v(x_0) \quad \text{und} \quad \frac{v(x) - v(x_0)}{x - x_0} \to v'(x_0)$$

Also folgt:

$$f'(x_0) = \lim_{x \to x_0} \left[\frac{u(x) - u(x_0)}{x - x_0} \cdot v(x) + u(x_0) \cdot \frac{v(x) - v(x_0)}{x - x_0} \right]$$
$$= u'(x_0) \cdot v(x_0) + u(x_0) \cdot v'(x_0)$$

Information

Produktregel

Die Einführung (1) zeigt, dass man ein Produkt von Funktionen nicht gliedweise ableiten darf. Mit der Einführung (2) erhalten wir folgende Regel:

Satz 5: Produktregel

Wenn die Funktionen u und v die Ableitungen u' und v' haben, so hat die Funktion f mit $f(x) = u(x) \cdot v(x)$ die Ableitung:

$$f'(x) = u'(x) \cdot v(x) + u(x) \cdot v'(x).$$

Wir schreiben kurz: $(u \cdot v)' = u' \cdot v + u \cdot v'$

Aufgabe

1 Bestimmen Sie die Ableitung zu $f(x) = x \cdot e^x$.

Lösung

Für $f(x) = x \cdot e^x$ setzen wir	$u(x) = x$	und	$v(x) = e^x$
Damit ist dann	$u'(x) = 1$	und	$v'(x) = e^x$
Damit ergibt sich	$f'(x) = 1 \cdot e^x + x \cdot e^x = (x+1) \cdot e^x$		

Übungsaufgaben

2 Ermitteln Sie die Ableitung einer Funktion, deren Term $f(x) = u(x) \cdot v(x)$ das Produkt zweier Funktionsterme mit positiven Funktionswerten ist. Die Abbildung rechts liefert eine Vereinfachungsmöglichkeit für den Differenzquotienten in der h-Schreibweise. Erläutern Sie diese.

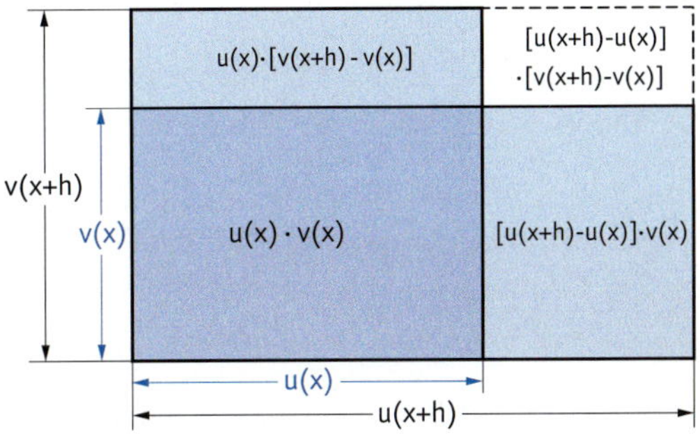

3 Gegeben ist die Funktion f mit $f(x) = (x^2 + x)^2$. Leiten Sie die Funktion f einmal ohne die Produktregel und einmal mithilfe der Produktregel ab.
Vergleichen Sie die Ergebnisse und bestätigen Sie so die Produktregel.

4 Leiten Sie nach der Produktregel ab.

a) $f(x) = x^2 \cdot e^x$ **b)** $f(x) = x \cdot \sqrt{x}$ **c)** $f(x) = \frac{1}{x} \cdot 2^x$ **d)** $f(x) = 5^x \cdot \sqrt{x}$

e) $f(x) = \frac{\sqrt{x}}{x}$ **f)** $f(x) = \sin x \cdot e^x$ **g)** $f(x) = \sqrt{x} \cdot 3^x$ **h)** $f(x) = (x^2 + 1) \cdot \sin x$

i) $f(x) = x^3 \cdot e^x$ **j)** $f(x) = 4x \cdot \cos x$ **k)** $f(x) = \sin^2 x$ **l)** $f(x) = e^x \cdot (x^2 - \cos x)$

m) $f(x) = (x^2 + e^x) \cdot \sqrt{x}$ **n)** $f(x) = \sqrt{x} \cdot \cos x$ **o)** $f(x) = \frac{e^x}{x}$ **p)** $f(x) = (2x^2 - 9) \cdot e^x$

5 Bestimmen Sie die Extrem- und Wendepunkte des Graphen von f

a) $f(x) = 5 \cdot x \cdot e^{1-x}$ **b)** $f(x) = 10 \cdot x \cdot e^{-\frac{1}{2}x^2}$

6 Bestimmen Sie die Gleichung der Tangente an den Graphen der Funktion f an der Stelle x_0.

a) $f(x) = x^2 \cdot \sin x;\ x_0 = 1$ **b)** $f(x) = e^x \cdot \sqrt{x};\ x_0 = 4$

c) $f(x) = \ln x \cdot \sin(2x - 3);\ x_0 = 2$ **d)** $f(x) = \frac{x^2}{\sin x};\ x_0 = 1$

e) $f(x) = \frac{3x^4}{e^x};\ x_0 = 1$ **f)** $f(x) = \frac{\cos x}{\ln x};\ x_0 = 3$

7 Bilden Sie die Ableitung.

a) $f(x) = (a + x) \cdot e^x$ **b)** $f(x) = a x^2 \cdot e^{-x}$

c) $f(x) = a\sqrt{x} \cdot \sin x$ **d)** $f(x) = \frac{\sqrt{x}}{c \cdot x};\ (c \neq 0)$

e) $f(x) = (2ax)^2 \cdot \frac{1}{x}$ **f)** $f(x) = \frac{\sin x \cdot \cos x}{p};\ (p \neq 0)$

8 Die Faktorregel kann man als Spezialfall der Produktregel ansehen. Zeigen Sie dies.

9

a) Gegeben ist eine Funktion f mit $f(x) = \left(u(x)\right)^2$. Bestimmen Sie die eine Regel.

b) Vervollständigen Sie die nebenstehende Rechnung mithilfe der Regel aus Teilaufgabe a) und beweisen Sie damit die Produktregel.
Welche Ableitungsregeln muss man dabei verwenden?

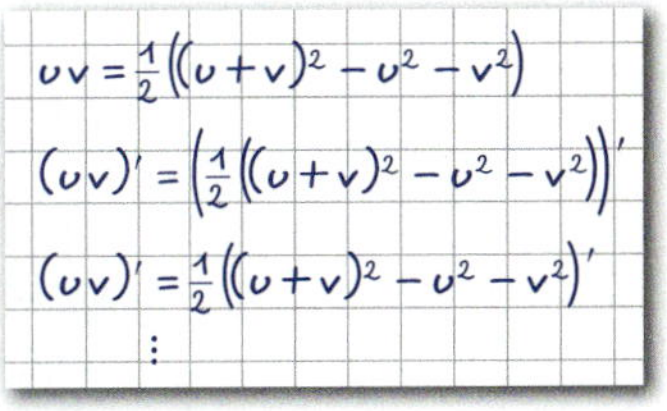

LK 3.4.2 Quotientenregel

Aufgabe

1

a) Zeigen Sie an einem geeigneten Beispiel, dass für die Ableitung f′ von f mit $f(x) = \frac{u(x)}{v(x)}$ *nicht* gilt: $f'(x) = \frac{u'(x)}{v'(x)}$

b) Bestimmen Sie mithilfe der Kettenregel und der Produktregel die Ableitung zu $f(x) = \frac{e^x}{\sin x}$.

Lösung

a) Gegenbeispiel: $f(x) = \frac{x^2}{x} = x$ mit $x \neq 0$ hat die Ableitung $f'(x) = 1$ und nicht $f'(x) = \frac{2x}{1} = 2x$.

b) Schreiben wir den Funktionsterm in der Form $f(x) = \frac{e^x}{\sin x} = e^x \cdot \frac{1}{\sin x} = e^x \cdot (\sin x)^{-1}$, so erkennt man, dass die Ableitung mithilfe der Produktregel und der Kettenregel bestimmt werden kann:

$$\begin{aligned} f'(x) &= (e^x)' \cdot (\sin x)^{-1} + e^x \left((\sin x)^{-1}\right)' \\ &= e^x \cdot (\sin x)^{-1} + e^x \cdot (-1) \cdot (\sin x)^{-2} \cdot \cos x \\ &= \frac{e^x}{\sin x} - \frac{e^x \cdot \cos x}{(\sin x)^2} \\ &= \frac{e^x \cdot \sin x - e^x \cdot \cos x}{(\sin x)^2} \end{aligned}$$

Information

Quotientenregel

Die Überlegungen bei der Lösung von Aufgabe 1 b kann man verallgemeinern.

Satz 6: Quotientenregel

Wenn die Funktionen u und v die Ableitungen u′ und v′ haben, dann hat die Funktion f mit $f(x) = \frac{u(x)}{v(x)}$ mit $v(x) \neq 0$ die Ableitung

$$f'(x) = \frac{u'(x) \cdot v(x) - u(x) \cdot v'(x)}{\left(v(x)\right)^2}.$$

Wir schreiben kurz: $\left(\frac{u}{v}\right)' = \frac{u' \cdot v - u \cdot v'}{v^2}$.

Beweis von Satz 6

Schreiben wir $f(x) = \frac{u(x)}{v(x)} = u(x) \cdot \frac{1}{v(x)} = u(x) \cdot \left(v(x)\right)^{-1}$, so können wir die Ableitung mithilfe der Produkt- und der Kettenregel bilden:

$$f'(x) = u'(x) \cdot \frac{1}{v(x)} + u(x) \cdot \left(-\frac{1}{\left(v(x)\right)^2} \cdot v'(x)\right) = \frac{u'(x)\,v(x) - u(x)\,v(x)}{\left(v(x)\right)^2}$$

Beachten Sie: Für $g(x) = \frac{1}{x}$ ist $g'(x) = -\frac{1}{x^2}$.

Beispiele

(1) Es ist: $f(x) = \frac{3x + 1}{x^2 + 1}$

Wir setzen: $u(x) = 3x + 1$; $v(x) = x^2 + 1$

Dann ist: $u'(x) = 3$; $v'(x) = 2x$

$$f'(x) = \frac{u'(x) \cdot v(x) - u(x) \cdot v'(x)}{\left(v(x)\right)^2} = \frac{3 \cdot (x^2 + 1) - (3x + 1) \cdot 2x}{(x^2 + 1)^2} = \frac{3x^2 + 3 - 6x^2 - 2x}{(x^2 + 1)^2} = \frac{-3x^2 - 2x + 3}{(x^2 + 1)^2}$$

(2) Für $f(x) = \frac{\sin x}{e^x}$ setzen wir: $u(x) = \sin x$; $v(x) = e^x$

Dann ist: $u'(x) = \cos x$, $v'(x) = e^x$

Damit folgt $f'(x) = \frac{\cos x \cdot e^x - \sin x \cdot e^x}{(e^x)^2} = \frac{\cos x - \sin x}{e^x}$

Weiterführende Aufgabe

2 Ableitung der Tangensfunktion

Es ist $\tan x = \frac{\sin x}{\cos x}$. Beweisen Sie damit den folgenden Satz.

Satz 7

Für die Ableitung der Tangensfunktion gilt:

$$(\tan x)' = \frac{1}{\cos^2 x} = 1 + (\tan x)^2 \quad \text{für } x \neq \frac{\pi}{2} + n\pi, \; n \in \mathbb{Z}$$

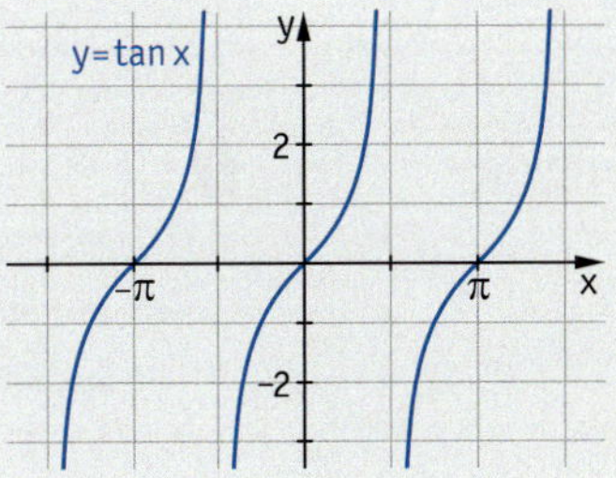

Übungsaufgaben

3

a) Bestimmen Sie die Ableitung der Funktion f mit $f(x) = \frac{x^2}{\sin x} = x^2 \cdot (\sin x)^{-1}$

b) Stellen Sie eine allgemeine Regel für die Ableitung eines Quotienten zweier Funktionen auf.

4 Bestimmen Sie die Ableitung der Funktion f mit $f(x) = \frac{x^2 - x}{x - 1}$ einmal ohne und einmal mithilfe der Quotientenregel. Vergleichen Sie die Ergebnisse und bestätigen Sie so die Quotientenregel.

5 Leiten Sie nach der Quotientenregel ab. Bilden Sie auch die 2. Ableitung.

a) $f(x) = \frac{x^2}{x^2 + 1}$ **c)** $f(x) = \frac{7x + 4}{2x + 6}$ **e)** $f(x) = \frac{x^2 + 1}{x}$ **g)** $f(x) = \frac{8x^2 - 1}{x + 2}$

b) $f(x) = \frac{3x}{x^2 - 1}$ **d)** $f(x) = \frac{1}{x^2 - 1}$ **f)** $f(x) = \frac{3x}{7x^5 - 1}$ **h)** $f(x) = \frac{2x^2 + 5}{x - 1}$

6 Bilden Sie die Ableitung von f.

a) $f(x) = \frac{x^3 + 2x - 1}{x - 1}$ **b)** $f(x) = \frac{x^3 + x^2 + 1}{x^2 - 1}$ **c)** $f(x) = \frac{\frac{1}{2}x^2 - x + \frac{1}{7}}{\frac{3}{2}x + 1}$ **d)** $f(x) = \frac{\sqrt{x} \cdot \sin x}{e^x}$

7 Was hat Marcus falsch gemacht?

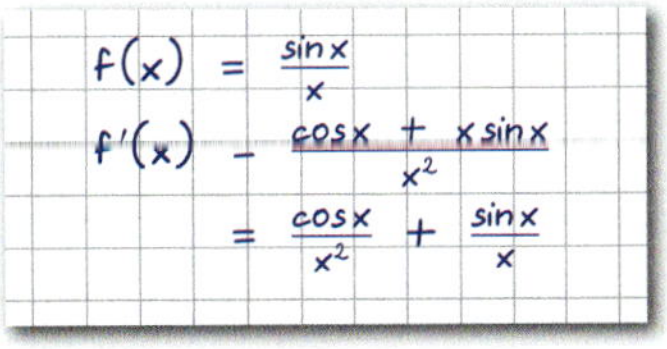

8 Leiten Sie ab.

a) $f(x) = \frac{\sqrt{x}}{e^x}$ **e)** $f(x) = \frac{1}{\sin x}$ **i)** $f(x) = \frac{\sqrt{x}}{x}$ **m)** $f(x) = \frac{\sqrt{x} + e^2}{\cos x}$

b) $f(x) = \frac{e^x}{x^2}$ **f)** $f(x) = \frac{\cos x}{x^2}$ **j)** $f(x) = \frac{x}{\sqrt{x}}$ **n)** $f(x) = \frac{4ax^2}{\sqrt{x}}$

c) $f(x) = \frac{x}{e^x}$ **g)** $f(x) = \frac{x^2}{\cos x}$ **k)** $f(x) = \frac{2^x}{\sqrt{x}}$ **o)** $f(x) = \frac{\sqrt{ax}}{2bx}$

d) $f(x) = \frac{1}{\cos x}$ **h)** $f(x) = \frac{\sqrt{x} + x}{\sin x}$ **l)** $f(x) = \frac{\frac{1}{x} + \sqrt{x}}{\frac{1}{x} - \sqrt{x}}$ **p)** $f(x) = \frac{x^2 + x^3}{\sin(e^x)}$

9 Bilden Sie die Ableitung der Funktion.

a) $f(x) = x^2 \cdot \tan x$ **b)** $f(x) = \frac{\tan x}{x}$ **c)** $f(x) = \frac{e^x}{\tan x}$

10 Bestimmen Sie die Ableitung der Funktionenschar f_a mit $f_a(x) = \frac{(x - a)^2}{x}$.

3.5 Funktionsuntersuchungen

3.5.1 Untersuchung von Exponentialfunktionen

Aufgabe

1 Gegeben ist die Funktion f mit $f(x) = e^x \cdot (1 - e^x)^2$.
Untersuchen Sie die Funktion f. Bestimmen Sie dazu alle Schnittpunkte mit den Koordinatenachsen, Extrempunkte und Wendepunkte des Graphen von f und beschreiben Sie den Verlauf des Graphen für betragsmäßig große Werte von x.

Lösung

Wir betrachten den Graphen von f mit einem Rechner. Aus dem Verlauf des Graphen ergeben sich Vermutungen, die wir jeweils am Funktionsterm überprüfen.

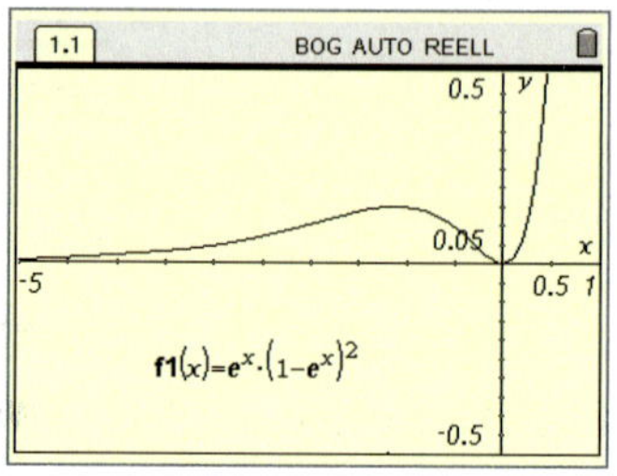

(1) Definitionsmenge und Wertemenge von f

Die Funktion ist für jede beliebige Zahl $x \in \mathbb{R}$ definiert, also $D_f = \mathbb{R}$.
Es gilt $e^x > 0$ für alle $x \in \mathbb{R}$. Daraus folgt:
$e^x \cdot (1 - e^x)^2 \geq 0$ für alle $x \in \mathbb{R}$.
Außerdem ergibt sich aus der strengen Monotonie der e-Funktion $e^x \cdot (1 - e^x)^2 = 0$ nur für $x = 0$, somit ist $W_f = \mathbb{R}_+$ und $0(0|0)$ ist einziger Tiefpunkt des Graphen von f.

(2) Nullstellen und Schnittpunkt mit der y-Achse

Aus den Überlegungen unter (1) folgt auch, dass $x = 0$ die einzige Nullstelle von f ist und $0(0|0)$ der gesuchte Schnittpunkt mit der y-Achse ist.

(3) Verhalten von f(x) für $x \to \infty$ bzw. für $x \to -\infty$

- Für $x \to \infty$ gilt $e^x \to \infty$ und $(1 - e^x)^2 \to \infty$, somit gilt:
  $f(x) = e^x \cdot (1 - e^x)^2 \to \infty$ für $x \to \infty$
- Für $x \to -\infty$ gilt $e^x \to 0$ und $(1 - e^x)^2 \to 1$, somit gilt:
  $f(x) = e^x \cdot (1 - e^x)^2 \to 0$ für $x \to -\infty$

Für $x \to -\infty$ nähert sich der Graph der x-Achse also immer mehr an und kommt ihr beliebig nahe. Die Gerade mit $y = 0$ ist somit eine Asymptote für den Graphen von f. Wegen $f(x) > 0$ für alle $x \in \mathbb{R}$ erfolgt die Annäherung an die Asymptote von oben.

(4) Extrempunkte

In (1) haben wir bereits festgestellt, dass $0(0|0)$ Tiefpunkt des Graphen von f ist. Die Betrachtung des Graphen zeigt, dass in der Nähe von $x = -1$ ein Hochpunkt liegt. Es stellt sich die Frage, ob dies alle Extrempunkte sind. Wir untersuchen dazu die Ableitungsfunktion von f:
Aus der Produktregel ergibt sich:

$$\begin{aligned} f'(x) &= e^x \cdot (1 - e^x)^2 + e^x \cdot 2(-e^x)(1 - e^x) \\ &= e^x \cdot (1 - e^x) \cdot [(1 - e^x) + 2(-e^x)] \\ &= e^x \cdot (1 - e^x) \cdot (1 - 3e^x) \end{aligned}$$

Extremstellen können nur an den Stellen liegen, an denen $f'(x) = 0$ gilt. Wegen $e^x > 0$ gilt $f'(x) = 0$ nur in den Fällen $1 - e^x = 0$ bzw. $1 - 3e^x = 0$, also für $x = 0$ bzw. für $x = \ln\frac{1}{3} \approx -1{,}10$.

Somit hat der Graph von f den Tiefpunkt $0(0|0)$ und den Hochpunkt $H\left(\ln\frac{1}{3} \middle| \frac{4}{27}\right)$ bzw. $H(\approx -1{,}10 | \approx 0{,}15)$; weitere Extrempunkte kann es nicht geben.

(5) Wendepunkte

Von links nach rechts betrachtet, entfernt sich der Graph von f von der x-Achse als Asymptote zunächst in einer Linkskurve. Bei Annäherung an den Hochpunkt erfolgt ein Wechsel in eine Rechtskurve. Also muss links von der Extremstelle $x = \ln\frac{1}{3} \approx 1{,}10$ eine Wendestelle liegen. Rechts von der Extremstelle $\ln\frac{1}{3}$ beschreibt der Graph von f bei Annäherung an den Tiefpunkt eine Linkskurve. Also muss zwischen den Extremstellen $\ln\frac{1}{3}$ und 0 ein weiterer Wendepunkt liegen. Wir betrachten den Graphen von f′ mit $f'(x) = e^x \cdot (1 - e^x) \cdot (1 - 3e^x)$ und finden links von $\ln\frac{1}{3}$ die Wendestelle bei $x \approx -1{,}8940$ und zwischen den beiden Extremstellen von f genau eine Wendestelle bei $x \approx -0{,}3032$, als Extremstellen von f′ mit jeweils sichtbaren Wechsel im Monotonieverhalten. Weitere Wendestellen von f kann es also nicht geben, da der Graph von f′ rechts von seinem Tiefpunkt streng monoton wächst.

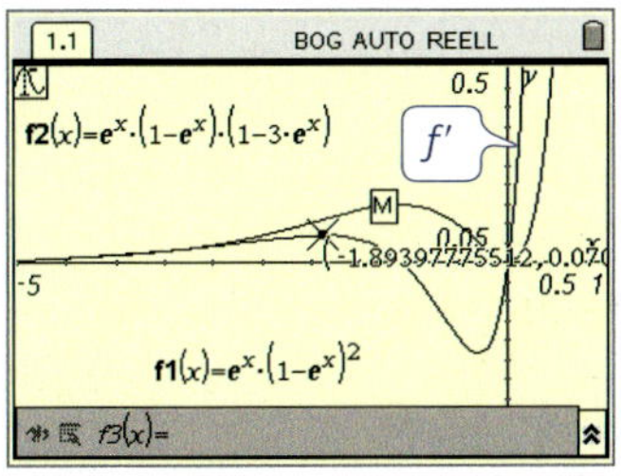

Somit hat der Graph von f die Wendepunkte
$W_1(\approx -1{,}8940 \,|\, \approx 0{,}10859)$ und $W_2(\approx 0{,}3032 \,|\, \approx 0{,}0505)$.

Weiterführende Aufgabe

2 Wachstumsvergleich der e-Funktion mit den Potenzfunktionen

Untersuchen Sie mithilfe eines Rechners für folgende Funktionen das Verhalten für $x \to \infty$. Formulieren Sie eine Vermutung.

(1) $f_1(x) = \frac{x}{e^x}$ (2) $f_2(x) = \frac{x^2}{e^x}$ (3) $f_3(x) = \frac{x^3}{e^x}$ (4) $f_4(x) = \frac{x^4}{e^x}$

Information

Die Ergebnisse aus Aufgabe 2 lassen sich zu den folgenden Aussagen verallgemeinern:

Für $x \to \infty$ „gewinnt" die e-Funktion gegen jede Potenzfunktion.

Satz 8: Wachstumsverhalten der e-Funktion

Für jede natürliche Zahl n gilt:

$$\lim_{x\to\infty} \frac{x^n}{e^x} = 0 \quad \text{und} \quad \lim_{x\to-\infty} x^n e^x = 0.$$

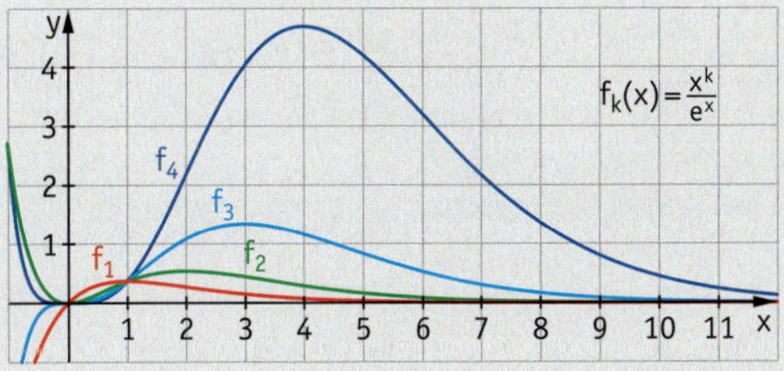

Beweis von Satz 8

(1) Bestimmung von $\lim\limits_{x\to\infty} \frac{x^n}{e^x}$

Die abgebildeten Graphen zu $y = \frac{x^n}{e^x}$ ähneln für große x dem Graphen zu $y = \frac{1}{x}$.

Wir zeigen am Beispiel der Funktion f_4 (also für $n = 4$), dass man tatsächlich eine Zahl $c > 0$ angeben kann, sodass für alle $x > 0$ stets $\frac{x^4}{e^x} \le c \cdot \frac{1}{x}$ ist.

Zum Nachweis der Abschätzung $\frac{x^4}{e^x} \le c \cdot \frac{1}{x}$ zeigen wir, dass die „Quotienten-Funktion" g mit

$$g(x) = \frac{\frac{x^4}{e^x}}{\frac{1}{x}} = \frac{x^5}{e^x} = x^5 \cdot e^{-x}$$

für $x > 0$ ein absolutes Maximum hat und somit beschränkt ist:

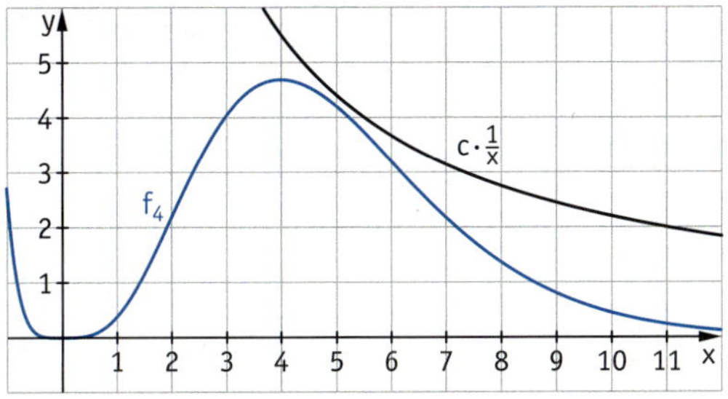

Die Gleichung $g'(x) = (-x^5 + 5x^4) \cdot e^{-x} = 0$ hat für $x > 0$ nur die Lösung $x = 5$ und es ist

$$g''(5) = -5^4 \cdot e^{-5} < 0.$$

Da es für $x > 0$ keine weiteren Extrempunkte gibt, hat g somit an der Stelle $x = 5$ ein absolutes Maximum $c = g(5)$ und es gilt $g(x) = \frac{x^5}{e^x} \le c$ und somit $\frac{x^4}{e^x} \le c \cdot \frac{1}{x}$ für alle $x > 0$.
Dies bedeutet dann, dass der Graph zu $y = \frac{x^4}{e^x}$ zwischen der x-Achse und dem Graphen zu $y = c \cdot \frac{1}{x}$ verläuft, sodass folgt:

$$\lim_{x \to \infty} \frac{x^4}{e^x} = 0$$

Auf die gleiche Weise lässt sich für jede andere natürliche Zahl n zeigen: $\lim_{x \to \infty} \frac{x^n}{e^x} = 0$.

(2) Bestimmung von $\lim_{x \to -\infty} x^n e^x$

Die Bestimmung von $\lim_{x \to -\infty} x^n e^x$ kann man auf die Bestimmung von $\lim_{x \to \infty} \frac{x^n}{e^x}$ zurückführen:

Es ist $x^n \cdot e^x = (-1)^n \cdot \frac{(-x)^n}{e^{-x}}$.

Wegen $\lim_{x \to \infty} \frac{x^n}{e^x} = 0$ gilt auch $\lim_{x \to -\infty} x^n e^x = \lim_{x \to -\infty} (-1)^n \frac{(-x)^n}{e^{-x}} = (-1)^n \lim_{x \to -\infty} \frac{(-x)^n}{e^{-x}} = (-1)^n \lim_{x \to \infty} \frac{x^n}{e^x} = 0$

Übungsaufgaben

3 Gegeben ist die Funktion f mit $f(x) = x^2 \cdot e^x$.
Untersuchen Sie die Funktion f. Bestimmen Sie dazu alle Schnittpunkte seines Graphen mit den Koordinatenachsen, alle Extrem- und Wendepunkte und beschreiben Sie den Verlauf des Graphen von f für betragsmäßig große Werte von x.

4 Zeichnen Sie die Graphen von f und g. Wie geht der Graph von g aus dem Graphen von f hervor? Begründen Sie.

a) $f(x) = e^{2x} - 3e^x$ — $g(x) = 3e^x - e^{2x}$
b) $f(x) = x \cdot e^x$ — $g(x) = (x - 1)e^{x-1}$
c) $f(x) = x^2 \cdot e^{x+1}$ — $g(x) = (x^2 - 4x + 4) \cdot e^{x-1}$
d) $f(x) = (x^2 - 4x + 3) \cdot e^x$ — $g(x) = (x^2 + 4x + 3) \cdot e^{-x}$
e) $f(x) = (2x^2 - 2x) \cdot e^x$ — $g(x) = (2x^2 - 10x + 12) \cdot e^{3-x}$

5 Ordnen Sie die Graphen rechts den Funktionstermen zu und begründen Sie Ihre Entscheidung.

$f_1(x) = (x - 2)e^x$
$f_2(x) = (x + 2)e^{-x}$
$f_3(x) = (x^2 - 4)e^x$
$f_4(x) = (x - 2)e^{1,5x}$
$f_5(x) = (x + 2)e^x$

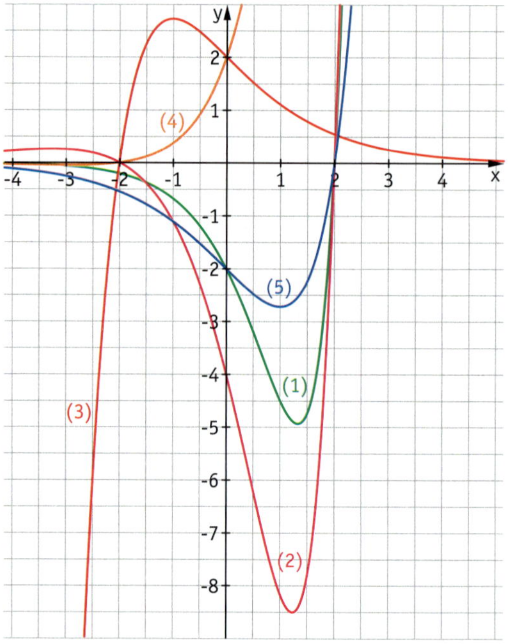

6 Bestimmen Sie die Extrempunkte des Graphen von f.

a) $f(x) = x^2 \cdot e^x$
b) $f(x) = (x^2 - 3x - 3)e^x$
c) $f(x) = (2x^2 - 4x + 5) \cdot e^{-x}$
d) $f(x) = e^{2x} - 2$
e) $f(x) = e^{2x} - 4e^x$
f) $f(x) = e^x + 4e^{-x} - 3x$
g) $f(x) = \frac{1}{x}e^x$
h) $f(x) = \frac{x^2 + 4}{e^x}$

7 Präzisieren und begründen Sie anhand der Grafik rechts die folgende Aussage:

„Der Graph zu $y = e^{-x}$ verläuft für $x \to \infty$ flacher als der Graph zu jeder Funktion mit $y = \frac{1}{x^n}$, $n \in \mathbb{N}$."

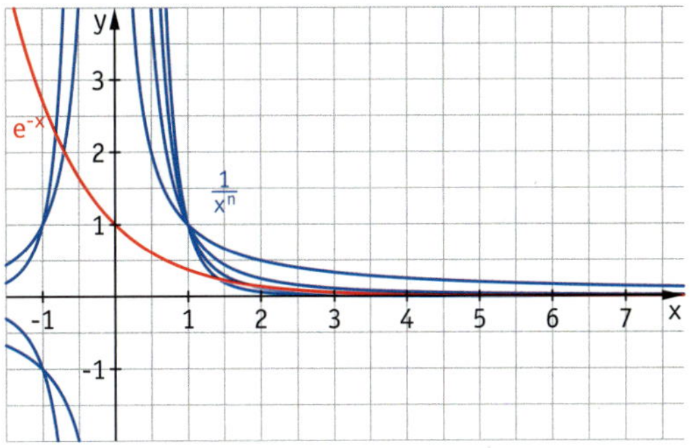

8 Untersuchen Sie die Funktion f.

a) $f(x) = (2x - 6) \cdot e^x$
b) $f(x) = x^2 \cdot e^{-x}$
c) $f(x) = 2e^{x-1} - x^2 - 1$
d) $f(x) = e^{2x} - e^x$
e) $f(x) = \frac{1}{2}(e^x - e^{-x})$
f) $f(x) = \frac{e^{2x} - 4}{e^x}$

9 Gegeben ist die Funktion f mit $f(x) = (x^3 - 3x^2) \cdot e^x$.
Untersuchen Sie f auf Nullstellen, Extrema und Verhalten für $x \to +\infty$ bzw. $x \to -\infty$.
Welche Aussage kann man – ohne Rechnung – über Anzahl und Lage der Wendepunkte machen?
Skizzieren Sie den Graphen von f.

10 Gegeben ist die Funktion f mit $f(x) = e^{2x} - 3e^x + 2$.

a) Untersuchen Sie die Funktion f.

b) Bestimmen Sie die Koordinaten aller Schnittpunkte der Tangente an der Stelle $x = -3$ mit dem Graphen von f.

11 Untersuchen Sie den Graphen von f.

a) $f(x) = x^2 - x - e^{-x}$
b) $f(x) = \frac{e^x}{1 + e^x}$
c) $f(x) = \frac{e^{0,1x^2 - x}}{x - 1}$

12

a) Gegeben ist die Funktion f mit $f(x) = (x^2 - 1{,}5x) \cdot e^x$.
Untersuchen Sie den Graphen von f auf Nullstellen und Extrempunkte.
Zeichnen Sie den Graphen von f für $-6 \le x \le 2$.

b) Für welche Parameterwerte $k \in \mathbb{R}$ hat der Graph zu $y = (x^2 - 1{,}5x + k) \cdot e^x$ *keine* Nullstellen?

Zusammenfassung

Dokumentation einer Funktionsuntersuchung mit einem Rechner

Beachten Sie folgende Aspekte der Darstellung und dokumentieren Sie Ihre Ergebnisse:

- Der Lösungsweg muss deutlich erkennbar dargestellt werden.
- Die verwendeten Rechner-Werkzeuge in Kurzform auflisten.
- Ergebnisse und Begründungen in ganzen Sätzen formulieren.
- Die Graphen von Funktionen und Ableitungsfunktionen sorgfältig vom Display des Rechners ins Heft übertragen.
- Beachten Sie, dass die mit einem Rechner berechneten Koordinaten von Punkten im Allgemeinen nur näherungsweise richtig sind.
- Die Lage charakteristischer Punkte muss eindeutig erkennbar sein.

LK 3.5.2 Gebrochenrationale Funktionen

Aufgabe

1 Gegeben ist die Funktion f mit $f(x) = \frac{x^2 - x + 1}{x - 1}$. Bestimmen Sie den Definitionsbereich und den Wertebereich und untersuchen Sie die Funktion f auf Nullstellen, Extremstellen und Wendestellen. Skizzieren Sie den Verlauf des Graphen. Beschreiben Sie Besonderheiten im Verlauf des Graphen.

Lösung

(1) Definitionsbereich

Für $x = 1$ nimmt der Nenner $x - 1$ den Wert Null an. An der Stelle $x = 1$ ist die Funktion f also nicht definiert. $D_f = \{x \in \mathbb{R} \mid x \neq 1\}$

(2) Nullstellen

$f(x) = 0$ genau dann, wenn $x^2 - x + 1 = 0$. Da aber $x^2 - x + 1 > 0$ für alle $x \in \mathbb{R}$ und somit auch für alle $x \in D_f$ gilt, hat f keine Nullstellen.

(3) Extremstellen

Es gilt: $f'(x) = \frac{x^2 - 2x}{(x-1)^2}$ und $f''(x) = \frac{2x - 2}{(x-1)^4} = \frac{2}{(x-1)^3}$

Es ist $f'(x) = 0$ genau dann, wenn $x^2 - 2x = 0$, also für $x_1 = 0$ und $x_2 = 2$.

- $f''(0) = -2 < 0$, also hat der Graph von f den Hochpunkt $H(0 \mid -1)$.
- $f''(2) = 2 > 0$, also hat der Graph von f den Tiefpunkt $T(2 \mid 3)$.

(4) Wendestellen

Da $f''(x) = \frac{2}{(x-1)^3} \neq 0$ für alle $x \in D_f$, hat der Graph von f keine Wendepunkte.

(5) Skizze

Um den Graphen von f mit $f(x) = \frac{x^2 - x + 1}{x - 1}$ zu skizzieren, untersuchen wir noch das Verhalten der Funktionswerte für $x \to \infty$ und $x \to -\infty$ und das Verhalten der Funktionswerte in der Nähe von $x = 1$.

Mithilfe der Polynomdivision oder durch Termumformung erhält man $f(x) = \frac{x^2 - x + 1}{x - 1} = \frac{x(x-1) + 1}{x - 1} = x + \frac{1}{x-1}$.

Am Term $f(x) = x + \frac{1}{x-1}$ erkennt man:

- Wenn $x \to +\infty$, dann $\frac{1}{x-1} \to 0$ und somit $f(x) \to x$, also $f(x) \to \infty$.
- Wenn $x \to -\infty$, dann $\frac{1}{x-1} \to 0$ und somit $f(x) \to x$, also $f(x) \to -\infty$.
- Wenn $x \to 1$ mit $x < 1$, dann $\frac{1}{x-1} \to -\infty$, also $f(x) \to -\infty$.
- Wenn $x \to 1$ mit $x > 1$, dann $\frac{1}{x-1} \to +\infty$, also $f(x) \to \infty$.

(6) Wertebereich

Aus dem Verlauf des Graphen von f für betragsmäßig große x und dem Verhalten der Funktionswerte in der Nähe von $x = 1$ und dem Hochpunkt $H(0 \mid -1)$ sowie dem Tiefpunkt $T(2 \mid 3)$ ergibt sich $W_f = \{y \in \mathbb{R} \mid y \leq -1 \text{ oder } y \geq 3\}$.

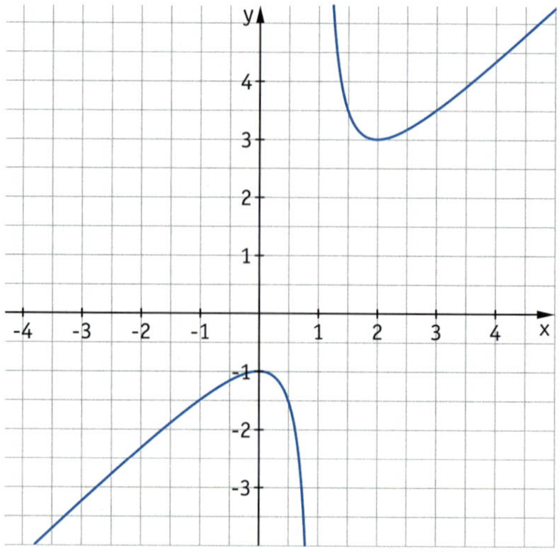

(7) Besonderheiten im Verlauf des Graphen

- Nähern sich die x-Werte von links dem Wert 1, dann gilt: $f(x) \to -\infty$
- Nähern sich die x-Werte von rechts dem Wert 1, dann gilt: $f(x) \to +\infty$
- Für $x \to +\infty$ und $x \to -\infty$ gilt: $f(x) \to x$

Information

(1) Gebrochenrationale Funktionen

In Aufgabe 1 haben wir einen speziellen Funktionstyp untersucht.

Definition 4

Eine Funktion, deren Funktionsterm als Quotient $\frac{p(x)}{q(x)}$ von zwei Polynomen $p(x)$ und $q(x)$ mit $q(x) \neq 0$ geschrieben werden kann, heißt **gebrochenrationale Funktion**.

Beispiele

$f(x) = \frac{1}{x}$; $\quad f(x) = \frac{x^2 + 2}{2x}$ $\quad f(x) = \frac{x}{x^2 + 1}$ $\quad f(x) = \frac{2x^3 + 11x^2 + 12x - 10}{x^2 + 6x + 9}$

(2) Definitionsbereich gebrochenrationaler Funktionen

- In den Funktionsterm $f(x) = \frac{p(x)}{q(x)}$ einer gebrochenrationalen Funktion können keine Zahlen $x \in \mathbb{R}$ eingesetzt werden, für die der Nenner null wird.

  Die Funktion f hat an diesen Stellen jeweils eine **Definitionslücke**.

  Beispiel

  Die Funktion f mit $f(x) = \frac{1}{x^2 - 3x + 2}$ hat Definitionslücken an den Stellen 1 und 2. Damit ergibt sich der Definitionsbereich $D_f = \mathbb{R} \setminus \{1; 2\}$.

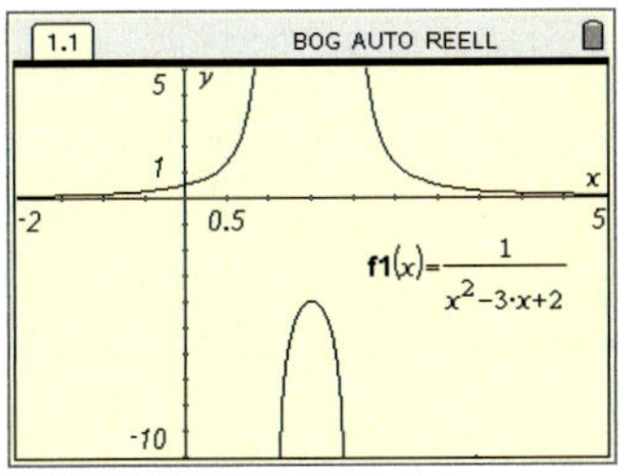

- Es gibt aber auch gebrochenrationale Funktionen, die *keine* Definitionslücke haben und somit auf ganz $\mathbb{R}$ definiert sind.

  Beispiel

  Ein Beispiel dafür ist die Funktion g mit $g(x) = \frac{1}{x^2 + 1}$, denn $x^2 + 1 > 0$ für alle $x \in \mathbb{R}$.

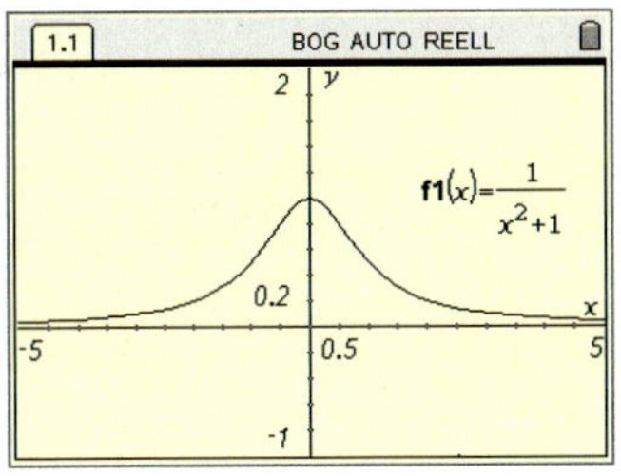

(3) Verhalten an Definitionslücken

Das Verhalten gebrochenrationaler Funktionen an den Definitionslücken kann unterschiedlich sein.

Dazu untersuchen wir mit einem Rechner als Beispiel die Funktion h mit $h(x) = \frac{x^4 - 19x^3 + 34x^2 - 16}{x^2(x - 2)}$.

Die Funktion h hat Definitionslücken an den Stellen 0 und 2. Damit ergibt sich der Definitionsbereich $D_h = \mathbb{R} \setminus \{0; 2\}$.

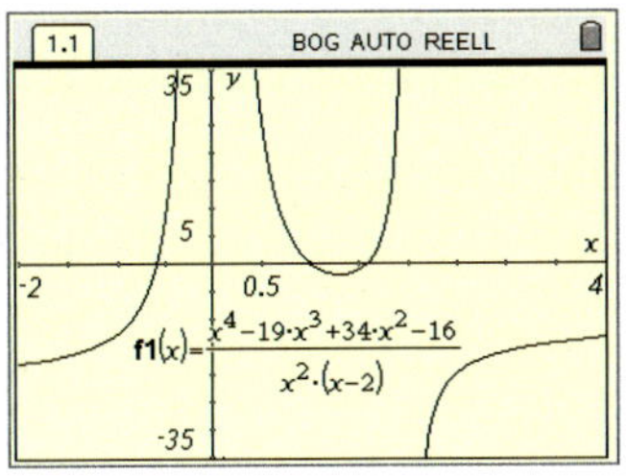

Der Rechner zeigt, dass ein unterschiedliches Verhalten an diesen Stellen auftritt:

- Für $x \to 0$ gilt: $h(x) \to \infty$.
- Für $x \to 2$ gilt dagegen $h(x) \to +\infty$, falls $x < 2$ ist, und $h(x) \to -\infty$, falls $x > 2$ ist.

Die Funktion h hat an der Stelle 0 einen **Pol ohne Vorzeichenwechsel** und an der Stelle 2 einen **Pol mit Vorzeichenwechsel**.

(4) Verhalten für $x \to \infty$ bzw. $x \to -\infty$

Gebrochenrationale Funktionen weisen auch Besonderheiten im Verhalten für $x \to \infty$ bzw. für $x \to -\infty$ auf. Um dies zu verdeutlichen, betrachten wir den Graphen der Funktion f mit $f(x) = \frac{x^2+2}{x}$ für verschiedene Fenstereinstellungen.

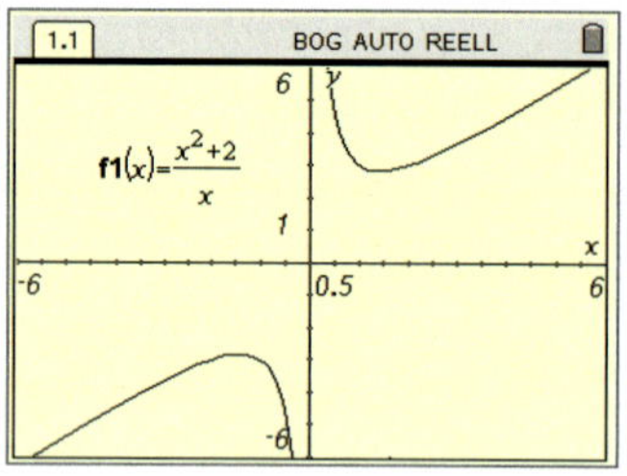

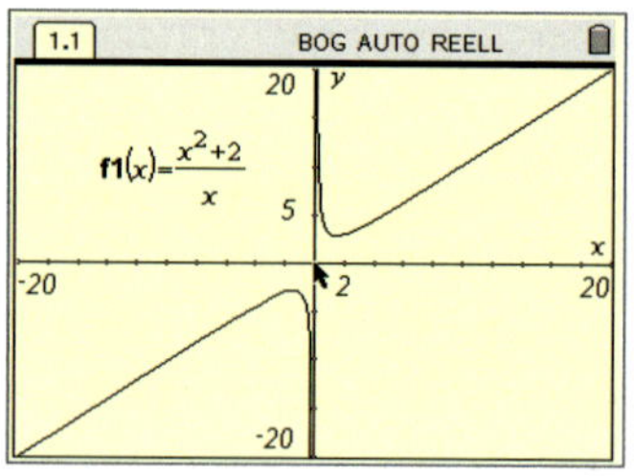

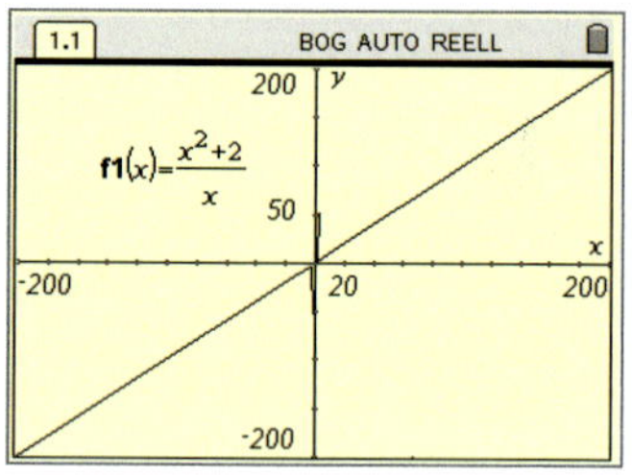

Der Graph von f scheint für $x \to \infty$ bzw. für $x \to -\infty$ immer mehr einer Geraden zu ähneln.

Um das zu erklären, formen wir den Term von f(x) um: $f(x) = \frac{x^2+2}{x} = x + \frac{2}{x}$

Asymptote (griech.): nicht zusammenfallend

Für $x \to \infty$ wird der zweite Summand $\frac{2}{x}$ beliebig klein. Daher kommt für $x \to \infty$ der Graph von f der Geraden zu $y = x$ beliebig nahe.

Die Gerade zu $y = x$ ist **Asymptote** des Graphen von f für $x \to +\infty$.

Für $x \to -\infty$ kommt der Graph von f ebenfalls der Geraden zu $y = x$ beliebig nahe, d.h., die Gerade zu $y = x$ ist auch Asymptote des Graphen von f für $x \to -\infty$.

(5) Nullstellen

Für einen Quotienten $\frac{p(x)}{q(x)}$ von zwei Polynomen p(x) und q(x) mit $q(x) \neq 0$ gilt:

$\frac{p(x)}{q(x)} = 0$ genau dann, wenn $p(x) = 0$.

Die Nullstellen einer gebrochenrationalen Funktion sind also die Nullstellen des Zählerpolynoms. Allerdings muss man dabei berücksichtigen, dass eine Nullstelle, die gleichzeitig Nullstelle von p(x) und von q(x) ist, nicht zum Definitionsbereich der Funktion f mit $f(x) = \frac{p(x)}{q(x)}$ gehört.

Im Rechner sind Definitionslücken oft nicht zu erkennen.

Beispiel

Für die Funktion f mit $f(x) = \frac{x^3 - x}{x - 1}$ gilt:

$$f(x) = \frac{x(x^2-1)}{x-1} = \frac{x \cdot (x-1)(x+1)}{x-1} \quad \text{und} \quad D_f = \mathbb{R} \setminus \{1\}$$

Die Nullstellen des Zählerpolynoms sind $x_1 = 0$, $x_2 = 1$ und $x_3 = -1$.

Nun gehört $x_2 = 1$ nicht zum Definitionsbereich von f.

Nullstellen von f sind deshalb nur $x_1 = 0$ und $x_3 = -1$.

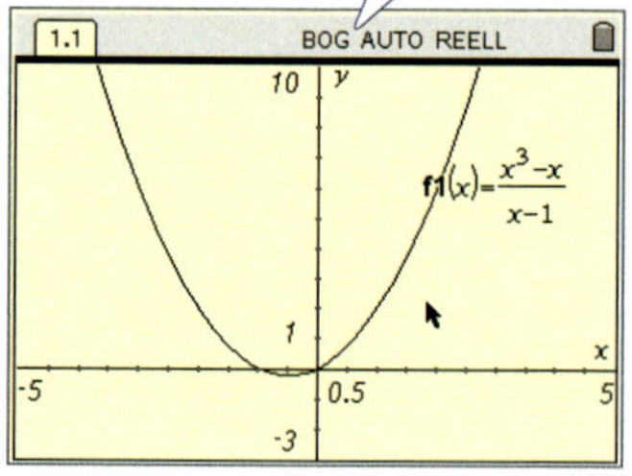

Übungsaufgaben

2 Bei einer Abbildung durch eine Sammellinse schneiden sich alle Lichtstrahlen, die von einem Gegenstandspunkt ausgehen und durch die Linse verlaufen, in einem Punkt. Für den Abstand g eines Gegenstandes und den Abstand b des Bildpunktes von der Mittelebene M der Linse gilt bei einer Linse mit der Brennweite f die Linsengleichung:

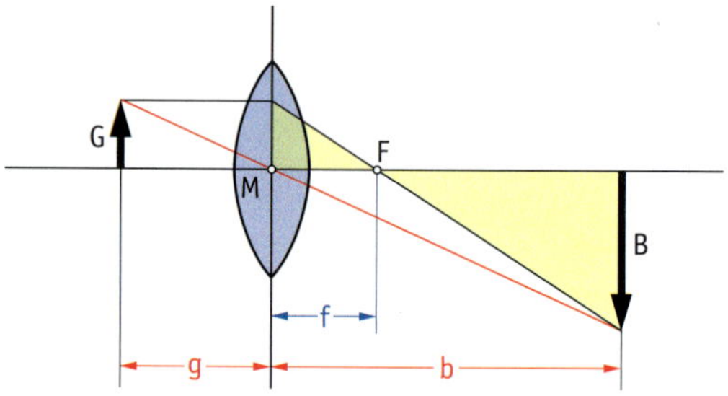

$\frac{1}{g} + \frac{1}{b} = \frac{1}{f}$. Wählt man z.B. eine Linse mit der Brennweite 10 [cm], so erhält man durch Umstellen der Linsengleichung $b = u(g) = \frac{10g}{g - 10}$.

Untersuchen Sie allgemein die Funktion u und skizzieren Sie den Graphen.

Beschreiben Sie die Besonderheiten im Verlauf des Graphen.

3 Geben Sie jeweils die Definitionslücken der Funktion an und prüfen Sie, ob es sich um einen Pol mit bzw. ohne Vorzeichenwechsel handelt.

a) $f(x) = \frac{x}{x+1}$ **b)** $f(x) = \frac{x^2-4}{x-3}$ **c)** $f(x) = \frac{x^4+1}{x^3}$ **d)** $f(x) = \frac{x^2-6x+9}{x^2+2x+1}$

4 Geben Sie die Polstellen und die Asymptote der Funktion f an.

a) $f(x) = \frac{2}{x-3} + 4$ **b)** $f(x) = 2x + \frac{2}{x+2}$ **c)** $f(x) = \frac{1}{x^2-10x+25}$ **d)** $f(x) = \frac{2x+3}{x(x+1)} + \frac{x}{2}$

5 Geben Sie eine gebrochenrationale Funktion f mit den angegebenen Eigenschaften an.

a) An der Stelle 1 liegt ein Pol mit Vorzeichenwechsel, und die Gerade zu $y = 0$ ist Asymptote.

b) An der Stelle -3 liegt ein Pol ohne Vorzeichenwechsel, und die Gerade zu $y = -2$ ist Asymptote.

c) An der Stelle 0 liegt ein Pol ohne Vorzeichenwechsel, und die Gerade zu $y = -x$ ist Asymptote.

d) Die Gerade zu $y = 2$ ist Asymptote, und die Funktion hat keinen Pol.

e) f hat an der Stelle 0 und an der Stelle 2 einen Pol.

6 Geben Sie einen möglichen Funktionsterm f(x) für den gezeichneten Graphen an.

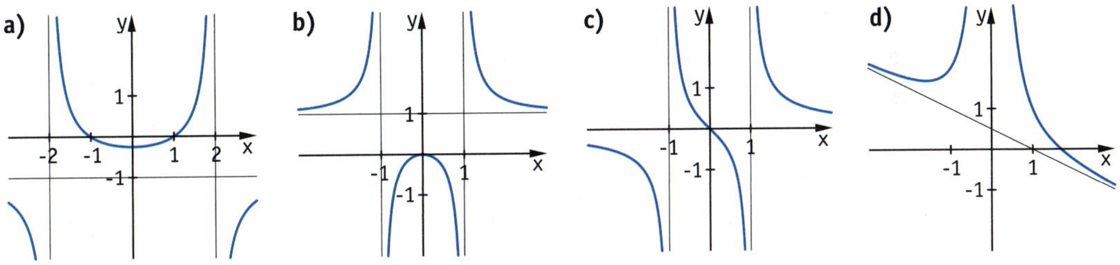

7 Ein Rechner zeichnet den abgebildeten Graphen der Funktion f. Prüfen Sie, ob die charakteristischen Eigenschaften des Funktionsgraphen vollständig und richtig wiedergegeben sind. Stellen Sie anschließend den Graphen so dar, dass alle charakteristischen Eigenschaften erkennbar sind.

a) $f(x) = \frac{10}{10x^2+1}$ **b)** $f(x) = \frac{x+2}{x^2-x-6}$ **c)** $f(x) = \frac{20}{100 \cdot x^2 - 201 \cdot x + 101}$

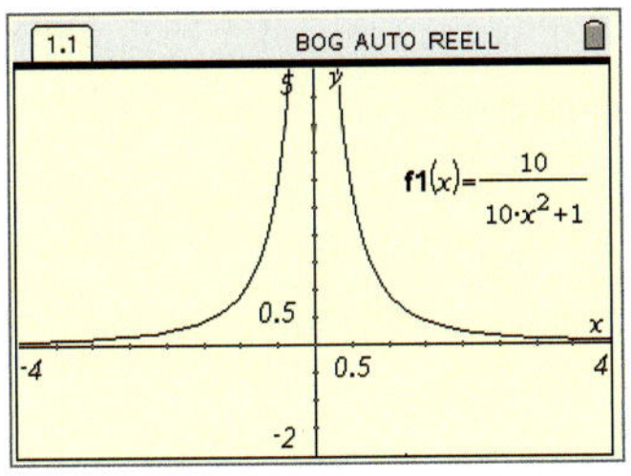

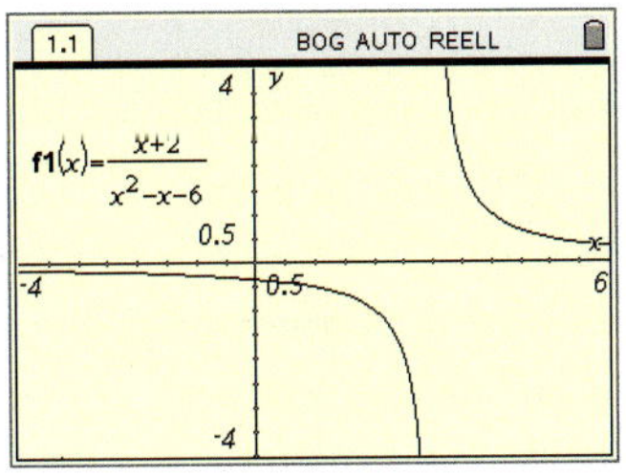

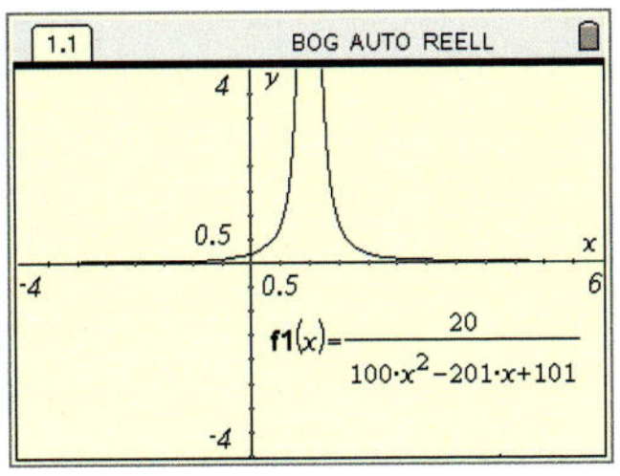

8 Bestimmen Sie a, b so, dass der Graph zu $f(x) = \frac{a}{x^2+b}$ den Wendepunkt W(1|1) hat.

9 Bestimmen Sie $a, b \in \mathbb{R}$ so, dass die Funktion f mit $f(x) = \frac{x-a}{x^2+b}$ die Extremstellen -3 und $+2$ hat.

10 Gegeben sind für $k > 0$ die Funktionen f_k mit $f_k(x) = \frac{1}{x^2+k^2}$.
Bestimmen Sie k so, dass das Dreieck mit den beiden Wendepunkten des Graphen von f_k und dem Ursprung als Eckpunkten den Flächeninhalt $\frac{1}{2}\sqrt{3}$ hat.

11 Gegeben sind für $k > 0$ die Funktionen f_k mit $f_k(x) = \frac{2x}{x^2+k^2}$.
Zeigen Sie, dass die Extrempunkte des Graphen von f_k auf der Hyperbel zu $y = \frac{1}{x}$ liegen.

Die folgenden Aufgaben helfen Ihnen bei der Organisation des selbstständigen Lernprozesses. Zur Selbstkontrolle sind alle Lösungen dieser Aufgaben im Anhang dieses Buches abgedruckt.

1 Zu dem rechts abgebildeten Graphen soll ein Funktionsterm bestimmt werden.
Welcher Ansatz eignet sich, welcher nicht?
Formulieren Sie jeweils eine kurze Begründung.

(1) $f(x) = a \cdot x^2 + b \cdot x + c$

(2) $f(x) = a \cdot x^3 + b \cdot x^2 + c \cdot x + d$

(3) $f(x) = a \cdot x^4 + b \cdot x^3 + c \cdot x^2 + d \cdot x + e$

(4) $f(x) = a \cdot (x - 4)^4 + b \cdot (x - 4) + 14$

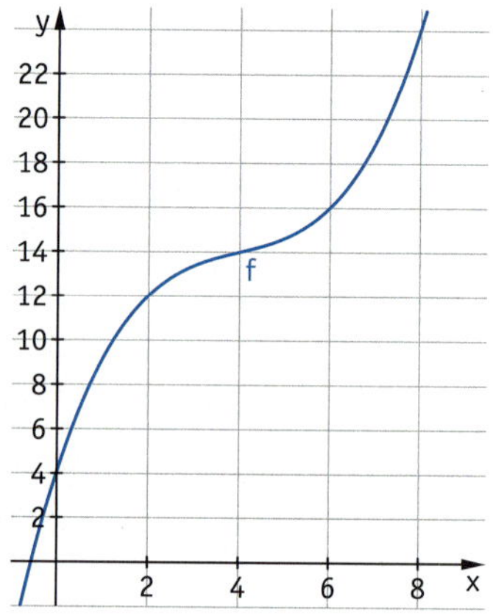

2 Der Graph einer Funktion hat die Tiefpunkte $T_1(-2\,|\,1)$, $T_2(2\,|\,3)$ und geht durch den Punkt $P(0\,|\,4)$.

a) Notieren Sie die zu erfüllenden Bedingungen.

b) Gehen Sie von dem Ansatz $f(x) = a \cdot x^4 + b \cdot x^3 + c \cdot x^2 + d \cdot x + e$ aus und geben Sie ein lineares Gleichungssystem für die fünf unbekannten Koeffizienten an.

3 Gesucht ist der Term einer Funktion, deren Graph zur y-Achse symmetrisch verläuft sowie den Hochpunkt $H(2\,|\,6)$ und den Tiefpunkt $T(0\,|\,2)$ besitzt.

a) Ein möglicher Funktionsterm lässt sich mithilfe des Ansatzes $f(x) = a \cdot x^4 + b \cdot x^2 + 2$ bestimmen. Begründen Sie, warum dieser Ansatz zum Ziel führt und berechnen Sie die beiden Koeffizienten.

b) Ändern Sie den Ansatz so, dass zusätzlich noch die Bedingung *W(1 | 5) ist ein Wendepunkt der Funktion* realisiert werden kann.

4 Ein Kaffeegroßröster stellt Kaffeemischungen verschiedener Preisklassen her. Von einer Bohnensorte A würden 500 g im Verkauf 6,00 €, Sorte B 7,50 €, Sorte C 9,00 € und Sorte D 11,25 € kosten.

a) Eine Mischung soll Bohnen der Sorten A, B, C enthalten und 6,75 € pro 500 g kosten. Begründen Sie, dass man aus diesen Angaben das Gleichungssystem

$$\left| \begin{array}{rcl} 6a + 7{,}5b + 9c &=& 6{,}75 \\ a + b + c &=& 1 \end{array} \right|$$

Wenn es um Anteile geht, die zweite Bedingung beachten!

aufstellen kann. Bestimmen Sie alle Lösungen des Gleichungssystems. Wie groß muss der Anteil der Sorte A mindestens sein?

b) Eine Mischung soll Bohnen der Sorte A, B und D enthalten und 9 € pro 500 g kosten. Stellen Sie ein Gleichungssystem auf und bestimmen Sie alle Lösungen.
10 % sollen von Sorte D genommen werden. Welche Anteile müssen für Sorte A gewählt werden?

5 Eine Skischanze kann näherungsweise durch den Graphen der Funktion f mit $f(x) = 30e^{-\frac{x}{12}}$ mit $0 \leq x \leq 38$ dargestellt werden.

a) Zeichnen Sie den Graphen.

b) Direkt nach dem Absprung fliegt ein Springer für kurze Zeit auf der Tangente an den Graphen von f an der Absprungstelle $x = 38$.
Bestimmen Sie die Gleichung dieser Tangente.

6 Am 19. September 1991 fand ein deutsches Ehepaar beim Bergsteigen am Hauslabjoch eine Gletschermumie, die als „Ötzi" weltweit berühmt wurde. In der Kleidung von Ötzi fand man Gräser, die noch ca. 53 % der ursprünglichen ^{14}C-Menge enthielten.

Radiocarbon-Methode (^{14}C-Methode)
Wichtiges Verfahren zur Altersbestimmung in der Archäologie und Geologie. Es beruht auf dem radioaktiven Zerfall des Kohlenstoffisotops ^{14}C, das mit einer Halbwertszeit von 5730 Jahren zerfällt. Lebende Organismen enthalten einen bestimmten Anteil von ^{14}C, der durch ständigen Ausgleich mit der Umgebung stabil bleibt und gleich der bekannten, im Wesentlichen stets konstanten ^{14}C-Konzentration in der Natur ist. Mit dem Absterben eines Organismus wird der Kohlenstoffaustausch unterbunden und das im Organismus vorhandene ^{14}C zerfällt unaufhörlich. Der Prozentsatz des noch vorhandenen ^{14}C lässt einen Rückschluss auf das Alter eines Fundes zu.

Zu welcher Zeit lebte Ötzi?

7 Ein Geländeprofil lässt sich für $x \geq 0$ näherungsweise durch den abgebildeten Graphen darstellen.
Bestimmen Sie einen Funktionsterm der Form $(ax + b) \cdot e^{-x}$, der den Graphen beschreibt.

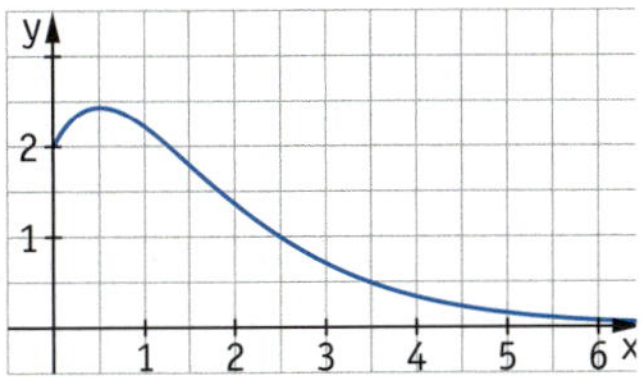

8 Der Graph einer ganzrationalen Funktion dritten Grades geht durch die Punkte $A(-1|11)$, $B(1|3)$, $C(2|-1)$ und $D(4|-39)$.

a) Gehen Sie von dem Ansatz $f(x) = a \cdot x^3 + b \cdot x^2 + c \cdot x + d$ aus und geben Sie für die Koeffizienten ein lineares Gleichungssystem an.

b) Der NEWTON'sche Ansatz $f(x) = a + b \cdot (x + 1) + c \cdot (x + 1) \cdot (x - 1) + d \cdot (x + 1) \cdot (x - 1) \cdot (x - 2)$ führt zu einem linearen Gleichungssystem, welches viel leichter gelöst werden kann. Führen Sie die erforderlichen Rechnungen durch.

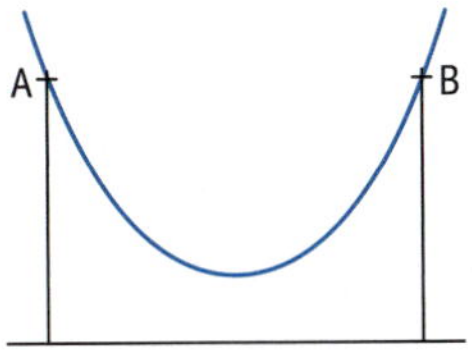

9 Wenn man eine Kette (oder ein Seil) aus homogenem Material an zwei Punkten A und B aufhängt, so nimmt sie unter dem Einfluss der Schwerkraft die Form der so genannten Kettenlinie an, die sich durch eine Funktion f mit $f(x) = \frac{a}{2}\left(e^{\frac{x}{2}} + e^{-\frac{x}{2}}\right)$ mit einem geeigneten Parameter $a > 0$ beschreiben lässt.
Untersuchen und zeichnen Sie die Kettenlinie für $a = 5$.

10 Gegeben ist die Funktion f mit $f(x) = \frac{x^4 + x^2 + 1}{x^4 - x^2 + 1}$.

a) Untersuchen Sie das Verhalten des Graphen von f für $x \to -\infty$ und $x \to +\infty$.
Berechnen Sie die Koordinaten für die Hoch- und Tiefpunkte.

b) Zeichnen Sie den Graphen im Intervall $[-4; 4]$. Ermitteln Sie den Definitions- sowie den Wertebereich.

c) Ermitteln Sie die Gleichung der Tangente für $x = 0{,}3$ und geben Sie den Punkt des Graphen an, für den die Steigung der Tangente genau so groß ist.

4 Integralrechnung

Der Aralsee trocknet aus

1 Der Aralsee, das einst viertgrößte Binnenmeer der Erde, wird im Jahr 2020 fast komplett ausgetrocknet sein. Seit etwa 40 Jahren werden die beiden Hauptzuflüsse des an der Grenze zwischen Usbekistan und Kasachstan gelegenen Sees angezapft, um in Usbekistan Baumwollplantagen zu bewässern, die einen sehr hohen Wasserbedarf haben. Neue Satellitenbilder zeigen, wie klein der Aralsee mittlerweile ist und wie groß die neu entstandene Wüste schon ist. Noch in den sechziger Jahren war der Aralsee fast viermal so groß wie Sachsen. Nach Angaben der Weltraumbehörde ESA ist der See heute aber mit einer Oberfläche von rund 27 000 km² nur noch wenig größer als Sachsen.

Wie kann man die Größe solcher krummlinig begrenzten Wasserflächen näherungsweise aus der Darstellung oben bestimmen? Machen Sie dazu verschiedene Vorschläge und diskutieren Sie diese untereinander.

Flächeninhalt einer krummlinig begrenzten Fläche

2 Wir wissen, wie man den Flächeninhalt einer geradlinig begrenzten Figur, z. B. eines Dreiecks, berechnet. Wie könnte man jedoch den Flächeninhalt eines krummlinig begrenzten Flächenstücks berechnen?

Zeichnen Sie den Graphen der Funktion f mit $f(x) = \sqrt{x}$ für $x \in [0; 2]$ und bestimmen Sie näherungsweise den Flächeninhalt zwischen dem Graphen von f und der x-Achse.

Beschreiben Sie verschiedene Möglichkeiten zur näherungsweisen Berechnung des Flächeninhalts. Stellen Sie dar, welche Ungenauigkeiten dabei auftreten.

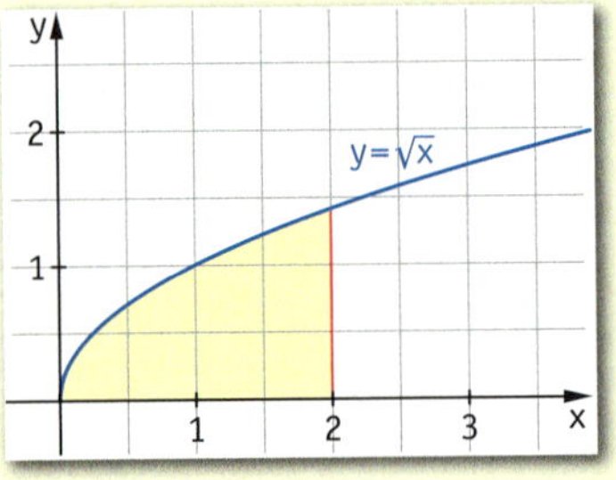

KERS (Kinetic Energy Recovery System)

3 KERS ist ein elektrisches oder mechanisches System zur Energierückgewinnung, welches in der Formel 1 seit 2009 eingesetzt werden darf und dort vor allem in der elektrischen Variante genutzt wird. Hierbei wird die beim Bremsen freiwerdende Energie durch einen Generator in elektrische Energie umgewandelt, in Akkumulatoren gespeichert und zum Betreiben eines zusätzlich eingebauten Elektromotors genutzt. Dieser wird in Beschleunigungsphasen ergänzend zum Hauptmotor eingesetzt.

Der Energiefluss in den Akku hinein oder aus dem Akku heraus kann durch den Stromfluss beschrieben werden. Dabei wird die Stromstärke gemessen und mit einem positiven Vorzeichen versehen, wenn Strom in den Akku hineinfließt, und mit einem negativen Vorzeichen gekennzeichnet, wenn dem Akku Strom entnommen wird.

- Die elektrische Stromstärke wird in der Einheit Ampère (A) gemessen.
- Die elektrische Ladung wird in der Einheit Coulomb (C) angegeben.
  1 C = 1 As

a) Die nebenstehende Grafik beschreibt den Stromfluss für eine stark vereinfachte Fahrsituation. Bestimmen Sie für den dargestellten Zeitraum, wie sich die Ladung des Akkus ändert.

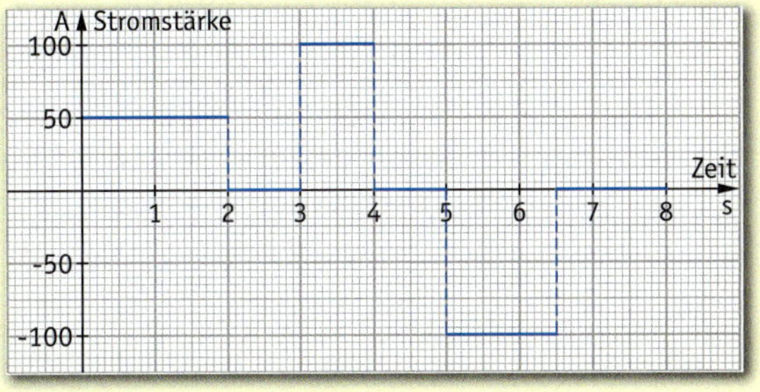

b) Angenommen, zu Beginn der Fahrt betrug die Ladung 2000 C. Ermitteln Sie die Ladung des Akkus in Abhängigkeit von der Zeit und stellen Sie den zugehörigen Graphen dar.

c) Realistischer ist die nebenstehende Fahrsituation. Führen Sie dafür die Betrachtungen aus Teilaufgabe a) (näherungsweise) durch.

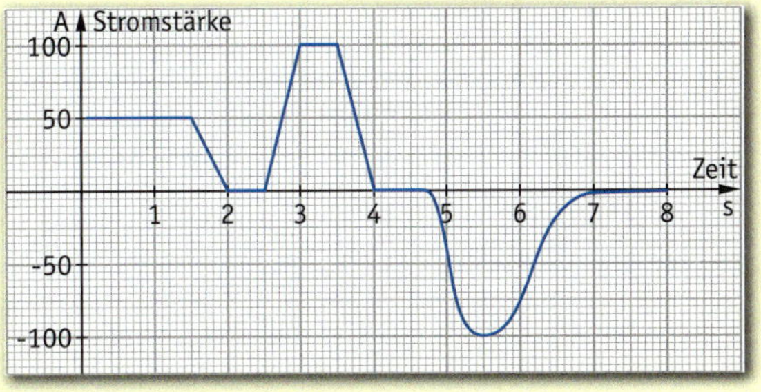

Jeder Stelle einen Flächeninhalt zuordnen

4 Die Abbildung zeigt den Graphen der Funktion f mit $f(x) = x$. Die Fläche zwischen dem Graphen von f und der x-Achse im Intervall [0; a] ist für $a = 3$ eingefärbt.

a) Tabellieren Sie den Flächeninhalt F(a) der farbigen Fläche für $a = 0{,}5$; 1,0; 1,5; 2,0; 2,5 und 3,0.

b) Stellen Sie die Zuordnung $a \mapsto F(a)$ grafisch dar. Warum ist diese Zuordnung eine Funktion?

c) Geben Sie für die Funktion $F\colon a \mapsto F(a)$ einen Funktionsterm an.

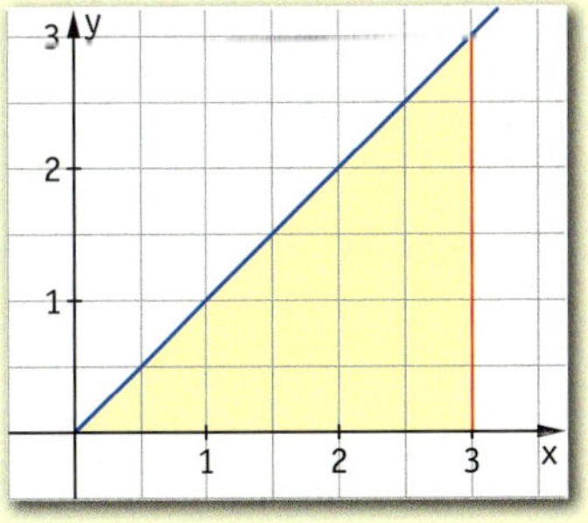

In diesem Kapitel ...

- lernen Sie, wie Größen (z.B. in den Natur- und Ingenieurwissenschaften) als Flächeninhalte interpretiert und berechnet werden;
- lernen Sie neue Verfahren zur Inhaltsberechnung von Flächen;
- erfahren Sie, welche Zusammenhänge zwischen dem Flächeninhaltsproblem und dem Tangentenproblem aus der Differenzialrechnung bestehen.

4.1 Der Begriff des Integrals

4.1.1 Rekonstruktion eines Bestandes – Größen als orientierte Flächeninhalte deuten

Einführung

(1) Energie als orientierter Flächeninhalt

Wir betrachten ein Hybridauto, das zunächst vier Minuten bergab fährt und dabei gleichmäßig abgebremst wird. Anschließend fährt das Auto zwei Minuten bergauf. Während des Abbremsens werden der Batterie konstant 0,175 kWh elektrische Energie pro Minute zugeführt. Bei der Fahrt bergauf werden der Batterie konstant 0,32 kWh elektrische Energie pro Minute entnommen.

Was ist ein Hybridauto?

Ein Auto mit Hybridantrieb arbeitet mit zwei Motoren, einem Verbrennungsmotor (Benzin oder Diesel) und einem Elektromotor. Beim Anfahren aus dem Stand wird nur der Elektromotor verwendet, dabei wird der Batterie elektrische Energie entnommen. Bei normaler Fahrt arbeiten beide Motoren so zusammen, dass möglichst wenig Kraftstoff verbraucht wird. Bremst der Fahrer ab, wird der Verbrennungsmotor automatisch abgestellt und ein Generator erzeugt elektrische Energie, die wieder der Batterie zugeführt wird. Der Benzinverbrauch eines Hybridautos kann durch diese Kombination zweier Motoren unter fünf Liter auf einhundert Kilometern liegen.

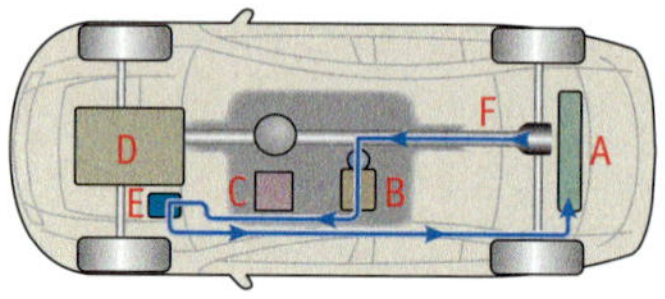

A Hochleistungsbatterie D Benzinmotor
B Elektromotor E Steuerungseinheit
C Generator F Energiefluss

Die Abbildung rechts zeigt diesen Energiefluss für die Batterie, d. h. die Energiezufuhr (positives Vorzeichen) bzw. die Energieentnahme (negatives Vorzeichen) pro Zeiteinheit.

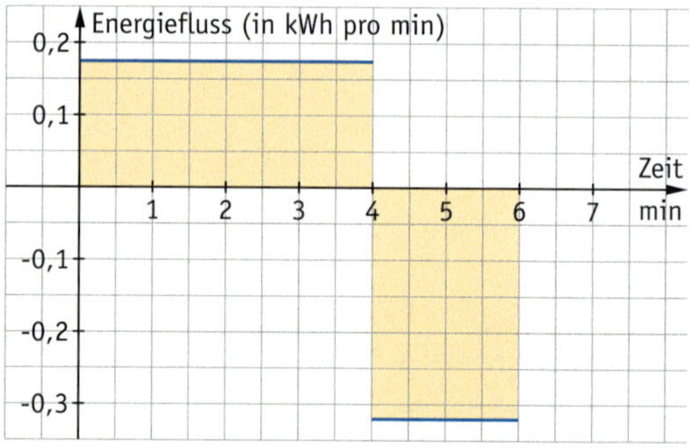

Die der Batterie zunächst zugeführte Energie erhalten wir als Produkt der Zeit, in der das Auto abgebremst wird, mit dem Energiezufluss in dieser Zeit, also $4\,\text{min} \cdot 0{,}175\,\frac{\text{kWh}}{\text{min}} = 0{,}7\,\text{kWh}$.

Dieses Produkt können wir in der Abbildung durch den Flächeninhalt des Rechtecks über dem Intervall [0; 4] *oberhalb* der Zeit-Achse veranschaulichen.

Bei der Fahrt bergauf ist der Energiefluss negativ, da der Batterie Energie entnommen wird. Die Energieentnahme erhalten wir nun als $2\,\text{min} \cdot 0{,}32\,\frac{\text{kWh}}{\text{min}} = 0{,}64\,\text{kWh}$. Sie lässt sich durch den Flächeninhalt des Rechtecks über dem Intervall [4; 6] *unterhalb* der Zeit-Achse veranschaulichen.

Um deutlich zu machen, dass durch den Flächeninhalt des ersten Rechtecks eine Energiezufuhr und durch den Flächeninhalt des zweiten Rechtecks eine Energieentnahme dargestellt wird, versehen wir die Flächeninhalte mit einem positiven bzw. einem negativen Vorzeichen und sprechen vom *orientierten* Flächeninhalt:

- orientierter Flächeninhalt des ersten Rechtecks: $+0{,}7$ (ohne Maßeinheit)
- orientierter Flächeninhalt des zweiten Rechtecks: $-0{,}64$ (ohne Maßeinheit)

Somit veranschaulichen die orientierten Flächeninhalte direkt die über den jeweils betrachteten Zeitintervallen zugeführte bzw. abgeführte Energie.

Die Veränderung des Ladezustands der Batterie über dem *gesamten* betrachteten Zeitraum erhalten wir dann als die Summe der orientierten Flächeninhalte. Hier ist also $+0{,}7 + (-0{,}64) = +0{,}06$ die Veränderung des Ladezustands im Zeitintervall [0; 6].

(2) Orientierter Flächeninhalt bei Funktionen mit gekrümmten Graphen

In der Realität ist die Fahrsituation nicht so einfach, da der Energiefluss nicht stückweise konstant ist, wie wir zunächst angenommen haben. Der Energiefluss kann oft durch einen gekrümmten Graphen beschrieben werden, dann können wir die zugeführte bzw. entnommene Energie aber nicht mehr einfach als Produkt aus betrachteter Zeit und Energiefluss berechnen.

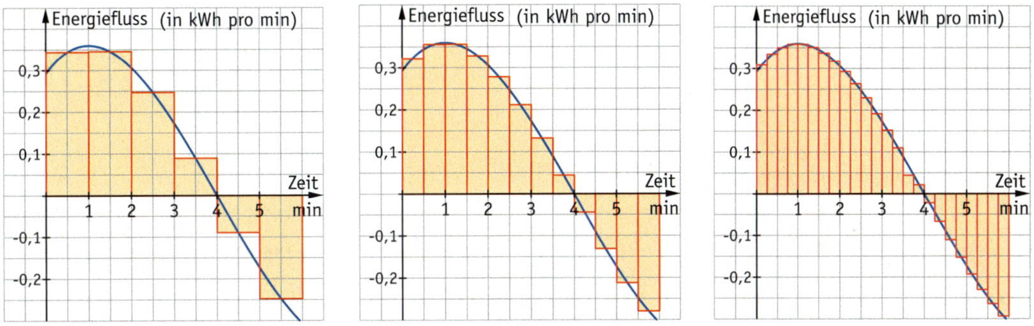

Um zu veranschaulichen, dass auch in diesem Fall die zugeführte oder entnommene Energie als positiv bzw. negativ orientierte Flächeninhalte gedeutet werden kann, unterteilen wir das Intervall [0; 6] in kleine Teilintervalle und setzen den Energiefluss für jedes dieser kleinen Teilintervalle konstant.

Je schmaler wir die Rechtecke wählen, umso besser nähert sich die Summe der Flächeninhalte der Rechtecke dem Flächeninhalt der Fläche zwischen der Zeitachse und dem Graphen an.

Wenn wir uns also den Funktionsgraphen für den Energiefluss für sehr kleine Zeitintervalle als konstant vorstellen, so können wir auch in diesem Fall die der Batterie zugeführte bzw. entnommene Energie als orientierten Flächeninhalt zwischen dem Funktionsgraphen und der Zeit-Achse deuten.

Information

(1) Orientierter Flächeninhalt

Die Inhalte der Flächen zwischen dem Graphen einer Funktion und der x-Achse können eine konkrete Bedeutung haben.

Dabei ist es sinnvoll, jeweils durch ein Vorzeichen vor dem Flächeninhalt zu kennzeichnen, ob die Fläche oberhalb oder unterhalb der x-Achse liegt. Man spricht dann vom *orientierten* Flächeninhalt.

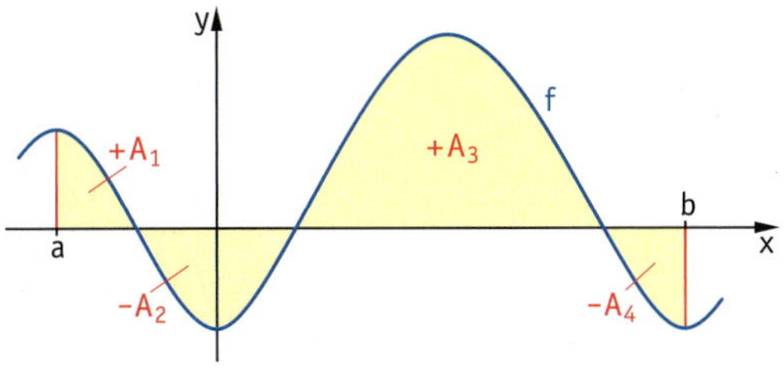

- Flächeninhalte sind stets positiv.
- *Orientierte* Flächeninhalte können auch negativ sein.

Beim **orientierten Flächeninhalt** sind die Inhalte von Flächen oberhalb der x-Achse mit einem positiven und unterhalb mit einem negativen Vorzeichen versehen.

Verläuft der Funktionsgraph für eine Fläche vollständig oberhalb oder vollständig unterhalb der x-Achse, so gibt der orientierte Flächeninhalt neben dem Inhalt der vom Funktionsgraphen und der x-Achse begrenzten Fläche auch an, ob die Fläche oberhalb oder unterhalb der x-Achse liegt.

Information

(2) Geometrische Definition des Integrals

In vielen Anwendungen ist nach der *Summe* der orientierten Flächeninhalte *aller* Teilflächen einer Funktion über einem Intervall gefragt.

Man nennt die Summe der orientierten Flächeninhalte zwischen dem Graphen einer Funktion und der x-Achse über einem Intervall [a; b] das *Integral* von a bis b der Funktion f.

Definition 1: Geometrische Definition des Integrals

Wir betrachten eine Funktion f, die über einem Intervall [a; b] definiert ist.
Die Summe der orientierten Flächeninhalte der Teilflächen zwischen dem Graphen von f, der x-Achse und den Parallelen zur y-Achse mit den Gleichungen $x = a$ und $x = b$ nennt man
Integral von f von a bis b.

Man schreibt hierfür: $\int\limits_a^b f(x)\,dx$

Das Integralzeichen $\int$ ist ein langgezogenes S und steht für Summe.

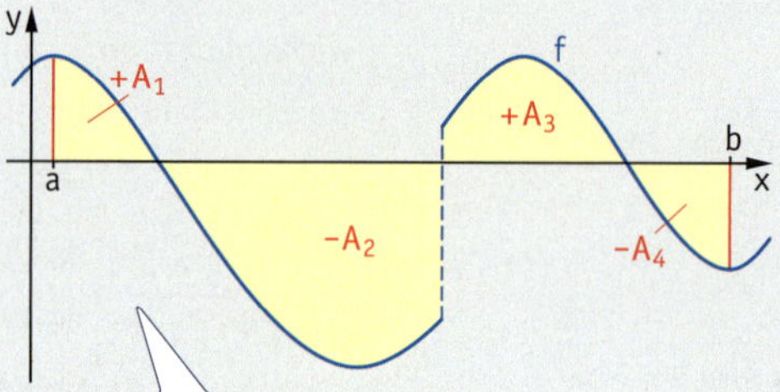

Hier gilt: $\int\limits_a^b f(x)\,dx = +A_1 + (-A_2) + (+A_3) + (-A_4)$

Übungsaufgaben

1

Funktion eines Pumpspeicherwerks

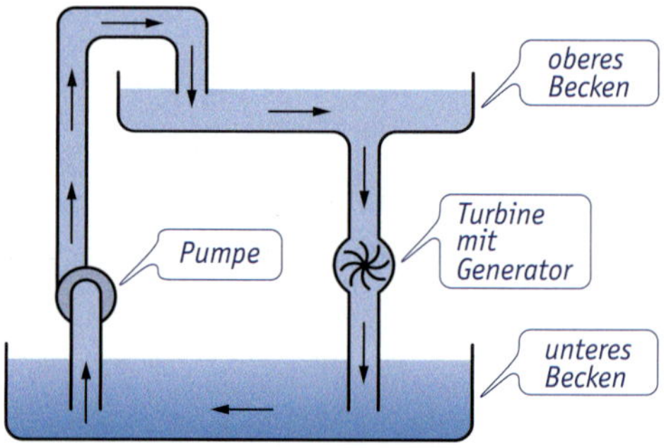

In einem Pumpspeicherwerk (siehe die schematische Darstellung) wird nachts mithilfe überschüssiger elektrischer Energie Wasser in ein höheres Becken gepumpt.
In Zeiten großen Bedarfs an elektrischer Energie (z. B. mittags) wird Wasser zur Stromerzeugung vom oberen Becken wieder in das untere Becken abgelassen und elektrische Energie an das Stromnetz abgegeben.

Das obere Becken eines Pumpspeicherwerks wird 40 min lang mit Wasser gefüllt. Die Zuflussgeschwindigkeit beträgt gleichbleibend $3\,000\,\frac{m^3}{min}$.
Danach wird das Wasser mit einer konstanten Geschwindigkeit von $2\,000\,\frac{m^3}{min}$ entleert.

a) Stellen Sie den Verlauf des Vorgangs grafisch dar und veranschaulichen Sie die zugeflossene und abgeflossene Wassermenge. Berechnen Sie, wie viel m^3 Wasser nach 40 min in das obere Becken geflossen sind und wie viel m^3 Wasser in den darauf folgenden 10 min wieder abgeflossen sind.

b) Bestimmen Sie, um wie viel m^3 sich die Wassermenge im oberen Becken während des gesamten Zeitraums der 50 min geändert hat.

c) In der Abbildung rechts ist eine Zuflussgeschwindigkeit dargestellt, die ständig variiert. Bestimmen Sie näherungsweise, um wie viel m^3 sich die Wassermenge im gesamten Zeitraum von 40 min geändert hat.

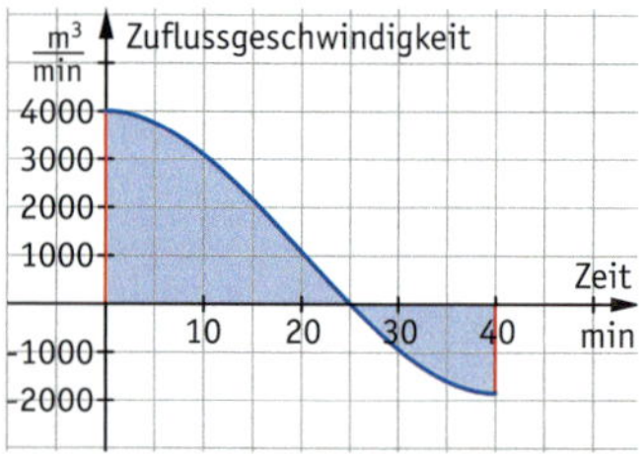

2

Langzeit-Wärmespeicher dienen der Speicherung von Wärme über einen Zeitraum von mehreren Monaten. So kann z. B. die im Sommer überschüssige Solarenergie in den Wintermonaten Teile des Heizwärmebedarfs decken. Seit etwa 1995/96 wurden in Deutschland verschiedene Pilotanlagen gebaut und erprobt.

1 MWh = 1 Megawattstunde = 10^6 Wh

In einer einfachen Modellrechnung nehmen wir an, dass Einspeisung und Entnahme der Wärmeenergie in 12 Monaten folgendermaßen verlaufen: In den Monaten Juni, Juli, August und September werden konstant 250 MWh Energie pro Monat eingespeist. In den Monaten Oktober und November werden 100 MWh pro Monat entnommen, von Dezember bis Februar werden 280 MWh pro Monat entnommen und von März bis Mai 40 MWh pro Monat eingespeist.

a) Stellen Sie die Energieeinspeisung und -entnahme von Juni bis Mai des Folgejahres grafisch dar. Wie kann man die entnommene und die eingespeiste Energie grafisch veranschaulichen?

b) Wie stellt sich die Energiebilanz innerhalb eines Jahres dar?

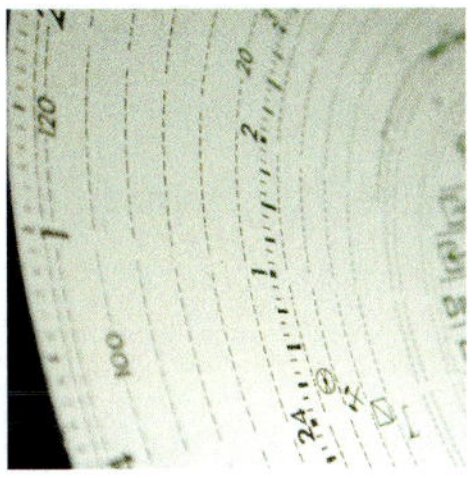

3 Ein Fahrtenschreiber hat eine Autofahrt in dem rechts abgebildeten Geschwindigkeits-Zeit-Diagramm protokolliert.

a) Berechnen Sie, wie viele Kilometer das Auto von 13.00 Uhr bis 13.30 Uhr zurückgelegt hat. Wie kann man die Länge des zurückgelegten Weges von 13.00 Uhr bis 13.30 Uhr in dem Diagramm veranschaulichen?

b) Ermitteln Sie näherungsweise, wie viele Kilometer das Auto von 13.30 Uhr bis 13.50 Uhr zurückgelegt hat.

c) Wie viele Kilometer ist das Auto von 13.00 bis 14.00 Uhr gefahren?

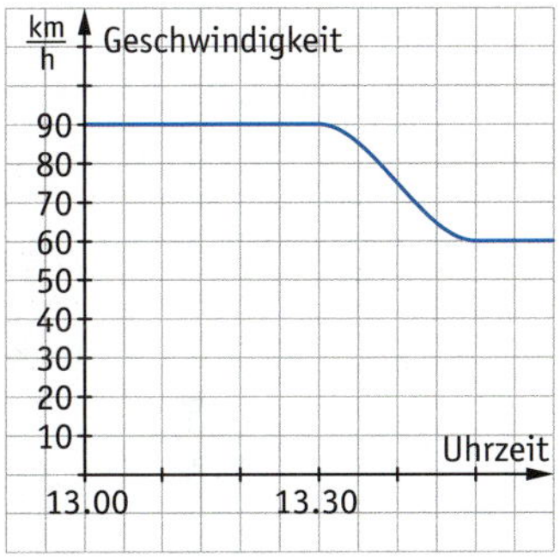

4 Die Funktionen zu den abgebildeten Graphen sind jeweils stückweise über einem Intervall definiert.

a) Bestimmen Sie jeweils den Flächeninhalt der gefärbten Fläche und das dazugehörige Integral.

b) Bestimmen Sie jeweils den Wert des Integrals $\int_{-1}^{1} f(x)\,dx$.

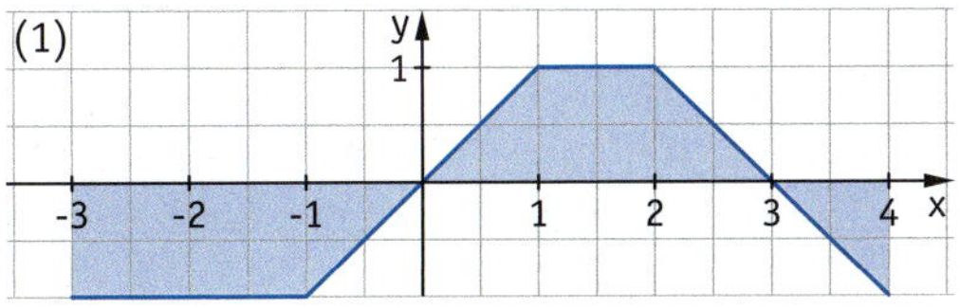

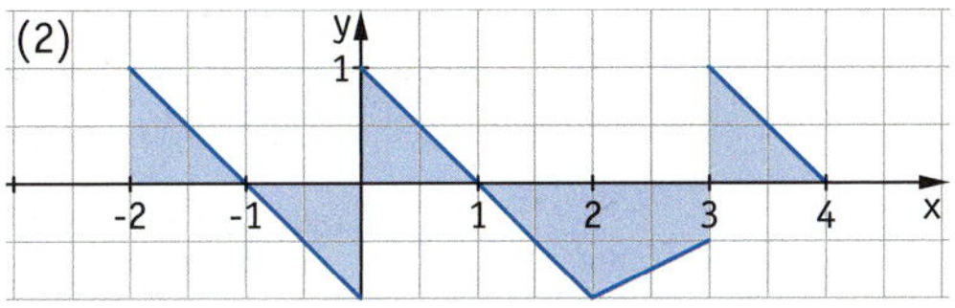

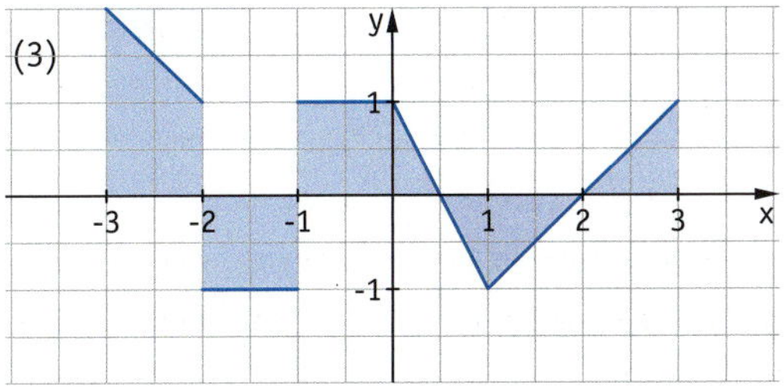

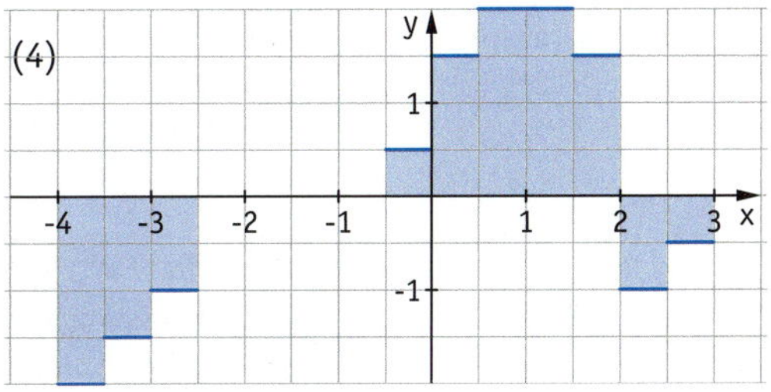

5 Frau Mayer fühlt sich seit längerer Zeit krank. Sie hat gehört, dass die Quecksilberbelastung aus Amalgamfüllungen die Ursache sein könnte, und will sich nun alle Füllungen entfernen lassen. Sie stimmt zu, an einer wissenschaftlichen Untersuchung teilzunehmen, bei der nach der Entfernung der Amalgamfüllungen die Menge des über den Urin ausgeschiedenen Quecksilbers (Hg) gemessen wird. Dabei soll festgestellt werden, wie sich die Quecksilberausscheidung nach der Entfernung der Füllungen verändert.

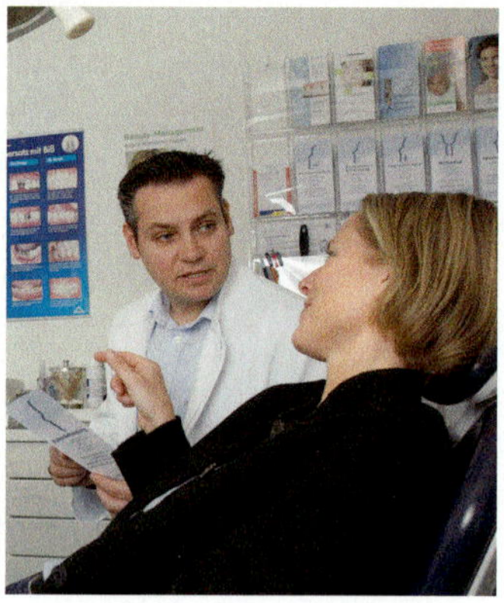

Messungen *vor* der Entfernung der Füllungen ergaben:

Hg-Menge im Urin: $3{,}5\ \frac{\mu g}{Tag}$

Die Messungen *nach* dem Entfernen der Füllungen haben ergeben, dass sich die ausgeschiedene Hg-Menge wie folgt verändert:

Zeit (in Tagen)	0	30	60	120	150	180
Hg-Menge $\left(\text{in } \frac{\mu g}{Tag}\right)$	3,5	2,4	1,7	0,8	0,5	0,4

Es ist die Gesamtmenge des ausgeschiedenen Quecksilbers gesucht.

a) Stellen Sie die Daten grafisch dar und bestimmen Sie einen ersten Näherungswert für die Hg-Menge, die *nach* der Entfernung der Füllungen ausgeschieden wurde.

b) Untersuchen Sie, welche Gesamtmenge innerhalb von 180 Tagen *vor* der Behandlung etwa ausgeschieden wurde.

c) Ermitteln Sie mit einem Rechner eine zu den Daten passende Funktion.

d) Bestimmen Sie mithilfe der Funktion f aus Teilaufgabe c) die ausgeschiedene Quecksilbermenge für kleinere Schrittweiten als in Teilaufgabe a).

6 Der Graph der Funktion f im Intervall [– 2; 3] hat den rechts abgebildeten Verlauf.

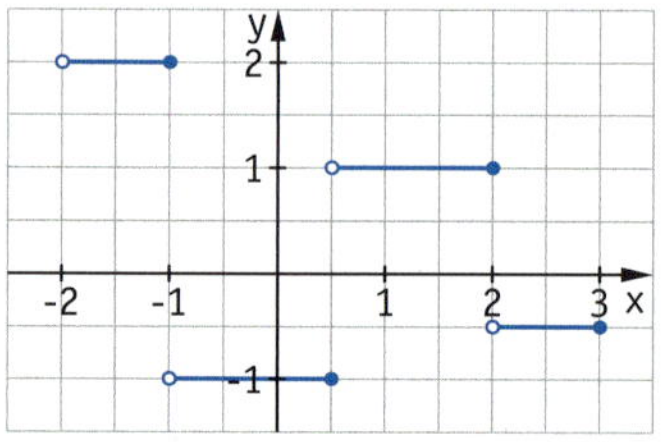

a) Berechnen Sie $\int_{-2}^{3} f(x)\,dx$.

b) Geben Sie ein Teilintervall [a; b] von [– 2; 3] an, sodass $\int_{a}^{b} f(x)\,dx = 0$ ist.

c) Berechnen Sie die Werte von b, für die gilt: $\int_{-2}^{b} f(x)\,dx = 1$.

d) Der Graph zu der Funktion f* ergibt sich, indem man den Graphen zu f parallel zur y-Achse mit dem Faktor 1,5 streckt.
Skizzieren Sie den Graphen von f*.
Vergleichen Sie $\int_{-2}^{3} f(x)\,dx$ und $\int_{-2}^{3} f^*(x)\,dx$.

7 Skizzieren Sie den Graphen einer Funktion f, sodass mit den Flächeninhalten A_1, A_2, A_3, A_4 gilt:

a) $\int_{a}^{b} f(x)\,dx = A_1 - A_2 + A_3 - A_4$

b) $\int_{a}^{b} f(x)\,dx = -A_1 + A_2 + A_3 - A_4$

c) $\int_{a}^{b} f(x)\,dx = -A_1 + A_2 - A_3 > 0$

d) $\int_{a}^{b} f(x)\,dx = -A_1 + A_2 - A_3 + A_4 < 0$

8 Gegeben ist die Funktion f. Bestimmen Sie alle Nullstellen von f und begründen Sie, dass das Integral von f von der kleinsten Nullstelle bis zur größten Nullstelle den Wert null hat.

a) $f(x) = x^3 - 2x$ **b)** $f(x) = x^5 - 9x^3$ **c)** $f(x) = x \cdot (x^2 - 2) \cdot (x^2 - 1)$

9 Die abgebildeten Funktionsgraphen sind symmetrisch. Notieren Sie jeweils das dargestellte Integral als Term mithilfe des Integralzeichens wie in der Definition 1.
Beurteilen Sie, ob das Integral positiv, negativ oder gleich 0 ist.

(1)

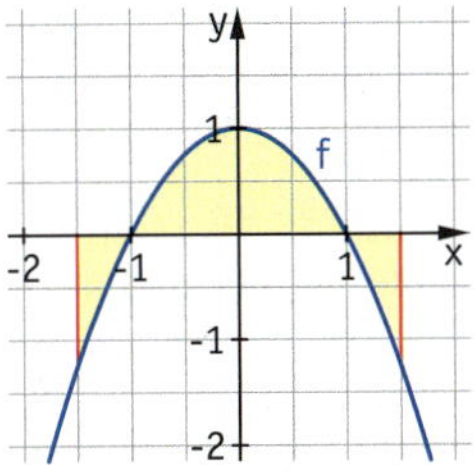

(2)

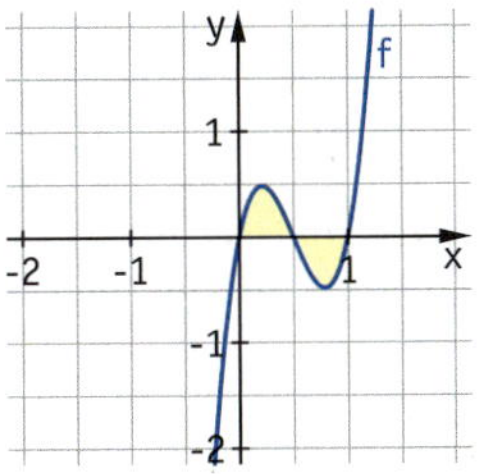

(3)

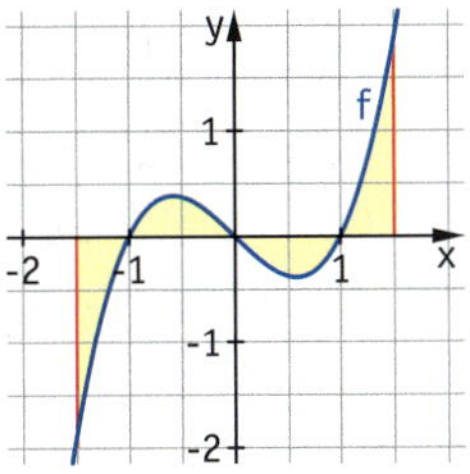

(4)

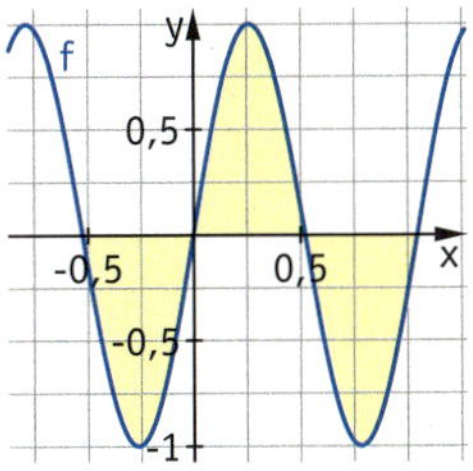

10 Geben Sie drei Integrale der Sinusfunktion [der Kosinusfunktion] von a bis b an, die den Wert null haben.

11 Eine Waldfläche wird durch Holzeinschlag um 10 ha pro Jahr verringert. Nach 5 Jahren wird der Einschlag beendet und die Fläche wird wieder aufgeforstet, sodass die Waldfläche dann um 7 ha pro Jahr zunimmt.

a) Die Funktion f beschreibt die Veränderung der Waldfläche pro Jahr für den Zeitraum der ersten 15 Jahre nach Beginn des Holzeinschlags.
Stellen Sie f als abschnittsweise definierte Funktion dar und zeichnen Sie den Graphen von f.

b) Untersuchen Sie, wann die Waldfläche wieder die ursprüngliche Größe erreicht hat.

c) Bestimmen Sie die Integrale $\int_0^5 f(x)\,dx$, $\int_5^{15} f(x)\,dx$ und $\int_2^{10} f(x)\,dx$ und erläutern Sie die Bedeutung dieser drei Integralwerte.

12 Ein leeres Becken hat einen Zufluss und einen Abfluss. Zunächst wird der Zufluss 15 min geöffnet.
Die Zuflussgeschwindigkeit beträgt $300\,\frac{l}{min}$.
Dann wird 20 min lang der Zufluss geschlossen und der Abfluss geöffnet.
Die Abflussgeschwindigkeit beträgt $100\,\frac{l}{min}$.

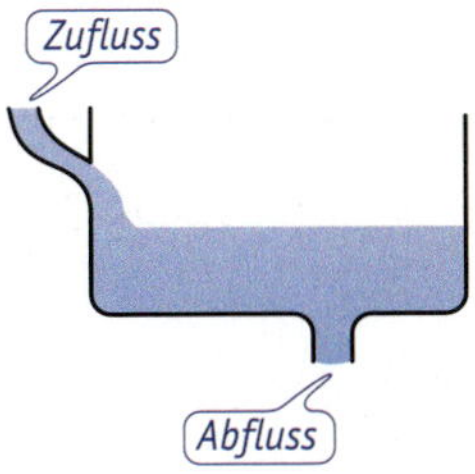

(1) Zeichnen Sie den Graphen der folgenden Funktion F: *Zeitdauer* ↦ *Zuflussgeschwindigkeit*
Deuten Sie die Abflussgeschwindigkeit als negative Zuflussgeschwindigkeit und ergänzen Sie den Graphen.

(2) Ermitteln Sie, wie viel l sich nach 5, 10, 15, 20, 25, 30, 35 min im Becken befinden.
Zeichnen Sie den Graphen der Funktion *Zeitdauer* ↦ *Volumen im Becken*.

(3) f sei die Funktion *Zeitdauer* (in min) ↦ *Zuflussgeschwindigkeit* $\left(\text{in } \frac{l}{min}\right)$.
Berechnen Sie $\int_0^{35} f(x)\,dx$.
Untersuchen Sie, welcher Zusammenhang mit den Ergebnissen von Teilaufgabe (2) besteht.

4.1.2 Näherungsweises Berechnen von Integralen – Analytische Definition des Integrals

Einführung

Integrale näherungsweise berechnen

Im vorangegangenen Abschnitt haben Sie gesehen, dass orientierte Flächeninhalte vielfältige Anwendungsbezüge haben. Dabei wird häufig die Fläche durch einen *krummlinigen* Funktionsgraphen begrenzt. Wir wollen im Folgenden ein Verfahren entwickeln, mit dem man den orientierten Inhalt einer krummlinig begrenzten Fläche berechnen kann. Das Verfahren wird hier am Beispiel der Funktion f mit $f(x) = x^2$ erläutert, indem wir $\int_0^2 x^2\,dx$ berechnen.

(1) Grundgedanke der Näherung durch Treppenfiguren

Die Fläche ist vom Graphen von f krummlinig begrenzt. Wir kennen keine Formel für ihren Flächeninhalt. Daher berechnen wir den Wert des Integrals zunächst *näherungsweise.*

Dazu zerlegen wir die Fläche in vier gleich breite Streifen. Über jedem dieser Teile kann man die Fläche durch ein Trapez annähern. Der Flächeninhalt aller Trapeze ist dann ein Näherungswert für den gesuchten Flächeninhalt.

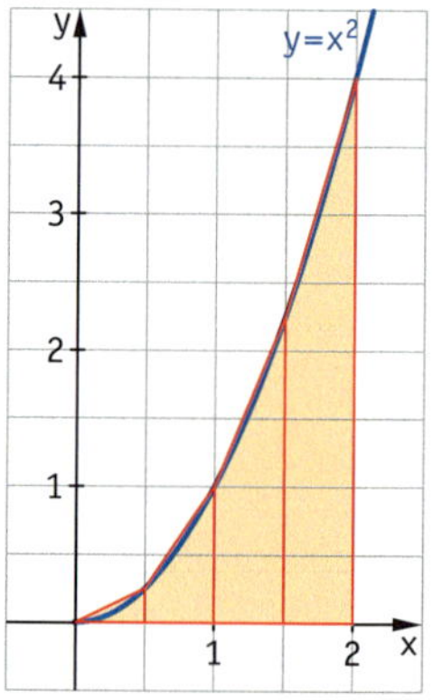

Für die Berechnungen ist es jedoch einfacher, wenn wir die Fläche durch mehrere gleich breite Rechteckstreifen annähern. Dabei wählen wir die zur y-Achse parallele Rechteckseite jeweils so, dass sie mit dem größten Funktionswert in dem Streifen übereinstimmt. Es entsteht eine sogenannte Treppenfigur, die die tatsächliche Fläche annähert. Man bezeichnet den Flächeninhalt der Treppenfigur auch als *Obersumme* und schreibt dafür $\overline{S}_4$.

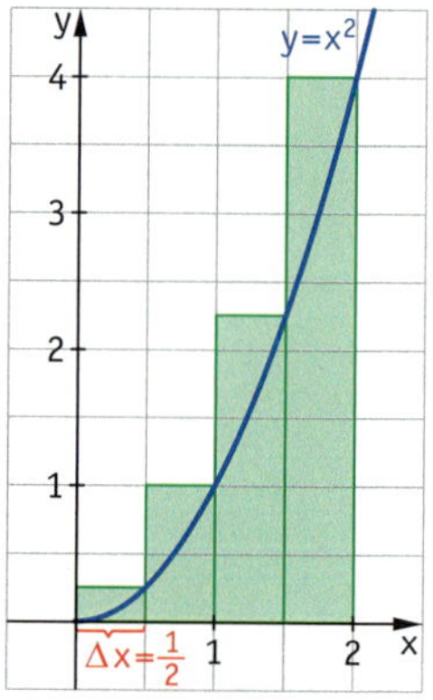

(2) Näherungsweise Berechnungen durch Obersummen

Δx (gelesen: Delta x) bezeichnet die Breite eines Rechteckstreifens

Da alle Rechteckstreifen dieselbe Breite $\Delta x = \frac{1}{2}$ haben und die Höhe eines jeden Rechteckstreifens der jeweils rechte Funktionswert ist, erhalten wir:

$$\begin{aligned}\overline{S}_4 &= \tfrac{1}{2}\cdot f\left(\tfrac{1}{2}\right) + \tfrac{1}{2}\cdot f(1) + \tfrac{1}{2}\cdot f\left(\tfrac{3}{2}\right) + \tfrac{1}{2}\cdot f(2)\\ &= \tfrac{1}{2}\cdot\left(f\left(\tfrac{1}{2}\right) + f(1) + f\left(\tfrac{3}{2}\right) + f(2)\right)\\ &= 3{,}75\end{aligned}$$

Die Berechnung mit Rechtecken hat den Nachteil, dass die Näherung durch Rechtecke ungenauer ist als die Näherung durch Trapeze. Wir können den Näherungswert aber verbessern, indem wir die Breite der Rechtecke schmaler wählen.

Bilden wir beispielsweise acht statt vier Rechteckstreifen, so haben alle Rechteckstreifen die Breite $\Delta x = \frac{1}{4}$ und wir erhalten für die Obersumme $\overline{S}_8$:

$$\begin{aligned}\overline{S}_8 &= \tfrac{1}{4}\cdot f\left(\tfrac{1}{4}\right) + \tfrac{1}{4}\cdot f\left(\tfrac{2}{4}\right) + \tfrac{1}{4}\cdot f\left(\tfrac{3}{4}\right) + \tfrac{1}{4}\cdot f\left(\tfrac{4}{4}\right) + \tfrac{1}{4}\cdot f\left(\tfrac{5}{4}\right) + \tfrac{1}{4}\cdot f\left(\tfrac{6}{4}\right) + \tfrac{1}{4}\cdot f\left(\tfrac{7}{4}\right) + \tfrac{1}{4}\cdot f\left(\tfrac{8}{4}\right)\\ &= \tfrac{1}{4}\cdot\left(f\left(\tfrac{1}{4}\right) + f\left(\tfrac{2}{4}\right) + f\left(\tfrac{3}{4}\right) + f\left(\tfrac{4}{4}\right) + f\left(\tfrac{5}{4}\right) + f\left(\tfrac{6}{4}\right) + f\left(\tfrac{7}{4}\right) + f\left(\tfrac{8}{4}\right)\right)\\ &= \tfrac{51}{16}\\ &= 3{,}1875\end{aligned}$$

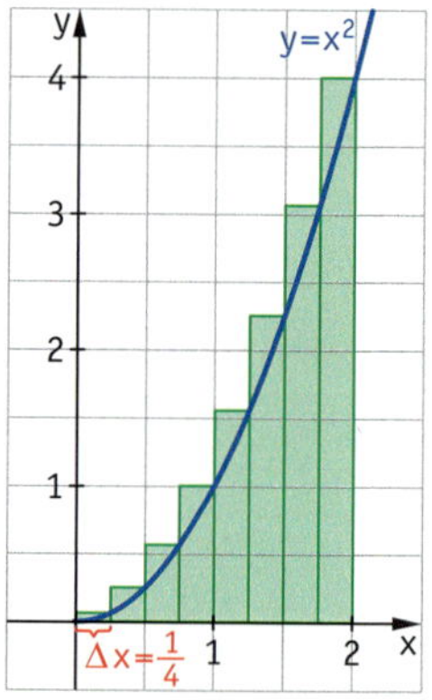

Als weitere Näherungswerte erhalten wir mithilfe eines Rechners bei 16 Rechtecken mit der Breite $\Delta x = \frac{1}{8}$:

$\overline{S}_{16} = \frac{187}{64} = 2{,}921875.$

Bei Rechnern mit dem Summenbefehl kann man auch wie rechts für 1000 Rechtecke dargestellt vorgehen.

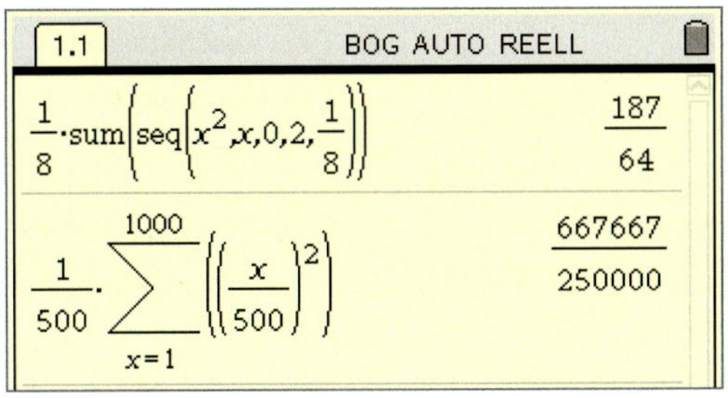

Bezeichnen wir mit n die Anzahl der Rechtecke, so erhalten wir als Obersummen

n	50	100	1 000	10 000	100 000	1 000 000
$\overline{S}_n$	2,7472	2,7068	2,670668	2,66706668	2,6667066668	2,666670666668

Offenbar besitzen die Obersummen $\overline{S}_1, \overline{S}_2, \overline{S}_3, \ldots$ einen Grenzwert; vermutlich ist dieser $2\frac{2}{3}$. Da der Flächeninhalt der eingeschlossenen Fläche stets kleiner als jede Obersumme ist, kann er auch nur höchstens so groß wie dieser Grenzwert sein.

(3) Abschätzen des gesuchten Flächeninhalts durch den Grenzwert der Obersummen

Um den Grenzwert zu bestimmen, berechnen wir $\overline{S}_n$ für ein allgemeines n:

- Breite der Rechtecke: $\Delta x = \frac{2}{n}$
- Höhen der Rechtecke = Funktionswerte f(x) an den rechten Grenzen der Teilintervalle: $f\left(\frac{2}{n}\right),\ f\left(2\cdot\frac{2}{n}\right),\ f\left(3\cdot\frac{2}{n}\right),\ f\left(4\cdot\frac{2}{n}\right),\ \ldots,\ f\left((n-1)\cdot\frac{2}{n}\right),\ f\left(n\cdot\frac{2}{n}\right)$

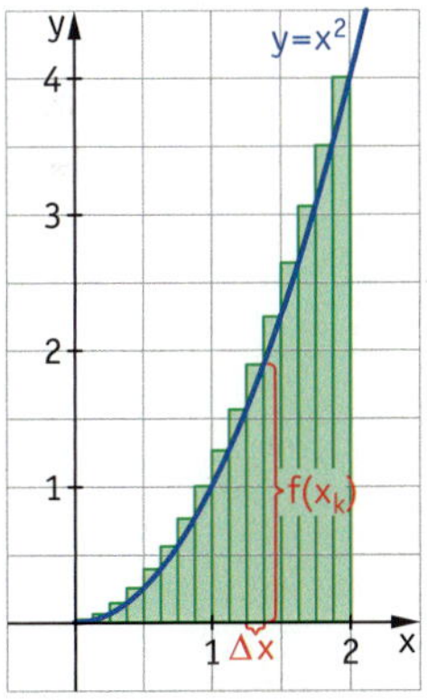

Damit erhalten wir

$$\begin{aligned}
\overline{S}_n &= \tfrac{2}{n}\cdot\left(f\left(\tfrac{2}{n}\right) + f\left(2\cdot\tfrac{2}{n}\right) + f\left(3\cdot\tfrac{2}{n}\right) + f\left(4\cdot\tfrac{2}{n}\right) + \ldots + f\left((n-1)\cdot\tfrac{2}{n}\right) + f\left(n\cdot\tfrac{2}{n}\right)\right)\\
&= \tfrac{2}{n}\cdot\left(\left(\tfrac{2}{n}\right)^2 + \left(2\cdot\tfrac{2}{n}\right)^2 + \left(3\cdot\tfrac{2}{n}\right)^2 + \left(4\cdot\tfrac{2}{n}\right)^2 + \ldots + \left((n-1)\cdot\tfrac{2}{n}\right)^2 + \left(n\cdot\tfrac{2}{n}\right)^2\right)\\
&= \tfrac{2}{n}\cdot\left(\left(\tfrac{2}{n}\right)^2 + 2^2\cdot\left(\tfrac{2}{n}\right)^2 + 3^2\cdot\left(\tfrac{2}{n}\right)^2 + 4^2\cdot\left(\tfrac{2}{n}\right)^2 + \ldots + (n-1)^2\cdot\left(\tfrac{2}{n}\right)^2 + n^2\cdot\left(\tfrac{2}{n}\right)^2\right)\\
&= \tfrac{2}{n}\cdot\left(\tfrac{2}{n}\right)^2\cdot\left(1 + 2^2 + 3^2 + 4^2 + \ldots + (n-1)^2 + n^2\right)\\
&= \left(\tfrac{2}{n}\right)^3\cdot\left(1 + 2^2 + 3^2 + 4^2 + \ldots + (n-1)^2 + n^2\right)\\
&= \left(\tfrac{2}{n}\right)^3\cdot\frac{n\cdot(n+1)\cdot(2n+1)}{6}\\
&= \frac{8\cdot n\cdot(n+1)\cdot(2n+1)}{6\cdot n^3}\\
&= \frac{4}{3}\cdot\frac{(n+1)\cdot(2n+1)}{n^2}\\
&= \frac{4}{3}\cdot\frac{n+1}{n}\cdot\frac{2n+1}{n}\\
&= \frac{4}{3}\cdot\left(1+\frac{1}{n}\right)\cdot\left(2+\frac{1}{n}\right)
\end{aligned}$$

Der Formelsammlung oder einem CAS entnimmt man:

$1 + 2^2 + 3^2 + \ldots + n^2 = \sum_{k=1}^{n} k^2 = \frac{n\cdot(n+1)\cdot(2n+1)}{6}$

Für $n \to \infty$ gilt $\frac{1}{n} \to 0$. Dann gilt für $n \to \infty$ auch $1 + \frac{1}{n} \to 1$ und $2 + \frac{1}{n} \to 2$.

Somit folgt: $\lim\limits_{n\to\infty} \frac{4}{3}\cdot\left(1+\frac{1}{n}\right)\cdot\left(2+\frac{1}{n}\right) = \frac{4}{3}\cdot 1\cdot 2 = \frac{8}{3}$

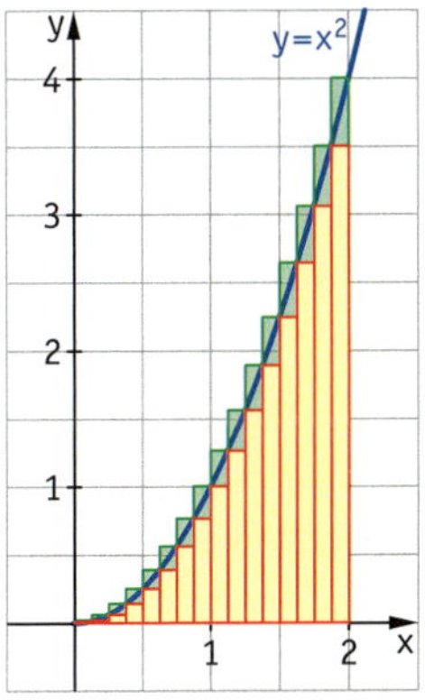

Der Grenzwert der Obersummen ist also tatsächlich $\frac{8}{3}$ und daher gilt für den gesuchten Flächeninhalt A: $A \le \frac{8}{3}$.

Durch die Annäherung an den Funktionsgraphen durch Treppenfiguren von oben haben wir mit dem Grenzwert der Obersummen für den gesuchten Flächeninhalt die Abschätzung $A \le \frac{8}{3}$ erhalten.

Es ist naheliegend, durch eine Annäherung an den Funktionsgraphen durch Treppenfiguren von *unten* den gesuchten Flächeninhalt entsprechend mit dem Grenzwert der *Untersummen* $\underline{S}_n$ abzuschätzen.

(4) Abschätzen des gesuchten Flächeninhalts durch den Grenzwert der Untersummen

Die Untersumme $\underline{S}_n$ erhält man analog zur Bestimmung der Obersumme $\overline{S}_n$. Sie ist die Summe der Flächeninhalte aller Rechtecke mit der Breite $\Delta x = \frac{2}{n}$ und der Höhe, die durch den jeweils *kleinsten* Funktionswert in dem Streifen bestimmt ist.

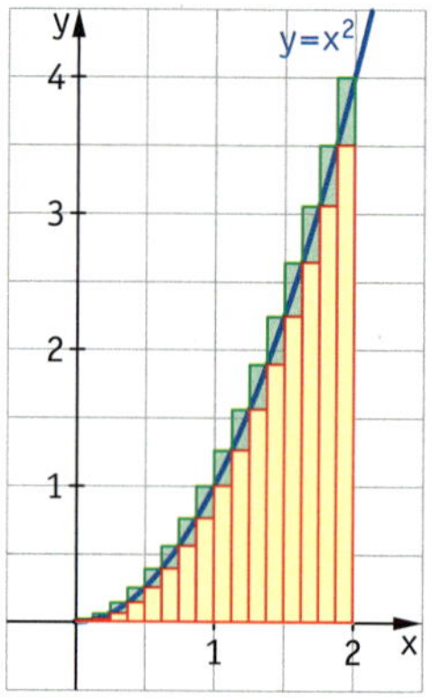

Statt alle Berechnungen für $\underline{S}_n$ erneut durchzuführen, nutzen wir aus, dass wir wegen der Monotonie von $f(x) = x^2$ auf dem Intervall [0; 2] die Rechtecke von $\underline{S}_n$ durch Verschiebung der Rechtecke von $\overline{S}_n$ jeweils um ein Rechteck nach rechts erhalten. Dabei entfällt das letzte Rechteck von $\overline{S}_n$ über dem Teilintervall $\left[2 - \frac{2}{n}; 2\right]$, das den Flächeninhalt $\frac{2}{n} \cdot 2^2$ hat.

Daher gilt: $\underline{S}_n = \overline{S}_n - \frac{2}{n} \cdot 2^2 = \overline{S}_n - \frac{8}{n}$.

Für $n \to \infty$ gilt $\overline{S}_n \to \frac{8}{3}$ und $\frac{8}{n} \to 0$. Damit folgt ebenfalls $\lim\limits_{n \to \infty} \underline{S}_n = \frac{8}{3}$.
Also gilt: $A \geq \frac{8}{3}$.

Insgesamt erhalten wir: $\lim\limits_{n \to \infty} \underline{S}_n \leq A \leq \lim\limits_{n \to \infty} \overline{S}_n$,

$$\frac{8}{3} \leq A \leq \frac{8}{3}$$

$$\text{also } A = \frac{8}{3}$$

(5) Rückblick auf den Lösungsweg

Wir haben den Flächeninhalt A der Fläche, die der Graph der Funktion f mit $f(x) = x^2$ mit der x-Achse über dem Intervall [0; 2] einschließt, berechnet, indem wir die Fläche zunächst durch Treppenfiguren aus gleich breiten Rechteckstreifen angenähert haben. Die zugehörigen Untersummen $\underline{S}_n$ und Obersummen $\overline{S}_n$ waren dabei jeweils Näherungswerte für den gesuchten Flächeninhalt mit $\underline{S}_n \leq A \leq \overline{S}_n$.
Je größer man die Anzahl n der Rechteckstreifen wählt, desto genauer nähern $\underline{S}_n$ und $\overline{S}_n$ den Flächeninhalt A an. Da die Obersummen $\overline{S}_n$ und die Untersummen $\underline{S}_n$ den gemeinsamen Grenzwert $\frac{8}{3}$ haben, muss auch $A = \frac{8}{3}$ sein.
Ergebnis: Für den Flächeninhalt A der Fläche unter dem Graphen der Funktion f mit $f(x) = x^2$ über dem Intervall [0; 2] gilt: $A = \frac{8}{3}$.

Somit gilt also $\int\limits_0^2 x^2\,dx = \frac{8}{3}$.

In der folgenden Aufgabe soll das Integral der Funktion f mit $f(x) = x^2$ über einem Intervall mit *beliebiger*, aber fester oberer Intervallgrenze berechnet werden.

Aufgabe

1 Berechnen Sie für $b > 0$ das Integral $\int\limits_0^b x^2\,dx$ als gemeinsamen Grenzwert der Obersummen $\overline{S}_n$ und der Untersummen $\underline{S}_n$.

Lösung

(1) Aufstellen einer Formel für die Obersumme $\overline{S}_n$ und einer Formel für die Untersumme $\underline{S}_n$

Für die Breite Δx der Rechteckstreifen gilt: $\Delta x = \frac{b}{n}$
Die Intervallgrenzen der einzelnen Teilintervalle sind dann $x_0 = 0$, $x_1 = \frac{b}{n}$, $x_2 = 2\frac{b}{n}$, $x_3 = 3\frac{b}{n}$, ..., $x_{n-1} = (n-1)\frac{b}{n}$, $x_n = n\frac{b}{n} = b$.

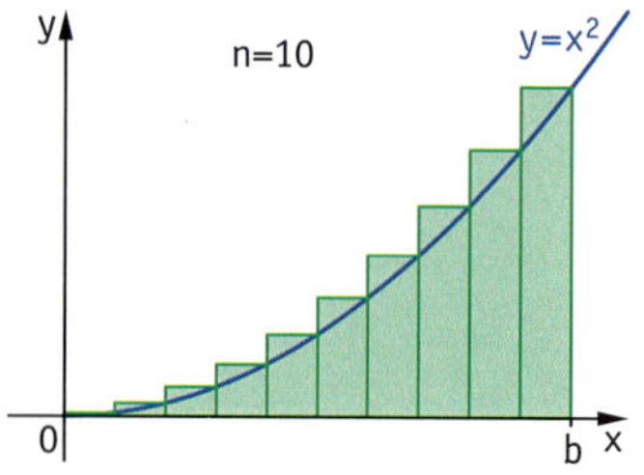

Die Funktion f mit $f(x) = x^2$ ist in jedem Intervall [0; b] mit $b > 0$ monoton wachsend. Deshalb sind die Rechteckhöhen die Funktionswerte von f an den rechten Rändern der Streifen und man erhält für die Obersummen:

$$\overline{S}_n = \Delta x \cdot \left(f(x_1) + f(x_2) + f(x_3) + \ldots + f(x_{n-1}) + f(x_n)\right)$$
$$= \frac{b}{n} \cdot \left(\frac{b^2}{n^2} + 2^2\frac{b^2}{n^2} + 3^2\frac{b^2}{n^2} + \ldots + (n-1)^2\frac{b^2}{n^2} + n^2\frac{b^2}{n^2}\right)$$
$$= \frac{b^3}{n^3} \cdot \left(1^2 + 2^2 + 3^2 + \ldots + (n-1)^2 + n^2\right)$$

$1^2 + 2^2 + 3^2 + \ldots + n^2 = \frac{n \cdot (n+1) \cdot (2n+1)}{6}$

$$= \frac{b^3}{n^3} \cdot \frac{n(n+1)(2n+1)}{6}$$
$$= \frac{b^3}{6} \cdot \left(1 + \frac{1}{n}\right)\left(2 + \frac{1}{n}\right)$$

Bei der Untersumme sind die Rechteckhöhen die Funktionswerte von f an den linken Rändern der Streifen. Damit erhält man:

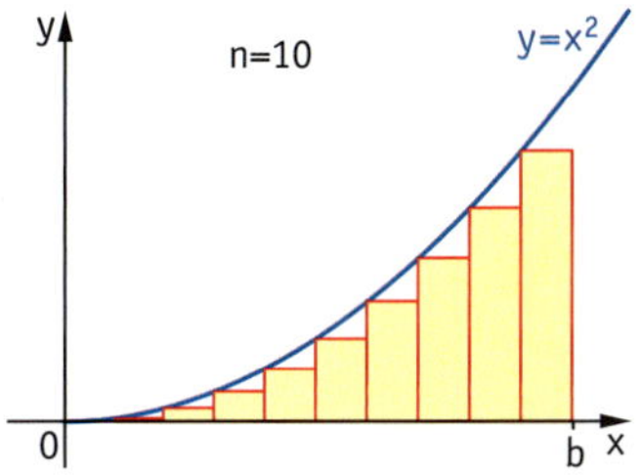

$$\underline{S}_n = \Delta x \cdot \left(f(x_0) + f(x_1) + f(x_2) + f(x_3) + \ldots + f(x_{n-1})\right)$$
$$= \frac{b}{n} \cdot \left(0^2 + \frac{b^2}{n^2} + 2^2\frac{b^2}{n^2} + 3^2\frac{b^2}{n^2} + \ldots + (n-1)^2\frac{b^2}{n^2}\right)$$
$$= \frac{b^3}{n^3} \cdot \left(0^2 + 1^2 + 2^2 + 3^2 + \ldots + (n-1)^2\right)$$
$$= \frac{b^3}{n^3} \cdot \frac{(n-1)n(2n-1)}{6}$$
$$= \frac{b^3}{6} \cdot \left(1 - \frac{1}{n}\right)\left(2 - \frac{1}{n}\right)$$

$0^2 + 1^2 + 2^2 + 3^2 + \ldots + (n-1)^2 = \frac{(n-1)n(2n-1)}{6}$

(2) Grenzwertbestimmung

Nun kann man zu jedem n direkt den Wert der Obersumme $\overline{S}_n$ bzw. der Untersumme $\underline{S}_n$ berechnen und für $n \to \infty$ die Grenzwerte bestimmen.

Für das gesuchte Integral gilt also:

$$\frac{b^3}{6} \cdot \left(1 - \frac{1}{n}\right)\left(2 - \frac{1}{n}\right) < \int_0^b x^2\,dx < \frac{b^3}{6} \cdot \left(1 + \frac{1}{n}\right)\left(2 + \frac{1}{n}\right)$$

Für $n \to \infty$ gilt: $\left(1 - \frac{1}{n}\right) \to 1$, $\left(2 - \frac{1}{n}\right) \to 2$, $\left(1 + \frac{1}{n}\right) \to 1$, $\left(2 + \frac{1}{n}\right) \to 2$

Also ergibt sich für $n \to \infty$:

$$\frac{b^3}{6} \cdot 1 \cdot 2 \leq \int_0^6 x^2\,dx \leq \frac{b^3}{6} \cdot 1 \cdot 2$$
$$\frac{b^3}{3} \leq \int_0^b x^2\,dx \leq \frac{b^3}{3}$$

(3) Ergebnis

Für den Flächeninhalt A der Fläche unter dem Graphen der Funktion f mit $f(x) = x^2$ über dem Intervall $[0;\, b]$ mit $b > 0$ gilt: $A = \int_0^b x^2\,dx = \frac{1}{3}b^3$

Weiterführende Aufgaben

2 Untersumme und Obersumme bei monoton fallender Funktion

Gegeben ist die Funktion f mit $f(x) = -x^2 + 4$.

Berechnen Sie das Integral $\int_0^2 f(x)\,dx$ als gemeinsamen Grenzwert von Ober- und Untersummen.

Nennen Sie Unterschiede zur Funktion f mit $f(x) = x^2$.

Beachten Sie:
$1^2 + 2^2 + 3^2 + \ldots + n^2 = \frac{n \cdot (n+1) \cdot (2n+1)}{6}$
$0^2 + 1^2 + 2^2 + 3^2 + \ldots + (n-1)^2 = \frac{(n-1)n(2n-1)}{6}$

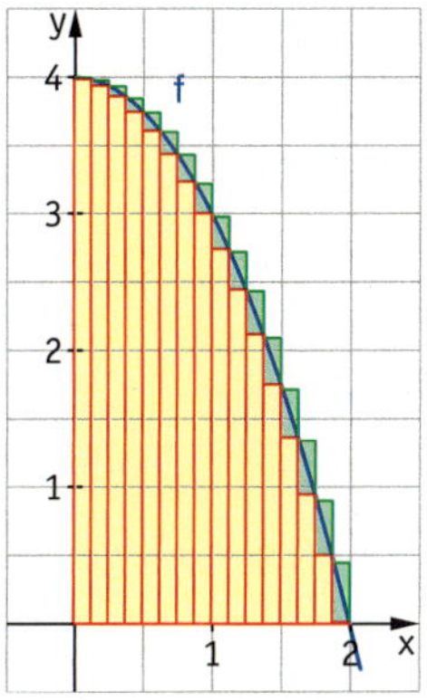

Weiterführende Aufgaben

3 Untersumme und Obersumme bei Funktionen mit negativen und positiven Funktionswerten

Rechts ist der Graph einer Funktion f über dem Intervall [0; 4] abgebildet. Das Intervall wurde in vier Teilintervalle zerlegt.
Übertragen Sie die Abbildung in Ihr Heft und zeichnen Sie die obere und die untere Treppenfigur ein. Berechnen Sie $\overline{S}_4$ und $\underline{S}_4$.

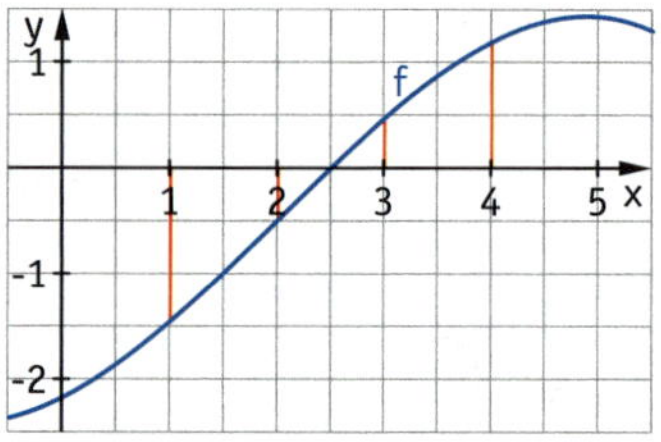

Hinweis: Die Höhe h eines Rechteckstreifens über einem Teilintervall $[x_i; x_{i+1}]$ ergibt sich aus folgender Tabelle:

	f ist monoton wachsend über $[x_i; x_{i+1}]$	f ist monoton fallend über $[x_i; x_{i+1}]$
Höhe des Rechteckstreifens bei Obersumme	$f(x_{i+1})$	$f(x_i)$
Höhe des Rechteckstreifens bei Untersumme	$f(x_i)$	$f(x_{i+1})$

4 Integralformeln

a) Zeigen Sie für b > 0: $\int_0^b x\,dx = \frac{1}{2}b^2$. Fertigen Sie hierzu eine Skizze an und begründen Sie die Formel ohne die Verwendung von Ober- und Untersummen.

Folgern Sie für $0 \le a < b$: $\int_a^b x\,dx = \frac{1}{2}b^2 - \frac{1}{2}a^2$

b) In Aufgabe 1 wurde für b > 0 gezeigt: $\int_0^b x^2\,dx = \frac{1}{3}b^3$.

Folgern Sie für $0 \le a < b$: $\int_a^b x^2\,dx = \frac{1}{3}b^3 - \frac{1}{3}a^3$

c) Berechnen Sie für b > 0 das Integral $\int_0^b x^3\,dx$ als gemeinsamen Grenzwert von Ober- und Untersummen.

Folgern Sie für $0 \le a < b$: $\int_a^b x^3\,dx = \frac{1}{4}b^4 - \frac{1}{4}b^4$

Beachten Sie dabei:
$1^3 + 2^3 + 3^3 + \ldots + m^3 = \frac{1}{4}m^2 \cdot (m+1)^2$

5 Integrale näherungsweise mit einem Rechner bestimmen

Rechner bieten oft verschiedene Möglichkeiten, Integrale zu berechnen.

Hier wurde das Integral $\int_{0,5}^{6} \frac{1}{5}(x-1)(x-5)(x-8)\,dx$ einmal mithilfe des Integralbefehls grafisch und einmal näherungsweise mit dem **nInt**-Befehl bestimmt.

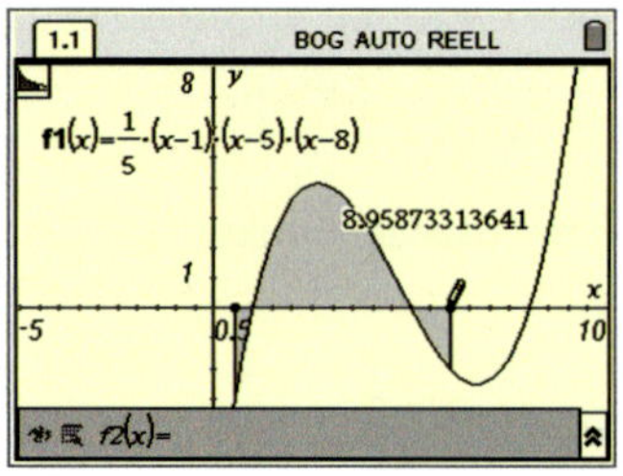

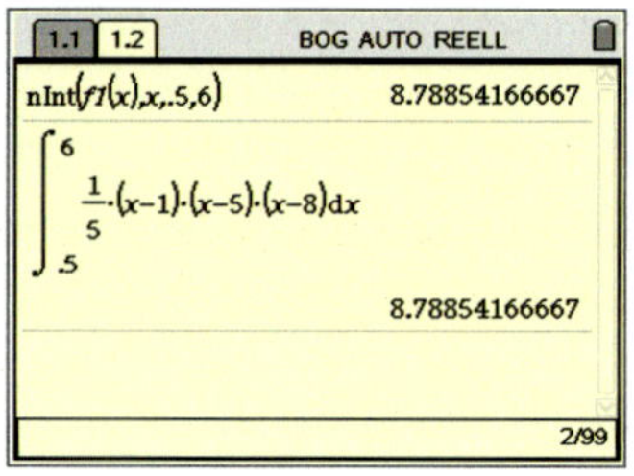

a) Informieren Sie sich über die Möglichkeiten Ihres Rechners, Integrale näherungsweise zu bestimmen, und wenden Sie diese für das hier gezeigte Beispiel an.

b) Benutzen Sie die Integralformeln aus der Aufgabe 4 und berechnen Sie damit folgende Integrale:

(1) $\int_2^7 x^2\,dx$ (2) $\int_1^{10} x^3\,dx$

Berechnen Sie anschließend die Integrale näherungsweise mithilfe ihres Rechners und vergleichen Sie die Ergebnisse mit den exakten Werten.

Information

(1) Analytische Definition des Integrals

Bei der geometrischen Definition des Integrals wurde auf den *geometrischen* Begriff des Flächeninhalts Bezug genommen. Man kann das Integral einer Funktion auch definieren, ohne auf den geometrischen Begriff der Fläche zurückzugreifen, indem man das Integral über das *Verfahren* definiert, mit dem wir in der Einführung und in der Aufgabe 1 den Flächeninhalt krummlinig berandeter Flächen berechnet haben.

In der Einführung wurde ein Intervall betrachtet, in dem die Funktion f monoton wächst. Wenn die Funktion f monoton fällt, können diese Überlegungen leicht übertragen werden, indem die Terme von Untersumme und Obersumme vertauscht werden (siehe Aufgabe 2).

Für die Funktion f rechts gilt:
f ist in [c; a] monoton steigend, in [a; b] monoton fallend und in [b; d] monoton steigend.
Das Integral von f von c bis d können wir als Summe der Integrale über diesen Teilintervallen berechnen:

$$\int_c^d f(x)\,dx = \int_c^a f(x)\,dx + \int_a^b f(x)dx + \int_b^d f(x)\,dx$$

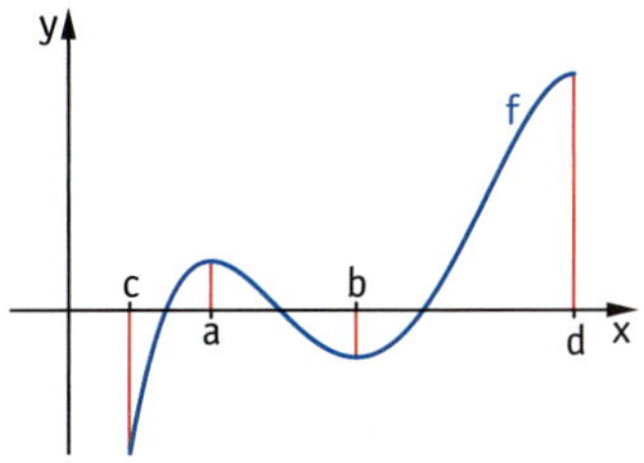

Definition 2: Analytische Definition des Integrals

Gegeben ist eine Funktion f, die über einem Intervall [a; b] definiert und

monoton wachsend	monoton fallend ist.

Das Integral $\int_a^b f(x)\,dx$ ist eine Zahl, die man nach folgendem Verfahren erhält:

(1) Man teilt das Intervall [a; b] in n Teilintervalle der Breite $\Delta x = \frac{b-a}{n}$ auf.
Die Intervallgrenzen dieser Teilintervalle sind dann:
$x_0 = a,\ x_1 = a + \Delta x,\ x_2 = a + 2\cdot\Delta x,\ x_3 = a + 3\cdot\Delta x,\ x_4 = a + 4\cdot\Delta x,\ \ldots,\ x_n = a + n\cdot\Delta x = b$

(2) Man bestimmt die zugehörige

Untersumme $\underline{S}_n = \Delta x\cdot\left(f(x_0) + f(x_1) + f(x_2) + \ldots + f(x_{n-1})\right)$ Obersumme $\overline{S}_n = \Delta x\cdot\left(f(x_1) + f(x_2) + \ldots + f(x_{n-1}) + f(x_n)\right)$	bzw. Obersumme $\overline{S}_n = \Delta x\cdot\left(f(x_0) + f(x_1) + f(x_2) + \ldots + f(x_{n-1})\right)$ bzw. Untersumme $\underline{S}_n = \Delta x\cdot\left(f(x_1) + f(x_2) + \ldots + f(x_{n-1}) + f(x_n)\right)$

(3) Haben die Ober- und Untersummen bei einer immer größer werdenden Anzahl n von Teilintervallen einen gemeinsamen Grenzwert, so nennen wir diesen Grenzwert das **Integral von f von a bis b.**

$$\int_a^b f(x)\,dx = \lim_{n\to\infty} \underline{S}_n = \lim_{n\to\infty} \overline{S}_n$$

(2) Erläuterungen zum Integralzeichen

Das Integralzeichen $\int$ erinnert an ein langgezogenes S. Es ist historisch auf die Summation der Produkte $\Delta x\cdot f(x_i)$ in der Untersumme und Obersumme zurückzuführen. Das Zeichen dx hat seinen Ursprung in dem Δx, welches die Breite der einzelnen Teilintervalle bezeichnet.

Die Funktion, über die das Integral gebildet wird, nennt man **Integrandenfunktion**. Die Integrandenfunktion und die Integrationsvariable können auch anders bezeichnet werden, zum Beispiel mit s oder t:

$$\int_0^4 f(s)\,ds = \int_0^4 f(t)\,dt.$$

(3) Integralformel für Potenzfunktionen

Die Formeln $\int_a^b x\,dx = \frac{1}{2}b^2 - \frac{1}{2}a^2$, $\int_a^b x^2\,dx = \frac{1}{3}b^3 - \frac{1}{3}a^3$ und $\int_a^b x^3\,dx = \frac{1}{4}b^4 - \frac{1}{4}a^4$ … lassen sich für einen beliebigen natürlichen Exponenten verallgemeinern:

Integralformel für Potenzfunktionen

Für $n \in \mathbb{N}$ gilt: $\int_a^b x^n\,dx = \frac{1}{n+1}b^{n+1} - \frac{1}{n+1}a^{n+1}$

Übungsaufgaben

6 Gegeben ist die Funktion f mit $f(x) = 2 - x^2$.

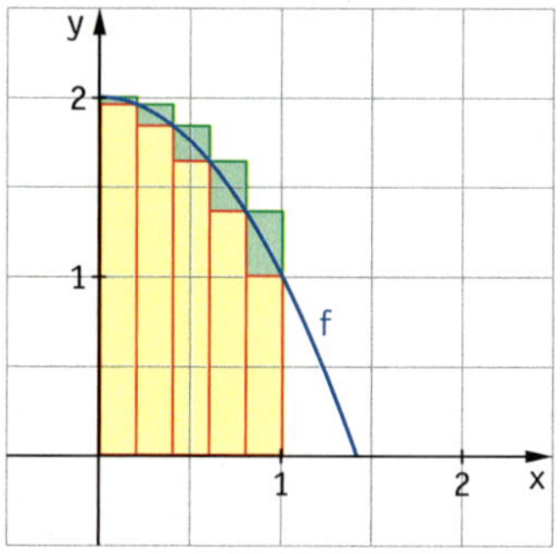

a) Zeichnen Sie den Graphen der Funktion f über dem Intervall [0; 1]. Wählen Sie dabei 10 cm für eine Einheit.
Zeichnen Sie außerdem eine untere Treppenfigur und eine obere Treppenfigur aus jeweils 5 Rechteckstreifen ein.

b) Bestimmen Sie den Inhalt $\underline{S}_5$ bzw. $\overline{S}_5$ der Fläche, die die untere bzw. obere Treppenfigur mit der x-Achse einschließt, und schätzen Sie das Integral $\int_0^1 (2 - x^2)\,dx$ mithilfe von $\underline{S}_5$ und $\overline{S}_5$ ab.

c) Erhöhen Sie die Anzahl der Rechteckstreifen auf 10 und schätzen Sie damit das Integral erneut ab.

d) Zeigen Sie, dass man allgemein für n Rechteckstreifen mit der Breite $\Delta x = \frac{1}{n}$ erhält:
$\underline{S}_n = 2 - \frac{(n+1)(2n+1)}{6n^2}$ und $\overline{S}_n = 2 - \frac{(n+1)(2n+1)}{6n^2} + \frac{1}{n}$

e) Wie groß muss die Anzahl n der Rechteckstreifen gewählt werden, damit $\underline{S}_n$ und $\overline{S}_n$ auf fünf Nachkommastellen übereinstimmen?
Was bedeutet das für das Integral $\int_0^1 (2 - x^2)\,dx$?

Beachten Sie:
$1^2 + 2^2 + 3^2 + \ldots + (m-1)^2 + m^2 = \sum_{k=1}^{m} k^2 = \frac{m \cdot (m+1) \cdot (2m+1)}{6}$

7 Gegeben ist die Funktion f mit $f(x) = 2^x$. Mithilfe eines Rechners sollen über dem Intervall [0; 1] Unter- und Obersummen berechnet werden.

a) Berechnen Sie $\overline{S}_{10}$ und $\underline{S}_{10}$. Geben Sie eine Abschätzung für $\int_0^1 2^x\,dx$ an.

b) Berechnen Sie $\underline{S}_{100}$ und $\overline{S}_{100}$ und geben Sie damit entsprechende Abschätzungen für $\int_0^1 2^x\,dx$ an.

LK **8** **Unterschiedliche Grenzwerte von Unter- und Obersummen**

Die Funktion f ist über dem Intervall [0; 1] gegeben durch $f(x) = \begin{cases} 1 & \text{falls x eine rationale Zahl ist;} \\ 0 & \text{falls x eine irrationale Zahl ist.} \end{cases}$

a) Beschreiben Sie den Funktionsgraphen. Welche Probleme gibt es hinsichtlich der Darstellung des Graphen von f?

b) Berechnen Sie die Obersumme $\overline{S}_n$ und die Untersumme $\underline{S}_n$ für $n = 5, 10, 100, 1000$. Verallgemeinern Sie Ihr Ergebnis für eine beliebige natürliche Zahl n.

c) Begründen Sie, dass man für die Funktion f das Integral $\int_0^1 f(x)\,dx$ nicht berechnen kann.

9 Berechnen Sie für das folgende Integral Unter- und Obersummen für 20, 50, 100 und 200 Rechteckstreifen mithilfe eines Rechners. Erläutern Sie, wie mithilfe der Ober- und Untersummen das Integral bestimmt werden kann, und schätzen Sie anhand Ihrer Berechnungen den Wert des Integrals ab.
Hinweis: Achten Sie auf das Monotonieverhalten.

a) $\int_0^5 0{,}2\,x^2\,dx$ **b)** $\int_0^2 (x^2 - 4)\,dx$ **c)** $\int_1^4 \frac{1}{x}\,dx$ **d)** $\int_{-1}^1 (2 - x^2)\,dx$

10 Bestimmen Sie das Integral durch die Berechnung des gemeinsamen Grenzwertes von Ober- und Untersummen bei einer immer größer werdenden Anzahl von Teilintervallen.

a) $\int_0^4 3x^2\,dx$ **b)** $\int_0^5 (x^2 + 3)\,dx$ **c)** $\int_0^2 (-x^3)\,dx$

11 Bestimmen Sie das Integral mithilfe geometrischer Überlegungen *ohne* Rückgriff auf Ober- und Untersummen. Skizzieren Sie zunächst den Graphen der Integrandenfunktion.

a) $\int_0^2 (x + 2)\,dx$ **b)** $\int_0^3 1\,dx$ **c)** $\int_0^8 (4 - \frac{1}{2}x)\,dx$

12 Bestimmen Sie das Integral näherungsweise mithilfe eines Rechners.

a) $\int_{-2}^3 (x^3 - 4x^2 + 1)\,dx$ **c)** $\int_{-3}^3 \frac{x}{x^2 + 1}\,dx$ **e)** $\int_{-1}^2 \frac{1}{2}(2^x - 2^{-x})\,dx$

b) $\int_{-1}^0 x(x - 1)^5\,dx$ **d)** $\int_1^2 (3^x - x)\,dx$ **f)** $\int_2^3 \log(x)\,dx$

13 Geben Sie den Flächeninhalt der Fläche zwischen dem Graphen von f und der x-Achse über dem Intervall I mithilfe eines Integrals an und berechnen Sie dessen Wert.

a) $f(x) = x^2,\ I = [1;\ 3]$ **b)** $f(x) = x^3,\ I = [1;\ 2]$ **c)** $f(x) = x^2,\ I = [-2;\ 2]$

14 Berechnen Sie mithilfe geometrischer Überlegungen und bekannter Integrale den Flächeninhalt der gefärbten Fläche.

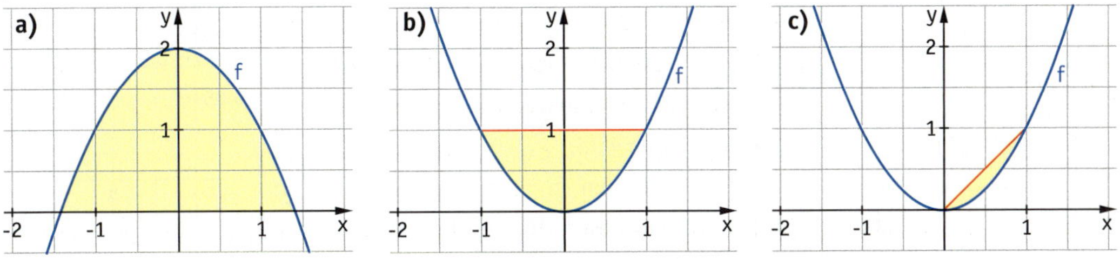

15

a) Zeichnen Sie die Graphen zu f und g mit $f(x) = \sqrt{x}$ und $g(x) = \sqrt[3]{x}$ für den Bereich $0 \le x \le 1$.

Bestimmen Sie mittels geometrischer Überlegungen und bekannter Integrale die Integrale $\int_0^1 \sqrt{x}\,dx$ und $\int_0^1 \sqrt[3]{x}\,dx$.

b) Bestimmen Sie $\int_0^b \sqrt{x}\,dx$ und $\int_0^b \sqrt[3]{x}\,dx$ sowie $\int_a^b \sqrt{x}\,dx$ und $\int_a^b \sqrt[3]{x}\,dx$ für $0 < a < b$.

16 Ein sichelförmiges Metallstück ist durch zwei Parabelbögen begrenzt. Die Oberfläche soll mit einem Speziallack beschichtet werden. Die Kosten hierfür betragen $2{,}40\,\frac{€}{dm^2}$.
Berechnen Sie die Kosten für eine einseitige Beschichtung.

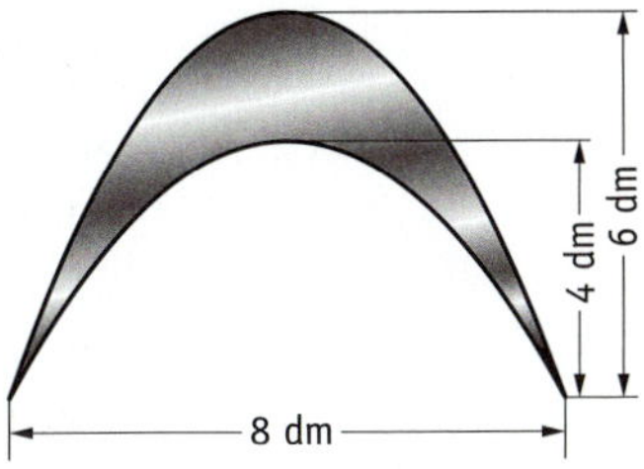

17 Gegeben ist die Funktion f mit $f(x) = x^2$.
Untersuchen Sie, welchen Wert b annehmen muss, damit gilt:

(1) $\int_0^b f(x)\,dx = 9$ (2) $\int_3^b f(x)\,dx = 18$

4.2 Aus Änderungsraten rekonstruierter Bestand – Integralfunktionen

Aufgabe

1 Der Kraftstoffverbrauch und die Emissionen bei einem Auto sind auf den ersten Kilometern nach einem Kaltstart am höchsten, da weder der Motor noch der Katalysator die ideale Betriebstemperatur erreicht haben.

Normalerweise wird der Kraftstoffverbrauch in $\frac{l}{100\,km}$ angegeben. Die nachfolgenden Rechnungen werden jedoch übersichtlicher, wenn wir den Verbrauch in $\frac{l}{km}$ messen.

Die nebenstehende Tabelle zeigt für ein bestimmtes Fahrzeug den *momentanen* Kraftstoffverbrauch in $\frac{l}{km}$ in Abhängigkeit von der Länge der gefahrenen Strecke.

Länge der Fahrstrecke (in km)	2	4	6	8	10	12
momentaner Kraftstoffverbrauch (in $\frac{l}{km}$)	0,130	0,110	0,098	0,090	0,084	0,080

a) Erläutern Sie die Tabelle. Berechnen Sie näherungsweise anhand der Tabelle den insgesamt verbrauchten Kraftstoff nach einer Fahrt von 8 km.

b) Die in der Tabelle angegebenen Datenpaare können gut durch den rechts abgebildeten Graphen der Funktion k mit $k(x) = \frac{0{,}48}{x+4} + 0{,}05$ beschrieben werden.

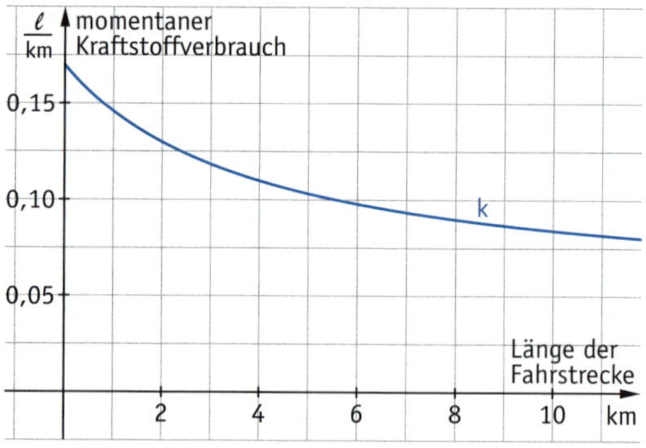

Untersuchen Sie, welche Bedeutung der orientierte Flächeninhalt der Fläche hat, die vom Graphen und der x-Achse über einem Intervall eingeschlossen wird.
Wie kann man den in Teilaufgabe a) berechneten Näherungswert für den Verbrauch nach 8 km genauer bestimmen?
Berechnen Sie einen möglichst genauen Wert. Verwenden Sie dazu gegebenenfalls einen Rechner.

c) Legen Sie eine Wertetabelle für $x = 1, 2, 3, \ldots, 10$ an und bestimmen Sie eine Funktion, die angibt, wie viel Liter Kraftstoff jeweils nach einer Fahrstrecke von x km insgesamt verbraucht wurden.

Lösung

a) In der Tabelle wird für verschiedene Fahrstreckenlängen (in km) jeweils ein bestimmter Benzinverbrauch $\left(\text{in } \frac{l}{km}\right)$ angegeben. Der angegebene Benzinverbrauch ist der *momentane* Verbrauch, also der Verbrauch zu dem Zeitpunkt, zu dem das Fahrzeug genau die jeweilige Fahrstrecke zurückgelegt hat. Der Tabelle entnimmt man beispielsweise, dass nach einer zurückgelegten Fahrstrecke von 4 km der momentane Kraftstoffverbrauch bei $0{,}11 \frac{l}{km}$ liegt. Unterstellt man, dass der momentane Kraftstoffverbrauch zwischen 2 km bis 4 km konstant $0{,}11 \frac{l}{km}$ betrug, so wären auf dieser 2 km langen Fahrstrecke $2 \cdot 0{,}11\,l$, also $0{,}22\,l$, Benzin verbraucht worden. Um den Kraftstoffverbrauch des Fahrzeugs nach insgesamt 8 km näherungsweise zu berechnen, nehmen wir an, dass der momentane Kraftstoffverbrauch stückweise konstant ist.

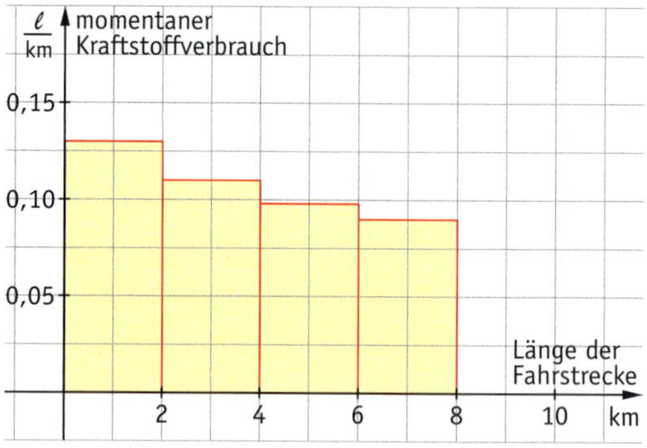

Dann können wir die Menge des verbrauchten Kraftstoffs während der einzelnen Streckenabschnitte durch den orientierten Flächeninhalt der Rechtecke veranschaulichen, die als Breite $\Delta x = 2$ (Länge der Teilstrecken) und als Höhe den jeweiligen als konstant unterstellten momentanen Kraftstoffverbrauch während dieser Teilstrecke haben.

Wir erhalten als Näherungswert für den Verbrauch nach 8 km Fahrt:

$$2\,\text{km} \cdot 0{,}13\,\frac{\text{l}}{\text{km}} + 2\,\text{km} \cdot 0{,}11\,\frac{\text{l}}{\text{km}} + 2\,\text{km} \cdot 0{,}098\,\frac{\text{l}}{\text{km}} + 2\,\text{km} \cdot 0{,}09\,\frac{\text{l}}{\text{km}}$$
$$= 2 \cdot (0{,}13 + 0{,}11 + 0{,}098 + 0{,}09)\,\text{l}$$
$$= 0{,}856\,\text{l}$$

Während der ersten 8 Fahrkilometer wurde also etwa 1 Liter Kraftstoff verbraucht.

b) Da die Größen auf der x-Achse die Einheit km und auf der y-Achse die Einheit $\frac{\text{l}}{\text{km}}$ haben, erhält man beim Multiplizieren die Einheit $\text{km} \cdot \frac{\text{l}}{\text{km}} = \text{l}$.
Der Flächeninhalt der Fläche, die vom Graphen der Funktion k und der x-Achse über einem Intervall eingeschlossen wird, kann also als Menge des verbrauchten Kraftstoffs während des Zurücklegens dieser Strecke verstanden werden.

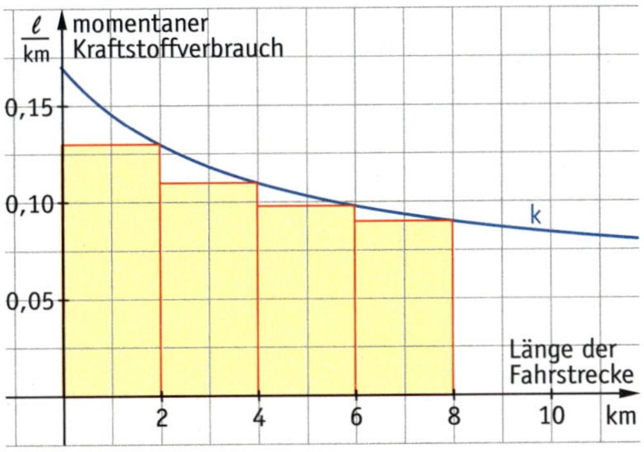

Um den Verbrauch nach 8 km näherungsweise zu bestimmen, haben wir in Teilaufgabe a) als Näherungswert für den Kraftstoffverbrauch die Untersumme $\underline{S}_4$ berechnet.

Um einen genaueren Wert für die Menge des verbrauchten Kraftstoffs nach insgesamt 8 km Fahrstrecke zu erhalten, wählen wir die Unterteilung in Rechteckstreifen feiner und erhalten beispielsweise für n = 100:

$\underline{S}_{100} \approx 0{,}924$

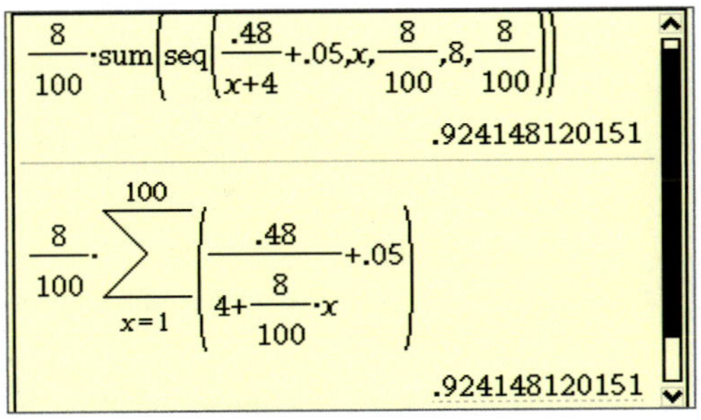

Verfeinern wir die Unterteilung immer weiter, so nähern sich die Untersummen ebenso wie die entsprechenden Obersummen dem orientierten Flächeninhalt bzw. dem gesamten Kraftstoffverbrauch nach 8 km immer genauer an. Der gemeinsame Grenzwert der Unter- und Obersummen, das Integral über die Funktion k in den Grenzen 0 und 8, ist der Wert der Menge des verbrauchten Kraftstoffs nach insgesamt 8 km.
Bezeichnen wir mit I(x) die Menge des verbrauchten Kraftstoffs nach x km, so erhalten wir:

$$I(8) = \int_0^8 k(x)\,dx$$
$$= \int_0^8 \left(\frac{0{,}48}{x+4} + 0{,}05\right) dx$$

Das Integral kann man mithilfe eines Rechners leicht näherungsweise berechnen:

$$\int_0^8 \left(\frac{0{,}48}{x+4} + 0{,}05\right) dx \approx 0{,}927$$

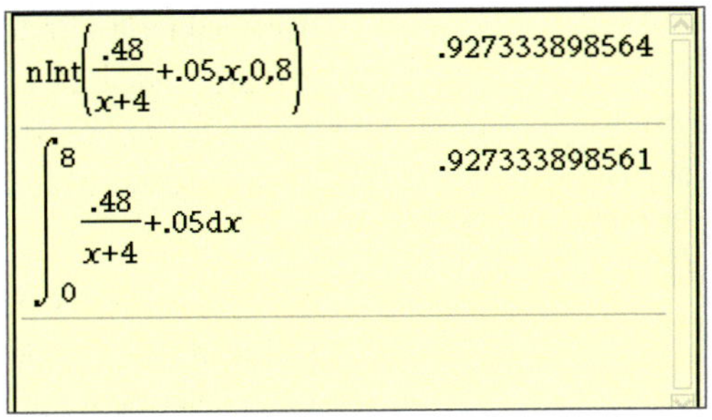

Während der ersten 8 km werden also insgesamt etwa 0,93 Liter Kraftstoff verbraucht.

c) Mithilfe eines Rechners erhalten wir als Wertetabelle für die Menge I(x) (in l) des verbrauchten Kraftstoffs nach einer Fahrstrecke x (in km):

Länge x der Fahrstrecke (in km)	1	2	3	4	5	6	7	8	9	10
Menge des verbrauchten Kraftstoffs I(x) (in l)	0,157	0,295	0,419	0,533	0,639	0,740	0,836	0,927	1,016	1,101

Durch $I(x) = \int_0^x k(x)\,dx = \int_0^x \left(\frac{0{,}48}{x+4} + 0{,}05\right)dx$ ist also eine Funktion I gegeben, die zu jeder Wegstrecke x die bis dahin verbrauchte Menge an Kraftstoff angibt.

Information

(1) Aus Änderungsraten rekonstruierter Bestand

Bei der Lösung von Aufgabe 1 wurde von der momentanen Änderungsrate (momentaner Kraftstoffverbrauch in $\frac{l}{km}$) auf den *Bestand* (verbrauchte Kraftstoffmenge in l) geschlossen. Solche Anwendungsprobleme lassen sich geometrisch auf die Bestimmung orientierter Flächeninhalte zurückführen.
Dabei müssen die Änderungsraten nicht immer aus einem Graphen abgelesen werden, oft sind diese auch wie in Teilaufgabe 1a) in einer Messwerttabelle angegeben oder sie werden durch einen Funktionsterm beschrieben, der beispielsweise durch Regression aus vorhandenen Messdaten gewonnen wurde.

(2) Begriff der Integralfunktion

Die in Aufgabe 1 gegebene Funktion k mit $k(x) = \frac{0{,}48}{x+4} + 0{,}05$ ordnet jeder Stelle x der Fahrstrecke den jeweiligen momentanen Kraftstoffverbrauch zu.
Zu dieser Funktion haben wir dann die Funktion I gebildet, die zu jeder Stelle x der Fahrstrecke die bis dahin verbrauchte Menge Kraftstoff angibt. Die Funktionswerte I(x) lassen sich jeweils als Integral über die Funktion k in den Grenzen von 0 bis x berechnen:

$$I(x) = \int_0^x k(x)\,dx$$

Die obere Grenze dieses Integrals ist dabei die Variable x; als untere Grenze kann statt 0 eine beliebige Zahl a als Beginn für die Messung gewählt werden. Die Variable x kommt dabei in zweierlei Bedeutung vor, einmal als Variable der Funktion k und ein anderes mal als Variable der Funktion I. Deshalb wird die Variable der Integrandenfunktionen umbenannt, z. B. in t.

Definition 3: Integralfunktion

Gegeben ist eine Funktion f.

Für eine fest gewählte Zahl a heißt die Funktion I_a mit

$I_a(x) = \int_a^x f(t)\,dt$,

die jeder Stelle x den Wert des Integrals $\int_a^x f(t)\,dt$ zuordnet,

Integralfunktion von f mit der unteren Grenze a.

Die Funktion f, über die integriert wird, heißt Integrandenfunktion (siehe Seite 167).

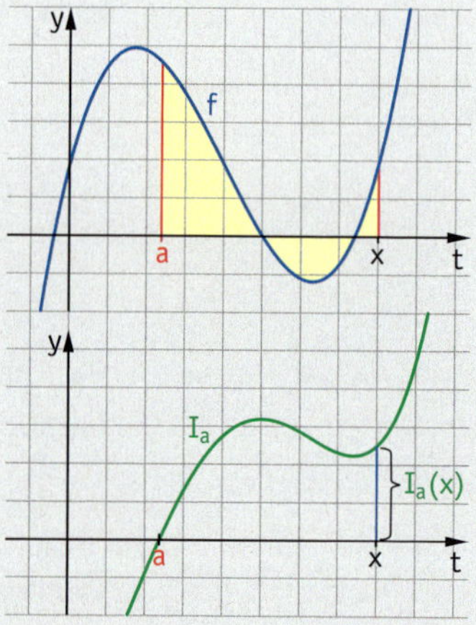

Beispiele

Um die Definition zu verdeutlichen, bestimmen wir zu $f(x) = x^2$ die Integralfunktionen I_0, I_1 und $I_{1,5}$:

(1) $I_0(x) = \int_0^x t^2\,dt = \frac{x^3}{3} - \frac{0^3}{3} = \frac{x^3}{3}$, für $x > 0$

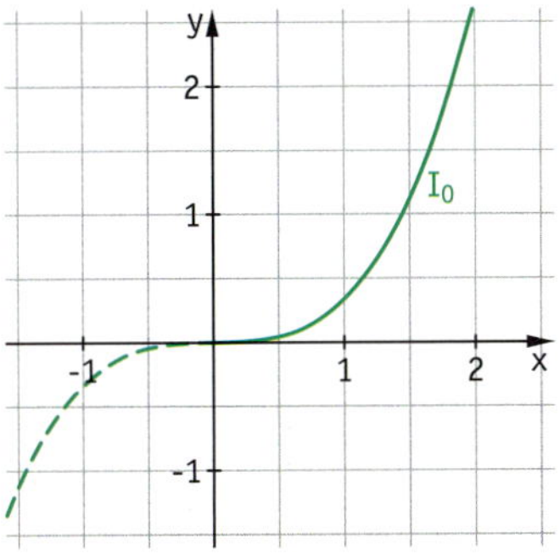

(2) $I_1(x) = \int_1^x t^2\,dt = \frac{x^3}{3} - \frac{1^3}{3} = \frac{x^3}{3} - \frac{1}{3}$, für $x > 1$

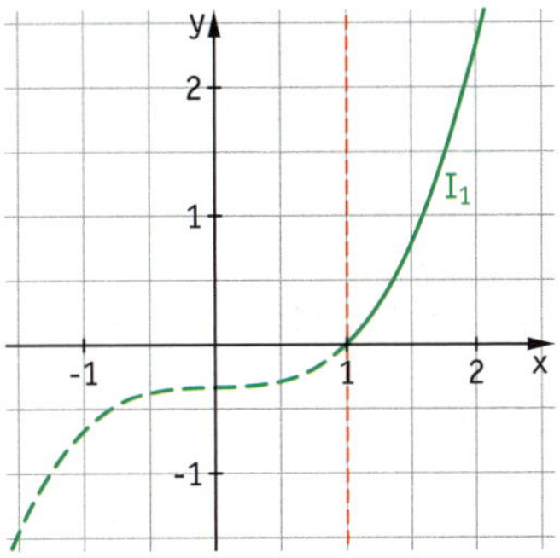

(3) $I_{1,5}(x) = \int_{1,5}^x t^2\,dt = \frac{x^3}{3} - \frac{1,5^3}{3} = \frac{x^3}{3} - 1{,}125$, für $x > 1{,}5$

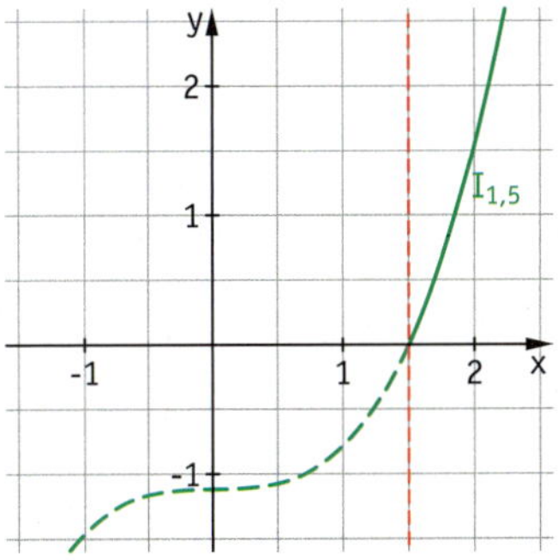

Weiterführende Aufgaben

2 Integrale mit beliebigen Integrationsgrenzen

Wir haben bei der Definition des Integrals $\int_a^b f(x)\,dx$ bisher immer vorausgesetzt, dass $b > a$ ist. Die oben aufgeführten Beispiele I_0, I_1 und $I_{1,5}$ legen aber die Frage einer Definition von $\int_a^b f(x)\,dx$ auch für $b \le a$ nahe.

a) Verdeutlichen Sie anhand der oben aufgeführten Beispiele, dass die Definition $\int_a^a f(x)\,dx = 0$ sinnvoll ist. Inwiefern ist diese Definition auch geometrisch plausibel?

b) Begründen Sie anhand einer Skizze für $a \le b \le c$:

$$\int_a^b f(x)\,dx + \int_b^c f(x)\,dx = \int_a^c f(x)\,dx.$$

c) Begründen Sie, dass die Gleichung $\int_a^b f(x)\,dx + \int_b^c f(x)\,dx = \int_a^c f(x)\,dx$ genau dann für beliebige Integrationsgrenzen a, b, c gilt, falls man $\int_a^b f(x)\,dx = -\int_b^a f(x)\,dx$ setzt.

Integrale mit beliebigen Integrationsgrenzen

(1) $\int_a^a f(x)\,dx = 0$

(2) $\int_b^a f(x)\,dx = -\int_a^b f(x)\,dx$

Beispiele

- $\int_3^3 x^2\,dx = 0$
- $\int_2^1 x^2\,dx = -\int_1^2 x^2\,dx = -\left(\frac{2^3}{3} - \frac{1^3}{3}\right) = -\frac{7}{3}$

3 Integralfunktionen mit einem Rechner darstellen

Man kann mit einem Rechner den Graphen einer Integralfunktion darstellen und auch Berechnungen durchführen. Das nebenstehende Rechner-Fenster zeigt, wie man die Integralfunktion direkt eingibt. Erläutern Sie die Anzeige und untersuchen Sie, welche Möglichkeiten Ihr Rechner bietet.

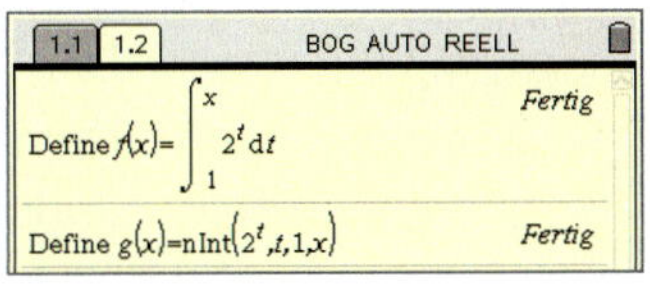

Zeichnen Sie mithilfe eines Rechners den Graphen einer Integralfunktion zu f mit $f(x) = \sqrt{x}\cdot\sin x$ mit $x \ge 0$.

Übungsaufgaben

4 Unmittelbar nach dem Deichbruch eines Flusses fließen etwa 150 m³ Wasser pro Minute durch die Bruchstelle. Man geht davon aus, dass sich die Bruchstelle durch den Wasserfluss so vergrößert, dass sich innerhalb einer Minute die Durchflussstärke um 30 m³ pro Minute erhöht.

a) Geben Sie einen Funktionsterm f(t) an, der jedem Zeitpunkt t nach dem Dammbruch eine Durchflussstärke (in m³ pro Minute) zuordnet. Zeichnen Sie den Graphen von f.

b) Bestimmen Sie die Menge Wasser, die nach 10 min, 20 min, 30 min, x min durch die Bruchstelle geflossen ist. Beschreiben Sie die Funktion I, welche jedem Zeitpunkt x (in min) nach dem Dammbruch die bisher durchgeflossene Wassermenge (in m³) zuordnet, auch mithilfe eines Integrals. Zeichnen Sie den Graphen von I.

5

Härten von Stahl

Bei der Herstellung von Werkzeugen aus Stahl werden Härtungsverfahren verwendet. Solche Härtungsverfahren bestehen aus dem Erwärmen bis zu einer werkstoffabhängigen Temperatur, dem Aufrechterhalten dieser Temperatur und dem anschließenden Abkühlen (Abschrecken) unter Beobachtung der Abkühlgeschwindigkeit, die dabei bestimmte kritische Werte nicht überschreiten bzw. unterschreiten darf.

In der Physik verwendet man die Einheit Kelvin (K) für Temperaturänderungen, statt Grad Celsius (°C).

Ein Gegenstand wird mit folgenden Abkühlgeschwindigkeiten abgeschreckt.

Zeit (in min)	1	2	3	4	5	6	7	8
Abkühlgeschwindigkeit $\left(\text{in } \frac{°C}{\text{min}}\right)$	−2,26	−2,05	−1,85	−1,68	−1,52	−1,37	−1,24	−1,12

a) Berechnen Sie näherungsweise, um wie viel Grad die Temperatur des Gegenstandes nach 8 min gesunken ist.

b) Zeigen Sie, dass die Abkühlgeschwindigkeit gut durch die Funktion f mit $f(t) = -2{,}5 \cdot 0{,}9045^x$ angenähert werden kann. Berechnen Sie mithilfe eines Rechners möglichst genau, um wie viel Grad die Temperatur des Gegenstandes nach 1 min, 2 min, 3 min, … , 8 min gesunken ist.

6 In einem Pumpspeicherwerk wird nachts Wasser aus einem unteren Becken in ein oberes Speicherbecken gepumpt. Zur Stromerzeugung kann das Wasser am Tag über eine Turbine wieder abgelassen werden.

Zwischen 20.00 und 22.00 Uhr werden alle 15 Minuten folgende Messungen für die ins Speicherbecken einlaufende Wassermenge aufgezeichnet:

Zeit (in min)	0	15	30	45	60	75	90	105	120
Zulaufstärke (in m³ pro min)	14	8	10	27	30	46	71	75	99

a) Stellen Sie die Daten grafisch dar. Welcher Funktionsterm passt gut zu den Daten?

b) Bestimmen Sie näherungsweise, welche Wassermengen bis 20.15; 20.30; 20.45; 21.00; 21.15; 21.30; 21.45; 22.00 Uhr insgesamt einfließen, und stellen Sie die ermittelten Werte in einer Tabelle dar.

c) Ermitteln Sie einen Funktionsterm, der gut zu den Wertepaaren der Tabelle aus Teilaufgabe b) passt.

7 Der Graph rechts zeigt die Zulaufgeschwindigkeit, d.h. die pro Sekunde zulaufende Wassermenge in Liter, beim Füllen einer Badewanne.
Bestimmen Sie näherungsweise die Wassermenge, die sich nach 22 Sekunden in der Badewanne befindet.

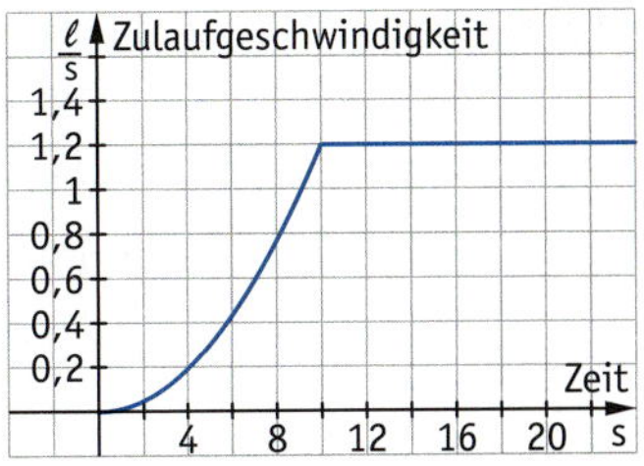

8 Gegeben ist die Funktion f mit $f(x) = 4 - 0{,}8x$.
Bestimmen Sie für $a = -2,\ a = -1,\ \ldots,\ a = 2$ jeweils einen Term für die Integralfunktion I_a.
Stellen Sie die verschiedenen Integralfunktionen grafisch dar. Erläutern Sie die Zusammenhänge.

9 Bestimmen Sie jeweils zum vorgegebenen Wert von a die Integralfunktion I_a von f und zeichnen Sie die Graphen von f und I_a in zwei Koordinatensysteme untereinander.

a) $f(x) = 3x + 1,\ a = 0\ [a = 2;\ a = -1]$
b) $f(x) = 2x - 6,\ a = 0\ [a = 3;\ a = -2]$
c) $f(x) = \frac{1}{2}x - 1,\ a = 0\ [a = 1;\ a = -4]$
d) $f(x) = x^2 + 1,\ a = 0\ [a = 1;\ a = -1]$
e) $f(x) = 3x^2 - 1,\ a = 0\ [a = 2;\ a = -2]$
f) $f(x) = -3x^2 + 2,\ a = 0\ [a = 1;\ a = -3]$

10 Bestimmen Sie Funktionsterme für die Integralfunktionen von $f(x) = x^2$ und $g(x) = x^3$.
a) Setzen Sie zunächst voraus, dass die untere Grenze $a \geq 0$ ist.
b) Geben Sie auch jeweils den Funktionsterm im Fall $a < 0$ an.

11 Der Graph einer Funktion f ist achsensymmetrisch zur y-Achse [punktsymmetrisch zum Koordinatenursprung].
a) Untersuchen Sie, ob der Graph der Integralfunktion I_a ebenfalls Symmetrien aufweist.
b) Untersuchen Sie auch, ob bei Symmetrien einer Integralfunktion auch die Integrandenfunktion Symmetrien aufweist.

12 Für den Zerfall einer radioaktiven Substanz hat man folgende Messwerte erhalten. Dabei gibt ein Bq (Becquerel) die Anzahl der Atome an, die pro Sekunde zerfallen.

Zeitpunkt t (in s)	0	5	10	15	20	25	30
Zerfall (in Bq)	1247	1172	1101	1035	972	913	858

a) Stellen Sie die Daten grafisch dar und ermitteln Sie einen Näherungswert für die Anzahl der Atome, die insgesamt nach 30 s zerfallen sind.
b) Zeigen Sie, dass die Funktion f mit $f(t) = 1246{,}5 \cdot 0{,}5^{0{,}018\,t}$ näherungsweise die Anzahl der Atome angibt, die pro Sekunde zerfallen.
c) Berechnen Sie mithilfe eines Rechners, wie viele Atome nach 30 s [60 s; 5 min] zerfallen sind.

13 Der Fahrtenschreiber eines Lkw zeigt den abgebildeten Zusammenhang zwischen der Zeit t und der Geschwindigkeit v(t) des Fahrzeugs.
a) Beschreiben Sie v(t) über dem Intervall [0; 5] durch eine ganzrationale Funktion 3. Grades.
b) Berechnen Sie, wie viele Kilometer das Fahrzeug nach 2 min [5 min; 6 min] zurückgelegt hat.

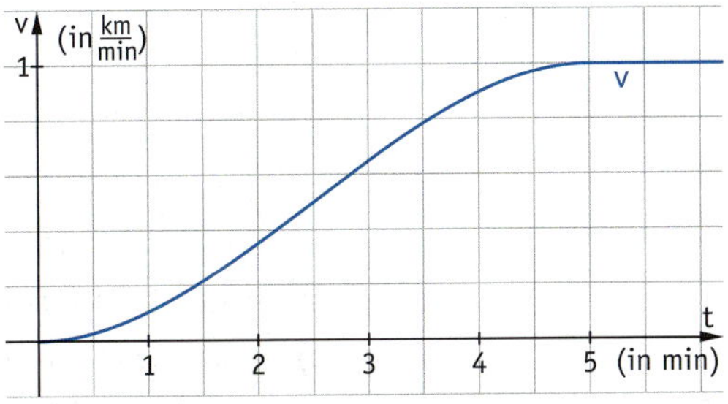

14 Skizzieren Sie die Graphen zu den Integralfunktionen $I_0(x) = \int_0^x f(t)\,dt$ und $I_1(x) = \int_1^x f(t)\,dt$. Die Abbildung zeigt den Graphen der Integrandenfunktion f.

a)

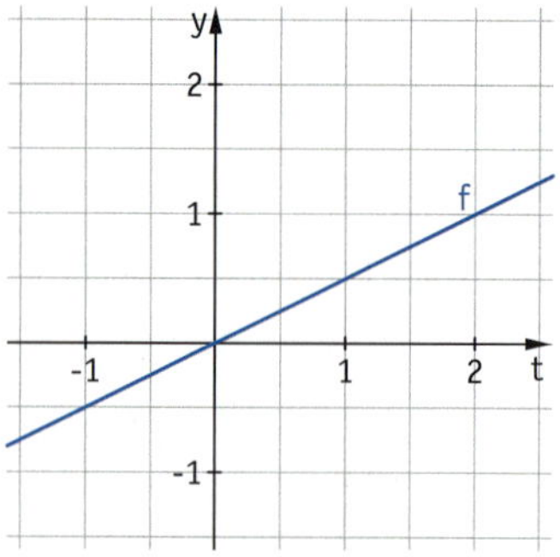

b)

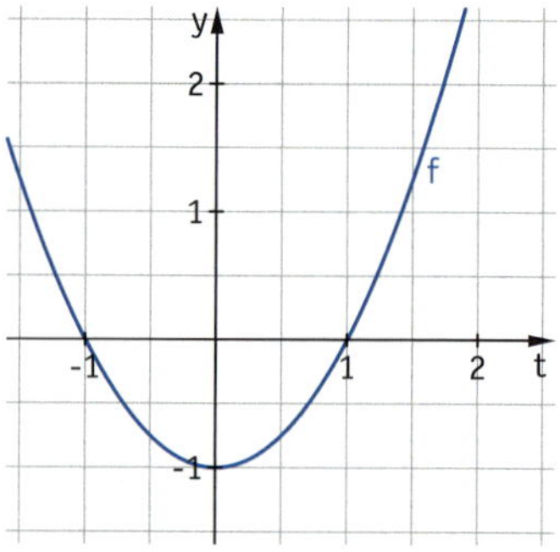

c)

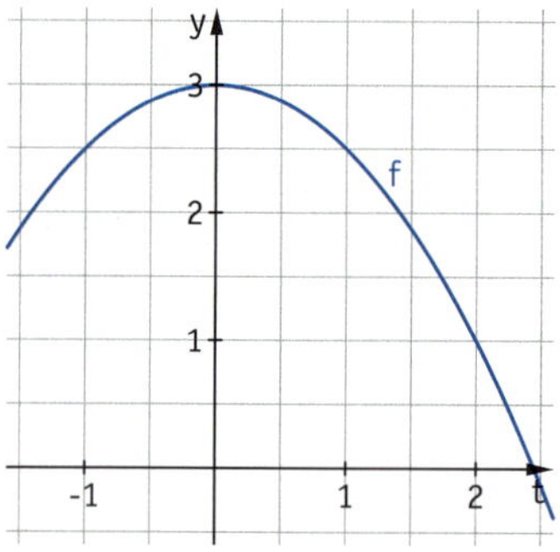

15 Entscheiden Sie, ob F eine Integralfunktion einer stetigen Integrandenfunktion sein kann. Geben Sie gegebenenfalls die Integrandenfunktion an.

a) $F(x) = |x|$

b) $F(x) = \begin{cases} x^2 & \text{für } x \le 2 \\ 4(x-2) & \text{für } x > 2 \end{cases}$

c) $F(x) = x \cdot |x|$

d) $F(x) = \begin{cases} x^3 - 1 & \text{für } x < 1 \\ -x^2 + 1 & \text{für } x \ge 1 \end{cases}$

16 Ein Auto erhöht seine Geschwindigkeit in 10 s von $80\,\frac{\text{km}}{\text{h}}$ auf $120\,\frac{\text{km}}{\text{h}}$. Berechnen Sie die Länge der Strecke, die das Auto in dieser Zeit zurücklegt, falls

a) die Beschleunigung gleichmäßig erfolgt;

b) die Geschwindigkeit des Autos sich entsprechend dem abgebildeten parabelförmigen Graphen des Fahrtenschreibers ändert.

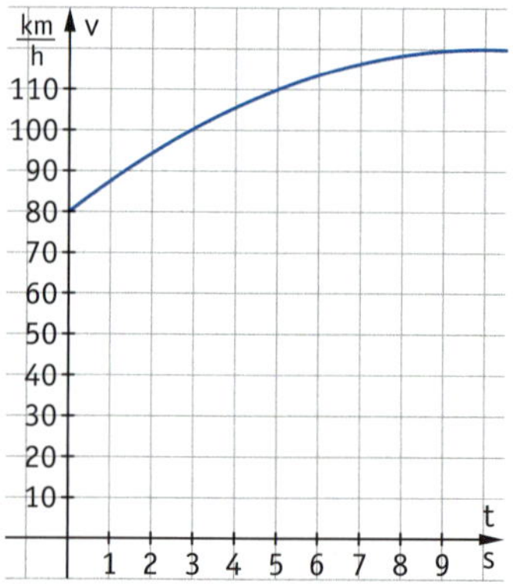

Halbwertszeit:
Diejenige Zeitspanne, innerhalb derer die vorhandene Menge eines Präparates auf die Hälfte zurückgeht.

17 Nach dem Verzehr von mit Quecksilber kontaminierter Nahrung wurden bei einer Person erhöhte Quecksilberausscheidungen durch den Harn pro Tag gemessen.
Die am Tag t ausgeschiedene Menge lässt sich näherungsweise durch die Funktion f mit
$f(t) = 1{,}2 + 2 \cdot 2{,}72^{-0{,}01t}$ (in µg) beschreiben.

a) Geben Sie an, gegen welchen „Normalwert" der Wert der täglichen Ausscheidungen strebt. Berechnen Sie die Halbwertszeit für die über dem Normalwert liegende Menge.

b) Welche Menge Quecksilber sind näherungsweise nach 70 Tagen insgesamt ausgeschieden? Vergleichen Sie diese Menge mit der Menge, die im unbelasteten Fall in dieser Zeit ausgeschieden wurde.

18 An bestimmten Stellen der Autobahnen (Messbrücken) wird ständig die Anzahl der Autos bestimmt, die innerhalb von 10 s die Stelle passieren.
Dieser Wert wird als *Verkehrsstärke* während dieser 10 s bezeichnet. Die Verkehrsstärke ist eine zeitliche Änderungsrate, also die Ableitung einer Funktion F.
Wie ist diese Funktion F definiert? Welche Idealisierungen muss man vornehmen? Wie kann man aus der ständig registrierten Verkehrsstärke die Funktion F bestimmen?

4.3 Hauptsatz der Differenzial- und Integralrechnung

Aufgabe

1 In Gärten werden häufig sogenannte Solarleuchten aufgestellt. Diese Lampen verfügen über Solarzellen, die tagsüber einen Akku laden. Bei Nacht schaltet sich eine LED-Lampe an, die ihren Strom aus dem Akku bezieht.

Zur Vereinfachung setzen wir den Beginn der Messung auf den Zeitpunkt 0.

Unten rechts ist ein (vereinfachter) Graph der Funktion f abgebildet, die die momentane Energieaufnahme bzw. -abgabe der Leuchte in Abhängigkeit von der Zeit beschreibt.

a) Übertragen Sie den Graphen von f in Ihr Heft. Untersuchen Sie, welche Bedeutung die Integralfunktion I_0 in diesem Sachzusammenhang hat.
Skizzieren Sie unter dem Graphen von f in einem neuen Koordinatensystem für $0 \le t \le 24$ den Graphen der Integralfunktion I_0 von f. Begründen Sie den Verlauf des Graphen der Integralfunktion.

b) Betrachten Sie die Graphen von f und I_0. Welchen Zusammenhang vermuten Sie zwischen den Funktionen f und I_0? Begründen Sie.

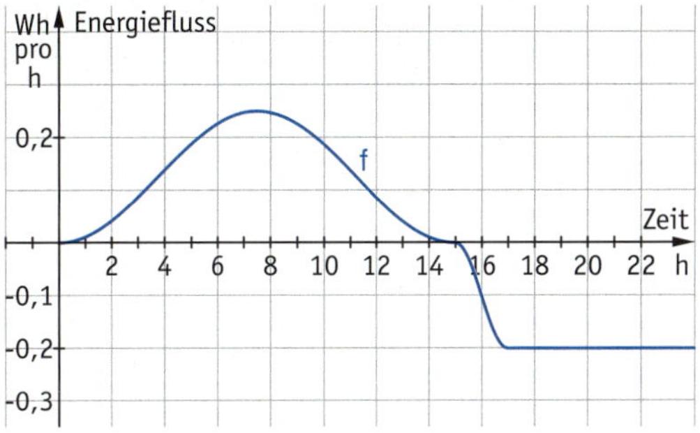

Lösung

a) $I_0(x) = \int_0^x f(t)\,dt$ gibt an, wie sich die im Akku gespeicherte Energie bis zum Zeitpunkt x insgesamt gegenüber dem Zeitpunkt 0 geändert hat. Geometrisch veranschaulicht wird dies durch den orientierten Flächeninhalt zwischen dem Graphen von f und der Zeitachse über dem Intervall [0; x].

Um den Graphen von I_0 zu skizzieren, betrachten wir also jeweils den orientierten Flächeninhalt, den der Graph von f über dem Intervall [0; x] mit der Zeit-Achse einschließt:

Wir beginnen mit dem Skizzieren des Graphen von I_0 wegen $I_0(0) = 0$ im Koordinatenursprung und setzen den Graphen von I_0 so von links nach rechts fort, dass $I_0(x)$ etwa dem positiv orientierten Flächeninhalt der Fläche entspricht, die der Graph von f über dem Intervall [0; x] mit der Zeitachse einschließt. Dabei wächst der Graph von I_0 zunächst monoton, da wegen $f(t) \ge 0$ der orientierte Flächeninhalt immer größer wird.

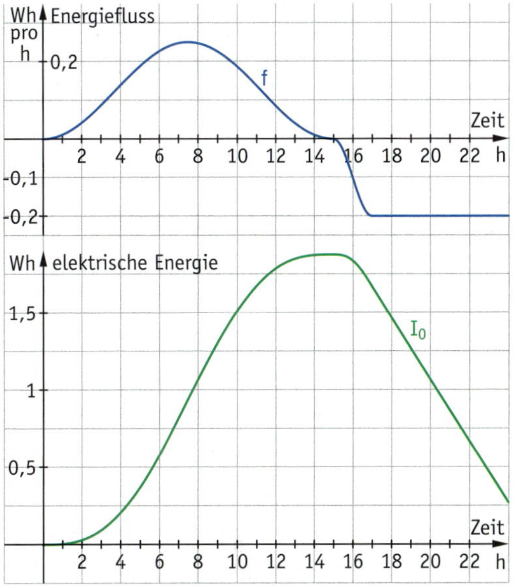

Da f(t) zunächst mit wachsendem t immer größer wird, wächst auch I_0 zunächst immer stärker. Etwa ab der Stelle 7,5 fällt f(t), ab dieser Stelle wächst

I_0 nicht mehr so stark. An der Stelle 15 wechselt f(t) das Vorzeichen und wird negativ. Das bedeutet, dass sich I_0 ab $x > 15$ aus einem positiv orientierten und aus einem negativ orientierten Flächeninhalt zusammensetzt.

Für $x > 15$ gilt also: $I_0(x) = \int_0^x f(t)\,dt = \underbrace{\int_0^{15} f(t)\,dt}_{>0} + \underbrace{\int_{15}^x f(t)\,dt}_{<0}$

Daher nehmen die Funktionswerte von I_0 an der Stelle $x = 15$ einen maximalen Wert an und werden danach immer kleiner.

Vorzeichenwechselkriterium

Ist $g'(x_e) = 0$ und hat $g'(x)$ an der Stelle x_e einen (+/−)-Vorzeichenwechsel, dann liegt an der Stelle x_e ein lokaler Hochpunkt.

b) Beim Skizzieren des Graphen von I_0 haben wir bereits geschlossen, dass wegen des (+/−)-Vorzeichenwechsels von f(t) an der Stelle 15 der Graph von I_0 an der Stelle 15 einen Hochpunkt haben muss. Diesen Sachverhalt kennen wir bereits aus der Differenzialrechnung als ein hinreichendes Kriterium für das Vorliegen eines Hochpunktes. Daher liegt die Vermutung nahe, dass die Integrandenfunktion f die Ableitung der Integralfunktion I_0 ist.

Auch der Zusammenhang zwischen dem Vorzeichen von f(t) und dem Monotonieverhalten von I_0 scheint diese Vermutung zu bestätigen:

Wenn $f(t) \geq 0$, dann wächst I_0 monoton; wenn $f(t) \leq 0$, dann fällt I_0 monoton.

Schließlich haben wir beim Skizzieren des Graphen von I_0 darauf geachtet, dass I_0 dort am stärksten wächst, wo f(t) maximal wird; d. h., dass die Maximalstelle von f eine Wendestelle von I_0 ist. Auch dieser Zusammenhang zwischen einer Funktion und ihrer Ableitung ist uns aus der Analysis bekannt.

Daher vermuten wir:

Die Integrandenfunktion ist die Ableitung der Integralfunktion.

Information

(1) Vermutung zum Zusammenhang zwischen einer Funktion f und ihren Integralfunktionen

Bildet man zu einer vorgegebenen Funktion f zunächst eine Integralfunktion I_a mit $I_a(x) = \int_a^x f(t)\,dt$ und dann deren Ableitung, so erhält man die Ausgangsfunktion zurück: $I'_a = f$.

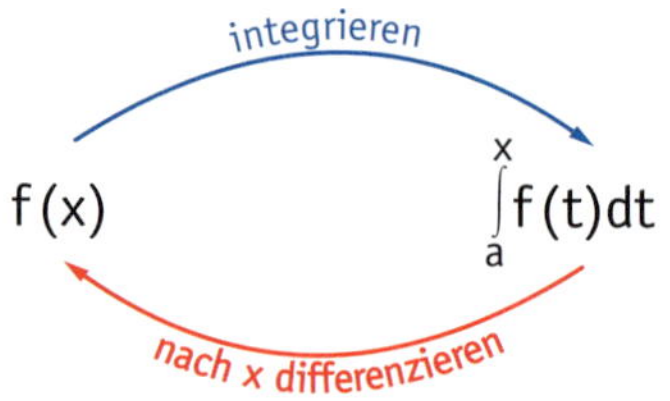

(2) Beweis der Vermutung

Es soll für eine beliebige Stelle x_0 aus dem Definitionsbereich von f gezeigt werden, dass die Ableitung der Integralfunktion I_a an dieser Stelle mit dem Wert von f an dieser Stelle übereinstimmt:

$I'_a(x_0) = f(x_0)$

Um dies zu zeigen, betrachten wir den zu $I'_a(x_0)$ zugehörigen Differenzenquotienten:

$$\frac{I_a(x) - I_a(x_0)}{x - x_0} = \frac{\int_a^x f(t)\,dt - \int_a^{x_0} f(t)\,dt}{x - x_0}$$

$$= \frac{1}{x - x_0}\left(\int_a^x f(t)\,dt - \int_a^{x_0} f(t)\,dt\right)$$

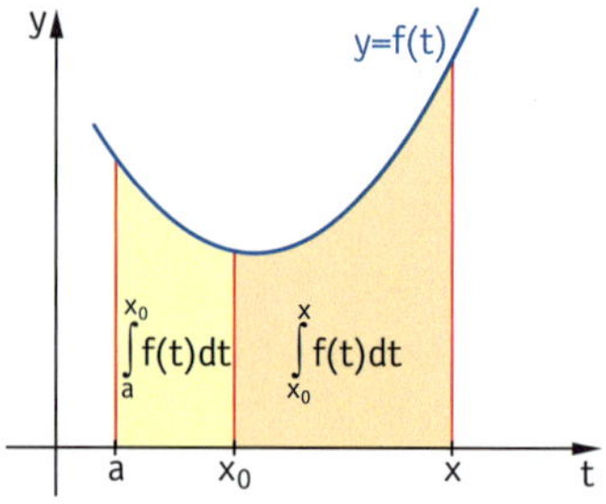

Am Graphen der Funktion erkennt man, dass gilt:

$$\int_a^x f(t)\,dt - \int_a^{x_0} f(t)\,dt = \int_{x_0}^x f(t)\,dt$$

Daher erhalten wir: $\dfrac{I_a(x) - I_a(x_0)}{x - x_0} = \dfrac{1}{x - x_0}\int_{x_0}^x f(t)\,dt$

Wir müssen somit den Grenzwert von $\frac{1}{x - x_0}\int_{x_0}^x f(t)\,dt$ bestimmen, wenn x gegen x_0 strebt.

Wenn f *stetig* ist (linkes Bild), dann hat der Graph von f keine Sprungstellen und man kann zwischen x_0 und x eine Zahl z finden, sodass gilt:

$\int_{x_0}^{x} f(t)\,dt = (x - x_0) \cdot f(z)$

Das heißt: Das Integral $\int_{x_0}^{x} f(t)\,dt$ ist gleich dem Flächeninhalt eines Rechtecks mit den Seitenlängen $f(z)$ und $(x - x_0)$.

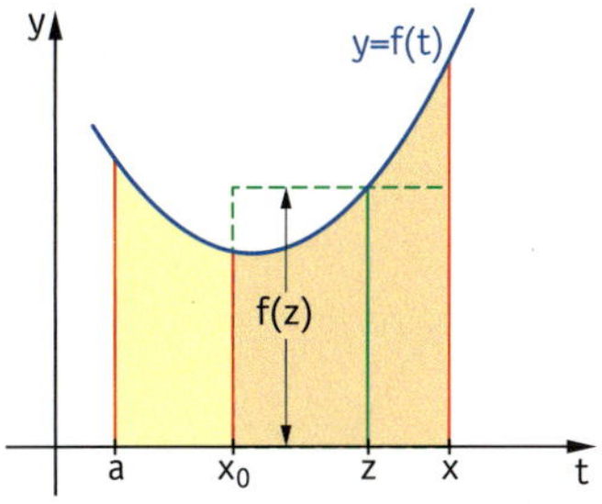

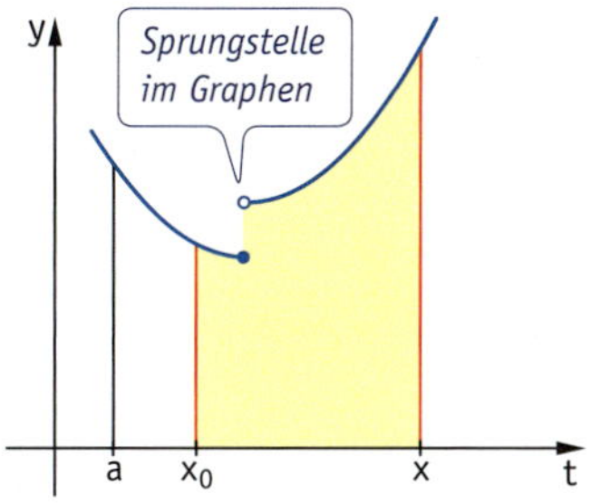

Wenn der Graph von f jedoch nicht stetig ist (rechtes Bild), dann ist dies nicht immer möglich.

Damit folgt $\frac{1}{x - x_0} \int_{x_0}^{x} f(t)\,dt = \frac{1}{x - x_0} \cdot (x - x_0) \cdot f(z) = f(z)$ mit $x_0 \le z \le x$ für eine stetige Funktion f.

Diese Umformung ermöglicht es uns, den Grenzwert von $\frac{1}{x - x_0} \int_{x_0}^{x} f(t)\,dt$ einfach zu bestimmen, falls x gegen x_0 strebt:

Strebt x gegen x_0, so strebt auch z gegen x_0, da z stets zwischen x_0 und x liegt.

Dann strebt $\frac{I_a(x) - I_a(x_0)}{x - x_0} = \frac{1}{x - x_0} \int_{x_0}^{x} f(t)\,dt = f(z)$ gegen $f(x_0)$, falls f stetig ist.

Das heißt, $\lim\limits_{x \to x_0} \frac{I_a(x) - I_a(x_0)}{x - x_0} = f(x_0)$,

also $I_a'(x_0) = f(x_0)$.

Insgesamt ergibt sich aus diesem Beweis der folgende Satz:

Stetig bedeutet, dass der Graph von f keine Sprungstellen hat.

Satz 1: Hauptsatz der Differenzial- und Integralrechnung

Wenn f eine stetige Funktion ist, dann gilt:

Die Ableitung der Integralfunktion I_a mit $I_a(x) = \int_{a}^{x} f(t)\,dt$ ist die Integrandenfunktion f.

Das heißt, es gilt:

$$\mathbf{I_a'(x) = f(x)}$$

Beispiel: $I_a(x) = \int_{a}^{x} t^2\,dt = \frac{1}{3}x^3 - \frac{1}{3}a^3$; $I_a'(x) = x^2$

(3) Zur Bedeutung des Hauptsatzes

Der Hauptsatz der Differenzial- und Integralrechnung stellt einen Zusammenhang zwischen zwei Bereichen der Analysis her:

- Die Integralrechnung befasst sich mit der Berechnung orientierter Flächeninhalte.
  Das Integral ist dabei als gemeinsamer Grenzwert von Ober- und Untersummen definiert.
- Die Differenzialrechnung befasst sich mit der Berechnung der Steigung von Tangenten an einen Funktionsgraphen. Dabei ist die Steigung der Tangente als Grenzwert der Sekantensteigungen definiert.

Der Hauptsatz der Differenzial- und Integralrechnung besagt nun, dass die eine Grenzwertbildung die andere rückgängig macht. Dieser Zusammenhang zwischen den beiden geometrischen Bereichen Tangentensteigung und orientierter Flächeninhalt ist zunächst nicht erkennbar.

Allerdings kennen wir aus dem vorangegangenen Abschnitt 2.2 noch eine andere Deutung:

- Beschreibt eine Funktion f die momentane Änderungsrate eines Bestandes, so ergibt sich der Bestand aus einer Integralfunktion I von f, also durch Integration von f.
- Die momentane Änderungsrate f eines Bestandes ergibt sich aus der Ableitung des Bestandes, also aus der Ableitung einer Integralfunktion I.

Weiterführende Aufgabe

2 Integralfunktionen bei Graphen mit einem Knick oder einem Sprung

(1)

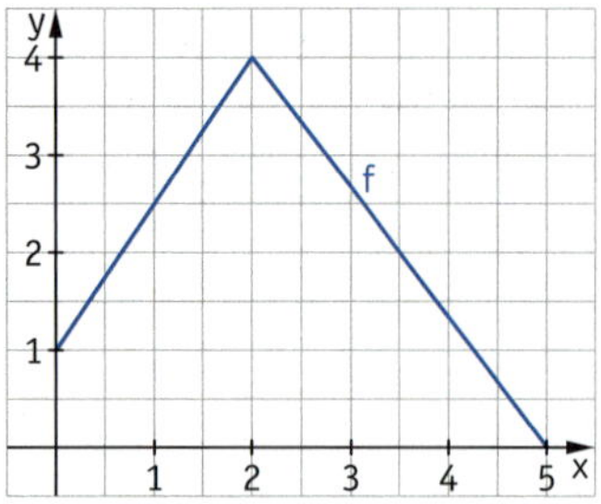

(2)

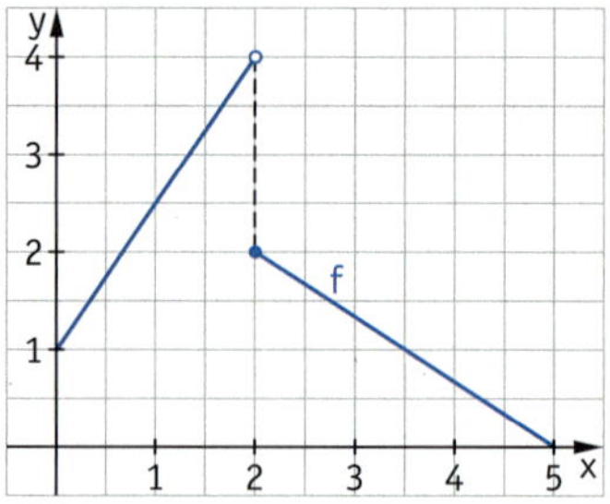

Geben Sie zur Funktion f eine Integralfunktion I_0 für das Intervall [0; 5] an.

Gilt $\left(\int_a^x f(t)\,dt\right)' = f(x)$?

Begründen Sie.

Was fällt auf?

Übungsaufgaben

3 Gegeben sind die Funktion f und die Integralfunktion I_0.

(1) $f(x) = x^2 - 4$

$I_0(x) = \int_0^x (t^2 - 4)\,dt$

(2) $f(x) = x^3 - x^2 - 2x$

$I_0(x) = \int_0^x (t^3 - t^2 - 2t)\,dt$

(3) $f(x) = 1 - 2^x$

$I_0(x) = \int_0^x (1 - 2^t)\,dt$

Zeichnen Sie mithilfe eines Rechners jeweils die Funktion f und die Integralfunktion I_0 in ein gemeinsames Koordinatensystem. Vergleichen Sie die Graphen. Achten Sie dabei insbesondere auf Nullstellen, Extremstellen und Wendestellen.

Formulieren Sie eine Vermutung über den Zusammenhang zwischen der Integralfunktion und der Integrandenfunktion und überprüfen Sie Ihre Vermutung an weiteren Beispielen.

4 Für ein Segelflugzeug ist die Steig- bzw. Sinkgeschwindigkeit v(t) in Abhängigkeit von der Zeit t im rechts abgebildeten Graphen dargestellt.

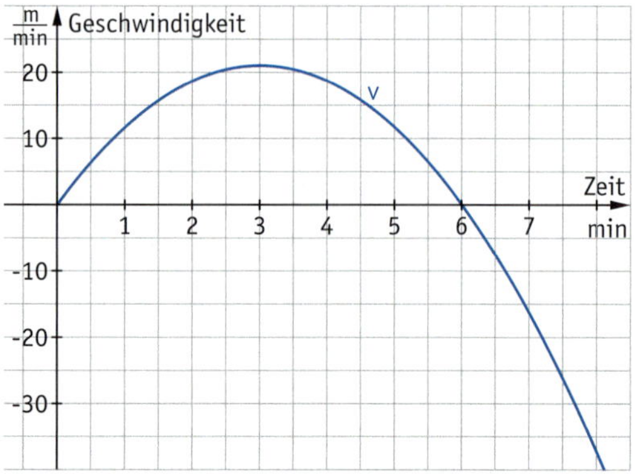

a) Übertragen Sie den Graphen von v in Ihr Heft.
Mit I_0 bezeichnen wir die Integralfunktion von v mit der unteren Grenze null.
Erläutern Sie die Bedeutung von I_0.
Was gibt $I_0(t)$ an?
Skizzieren Sie unter dem Graphen von v in einem neuen Koordinatensystem für $0 \le x \le 8$ den Graphen der Integralfunktion I_0 von v.
Begründen Sie den Verlauf des Graphen der Integralfunktion.

b) Betrachten Sie die Graphen von v und I_0. Welcher Zusammenhang besteht zwischen den Funktionen f und I_0? Begründen Sie.

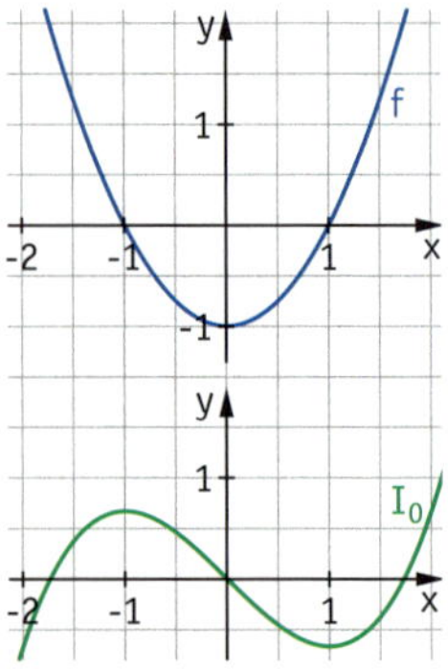

5 Die Abbildungen links zeigen den Graphen der Funktion f mit $f(x) = x^2 - 1$ und darunter den ihrer Integralfunktion I_0 mit $I_0(x) = \int_0^x f(t)\,dt$.
Vergleichen Sie beide Graphen. Begründen Sie den Verlauf des Graphen der Integralfunktion aus dem Verlauf des Graphen von f.

6 Gegeben ist die Funktion f. Ermitteln Sie für die Integralfunktion I_a und für die Ableitung von I_a jeweils einen Funktionsterm.

a) $f(x) = 4 - x^2;\ a = -2$ **b)** $f(x) = 3x - 12;\ a = 1$ **c)** $f(x) = x^2 + x;\ a = 0$

7

Rote Welle

Eine typische Situation im Stadtverkehr: Man hält bei Rot an einer Ampel an, nach etwa einer Minute fährt man bei Grün mit zunächst konstanter Beschleunigung und anschließend mit konstanter Geschwindigkeit weiter. Kaum hat man diese Geschwindigkeit erreicht, kommt die nächste Ampel, an der man stoppen muss.

- Stellen Sie den zeitlichen Verlauf der Geschwindigkeit grafisch dar: $v = f(t)$.
- Welche Bedeutung hat hier die Integralfunktion? Zeichnen Sie deren Graphen direkt unterhalb des Graphen von f.
- Untersuchen Sie, welcher inhaltliche Zusammenhang zwischen den beiden Funktionen besteht. Erläutern Sie auch, welche Bedeutung die Ableitung der Integralfunktion hat.

8 Bestimmen Sie zur Funktion f zunächst die Ableitung und dann zu der Ableitung f′ eine beliebige Integralfunktion. Untersuchen Sie, welcher Zusammenhang zwischen der Integralfunktion von f′ und der gegebenen Funktion f besteht.

a) $f(x) = x^2 - 4x + 5$ **b)** $f(x) = \frac{1}{3}x^3 + 2x$ **c)** $f(x) = 5$

9 In den Abbildungen sind die Graphen von drei Funktionen und die Graphen von jeweils einer der Integralfunktionen dieser Funktionen dargestellt.
Untersuchen Sie, welche Integralfunktion zu welcher Ausgangsfunktion gehört. Lässt sich jeweils auch die untere Integrationsgrenze a angeben? Beurteilen Sie, ob diese Angabe ggf. eindeutig möglich ist.

(1)

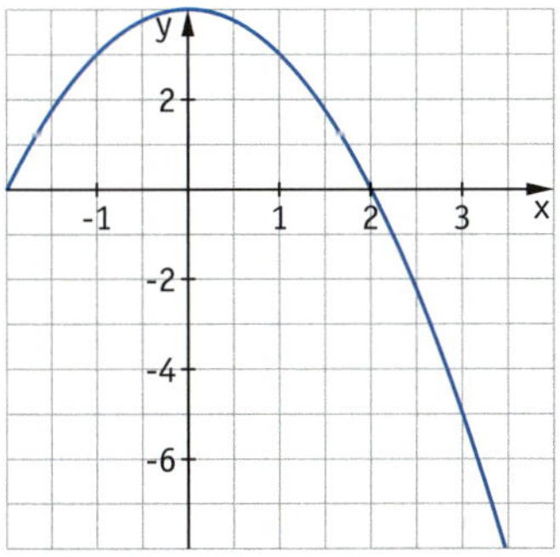

(2)

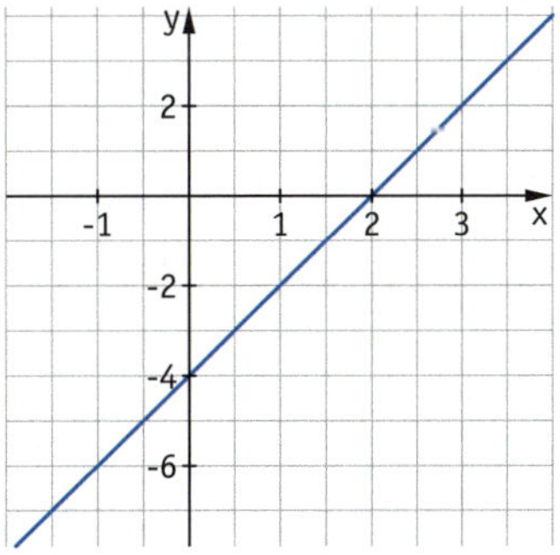

(3)

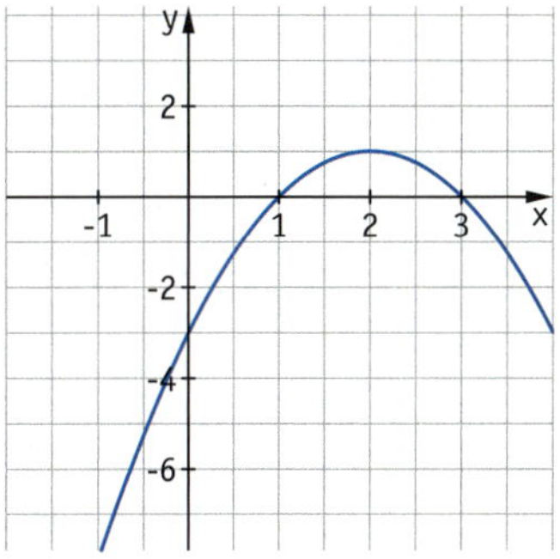

(4)

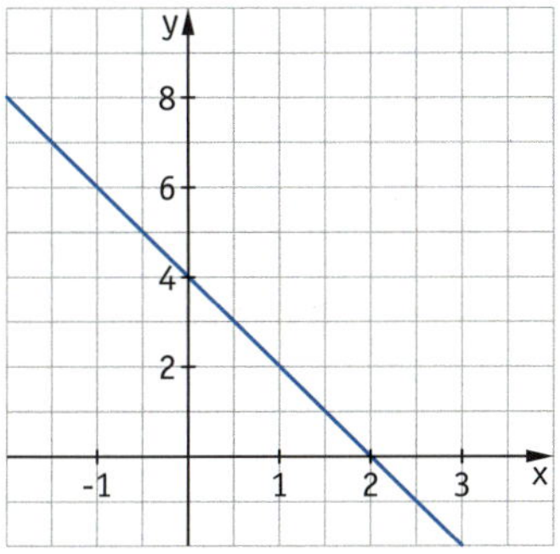

(5)

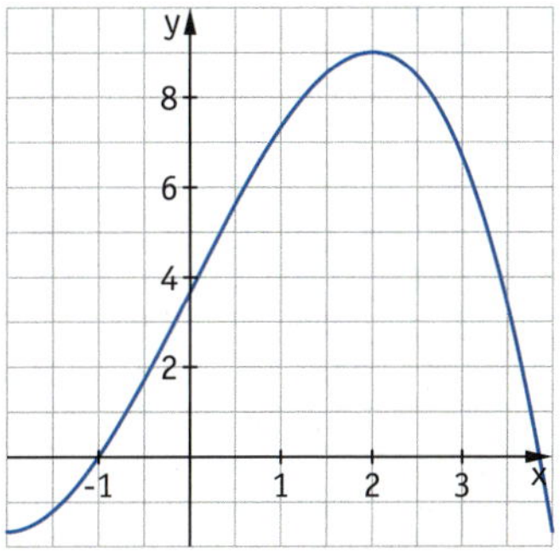

(6)

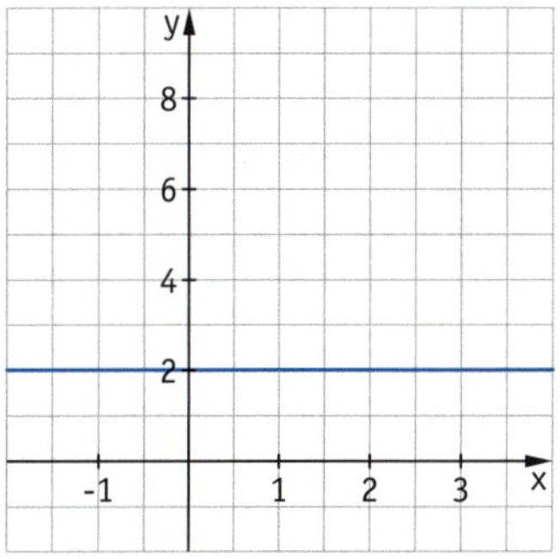

4.4 Integration mithilfe von Stammfunktionen

4.4.1 Berechnen von Integralen mithilfe von Stammfunktionen

Der Hauptsatz der Differenzial- und Integralrechnung besagt, dass die Ableitung der Integralfunktion einer Funktion f mit der Funktion f übereinstimmt.
Dieser Zusammenhang ermöglicht es uns, Integrale auf einfache Weise zu berechnen, ohne die Ermittlung von Grenzwerten von Ober- und Untersummen.

Aufgabe

1

a) Berechnen Sie das Integral mithilfe des Hauptsatzes. Kontrollieren Sie Ihr Ergebnis.

(1) $\int_0^4 (t^3 + 5)\,dt$ (2) $\int_0^{\frac{\pi}{2}} \sin(t)\,dt$

b) Verallgemeinern Sie das in Teilaufgabe a) entwickelte Verfahren zur Berechnung eines Integrals $\int_a^b f(t)\,dt$ mithilfe des Hauptsatzes der Differenzial- und Integralrechnung.

Lösung

a) (1) Das Integral $\int_0^4 (t^3 + 5)\,dt$ ist der Wert der Integralfunktion $I_0(x) = \int_0^x (t^3 + 5)\,dt$ an der Stelle 4. Um $I_0(4)$ berechnen zu können, benötigen wir einen konkreten Funktionsterm für $I_0(x)$.

Da die Ableitung der Integralfunktion die Integrandenfunktion ist, suchen wir für I_0 eine Funktion F, deren Ableitung $F'(x) = x^3 + 5$ ergibt. Offenbar erfüllt z. B. die Funktion F mit $F(x) = \frac{1}{4}x^4 + 5x$ diese Gleichung, sodass wir mit $I_0(x) = F(x) = \frac{1}{4}x^4 + 5x$ berechnen können:

$$\int_0^4 (t^3 + 5)\,dt = I_0(4) = F(4) = 84$$

Ergebnis: $\int_0^4 (t^3 + 5)\,dt = 84$

Kontrolle:

Mithilfe eines Rechners erhalten wir dasselbe Ergebnis:

(2) Wie bei (1) setzen wir für $I_0(x) = \int_0^x \sin(t)\,dt$ einen konkreten Funktionsterm $F(x)$ mit $F'(x) = \sin(x)$.

Für $F(x) = -\cos(x)$ gilt $F'(x) = \sin(x)$.

Setzen wir $I_0(x) = F(x) = -\cos(x)$, so erhalten wir $\int_0^{\frac{\pi}{2}} \sin(t)\,dt = I_0\left(\frac{\pi}{2}\right) = F\left(\frac{\pi}{2}\right) = -\cos\left(\frac{\pi}{2}\right) = 0.$

Dieses Ergebnis kann nicht stimmen.

Ein Blick auf den Graphen der Integrandenfunktion f mit $f(t) = \sin(t)$ zeigt, dass das Integral $\int_0^{\frac{\pi}{2}} \sin(t)\,dt$ positiv sein muss, da der orientierte Flächeninhalt unter dem Graphen von f über dem Intervall $\left[0; \frac{\pi}{2}\right]$ positiv ist.

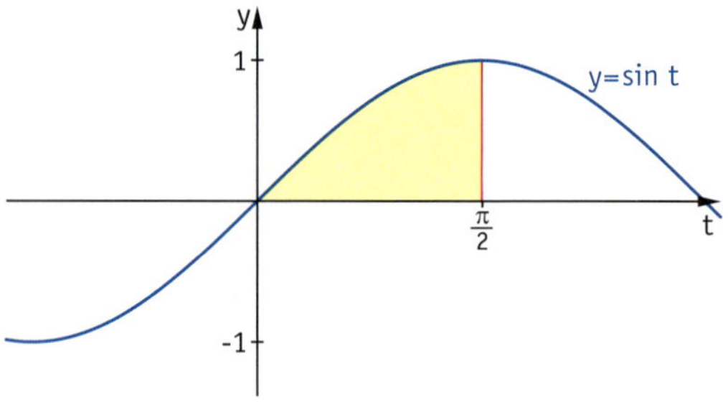

Daher kann die Funktion F mit $F(x) = -\cos(x)$ nicht die gesuchte Integralfunktion I_0 sein.

Da aber sowohl $I_0'(x) = \sin(x)$ als auch $F'(x) = \sin(x)$ gilt, beide Funktionen also *dieselbe* Ableitung haben, können sie sich nur um eine Konstante c unterscheiden:

$$I_0(x) = F(x) + c$$

Den Wert von c können wir ermitteln, indem wir in dieser Gleichung $x = 0$ setzen:

$$0 = I_0(0) = F(0) + c, \text{ also } c = -F(0).$$

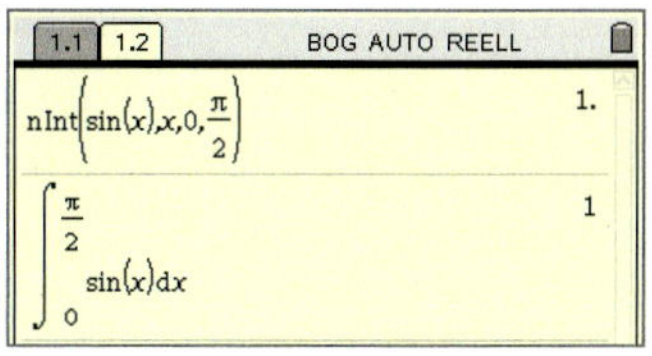

Damit erhalten wir $I_0(x) = F(x) - F(0)$ und somit

$$\int_0^{\frac{\pi}{2}} \sin(t)\,dt = F\left(\tfrac{\pi}{2}\right) - F(0) = -\cos\left(\tfrac{\pi}{2}\right) - \left(-\cos(0)\right) = 1$$

Ein Rechner bestätigt das Ergebnis.

b) Ist F eine beliebige Funktion mit $F'(x) = f(x)$, so unterscheiden sich F und die Integralfunktion I_a mit $I_a(x) = \int_a^x f(t)\,dt$ um eine Konstante c: $I_a(x) = F(x) + c$.

Setzt man $x = a$, so ergibt sich

$$0 = I_a(a) = F(a) + c, \text{ also}$$

$$c = -F(a) \text{ und } I_a(x) = F(x) - F(a).$$

Somit folgt: $\int_a^b f(t)\,dt = I_a(b) = F(b) - F(a)$.

Ergebnis: Ist f eine beliebige Funktion mit $F'(x) = f(x)$, dann ist $\int_a^b f(t)\,dt = F(b) - F(a)$.

Information

(1) Stammfunktion

Wir halten das Ergebnis von Aufgabe 1 fest und führen dabei zunächst den Begriff *Stammfunktion* ein.

Die Berechnung des Integrals $\int_a^b f(t)\,dt = F(b) - F(a)$ erfolgt mit einer Funktion F, für deren Ableitung gilt: $F'(x) = f(x)$. Eine derartige Funktion F heißt Stammfunktion von f:

Statt Stammfunktion sagt man auch „Aufleitung".

Definition 4

Eine Funktion F heißt **Stammfunktion** zu einer gegebenen Funktion f, wenn f die Ableitung von F ist:

$$F'(x) = f(x)$$

Beispiel

F mit $F(x) = \frac{1}{3}x^3 + 2x^2 - 2x + 1$ ist eine Stammfunktion zu f mit $f(x) = x^2 + 4x - 2$, da $F'(x) = f(x)$.

Bei der Herleitung zur Berechnung eines Integrals mithilfe einer Stammfunktion haben wir den folgenden unmittelbar einleuchtenden Satz benutzt:

Satz 2: Gesamtheit aller Stammfunktionen zu einer gegebenen Funktion

Ist F eine beliebige Stammfunktion zu einer gegebenen Funktion f über dem Intervall [a; b], so sind alle Stammfunktionen von f über dem Intervall [a; b] gegeben durch

$$F(x) + c \text{ mit } c \in \mathbb{R}.$$

Beispiel

F mit $F(x) = \frac{1}{3}x^3$ ist eine Stammfunktion zu f mit $f(x) = x^2$, da $F'(x) = f(x)$.

Aber auch G mit $G(x) = \frac{1}{3}x^3 + 7$ ist eine Stammfunktion zu f.

Der Term $F(x) + c = \frac{1}{3}x^3 + c$ mit $c \in \mathbb{R}$ beschreibt alle Stammfunktionen zu f.

(2) Berechnung von Integralen mithilfe von Stammfunktionen

Aufgrund des Hauptsatzes der Differenzial- und Integralrechnung können wir ein Integral mithilfe einer beliebigen Stammfunktion zur Integrandenfunktion berechnen:

In manchen Formelsammlungen wird auch dieser Satz als „Hauptsatz der Differenzial- und Integralrechnung“ bezeichnet.

Satz 3

Ist F eine beliebige Stammfunktion zu einer Funktion f im Intervall [a; b], so gilt:

$$\int_a^b f(t)\,dt = F(b) - F(a)$$

Für die Differenz der Funktionswerte verwendet man die kurze Schreibweise $F(b) - F(a) = [F(x)]_a^b$.

Beispiel

Zur Berechnung von $\int_2^3 \left(t^2 + \frac{3}{t^2}\right)dt$ wählen wir F mit $F(x) = \frac{x^3}{3} - \frac{3}{x}$ als Stammfunktion zu f mit $f(x) = x^2 + \frac{3}{x^2}$.

Dann erhalten wir $\int_2^3 \left(t^2 + \frac{3}{t^2}\right)dt = \left[\frac{x^3}{3} - \frac{3}{x}\right]_2^3 = \left(\frac{3^3}{3} - \frac{3}{3}\right) - \left(\frac{2^3}{3} - \frac{3}{2}\right) = 8 - \frac{7}{6} = 6\frac{5}{6}$.

(3) Tabelle von Stammfunktionen F zu f

f(x)	m	x	x^n mit $n \in \mathbb{N}$	$\frac{1}{x^2}$	$\frac{1}{\sqrt{x}}$	$\sqrt{x}$	sin(x)	cos(x)	e^x	$\frac{1}{x}$
F(x)	$m \cdot x$	$\frac{1}{2}x^2$	$\frac{1}{n+1}x^{n+1}$	$-\frac{1}{x}$	$2 \cdot \sqrt{x}$	$\frac{2}{3}x \cdot \sqrt{x}$	−cos(x)	sin(x)	e^x	ln x

Weiterführende Aufgaben

2 Faktor- und Summenregel für Integrale

Beweisen Sie mithilfe von Stammfunktionen die folgenden Integrationsregeln.

Satz 4: Faktorregel für Integrale

Ein konstanter Faktor kann vor das Integral gezogen werden:

$$\int_a^b k \cdot f(x)\,dx = k \cdot \int_a^b f(x)\,dx$$

Satz 5: Summenregel für Integrale

Eine Summe von Funktionen kann gliedweise integriert werden:

$$\int_a^b \big(f(x) + g(x)\big)\,dx = \int_a^b f(x)\,dx + \int_a^b g(x)\,dx$$

3 Stammfunktionen und Integralfunktionen

Nach dem Hauptsatz der Differenzial- und Integralrechnung ist jede Integralfunktion einer Funktion f auch eine Stammfunktion zu f.

Untersuchen Sie, welche der folgenden Funktionen F auch Integralfunktionen sind. Geben Sie Bedingungen an, unter denen eine Stammfunktion auch eine Integralfunktion ist.

(1) $F(x) = x^2 - 1$

(2) $F(x) = x^2 + 1$

(3) $F(x) = \cos(x)$

(4) $F(x) = \cos(x) + 2$

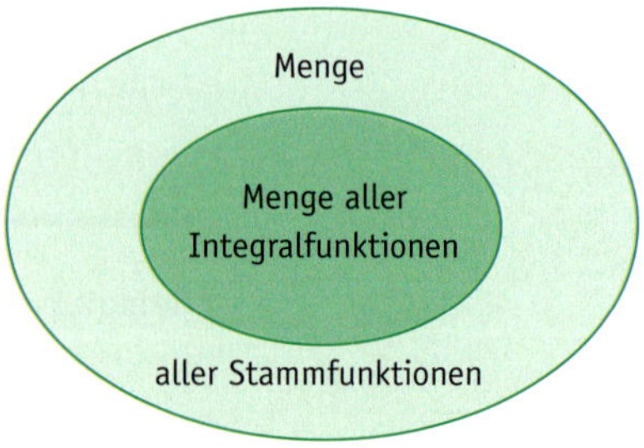

4 Stammfunktionen mit einem CAS bestimmen

a) Stammfunktionen können mithilfe eines CAS ermittelt werden, wie die rechts abgebildeten Beispiele zeigen. Finden Sie heraus, wie Sie mit Ihrem CAS Stammfunktionen bestimmen können und überprüfen Sie damit die Beispiele.

b) Nicht zu jeder Funktion lässt sich eine elementare Stammfunktion finden, so z. B. nicht für $f(x) = \sqrt{x} \cdot \sin(x)$ mit $x \geq 0$. Welches Resultat liefert Ihr CAS für diesen Fall? Geben Sie dennoch mithilfe eines Integrals einen Term für eine Stammfunktion von f an. Zeichnen Sie den Graphen dieser Stammfunktion und erstellen Sie eine Wertetabelle.

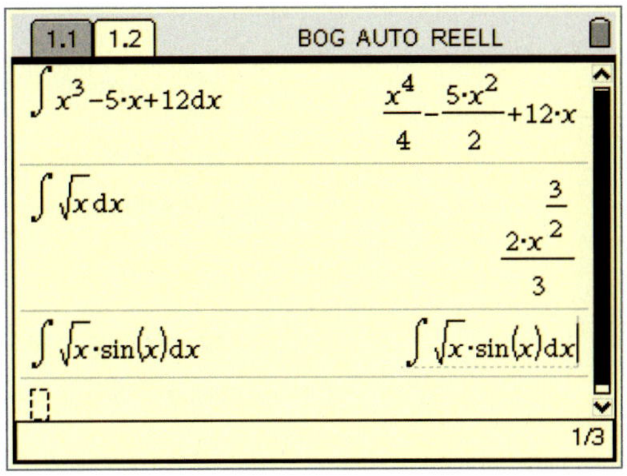

Übungsaufgaben

5

a) Berechnen Sie das Integral $\int_1^2 (x^4 + 6x + 1)\,dx$ mithilfe des Hauptsatzes der Differenzial- und Integralrechnung von Seite 179.

b) Erstellen Sie eine Formel für die Berechnung des Integrals $\int_a^b f(x)\,dx$ einer beliebigen Funktion f.

6 Geben Sie jeweils drei Stammfunktionen von f an.

a) $f(x) = x^5$ **c)** $f(x) = a\,x^n$ **e)** $f(z) = 0$

b) $f(x) = 2x^3 + 5x^2 - 4x + 7$ **d)** $f(x) = \sin x$ **f)** $f(t) = t - \frac{1}{t^2}$

7 Geben Sie eine Stammfunktion von f an, deren Graph durch den vorgegebenen Punkt P verläuft.

a) $f(x) = 3x^5 - 2x^3 + 7;\ P(0\,|\,1)$ **b)** $f(x) = \frac{1}{4}x^4 - \frac{1}{2}x^2;\ P(1\,|\,0)$ **c)** $f(z) = z^2 - \frac{1}{z^2};\ P(-2\,|\,2)$

8 Berechnen Sie das Integral ohne Verwendung eines Rechners.

a) $\int_{-1}^{2} (x^3 - x^2)\,dx$ **c)** $\int_{-2}^{2} \frac{1}{2}(e^x + x^3)\,dx$ **e)** $\int_{1}^{4} \left(2x^3 - \frac{1}{4\sqrt{x}}\right)dx$

b) $\int_{-3}^{3} (2x^5 - 3x^3 + 4x)\,dx$ **d)** $\int_{-1}^{3} (a\,t + b\,t^2)\,dt$ **f)** $\int_{-2}^{-1} \left(\frac{2}{x^2} - \frac{4}{x^3}\right)dx$

9 Geben Sie eine Stammfunktion von f an.

a) $f(x) = x(x-1)$ **c)** $f(x) = (e^x - 1)^2$ **e)** $f(x) = \frac{1}{\sqrt{x}}$

b) $f(x) = (x^2 - 2)^2$ **d)** $f(x) = \frac{5x - 4}{x^3}$ **f)** $f(x) = \sqrt{x} - x$

10 Bestimmen Sie den orientierten Flächeninhalt der gefärbten Fläche.

(1)

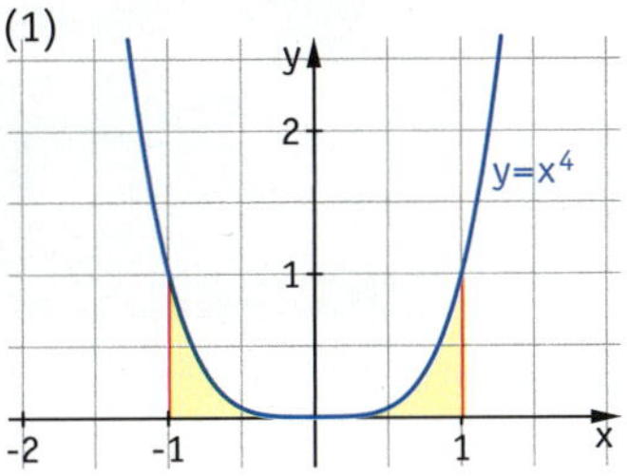

(2)

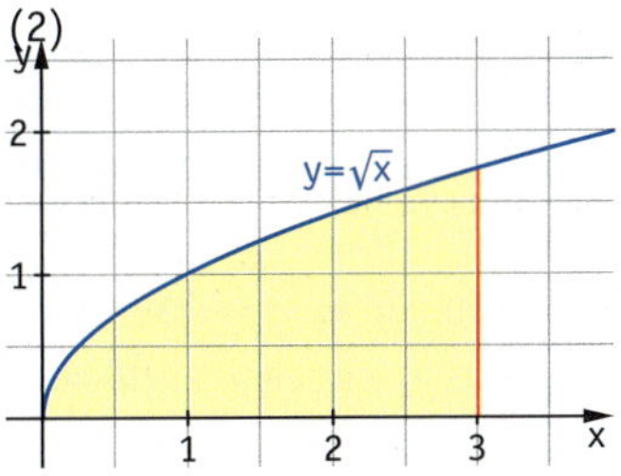

(3)

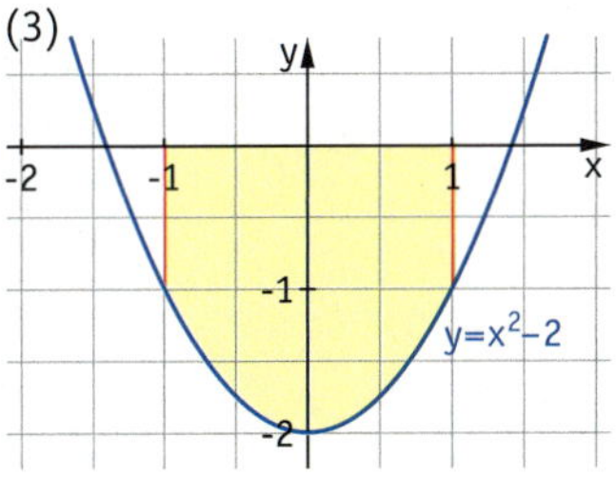

11 Bestimmen Sie $b > 0$ so, dass die Gleichung erfüllt ist. Verdeutlichen Sie Ihr Ergebnis an einer Skizze.

a) $\int_0^b (x^2 - 3)\,dx = 0$ **b)** $\int_1^b (4 - x)\,dx = -4$ **c)** $\int_{-1}^b x^3\,dx = \frac{15}{4}$

12 Berechnen Sie mithilfe eines CAS.

a) $\int_{-1}^{1} \sqrt{1 - x^2}\,dx$ **b)** $\int_{-2\pi}^{2\pi} x^2 \cdot \sin x\,dx$

c) Stellen Sie die Integrandenfunktion grafisch dar und erläutern Sie die Ergebnisse aus den Teilaufgaben a) und b) anhand der Graphen.

13 Doreen hat im Physikunterricht die Ausflussgeschwindigkeit von Wasser aus einem Glaszylinder in Abhängigkeit von der Zeit gemessen und dabei folgenden Zusammenhang ermittelt:
$v(t) = 0{,}2 \cdot t - 6{,}431$. Dabei ist die Zeit in s und die Geschwindigkeit in $\frac{cm}{s}$ angegeben.
Die Wassersäule im Glaszylinder hatte zu Beginn der Messung eine Höhe von 78 cm.
Nach welcher Zeit ist der Glaszylinder leer?

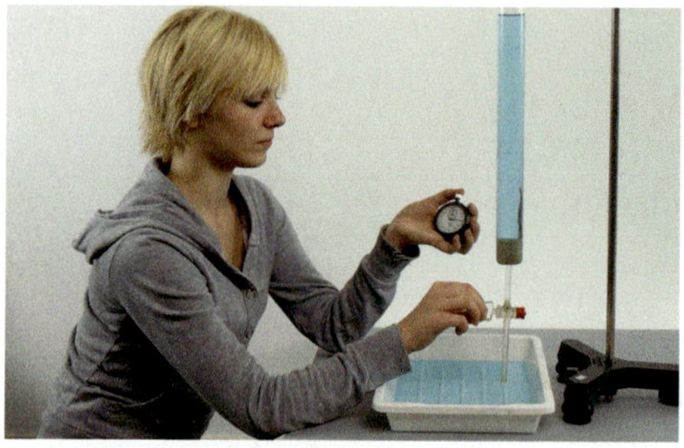

14 In die Blutbahn einer Patientin wurden 20 mg eines medizinischen Wirkstoffes zum Zeitpunkt $t = 0$ eingegeben. Die Abbaugeschwindigkeit des Wirkstoffes $\left(\text{in } \frac{mg}{h}\right)$ lässt sich mithilfe der Funktion f mit $f(t) = 2 \cdot e^{-0{,}1t}$ modellieren.

a) Zeichnen Sie den Graphen von f und interpretieren Sie den Verlauf.

b) Untersuchen Sie, wie viel mg des Wirkstoffes nach 12 Stunden abgebaut sind.

c) Nach welcher Zeit ist weniger als 1 % der Anfangsmenge des Wirkstoffes im Körper der Patientin?

15 Bei der Herstellung eines bestimmten Satelliten-Receivers fallen pro Tag 8000 € Fixkosten an. Die Änderungsrate der Kosten lässt sich in Abhängigkeit von der pro Tag hergestellten Produktionsmenge x angeben durch die Funktion k mit
$k(x) = \frac{1}{2000}x^2 - \frac{1}{5}x + 70$ und $x \geq 0$.

a) Berechnen Sie für eine beliebige Produktionsmenge die Herstellungskosten pro Tag.

b) Pro Tag können bis zu 750 Receiver zu einem Stückpreis von 230 Euro verkauft werden.
Untersuchen Sie, wie viele Receiver pro Tag hergestellt werden müssen, wenn der Gewinn maximiert werden soll.

4.4.2 Integration durch Substitution

Aufgabe

1

a) Lina und Johannes haben Stammfunktionen F und G der Funktion f und g bestimmt.

Lina

$f(x) = 15 \cdot (3x - 1)^4$

$F(x) = \frac{1}{5} \cdot 15 \cdot (3x - 1)^5$

$= 3 \cdot (3x - 1)^5$

Johannes

$g(x) = (5x + 2)^3$

$G(x) = \frac{1}{4} \cdot (5x + 2)^4$

Überprüfen Sie die Ergebnisse von Lina und Johannes, korrigieren Sie falls nötig.

b) Bestimmen Sie eine Stammfunktion zu f mit $f(x) = (7x - 5)^{10}$ und berechnen Sie damit $\int_1^2 f(x)\,dx$.

Lösung

Kettenregel:
Für h mit $h(x) = f(ax + b)$ gilt: $h'(x) = a \cdot f'(ax + b)$.

a) F ist genau dann eine Stammfunktion von f, wenn gilt: $F'(x) = f(x)$. Also können wir Linas Ergebnis durch Ableiten überprüfen.

Wir leiten F mit $F(x) = 3(3x - 1)^5$ nach der Kettenregel ab und erhalten

$F'(x) = 3 \cdot 3 \cdot 5(3x - 1)^4 = 3 \cdot 15(3x - 1)^4$.

Offensichtlich gilt $3 \cdot 15(3x - 1)^4 \neq 15(3x - 1)^4$, also $F' \neq f$.

Korrigiert man jedoch Linas Ergebnis mit dem Faktor $\frac{1}{3}$, dann ist es richtig.

Also ist F mit $F(x) = \frac{1}{3} \cdot 3(3x - 1)^5 = (3x - 1)^5$ eine Stammfunktion von f.

Ebenso leiten wir G mit $G(x) = \frac{1}{4}(5x + 2)^4$ nach der Kettenregel ab und erhalten

$G'(x) = 5 \cdot 4 \cdot \frac{1}{4}(5x + 2)^3 = 5(5x + 2)^3$.

Offensichtlich gilt $5(5x + 1)^3 \neq (5x + 2)^3$, also $G' \neq g$.

Korrigiert man jedoch das Ergebnis von Johannes mit dem Faktor $\frac{1}{5}$, dann stimmt es. Also ist G mit $F(x) = \frac{1}{5} \cdot 5(5x + 2)^4 = (5x + 2)^4$ eine Stammfunktion von g.

b) Die Ergebnisse aus Teilaufgabe a) zeigen, dass es nicht ausreicht, beim Integrieren nur den Exponenten von f zu beachten, sondern man muss auch den Faktor 7 des linearen Terms $7x - 5$ im Inneren von $f(x)$ berücksichtigen.

Nach dem Verfahren bei der Lösung von Teilaufgabe a) müsste dann F mit

$F(x) = \frac{1}{7} \cdot \frac{1}{11} \cdot (7x - 5)^{11} = \frac{1}{77}(7x - 5)^{11}$ eine Stammfunktion von f sein. Ableiten von F bestätigt: $F' = f$.

Damit ergibt sich $\int_1^2 (7x - 5)^{10}\,dx = \left[\frac{1}{77}(7x - 5)^{11}\right]_1^2 = \frac{9^{11} - 2^{11}}{77} \approx 407\,546\,202$.

Information

Integration durch lineare Substitution

Die Lösung von Aufgabe 1 zeigt: Wenn $F(x)$ der Term einer Stammfunktion zu $f(x)$ ist, dann ist $\frac{1}{m}F(mx + n)$ der Term einer Stammfunktion zu $f(mx + n)$.

Dies legt die folgende Regel zur Bestimmung des Integrals einer Funktion mit dem Term $f(mx + n)$ nahe:

Satz 6: Integration durch lineare Substitution

Ist F eine Stammfunktion der Funktion f, so ist:

$$\int_a^b f(mx + n)\,dx = \frac{1}{m}\left[F(mx + n)\right]_a^b \quad \text{mit } m \neq 0$$

Beispiel

$\int_0^{\pi} \sin(3x + 1)\,dx$ soll bestimmt werden. $f(x) = \sin x$; $F(x) = -\cos x$; $f(3x + 1) = \sin(3x + 1)$

$\int_0^{\pi} \sin(3x + 1)\,dx = \frac{1}{3}[-\cos(3x + 1)]_0^{\pi} = \frac{1}{3}(-\cos(3\pi + 1) + \cos 1) = \frac{2}{3}\cdot\cos(1) \approx 0{,}360.$

$-\cos(3\pi + 1) = \cos(1)$

Weiterführende Aufgabe

LK **2 Integration durch nichtlineare Substitution**

a) Erläutern Sie die Überlegungen rechts und zeigen Sie die Gültigkeit der folgenden Regel.

Es ist $F(x) = \sin(3x^2)$.
Nach der Kettenregel gilt:
$F'(x) = 6x\cdot\cos(3x^2)$
Also gilt:
$\int_a^b 6x\cdot\cos(3x^2) = [\sin(3x^2)]_a^b$

Satz 7: Integration durch Substitution
Ist F eine Stammfunktion von f, so ist:
$$\int_a^b f(g(x))\cdot g'(x)\,dx = [F(g(x))]_a^b$$

b) Berechnen Sie $\int_0^{\pi} x\cdot\cos(2x^2)\,dx$.

c) Bestimmen Sie die folgenden Integrale mithilfe der Ergebnisse aus den Teilaufgaben a) und b).

(1) $\int_1^4 2x\cdot\sqrt{x^2 + 1}\,dx$ (2) $\int_0^{\pi} \cos x\cdot e^{\sin x}\,dx$ (3) $\int_0^3 \frac{2x}{x^2 + 1}\,dx$ (4) $\int_0^1 e^x\cdot\sin(e^x)\,dx$

Übungsaufgaben

3

a) Gegeben sind die Funktionen f und g mit $f(x) = \sqrt{x}$ und $g(x) = f(3x + 1) = \sqrt{3x + 1}$.
Bestimmen Sie eine Stammfunktion F zu f und anschließend eine Stammfunktion G zu g.
Berechnen Sie auch $\int_2^4 \sqrt{3x + 1}\,dx$.

b) Gegeben sind die Funktionen f und g mit $g(x) = f(mx + n)$. Zeigen Sie: Wenn F eine Stammfunktion zu f ist, dann ist G mit $G(x) = \frac{1}{m}F(mx + n)$ eine Stammfunktion zu g mit $m \neq 0$.

c) F soll eine Stammfunktion zu f sein. Untersuchen Sie, wie man $\int_a^b f(mx + n)\,dx$ berechnen kann.

4 Bestimmen Sie eine Stammfunktion zu f.

a) $f(x) = (2x + 8)^3$ **b)** $f(x) = \frac{3}{(2x - 1)^2}$ **c)** $f(x) = 5\cdot(2 - 3x)^7$ **d)** $f(x) = (x - 4)^3 + \frac{1}{(x - 4)^3}$

5 Berechnen Sie das Integral.

a) $\int_{-0,5}^{1,5} (4x - 1)^7\,dx$ **b)** $\int_{-1}^{3} \frac{1}{(x + 4)^3}\,dx$ **c)** $\int_{-3}^{-1} \sqrt{2 - 3x}\,dx$

6 Die Wachstumsgeschwindigkeit einer Bakterienkultur beträgt $w(t) = 1000\cdot 2^{0,1t}$ pro h (t in h). Zum Zeitpunkt $t = 0$ betrug der Bestand $N(0) = 10\,000$.
Rekonstruieren Sie den Bestand zum Zeitpunkt t.

LK **7** Berechnen Sie das Integral.

a) $\int_2^4 x^2\cdot\sqrt{x^3 + 1}\,dx$ **b)** $\int_2^4 x\cdot\cos(2x^2)\,dx$ **c)** $\int_0^{\frac{\pi}{2}} \frac{\cos x}{1 + \sin x}\,dx$

LK 4.4.3 Partielle Integration

Im vorigen Abschnitt wurden aus der Kettenregel Integrationsverfahren hergeleitet. Ähnlich lässt sich auch aus der Produktregel ein weiteres Integrationsverfahren gewinnen.

Aufgabe

1 Erläutern Sie die Überlegungen rechts.

Bestimmen Sie damit $\int\limits_0^{\frac{\pi}{2}} x \cdot \cos x \, dx$.

Für $F(x) = x \cdot \sin x$ gilt:
$F'(x) = \sin x + x \cdot \cos x$

Aus $\int\limits_a^b F'(x)\,dx = [F(x)]_a^b$
ergibt sich
$\int\limits_a^b \sin x\,dx + \int\limits_a^b x \cdot \cos x = [x \cdot \sin x]_a^b$

Lösung

Für eine Funktion F mit $F(x) = u(x) \cdot v(x)$ gilt nach der Produktregel: $F'(x) = u'(x) \cdot v(x) + u(x) \cdot v'(x)$

Hier sind $u(x) = x$, $v(x) = \sin x$ und $u'(x) = 1$, $v'(x) = \cos x$.

Damit ergibt sich $F'(x)$.

Nach dem Hauptsatz der Differenzial- und Integralrechnung gilt $\int\limits_a^b F'(x)\,dx = [F(x)]_a^b$. Setzt man nun $F'(x)$ und $F(x)$ ein, ergibt sich: $\int\limits_a^b (\sin x + x \cdot \cos x)\,dx = \int\limits_a^b \sin x\,dx + \int\limits_a^b x \cdot \cos x\,dx = [x \cdot \sin x]_a^b$

Durch Umstellen erhält man daraus schließlich

$$\int\limits_a^b x \cdot \cos x\,dx = [x \cdot \sin x]_a^b - \int\limits_a^b \sin x\,dx$$
$$= [x \cdot \sin x]_a^b - [-\cos x]_a^b.$$

Speziell für $a = 0$ und $b = \frac{\pi}{2}$ erhält man

$$\int\limits_0^{\frac{\pi}{2}} x \cdot \cos x\,dx = [x \cdot \sin x]_0^{\frac{\pi}{2}} - [-\cos x]_0^{\frac{\pi}{2}}$$
$$= \frac{\pi}{2} - 1 \approx 0{,}57.$$

Information

Partielle Integration

Aus der Produktregel für die Ableitung eines Produktes zweier Funktionen lässt sich die folgende Formel gewinnen:

Satz 8: Produktintegration

$$\int\limits_a^b u(x) \cdot v'(x)\,dx = [u(x) \cdot v(x)]_a^b - \int\limits_a^b u'(x) \cdot v(x)\,dx$$

Dabei muss man $u(x)$ und $v'(x)$ so wählen, dass das rechte Integral leicht berechnet werden kann.

Beispiel

$\int\limits_0^2 (5x + 3) \cdot 2e^{2x}\,dx$ soll berechnet werden.

Setzt man $u(x) = 5x + 3$ und $v'(x) = 2e^{2x}$, so ergeben sich $u'(x) = 5$ und $v(x) = e^{2x}$.

Eingesetzt in die Formel erhält man

$$\int\limits_0^2 (5x + 3) \cdot 2 \cdot e^{2x}\,dx = [(5x + 3) \cdot e^{2x}]_0^2 - \int\limits_0^2 5 \cdot e^{2x}\,dx$$
$$= [(5x + 3) \cdot e^{2x}]_0^2 - \left[\frac{5}{2}e^{2x}\right]_0^2$$
$$= (13e^4 - 3) - \left(\frac{5}{2}e^4 - \frac{5}{2}\right)$$
$$= \frac{21}{2}e^4 - 0{,}5$$
$$\approx 572{,}78$$

Weiterführende Aufgaben

2 u (x) und v′ (x) müssen geeignet gewählt werden

Versuchen Sie das Integral $\int_0^2 (5x+3)\cdot 2e^{2x}\,dx$ aus dem Beispiel zu berechnen, indem Sie $u(x) = 2e^{2x}$ und $v'(x) = 5x + 3$ wählen. Was stellen Sie fest?

3 Mehrschrittiges Verfahren der partiellen Integration

a) Berechnen Sie das Integral $\int_1^3 x^2\cdot e^x\,dx$.
Verwenden Sie dazu die Formel aus der Information mehrfach.

b) Berechnen Sie $\int_a^b (\cos x)^2\,dx = \int_a^b \cos x\cdot\cos x\,dx$. Beachten Sie dazu: $(\sin x)^2 = 1 - (\cos x)^2$

4 „Versteckter" Faktor

Berechnen Sie das Integral $\int_1^e \ln x\,dx$. Beachten Sie dazu $\int_1^e \ln x\,dx = \int_1^e 1\cdot\ln x\,dx$.
Geben Sie auch eine Stammfunktion zu $f(x) = \ln x$ an.

Übungsaufgaben

5 Erläutern Sie die Überlegungen rechts.
Bestimmen Sie damit $\int_0^{\frac{\pi}{2}} x\cdot\sin x\,dx$.

Für $F(x) = x\cdot\cos x$ gilt:
$F'(x) = \cos x - x\sin x$
Aus $\int_a^b F'(x)\,dx = [F(x)]_a^b$
ergibt sich
$\int_a^b \cos x\,dx - \int_a^b x\sin x\,dx = [x\cdot\cos x]_a^b$

6 Berechnen Sie das Integral und geben Sie eine Stammfunktion zum Integranden an.

a) $\int_1^2 (x-2)\cdot e^x\,dx$ **c)** $\int_0^5 2x\cdot e^{-x}\,dx$

b) $\int_{-1}^1 (x+1)\,e^x\,dx$ **d)** $\int_1^4 \ln x\cdot x\,dx$

7 Berechnen Sie das Integral, indem Sie das Verfahren der partiellen Integration mehrfach anwenden.

a) $\int_{-1}^2 (x^2+1)e^x\,dx$ **d)** $\int_{-2}^4 (x^2-x)\cdot e^{-x}\,dx$ **g)** $\int_1^2 \frac{\ln x}{x^2}\,dx$

b) $\int_{-3}^0 (x^2+4x+3)\,e^x\,dx$ **e)** $\int_0^1 x^3 e^x\,dx$ **h)** $\int_{-\frac{\pi}{2}}^{\frac{\pi}{2}} x^2\cdot\cos x\,dx$

c) $\int_{-2}^1 (-6x^2+4)\,e^x\,dx$ **f)** $\int_1^e x\cdot\ln x\,dx$ **i)** $\int_a^b \sin x\cdot e^x\,dx$

8 Berechnen Sie $\int_0^{\frac{\pi}{2}} (\sin x)^2\,dx$

a) mittels partieller Integration;

b) mithilfe von Symmetrieüberlegungen zum Funktionsgraphen.

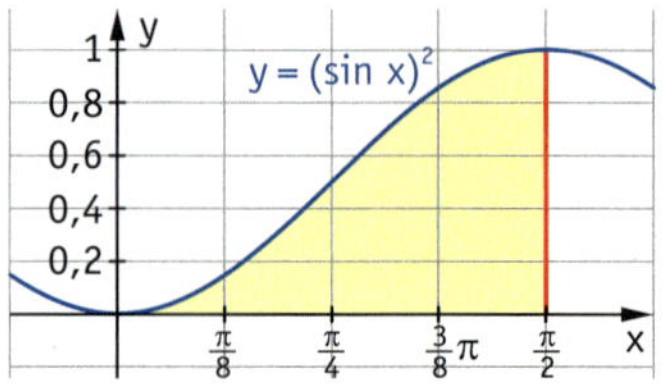

9 Ermitteln Sie eine Stammfunktion F zu f.

a) $f(x) = x\,e^{-2x}$ **f)** $f(x) = x^2\cdot e^{-x}$

b) $f(x) = (2x-1)\cdot e^x$ **g)** $f(x) = (x^2-3x+4)\,e^x$

c) $f(x) = x\cdot(x-1)^4$ **h)** $f(x) = x^3\cdot e^{2x}$

d) $f(x) = (2x+5)\cdot(x+2)^8$ **i)** $f(x) = x^2\cdot\ln x$

e) $f(x) = x\cdot\cos x$ **j)** $f(x) = \frac{x}{2}\sqrt{8-x}$

Beispiel:
$f(x) = x e^{2x}$
$= \left(x e^{2x} + \frac{1}{2}e^{2x}\right) - \frac{1}{2}e^{2x}$
$= \left(\frac{1}{2}x\cdot e^{2x}\right)' - \frac{1}{2}e^{2x}$, also
$F(x) = \frac{1}{2}x e^{2x} - \frac{1}{4}e^{2x} = \left(\frac{1}{2}x - \frac{1}{4}\right)e^{2x}$

4.5 Berechnen von Flächeninhalten

4.5.1 Fläche zwischen einem Funktionsgraphen und der x-Achse

Aufgabe

1

a) Für den Bau einer Bewässerungsanlage soll für einen offenen Beton-Kanal die Durchflussmenge berechnet werden.
Der parabelförmige Querschnitt des Kanals ist durch die Funktion f mit $f(x) = x^2 - 2$ (Einheit 1 Meter) gegeben. Die Durchflussgeschwindigkeit des Wassers beträgt $2\,\frac{m}{s}$.
Die Durchflussmenge ergibt sich als Produkt aus der Querschnittfläche des Wassers und der Durchflussgeschwindigkeit.
Zeichnen Sie den Graphen von f und berechnen Sie die Durchflussmenge pro Sekunde bei einer Wasserhöhe von 2 m in der Kanalmitte.

b) Eine Funktion g ist gegeben durch $g(x) = x^3 - x^2 - 2x$.
Skizzieren Sie den Graphen von g.
(1) Welchen Flächeninhalt schließt der Graph der Funktion g mit der x-Achse ein?
(2) Zeichnen Sie den Graphen der Funktion h mit $h(x) = |g(x)| = |x^3 - x^2 - 2x|$ und vergleichen Sie die Inhalte der Flächen, die die Graphen von g und h mit der x-Achse einschließen.
Berechnen Sie anschließend näherungsweise mithilfe eines Rechners die Fläche, die der Graph von g mit der x-Achse einschließt, als Integral über die Funktion h.

Lösung

a) Um die Durchflussmenge zu bestimmen, muss die Querschnittfläche berechnet werden.
Da die Wasserhöhe in der Kanalmitte 2 m beträgt, ist die Fläche zu berechnen, die vom Graphen von f mit $f(x) = x^2 - 2$ und der x-Achse zwischen den Nullstellen von f eingeschlossen wird. Sie ist in der Abbildung blau gefärbt.

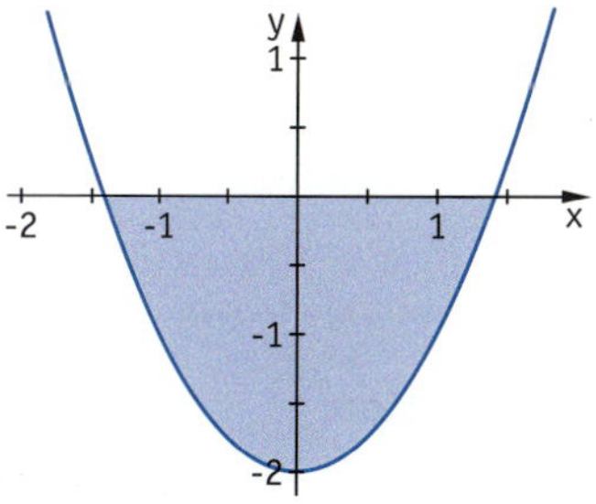

Aus der Gleichung $f(x) = x^2 - 2 = 0$ ergeben sich die Nullstellen $\sqrt{2}$ und $-\sqrt{2}$.
Es gilt:

$$\int_{-\sqrt{2}}^{\sqrt{2}} f(x)\,dx = 2\cdot\int_{0}^{\sqrt{2}} (x^2 - 2)\,dx = 2\cdot\left[\frac{x^3}{3} - 2x\right]_0^{\sqrt{2}} = -\frac{8\sqrt{2}}{3} \approx -3{,}77$$

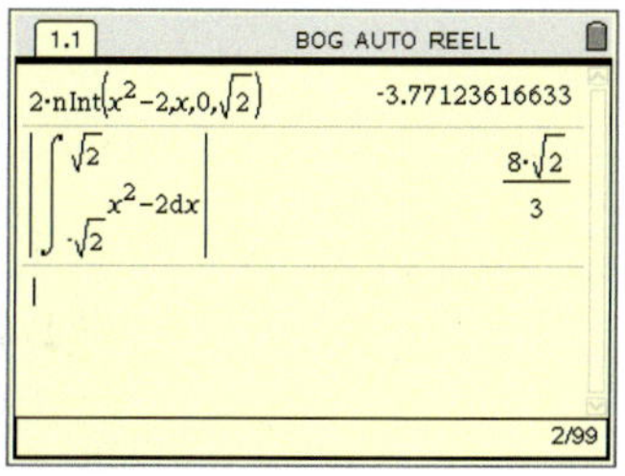

Da die Fläche unterhalb der x-Achse liegt, ist das Integral $\int_{-\sqrt{2}}^{\sqrt{2}} f(x)\,dx$ negativ. Für den gesuchten Flächeninhalt gilt dann:

$$A = \left|\int_{-\sqrt{2}}^{\sqrt{2}} f(x)\,dx\right| = \frac{8\sqrt{2}}{3} \approx 3{,}77$$

Hieraus erhält man als Durchflussmenge: $3{,}77\,m^2\cdot 2\,\frac{m}{s} \approx 7{,}54\,\frac{m^3}{s}$.
Ergebnis: Die Durchflussmenge beträgt $7{,}54\,m^3$ pro Sekunde.

b) (1) Das Integrationsintervall wird durch die Nullstellen von g begrenzt. Aus der Gleichung $g(x) = x^3 - x^2 - 2x = x \cdot (x^2 - x - 2) = 0$ erhält man als Nullstellen -1; 0 und 2.

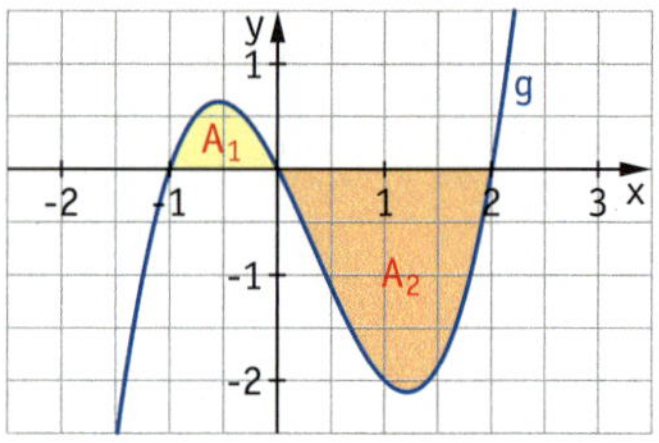

Da die linke Teilfläche oberhalb der x-Achse liegt, erhält man für den Flächeninhalt:

$$A_1 = \int_{-1}^{0} (x^3 - x^2 - 2x)\,dx = \left[\tfrac{1}{4}x^4 - \tfrac{1}{3}x^3 - x^2\right]_{-1}^{0} = \tfrac{5}{12}$$

Da die rechte Teilfläche unterhalb der x-Achse liegt, erhält man für den Flächeninhalt dieser Fläche:

$$A_2 = \left|\int_{0}^{2} (x^3 - x^2 - 2x)\,dx\right| = \left|\left[\tfrac{1}{4}x^4 - \tfrac{1}{3}x^3 - x^2\right]_{0}^{2}\right| = \left|-\tfrac{8}{3}\right| = \tfrac{8}{3}$$

Damit ergibt sich für den gesuchten Flächeninhalt:

$$A = A_1 + A_2 = 3\tfrac{1}{12} \approx 3{,}083$$

(2) Durch die Bildung des Betrages wird der Teil des Graphen und damit die Fläche A_2 im oberen Bild bei der Funktion h an der x-Achse „nach oben" gespiegelt. Der Flächeninhalt bleibt gleich. Da der Flächeninhalt, den der Graph von g mit der x-Achse einschließt, gleich dem Flächeninhalt ist, den der Graph von h mit der x-Achse einschließt, ist

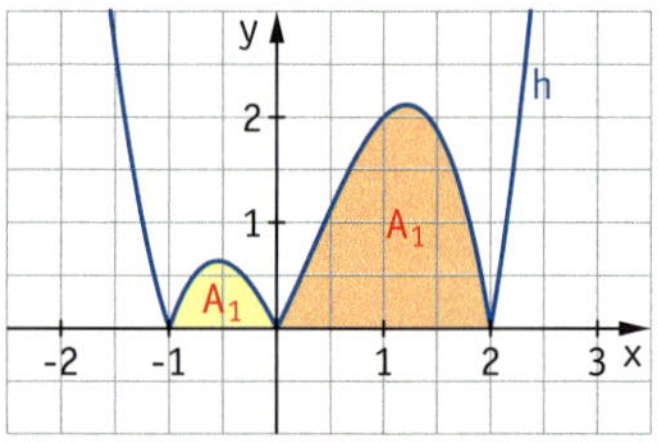

$$A = \int_{-1}^{2} |g(x)|\,dx.$$

Weil stets $h(x) = |g(x)| \geq 0$ ist, kann man mithilfe eines Rechners dieses Integral direkt über dem Intervall $[-1; 2]$ berechnen, ohne die zwischen den Integrationsgrenzen liegenden Nullstellen zu berücksichtigen:

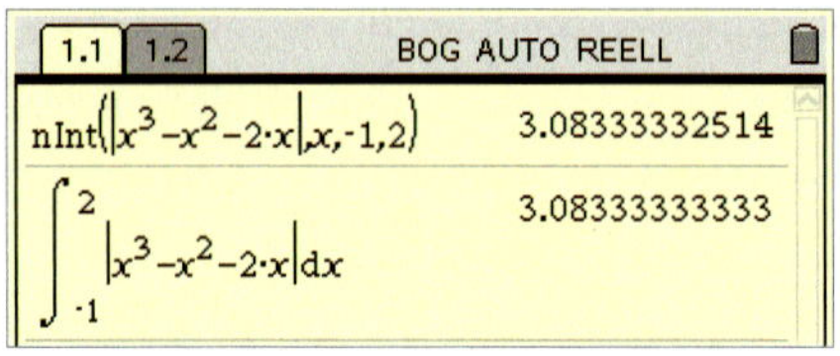

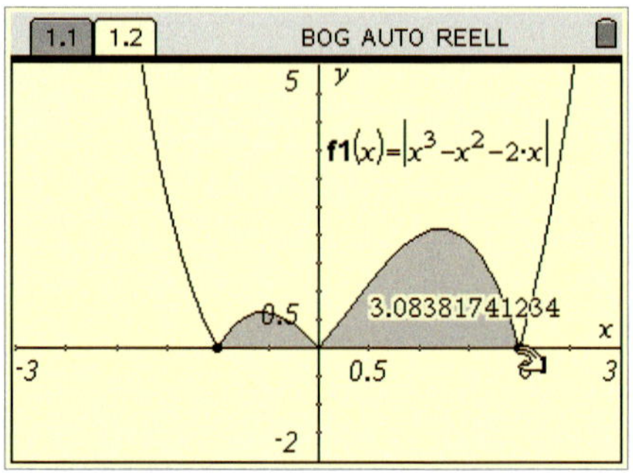

Also gilt: $A = \int_{-1}^{2} |x^3 - x^2 - 2x|\,dx \approx 3{,}083$

Information

Flächeninhalt der Fläche zwischen einem Funktionsgraphen und der x-Achse berechnen

(1) Um zum Beispiel den Flächeninhalt A der Fläche zwischen dem abgebildeten Graphen der Funktion f und der x-Achse über dem Intervall [a; b] zu berechnen, bestimmt man zunächst die Nullstellen von f, hier: x_1, x_2, x_3, und berechnet dann:

$$A = \left|\int_{a}^{x_1} f(x)\,dx\right| + \left|\int_{x_1}^{x_2} f(x)\,dx\right| + \left|\int_{x_2}^{x_3} f(x)\,dx\right| + \left|\int_{x_3}^{b} f(x)\,dx\right|$$

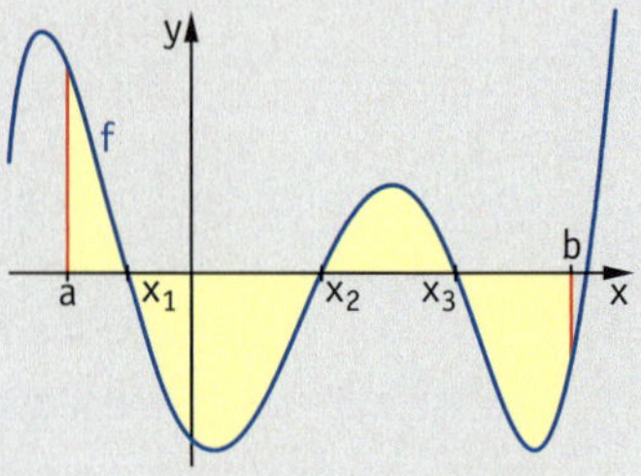

(2) Für die näherungsweise Berechnung des Flächeninhalts A der Fläche zwischen dem abgebildeten Graphen der Funktion f und der x-Achse mithilfe eines Rechners ist es vorteilhaft, mit dem Betrag von f zu rechnen: $A = \int_{a}^{b} |f(x)|\,dx$

Man benötigt dabei die Nullstellen zwischen a und b nicht.

Übungsaufgaben

2

a) Die Funktion f ist gegeben durch $f(x) = 2 - x^3$.
Skizzieren Sie den Graphen von f und berechnen Sie den Flächeninhalt der Fläche, die der Graph von f über dem Intervall [0; 2] mit der x-Achse einschließt. Vergleichen Sie das Ergebnis mit $\int_0^2 f(x)\,dx$.

b) Die Funktionen g und h sind gegeben durch $g(x) = (x-5)(x-1)(x+1)$ und $h(x) = |(x-5)(x-1)(x+1)|$.
(1) Zeichnen Sie die Graphen von g und h.
(2) Vergleichen Sie die Flächeninhalte der Flächen, die die Graphen von g und h mit der x-Achse einschließen, und berechnen Sie den Flächeninhalt der Fläche, die der Graph der Funktion g mit der x-Achse einschließt, näherungsweise mit einem Rechner als Integral über h.

3 Berechnen Sie den Flächeninhalt der Fläche, die der Graph der Funktion f über dem angegebenen Intervall mit der x-Achse einschließt.

a) $f(x) = x^2 - 2$; $I = [-2; -1]$
b) $f(x) = -x^2 + 5x - 6$; $I = [0; 4]$
c) $f(x) = 2x^2 - 2x$; $I = [-1; 3]$
d) $f(x) = 0{,}5\,e^x - 2$; $I = [-4; 1]$
e) $f(x) = x + e^{-x}$; $I = [-2; 1]$
f) $f(x) = \sin\left(\frac{1}{2}x\right)$; $I = \left[-\frac{\pi}{2}; \pi\right]$
g) $f(x) = \frac{x+1}{x^3}$; $I = [1; 4]$
h) $f(x) = 2x - \sqrt{2x}$; $I = [2; 3]$

4 Ermitteln Sie den Flächeninhalt der Fläche, die der Graph der Funktion f über dem angegebenen Intervall mit der x-Achse einschließt.

a) $f(x) = x^3 - x^2 - 2x + 1$; $I = [-2; 2]$
b) $f(x) = (x^2 - 1)^2 - 1$; $I = [-1; 2]$
c) $f(x) = x - \sqrt{x}$; $I = [0; 3]$
d) $f(x) = e^{x^2} - x - 1$; $I = [-1; 1]$

5 Bestimmen Sie die Intervallgrenze u des Intervalls I so, dass der Graph von f mit der x-Achse über dem Intervall I eine Fläche mit dem Flächeninhalt A einschließt.

a) $f(x) = x + 2$, $I = [1; u]$, $A = 13\frac{1}{2}$
b) $f(x) = 2x^2 - 2x - 12$, $I = [u; 2]$, $A = 43$
c) $f(x) = x^3 - 2x^2 + 1$, $I = [u; 4]$, $A = 26\frac{1}{4}$
d) $f(x) = e^x + 2$, $I = [u; 1]$, $A = e + 1$
e) $f(x) = \ln(x+1)$, $I = [0; u]$, $A = 1$
f) $f(x) = 2\cos\left(\frac{\pi}{2}x\right)$, $I = [0; u]$, $A = \frac{2\sqrt{2}}{\pi}$

6 Wie muss $k \in \mathbb{R}$ gewählt werden, damit die drei Flächenstücke, die der Graph zu f mit $f(x) = x^2 - k$ und $k > 0$ über dem Intervall $[-3; 3]$ mit der x-Achse einschließt, gleich groß sind?

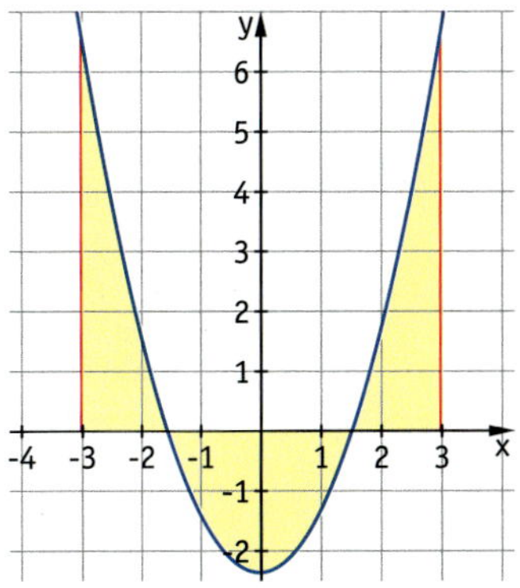

7 Berechnen Sie den Flächeninhalt der Fläche, die der Graph der Funktion f mit der x-Achse einschließt.

a) $f(x) = 4 - x^2$
b) $f(x) = (x-2)\cdot(4-x)$
c) $f(x) = x\cdot(x-1)\cdot(3-x)$
d) $f(x) = -x^2 + 6x + 7$
e) $f(x) = x^3 - 3x^2 - x + 3$
f) $f(x) = (e^{2x} - 1)\cdot(e^x - e)$
g) $f(x) = e^{2x} - 3e^x + 2$
h) $f(x) = \sqrt{x}\cdot(x-3)$

8 Bestimmen Sie näherungsweise den Flächeninhalt der Fläche, die der Graph von f zwischen den Nullstellen mit der x-Achse einschließt.

a) $f(x) = (x^2 - 5x + 6)\,e^x$
b) $f(x) = (x^3 - x)\,e^x$
c) $f(x) = (e - e^x)\cdot(1 - e^x)$

9 Skizzieren Sie den Graphen der Funktion f und bestimmen Sie den Flächeninhalt der Fläche, die der Graph der Funktion f mit der x-Achse einschließt, mithilfe eines Rechners.

a) $f(x) = (x-2)(x+3)$
b) $f(x) = (x^2-4)x^2$
c) $f(x) = (x-1)(x+10)x$
d) $f(x) = x^4 - 8x^3 + 18x^2 - 8x$
e) $f(x) = -x^4 + 11x^2 - 18$
f) $f(x) = (x^2 - x - 2)\cdot e^{-x}$
g) $f(x) = -2e^x - e^{1-x} + 2e + 1$
h) $f(x) = x - 6 + \frac{8}{x}$
i) $f(x) = \frac{x^2-4}{x^2+4}$
j) $f(x) = (x-2)\cdot\ln(x+1)$
k) $f(x) = 3^{2x} - 10\cdot 3^x - 9$
l) $f(x) = \sqrt{2 + x - x^2}$

10 Berechnen Sie den Flächeninhalt der gefärbten Fläche.

a) $f(x) = x^2 + 1$

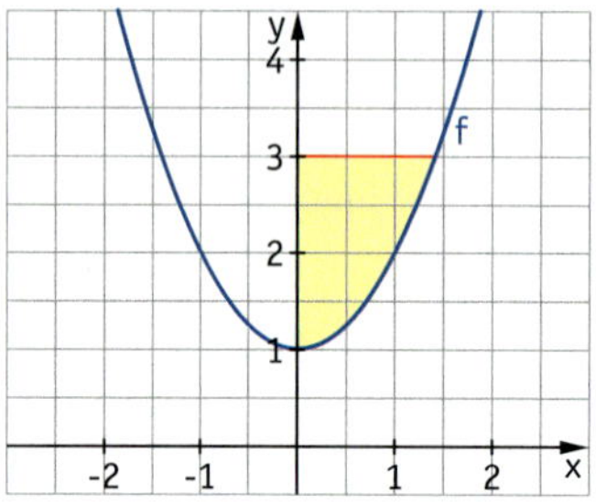

b) $f(x) = \frac{1}{2}x^3 - \frac{1}{2}x$

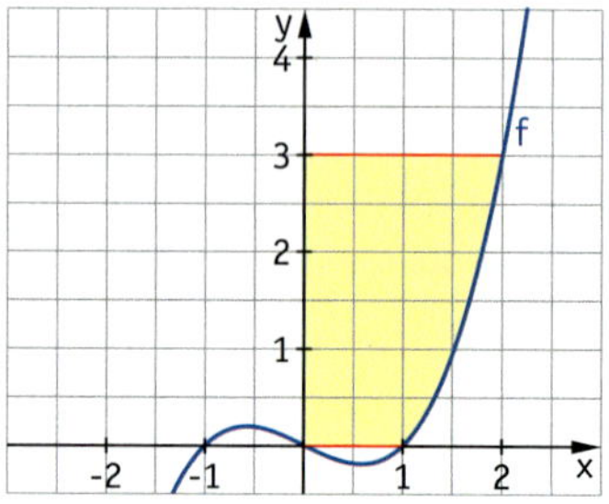

c) $f(x) = -x^3 + 3x^2$

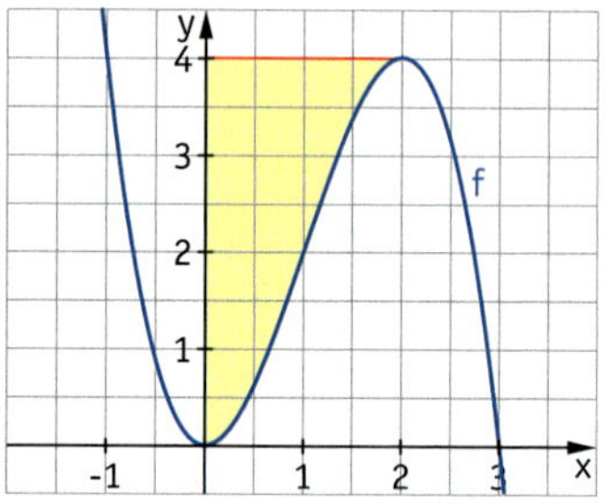

11 Finden Sie einen möglichen Funktionsterm für den Graphen und berechnen Sie damit den Flächeninhalt der gefärbten Fläche.

a)

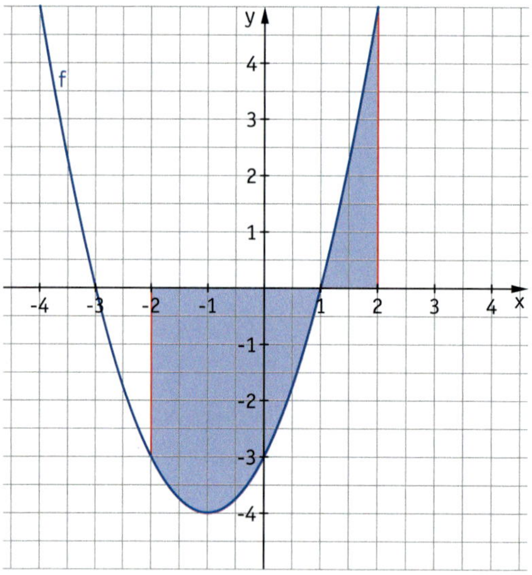

b)

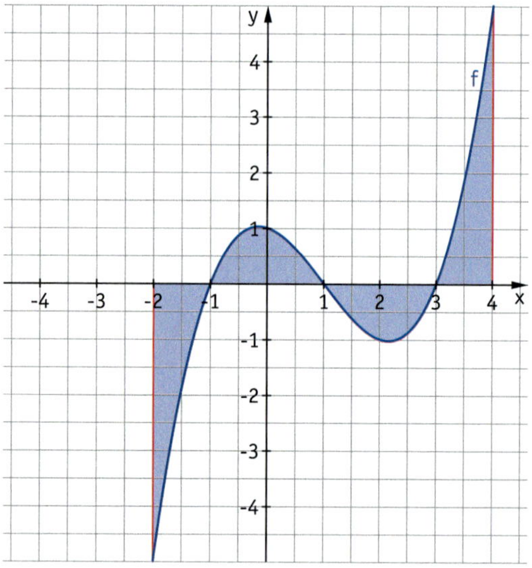

12 Ein zwiebelförmiges Schmuckstück hat den nebenstehenden Querschnitt. Der Rand des Querschnittes wird von den Graphen der Funktionen f und g mit $f(x) = 3x^2e^x$ mit $x \le 0$ und $g(x) = -3x^2e^x$ mit $x \le 0$ sowie den Tangenten durch die linken Wendepunkte gebildet.
Bestimmen Sie den Flächeninhalt des Querschnitts.

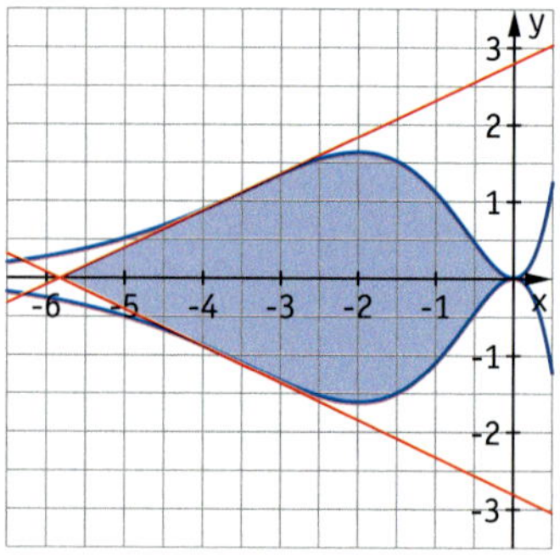

13 Begründen Sie ohne zu rechnen, dass die Rechnung fehlerhaft ist. Bestimmen Sie das richtige Ergebnis.

a) $\int_1^3 |x^3 - 6x^2 + 11x - 6|\,dx = \left|\int_1^3 (x^3 - 6x^2 + 11x - 6)\,dx\right| = 0$

b) $\int_{-2}^1 |x^2 + x - 2|\,dx = \int_{-2}^1 (x^2 + x - 2)\,dx = -4{,}5$

14 Seit der Antike beherrschen Baumeister die Kunst, Torbögen zu konstruieren, zum Beispiel für Tore, Brücken oder Aquädukte. Die Bögen des Pont du Gard (im 1. Jh. n. Chr. von den Römern erbautes Aquädukt) in Südfrankreich sind in Halbkreisform gebaut. Als sehr stabil erweisen sich auch Bögen, die von Parabelbögen gebildet werden.

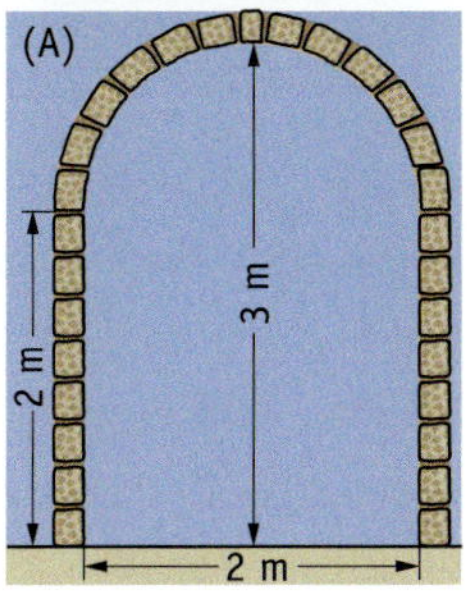

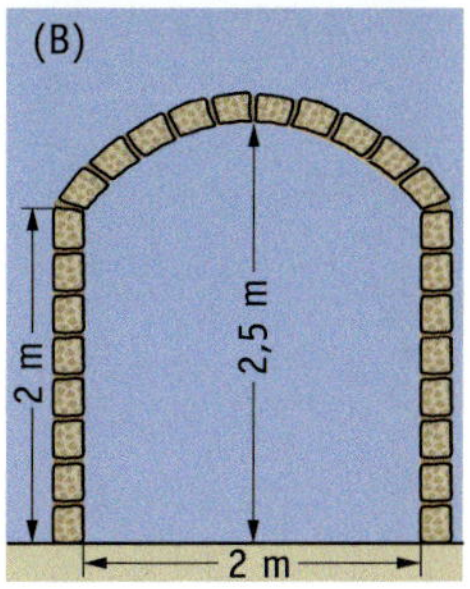

a) Beschreiben Sie anhand der Skizze (A), wie man die Öffnungsfläche bei einem Torbogen in Halbkreisform berechnen könnte.

b) Wie müsste man zur Bestimmung der Öffnungsfläche bei einem von einem Parabelbogen begrenzten Torbogen (B) vorgehen?

c) Vergleichen Sie die Öffnungsflächen der beiden Torbögen (A) und (B) miteinander.

15

a) Begründen Sie, dass der Graph der Funktion f mit $f(x) = \sqrt{r^2 - x^2}$ der abgebildete Halbkreis um den Koordinatenursprung mit dem Radius r ist. Betrachten Sie dazu für einen beliebigen Punkt $P(x|y)$ des Halbkreises das Dreieck mit den Punkten $0(0|0)$, $R(x|0)$ und $P(x|y)$.

b) Berechnen Sie für einen Kreis mit dem Radius 6 cm den Flächeninhalt eines Kreissegmentes der Höhe 2.

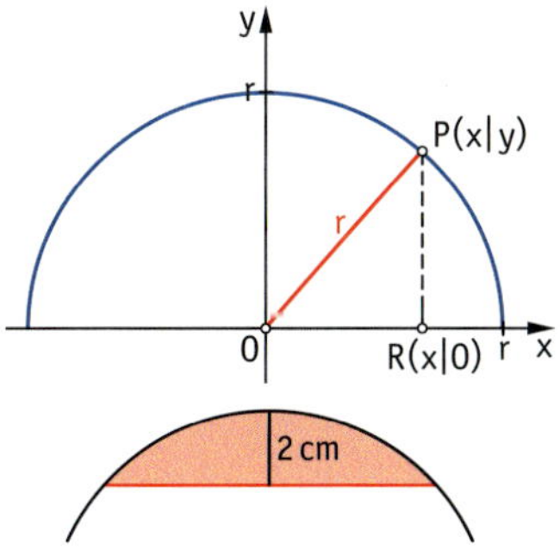

16 Bestimmen Sie $k \in \mathbb{R}$ so, dass der Graph der Funktion f mit der x-Achse eine Fläche vom angegebenen Flächeninhalt A einschließt.
Erläutern Sie anhand einer Skizze den Einfluss des Parameters k.

a) $f(x) = x^2 - k^2$; $A = 10$

b) $f(x) = x^2 - kx$; $A = 36$

c) $f(x) = k^2 - 4x^2$; $A = 18$

d) $f(x) = 2x^3 + kx$; $A = 9$

e) $f(x) = kx^3 - 4x$; $A = 16$

f) $f(x) = kx^2 - 9$; $A = 6 \cdot \sqrt{3}$

g) $f(x) = k \cdot (e^x - 1) \cdot (e^x - e)$; $A = e^2 - 2e - 1$

h) $f(x) = \frac{(x-1)(x-k)}{x^4}$; $A = \frac{1}{24}$

17 Gegeben ist die Funktion f mit $f(x) = -x^3 + 3x^2$.
Zerlegen Sie die Fläche, die der Graph von f mit der x-Achse einschließt, so durch eine Parallele zur y-Achse, dass zwei Flächen mit demselben Flächeninhalt entstehen.

4.5.2 Fläche zwischen zwei Funktionsgraphen

Aufgabe

1

a) Der Yachthafen eines Segelclubs wird durch parabelförmig angelegte Kaimauern begrenzt.
Wie groß ist die in der nebenstehenden Zeichnung dunkelblau markierte Wendefläche für die Boote?

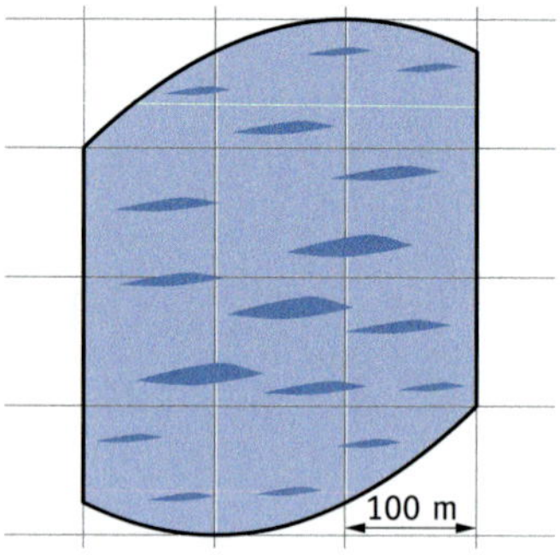

b) Zwei Funktionen f und g sind gegeben durch $f(x) = \frac{1}{2}x^3 + \frac{3}{2}x^2 - x - 2$ und $g(x) = x^2 - 2$.
Skizzieren Sie die Graphen von f und g und berechnen Sie den Flächeninhalt der Fläche, die von beiden Graphen eingeschlossen wird.

Lösung

a) Man beschreibt die Ufer des Hafens (näherungsweise) durch quadratische Funktionen. Dazu legt man z. B. den Scheitelpunkt der nach oben geöffneten Parabel in den Ursprung. In dieser Lage lassen sich die Funktionen gut bestimmen. Dann berechnet man den Flächeninhalt zwischen den Funktionsgraphen.

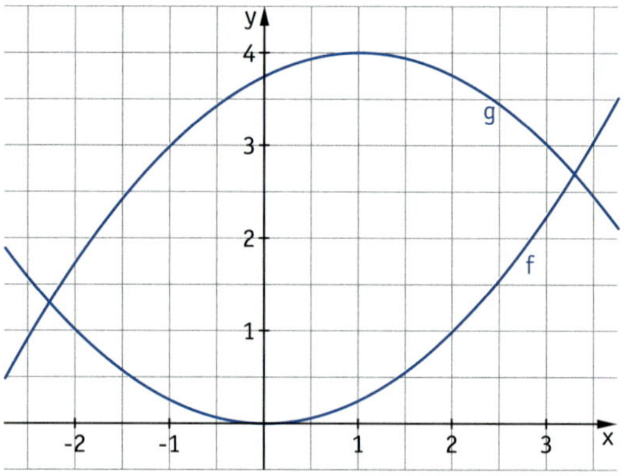

Dazu wählen wir 100 m als eine Einheit und beschreiben die Berandungen der Wasserfläche durch Funktionen f und g: Der Graph von f ist offensichtlich eine in y-Richtung gestauchte Normalparabel mit dem Streckungsfaktor $\frac{1}{4}$, also $f(x) = \frac{1}{4}x^2$.
Der Graph von g ist ebenfalls eine Parabel mit dem Streckungsfaktor $-\frac{1}{4}$ und dem Scheitelpunkt $S(1\,|\,4)$, also

$$g(x) = -\frac{1}{4}(x-1)^2 + 4 = -\frac{1}{4}x^2 + \frac{1}{2}x + \frac{15}{4}$$

Es muss nun die Fläche zwischen beiden Funktionsgraphen über dem Intervall [– 1; 2] berechnet werden.

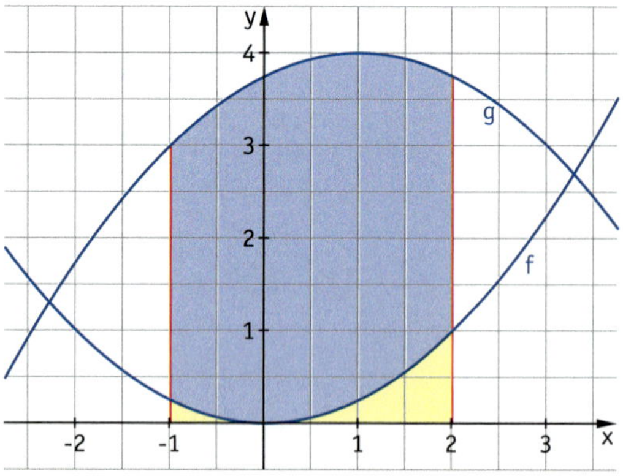

Dazu subtrahieren wir vom Flächeninhalt A_1 der Fläche, die der Graph von g über dem Intervall [– 1; 2] mit der x-Achse einschließt, den Flächeninhalt A_2 der Fläche, die der Graph von f über dem Intervall [– 1; 2] mit der x-Achse einschließt:

$$a1 = \int_{-1}^{2} \frac{-1}{4}\cdot x^2 + \frac{1}{2}\cdot x + \frac{15}{4}\,dx \qquad a1 = \frac{45}{4}$$

$$a2 = \int_{-1}^{2} \frac{1}{4}\cdot x^2\,dx \qquad a2 = \frac{3}{4}$$

Damit ergibt sich als Flächeninhalt der eingeschlossenen Fläche $A = A_1 - A_2 = 11{,}25 - 0{,}75 = 10{,}5$.
Da wir 100 m als Einheit gewählt haben, beträgt die Wendefläche 10,5 ha oder 105 000 m^2.

b) Die eingeschlossene Fläche wird von den Schnittstellen beider Funktionsgraphen begrenzt, die wir als Lösungen der Gleichung

$f(x) = g(x)$, also

$\frac{1}{2}x^3 + \frac{3}{2}x^2 - x - 2 = x^2 - 2$

erhalten. Diese Gleichung ist äquivalent zu $x \cdot (x^2 + x - 2) = 0$, woraus sich als Schnittstellen −2; 0 und 1 ergeben.

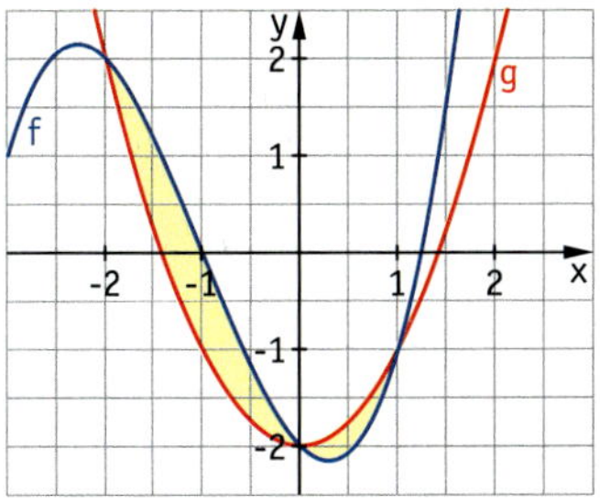

Um eine Fallunterscheidung hinsichtlich oberhalb und unterhalb der x-Achse liegender Flächenteile zu vermeiden, verschieben wir beide Funktionsgraphen um +3 in y-Richtung und berechnen die eingeschlossene Fläche:

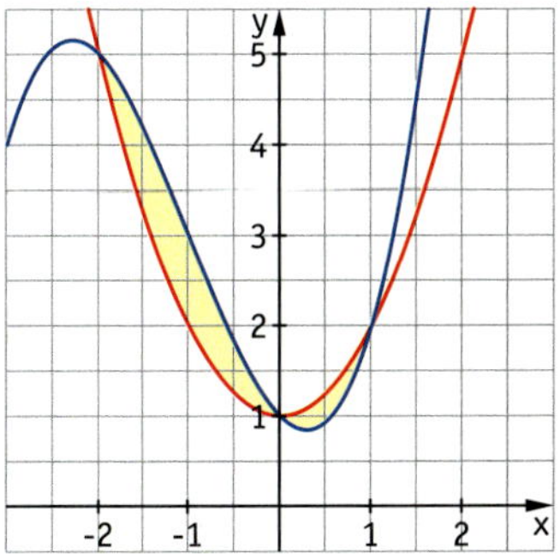

$f(x) \geq g(x)$ $g(x) \geq f(x)$

$$A = \int_{-2}^{0} \big((f(x) + 3) - (g(x) + 3)\big)\,dx + \int_{0}^{1} \big((g(x) + 3) - (f(x) + 3)\big)\,dx$$

$$= \int_{-2}^{0} \big(f(x) - g(x)\big)\,dx + \int_{0}^{1} \big(g(x) - f(x)\big)\,dx$$

$$= \int_{-2}^{0} \left(\tfrac{1}{2}x^3 + \tfrac{1}{2}x^2 - x\right)dx + \int_{0}^{1} \left(-\tfrac{1}{2}x^3 - \tfrac{1}{2}x^2 + x\right)dx$$

$$= \left[\tfrac{1}{8}x^4 + \tfrac{1}{6}x^3 - \tfrac{1}{2}x^2\right]_{-2}^{0} + \left[-\tfrac{1}{8}x^4 - \tfrac{1}{6}x^3 + \tfrac{1}{2}x^2\right]_{0}^{1}$$

$$= \tfrac{4}{3} + \tfrac{5}{24} = \tfrac{37}{24} \approx 1{,}54$$

Unabhängig von der Lage der Graphen von f und g hätten wir die Graphen nicht verschieben müssen, sondern hätten direkt über $f(x) - g(x)$ bzw. $g(x) - f(x)$ integrieren können!

Die Aufteilung des Intervalls ist überflüssig, wenn man über den Betrag der Differenz der Funktionen integriert:

$$A = \int_{-2}^{1} |f(x) - g(x)|\,dx \approx 1{,}54$$

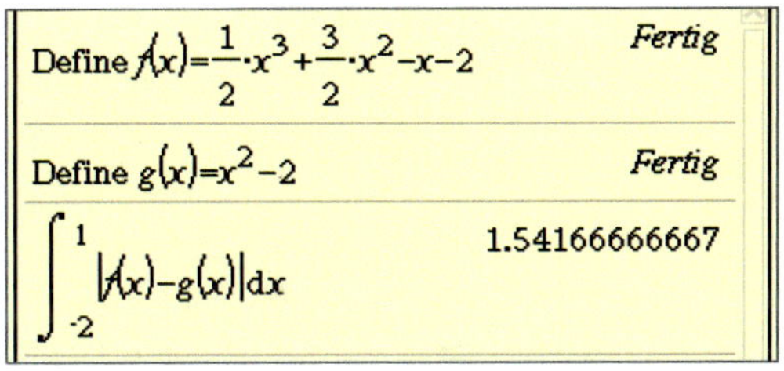

Information

Fläche zwischen zwei Funktionsgraphen über einem Intervall

(1) Um den Flächeninhalt A der Fläche zwischen den Graphen von zwei Funktionen f und g wie im Beispiel rechts dargestellt über dem Intervall [a; b] zu berechnen, bestimmt man zunächst die Schnittstellen von f und g innerhalb von [a; b] (hier: x_1 und x_2) und berechnet dann:

$$A = \left|\int_{a}^{x_1} \big(f(x) - g(x)\big)\,dx\right| + \left|\int_{x_1}^{x_2} \big(g(x) - f(x)\big)\,dx\right| + \left|\int_{x_2}^{b} \big(f(x) - g(x)\big)\,dx\right|$$

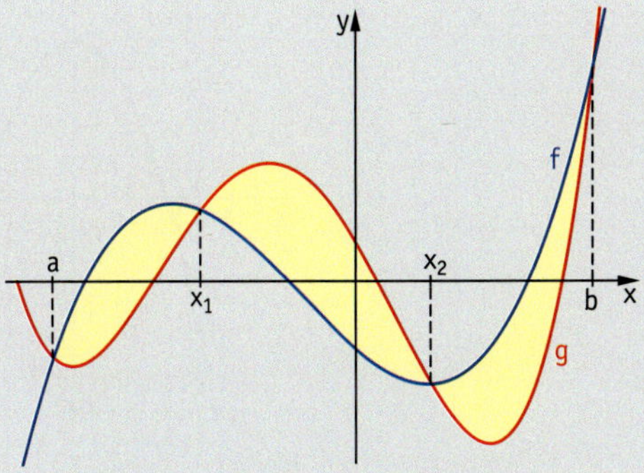

(2) Verwendet man einen Rechner, so ist es vorteilhaft, den Flächeninhalt A der Fläche zwischen zwei Funktionsgraphen über dem Intervall [a; b] näherungsweise zu berechnen, indem man mit dem Betrag rechnet:

$$A = \int_{a}^{b} |f(x) - g(x)|\,dx$$

Dabei müssen die Schnittstellen der beiden Funktionsgraphen zwischen a und b nicht bestimmt werden.

Übungsaufgaben

2

a) Die Funktionen f und g sind gegeben durch $f(x) = \frac{1}{4}x^2 + 1$ und $g(x) = -\frac{1}{4}x^2 - \frac{1}{2}x + 4$.
Zeichnen Sie die Graphen von f und g und berechnen Sie den Flächeninhalt der Fläche zwischen beiden Graphen über dem Intervall $[-1;\ 3]$.

b) Die Funktionen f und g sind gegeben durch $f(x) = x^3 - 2$ und $g(x) = x^2 + 2x - 2$.

(1) Skizzieren Sie die Graphen der beiden Funktionen.

(2) Zeichnen Sie in dasselbe Koordinatensystem die Graphen zu $y = f(x) + 3$ und zu $y = g(x) + 3$.

(3) Vergleichen Sie die Flächeninhalte der von den Graphen in (1) und (2) eingeschlossenen Flächen.

(4) Berechnen Sie den Flächeninhalt der Fläche, die von den Graphen von f und g eingeschlossen wird.

3 Berechnen Sie den Flächeninhalt der Fläche, die die Graphen der Funktionen f und g über dem angegebenen Intervall einschließen.

a) $f(x) = x^3$; $g(x) = x$; $I = [-2;\ 5]$

b) $f(x) = x^3$; $g(x) = 2x^2 - 15x$; $I = [-4;\ 3]$

c) $f(x) = x^4 + 4$; $g(x) = 5x^2$; $I = [-1;\ 3]$

d) $f(x) = x^3 + x$; $g(x) = x^2 + 1$; $I = [0;\ 2]$

e) $f(x) = e^x$; $g(x) = x$; $I = [0;\ \ln 2]$

f) $f(x) = \sin\left(\frac{1}{2}x\right)$; $g(x) = -\cos(x)$; $I = [0;\ \pi]$

g) $f(x) = \frac{1}{x^2}$; $g(x) = \frac{17}{4} - x^2$; $I = [1;\ 3]$

h) $f(x) = x + 1$; $g(x) = e^{-x}$; $I = [-1;\ 1]$

4 Skizzieren Sie die Graphen von f und g und berechnen Sie, wie groß der Flächeninhalt der von beiden Funktionsgraphen über dem Intervall I eingeschlossenen Fläche ist.

a) $f(x) = x^3 - 4x + 3$; $g(x) = 4 - \frac{1}{2}x^2$; $I = [-3;\ 2]$

b) $f(x) = -x^3 + 9x^2 - 25x + 22$; $g(x) = \frac{1}{x}$; $I = [1;\ 5]$

c) $f(x) = x^2 - 2$; $g(x) = \sqrt{x + 4}$; $I = [-2;\ 2]$

d) $f(x) = 2^x - 3x^2$; $g(x) = \frac{1}{1 + x^2}$; $I = [0;\ \sqrt{10}]$

5 Finden Sie passende Funktionsterme und berechnen Sie den Flächeninhalt der gefärbten Fläche.

a)

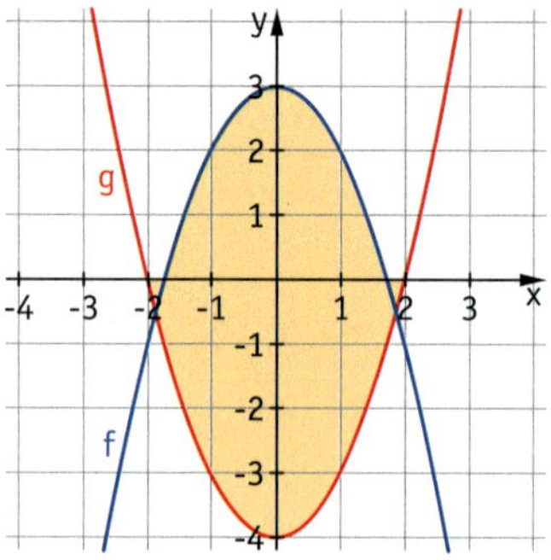

b)

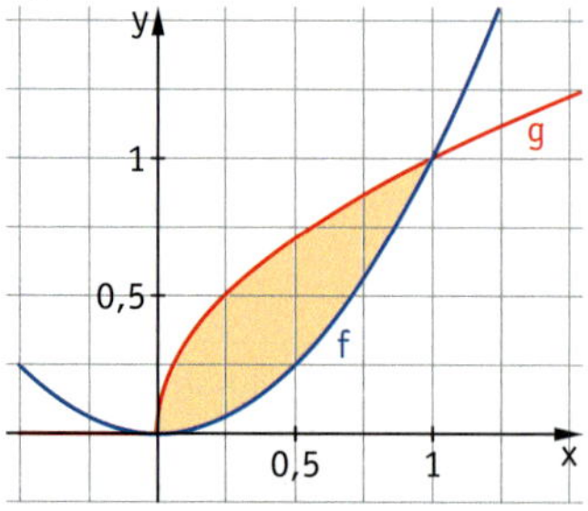

c)

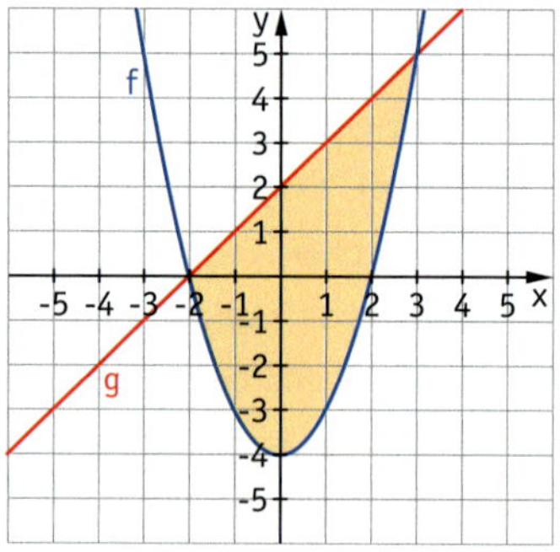

d)

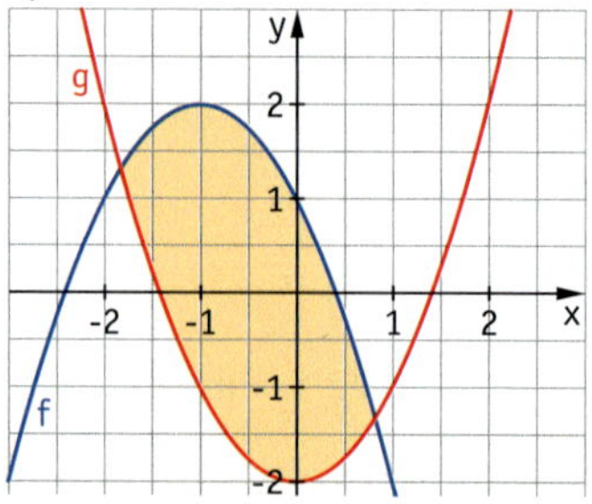

e)

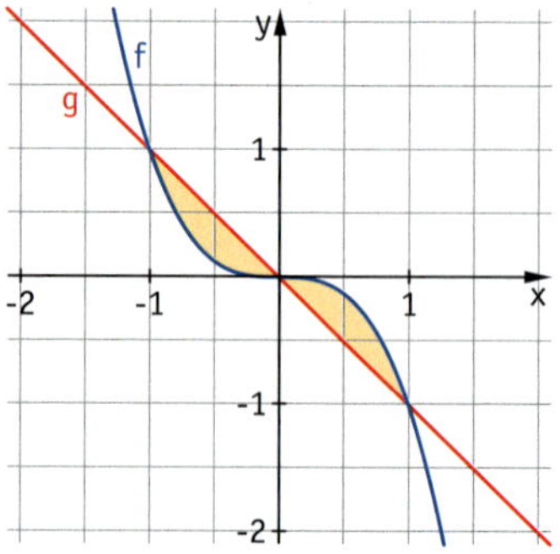

f)

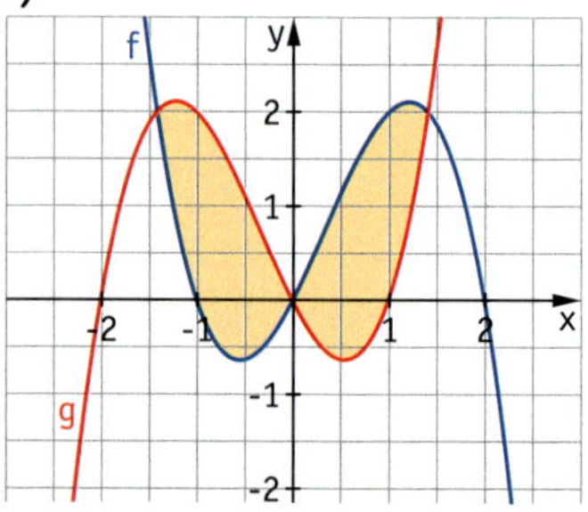

6 Geben Sie die Flächeninhalte $A_1, A_2, \ldots, A_6$ der gefärbten Flächen mithilfe von Integralen an.

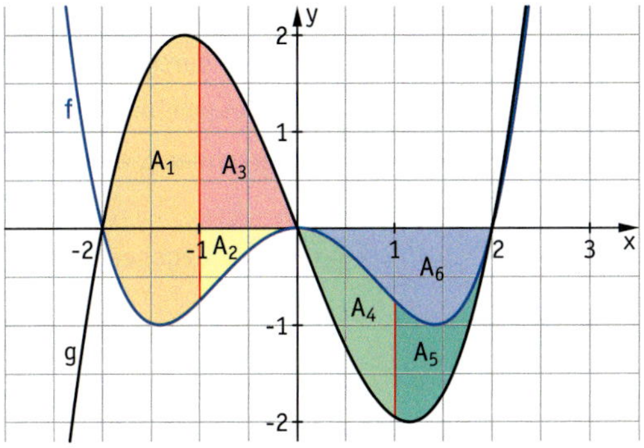

7 Skizzieren Sie die Graphen der Funktionen f und g und berechnen Sie den Flächeninhalt der Fläche, die die Graphen der Funktionen f und g einschließen.

a) $f(x) = x^2$; $g(x) = -x + 2$

b) $f(x) = x^3$; $g(x) = x^2 + 2x$

c) $f(x) = x^3 - 6x^2$; $g(x) = x - 6$

d) $f(x) = e^{2x} - e^{x+1} + e$; $g(x) = e^x$

8 Die gefärbten Teile der Schmuckform sollen mit Blattgold belegt werden. Die Linien sind Parabeln oder Kreise. $1\,\text{cm}^2$ Blattgold kostet einschließlich Belegung 7,99 Euro. Wie teuer wird die Blattgoldarbeit? Legen Sie das Koordinatensystem geeignet fest.

a)

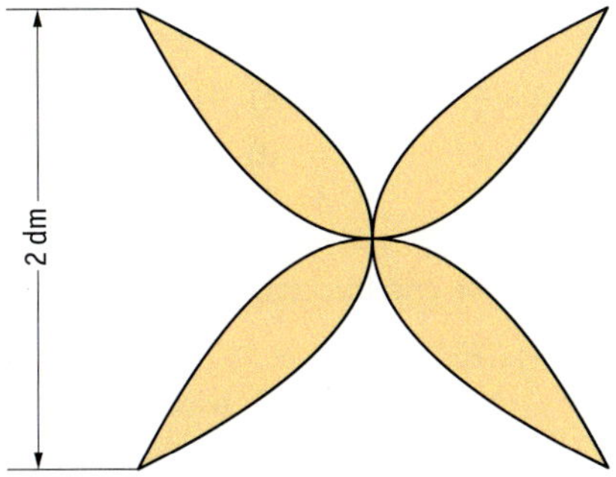

c)

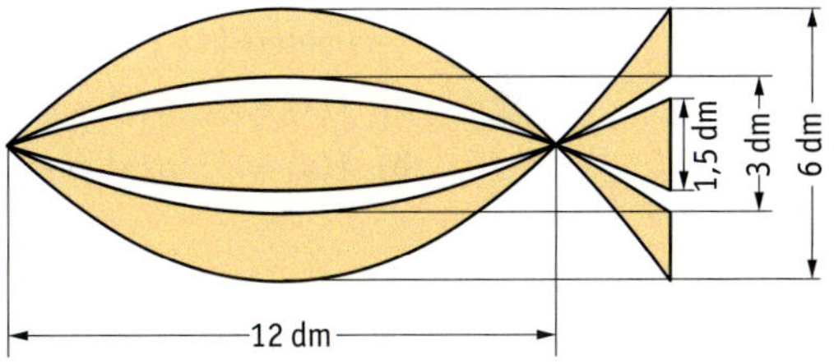

b)

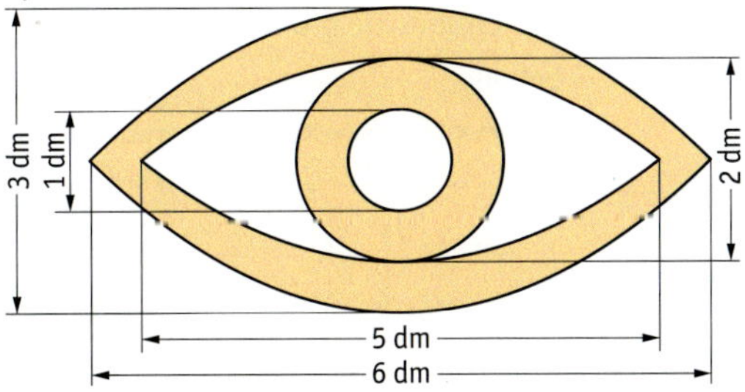

d)

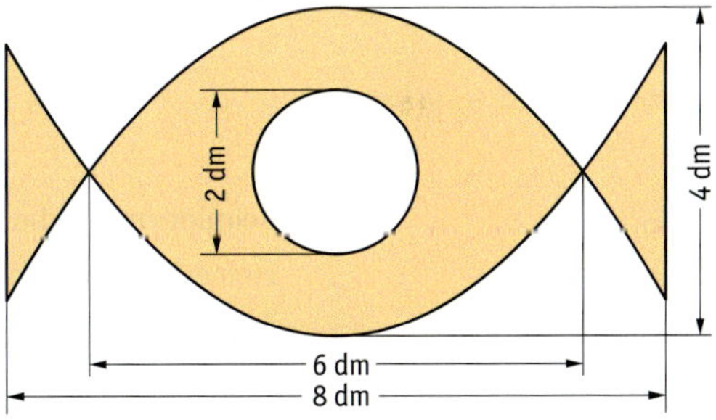

9 Bestimmen Sie $k > 0$ so, dass die Graphen der Funktionen f und g eine Fläche mit dem Flächeninhalt A einschließen.

a) $f(x) = kx^2$; $g(x) = 5kx + 6k$; $A = 1$

b) $f(x) = x^2 + 4x$; $g(x) = k\cdot(x + 4)$; $A = \frac{125}{6}$

c) $f(x) = ke^{2x}$; $g(x) = 3ke^x - 2k$; $A = 3 - 4\ln 2$

d) $f(x) = \frac{k}{x}$; $g(x) = -x + k + 1$; $A = \frac{1}{2}(e^2 - 2e - 1)$

10 Für $k > 0$ ist die Funktion f_k gegeben durch $f_k(x) = x^3 - 2kx^2 + k^2x$.

a) Zeigen Sie, dass alle Funktionsgraphen einen Tiefpunkt auf der x-Achse haben.

b) Für welches k schließt der Graph von f_k mit der x-Achse eine Fläche mit dem Flächeninhalt 108 ein?

c) Bestimmen Sie den Flächeninhalt der Fläche, die der Graph von f_1 mit der Geraden $y = x$ einschließt.

11 Berechnen Sie, für welches $k > 0$ der Flächeninhalt, den der Graph der Funktion f mit $f(x) = \frac{k-10}{k}x^2 + (20 - 2k)x$ mit der x-Achse einschließt, maximal wird.

12 Die abgebildete Fläche eines Sees kann abschnittsweise annähernd durch Parabelbögen berandet werden.
1 Längeneinheit entspricht 1 km.
Berechnen Sie die Größe des Sees.

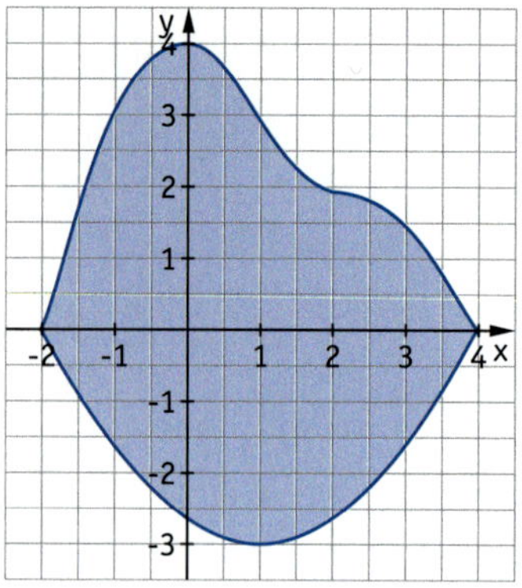

13 Gegeben sind die Funktionen f und g mit $f(x) = x^3 - 4x$ und $g(x) = -\frac{1}{2}x^3 + 2x$.
Skizzieren Sie die Graphen und begründen Sie ohne zu rechnen, dass die folgende Gleichung fehlerhaft ist. Bestimmen Sie das richtige Ergebnis.

$$\int_{-2}^{2} |f(x) - g(x)|\,dx = \int_{-2}^{2} |f(x)|\,dx - \int_{-2}^{2} |g(x)|\,dx$$

14 Bestimmen Sie $k \in \mathbb{R}$ so, dass die von den Graphen der Funktionen f und g eingeschlossene Fläche den Flächeninhalt A hat. Fertigen Sie eine Skizze an und erläutern Sie daran den Einfluss des Parameters k.

a) $f(x) = x^3$; $g(x) = 2kx^2 - k^2x$; $A = \frac{4}{3}$
b) $f(x) = x^2$; $g(x) = -x^2 + k$; $A = 1$
c) $f(x) = x^2$; $g(x) = 1 - kx^2$; $A = \frac{2}{3}$
d) $f(x) = x^3$; $g(x) = kx$; $A = \frac{1}{4}$

15

a) Begründen Sie die Formel rechts.

Der griechische Mathematiker ARCHIMEDES VON SYRAKUS (287–212 v. Chr.) zeigte, dass der Inhalt der Fläche unter einer Parabel stets $\frac{2}{3}$ vom Produkt aus Grundseite g und Höhe h beträgt.

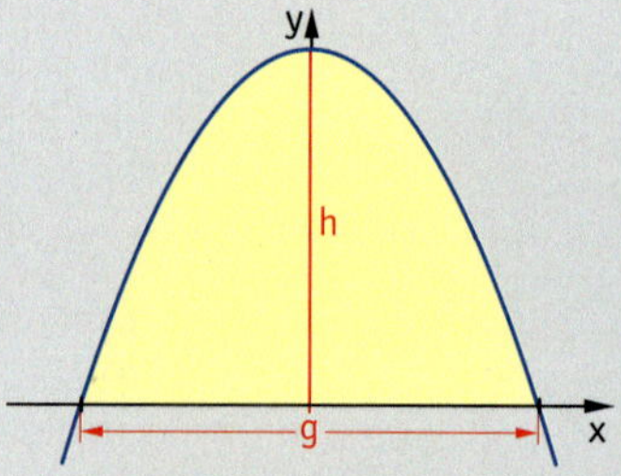

b) Begründen Sie die Verallgemeinerung der Formel des ARCHIMEDES:

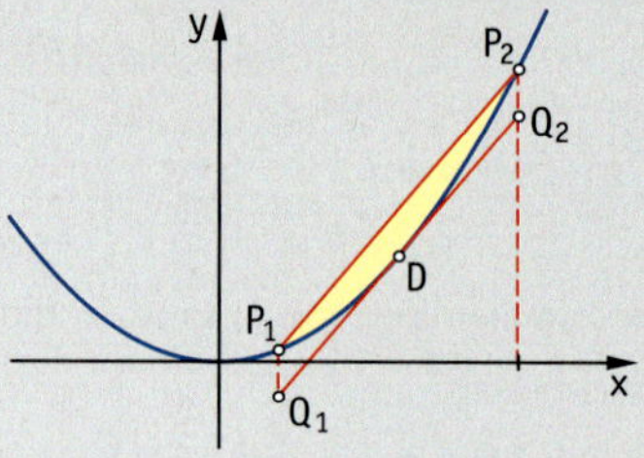

Der Flächeninhalt eines Parabelsegments beträgt zwei Drittel des Parallelogramms, das durch die Sehne und die zu ihr parallele Tangente bestimmt ist.

16 Berechnen Sie näherungsweise die Größe des im Zentrum des Bildes abgebildeten Feldes.

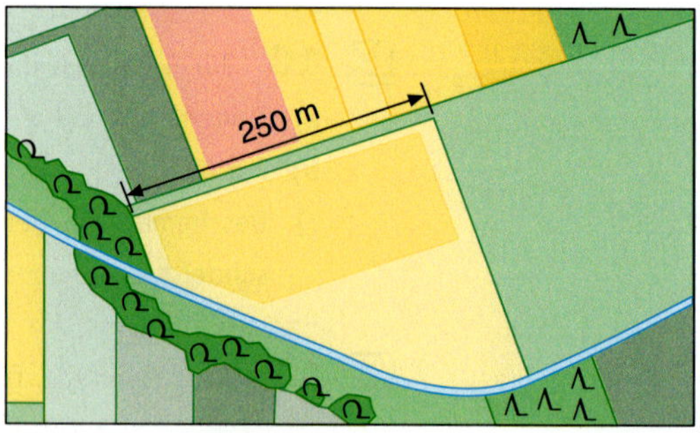

Integralrechnung im Altertum – die Exhaustions-Methode

Schon die Mathematiker im antiken Griechenland beschäftigten sich mit Flächeninhaltsproblemen und erzielten bemerkenswerte Erfolge, obwohl viele Begriffe und Schreibweisen noch nicht so weit entwickelt waren wie heute. Beispielsweise konnten sie den Flächeninhalt einer krummlinig berandeten Fläche mit der Exhaustions-Methode, die der modernen Methode sehr ähnlich ist, beliebig genau annähern. Die Entwicklung dieser Methode ist mit drei Namen besonders eng verbunden.

ANTIPHON (5. Jh. v. Chr.)

Der griechische Philosoph ANTIPHON lebte im fünften Jahrhundert v. Chr. Über sein Leben ist wenig bekannt, es ist noch nicht einmal sicher, ob es zwei berühmte Männer desselben Namens gab, einen Redner und einen Philosophen, oder ob beide Personen identisch waren. Einige seiner Reden sind überliefert worden, die Inhalte seiner philosophischen Texte lassen sich nur anhand von Zitaten in den Werken anderer Autoren rekonstruieren.

ANTIPHON war vermutlich der erste Wissenschaftler, der die Exhaustions-Methode verwendete. Mit ihrer Hilfe wollte er den Kreis quadrieren. Er versuchte, Polygone (n-Ecke) iterativ so in einen Kreis einzubeschreiben, dass in jedem Schritt die Anzahl der Ecken der Polygone verdoppelt wird. Nach sehr vielen (nach heutigem mathematischen Verständnis unendlich vielen) Schritten sollte der Flächeninhalt der einbeschriebenen Polygone mit dem des Kreises zusammenfallen.

EUDOXOS VON KNIDOS (4. Jh. v. Chr.)

EUDOXOS VON KNIDOS, der im vierten Jahrhundert v. Chr. lebte, war Mathematiker, Astronom, Geograph, Philosoph und Politiker. Nach Studienaufenthalten in Süditalien, Athen und Ägypten hielt er in seiner Heimatstadt Vorlesungen und verfasste Schriften zu mathematischen, astronomischen und geographischen Themen. Auch seine Schriften wurden nicht direkt überliefert.

In der Mathematik ist EUDOXOS' Werk über Proportionen und numerische Verhältnisse berühmt geworden, das in wesentlichen Teilen im Buch XII der Elemente des EUKLID überliefert ist. Er entwickelte ein Verständnis der reellen Zahl, das bis zu den Zeiten DESCARTES' (1596 – 1650) grundlegend für mathematische Studien war. Durch diese Erkenntnisse gelang es EUDOXOS, die Methode von ANTIPHON zu festigen und als streng mathematische Theorie auszubauen.

ARCHIMEDES VON SYRAKUS (287 – 212 v. Chr.)

ARCHIMEDES, Mathematiker, Physiker und Techniker, entwickelte die Exhaustions-Methode maßgeblich weiter. Elf seiner Werke sind überliefert, darunter mathematische Arbeiten über die Bestimmung von (Ober-)Flächeninhalten und Volumina (z. B. der Kugel oder von Rotationskörpern). Aufbauend auf ANTIPHONS Ergebnissen gelang es ARCHIMEDES, den Wert von π näherungsweise sehr genau zu berechnen, indem er dem Kreis Polygone mit beliebig vielen Ecken einbeschrieb.

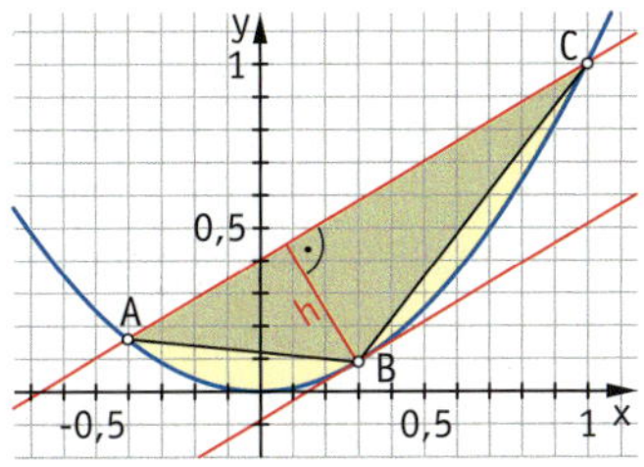

Durch die Exhaustions-Methode erhielt ARCHIMEDES auch das berühmte Resultat, dass die Fläche, die von einer Parabel und einer die Parabel schneidenden Gerade eingeschlossen wird, $\frac{3}{4}$-mal so groß ist wie die Fläche des durch die Gerade einbeschriebenen Dreiecks (Quadratur der Parabel):

„Der Inhalt eines Parabelsegments ist $\frac{4}{3}$ des Inhalts des Dreiecks, das mit ihm gleiche Grundfläche und Höhe hat."

Der Legende nach starb ARCHIMEDES, als 212 v. Chr. römische Truppen Syrakus einnahmen, weil er sich weigerte, seine mathematischen Studien zu unterbrechen. Er soll einem Offizier, der ihn zum General bringen sollte, geantwortet haben: *Noli turbare circulos meos.* (Störe meine Kreise nicht.) Daraufhin soll dieser so erzürnt gewesen sein, dass er ARCHIMEDES erschlug.

Die Exhaustions-Methode

Mithilfe der Exhaustions-Methode (*exhaurire* (lat.): herausnehmen, erschöpfen) wird der Inhalt einer Fläche berechnet, indem man ihr eine Folge von Polygonen (z. B. Dreiecke oder Quadrate) einbeschreibt, deren Inhalt man elementar berechnen kann. Im Grenzfall konvergiert diese Folge von Polygonen gegen die zu berechnende Fläche, also fallen im Grenzfall auch die Flächeninhalte zusammen.

So kann man beispielsweise die Fläche zwischen dem Funktionsgraphen einer stetigen Funktion f und der x-Achse über dem Intervall [a; b] mit der Exhaustions-Methode wie folgt berechnen:

Schritt 1: Der gesuchten Fläche wird ein Dreieck einbeschrieben, von dem zwei Ecken in A(a|0) und B(b|0) liegen. Die dritte Ecke entsteht durch Schnitt des Funktionsgraphen in der Mitte des Intervalls.

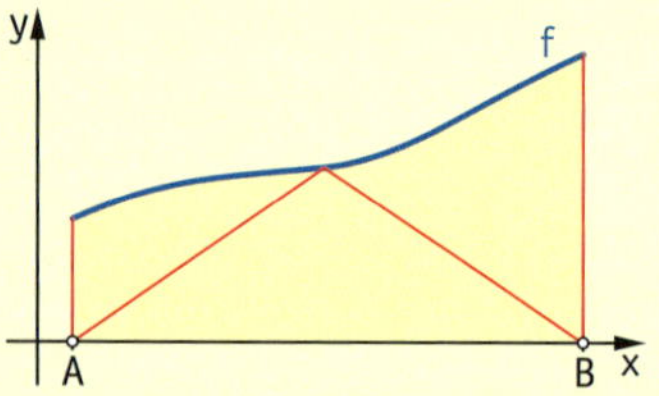

Schritt 2: Auf dieses Dreieck werden zwei weitere Dreiecke aufgesetzt; zwei ihrer Ecken fallen mit dem alten Dreieck zusammen und die dritte entsteht durch Schnitt des Graphen in der Mitte des linken, bzw. rechten Teilintervalls.

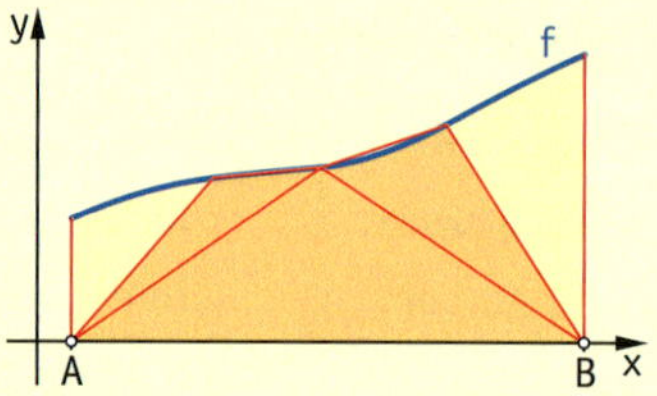

Schritt 3: Der zweite Schritt wird wiederholt. Man erhält zwei weitere Dreiecke und eine verbesserte Näherung des gesuchten Flächeninhalts.

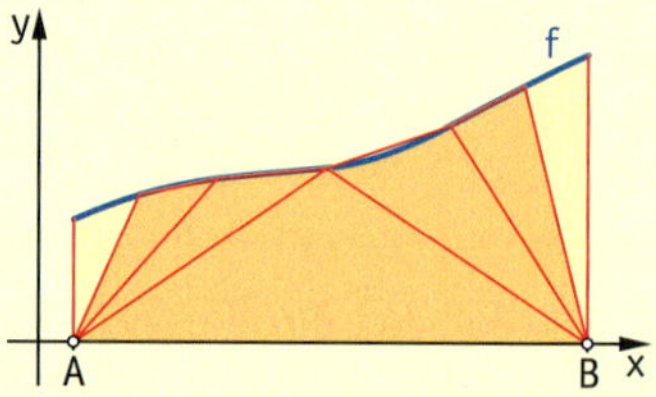

Alle Dreiecke lassen sich elementar berechnen, auch wenn diese Rechnungen mühsam sind. Durch beliebig häufige Wiederholung dieser Iteration kann der Flächeninhalt beliebig genau berechnet werden. Es können sogar Funktionen integriert werden, deren Stammfunktionen nicht bekannt sind.

Eudoxos' Inhaltsformel für den Kegel

Mithilfe der Exhaustions-Methode konnte Eudoxos auch das Volumen von Körpern berechnen. Er wies nach, dass das Volumen des Kegels ein Drittel des Volumens des Zylinders mit gleicher Grundfläche ist.

Schritt 1: Einem Kegel mit der Höhe h und dem Radius r wird ein Zylinder umbeschrieben. Man erhält als erste Näherung für das Kegelvolumen $V_1 = \pi \cdot h \cdot r^2$.

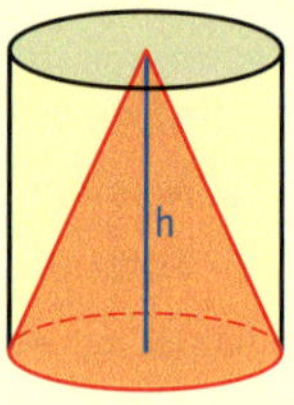

Schritt 2: Anschließend werden dem Kegel zwei Zylinder umbeschrieben, man erhält als Näherung $V_2 = \pi \cdot \frac{h}{2} \cdot r^2 + \pi \cdot \frac{h}{2} \cdot \left(\frac{r}{2}\right)^2$.

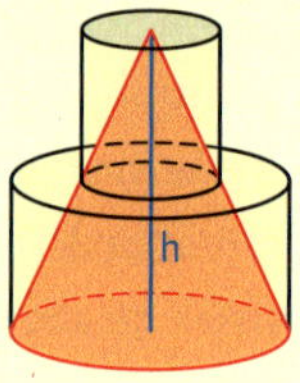

Schritt 3: Bei drei Zylindern, die dem Kegel umschrieben werden, erhält man
$V_3 = \pi \cdot \frac{h}{3} \cdot r^2 + \pi \cdot \frac{h}{3} \cdot \left(\frac{2r}{3}\right)^2 + \pi \cdot \frac{h}{3} \cdot \left(\frac{r}{3}\right)^2$.

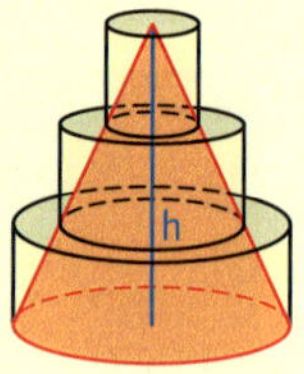

Schritt n: Setzt man das Verfahren fort, so erhält man nach n Schritten:

$$V_n = \frac{\pi \cdot h}{n} \cdot \left(\frac{r}{n}\right)^2 + \frac{\pi \cdot h}{n} \cdot \left(\frac{2r}{n}\right)^2 + \frac{\pi \cdot h}{n} \cdot \left(\frac{3r}{n}\right)^2 + \ldots + \frac{\pi \cdot h}{n} \cdot \left(\frac{(n-1)r}{n}\right)^2 + \frac{\pi \cdot h}{n} \cdot \left(\frac{nr}{n}\right)^2$$

Klammert man aus, ergibt sich:

$$\frac{\pi \cdot h r^2}{n^3} \cdot \left(1 + 2^2 + 3^2 + (n-1)^2 + n^2\right)$$

Es gilt: $1^2 + 2^2 + 3^2 + \ldots + n^2 = \frac{n(n+1)(2n+1)}{6} = \frac{2n^3 + 3n^2 + n}{6}$

Damit ergibt sich als Näherungsformel für den Kegel bei n umschreibenden Zylindern:

$$V_n = \frac{\pi \cdot h r^2 \cdot (2n^3 + 3n^2 + n)}{6n^3}$$

Nach den Grenzwertsätzen gilt dann:

$$\lim_{n \to \infty} V_n = \lim_{n \to \infty} \frac{\pi \cdot h r^2 \cdot (2n^3 + 3n^2 + n)}{6n^3} = \lim_{n \to \infty} \pi \cdot h \cdot r^2 \cdot \left(\frac{2n^3}{6n^3} + \frac{3n^2}{6n^3} + \frac{n}{6n^3}\right) = \frac{1}{3}\pi \cdot h \cdot r^2$$

Die folgenden Aufgaben helfen Ihnen bei der Organisation des selbstständigen Lernprozesses. Zur Selbstkontrolle sind alle Lösungen dieser Aufgaben im Anhang dieses Buches abgedruckt.

1 Ein Akku hat eine Energiemenge von 50 Wh gespeichert. Die momentane Änderungsrate der gespeicherten Energiemenge lässt sich durch die Funktion f mit $f(t) = -5\,e^{-0{,}1t}$ beschreiben (t in Stunden, f(t) in Wh pro Stunde).
Berechnen Sie den gesamten Energieverlust innerhalb der ersten 24 Stunden.

2 Geben Sie eine Stammfunktion von f an, deren Graph durch den vorgegebenen Punkt verläuft.
a) $f(x) = \frac{1}{5}x^5 - x^2 + 4$; $P(-1\,|\,2)$ **b)** $f(x) = \left(\frac{1}{2}x + 4\right)^2$; $P(2\,|\,0)$ **c)** $f(x) = x\cdot(x-2)^2$; $P\left(1\,|\,-\frac{53}{12}\right)$

3 Berechnen Sie das Integral.
a) $\int_{-2}^{0} (x^3 - 3x)\,dx$ **c)** $\int_{-1}^{2} 6(x+3)(x-2)\,dx$ **e)** $\int_{-1}^{1} \frac{1+e^x}{e^x}\,dx$
b) $\int_{-3}^{3} (x^4 + 2x^2 - 4)\,dx$ **d)** $\int_{-1}^{2} (e^{-x} + 1)\,dx$ **f)** $\int_{1}^{-3} \sqrt{1-x}\,dx$

4 Berechnen Sie den Flächeninhalt der gefärbten Fläche.
a)
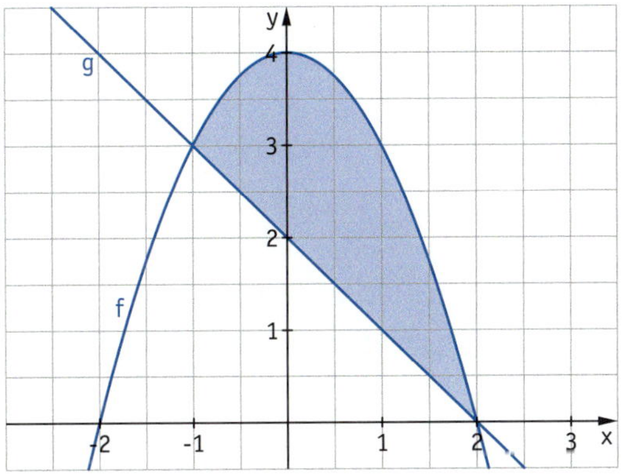

b)
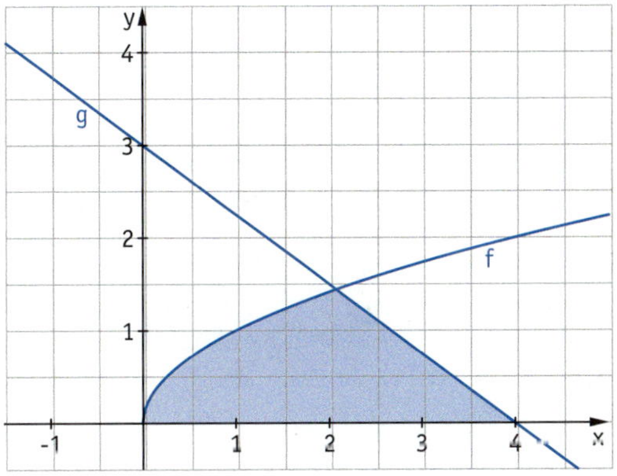

5 Für $k > 0$ ist die Funktion f_k gegeben durch $f_k(x) = x^3 - k^2x$.
Bestimmen Sie k so, dass der Graph von f_k mit der x-Achse eine Fläche mit dem Inhalt 8 einschließt.

6 Berechnen Sie den Flächeninhalt der Fläche, die die Graphen von f und g einschließen.
a) $f(x) = x^3 + 5x^2 - 10x - 6$; $g(x) = x^4 - x^3 - 5x^2 + 6x + 10$
b) $f(x) = 2^{-x}$; $g(x) = -x + 4$
c) $f(x) = \sin(x)$; $g(x) = \cos(x)$; $0 \le x \le 2\pi$
d) $f(x) = \frac{4}{x}$; $g(x) = -\frac{1}{4}(x^2 + 11x + 31)$

7 Die Geburtenrate eines Landes gibt die Anzahl der Lebendgeborenen pro Jahr und 1000 Einwohner an. Die Sterberate ist entsprechend definiert. Die Einwohnerzahl Indiens betrug im Jahresdurchschnitt 2005 etwa 1,1 Mrd. Menschen, die Geburtenrate etwa 22, die Sterberate etwa 7.
Berechnen Sie, wie viele Menschen in Indien bei unveränderter Geburten- und Sterberate in den Jahren 2005 bis 2025 geboren werden.

8 Vom Koordinatenursprung $O(0|0)$ wird die Tangente an den Graphen der Funktion f mit $f(x) = x^2 + 2$ gezeichnet (siehe rechts). Berechnen Sie den Flächeninhalt der im ersten Quadranten eingeschlossenen Fläche.

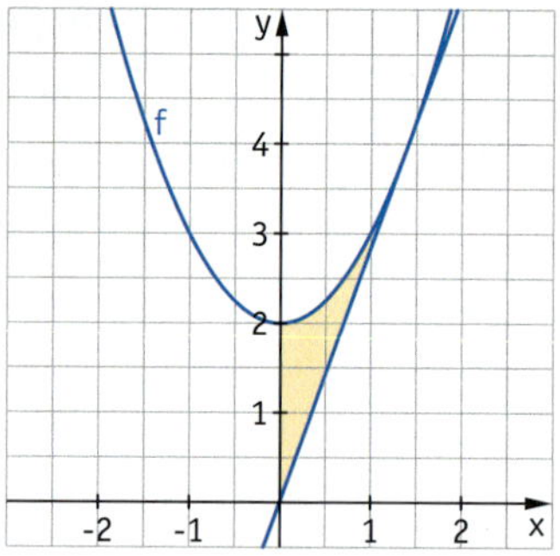

9 Gegeben ist die Funktion f mit $f(x) = 9 - x^2$. Zerlegen Sie die Fläche, die der Graph von f mit der x-Achse einschließt, so durch eine Parallele zur x-Achse, dass zwei Flächen mit demselben Flächeninhalt entstehen.

10 Durch eine parabelförmige Öffnung (siehe rechts) fließt Wasser, sodass stets die ganze Öffnung ausgefüllt ist (Einheit 1 cm). Die Durchflussgeschwindigkeit kann angegeben werden durch die Funktion g mit $g(t) = 100 - e^{-t}$ $\left(t \text{ in Sekunden, } g(t) \text{ in } \frac{\text{cm}}{\text{s}}\right)$. Berechnen Sie, wie viel Wasser innerhalb der ersten 20 Sekunden durch die Öffnung geflossen ist.

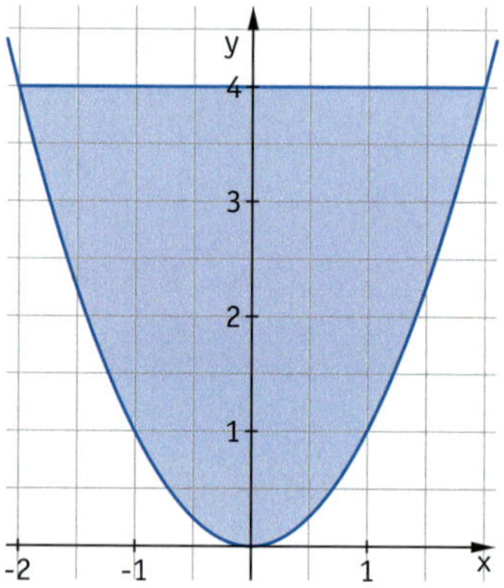

LK **11** Gegeben sind die Funktion f mit $f(x) = x^3 - 1$ und die Parabelschar g_k mit $g_k(x) = -kx^2 + 2k^2x - 1$ mit $k > 0$.

a) Skizzieren Sie die Graphen von f und g_1 $(k = 1)$ in einem Koordinatensystem und berechnen Sie den Flächeninhalt der von beiden Funktionsgraphen eingeschlossenen Fläche.

b) Bestimmen Sie k so, dass die Graphen von f und g_k eine Fläche mit dem Flächeninhalt $12\frac{1}{3}$ einschließen.

LK **12**

a) Zeigen Sie, dass für beliebiges $b > 0$ die Flächeninhalte der gefärbten Flächen stets im Verhältnis 1 : 2 stehen.

b) Verallgemeinern Sie das Ergebnis aus Teilaufgabe a) für eine beliebige Potenzfunktion f mit $f(x) = x^n$ mit $n \in \mathbb{N}$.

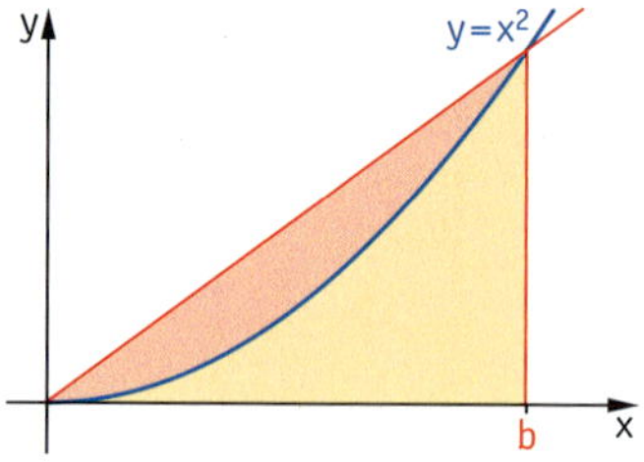

LK **13** Bestimmen Sie einen Wert für k, sodass die Gleichung erfüllt ist.

a) $\int_0^k (3x^2 + 4x + 3)\,dx = 108$ **b)** $\int_0^1 (e^x + kx)\,dx = 2$ **c)** $\int_0^k (kx - x^2)\,dx = 288$

LK **14** Betrachten Sie f mit $f(x) = x^2$ und die Gerade mit $y = a^2$. Wie verhält sich der Flächeninhalt des Dreiecks zum Inhalt der Fläche zwischen dem Graphen von f und der Geraden, wenn a sich ändert?

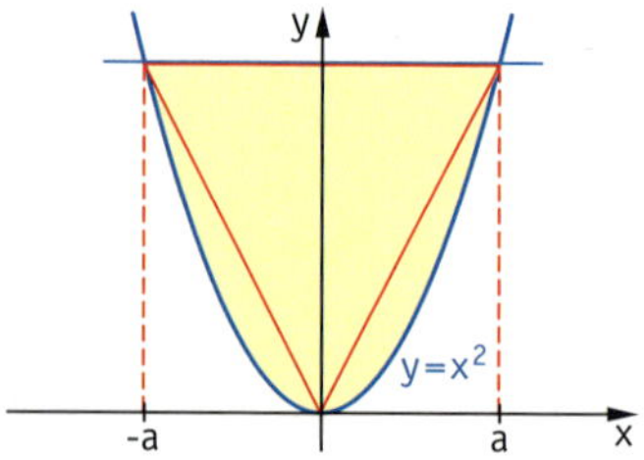

15 Ein Motorboot fährt zwei Minuten lang mit einer Geschwindigkeit von $12\,\frac{m}{s}$. Dann wird der Motor ausgestellt und das Boot fährt noch eine Weile ohne Antrieb weiter. Die Geschwindigkeit $v(t)$ des Bootes $\left(\text{in } \frac{m}{s}\right)$ in Abhängigkeit von der Zeit t (in s) ist unten rechts als Graph dargestellt.

a) Berechnen Sie, wie weit das Boot nach 120 s gefahren ist. Wie kann man das Ergebnis im nebenstehenden Koordinatensystem veranschaulichen?

b) Erläutern Sie, wie man die Länge des bis zum Zeitpunkt t zurückgelegten Weges mithilfe von $v(t)$ berechnen kann.

c) Berechnen Sie, nach welcher Fahrstrecke das Boot praktisch zum Stillstand kommt, falls für $t \geq 120$ gilt:
$v(t) = 12 \cdot e^{-0{,}02\,(t-120)}$

d) Geben Sie allgemein an, wie man für einen mit der Geschwindigkeit $v(t)$ bewegten Körper die Länge des im Zeitintervall $[t_1;\ t_2]$ zurückgelegten Weges berechnen kann.

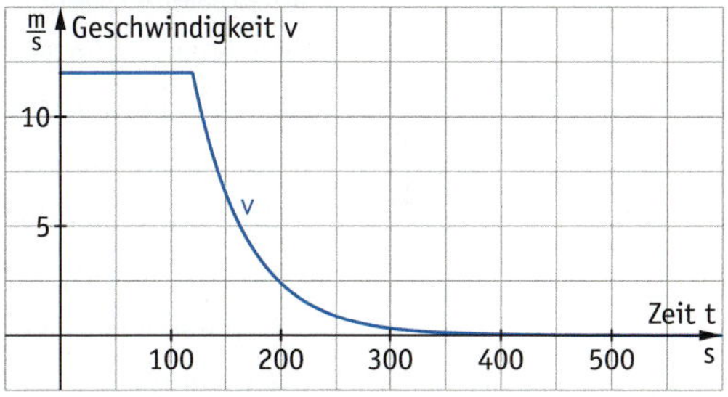

LK **16** Die Änderungsrate der Wirkstoffkonzentration eines Medikamentes im Körper einer Patientin zum Zeitpunkt $t \geq 0$ kann durch die Funktion f mit $f(t) = (12 - 2{,}4t) \cdot e^{-0{,}2 \cdot t}$ beschrieben werden $\left(t \text{ in Stunden, } f(t) \text{ in } \frac{mg}{l}\right)$.
Zum Zeitpunkt $t = 0$ beträgt die Wirkstoffkonzentration $0\,\frac{mg}{l}$.

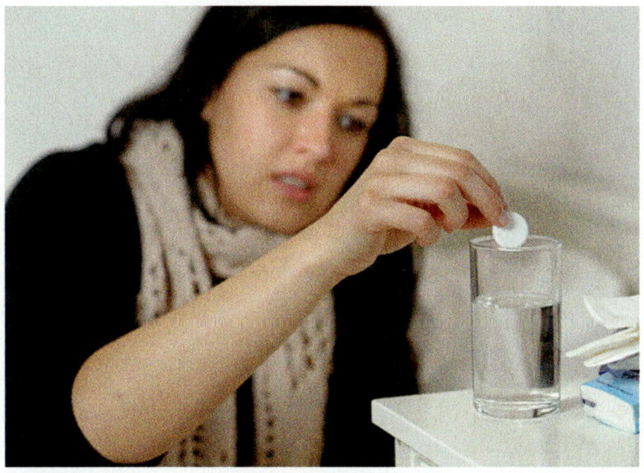

a) Ermitteln Sie, zu welchem Zeitpunkt die Wirkstoffkonzentration im Körper der Patientin maximal ist. Wie hoch ist die Wirkstoffkonzentration zu diesem Zeitpunkt?

b) Berechnen Sie für $t > 0$ die Wirkstoffkonzentration im Körper der Patientin. Was ergibt sich für $t \to \infty$?

LK **17** Bei der Erschließung einer neuen Ölquelle haben geologische Studien ergeben, dass die Produktion nach der Formel $P(x) = \frac{110 \cdot x}{x^2 + 0{,}8} + 2{,}5$ berechnet werden kann. Dabei ist $P(x)$ die jährlich geförderte Ölmenge im Jahr x nach der Erschließung (in Millionen Barrel).
Wie viel Öl kann insgesamt innerhalb des vorgesehenen Förderzeitraumes von 25 Jahren gewonnen werden?

1 Barrel = 159 Liter

Bleib fit im Umgang mit Wahrscheinlichkeiten

Zum Aufwärmen

Oktaeder

1 Ein regelmäßiges Oktaeder wird zum Würfeln benutzt. Es wird einmal geworfen.

a) Mit welcher Wahrscheinlichkeit treten die einzelnen Ergebnisse auf?

b) Welche Wahrscheinlichkeit hat das Ereignis *Die Augenzahl ist eine gerade Primzahl*?

c) Wie oft wird das Ereignis *Augenzahl 1 oder 2* in 400 Würfen mit diesem Oktaeder ungefähr auftreten?

2 Die abgebildeten kleinen durchbohrten Holzwürfel, die auch zu einer Kette aufgereiht werden können, werden bei einem Glückspiel als Würfel benutzt. Wenn beim Würfeln eine Fläche mit Loch oben liegt, darf man ein Feld vorrücken.

a) Welche Ergebnisse sind beim Werfen mit einem solchen Holzwürfel möglich?

b) Marie denkt: *Bei jedem Wurf habe ich die Wahrscheinlichkeit von einem Drittel, dass ich vorrücken kann.*
Nehmen Sie Stellung dazu.

3 Bei einem Wettspiel gleich starker Mannschaften wird vereinbart, dass die Mannschaft gewinnt, die zuerst 5 Punkte errungen hat. Beim Stand von 3 : 2 für die eine Mannschaft muss das Spiel unterbrochen werden.
Man einigt sich darauf, den Preis, den der Sieger erhalten sollte, entsprechend den Chancen zu verteilen, das Wettspiel zu gewinnen (sogenanntes *Problème des partis*).

a) Simulieren Sie das Experiment.

b) Bestimmen Sie die Wahrscheinlichkeit dafür, dass die erste bzw. die zweite Mannschaft gewonnen hätte. Zeichnen Sie dazu ein geeignetes Baumdiagramm.

Zur Erinnerung

PIERRE SIMON DE LAPLACE, (1749 – 1827)

(1) Zufallsexperimente und Wahrscheinlichkeit von Ergebnissen

In der Stochastik beschäftigt man sich mit **Zufallsexperimenten**. Das sind Vorgänge, bei denen es vom Zufall abhängt, welches **Ergebnis** auftritt. Es lässt sich aber nicht voraussagen, welches Ergebnis bei der nächsten Durchführung eines Zufallsexperiments eintritt.
Die Menge aller möglichen Ergebnisse eines Zufallsexperiments bezeichnen wir als **Ergebnismenge** S.

Wir unterscheiden zwei Typen von Zufallsexperimenten:

- **LAPLACE-Experimente:** Aufgrund der Versuchsanordnung ist kein Grund ersichtlich, warum eines der möglichen Ergebnisse eine größere oder kleinere Chance hat aufzutreten. Wir ordnen deshalb jedem möglichen Ergebnis die gleiche Wahrscheinlichkeit zu.

  Beispiele
  Werfen einer Münze, Werfen eines Würfels, Drehen eines Glücksrads mit gleich großen Sektoren, Drehen eines Rouletterads, Ziehen einer Kugel aus einer Urne mit fünf verschiedenfarbigen Kugeln.

- **Nicht-LAPLACE-Experimente:** Die Wahrscheinlichkeiten für die einzelnen möglichen Ergebnisse sind nicht alle gleich und lassen sich nicht durch Symmetrieüberlegungen (oder Ähnliches) erschließen. Man kann diese Wahrscheinlichkeiten nur näherungsweise bestimmen. Einen solchen Schätzwert für die Wahrscheinlichkeit eines Ergebnisses erhält man aus der *relativen Häufigkeit*, mit der das Ergebnis in einer langen Versuchsreihe, z. B. einer umfangreichen Erhebung, auftritt.

(2) Empirisches Gesetz der großen Zahlen

Der Ausgang jeder einzelnen Durchführung eines Zufallsexperiments ist rein zufällig und daher nicht vorhersehbar. Mit zunehmender Versuchszahl ändert sich jedoch die relative Häufigkeit eines Ergebnisses immer weniger. Sie liegt dann in der Nähe der Wahrscheinlichkeit dieses Ergebnisses.

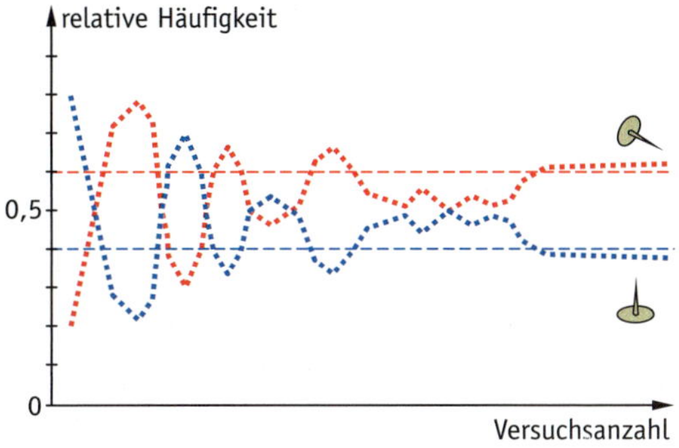

Beispiel

Werfen einer Reißzwecke S = {}

(3) Wahrscheinlichkeit und relative Häufigkeit

Wahrscheinlichkeit und relative Häufigkeit sind grundsätzlich verschiedene Begriffe: Wahrscheinlichkeiten dienen der Prognose, sie geben Auskunft über die Chancen in bevorstehenden Zufallsexperimenten. Dagegen machen relative Häufigkeiten immer Aussagen über bereits durchgeführte Zufallsexperimente.
Die beim häufigen Durchführen eines Zufallsexperiments ermittelten relativen Häufigkeiten kann man für eine Prognose zukünftiger Versuchsdurchführungen verwenden.

Die **Wahrscheinlichkeit p** eines Ergebnisses gibt an, welche relative Häufigkeit man bei häufiger Versuchsdurchführung für dieses Ergebnis erwarten kann. Hat das Ergebnis eines Zufallsexperiments die Wahrscheinlichkeit p, dann erwarten wir für große n, dass das Ergebnis bei n-facher Durchführung des Experiments ungefähr $n \cdot p$-mal auftreten wird (Häufigkeitsinterpretation der Wahrscheinlichkeit).

Beispiel

Die Wahrscheinlichkeit für Augenzahl 6 beim Werfen eines Würfels beträgt $\frac{1}{6}$. Beim 600-fachen Werfen eines Würfels kann man erwarten, dass Augenzahl 6 ungefähr 100-mal auftritt.

(4) Ereignisse

Ergebnisse eines Zufallsexperiments lassen sich zu **Ereignissen** zusammenfassen.

Beispiele

- *Drehen eines Glücksrads mit 6 Sektoren*
  Die Ergebnismenge S besteht aus 6 möglichen Ergebnissen:
  S = {1, 2, 3, 4, 5, 6}
  Beispiele für *Ereignisse*:
  E_1: *Die Nummer ist gerade.* E_2: *Der Sektor ist rot.*
  E_1: = {2, 4, 6} E_2: = {1, 4, 6}

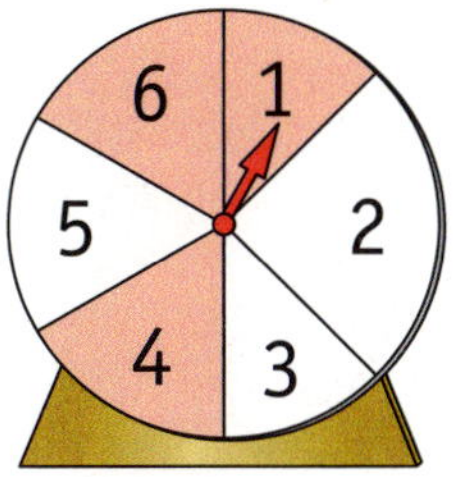

- *Ziehen einer Karte aus vier Karten (Neun, Zehn, Bube, Dame)*
  Ergebnismenge S = {Neun, Zehn, Bube, Dame}
  Beispiele für *Ereignisse*:
  E_1: *Die Karte ist eine Zahl,* E_1: = {Neun, Zehn}; E_2: *Die Karte ist ein Bild,* E2: = {Bube, Dame}

Für die Berechnung der Wahrscheinlichkeit eines Ereignisses gilt eine einfache Regel:

Elementare Summenregel

Betrachtet man bei einem Zufallsexperiment mehrere Ergebnisse und fragt nach der Wahrscheinlichkeit, dass eines dieser Ergebnisse eintritt, so fasst man diese Ergebnisse zu einem **Ereignis** zusammen. Gehören zum Ereignis E die Ergebnisse $a_1, a_2, \ldots, a_m$, so gilt für die Wahrscheinlichkeit P(E) des Ereignisses E:

$$P(E) = P(a_1) + P(a_2) + \ldots + P(a_m)$$

Beispiel

Für das Ereignis E_1: *Die Nummer ist gerade* gilt:

$$P(\{2, 4, 6\}) = P(2) + P(4) + P(6) = \frac{1}{4} + \frac{1}{6} + \frac{1}{6} = \frac{7}{12}$$

Ein Ereignis K, das alle Ergebnisse der Ergebnismenge S enthält, wird als **sicheres Ereignis** bezeichnet. Ein Ereignis L, das keines der Ergebnisse aus der Ergebnismenge S enthält, wird als **unmögliches Ereignis** bezeichnet.

Es gilt: $P(K) = P(S) = 1$ und $P(L) = P(\{\ \}) = 0$.

Im Falle eines LAPLACE-Experiments vereinfacht sich die elementare Summenregel:
Da alle Ergebnisse die gleiche Wahrscheinlichkeit haben, braucht man nur zu zählen, wie viele Ergebnisse zum Ereignis gehören.

LAPLACE-Regel

Bei einem LAPLACE-Experiment gilt für die Wahrscheinlichkeit P(E) eines Ereignisses:

$$P(E) = \frac{\text{Anzahl der zu E gehörenden Ergebnisse}}{\text{Anzahl aller möglichen Ergebnisse}}$$

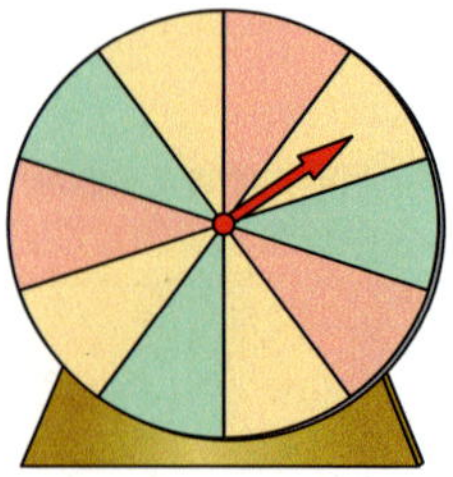

Beispiel: Anwendung der LAPLACE-Regel

Beim Drehen eines Glückrads mit gleich großen Sektoren zählt man die zugehörigen Sektoren.

$P(\text{rot}) = \frac{3}{10}$ — *3 von 10 Sektoren*

$P(\text{blau}) = 0$ unmögliches Ereignis

$P(\text{gelb oder rot oder grün}) = 1$ sicheres Ereignis

Mit einem Ereignis E kennt man gleichzeitig auch immer das zugehörige Ereignis $\overline{E}$, das sogenannte **Gegenereignis** von E. Das Gegenereignis $\overline{E}$ enthält alle die Ergebnisse der Ergebnismenge S des Zufallsexperiments, die *nicht* zu E gehören.

Komplementärregel

Gegeben ist ein Ereignis E einer Ergebnismenge S. Die Wahrscheinlichkeit P(E) des Ereignisses E und die Wahrscheinlichkeit $P(\overline{E})$ des zugehörigen Gegenereignisses $\overline{E}$ ergänzen sich zu 1:

$$P(E) + P(\overline{E}) = 1$$

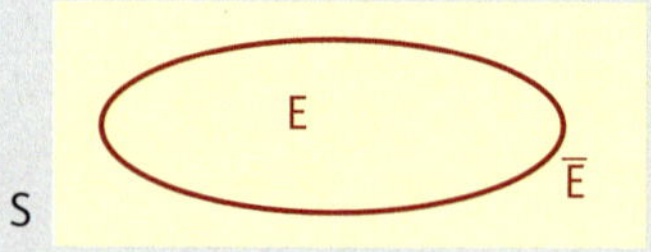

Die Komplementärregel wird angewendet zur Berechnung der Wahrscheinlichkeit eines Ereignisses, wenn die Wahrscheinlichkeit des Gegenereignisses einfach zu bestimmen ist: $P(E) = 1 - P(\overline{E})$.

(5) Pfadregeln

Mehrstufige Zufallsexperimente kann man mithilfe von **Baumdiagrammen** darstellen; dabei entsprechen die einzelnen Pfade den möglichen Ergebnissen des Zufallsexperiments.

Beispiel

Zweimaliges Ziehen mit Zurücklegen einer Kugel aus einer Urne, die zu $\frac{1}{4}$ mit grünen Kugeln und zu $\frac{3}{4}$ mit roten Kugeln gefüllt ist.

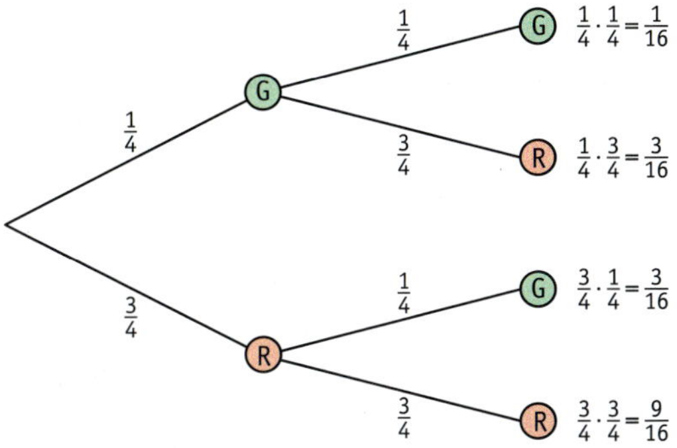

Kontrolle:

(1) $\frac{1}{4}+\frac{3}{4}=1$
Die Summe der Wahrscheinlichkeiten nach jeder Verzweigung ist gleich 1.

(2) $\frac{1}{16}+\frac{3}{16}+\frac{3}{16}+\frac{9}{16}=1$
Die Summe der Wahrscheinlichkeiten aller Pfade ist gleich 1.

Pfadmultiplikationsregel

Bei einem mehrstufigen Zufallsexperiment ist die Wahrscheinlichkeit eines Ergebnisses (eines Pfades im Baumdiagramm) gleich dem Produkt der Wahrscheinlichkeiten längs des zugehörigen Pfades im Baumdiagramm.

Pfadadditionsregel

Setzt sich bei einem mehrstufigen Zufallsexperiment ein Ereignis aus verschiedenen Pfaden im Baumdiagramm zusammen, dann erhält man die Wahrscheinlichkeit des Ereignisses durch Addition der einzelnen Pfadwahrscheinlichkeiten.

Zum Trainieren

1 Beim Roulettespiel läuft eine Kugel über den Rand einer kreisförmigen Schlüssel und bleibt schließlich zufällig auf einem der 37 gleich großen Felder liegen.

a) Wie groß ist die Wahrscheinlichkeit, dass die Kugel auf dem Feld mit der Nummer 1 liegen bleibt?

b) Das Rouletterad wird 370-mal gedreht. Was kann man erwarten, wie oft die Kugel auf dem Feld mit der Nummer 1 liegen bleibt?

c) Mit einem Roulettespiel wird eine sehr lange Versuchsreihe durchgeführt, z. B. von 100 000 Experimenten.
Die relativen Häufigkeiten für die Ergebnisse 0, 1 ,2, ..., 35, 36 werden für jede Anzahl der Experimente in ein Koordinatensystem eingetragen. Skizzieren Sie eine mögliche Entwicklung der relativen Häufigkeiten für eine solche Versuchsreihe.

2 In Deutschland sind 17,2 Millionen Einwohner unter 21 Jahre alt, 37,2 Millionen unter 40 Jahre alt; 45,1 Millionen Einwohner sind 40 Jahre oder älter, davon sind 20,6 Millionen mindestens 60 Jahre alt. Eine Person wird zufällig ausgewählt.
Mit welcher Wahrscheinlichkeit ist diese Person mindestens 21, aber unter 60 Jahre alt?

3 Dass beim Würfeln die Augenzahl 3 mit Wahrscheinlichkeit $\frac{1}{6}$ auftritt, kann man sich auf verschiedene Weise veranschaulichen.

Welche der folgenden Deutungen sind richtig, welche sind falsch?

(1) Bei jedem 6. Wurf erscheint eine 3.

(2) Unter 6 Würfen tritt mindestens eine 3 auf.

(3) Wenn 6-mal keine 3 aufgetreten ist, nimmt die Wahrscheinlichkeit für eine 3 zu.

(4) Wirft man einen Würfel n-mal, z. B. n = 600, dann tritt Augenzahl 3 ungefähr $\frac{n}{6}$-mal (also bei n = 600 ungefähr 100-mal) auf.

(5) Wenn bei 6 Würfen keine 3 auftritt, dann ist der Würfel gezinkt.

(6) Wenn jemand 1 € darauf wettet, dass eine 3 beim nächsten Wurf fällt, dann kann man 5 € dagegen setzen.

4 Aus einer Urne mit 50 gleichartigen Kugeln wird zufällig eine Kugel gezogen. Die Kugeln tragen die Nummern 1, 2, ..., 50.

Betrachten Sie die folgenden Ereignisse E_1, E_2, ..., E_6 und geben Sie jeweils die zu den Ereignissen gehörende Menge von Ergebnissen an.

Berechnen Sie die Wahrscheinlichkeit folgender Ereignisse.

E_1: *Die Nummer auf der Kugel ist eine Primzahl.*

E_2: *Die Nummer auf der Kugel ist durch 9 teilbar.*

E_3: *Die Nummer ist ungerade.*

E_4: *Die Nummer ist eine zweistellige Zahl.*

E_5: *Die Nummer ist durch 5 teilbar.*

E_6: *Die Nummer ist kleiner als 32.*

5 Aus einem Skatspiel mit 32 Spielkarten wird zufällig eine Karte gezogen. Mit welcher Wahrscheinlichkeit tritt folgendes Ereignis ein?

Die gezogene Karte

(1) ist eine Pik-Karte,

(2) trägt eine Zahl,

(3) ist eine rote Karte,

(4) ist ein schwarzes Ass.

6

KARL LANDSTEINER, (1868 Wien – 1943 New York), entdeckte 1901 das AB0-Blutgruppensystem; 1930 Nobelpreis für Medizin

Bei Blutspenden muss man genauestens die Blutgruppenzugehörigkeit von Spender und Empfänger beachten. Menschen mit Blutgruppe 0 besitzen Antikörper der Blutgruppen A und B, können also keine Blutspenden von Menschen der Blutgruppen A, B oder AB erhalten. Bei Menschen mit Blutgruppe A entwickeln sich Antikörper gegen das Blut der Blutgruppe B und umgekehrt. Menschen mit Blutgruppe AB besitzen keine Antikörper. Menschen mit der Blutgruppe 0 sind also ideale Spender; Menschen mit der Blutgruppe AB ideale Empfänger.
In Mitteleuropa sind die Blutgruppen so verteilt, wie es das Kreisdiagramm zeigt.

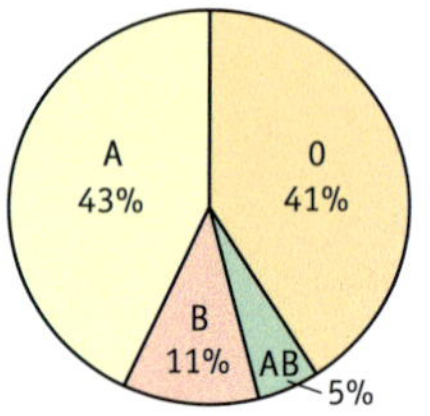

a) Drei Personen kommen zur Blutspende. Wie groß ist die Wahrscheinlichkeit, dass

(1) alle drei Personen die gleiche Blutgruppe haben,

(2) drei Personen lauter verschiedene Blutgruppen haben?

b) Ein Patient mit Blutgruppe 0 [A; B; AB] benötigt dringend eine Blutspende.
Mit welcher Wahrscheinlichkeit ist unter drei Personen, die zur Blutspende kommen, mindestens ein geeigneter Spender?

7 Man darf die Pfadmultiplikationsregel nicht unüberlegt anwenden.

(1) 43 % der Bewohner Deutschlands haben *Blutgruppe A*. 30 % der Blutspender beim Deutschen Roten Kreuz sind *unter 20 Jahre alt*. Ein Blutspender beim DRK wird ausgelost.
Mit welcher Wahrscheinlichkeit ist dies eine Person *unter 20 Jahre mit Blutgruppe A*?

(2) 43 % der Schülerinnen und Schüler einer Klasse haben im Fach Deutsch eine gute Note (*sehr gut* oder *gut*); im Fach Englisch sind es 30 %.
Warum ist es falsch, nach der Pfadmultiplikationsregel zu schließen, dass 12,9 % der Schülerinnen und Schüler in beiden Fächern eine gute Note haben?

8 Aus einer Klasse mit 18 Mädchen und 9 Jungen sollen einige Jugendliche ausgelost werden. Dies geschieht mithilfe eines Glücksrads mit 27 gleich großen Sektoren.
Wie groß ist die Wahrscheinlichkeit für ein „repräsentatives" Ergebnis? Welche Ergebnisse wären nicht „repräsentativ"? Bestimmen Sie die Wahrscheinlichkeiten für das Ergebnis

(1) zwei Mädchen und ein Junge,
(2) vier Mädchen und zwei Jungen,
(3) sechs Mädchen und drei Jungen.

9 Blaise Pascal (1623 – 1662) und Pierre de Fermat (1607/08 – 1665) korrespondierten 1654 über ein Problem, das der Chevalier de Meré gestellt hatte. Dies gilt als die „Geburtsstunde" der Wahrscheinlichkeitsrechnung.

Blaise Pascal (1623 – 1662)

> Warum lohnt es sich, darauf zu wetten, dass beim vierfachen Würfeln mit einem Würfel mindestens eine Sechs fällt, aber nicht darauf, dass beim 24-fachen Würfeln mit zwei Würfeln mindestens ein Sechser-Pasch auftritt?

Führen Sie eine Simulation des Zufallsexperiments durch. Ist der Vorteil des einen Spielers zu erkennen?

Pierre de Fermat (1607 oder 1608 – 1665)
Fermat wurde nicht – wie lange angenommen – 1601 geboren, sondern im letzten Vierteljahr des Jahres 1607 oder in den ersten 12 Tagen des Jahres 1608.

10 Bei nationalen und internationalen Meisterschaften werden Dopingkontrollen durchgeführt, die verhindern sollen, dass sich Sportler mit unlauteren Methoden Vorteile verschaffen. Dopingmittel werden durch Harnuntersuchungen nachgewiesen.

In den letzten Jahren wurde folgendermaßen verfahren: Zunächst wird die A-Probe untersucht. Falls diese „positiv" ist (d. h. dass Hinweise auf die Verwendung eines Dopingmittels vorliegen), wird der Sportler angehört; auf Verlangen des Sportlers kann dann die B-Probe unter Aufsicht untersucht werden. Falls dann die B-Probe ebenfalls positiv ausfällt, wird der Sportler disqualifiziert und eventuell für weitere Wettkämpfe gesperrt. Falls die zweite Probe negativ ist, wird das Untersuchungsverfahren eingestellt.
Da es vorkommen kann, dass ein „Dopingsünder" nicht überführt wird, weil zufällig die B-Probe negativ ausfällt, gibt es Überlegungen, für den Fall einer positiv getesteten A-Probe und einer negativ getesteten B-Probe eine weitere Probe zu untersuchen.
Vergleichen Sie das zurzeit geltende Verfahren mit der eventuell zukünftig umgesetzten Regelung für den Fall, dass durch das angewandte Prüfverfahren das verwendete Dopingmittel mit einer Wahrscheinlichkeit von (1) $p = 0{,}25$; (2) $p = 0{,}5$; (3) $p = 0{,}75$; (4) $p = 0{,}9$ bei den Proben entdeckt wird.

5 Stochastik

Chancen beim Lotto

1 Beim Lottospiel *6 aus 49* werden nacheinander sechs Kugeln aus einem Ziehungsgefäß mit 49 gleichartigen, nummerierten Kugeln gezogen. In der Zeitung kann man immer wieder lesen, dass die Chancen für *6 Richtige* circa 1 zu 14 Millionen sind. Können Sie sich vorstellen, wie klein die Chancen sind? Vergleichen Sie die Gewinn-Wahrscheinlichkeit für den Lotto-Sechser mit der Wahrscheinlichkeit,

(1) beim Münzwurf k_1-mal hintereinander Wappen zu haben,

(2) beim Werfen eines Würfels k_2-mal hintereinander eine Sechs zu würfeln.

Wie groß sind die Anzahlen k_1 bzw. k_2, sodass die Wahrscheinlichkeit etwa $\frac{1}{14\,000\,000}$ beträgt?

Lottoziehung mit einem Rechner simulieren

2 Um einen Tipp für das Lottospiel abzugeben, muss man sich zuerst einmal sechs Zahlen einfallen lassen, die man dann auf dem Tippzettel ankreuzt. Ersatzweise kann man auch den Zufallszahlengenerator eines Rechners dafür benutzen. Allerdings sind nicht alle angebotenen Tipps des Rechners brauchbar. Woran liegt das?
Wiederholen Sie den Befehl 50-mal. Legen Sie eine Häufigkeitstabelle an, in der Sie festhalten, wie viele der vom Rechner erzeugten Zahlen tatsächlich für einen Tipp brauchbar waren. Wie viele waren das im Durchschnitt?

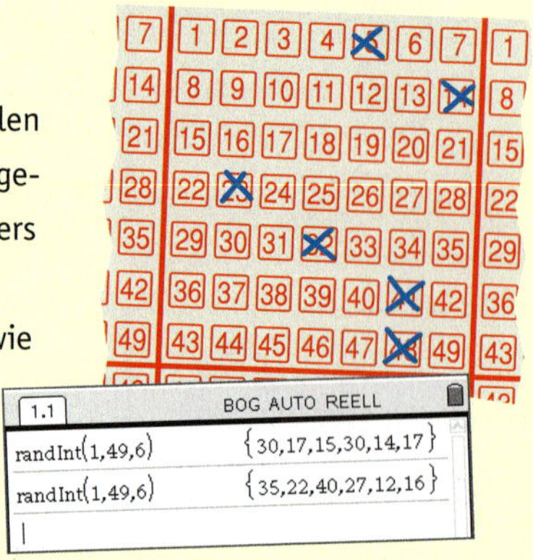

Von Häufigkeiten zu Wahrscheinlichkeiten

3 Im Freistaat Sachsen gab es im Jahr 2007 insgesamt 43 268 Absolventen und Abgänger an den allgemeinbildenden Schulen, davon waren 21 980 männlich. Insgesamt erreichten 13 497 Schülerinnen und Schüler die Allgemeine Hochschulreife, davon 7 674 junge Frauen.

(1) Ordnen Sie die Informationen aus dem Text so, dass man leichter einen Überblick gewinnt.

(2) Angenommen, wir wählen eine der oben genannten 43 268 Personen zufällig aus. Was lässt sich über diese Person sagen?

Häufigkeiten schätzen

4 Im Jahr 2006 wurden in Deutschland insgesamt 672 724 Kinder geboren, davon waren 326 908 Mädchen.
Im Freistaat Sachsen wurden im gleichen Jahr 32 556 Kinder geboren.
Wie viele Mädchen waren vermutlich darunter?

Warten auf den Erfolg

5 Bevor man beim Mensch-ärgere-dich-nicht-Spiel richtig anfangen kann, muss man erst eine Sechs würfeln.
Die Wahrscheinlichkeit hierfür ist bekanntlich ein Sechstel, d. h.

- im Durchschnitt muss man 6-mal werfen, bis eine Sechs fällt,
- bei 120 Würfen kann man ungefähr 20-mal mit Augenzahl 6 rechnen.

Werfen Sie einen Würfel sehr oft und protokollieren Sie dabei, ob eine Sechs gefallen ist oder nicht. Tragen Sie die Ergebnisse Ihrer Mitschülerinnen und Mitschüler zusammen und notieren Sie,

(1) wie viele Würfe notwendig waren, bis das erste (nächste) Mal die Sechs fiel,
(2) wie oft *Augenzahl 6* in 120 Würfen auftrat.

Bestimmen Sie auch die durchschnittliche Anzahl sowohl in (1) als auch in (2).
Alternativ können Sie das Werfen eines regelmäßigen Würfels auch mithilfe eines Rechners simulieren.

Zufällig am gleichen Tag Geburtstag

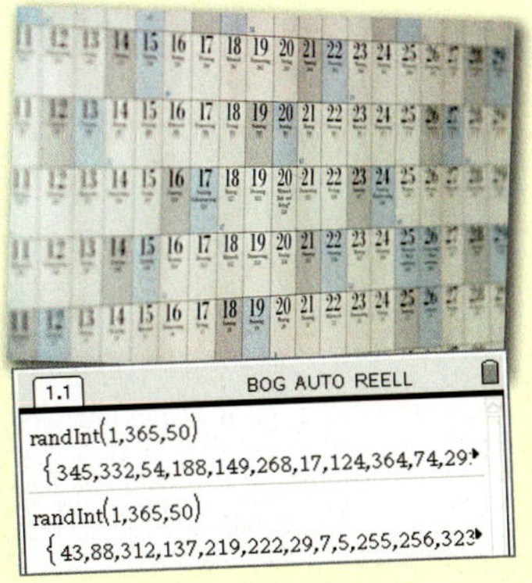

6 An welchen Tagen des Jahres hat wer Geburtstag? Gibt es an der Schule, die Sie besuchen, für jeden Tag des Jahres mindestens eine Schülerin/einen Schüler, die/der Geburtstag hat? Kann es überhaupt vorkommen, dass es bei 500 [800, 1 000, 1 200] zufällig ausgewählten Personen nicht für alle Tage des Jahres ein „Geburtstagskind" gibt?
Überprüfen Sie dies anhand der Schülerdatei der Schule oder mithilfe des Zufallszahlengenerators eines Rechners.

In diesem Kapitel

- haben Sie die Möglichkeit, die Grundlagen der Wahrscheinlichkeitsrechnung zu wiederholen und zu vertiefen;
- lernen Sie, wie man Wahrscheinlichkeiten für Zufallsexperimente berechnet;
- erfahren Sie, wie man die neu erworbenen Kenntnisse in Alltagssituationen anwenden kann.

5.1 Baumdiagramme und Vierfeldertafeln

Aufgabe

1 Die Ergebnisse einer Studie über nichteheliche Lebensgemeinschaften wurden in Form einer Vierfeldertafel veröffentlicht.

Zusammenleben ohne Trauschein

Die Anzahl der nichtehelichen Lebensgemeinschaften hat sich in den letzten 10 Jahren in Westdeutschland verdoppelt. Dieses Ergebnis weist eine kürzlich durchgeführte Studie aus.

nichteheliche Lebensgemeinschaften	mit Kindern	ohne Kinder	gesamt
früheres Bundesgebiet	372 000	1 221 000	1 593 000
neue Länder und Berlin-Ost	252 000	268 000	520 000
gesamt	624 000	1 489 000	2 113 000

a) Bestimmen Sie die zugehörige Vierfeldertafel mit relativen Häufigkeiten.

b) Für eine weitere Studie sollen nichteheliche Lebensgemeinschaften zufällig ausgewählt werden. Wir betrachten *eine* solche zufällig ausgewählte Lebensgemeinschaft.
Machen Sie eine Prognose, mit welcher Wahrscheinlichkeit die ausgewählte Lebensgemeinschaft
(1) in den Neuen Bundesländern einschließlich Berlin-Ost lebt;
(2) eine solche mit Kindern ist;
(3) eine solche ohne Kinder aus dem früheren Bundesgebiet ist.

c) Betrachtet man eine zufällig ausgesuchte nichteheliche Lebensgemeinschaft, so kann man z.B. zuerst feststellen, ob sie Kinder hat, und dann woher sie kommt. Man kann aber auch in der anderen Reihenfolge vorgehen und erst feststellen, woher sie kommt und dann, ob sie Kinder hat. Die Daten aus der Vierfeldertafel mit relativen Häufigkeiten lassen sich daher auf zwei Arten in Form von Baumdiagrammen darstellen. Zeichnen Sie beide Baumdiagramme einschließlich aller Wahrscheinlichkeiten längs der Pfade.

Lösung

a) Mithilfe der LAPLACE-Regel bestimmen wir den Anteil der Merkmalsträger mit der jeweiligen Eigenschaft:

nichteheliche Lebensgemeinschaften	mit Kindern	ohne Kinder	gesamt
früheres Bundesgebiet	17,6 %	57,8 %	75,4 %
neue Länder und Berlin-Ost	11,9 %	12,7 %	24,6 %
gesamt	29,5 %	70,5 %	100 %

372 000 von 2 113 000 nichtehelichen Lebensgemeinschaften haben Kinder und leben im früheren Bundesgebiet.
Dies ist ein Anteil von $\frac{372\,000}{2\,113\,000} \approx 0{,}176 = 17{,}6\,\%$.
Entsprechend erhält man die übrigen relativen Häufigkeiten.

b) Die in Teilaufgabe a) verwendeten relativen Häufigkeiten benutzen wir als Schätzwerte für die entsprechenden Wahrscheinlichkeiten.
(1) Da der Anteil der nichtehelichen Lebensgemeinschaften in den neuen Bundesländern 24,6 % beträgt, machen wir die Prognose, dass eine zufällig ausgewählte Lebensgemeinschaft mit einer Wahrscheinlichkeit von 24,6 % in Ostdeutschland lebt.
(2) Als Wahrscheinlichkeit für die Auswahl einer Lebensgemeinschaft mit Kindern ergibt sich 29,5 %.
(3) 57,8 % ist die Wahrscheinlichkeit dafür, dass eine zufällig ausgewählte Lebensgemeinschaft ohne Kinder im früheren Bundesgebiet lebt.

c) Da die Vierfeldertafel Informationen zu den Merkmalen *Wohnregion* (Ausprägungen: **W**est, **O**st) und *Art der Lebensgemeinschaft* (Ausprägungen: **m**it bzw. **o**hne Kinder) enthält, kann man zunächst das eine, dann das andere Merkmal auf den beiden Stufen des Baumdiagramms betrachten.
Die *Pfadwahrscheinlichkeiten* kann man unmittelbar den inneren Feldern der Vierfeldertafel entnehmen, z. B.: P (Lebensgemeinschaft mit Kindern im früheren Bundesgebiet) = 17,6 % = 0,176.

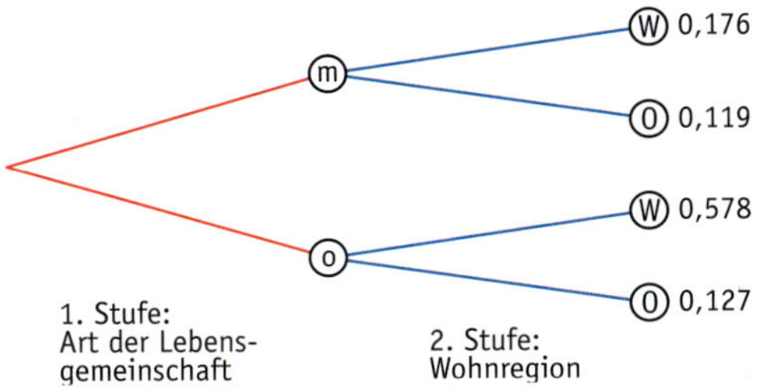

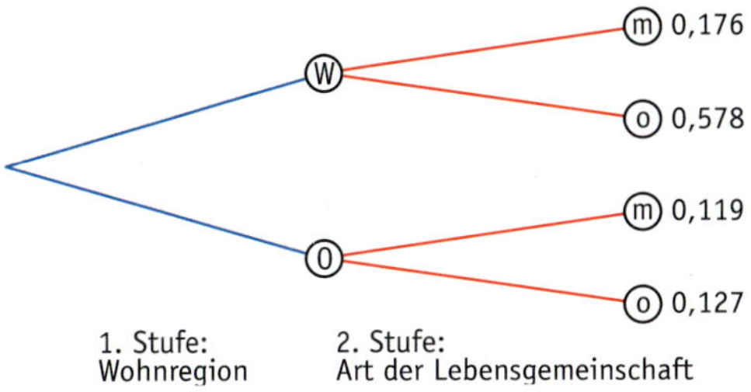

Die Wahrscheinlichkeit *längs* der Pfade lesen wir für die *1. Stufe* in den Randfeldern der Vierfeldertafel ab, z. B. für das Baumdiagramm links: P (Lebensgemeinschaft mit Kindern) = 29,5 %.

Um die Wahrscheinlichkeiten auf der *2. Stufe* der Baumdiagramme zu bestimmen, müssen wir beachten, dass sich durch die 1. Stufe eine neue Grundgesamtheit ergibt. Wählt man als Ergebnis auf der 1. Stufe, dass eine Lebensgemeinschaft im früheren Bundesgebiet lebt, so muss z. B. auf der 2. Stufe die Wahrscheinlichkeit dafür berechnet werden, dass eine solche Lebensgemeinschaft Kinder hat.

Dafür gibt es zwei Wege:

1. Weg: Berechnung aus den absoluten Häufigkeiten

372 000 von 1 593 000 Lebensgemeinschaften im früheren Bundesgebiet haben Kinder.

Dies entspricht einem Anteil von $\frac{372\,000}{1\,593\,000} \approx 0{,}234 = 23{,}4\,\%$.

2. Weg: Berechnung mit den relativen Häufigkeiten

75,4 % aller Lebensgemeinschaften leben im früheren Bundesgebiet; 17,6 % leben im früheren Bundesgebiet und haben Kinder.

Anteil an einem Anteil

Dies entspricht einem Anteil von $\frac{17{,}6\,\%}{75{,}4\,\%} \approx 0{,}233 = 23{,}3\,\%$.

Dieser Wert weicht in der letzten Ziffer von dem auf dem 1. Weg berechneten ab; dies liegt daran, dass die relativen Häufigkeiten schon gerundete Werte sind.

Entsprechend erhält man die übrigen Wahrscheinlichkeiten der 2. Stufe in beiden Baumdiagrammen. Wir verwenden dabei die direkt aus den absoluten Häufigkeiten berechneten Werte, da diese genauer sind.

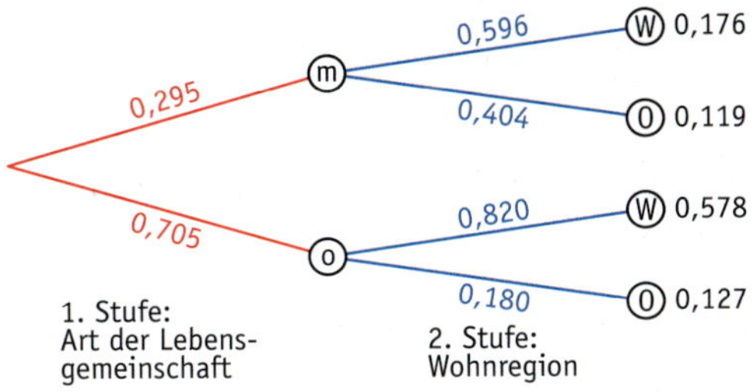

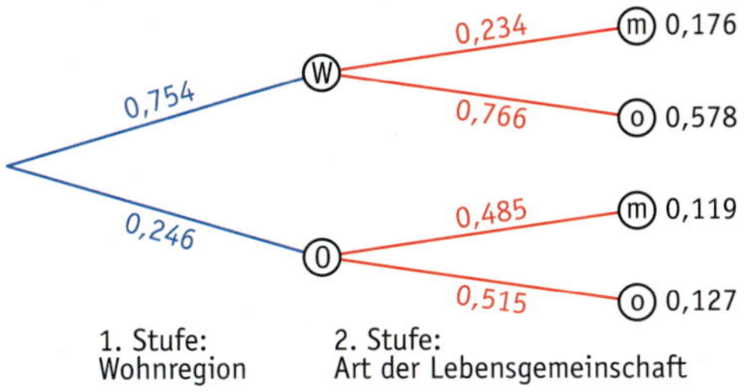

Information

In **Vierfeldertafeln** werden statistische Daten über zwei Merkmale mit je zwei Ausprägungen festgehalten. Die Anteile, die sich aus diesen Daten ergeben, liefern Wahrscheinlichkeiten für Prognosen bezüglich der zufälligen Auswahl eines Merkmalsträgers aus der Gesamtheit.
Zu jeder Vierfeldertafel kann man zwei zweistufige Zufallsexperimente angeben.

Auf der 1. Stufe untersuchen wir, mit welcher Wahrscheinlichkeit die eine bzw. die andere Ausprägung des zuerst betrachteten Merkmals auftreten wird.

Auf der 2. Stufe wird dann dargestellt, mit welcher Wahrscheinlichkeit die Ausprägungen des anderen Merkmals auftreten.

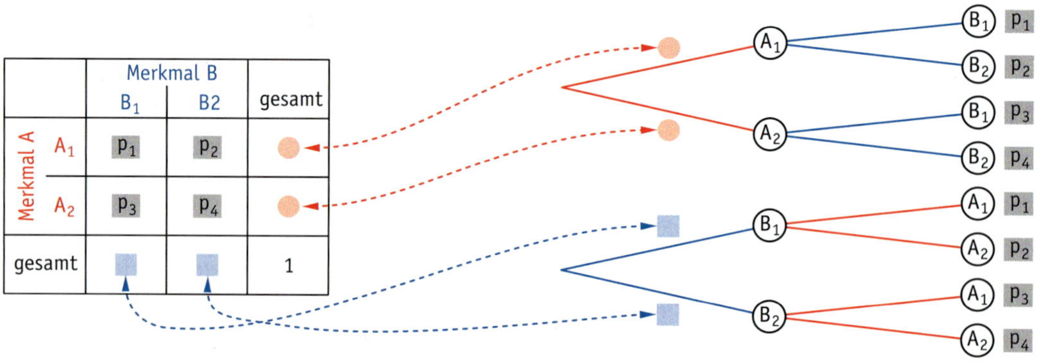

Die Pfadwahrscheinlichkeiten kann man den inneren Feldern der Vierfeldertafel mit relativen Häufigkeiten entnehmen. Nach der Pfadmultiplikationsregel ergeben sie sich auch als Produkt der Wahrscheinlichkeiten längs eines Pfades. Auch hieraus erkennt man, dass die Wahrscheinlichkeiten auf der 2. Stufe der Baumdiagramme als Quotienten berechnet werden können.

Übungsaufgaben

2 Im Verkehrszentralregister des Kraftfahrtbundesamtes in Flensburg werden Ordnungswidrigkeiten und Straftaten im Straßenverkehr in Form von „Punkten" festgehalten. Die Tabelle enthält Angaben über die Eintragungen eines Jahres.

Geschwindigkeitsüberschreitungen in geschlossenen Ortschaften

Überschreitung	Bußgeld	Punkte	Fahrverbot
21 – 25 km/h	50 €	1	Keines
26 – 30 km/h	60 €	3	Keines
31 – 40 km/h	100 €	3	1 Monat
41 – 50 km/h	125 €	4	1 Monat
51 – 60 km/h	175 €	4	2 Monate
61 – 70 km/h	300 €	4	3 Monate
Über 70 km/h	425 €	4	3 Monate

Punkte in Flensburg		Geschlecht		gesamt
		männlich	weiblich	
Vorein-tragungen	nein	55,6 %	15,1 %	70,7 %
	ja	26,4 %	2,9 %	29,3 %
gesamt		82,0 %	18,0 %	100 %

Eine im letzten Jahr im Verkehrszentralregister eingetragene Person wird zufällig ausgewählt. Die Vierfeldertafel liefert Wahrscheinlichkeiten für zwei zweistufige Zufallsexperimente:

(1) Zunächst wird festgestellt, ob es sich um einen Wiederholungstäter handelt oder nicht und dann, ob es sich um eine Frau oder einen Mann handelt.

(2) Zunächst wird festgestellt, ob es sich um eine Frau oder einen Mann handelt und dann, ob es sich um einen Wiederholungstäter handelt oder nicht.

Zeichnen Sie für beide Zufallsexperimente das zugehörige Baumdiagramm. Geben Sie die darin enthaltenen Informationen mit Worten wieder.

3 Zu Schuljahresbeginn werden in einer Schule statistische Daten erhoben. Von den 333 Mädchen wohnen 167 im Schulort, von den 378 Jungen wohnen 159 im Schulort.

Welche weiteren Angaben lassen sich erschließen? Erstellen Sie dazu eine Tabelle.

4 Erstellen Sie mit den Daten des Zeitungsausschnittes rechts zum Verkehrsverhalten von Autofahrern eine Vierfeldertafel.

Raser unterwegs

Bei der gestrigen Geschwindigkeitskontrolle wurde festgestellt, dass 14 der 101 überprüften Männer die Geschwindigkeit überschritten, bei den Frauen waren es 3 von 26.

5

a) Ergänzen Sie die fehlenden Angaben und notieren Sie die zugehörige Vierfeldertafel.

(1)

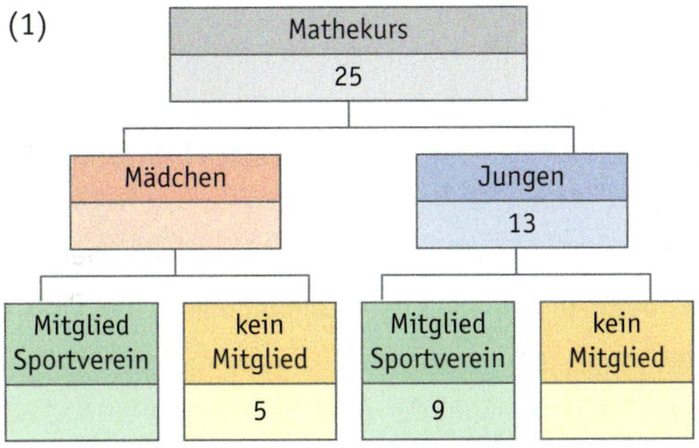

(2)

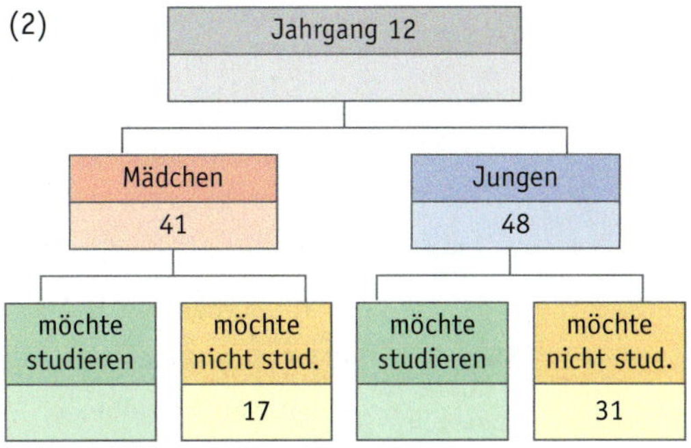

b) Schreiben Sie zu den im Organigramm gegebenen Daten einen Text.

6 Das Baumdiagramm enthält Informationen zu den im Verkehrszentralregister in Flensburg erfassten Personen über das Geschlecht (**m**ännlich, **w**eiblich) und die Frage, ob der Führerschein entzogen wurde (**j**a, **n**ein).

a) Erstellen Sie eine Vierfeldertafel mit absoluten Häufigkeiten.

b) Entwickeln Sie aus der Tabelle mit absoluten Häufigkeiten die beiden möglichen Organigramme. Schreiben Sie jeweils einen kurzen Zeitungsartikel dazu.

Im Flensburger Zentralregister sind 6,7 Millionen Personen registriert; wegen der Schwere des Verkehrsvergehens wurden in vielen Fällen die Führerscheine entzogen.

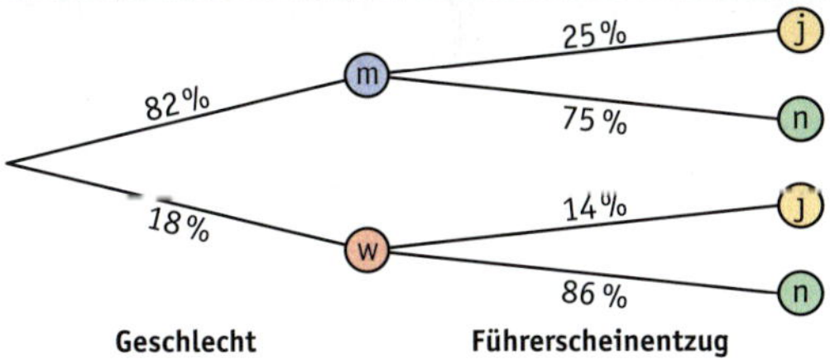

7 Lesen Sie die beiden Zeitungsartikel zur theoretischen Führerscheinprüfung. Zeigen sie dann, dass beide Zeitungsartikel auf Daten beruhen, die zur selben Vierfeldertafel gehören.

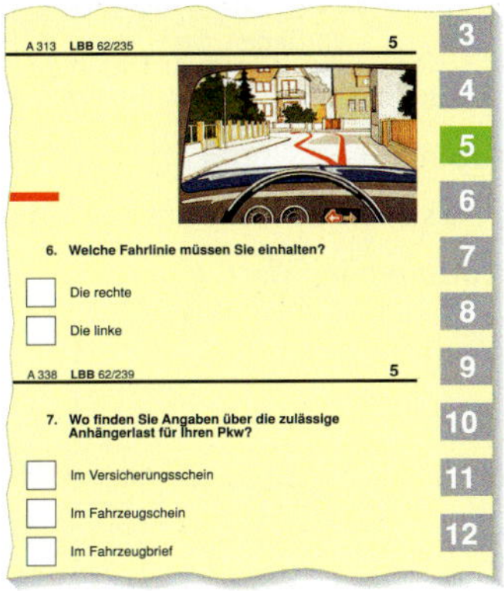

75 % der Anmeldungen zur theoretischen Führerscheinprüfung erfolgen als Erstmeldungen.
Von diesen Prüfungen gehen 73 % erfolgreich aus, während 43 % der Kandidaten, die zur Wiederholungsprüfung antreten, auch bei dieser Prüfung durchfallen.

31 % der Prüflinge bestehen die theoretische Führerscheinprüfung nicht; von diesen hatten es 34 % schon vorher mindestens einmal vergeblich versucht.
Unter den erfolgreichen Kandidaten sind immerhin 20 %, die vorher schon einmal durchgefallen waren.

5.2 Umkehren von Baumdiagrammen – bedingte Wahrscheinlichkeiten

Aufgabe

Die Wahrscheinlichkeit, durch ein Testverfahren eine gesunde Person als gesund zu erkennen, wird als **Spezifität** bezeichnet.

Die Wahrscheinlichkeit, durch ein Testverfahren eine erkrankte Person als krank zu erkennen, wird als **Sensitivität** bezeichnet.

1

GIB AIDS KEINE CHANCE

Bei Infektionskrankheiten ist es wichtig, dass man schnell die Art der Krankheit erkennt, damit man sie bekämpfen kann. Hierzu führt man Schnelltests durch, die allerdings Mängel haben: Manchmal wird eine Krankheit angezeigt, obwohl sie nicht vorliegt; gelegentlich wird eine Krankheit nicht angezeigt, obwohl sie vorhanden ist. Die vorliegenden Testverfahren zum Nachweis einer HIV-Infektion haben mittlerweile eine hohe Sicherheit (sogenannte *Sensitivität*):
Bei 99,9 % der tatsächlich Infizierten erfolgt eine positive Testreaktion. Nur bei 0,3 % der nichtinfizierten Testpersonen wird irrtümlich eine Infektion angezeigt (sogenannte *Spezifität* 99,7 %).
Man kann heute davon ausgehen, dass etwa 0,1 % der Bevölkerung in Deutschland HIV-infiziert ist.

Gesamtbevölkerung in Deutschland: rund 80 Mio.

a) Stellen Sie die Informationen in Form eines Baumdiagramms dar und bestimmen Sie hiermit die zugehörige Vierfeldertafel.

b) Um Vorstellungen von der Größenordnung der Anzahl der betroffenen Personen zu bekommen, ist es sinnvoll, auch die Vierfeldertafel mit absoluten Häufigkeiten zu bestimmen. Geben Sie diese an.

c) Angenommen, eine Person wird zufällig ausgewählt: Wie groß ist die Wahrscheinlichkeit dafür, dass bei Vorliegen eines positiven Testergebnisses tatsächlich eine HIV-Infektion vorliegt?
Wie groß ist die Wahrscheinlichkeit, dass bei negativem Testergebnis dennoch eine Infektion vorliegt?
Warum erscheint das Rechenergebnis so paradox?
Stellen Sie dazu das Baumdiagramm mit vertauschten Merkmalen auf.

Lösung

a) Im Text ist beschrieben, mit welchen Wahrscheinlichkeiten der HIV-Test positiv bzw. negativ bei Infizierten bzw. Nicht-Infizierten reagiert. Daher muss auf der 1. Stufe das Merkmal *Vorliegen der Infektion* mit den Merkmalesausprägungen *ja* bzw. *nein* betrachtet werden, auf der 2. Stufe dann das Merkmal *Testreaktion* mit den Merkmalsausprägungen *positiv* bzw. *negativ*.

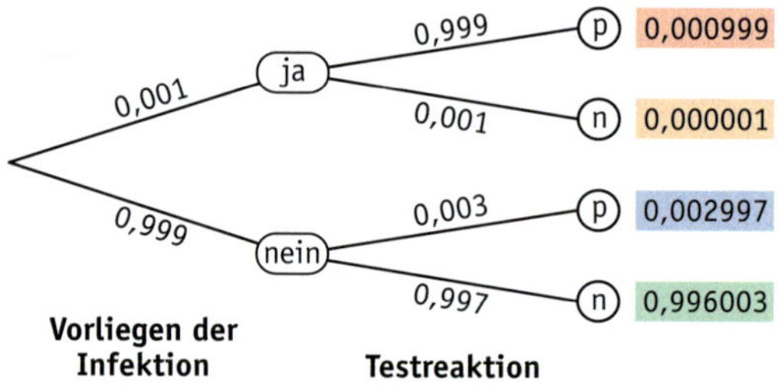

Die Pfadwahrscheinlichkeiten des Baumdiagrammes bestimmen die inneren Felder der zugehörigen Vierfeldertafel.

		Testreaktion positiv	Testreaktion negativ	gesamt
Vorliegen der Infektion	ja	0,000999	0,000001	0,001
	nein	0,002997	0,996003	0,999
gesamt		0,003996	0,996004	1

Anmerkung: Die Zahlen können fälschlicherweise dahingehend interpretiert werden, dass Aussagen mit 6-stelliger Genauigkeit möglich sind. Dies ist sicherlich nicht der Fall. Die 6 Stellen nach dem Komma ergeben sich zwangsläufig aus dem kleinsten auftretenden Wert von 0,000001 (ein Millionstel).

b) Entsprechend ist auch die Vierfeldertafel mit absoluten Häufigkeiten „übertrieben" genau; aber sie gibt uns klare Vorstellungen von den Größenordnungen.

		Testreaktion positiv	Testreaktion negativ	gesamt
Vorliegen der Infektion	ja	79 920	80	80 000
	nein	239 760	79 680 240	79 920 000
gesamt		319 680	79 680 320	80 000 000

c) Das Baumdiagramm mit vertauschten Merkmalen ergibt sich wie folgt:

1. Stufe: *Testreaktion*

Die Wahrscheinlichkeiten entnehmen wir den Summenfeldern der Spalten der Tabelle von 143.

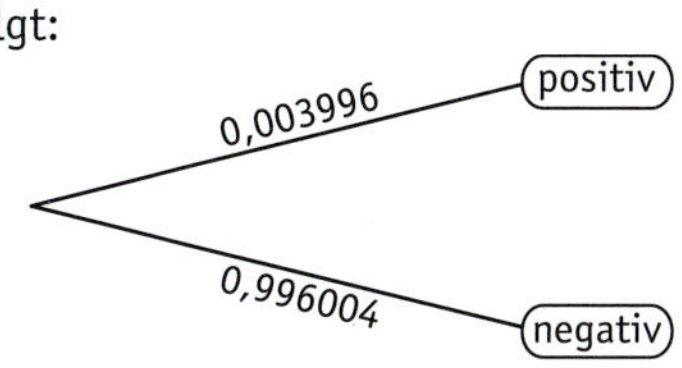

2. Stufe: *Vorliegen der Infektion*

Die Wahrscheinlichkeiten berechnen wir als Quotienten in den Spalten der Tabellen:

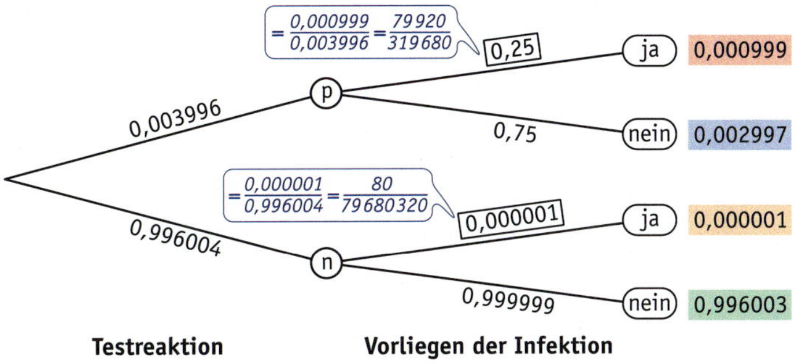

Die Wahrscheinlichkeit, dass bei einer zufällig ausgewählten Person tatsächlich eine HIV-Infektion vorliegt, nachdem der HIV-Text eine positive Reaktion gezeigt hatte, beträgt (nur) 25 %. Die Chancen dafür, dass eine Person mit negativem Testergebnis dennoch HIV-infiziert ist, stehen wie 1 zu 1 Million (Wahrscheinlichkeit 0,000001).

Die berechnete Wahrscheinlichkeit von 25 % für das tatsächliche Vorliegen einer HIV-Infektion scheint im Widerspruch zur angegebenen Sensitivität von 99,9 % zu stehen, die doch eine hohe Sicherheit des Testverfahrens zu versprechen scheint. Insbesondere an den absoluten Häufigkeiten lesen wird jedoch ab, welche quantitativen Auswirkungen die 0,3 % falschen Reaktionen bei der großen Zahl der Nicht-Infizierten haben.

Weiterführende Aufgabe

2 Gefahr der Verwechslung von Wahrscheinlichkeiten

Bei einer Wahl wurde Partei A vor allem von jüngeren Wählern gewählt. Eine repräsentative Befragung am Wahltag ergab die nebenstehenden Daten.

		Wahl der Partei		gesamt
		A	sonstige	
Alter	bis 30 J.	4,5 %	13,5 %	18,0 %
	30 J. und älter	7,5 %	74,5 %	82,0 %
gesamt		12,0 %	88,0 %	100

Welche Zeitungsmeldung (Schlagzeile) ist richtig?

(1) Jeder vierte Wähler der Partei A ist unter 30.

(2) Jeder vierte Wähler unter 30 entschied sich für Partei A.

Information

(1) Umkehren des Baumdiagramms

Vertauscht man die Reihenfolge der betrachteten Merkmale bei einem Baumdiagramm, dann erhält man das sogenannte **umgekehrte Baumdiagramm.**

		2. Merkmal		gesamt
		B	$\overline{B}$	
1. Merkmal	A	0,12	0,24	0,36
	$\overline{A}$	0,48	0,16	0,64
gesamt		0,60	0,40	1

Die Wahrscheinlichkeiten, die an den einzelnen Pfaden stehen, unterscheiden sich im Allgemeinen bei einem Baumdiagramm und seiner Umkehrung, denn sie beziehen sich auf verschiedene Merkmale und daher auf verschiedene Teilgesamtheiten.

Dagegen stimmen die (am Ende der Pfade notierten) Pfadwahrscheinlichkeiten bis auf die Reihenfolge überein, da sie die Wahrscheinlichkeiten der inneren Felder derselben Vierfeldertafel sind.

Bezeichnet A bzw. B eine Merkmalsausprägung, so schreibt man für „nicht A" bzw. „nicht B" kurz $\overline{A}$ bzw. $\overline{B}$.

Information

(2) Bedingte Wahrscheinlichkeiten

Wenn man nicht genau formuliert oder oberflächlich liest, können leicht Verwechslungen bei der Angabe von Wahrscheinlichkeiten auftreten (siehe Aufgabe 2). Wenn man die Wahrscheinlichkeiten auf der 2. Stufe beschreibt, muss man auf die Voraussetzungen *(Bedingungen)* achten, die durch die 1. Stufe gegeben sind. Diese Bedingungen machen wir durch eine Index-Schreibweise deutlich.

$P_A(B)$ bedeutet Wahrscheinlichkeit für B unter der Bedingung A.
$P(A \cap B)$ bedeutet Wahrscheinlichkeit für A und B.

Beispiel aus (1)

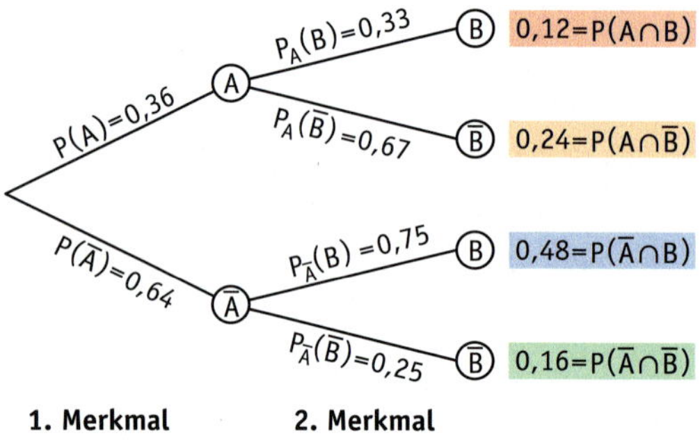

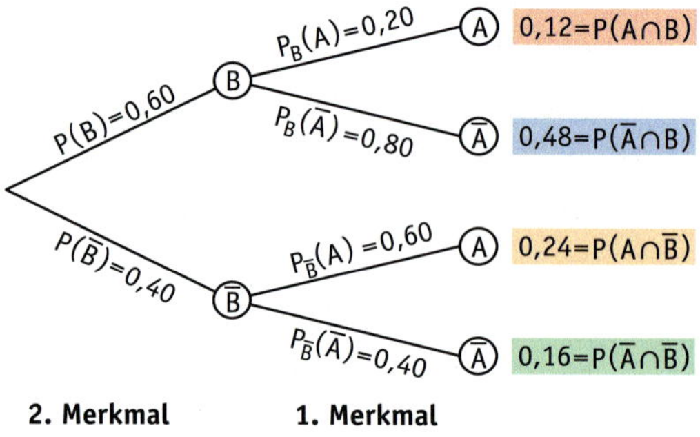

Bedingte Wahrscheinlichkeiten lassen sich also als Anteile auffassen, d.h. als Brüche (Quotienten) berechnen: Der Zähler des Bruches lässt sich aus einem inneren Feld der Mehrfeldertafel ablesen; der Nenner des Bruches steht als Zeilen- oder Spaltensumme am Rand.

	B	$\bar{B}$	gesamt
A	$P(A \cap B)$	$P(A \cap \bar{B})$	$P(A)$
$\bar{A}$	$P(\bar{A} \cap B)$	$P(\bar{A} \cap \bar{B})$	$P(\bar{A})$
gesamt	$P(B)$	$P(\bar{B})$	1

Hieraus ergibt sich das folgende allgemeine Baumdiagramm für ein 2-stufiges Zufallsexperiment:

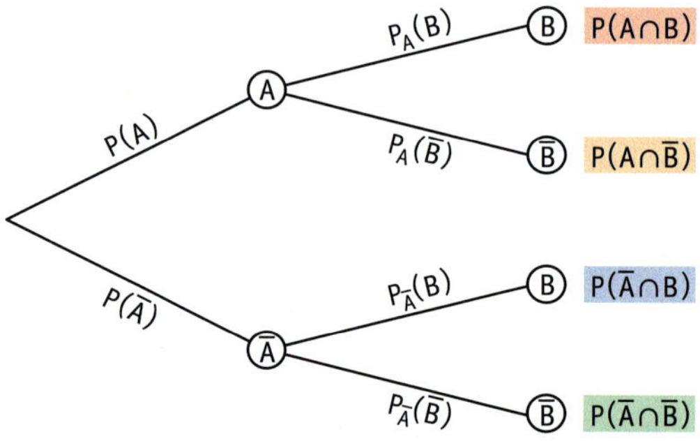

Entsprechend für das zugehörige umgekehrte Baumdiagramm:

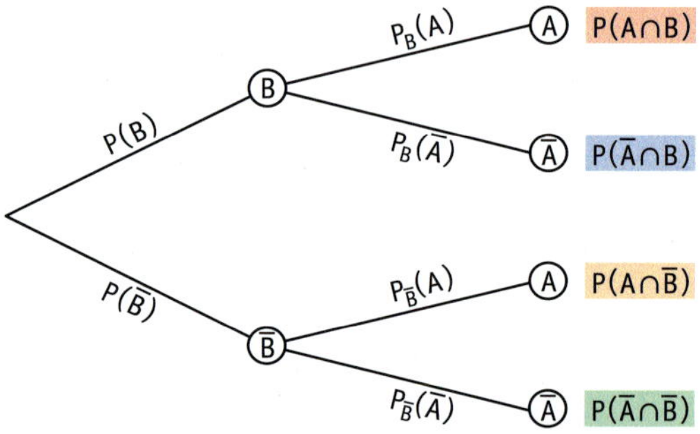

Für die bedingte Wahrscheinlichkeit $P_A(B)$ gilt $\mathbf{P_A(B) = \frac{P(A \cap B)}{P(A)}}$; entsprechend gilt $\mathbf{P_B(A) = \frac{P(A \cap B)}{P(B)}}$.

LK

(3) Satz von BAYES

Nach dem englischen Mathematiker THOMAS BAYES ist die Regel benannt, nach der wir diese bedingten Wahrscheinlichkeiten berechnen.

THOMAS BAYES (1702–1761); englischer Mathematiker

Satz von BAYES

Sei A ein Ereignis, das uns interessiert, und B ein Ereignis, eine Bedingung, unter der wir den Vorgang betrachten. Dann gilt:

Die *Wahrscheinlichkeit $P_B(A)$ für A unter der Bedingung B* berechnet sich wie folgt

$$\mathbf{P_B(A) = \frac{P(A) \cdot P_A(B)}{P(A) \cdot P_A(B) + P(\bar{A}) \cdot P_{\bar{A}}(B)}}$$

Übungsaufgaben

3 In der Warenausgabe einer Fabrik, die Elektronikbauteile fertigt, werden Kontrollmessungen durchgeführt. Bauteile, die nicht vollständig funktionstüchtig sind, werden zu 95 % als solche erkannt, allerdings kommt es auch in 2 % der Fälle vor, dass wegen eines Messfehlers brauchbare Bauteile irrtümlich als *fehlerhaft* angezeigt werden. Erfahrungsgemäß sind 90 % der produzierten Bauteile in Ordnung.

a) (1) Ein zufällig herausgegriffenes Bauteil wird als *fehlerhaft* angezeigt. Mit welcher Wahrscheinlichkeit ist es tatsächlich nicht zu gebrauchen?

(2) Ein zufällig herausgegriffenes Bauteil wird als *funktionstüchtig* angezeigt. Mit welcher Wahrscheinlichkeit ist es tatsächlich zu gebrauchen?

b) Um die Fehlerquote zu senken, wird die Kontrollmessung wiederholt. Mit welcher Wahrscheinlichkeit ist ein zweifach als *fehlerhaft* angezeigtes Bauteil auch tatsächlich nicht funktionstüchtig bzw. ist ein zweifach als *funktionstüchtig* angezeigtes Bauteil tatsächlich in Ordnung?

4 An der Bundestagswahl 2005 beteiligten sich 48 044 134 Wählerinnen und Wähler; 8 943 056 gaben ihre Stimme per Briefwahl ab. In Sachsen nahmen 2 695 532 Bürgerinnen und Bürger an der Bundestagswahl teil, davon 402 257 per Briefwahl.
Tragen Sie die angegebenen Daten in eine geeignete Vierfeldertafel ein. Bestimmen Sie die beiden zugehörigen Baumdiagramme und verfassen Sie dazu kurze Zeitungstexte.

5

Polizei warnt vor Alkohol am Steuer

In Deutschland wurden im vergangenen Jahr insgesamt ca. 390 000 Unfälle mit Personenschaden registriert, davon waren 10,2 % durch Alkohol verursacht. Während sich 24,6 % der Verkehrsunfälle ohne Alkoholeinfluss in der Zeit zwischen 18 Uhr abends und 4 Uhr morgens ereigneten, fiel bei den Alkohol-Unfällen ein Anteil von 68,0 % in diesen Zeitraum.

a) Stellen Sie die Daten des Zeitungsartikels in einer Vierfeldertafel und in einem Baumdiagramm zusammen.

b) Welche Daten kann man dem umgekehrten Baumdiagramm entnehmen? Schreiben Sie dazu einen Zeitungstext.

c) Ein Unfall mit Personenschaden wird zufällig ausgewählt. Wie groß ist die Wahrscheinlichkeit, dass dieser Unfall

(1) unter Alkoholeinwirkung geschah, wenn bekannt ist, dass er zwischen 4 Uhr morgens und 18 Uhr abends stattfand;

(2) zwischen 4 Uhr morgens und 18 Uhr abends stattfand, wenn bekannt ist, dass Alkohol im Spiel war?

6

Der Glukosetoleranztest

Beim Glukosetoleranztest gibt der Arzt dem Patienten eine genau abgemessene Zuckerwassermenge zu trinken und prüft nach einer kurzen Wartezeit die Blutzuckerwerte.
Die Sensitivität dieses Tests beträgt 72 %, d. h. bei Personen, die an Diabetes erkrankt sind, reagiert der Test in 72 % der Fälle („positiv"). Die Spezifität des Tests beträgt 73 %, d. h. bei Personen, die nicht an Diabetes erkrankt sind, zeigt der Test in 73 % der Fälle keine Reaktion („negativ"). Etwa 1 % der Bevölkerung ist an Diabetes erkrankt und weiß nichts von der Tatsache der Erkrankung.

Was bedeutet es, wenn bei einer Vorsorgeuntersuchung bei einem nichts-ahnenden Patienten ein „positiver" Befund festgestellt wird? Mit welcher Wahrscheinlichkeit ist diese Person tatsächlich an Diabetes erkrankt? Wie brauchbar ist der Glukosetoleranztest überhaupt?

7 Impfschutz gegen Malaria

Trotz aller Warnungen fahren viele Urlauber ohne Impfschutz in tropische Gegenden. Offensichtlich halten sie z. B. die Ansteckungsrate von 6 % für Malaria für nicht gefährlich. Hotels in diesen Regionen halten für die Touristen Schnelltests bereit, mit denen diese ohne großen Aufwand überprüfen können, ob sie sich mit Malaria infiziert haben. Unabhängig von den Schwierigkeiten, die manche Touristen haben, den Schnelltest nach Anleitung durchzuführen, sind die Schnelltests selbst nicht sicher: Nur bei 77 % der tatsächlich Infizierten erfolgt eine „positive" Testreaktion; bei 95 % der tatsächlich Nicht-Infizierten erfolgt eine „negative" Testreaktion.

Angenommen, eine Person will vorsichtshalber einen Schnelltest durchführen. Sie hat die Anleitung zum Schnelltest richtig verstanden und das Testergebnis ist „positiv".
Mit welcher Wahrscheinlichkeit ist diese Person tatsächlich an Malaria erkrankt? Mit welcher Wahrscheinlichkeit ist sie nicht infiziert, wenn das Testergebnis „negativ" ist?

8 Drei Lokalzeitungen A, B, C haben Marktanteile von 45 %, 37 % und 18 %. Bei Zeitung A erfolgt 10 % des Verkaufs an Abonnementen, bei Zeitung B sind dies 60 %, bei Zeitung C 75 %.

a) Bestimmen Sie den Anteil der Abonnenten unter den Zeitungslesern.

b) An einem Kiosk wird gerade eine Lokalzeitung verkauft. Mit welcher Wahrscheinlichkeit ist dies die Zeitung B?

9 Ein Autohersteller lässt bei einem neuen Wagentyp Scheibenwischer von drei verschiedenen Zulieferfirmen einbauen. Vom ersten Zulieferer stammen 20 %, vom zweiten 30 %, vom dritten 50 %.
Bei den Inspektionen nach 6 Monaten wird festgestellt, dass 15 % der Scheibenwischer der ersten Zulieferfirma, 18 % der zweiten und 9 % der dritten Firma unbrauchbar geworden sind.

a) Stellen Sie die Daten in einem Baumdiagramm zusammen und berechnen Sie die Wahrscheinlichkeit dafür, dass ein zufällig ausgewählter Scheibenwischer unbrauchbar ist.

b) Stellen Sie die Angaben in einer Mehrfeldertafel zusammen und berechnen Sie die bedingten Wahrscheinlichkeiten dafür, dass ein zufällig ausgewählter Scheibenwischer, der sich als unbrauchbar erwiesen hat, aus der ersten [zweiten; dritten] Firma stammt.

Die Wahrscheinlichkeit, durch ein Testverfahren eine gesunde Person als gesund zu erkennen, wird als **Spezifität** bezeichnet.

Die Wahrscheinlichkeit, durch ein Testverfahren eine erkrankte Person als krank zu erkennen, wird als **Sensitivität** bezeichnet.

10

a) Wenn ein HIV-Test (siehe Aufgabe 1) positiv verlaufen ist, wird der Test bei der betreffenden Person noch einmal durchgeführt. Was bedeutet es nun, wenn zweimal hintereinander eine positive Testreaktion erfolgte (Ereignis „pp")? Vervollständigen Sie das nebenstehende Baumdiagramm. Geben Sie das Ergebnis in Worten wieder.

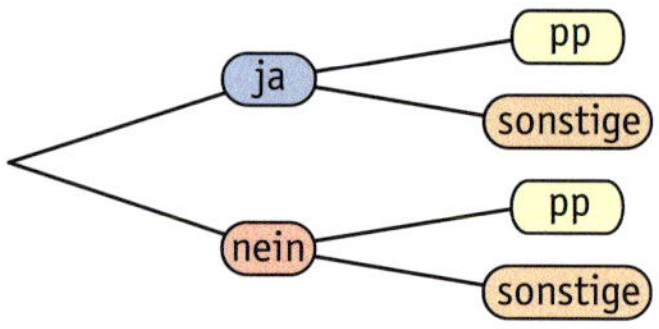

Vorliegen der Infektion **Test-reaktion**

b) In der Praxis wird bei Vorliegen eines positiven Testergebnisses der aufwendigere Western-Blot-Test durchgeführt. Dieser hat eine Spezifität von 99,95 % (bei gleicher Sensitivität). Erläutern Sie, wieso hiermit die Aussagen über das Vorliegen/Nicht-Vorliegen einer HIV-Infektion sicherer sind.

LK 5.3 Unabhängigkeit zufälliger Ereignisse – Multiplikationssatz

Aufgabe

1 Zuverlässigkeit von Reihen- und Parallelprüfungen

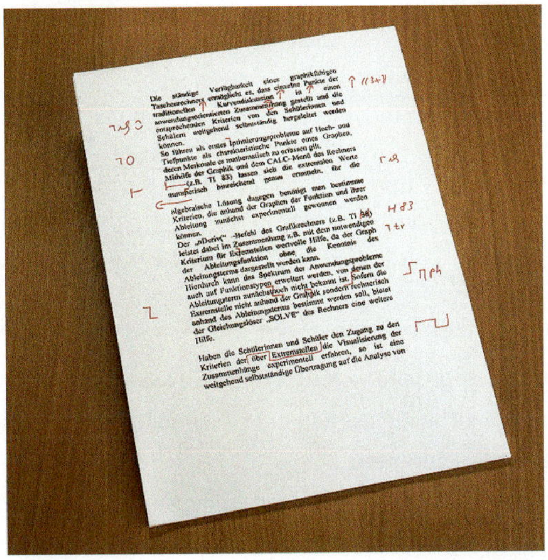

Um Druckfehler zu vermeiden, werden Texte, bevor sie endgültig in Druck gehen, zur Kontrolle mehrfach gelesen. Angenommen, der Autor eines Textes findet dabei 70 % aller Satzfehler. Parallel zu seiner Kontrolle liest ein Redakteur im Verlag den gesetzten Text; er findet 80 % aller Satzfehler. Anschließend gibt er die mit seinen Anmerkungen versehenen Satzfahnen an einen anderen Redakteur weiter, der 50 % der übersehenen Satzfehler findet.

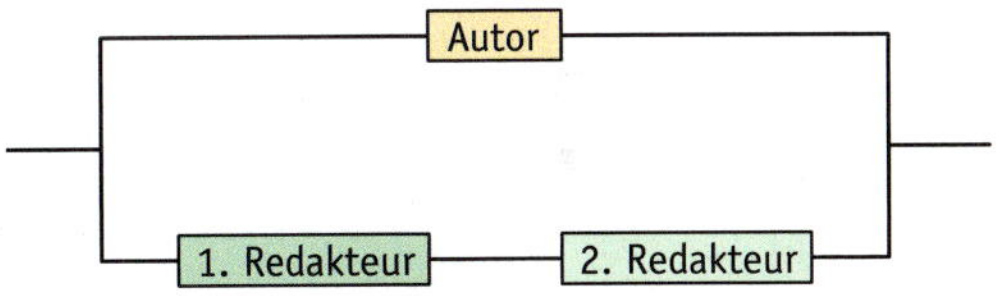

Kontrollschema

Wie viel Prozent der ursprünglichen Satzfehler werden durch diese Art der dreifachen Kontrolle entdeckt?

Lösung

Wir bestimmen zunächst den Anteil der Satzfehler, den die beiden Redakteure finden. Wie das Baumdiagramm rechts zeigt, wird ein zufällig ausgewählter Satzfehler von ihnen mit einer Wahrscheinlichkeit von 90 % entdeckt.

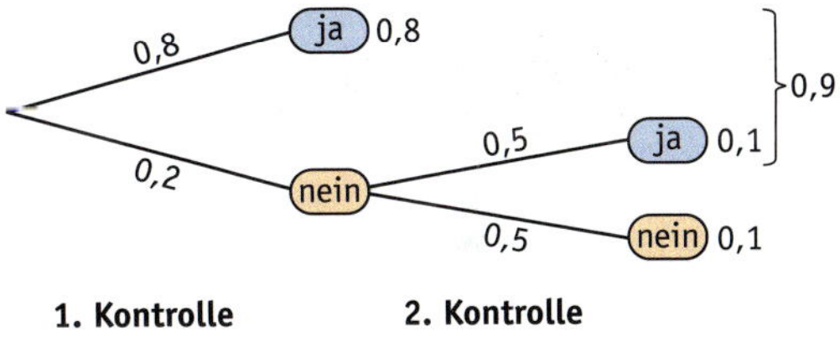

Die beiden Kontrollen der Redakteure können wir also im rechts stehenden Teilbaum zusammenfassen.

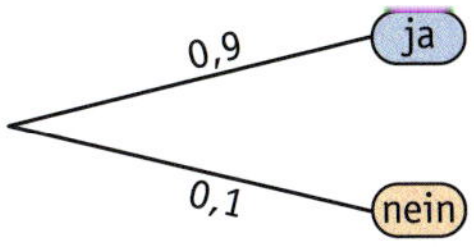

Da der Autor einerseits und die Redakteure andererseits die Texte unabhängig voneinander durchsehen, kann man deren Kontrollvorgang in beliebiger Reihenfolge im Baumdiagramm anordnen:

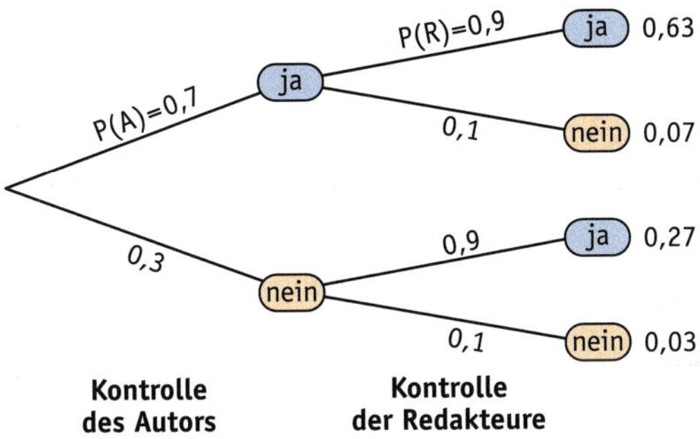

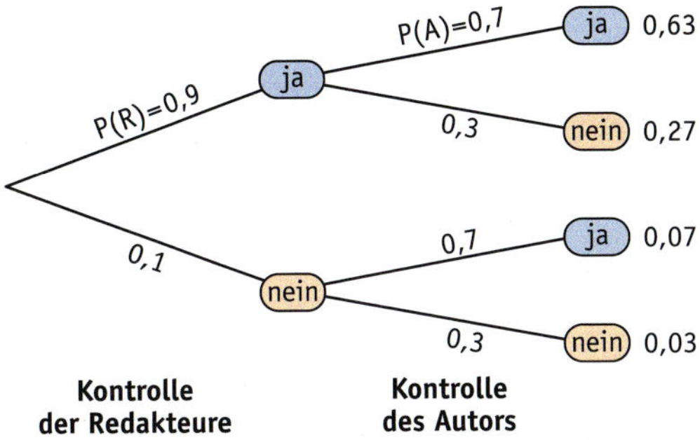

Aus beiden Darstellungen entnehmen wir, dass ca. 97 % der Satzfehler entdeckt werden, davon 63 % vom Autor *und* von mindestens einem der Redakteure und 34 % *entweder* vom Autor *oder* von mindestens einem der Redakteure.

Weiterführende Aufgabe

2 Variation des Kontrollschemas

Wie in Aufgabe 1 betrachten wir die Kontrolle von Satzfahnen. Beschreiben Sie, wie die Kontrolle organisiert ist und bestimmen Sie die Wahrscheinlichkeit, mit der Fehler gefunden werden.

a)

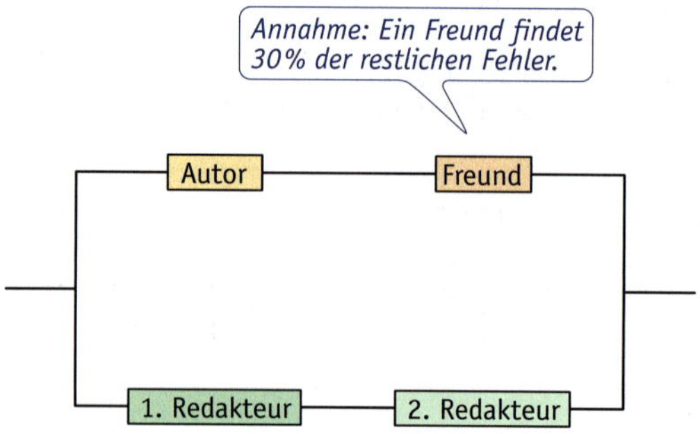

b)

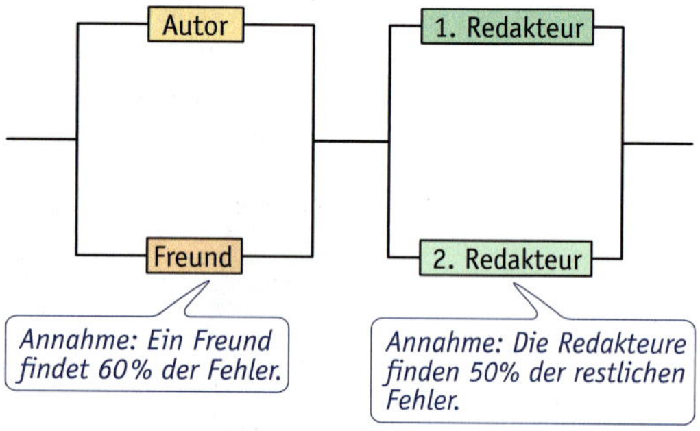

Information

Unabhängigkeit zufälliger Ereignisse – Multiplikationssatz

Bei vielen Berechnungen von Wahrscheinlichkeiten geht man von der vereinfachenden Annahme aus, dass Ereignisse *unabhängig* voneinander eintreten.

Zum Beispiel wurde bei der Lösung von Aufgabe 1 angenommen, dass Satzfehler unabhängig von Redakteuren oder vom Autor entdeckt werden. Man muss solche Modellannahmen ausdrücklich benennen, wenn man dann wie oben die Multiplikationsregel

$$P(A \cap R) = P(A) \cdot P(R)$$

anwendet.

Aus Abschnitt 5.2 wissen wir, dass man bei der Anwendung der Pfadmultiplikationsregel auf bedingte Wahrscheinlichkeiten achten muss (siehe Seite 219, 220):

Danach ist

$$P(A \cap R) = P(A) \cdot P_A(R) \quad \text{bzw.}$$
$$P(A \cap R) = P(R) \cdot P_R(A),$$

je nachdem, welche Reihenfolge der Ereignisse betrachtet wird.

Falls die Ereignisse A und R voneinander *unabhängig* sind, d. h. also $P_A(R) = P(R)$ und $P_R(A) = P(A)$, darf man die Wahrscheinlichkeiten $P(A)$ und $P(R)$ einfach miteinander multiplizieren, um $P(A \cap R)$ auszurechnen.

Definition 1

Zwei Ereignisse E_1 und E_2 heißen **stochastisch voneinander unabhängig** genau dann, wenn

$$P_{E_1}(E_2) = P(E_2) \quad \text{und} \quad P_{E_2}(E_1) = P(E_1).$$

Multiplikationssatz

Sind E_1 und E_2 zwei Ereignisse einer Ergebnismenge, dann gilt:

$$P(E_1 \cap E_2) = P(E_1) \cdot P_{E_1}(E_2)$$

Sind E_1 und E_2 stochastisch voneinander unabhängig dann gilt:

$$P(E_1 \cap E_2) = P(E_1) \cdot P(E_2)$$

Wenn die Beziehung $P(E_1 \cap E_2) = P(E_1) \cdot P(E_2)$ für zwei Ereignisse E_1 und E_2 gilt, dann folgt hieraus auch, dass die beiden Ereignisse stochastisch voneinander unabhängig sind (siehe Aufgabe 6).

Übungsaufgaben

3 Ein Gerät funktioniert nur, wenn zwei hintereinander geschaltete Bauteile A und B ordnungsgemäß arbeiten. Das erste fällt beim Einschaltvorgang mit einer Wahrscheinlichkeit von 5 % aus, das zweite mit 10 % Wahrscheinlichkeit. Der Ausfall der Bauteile geschieht unabhängig voneinander.

a) Mit welcher Wahrscheinlichkeit funktioniert das Gerät beim Einschalten nicht?

b) Wie verändert sich die Wahrscheinlichkeit im Vergleich zu Teilaufgabe a), wenn man parallel zum
(1) Bauteil A, (2) Bauteil B, (3) Bauteil A und Bauteil B
ein weiteres Bauteil bzw. weitere Bauteile vom gleichen Typ schaltet?

4 Für drei Kontrollen sind folgende Anordnungen möglich:

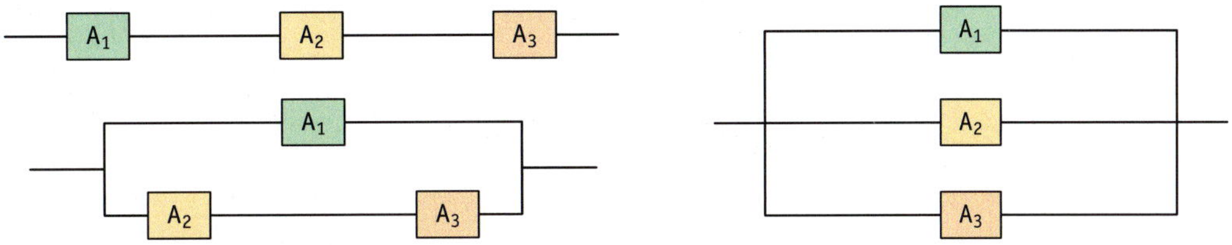

Angenommen, bei diesen Kontrollen wird ein Fehler jeweils mit einer Wahrscheinlichkeit von 80 % entdeckt, bei einer Nachkontrolle jeweils 30 % der noch nicht entdeckten Fehler.
Mit welcher Wahrscheinlichkeit wird ein Fehler entdeckt?

5 Drei Schüler A, B, C wollen möglichst viele Aufgaben eines Übungsblatts richtig lösen. Erfahrungsgemäß kann A 80 % der Aufgaben lösen, B 70 % und C 60 %.

a) Jeder von ihnen bearbeitet alle Aufgaben des Übungsblatts. Mit welcher Wahrscheinlichkeit wird eine bestimmte Aufgabe von mindestens einem der drei gelöst?

b) C versucht die Aufgaben des Übungsblatts zu lösen. Die Aufgaben, die er nicht lösen kann, gibt er an B weiter, dieser die restlichen Aufgaben an A. Unter welcher Annahme kann die Frage beantwortet werden, mit welcher Wahrscheinlichkeit eine bestimmte Aufgabe gelöst werden kann? Bestimmen Sie diese Wahrscheinlichkeit.

c) Aufgaben, die C nicht lösen kann, werden von B mit einer Wahrscheinlichkeit von 50 % gelöst. Aufgaben, die weder B noch C lösen können, bewältigt A mit einer Wahrscheinlichkeit von 40 %.
Wie groß ist der Anteil der gelösten Aufgaben?

d) A, B und C teilen die Aufgaben des Übungsblatts untereinander auf (je ein Drittel). Anschließend geben sie die Aufgaben, die sie nicht lösen konnten, an einen der beiden anderen zur Bearbeitung weiter. Welche der Zuordnungen (also z. B. $A \to B$, $B \to C$, $C \to A$) ist dabei am effektivsten?

6

a) Zeigen Sie: Wenn $P(E_1 \cap E_2) = P(E_1) \cdot P(E_2)$ für zwei Ereignisse E_1 und E_2 gilt, dann sind die beiden Ereignisse stochastisch voneinander unabhängig und umgekehrt.

b) Man kann die stochastische Unabhängigkeit von Ereignissen auch durch die Gleichung
$P(E_1 \cap E_2) = P(E_1) \cdot P(E_2)$ definieren. Welche Folgerung ergibt sich dann hieraus?

c) Überlegen Sie, wie man die stochastische Unabhängigkeit von drei Ereignissen E_1, E_2, E_3 definieren könnte. Wie lautet dann der zugehörige allgemeinere Multiplikationssatz?

5.4 Zufallsgrößen – Binomialverteilung

5.4.1 Zufallsgröße – Erwartungswert einer Zufallsgröße

Aufgabe

1 Mögliche Ergebnisse eines Zufallsexperiments

Bei einem Würfelspiel wird ein besonders beschrifteter Würfel (Hexaeder) zweimal geworfen. Danach werden die Augenzahlen miteinander multipliziert und die so ermittelte Punktzahl in Euro ausgezahlt.

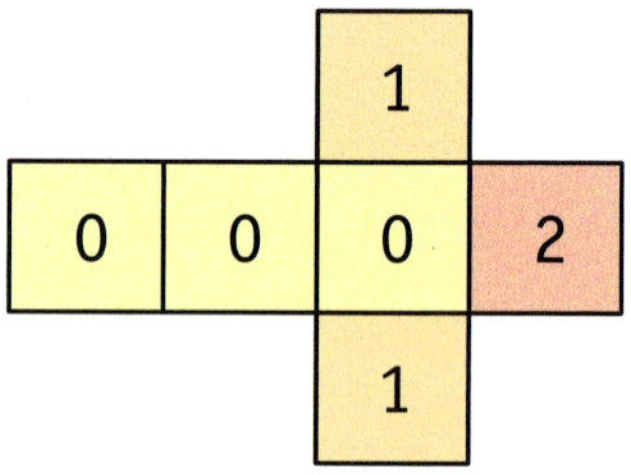

a) Untersuchen Sie, welche Auszahlungen möglich sind und mit welcher Wahrscheinlichkeit man welche Beträge erhalten wird. Stellen Sie dies mithilfe eines geeigneten Säulendiagramms dar.

b) Untersuchen Sie auch, wie hoch der Spieleinsatz bei diesem Spiel sein sollte.

Lösung

a) Beim Doppelwurf des besonderen Würfels kann man 0, 1, 2 oder 4 Euro gewinnen, denn die Multiplikation der Zahlen 0, 1 und 2 untereinander ergibt nur diese Werte.

Die Wahrscheinlichkeit für die möglichen Punktzahlen berechnen wir mithilfe der Pfadregeln anhand des abgebildeten Baumdiagramms:

$P(0\text{ Punkte}) = \frac{1}{2} + \frac{1}{3}\cdot\frac{1}{2} + \frac{1}{6}\cdot\frac{1}{2} = \frac{9}{12} = \frac{3}{4}$

$P(1\text{ Punkt}) = \frac{1}{3}\cdot\frac{1}{3} = \frac{1}{9}$

$P(2\text{ Punkte}) = \frac{1}{3}\cdot\frac{1}{6} + \frac{1}{6}\cdot\frac{1}{3} = \frac{1}{9}$

$P(4\text{ Punkte}) = \frac{1}{6}\cdot\frac{1}{6} = \frac{1}{36}$

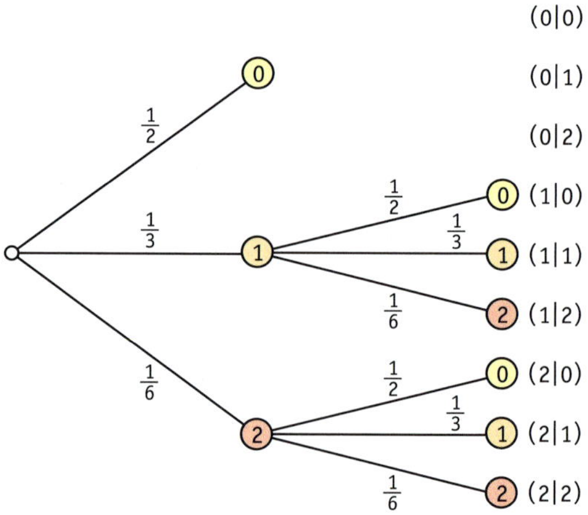

Wir notieren die Ergebnisse unserer Rechnung in einer Tabelle und zeichnen ein zugehöriges Säulendiagramm.

Ergebnisse	Punktzahl	Wahrscheinlichkeit
(0|0); (0|1); (0|2); (1|0); (2|0)	0	$\frac{3}{4}$
(1|1)	1	$\frac{1}{9}$
(1|2); (2|1)	2	$\frac{1}{9}$
(2|2)	4	$\frac{1}{36}$

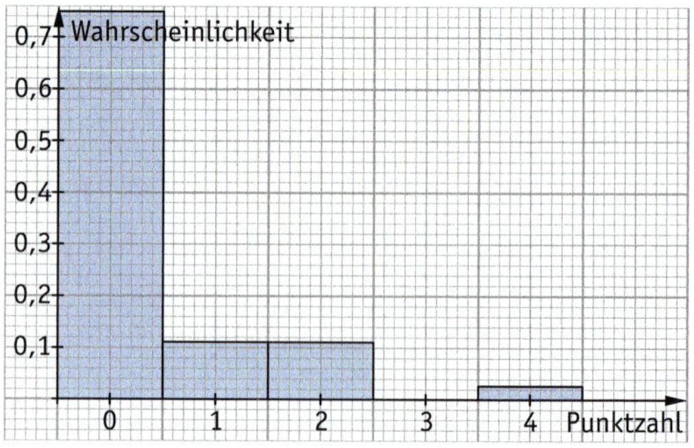

b) Führt man das Spiel oft genug durch, so erwartet man in 36 Spielen

$27\cdot 0\,€ + 4\cdot 1\,€ + 4\cdot 2\,€ + 1\cdot 4\,€ = 16\,€$, also pro Spiel im Mittel

$\frac{3}{4}\cdot 0\,€ + \frac{1}{9}\cdot 1\,€ + \frac{1}{9}\cdot 2\,€ + \frac{1}{36}\cdot 4\,€ \approx 0{,}44\,€$ als Auszahlung.

Einen Spieleinsatz von 0,44 € oder 0,45 € kann man als fair bezeichnen.

Will der Ausrichter des Spiels jedoch einen kleinen Gewinn erzielen, so sollte er beispielsweise 0,50 € Spieleinsatz fordern.

Information

(1) Zufallsgrößen

In Aufgabe 1 wurde ein besonders beschrifteter Würfel zweimal geworfen; das Zufallsexperiment hat neun verschiedene Ergebnisse (siehe Tabelle rechts).

Augenzahl	Augenzahl beim 2. Wurf		
beim 1. Wurf	0	1	2
0	(0 | 0)	(0 | 1)	(0 | 2)
1	(1 | 0)	(1 | 1)	(1 | 2)
2	(2 | 0)	(2 | 1)	(2 | 2)

Jedem dieser Ergebnisse wurde eine reelle Zahl zugeordnet, nämlich das *Produkt der Augenzahlen*. Zum Beispiel wurde dem Ergebnis (1 | 2) aus Aufgabe 1 das Produkt 2 zugeordnet, dem Ergebnis (2 | 0) das Produkt 0.

Insgesamt gesehen, wird jedem Ergebnis der Ergebnismenge $S = \{(0|0), (0|1), (0|2), (1|0), (1|1), (1|2), (2|0), (2|1), (2|2)\}$ genau ein Wert der Wertemenge {0, 1, 2, 4} zugeordnet: $S \mapsto \{0, 1, 2, 4\}$.

Solche quantitativen Merkmale eines Zufallsexperiments werden als **Zufallsgrößen** bezeichnet.

Definition 2

Eine Funktion, bei der jedem Ergebnis (der Ergebnismenge S) eines Zufallsexperiments genau eine reelle Zahl zugeordnet wird, heißt **Zufallsgröße.**

Die zugeordneten Zahlen heißen auch **Werte der Zufallsgröße.**

Zufallsgrößen werden im Allgemeinen mit Großbuchstaben X, Y, Z oder mit einem dem Problem angepassten Großbuchstaben bezeichnet.

Beschreibt X die Zufallsgröße *Produkt der Augenzahlen beim zweifachen Werfen des Würfels* aus Aufgabe 1, dann ist $X = 2$ das Ereignis *Produkt der Augenzahlen ist gleich 2.*

(2) Wahrscheinlichkeitsverteilung einer Zufallsgröße

In Aufgabe 1 wurde jedem der Ereignisse $X = 0$, $X = 1$, $X = 2$, $X = 4$ eine Wahrscheinlichkeit zugeordnet:

Ergebnisse	Ereignis	Wahrscheinlichkeit
(0 | 0); (0 | 1); (0 | 2); (1 | 0); (2 | 0)	$X = 0$	$P(X = 0) = \frac{3}{4}$
(1 | 1)	$X = 1$	$P(X = 1) = \frac{1}{9}$
(1 | 2); (2 | 1)	$X = 2$	$P(X = 2) = \frac{1}{9}$
(2 | 2)	$X = 4$	$P(X = 4) = \frac{1}{36}$

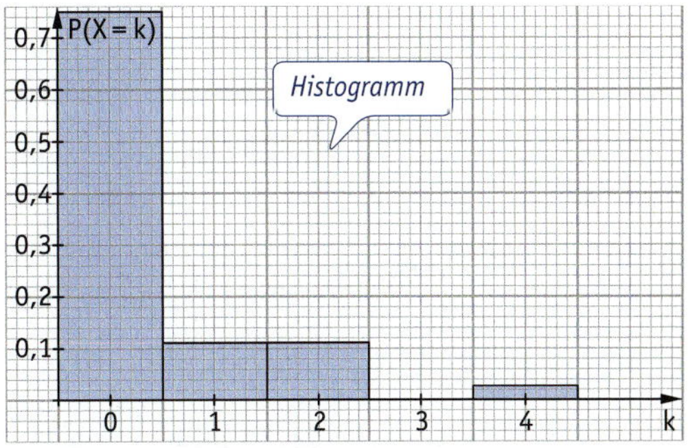

Histogramm:
Säulendiagramm, bei dem alle Rechtecke jeweils die Breite 1 haben: Die Höhe entspricht der Wahrscheinlichkeit. Daher ist der Gesamtflächeninhalt aller Rechtecke 1.

Definition 3

Eine Funktion, die jedem Ereignis einer Zufallsgröße genau eine Wahrscheinlichkeit zuordnet, heißt **Wahrscheinlichkeitsverteilung** oder **Verteilung der Zufallsgröße.** Die Verteilung einer Zufallsgröße kann man durch eine Tabelle, ein Histogramm oder oft durch einen Term angeben.

Aus der Wahrscheinlichkeitsverteilung oben kann man z. B. ablesen, dass das Ereignis $X = 1$ die Wahrscheinlichkeit $P(X = 1) = \frac{1}{9}$ hat.

Führt man das Zufallsexperiment aus Aufgabe 1 oft genug durch, so kann man für das Ereignis $X = 1$ eine relative Häufigkeit von $\frac{1}{9}$ erwarten.

Information

(3) Erwartungswert einer Zufallsgröße

Bei der Lösung von Aufgabe 1b) haben wir aus der Wahrscheinlichkeitsverteilung berechnet, welchen Wert man im Mittel erwarten kann, wenn man das Zufallsexperiment oft genug durchführt:

$\frac{3}{4} \cdot 0 + \frac{1}{9} \cdot 1 + \frac{1}{9} \cdot 2 + \frac{1}{36} \cdot 4 \approx 0{,}44.$

Führt man das Zufallsexperiment aus Aufgabe 1 also oft genug durch, so erwartet man durchschnittlich einen Wert von 0,44.

Ereignis	Wahrscheinlichkeit
$X = 0$	$P(X = 0) = \frac{3}{4}$
$X = 1$	$P(X = 1) = \frac{1}{9}$
$X = 2$	$P(X = 2) = \frac{1}{9}$
$X = 4$	$P(X = 4) = \frac{1}{36}$

Definition 4: Erwartungswert einer Zufallsgröße

Eine Zufallsgröße X nimmt die Werte $a_1, a_2, \dots, a_m$ mit den Wahrscheinlichkeiten $P(X = a_1),\ P(X = a_2),\ \dots,\ P(X = a_m)$ an.

Dann wird der zu erwartende Mittelwert E(X) der Verteilung als **Erwartungswert der Zufallsgröße X** bezeichnet.

Es gilt: $\mathbf{E(X) = a_1 \cdot P(X = a_1) + a_2 \cdot P(X = a_2) + \dots + a_m \cdot P(X = a_m) = \sum_{i=1}^{m} a_i \cdot P(X = a_i)}$

Der Erwartungswert wird auch mit dem griechischen Buchstaben μ (lies: mü) bezeichnet.

Übungsaufgaben

2 In einem Spielautomaten drehen sich zwei Räder, auf denen die vier Symbole ♣, ♦, ♥, ♠ mehrfach, aber gleich oft aufgetragen sind.

a) Welche Auszahlung kann man im Mittel pro Spiel erwarten? Bestimmen Sie zunächst den erwarteten Mittelwert für 100 Spiele.

b) Untersuchen Sie, welcher Spieleinsatz angemessen wäre.

Ergebnis	Auszahlung
♣♠, ♠♣	0,00 €
♦♣, ♣♦, ♠♦, ♦♠	0,10 €
♥♣, ♣♥, ♥♠, ♠♥	0,20 €
♣♣, ♠♠, ♦♦	0,30 €
♥♦, ♦♥	0,40 €
♥♥	0,50 €

3 In einem Volleyballturnier treffen zwei gleich starke Mannschaften A und B aufeinander. Ein Spiel gilt als gewonnen, wenn eine Mannschaft drei Sätze zu ihren Gunsten entschieden hat; ein Spiel besteht also aus mindestens drei, höchstens aus fünf Sätzen. Aus wie vielen Sätzen wird ein solches Spiel *im Mittel* bestehen?

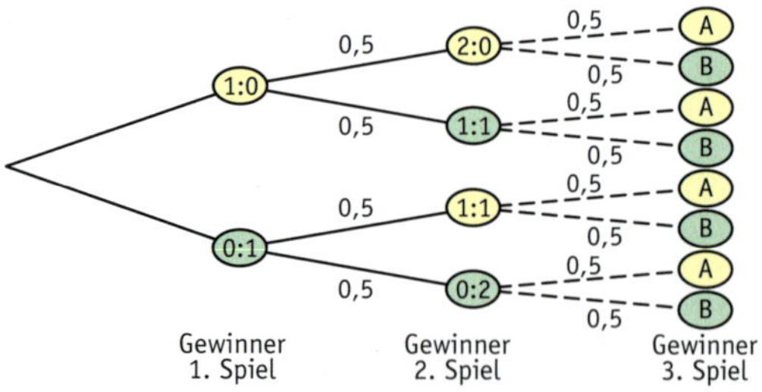

4 Bei einem 400-m-Lauf starten für die beiden teilnehmenden Mannschaften je 3 Läuferinnen. Die Bahnen werden ausgelost. Die Innenbahn (Nr. 1) bleibt frei. Die Lose enthalten die Nummern 2, 3, 4, 5, 6 und 7. Niedrige Nummern gelten als glückliches Los. Als Maß für das Losglück einer Mannschaft kann die Summe der drei Bahnnummern angesehen werden.

a) Mit welchen Wahrscheinlichkeiten treten die verschiedenen Summen auf?

b) Mit welcher Wahrscheinlichkeit ist die Summe der Bahnnummern (1) kleiner als 12; (2) größer als 7; (3) mindestens gleich 14?

5 Bei einem Spiel mit einem Glücksrad kann man 1 \$, 2 \$, 5 \$, 10 \$, 20 \$ oder sogar 40 \$ gewinnen.
1 \$: 24-mal; 2 \$: 15-mal; 5 \$: 7-mal; 10 \$: 3-mal; 20 \$: 3-mal; 40 \$: 2-mal.
Da es dem Veranstalter genügt, auf lange Sicht einen Gewinn zu machen, verlangt er einen Spieleinsatz, der nur knapp über der mittleren Auszahlung liegt. Untersuchen Sie, wie viel Geld er vermutlich als Einsatz nehmen wird.

6 Ein regelmäßiger Würfel ist mit den ersten 6 Zweierpotenzen beschriftet. Kevin hat den Erwartungswert für die geworfene Augenzahl berechnet. Kontrollieren Sie sein Ergebnis:

$$E(x) = \frac{\frac{1}{6}\cdot 2 + \frac{1}{6}\cdot 4 + \frac{1}{6}\cdot 8 + \frac{1}{6}\cdot 16 + \frac{1}{6}\cdot 32 + \frac{1}{6}\cdot 64}{6}$$
$$= \frac{126}{36} \approx 4$$

7 Beim Roulette braucht man nicht unbedingt auf eine der 37 Zahlen 0, 1, 2, …, 36 zu setzen. Man kann zum Beispiel auch auf die Farbe Rot oder die Farbe Schwarz setzen.
Hat man auf Rot gesetzt und bleibt die Kugel auf einem der 18 roten Fächer stehen, dann erhält man das Doppelte des Einsatzes zurückgezahlt.
Berechnen Sie den Erwartungswert der Zufallsgröße X: *Gewinn beim Setzen auf Rot.*

8 Im Tennis benötigt ein Spieler im Allgemeinen vier Gewinnpunkte, um ein Spiel zu gewinnen, es sei denn, vorher ist ein Spielstand von 3 : 3 eingetreten (Einstand).
Nach einem Einstand muss ein Spieler zwei Punkte Vorsprung erzielen, um zu gewinnen, also mindestens ein 5 : 3 oder 6 : 4.
Zwei gleich starke Spieler bestreiten ein Match.
(1) Mit welcher Wahrscheinlichkeit ist das Spiel nach dem Erzielen von insgesamt k = 4, 5, …, 10 Gewinnpunkten zu Ende?
(2) Wie viele Gewinnpunkte werden im Mittel insgesamt erzielt werden?
(3) Bei Turnieren wird aus Zeitgründen oft von der Regel der Zwei-Punkte-Differenz abgewichen. Erläutern Sie, was sich in (2) ändert, wenn ein Spiel spätestens dann beendet wird, wenn einer der Spieler fünf Punkte erreicht hat.

Im Tennis benutzt man eine traditionelle Zählweise, bei der ein Spieler nacheinander 0, 15, 30, 40 Punkte erreichen kann. Gewinnt ein Spieler beim Spielstand von 40 : 40 („deuce") den nächsten Punkt, dann wird dies als „advantage" bezeichnet.
Gewinnt er auch den nächsten Punkt, hat er das Spiel gewonnen.
Verliert er den nächsten Punkt, liegt wieder „Einstand" vor.

9 Die Wahrscheinlichkeit für die Geburt eines Mädchens beträgt ungefähr $\frac{1}{2}$. Eine Familie mit 3 Kindern wird zufällig ausgesucht. Betrachten Sie die Zufallsgröße X: *Anzahl der Mädchen*.
Mit welcher Wahrscheinlichkeit tritt das Ereignis $X = 0$, $X = 1$, $X = 2$, $X = 3$ auf?
Bestimmen Sie auch den Erwartungswert der Zufallsgröße. Interpretieren Sie den Wert.

10 A und B vereinbaren, eine Münze so lange zu werfen, bis Wappen erscheint, maximal jedoch fünfmal. A zahlt an B für jeden notwendigen Wurf 1 €. Ist nach dem 5. Wurf noch kein Wappen gefallen, muss A an B den Betrag von 7 € bezahlen.

a) Zeichnen Sie ein Baumdiagramm und bestimmen Sie die Verteilung der Zufallsgröße X: *Betrag (in €), den A an B zahlen muss* und deren Erwartungswert.

b) Untersuchen Sie, wie groß der Einsatz von B sein muss, damit die Spielregel fair ist.

11 In einer Lostrommel sind 20 % Gewinnlose und 80 % Nieten.
Jemand will so lange ein Los kaufen, bis er ein Gewinnlos gezogen hat, maximal jedoch 5 Stück. Mit welcher Ausgabe muss er rechnen, wenn ein Los 2 € kostet?

12 Bei einem Klassenfest muss jeder der 25 Teilnehmer ein Los kaufen. Der erste Preis hat einen Wert von 15 €, der zweite von 10 €, der dritte von 4 €. Außerdem gibt es noch Trostpreise im Wert von 0,50 €. Untersuchen Sie, wie viel ein Los kosten müsste, damit Einnahmen und Ausgaben übereinstimmen.

13

a) In einem Wintersportgebiet kann man erfahrungsgemäß nur an einem Tag des Monats Januar nicht Ski laufen. Für die folgende Rechnung legen wir die Modellannahme zugrunde, dass die Wetterbedingungen an den drei Tagen eines Wochenendes unabhängig voneinander sind, d. h. dass die Wahrscheinlichkeit für jeden der Tage jeweils $\frac{1}{31}$ dafür beträgt, dass die Wetterbedingungen das Skilaufen nicht zulassen. Untersuchen Sie, mit welcher Wahrscheinlichkeit man dann an 0, 1, 2, 3 Tagen eines Januar-Wochenendes nicht Ski laufen kann.

b) Ermitteln Sie die durchschnittlichen Einnahmen pro Skipass.

14 Ein Feinkosthändler führt in seinem Angebot auch Packungen leicht verderblicher Sushi, die am Tage der Herstellung verkauft werden müssen. Durch Beobachtung stellt er fest, dass er an 5 % der Tage 10 Portionen verkaufen kann, an 15 % der Tage 11 Portionen, an 30 % der Tage 12 Portionen, an 25 % der Tage 13 Portionen, an 15 % der Tage 14 Portionen und an 10 % der Tage sogar 15 Portionen. An einer verkauften Portion verdient er 4 €, während eine nicht verkaufte Portion 6 € Verlust einbringt.
Untersuchen Sie, bei welcher Herstellungsmenge an Sushi-Packungen der Feinkosthändler maximalen Nettogewinn erwarten kann.

Sushi

ist ein japanisches Gericht, das hauptsächlich aus erkaltetem gesäuertem Reis, überwiegend rohem Fisch und meistens auch getrocknetem oder geröstetem Seetang besteht. Es wird in mundgroßen Stücken optisch ansprechend serviert.

Weitere Zutaten sind, je nach Art des Sushis, Gemüse und Ei. Sushi wird traditionell mit Stäbchen oder mit der Hand gegessen. Das Sushi wird nicht abgebissen, sondern in einem Stück in den Mund geführt.

5.4.2 BERNOULLI-Ketten

Aufgabe

1 BERNOULLI-Ketten

Ein Hersteller von Überraschungs-Schokokugeln wirbt damit, dass in jeder siebten Kugel eine Figur enthalten ist, die unter Sammlern als besonders wertvoll gilt. Daher ist die Freude groß, wenn man in seiner Kugel eine solche Figur entdeckt. Ein solcher Kugel-Inhalt werde also als Erfolg gewertet, alle anderen Kugel-Füllungen als Misserfolg.

Bestimmen Sie die Wahrscheinlichkeitsverteilung für die Zufallsgröße X: *Anzahl der Erfolge*. Stellen Sie die Wahrscheinlichkeitsverteilung in einer Tabelle und in einem Histogramm dar.

Lösung

Auf jeder Stufe des vierstufigen Zufallsexperiments interessiert nur, ob eine wertvolle Figur in der Kugel ist (Erfolg) oder nicht (Misserfolg).

Das zugehörige Baumdiagramm besteht also aus $2^4 = 16$ Pfaden:

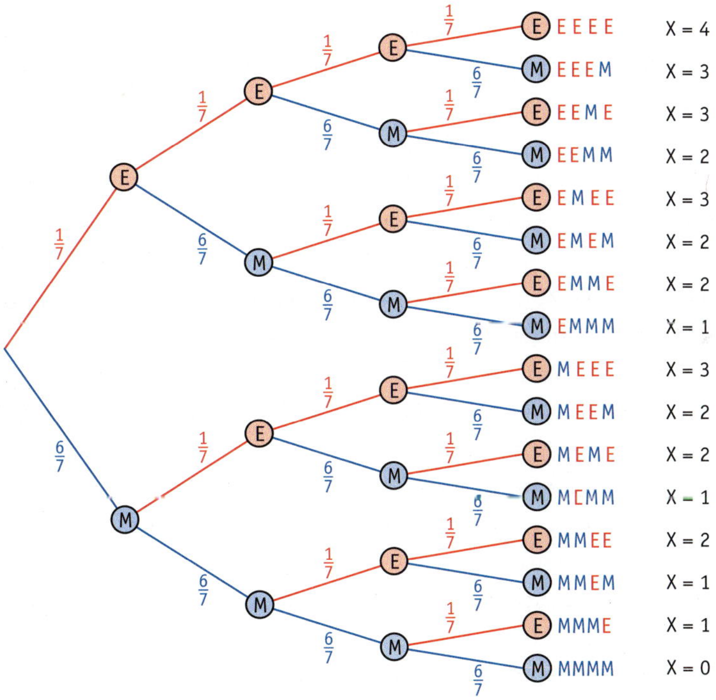

Die Wahrscheinlichkeit für die verschiedenen möglichen Ereignisse berechnen wir mithilfe der Pfadmultiplikationsregel und der Pfadadditionsregel.

- Zum Ereignis „Kein Erfolg“ (also $X = 0$) gehört *ein* Pfad: MMMM
  Dieser hat die Wahrscheinlichkeit:
  $P(X = 0) = \left(\frac{6}{7}\right)^4 \approx 0{,}5398$
- Zum Ereignis „Ein Erfolg“ (also $X = 1$) gehören *vier* Pfade mit gleichen Pfadwahrscheinlichkeiten: EMMM, MEMM, MMEM, MMME, d. h.
  $P(X = 1) = 4 \cdot \left(\frac{1}{7}\right)^1 \cdot \left(\frac{6}{7}\right)^3 \approx 0{,}3599$
- Zum Ereignis „Zwei Erfolge“ (also $X = 2$) gehören *sechs* Pfade mit gleichen Pfadwahrscheinlichkeiten: EEMM, EMEM, EMME, MEEM, MEME, MMEE, d. h.
  $P(X = 2) = 6 \cdot \left(\frac{1}{7}\right)^2 \cdot \left(\frac{6}{7}\right)^2 \approx 0{,}0900$

- Zum Ereignis „Drei Erfolge“ (also X = 3) gehören *vier* Pfade mit gleichen Pfadwahrscheinlichkeiten: EEEM, EEME, EMEE, MEEE, d. h. $P(X = 3) = 4 \cdot \left(\frac{1}{7}\right)^3 \cdot \left(\frac{6}{7}\right) \approx 0{,}0100$
- Schließlich gehört zum Ereignis „Vier Erfolge“ also (X = 4) *ein* Pfad: EEEE. Dieser hat die Wahrscheinlichkeit $P(X = 4) = \left(\frac{1}{7}\right)^4 \approx 0{,}0004$.

Damit können wir die Wahrscheinlichkeitsverteilung angeben:

Anzahl k der Erfolge X = k	Wahrscheinlichkeit für k Erfolge P (X = k)
0	$1 \cdot \left(\frac{1}{7}\right)^0 \cdot \left(\frac{6}{7}\right)^4 \approx 0{,}5398$
1	$4 \cdot \left(\frac{1}{7}\right)^1 \cdot \left(\frac{6}{7}\right)^3 \approx 0{,}3599$
2	$6 \cdot \left(\frac{1}{7}\right)^2 \cdot \left(\frac{6}{7}\right)^2 \approx 0{,}0900$
3	$4 \cdot \left(\frac{1}{7}\right)^3 \cdot \left(\frac{6}{7}\right)^1 \approx 0{,}0100$
4	$1 \cdot \left(\frac{1}{7}\right)^4 \cdot \left(\frac{6}{7}\right)^0 \approx 0{,}0004$
Kontrollfeld	Summe: 1,0001 *Rundungsfehler*

Die Tabelle stellt die Wahrscheinlichkeitsverteilung für X dar.

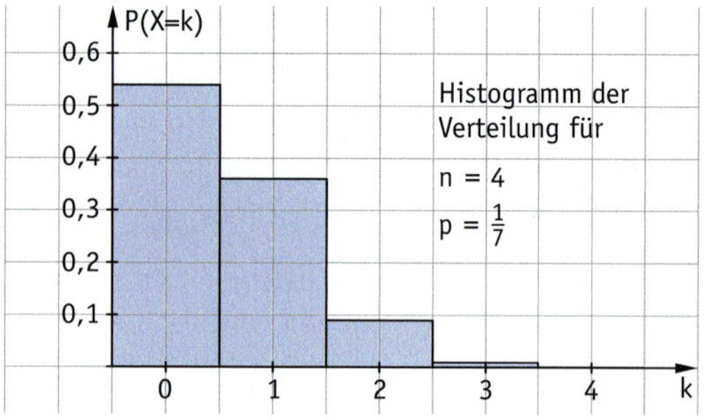

Histogramm zur Wahrscheinlichkeitsverteilung

Information

(1) BERNOULLI-Ketten

In Aufgabe 1 interessierte uns auf jeder Stufe nur, ob die begehrte Sammlerfigur in der Schokokugel war oder nicht; wir bewerten die Ergebnisse als Erfolge bzw. Misserfolge.

Da man bei vielen Zufallsexperimenten solche Unterteilungen nach Erfolg oder Misserfolg vornehmen kann, lohnt es, sich hiermit näher zu beschäftigen.

JAKOB BERNOULLI
1654 – 1705
Mitbegründer der Wahrscheinlichkeitsrechnung

Definition 5: BERNOULLI-Experiment, BERNOULLI-Kette

(1) Ein Zufallsexperiment mit nur zwei interessierenden Ergebnissen heißt ein **BERNOULLI-Experiment**. Die Ergebnisse bezeichnet man als *Erfolg* bzw. *Misserfolg*. Die Wahrscheinlichkeit für einen Erfolg bezeichnet man als *Erfolgswahrscheinlichkeit* p, die für einen Misserfolg als *Misserfolgswahrscheinlichkeit* q. Es gilt: $q = 1 - p$.

(2) Wird ein BERNOULLI-Experiment n-mal durchgeführt und ändert sich die Erfolgswahrscheinlichkeit von Stufe zu Stufe nicht, so spricht man von einem n-stufigen BERNOULLI-Experiment oder einer n-stufigen **BERNOULLI-Kette**.

(2) Interpretation eines Zufallsexperiments als BERNOULLI-Kette

Statt Erfolg und Misserfolg kann man auch Treffer und Niete sagen.

Der Begriff *Erfolg* ist umgangssprachlich mit etwas Erfreulichem verbunden, *Misserfolg* ist entsprechend negativ belastet. Im Zusammenhang mit dem Urnenmodell und der Ziehung unterschiedlich gefärbter Kugeln oder Lose erscheinen die Bezeichnungen angemessen. Wird aber z. B. bei zufällig ausgesuchten Personen geprüft, ob eine Infektion vorliegt, dann wird man das Vorliegen einer Infektion umgangssprachlich kaum als „Erfolg“ bezeichnen, auch wenn die Mediziner von einem „positiven“ Befund sprechen.

Für die Interpretation als BERNOULLI-Kette interessieren nur folgende Eigenschaften:

- Das Zufallsexperiment lässt sich als n-stufiges Experiment interpretieren.
- Auf jeder Stufe gibt es nur zwei verschiedene Ergebnisse, die wir als Erfolg bzw. Misserfolg bezeichnen.
- Die Wahrscheinlichkeit für einen Erfolg bzw. Misserfolg ist auf allen Stufen gleich.

Erfolg und Misserfolg sind als Bezeichnungen austauschbar; entsprechend sind die Erfolgs- und Misserfolgswahrscheinlichkeiten p und $q = 1 - p$ zu vertauschen.

Information

(3) Zufallsgröße bei BERNOULLI-Ketten

Da wir uns nur dafür interessieren, ob auf einer Stufe ein *Erfolg* oder ein *Misserfolg* eintritt, betrachten wir bei BERNOULLI-Ketten stets die Zufallsgröße X: *Anzahl der Erfolge*. Diese kann die Werte $k = 0, 1, \ldots, n$ annehmen (mindestens 0 Erfolge, höchstens n Erfolge).

Bevor wir nun einen allgemeinen Term für die Wahrscheinlichkeit $P(X = k)$ angeben können, müssen wir wie bei der Lösung von Aufgabe 1 überlegen, wie viele Pfade zum Ereignis $X = k$ im Baumdiagramm einer n-stufigen BERNOULLI-Kette gehören. Dies klären wir im nächsten Abschnitt.

Übungsaufgaben

2 Drei Freunde haben für ein Würfelspiel vereinbart, dass man eine Spielfigur erst dann auf das Spielfeld setzen darf, wenn man eine Eins gewürfelt hat. Jeder hat nur einen Versuch, dann muss der Würfel weitergereicht werden.
Bestimmen Sie die Wahrscheinlichkeiten, dass in einer Runde keine Eins, eine Eins, zwei Einsen, drei Einsen gewürfelt werden.
Geben Sie die Wahrscheinlichkeitsverteilung für die Zufallsgröße X: *Anzahl der Einsen in einer Runde* in einer Tabelle und in einem Histogramm an.

3 Geben Sie an, ob das Zufallsexperiment ein BERNOULLI-Experiment ist oder nicht. Begründen Sie.

a) Werfen einer Reißzwecke.

b) Ziehen aus einem Gefäß, das Lose enthält, die entweder Nieten oder Gewinne sind.

c) Ziehen einer Kugel aus einem Gefäß, das rote, grüne und weiße Kugeln enthält; wir achten darauf, ob die gezogene Kugel rot ist.

d) Gleichzeitiges Werfen von zwei Münzen; wir achten darauf, ob die oben liegenden Seiten gleich sind.

4 Entscheiden Sie, ob das Zufallsexperiment eine BERNOULLI-Kette ist. Begründen Sie die Antwort.

a) Ein Würfel wird siebenmal nacheinander geworfen: Wir notieren jeweils die Augenzahl.

b) Aus einer Urne mit 20 schwarzen und 10 weißen Kugeln werden 12 Kugeln gezogen. Die gezogene Kugeln wird jedesmal in die Urne zurückgelegt [nicht zurückgelegt].
Wir achten darauf, ob die gezogene Kugel weiß ist.

5 Unter welcher Voraussetzung ist das folgende Zufallsexperiment eine BERNOULLI-Kette?
Geben Sie gegebenenfalls Erfolg und die zugehörige Erfolgswahrscheinlichkeit an.

(1) Eine Münze wird 10-mal geworfen.

(2) 10 Münzen werden gleichzeitig geworfen.

(3) 5 % aller Konservendosen haben Untergewicht; 8 Dosen werden zufällig aus Kartons herausgegriffen und gewogen.

(4) 90 % aller Haushalte besitzen einen Internetanschluss; 50 Haushalte werden repräsentativ ausgewählt.

6 Überlegen Sie, welche BERNOULLI-Experimente folgenden Vorgängen zugeordnet werden können. Erläutern Sie was als *Erfolg*, was als *Misserfolg* angesehen werden kann.

a) Eine Klasse geht ins Schwimmbad.

b) Eine Reisegesellschaft passiert die Zollkontrolle.

c) Ein Lehrer stellt einen Vokabeltest.

7 Eine Münze wird fünfmal geworfen. Wir betrachten die Zufallsgröße X: *Anzahl der Wappen.*

(1) Notieren Sie, welche Ergebnisse (5-Tupel) möglich sind.

(2) Wie viele dieser 5-Tupel gehören zum Ereignis $X = 0$; $X = 1$; ...; $X = 5$?

(3) Welche Wahrscheinlichkeitsverteilung hat die Zufallsgröße X?

8 Kann das Zufallsexperiment als BERNOULLI-Kette aufgefasst werden?
Begründen Sie Ihre Entscheidung.

a) Aus einer Kiste mit Schrauben werden einzeln nacheinander 10 Stück herausgenommen, auf ihre Brauchbarkeit geprüft und danach wieder zurückgelegt.

b) Beim Fußballtraining tritt jeder der 15 möglichen Feldspieler einen Elfmeter.

c) In einem Gefäß sind schwarze und weiße Kugeln; 6 Kugeln werden auf einmal herausgenommen.

d) Bei einer Meinungsumfrage haben die befragten Personen die Möglichkeit, einer bestimmten Meinung zuzustimmen oder diese abzulehnen.

e) Eine Klasse wählt einen Klassensprecher und seinen Stellvertreter.

9 Bei einer Lotterie werden Tausende von Losen mit dreistelligen Nummern von 000 bis 999 verkauft. Dann wird die Glücksnummer der Lotterie Ziffer für Ziffer einzeln mithilfe eines Glücksrades ausgelost. Begründen Sie, warum dieses Zufallsexperiment als dreistufige BERNOULLI-Kette mit Erfolgswahrscheinlichkeit $\frac{1}{10}$ aufgefasst werden kann.
Der 1. Preis wird vergeben, wenn die Losnummer mit der Glückszahl übereinstimmt. Stimmen Losnummer und Glückszahl in zwei Ziffern überein, so erhält man den 2. Preis. Bestimmen Sie die Wahrscheinlichkeiten für den Gewinn eines 1. Preises und für den Gewinn eines 2. Preises.

10 Beim Lottospiel 6 aus 49 werden nacheinander 6 Kugeln aus einem Ziehungsgefäß mit 49 Kugeln gezogen. Die Kugeln tragen die Nummern 1, 2, 3, ..., 49. In jeder Woche finden zwei solcher Lottoziehungen statt, sodass es pro Jahr 102 oder manchmal sogar 103 Lottoziehungen gibt.
Begründen Sie:

(1) Die Wahrscheinlichkeit für die Ziehung einer bestimmten Zahl, z. B. der Zahl 13, in einer der Lottoziehungen beträgt $p = \frac{6}{49}$.

(2) Betrachtet man die Zufallsgröße X: *Anzahl der Ziehungen einer bestimmten Zahl,* kann man die Abfolge von $n = 102$ Lottoziehungen in einem Jahr als 102-stufige BERNOULLI-Kette mit $p = \frac{6}{49}$ auffassen.

11 BERNOULLI-Ketten lassen sich leicht mithilfe einer Tabellenkalkulation oder eines Rechners simulieren.

(1) Begründen Sie, wie und warum dies möglich ist.

(2) Erläutern Sie, wie die Simulation des Zufallsexperiments aus Aufgabe 1 durchgeführt werden kann.

(3) Erläutern Sie, wie durch die rechts abgebildeten Schritte die Simulation einer 100-stufigen BERNOULLI-Kette mit $p = \frac{1}{6}$ vorgenommen wird. Führen Sie die Schritte mehrfach durch und tragen Sie die Ergebnisse der Lerngruppe zusammen.
Stellen Sie die Häufigkeitsverteilung in Form eines Histogramms dar.

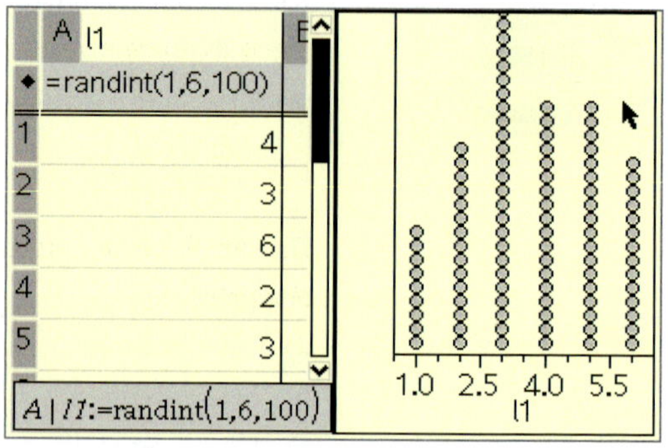

5.4.3 Binomialkoeffizienten – BERNOULLI-Formel

Einführung

In diesem Abschnitt soll für die Wahrscheinlichkeitsverteilung von BERNOULLI-Ketten eine Formel entwickelt werden. Dazu betrachten wir das BERNOULLI-Experiment „Werfen eines Würfels". Als Erfolg wird die Augenzahl Sechs gewertet. Der Würfel wird sechsmal hintereinander geworfen. Wir bestimmen die Wahrscheinlichkeit für die folgenden Ereignisse:

(1) Es werden genau zwei Sechsen geworfen.

(2) Es werden genau 3 Sechsen geworfen.

(1) Wahrscheinlichkeit für genau zwei Sechsen bestimmen

Wir bezeichnen das Auftreten einer Sechs als Erfolg E, das Auftreten der übrigen Augen als Misserfolg M. Es ist aufwendig, ein Baumdiagramm für diese BERNOULLI-Kette vollständig zu zeichnen, da es insgesamt $2^6 = 64$ Pfade enthält. Wir zeichnen daher nur einen Ausschnitt.

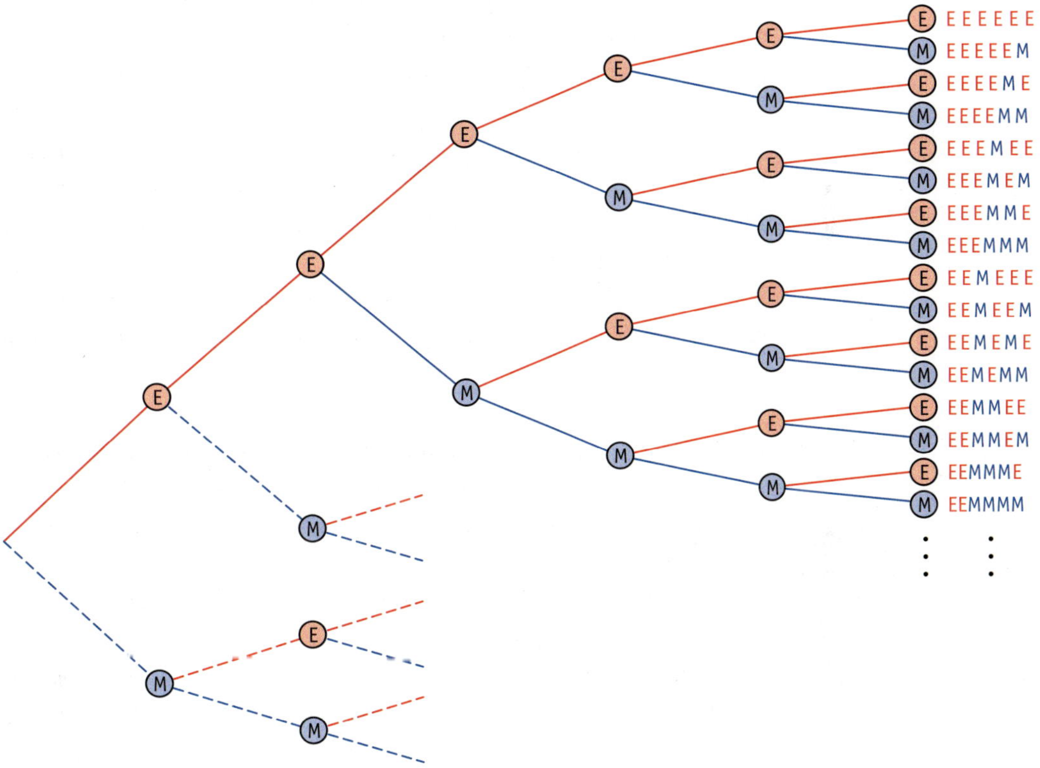

Am Ausschnitt des Baumdiagramms erkennt man schon, dass jeder der Pfade mit zwei Erfolgen die Wahrscheinlichkeit $\frac{1}{6}\cdot\frac{1}{6}\cdot\frac{5}{6}\cdot\frac{5}{6}\cdot\frac{5}{6}\cdot\frac{5}{6} = \left(\frac{1}{6}\right)^2\cdot\left(\frac{5}{6}\right)^4 = \frac{625}{46\,656}$ hat.

Wir müssen also nur überlegen, wie viele Pfade mit zwei Erfolgen es gibt.

Wir können am obigen Baumdiagrammausschnitt nicht abzählen, wie viele solcher Pfade es gibt. Wir überlegen daher, wie viele Möglichkeiten es gibt, zwei Erfolge auf 6 Stellen unterzubringen.

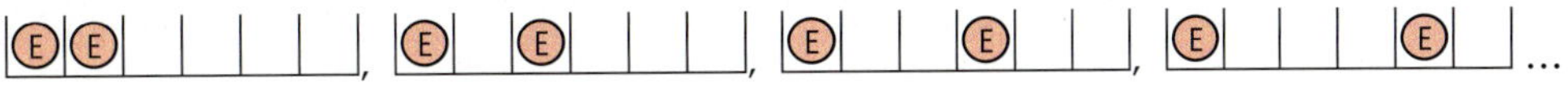

Die übrigen Felder könnten mit M ausgefüllt werden. Der Übersichtlichkeit halber verzichten wir darauf.

Für die Wahl des ersten Feldes für Ⓔ gibt es 6 Möglichkeiten:

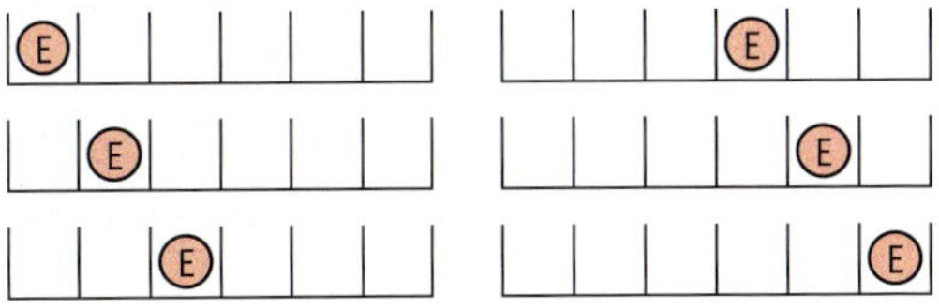

Für die Wahl des zweiten Feldes, in das ein E eingetragen werden kann, bleiben dann jeweils noch 5 freie Felder. Insgesamt sind dies dann $6 \cdot 5 = 30$ Möglichkeiten, zwei E einzutragen.

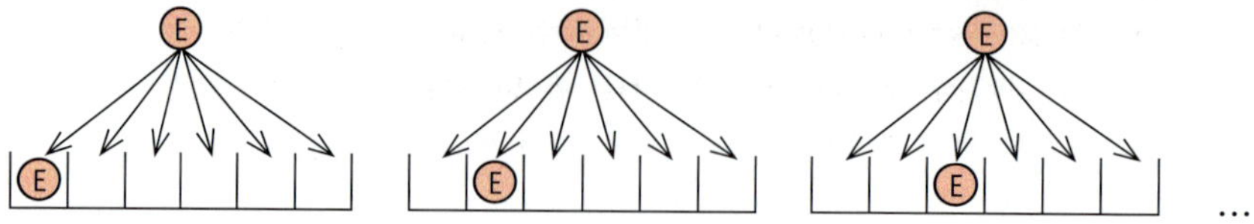

Allerdings entstehen dabei nicht 30 verschiedene Belegungen der sechs Felder:

Die Belegung  kann man zum Beispiel auf zwei verschiedene Weisen erhalten.

Da man zum Schluss nicht erkennen kann, welches der beiden E zuerst eingetragen wurde, sind jeweils zwei Belegungen der Felder identisch.

Bei der obigen Zählweise werden also die möglichen Fälle doppelt gezählt. Daher gibt es insgesamt $\frac{6 \cdot 5}{2} = 15$ Möglichkeiten der Auswahl von *2 aus 6 Stufen* für einen Erfolg.

Die Wahrscheinlichkeit für genau 2 Sechsen beim 6-fachen Würfeln beträgt also $15 \cdot \frac{625}{46\,656} = \frac{9\,375}{46\,656} \approx 0{,}20.$

(2) Wahrscheinlichkeit für genau 3 Sechsen bestimmen

Jeder Pfad mit 3 Sechsen hat die Wahrscheinlichkeit $\frac{1}{6} \cdot \frac{1}{6} \cdot \frac{1}{6} \cdot \frac{5}{6} \cdot \frac{5}{6} \cdot \frac{5}{6} = \left(\frac{1}{6}\right)^3 \cdot \left(\frac{5}{6}\right)^3 = \frac{125}{46\,656}.$

Wir überlegen wieder, wie viele solcher Pfade es gibt. Verteilt man 3 E auf 6 Felder, so hat man für das erste E 6 Möglichkeiten, für das zweite 5 und für das dritte 4. Da alle diese Möglichkeiten miteinander kombiniert werden können, ergeben sich insgesamt $6 \cdot 5 \cdot 4 = 120$ Möglichkeiten.

Die Belegung 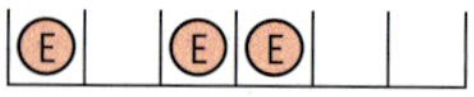 kann zum Beispiel auf sechs verschiedene Arten entstehen:

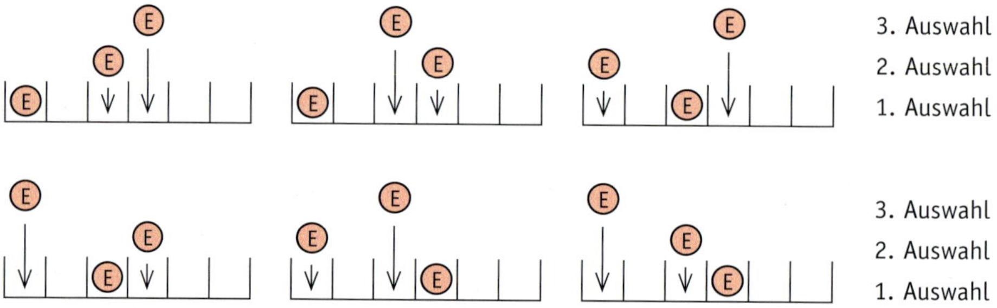

Jeweils 6 von den 120 Möglichkeiten stimmen also im Ergebnis überein, da man am Ende nicht mehr erkennen kann, in welcher Reihenfolge die E verteilt wurden. Es gibt daher insgesamt $\frac{120}{6} = 20$ Auswahlmöglichkeiten für *3 aus 6 Stufen* für einen Erfolg.

Die Wahrscheinlichkeit für genau 3 Sechsen beträgt also $20 \cdot \frac{125}{46\,656} = \frac{2\,500}{46\,656} \approx 0{,}05$

Information

(1) Anzahl der Pfade mit k Erfolgen – Binomialkoeffizienten

Wir verallgemeinern die Überlegung aus der Einführung zur Bestimmung der Anzahl der Pfade für k Erfolge bei einer n-stufigen BERNOULLI-Kette. Dazu überlegen wir, wie viele Möglichkeiten es gibt, k aus n Feldern für einen Erfolg E auszuwählen:

- Anzahl der Möglichkeiten für das erste E: n
- Anzahl der Möglichkeiten für das zweite E: $n - 1$
- Anzahl der Möglichkeiten für das dritte E: $n - 2$

  ⋮ ⋮ ⋮ ⋮ ⋮ ⋮ ⋮
- Anzahl der Möglichkeiten für das k-te E: $n - k + 1$

Insgesamt sind es $n(n-1)(n-2) \cdot \ldots \cdot (n-k+1)$ Möglichkeiten.

Von diesen Möglichkeiten stimmen diejenigen im Ergebnis überein, bei denen die E nur in anderer Reihenfolge auf die k belegten Felder verteilt werden:

- Anzahl der Möglichkeiten für das erste Feld: k
- Anzahl der Möglichkeiten für das zweite Feld: $k - 1$
- Anzahl der Möglichkeiten für das dritte Feld: $k - 2$

  ⋮ ⋮ ⋮ ⋮ ⋮ ⋮ ⋮
- Anzahl der Möglichkeiten für das k-te Feld: 1

Insgesamt stimmen also jeweils $k(k-1)(k-2)\cdot\ldots\cdot 1$ der zunächst gewählten Möglichkeiten überein.

Es gibt also $\frac{n\cdot(n-1)(n-2)\cdot\ldots\cdot(n-k+1)}{k\cdot(k-1)(k-2)\cdot\ldots\cdot 1}$ Pfade mit k Erfolgen.

Sowohl im Zähler als auch im Nenner k Faktoren

Für diesen Term führt man eine Abkürzung ein:

Definition 6

Für natürliche Zahlen n und k mit $k \leq n$ setzt man

$$\binom{n}{k} = \frac{n\cdot(n-1)\cdot(n-2)\cdot\ldots\cdot(n-k+1)}{k\cdot(k-1)\cdot(k-2)\cdot\ldots\cdot 1} = \frac{n!}{(n-k)!\,k!} \quad \text{sowie} \quad \binom{n}{0} = 1$$

Es gibt nur 1 Pfad mit 0 Erfolgen.

$\binom{n}{k}$ wird gelesen als *n über k* und heißt **Binomialkoeffizient**.

Beispiele

$\binom{7}{4} = \frac{7\cdot6\cdot5\cdot4}{4\cdot3\cdot2\cdot1} = 35$ $\binom{12}{5} = \frac{12\cdot11\cdot10\cdot9\cdot8}{5\cdot4\cdot3\cdot2\cdot1} = 792$ $\binom{4}{1} = \frac{4}{1} = 4$

Der Bruch $\binom{n}{k} = \frac{n\cdot(n-1)\cdot\ldots\cdot(n-k+1)}{k\cdot(k-1)\cdot\ldots\cdot 1}$ gibt eine Anzahl an; er ist also eine natürliche Zahl.

Daraus ergibt sich, dass sich dieser Bruch stets in eine natürliche Zahl kürzen lässt.

(2) Allgemeines Zählprinzip der Kombinatorik

In der Information (1) wurde eine wichtige Regel der Kombinatorik angewandt:
Wir können die Anzahl der möglichen Ergebnisse eines mehrstufigen Zufallsexperiments bestimmen, indem wir uns das zugehörige Baumdiagramm mit seinen Verzweigungen vorstellen. Die Anzahl der Möglichkeiten erhalten wir dann durch Multiplikation der jeweiligen Anzahl von Verzweigungen auf den einzelnen Stufen.

Nacheinander sollen k Entscheidungen (Auswahlen) getroffen werden. Angenommen,

auf der ersten Stufe gibt es n_1 Möglichkeiten;
auf der zweiten Stufe gibt es jeweils n_2 Möglichkeiten;
⋮ ⋮
auf der k. Stufe gibt es jeweils n_k Möglichkeiten.

Dann gibt es *insgesamt* $n_1 \cdot n_2 \cdot \ldots \cdot n_k$ Möglichkeiten.

Beispiel

Bei der Lottoziehung „6 aus 49" hat man für das erste Kreuz bei einem Tipp 49 Möglichkeiten, für das zweite Kreuz 48, für das dritte Kreuz 47 usw., insgesamt also $49\cdot48\cdot47\cdot46\cdot45\cdot44$ Möglichkeiten.

Nun kommt es beim Ankreuzen der Zahlen aber nicht auf die Reihenfolge an. Insgesamt kann man 6 Zahlen auf $6\cdot5\cdot4\cdot3\cdot2\cdot1$ Arten anordnen.

Daher gibt es also $\binom{49}{6} = \frac{49\cdot48\cdot47\cdot46\cdot45\cdot44}{6\cdot5\cdot4\cdot3\cdot2\cdot1} = 13\,983\,816$ verschiedene Lottotipps.

Information

(3) Berechnen von Binomialkoeffizienten mit dem Rechner

Auch Binomialkoeffizienten können mit vielen Rechnern direkt berechnet werden. Im Englischen bezeichnet man die obige Anzahl der Möglichkeiten als *combinations*.

Bei vielen Rechnern lautet der Befehl zum Bestimmen von Binomialkoeffizienten auch **nCr**, muss aber in der Form nCr(n, k) verwendet werden und kann direkt so eingegeben werden.

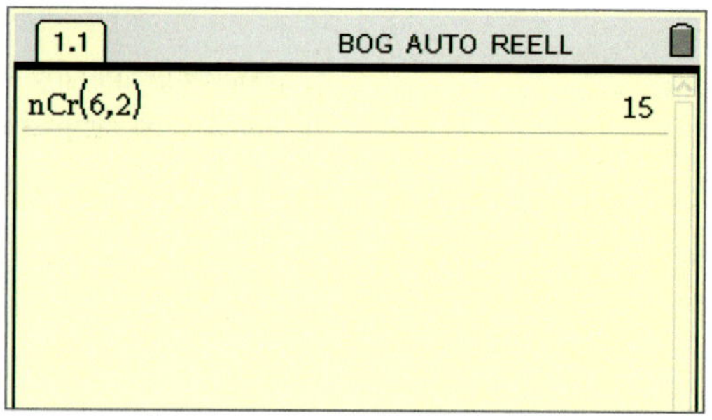

Aufgabe

1 Wahrscheinlichkeiten von Bernoulli-Ketten

a) Ein Würfel wird achtmal geworfen. Die Wahrscheinlichkeit, dass unter den 8 Würfen genau 5 Einsen sind, wurde im Beispiel rechts mithilfe des Binomialkoeffizienten bestimmt.
Erläutern Sie die Vorgehensweise bei dieser Rechnung.

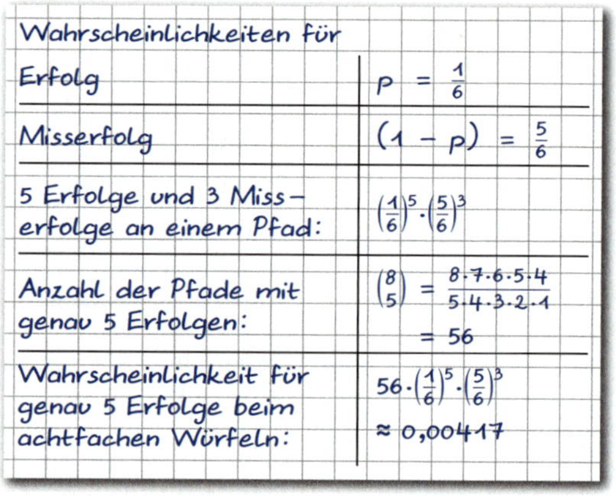

b) Begründen Sie den folgenden Satz und berechnen Sie damit die Wahrscheinlichkeitsverteilung einer 4-stufigen Bernoulli-Kette mit $p = 0{,}3$.

> **Satz 1:** Bernoulli-Formel
>
> Gegeben ist eine n-stufige Bernoulli-Kette mit Erfolgswahrscheinlichkeit p.
> Dann ist die Wahrscheinlichkeitsverteilung der Zufallsgröße X: *Anzahl der Erfolge* gegeben durch
>
> $$P(X = k) = \binom{n}{k} p^k (1-p)^{n-k} \quad \text{mit } k = 0, 1, \ldots, n$$

Lösung

a) Die Erfolgswahrscheinlichkeit beträgt $\frac{1}{6}$, die Misserfolgswahrscheinlichkeit somit $\frac{5}{6}$. Wenn es genau 5 Erfolge gibt, dann gibt es genau 3 Misserfolge. Am Baum interessieren somit nur die Pfade mit 5 Erfolgen und 3 Misserfolgen. Die Wahrscheinlichkeit ist immer gleich $\left(\frac{1}{6}\right)^5 \cdot \left(\frac{5}{6}\right)^3$. Die Anzahl dieser Pfade kann mithilfe des Binomialkoeffizienten $\binom{8}{5} = 56$ ermittelt werden. Da es aber 56 Pfade mit jeweils der gleichen Wahrscheinlichkeit $\left(\frac{1}{6}\right)^5 \cdot \left(\frac{5}{6}\right)^3$ sind, ergibt sich die gesuchte Wahrscheinlichkeit aus $56 \cdot \left(\frac{1}{6}\right)^5 \cdot \left(\frac{5}{6}\right)^3 \approx 0{,}00417$.

b) Zum Ereignis $X = k$ gehören $\binom{n}{k}$ Pfade, denn es gibt $\binom{n}{k}$ Möglichkeiten, k Erfolge und $n - k$ Misserfolge auf n Stufen anzuordnen.
Jeder dieser $\binom{n}{k}$ Pfade mit k Erfolgen und $n - k$ Misserfolgen hat gemäß Pfadmultiplikationsregel die Wahrscheinlichkeit $p^k(1-p)^{n-k}$. Damit ergibt sich die oben angegebene Formel:

$$P(X = k) = \binom{n}{k} p^k (1-p)^{n-k}$$

Für eine 4-stufige Bernoulli-Kette mit $p = 0{,}3$ kann man damit die folgende Wahrscheinlichkeitsverteilung berechnen:

k	0	1	2	3	4
P(X = k)	$\binom{4}{0} \cdot 0{,}3^0 \cdot 0{,}7^4$ = 0,2401	$\binom{4}{1} \cdot 0{,}3^1 \cdot 0{,}7^3$ = 0,4116	$\binom{4}{2} \cdot 0{,}3^2 \cdot 0{,}7^2$ = 0,2646	$\binom{4}{3} \cdot 0{,}3^3 \cdot 0{,}7^1$ = 0,0756	$\binom{4}{4} \cdot 0{,}3^4 \cdot 0{,}7^0$ = 0,0081

Information

(4) Binomialverteilung

> Die Wahrscheinlichkeitsverteilung der Zufallsgröße X: *Anzahl der Erfolge* bei einer n-stufigen BERNOULLI-Kette wird als **Binomialverteilung** bezeichnet.

Die Bezeichnung Binomialverteilung wurde gewählt, weil es einen Zusammenhang mit den binomischen Formeln gibt.

Beispiel

Für eine 5-stufige BERNOULLI-Kette mit der Erfolgwahrscheinlichkeit p und der Misserfogswahrscheinlichkeit $(1-p)$ ergibt sich für die Zufallsgröße X: *Anzahl der Erfolge* die folgende Binomialverteilung:

k	0	1	2	3	4	5
P(X = k)	$\binom{5}{0}p^0(1-p)^5$	$\binom{5}{1}p^1(1-p)^4$	$\binom{5}{2}p^2(1-p)^3$	$\binom{5}{3}p^3(1-p)^2$	$\binom{5}{4}p^4(1-p)^1$	$\binom{5}{5}p^5(1-p)^0$

(5) Binomialverteilungen mit einem Rechner bestimmen

Bei vielen Rechnern findet man den Befehl **binomPdf**. Diesen Befehl kann man auf verschiedene Weise benutzen, z. B.:

- binomPdf(10, 0.3, 4) berechnet bei einer 10-stufigen BERNOULLI-Kette mit Erfolgswahrscheinlichkeit $p = 0{,}3$ die Wahrscheinlichkeit für 4 Erfolge.
- binomPdf(5, 0.5, {0, 1, 2}) liefert z. B. beim 5-fachen Münzwurf die Wahrscheinlichkeiten für 0; 1; 2 Erfolge (Wappen).
- binomPdf(6, 1/6) bestimmt alle Werte der Binomialverteilung mit $n = 6$ und $p = \frac{1}{6}$

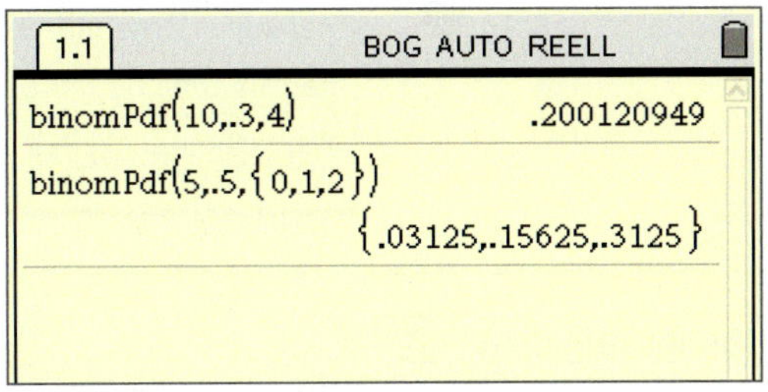

Erzeugt man in einer Liste l_1 die natürlichen Zahlen 0, 1, 2, ..., n und in einer Liste l_2 die Wahrscheinlichkeiten einer BERNOULLI-Kette, dann stellen die beiden Listen l_1 und l_2 die Tabelle einer Binomialverteilung dar. Diese kann man grafisch mithilfe eines Rechners darstellen.

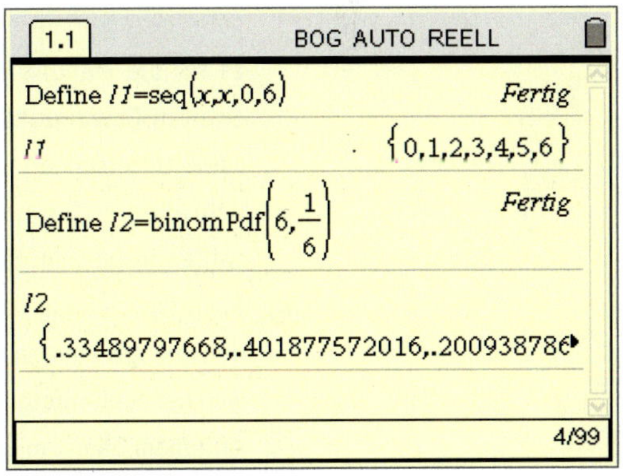

(6) Histogramm

Üblicherweise werden Wahrscheinlichkeitsverteilungen in Form von Histogrammen dargestellt.
Die Rechtecke haben jeweils die Breite 1; die Höhe entspricht der Wahrscheinlichkeit. Daher ist der Gesamtflächeninhalt aller Rechtecke 1.

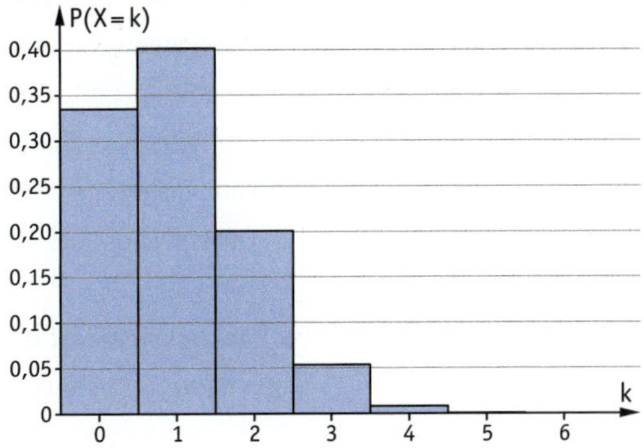

Weiterführende Aufgabe

2 Stichproben und Bernoulli-Ketten

Ziehvorgänge mit Zurücklegen können grundsätzlich als Bernoulli-Ketten aufgefasst werden, da sich die Wahrscheinlichkeit für einen Erfolg nicht ändert. Bei Stichprobennahmen, z. B. bei Meinungsumfragen, achtet man darauf, dass ausgewählte Personen nur einmal erfasst werden.

Kann man trotzdem Wahrscheinlichkeiten von Ereignissen näherungsweise mit einem Binomialansatz berechnen?

a) Vergleichen Sie – zur Klärung dieser Frage – die Wahrscheinlichkeiten von folgenden Ereignissen:
In einer Jahrgangsstufe sind 70 Jungen und 80 Mädchen. Für eine Befragung werden 4 Schülerinnen oder Schüler ausgelost – als Ziehen

(1) mit Zurücklegen (2) ohne Zurücklegen

Mit welcher Wahrscheinlichkeit sind unter den ausgelosten Personen $k = 0, 1, 2, \ldots, 4$ Mädchen?

b) Begründen Sie aufgrund der berechneten Wahrscheinlichkeiten in Teilaufgabe a) die folgende Regel:

Binomialansatz bei Stichprobennahmen

Zieht man aus einer großen Gesamtheit nur wenige Elemente zufällig heraus, dann ergeben sich annähernd gleiche Wahrscheinlichkeitswerte, egal ob man die Auswahl mit oder ohne Zurücklegen vornimmt. Anders formuliert:

Aus einer Urne mit der Gesamtheit n Kugeln wird eine Stichprobe von k Kugeln gezogen. Ist das Verhältnis *Umfang der Gesamtheit* zu *Umfang der Stichprobe* sehr groß, dann ist für die Berechnung von Wahrscheinlichkeiten näherungsweise ein Binomialansatz möglich.

Übungsaufgaben

3

a) Beim Lottospiel *6 aus 49* werden nacheinander 6 Zahlen aus einem Ziehungsgefäß mit 49 Kugeln gezogen. Wie viele Möglichkeiten gibt es für die Ziehung der ersten Gewinnzahl, der zweiten Gewinnzahl, …, der sechsten Gewinnzahl? Untersuchen Sie, wie viele Ziehungsmöglichkeiten es für die Ziehung der sechs Glückszahlen insgesamt gibt.

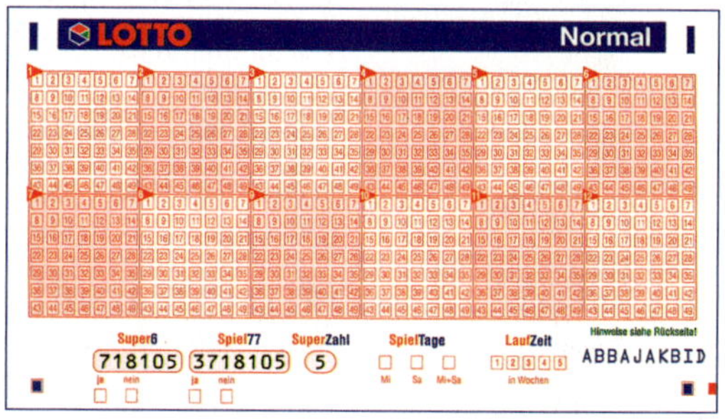

b) Nach der Ziehung der sechs Gewinnzahlen werden die gezogenen Zahlen der Größe nach geordnet, sodass man nachträglich nicht mehr sieht, in welcher Reihenfolge die sechs Kugeln gezogen wurden.
An einem Samstag wurden z. B. die Zahlen 11 – 14 – 24 – 32 – 36 – 42 gezogen. Auf wie viele Arten hätte dieses Ergebnis zustande kommen können?
Bestimmen Sie, wie viele Ziehungsmöglichkeiten es demnach für die Ziehung der sechs Lottozahlen insgesamt gibt, wenn man die Ziehungsreihenfolge nicht beachtet.

c) Ein Würfel wird 49-mal geworfen; dabei tritt 6-mal Augenzahl 1 auf. Wie viele Pfade im Baumdiagramm (mit insgesamt $2^{49} \approx 5 \cdot 10^{14}$ Pfaden) gehören zum Ergebnis 6-mal Augenzahl 1?
Untersuchen Sie, was diese Anzahl mit der in Teilaufgabe b) bestimmten Zahl zu tun hat.

4 Untersuchen Sie, ob zu einer 8-stufigen Bernoulli-Kette mehr Pfade mit 4 Erfolgen als zu einer 9-stufigen Bernoulli-Kette mit 3 Erfolgen gehören.

5

a) Eine Münze wird 10-mal geworfen. Bestimmen Sie die Anzahl der Pfade im Baumdiagramm mit 0-, 1-, 2-, ... 10-mal Wappen.

b) Begründen Sie, warum es genauso viele Pfade mit 3 Erfolgen gibt wie mit 7 Erfolgen [mit 4 Erfolgen wie mit 6 Erfolgen].

c) Begründen Sie, warum bei einer n-stufigen BERNOULLI-Kette zum Ereignis *k Erfolge* genauso viele Pfade gehören wie zum Ereignis *n – k Erfolge*.

6 Ein Multiple-Choice-Test besteht aus 5 Fragen mit je 5 gleichen plausiblen Antworten, wobei aber jeweils nur eine Antwort richtig ist. Jemand kreuzt die Antwortmöglichkeiten auf gut Glück an.
Mit welcher Wahrscheinlichkeit hat diese Person 0 [1; 2; 3; 4; 5] Antworten richtig angekreuzt?
Mit welcher Wahrscheinlichkeit hat sie mehr als die Hälfte der Antworten richtig geraten?

7 Die Wahrscheinlichkeit, dass ein Neugeborenes ein Junge ist, beträgt etwa 0,514.

a) In einem Krankenhaus werden an einem Tag 12 Kinder geboren. Bestimmen Sie die Wahrscheinlichkeit, dass es genau 6 Jungen und 6 Mädchen sind.

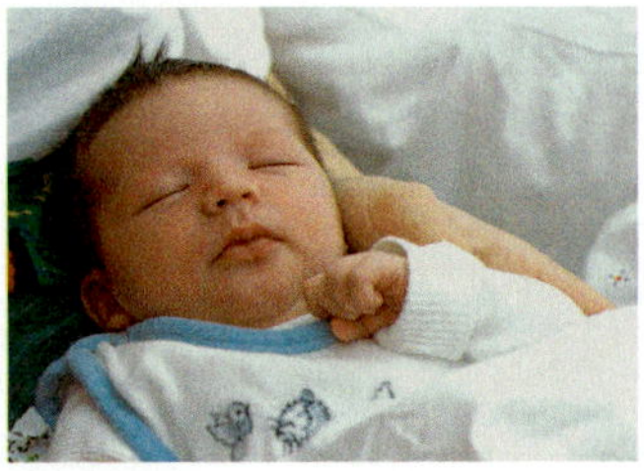

b) Bestimmen Sie die Verteilung der Zufallsgröße X: *Anzahl der Mädchen in einer Familie mit 4 Kindern.*

c) Mit welcher Wahrscheinlichkeit sind in einer Familie mit 6 Kindern mehr Jungen als Mädchen?

Oktaeder

Dodekaeder

Ikosaeder

8

a) Ein Würfel wird 6-mal geworfen. Mit welcher Wahrscheinlichkeit tritt Augenzahl 6 genau 2-mal auf?

b) Ein reguläres Oktaeder wird 8-mal geworfen [ein reguläres Dodekaeder wird 12-mal geworfen; ein reguläres Ikosaeder wird 20-mal geworfen].
Mit welcher Wahrscheinlichkeit tritt Augenzahl 3 genau einmal [fünfmal] auf?

9

(1) In einer Bevölkerungsgruppe haben 70 % der Erwachsenen einen Führerschein. 10 erwachsene Personen werden zufällig ausgewählt. Bestimmen Sie die Wahrscheinlichkeit dafür, dass unter diesen 10 Befragten genau 7 Personen einen Führerschein besitzen.

(2) 21 von 30 Kindern einer Klasse kommen mit dem Bus zur Schule. Für eine Befragung werden 10 von 30 Kindern zufällig ausgewählt. Untersuchen Sie, mit welcher Wahrscheinlichkeit unter den 10 Befragten genau 7 Kinder sind, die mit dem Bus zu Schule kommen.

(3) Erläutern Sie den Unterschied bei den Berechnungen der Wahrscheinlichkeiten in (1) und (2). Begründen Sie, warum man in (1) einen Binomialansatz verwenden darf und in (2) nicht.

10 25 % aller Wahlberechtigten sind jünger als 30 Jahre, 75 % sind jünger als 60 Jahre.

a) Wie groß ist die Wahrscheinlichkeit dafür, dass unter 8 zufällig ausgesuchten Wahlberechtigten
(1) genau 2 Personen unter 30 Jahre alt sind;
(2) genau 6 Personen unter 60 Jahre alt sind?

b) Bestimmen Sie die Wahrscheinlichkeitsverteilung bei einer Zufallsauswahl von 10 wahlberechtigten Personen.
Stellen Sie diese Verteilung auch grafisch dar.

LK 5.4.4 Erwartungswert einer Binomialverteilung

Aufgabe

1 Ein Blumenhändler gibt für seine Blumenzwiebeln eine 90 %-Keimgarantie. Berechnen Sie für eine Packung mit 6 Zwiebeln den Erwartungswert für die Anzahl der keimenden Zwiebeln.

Lösung

Jede einzelne Zwiebel keimt mit einer Wahrscheinlichkeit von 90 %. Daher liegt eine BERNOULLI-Kette mit der Erfolgswahrscheinlichkeit $p = 0{,}9$ vor. Wir notieren die Wahrscheinlichkeitsverteilung in einer Tabelle und berechnen den Erwartungswert.

X: Anzahl der keimenden Zwiebeln	$P(X = k)$	$k \cdot P(X = k)$
0	0,000001	0
1	0,000054	0,000054
2	0,001215	0,002430
3	0,014580	0,043740
4	0,098415	0,393658
5	0,354294	1,771470
6	0,531441	3,188646
Summe	1	5,4

Berechnung mit einem Rechner:

1.1 BOG AUTO REELL	
Define *l1*=seq(*x*,*x*,0,6)	*Fertig*
Define *l2*=binomPdf(6,.9)	*Fertig*
sum(*l1*·*l2*)	5.4

Der Erwartungswert für die Anzahl der keimenden Zwiebeln ist $E(X) = 5{,}4$; also genau 90 % von 6. Man kann folglich im Mittel mit 5 bis 6 keimenden Zwiebeln pro Packung rechnen.

Information

(1) Erwartungswert einer Binomialverteilung

Die Häufigkeitsinterpretation der Wahrscheinlichkeit besagt: Hat ein bestimmtes Ergebnis eines Zufallsexperiments die Wahrscheinlichkeit p, dann machen wir die Prognose, dass nach einer großen Zahl n von Versuchsdurchführungen das Ergebnis ungefähr $(n \cdot p)$-mal auftreten wird. Hierbei geht man davon aus, dass ein Experiment n-mal *unter gleichen Voraussetzungen* wiederholt wird, d. h. wir fordern genau die Bedingungen, die von einer n-stufigen BERNOULLI-Kette erfüllt werden müssen. Der Erwartungswert einer Binomialverteilung gibt die zu erwartende Anzahl von Erfolgen der betrachteten BERNOULLI-Kette an. Also liegt die Vermutung nahe: $E(X) = n \cdot p$.

Man kann diese Formel allgemein beweisen. Wir begnügen uns hier mit den Berechnungen für Binomialverteilungen mit $n = 1, 2, 3$ und beliebigem p:

$n = 1$

$q = 1 - p$

k	$P(X = k)$	$k \cdot P(X = k)$
0	q	0
1	p	p

$E(X) = p$

$n = 2$

k	$P(X = k)$	$k \cdot P(X = k)$
0	q^2	0
1	$2pq$	$2pq$
2	p^2	$2p^2$

$$E(X) = 2pq + 2p^2 = 2p(q + p) = 2p$$

$q + p = 1$

$n = 3$

k	$P(X = k)$	$k \cdot P(X = k)$
0	q^3	0
1	$3pq^2$	$3pq^2$
2	$3p^2q$	$6p^2q$
3	p^3	$3p^3$

$$E(X) = 3p(q^2 + 2pq + p^2) = 3p(q + p)^2 = 3p$$

Allgemein kann man zeigen: $E(X) = np \cdot (q + p)^{n-1} = np$.

Satz 2: Erwartungswert bei einer Binomialverteilung

Gegeben ist eine n-stufige BERNOULLI-Kette mit der Erfolgswahrscheinlichkeit p.

Für den Erwartungswert E (X) der Zufallsgröße X: *Anzahl der Erfolge* gilt:

$$\mathbf{E(X) = n \cdot p}$$

Statt E (X) schreibt man auch μ.

Beispiel

Bei einer 50-stufigen Bernoulli-Kette mit $p = 0{,}2$ erwartet man ungefähr $50 \cdot 0{,}2 = 10$ Erfolge.

Weiterführende Aufgabe

2 Maximum einer Binomialverteilung

a) In Aufgabe 1 wurde festgestellt, dass der Erwartungswert E (X) einer binomialverteilten Zufallsgröße nach der einfachen Formel $E(X) = n \cdot p$ berechnet werden kann. Welche Bedeutung hat nun dieser Wert $E(X) = n \cdot p$ für eine Binomialverteilung? Betrachten Sie dazu die Histogramme der Binomialverteilungen für $n = 50$ und $p = 0{,}1$; $p = 0{,}2$; $p = 0{,}4$; $p = 0{,}5$; $p = 0{,}65$ und $p = 0{,}75$.

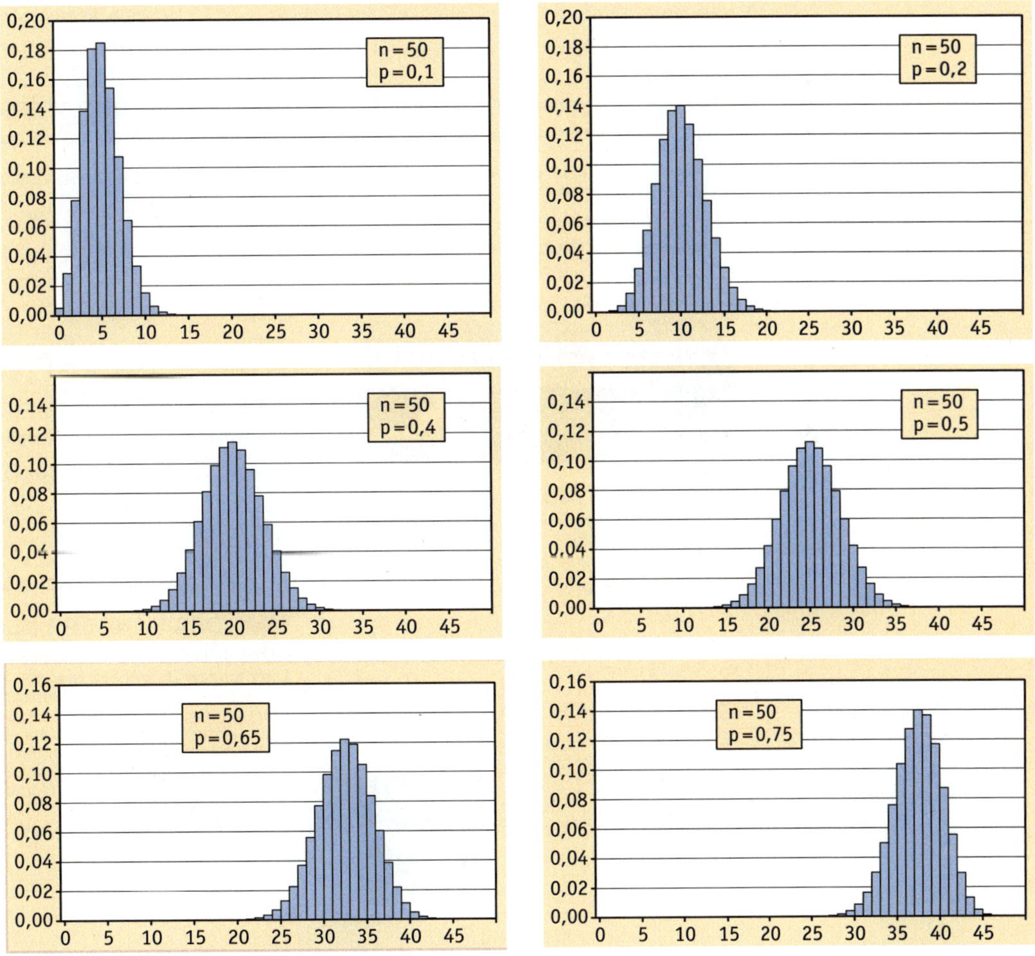

b) Der Erwartungswert einer Binomialverteilung muss nicht ganzzahlig sein. Bestimmen Sie den Erwartungswert für die folgenden BERNOULLI-Ketten. Untersuchen Sie auch, welche Anzahl k der Erfolge jeweils die größte Wahrscheinlichkeit hat.

(1) $n = 20$; $p = 0{,}3$
(2) $n = 19$; $p = 0{,}4$
(3) $n = 17$; $p = 0{,}5$
(4) $n = 11$; $p = 0{,}6$
(5) $n = 16$; $p = 0{,}7$
(6) $n = 17$; $p = 0{,}75$
(7) $n = 31$; $p = 0{,}25$
(8) $n = 32$; $p = 0{,}25$

Information

(2) Maximum einer Binomialverteilung

In Aufgabe 1 haben wir gezeigt, dass das Produkt $n \cdot p$ die Anzahl der zu erwartenden Erfolge bei einer n-stufigen BERNOULLI-Kette beschreibt. In Aufgabe 2 haben wir an Beispielen erkannt:

> Gegeben ist eine n-stufige BERNOULLI-Kette mit Erfolgswahrscheinlichkeit p. Dann gilt: Ist das Produkt $n \cdot p$ ganzzahlig, dann liegt an der Stelle $E(X) = n \cdot p$ das Maximum der Binomialverteilung.

Man kann allgemein zeigen:
Das Maximum einer Binomialverteilung liegt an einer Stelle k_{max} mit $(n+1) \cdot p - 1 \leq k_{max} \leq (n+1) \cdot p$

Übungsaufgabe

3 Eine Zeitschrift veranstaltet jede Woche ein Preisausschreiben mit 10 Fragen zur Allgemeinbildung. Bei jeder Frage sind vier mögliche Antworten vorgegeben, von denen eine richtig ist. Jemand kreuzt bei allen Fragen eine Antwort auf gut Glück an.

a) Wie groß ist die Wahrscheinlichkeit für 0; 1; 2; … ; 10 richtige Antworten?

b) Wie viele richtige Antworten kann er im Mittel erwarten?

VON HUNDERT AUF NULL

Eine Frage der Allgemeinbildung – und eine des Überlebens:
Um wie viel verlängert sich der Bremsweg bei doppelter Geschwindigkeit?

Er verdoppelt sich. A ☐
Er verlängert sich um 25 Prozent. B ☐
Er verlängert sich um 75 Prozent. C ☐
Er vervierfacht sich. D ☐

GUTER ALTER GLOBUS

Ist natürlich nur eine Theorie – allerdings eine ziemlich gut belegte:
Vor wie vielen Jahren entstand die Erde?

vor etwa 4,5 Milliarden Jahren A ☐
vor 45 Mrd. J. B ☐
vor 450 Mio. J. C ☐
vor 4,5 Millionen Jahren D ☐

IST DOCH KLAR, ODER?

Moment mal! Das muss in der Bio-Stunde dran gewesen sein, als ich krank war.
Pilze sind …

Pflanzen A ☐
Tiere B ☐
Bakterien C ☐
nichts davon D ☐

HEILIG-NÜCHTERN

Der strenge und doch überwältigende romanische Kirchenbau
Der Historiker und Journalist Joachim Fest nannte seine Jugenderinnerungen „Ich nicht“. Es ist dies ein Teil des berühmten Diktums. Auch wenn alle es tun, ich nicht. „Wer sprach das „ego non“ (Matthäus-Evangelium, Ölbergszene)?

Jesus A ☐
Judas B ☐
Petrus C ☐
ein römischer Soldat D ☐

MATHE MUSS SEIN

Wir lieben sie. Wir sind von Ihnen fasziniert. Primzahlen sind das Tollste. Nebenbei:
Sind gerade Primzahlen möglich?

vielleicht A ☐
Nein, das ist nicht möglich. B ☐
Es gibt eine gerade Primzahl. C ☐
Es gibt unendlich viele gerade Primzahlen. D ☐

DES SÄNGERS KLEINES HANDICAP

Humanistische Schule ohne Homer? Undenkbar!
Die neueste Theorie: Homer soll ein kastrierter Schreiber am Hofe eines kirchlichen Herrschers gewesen sein. Das behauptet zumindest der österreichische Schriftsteller Raoul Schrott. Dass der Dichter der „Ilias“ seiner Manneskraft beraubt war, bezweifeln die meisten Homer-Forscher. Ein anderer Defekt jedoch gilt seit jeher als Attribut des griechischen Dichtervaters: Homer …

… war blind. A ☐
… war taub. B ☐
… hatte eine Glatze. C ☐
… fehlte ein Ohr. D ☐

4 Wenn man eine n-stufige BERNOULLI-Kette mit Erfolgswahrscheinlichkeit p oft genug durchführt, dann erwarten wir im Mittel $n \cdot p$ Erfolge in jedem der n-stufigen Experimente.

a) Beispiel: $n = 40$, $p = 0{,}2$. Vergleichen Sie die Wahrscheinlichkeit für genau 8 Erfolge mit den Wahrscheinlichkeiten von Nachbarwerten (7 Erfolge; 9 Erfolge; 6 Erfolge; 10 Erfolge).

b) Untersuchen Sie analog zu Teilaufgabe a) die Nachbarwerte von $n \cdot p$:

(1) $n = 60;\ p = 0{,}7$ (2) $n = 55;\ p = 0{,}6$ (3) $n = 80;\ p = 0{,}3$ (4) $n = 72;\ p = 0{,}5$

5 Ein Würfel wird 12-mal geworfen. Untersuchen Sie, wie oft dabei im Mittel die Augenzahl 6 auftritt.

a) Simulieren Sie zunächst das 12-stufige Zufallsexperiment 100-mal und bestimmen Sie die durchschnittliche Anzahl von Sechsen.
Einige Rechner verfügen über den Befehl **randBin** (n, p, s), mit dem man eine n-stufige BERNOULLI-Kette mit der Erfolgswahrscheinlichkeit p insgesamt s-mal simulieren kann.

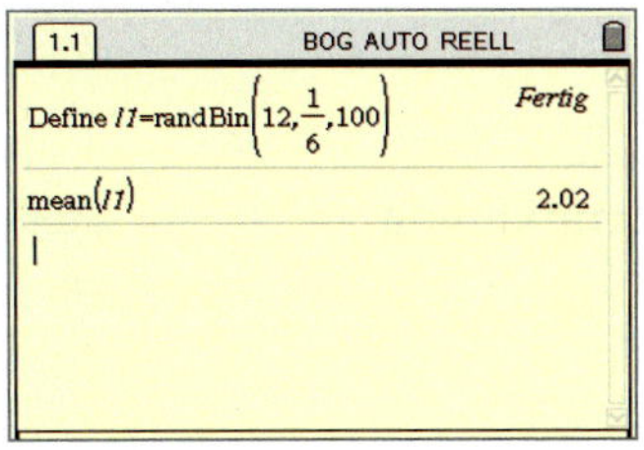

b) Vergleichen Sie die Häufigkeitsverteilung aus Teilaufgabe a) mit der Binomialverteilung mit $n = 12$ und $p = \frac{1}{6}$.

(1) Welchen Erwartungswert hat diese Verteilung?

(2) Untersuchen Sie, welche durchschnittliche Anzahl von Sechsen man also erwarten kann, wenn man das 12-fache Würfeln 100-mal, 1000-mal, ... durchführt.
Warum ist dies plausibel?

6 Bei entsprechender Wahl des Fensters bei einem Rechner kann man für verschiedene Stufenzahlen n die Wahrscheinlichkeiten für 0 Erfolge, 1 Erfolg, 2 Erfolge, ..., n Erfolge einer Binomialverteilung passend auf dem Display darstellen.

a) Vergleichen Sie verschiedene Binomialverteilungen mit gleicher Erfolgswahrscheinlichkeit $p = 0{,}5$ [$p = 0{,}3$] und unterschiedlichem n miteinander:

(1) $n = 10$ (2) $n = 20$ (3) $n = 40$ (4) $n = 80$

Stellen Sie dazu die Verteilungen grafisch dar. Was kann man über die Gestalt des Graphen sagen, wenn n von Schritt zu Schritt verdoppelt wird?

b) Vergleichen Sie die Histogramme der Binomialverteilungen mit gleicher Stufenzahl $n = 50$ und unterschiedlicher Erfolgswahrscheinlichkeit:

(1) $p = 0{,}1$ (2) $p = 0{,}25$ (3) $p = 0{,}5$ (4) $p = 0{,}75$ (5) $p = 0{,}9$

7 In Aufgabe 1 (siehe Seite 239) wurde dargestellt, wie man mithilfe eines Rechners den Erwartungswert einer Binomialverteilung berechnen kann.
Bestimmen Sie nach dem gleichen Verfahren den Erwartungswert einer BERNOULLI-Kette mit $n = 300$ und $p = \frac{1}{3}$ [$n = 200$ und $p = \frac{1}{4}$].

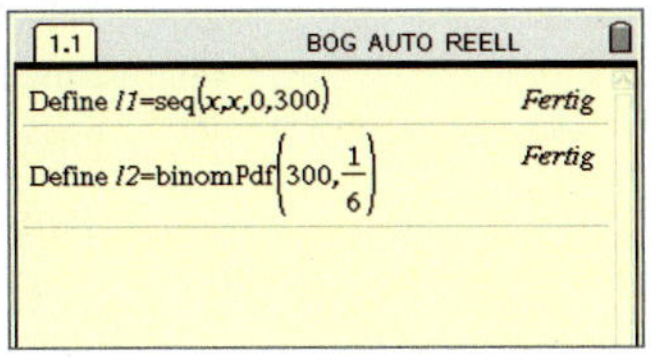

8 Die Grafiken zeigen Histogramme von Binomialverteilungen mit $n = 12$. Wie groß könnte p sein?

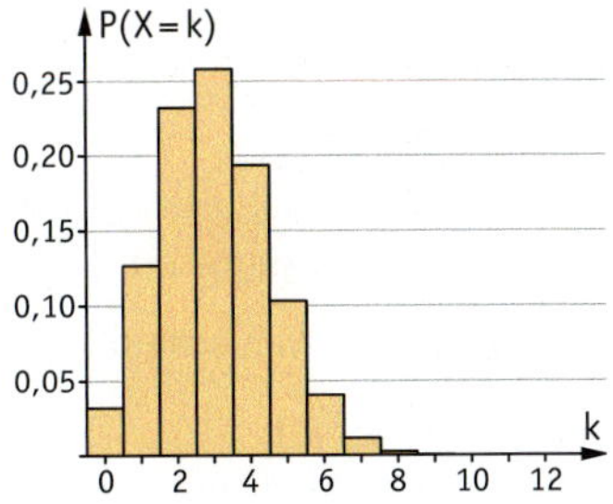

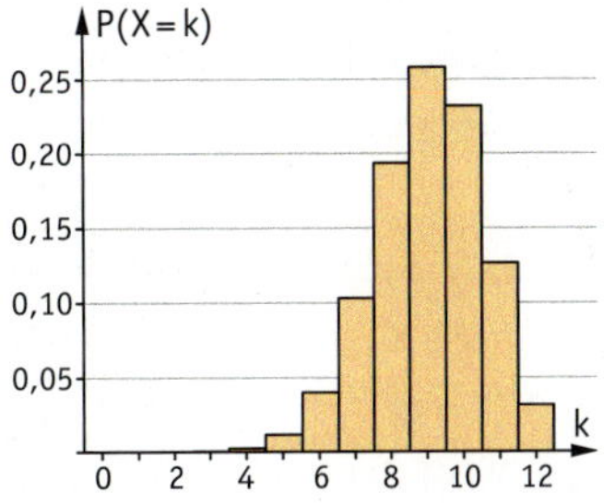

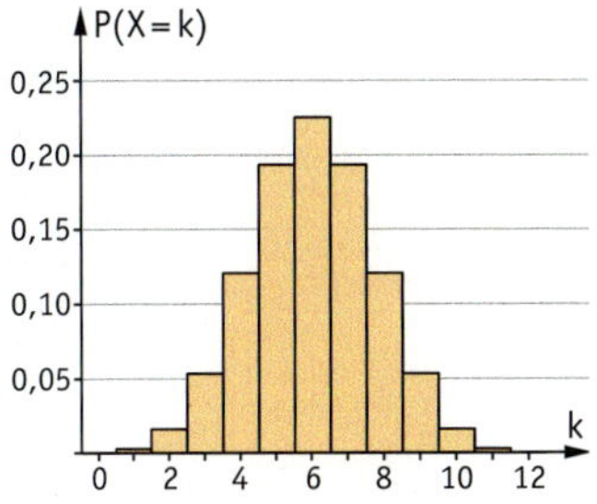

9 Man kann beweisen, dass das Maximum einer Binomialverteilung an einer Stelle k_{max} liegt, für die $(n + 1) \cdot p - 1 \le k_{max} \le (n + 1) \cdot p$ gilt.

a) Überprüfen Sie diese Aussage für $n = 10, 20, 50, 100$ und

(1) $p = \frac{1}{5}$; (2) $p = \frac{2}{3}$; (3) $p = \frac{2}{7}$.

b) Untersuchen Sie, ob es Binomialverteilungen mit zwei Maximalstellen gibt.

5.4.5 Varianz und Standardabweichung bei Wahrscheinlichkeitsverteilungen

Einführung

Standardabweichung einer Zufallsgröße

Wir betrachten jeweils die Zufallsgröße *Anzahl der Erfolge* für drei verschiedene BERNOULLI-Ketten:

(1) $n_1 = 200,\ p_1 = 0{,}05$ (2) $n_2 = 15,\ p_2 = \frac{2}{3}$ (3) $n_3 = 50,\ p_3 = 0{,}24$

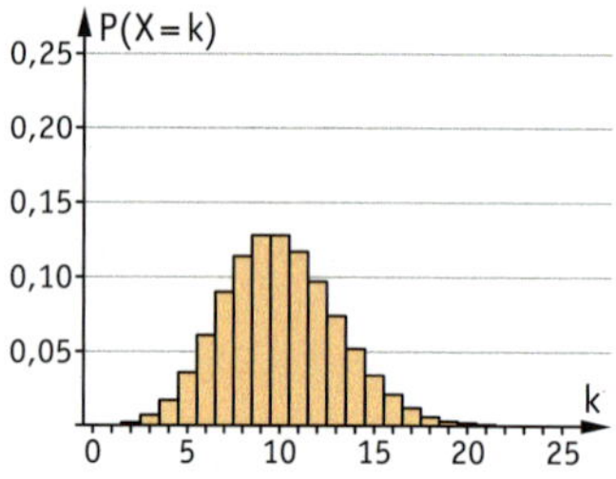

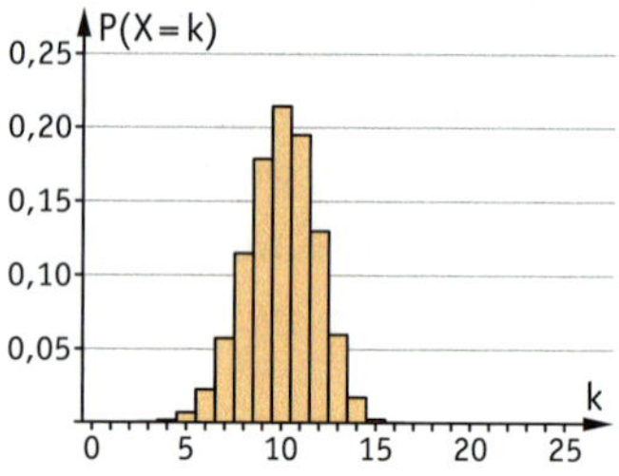

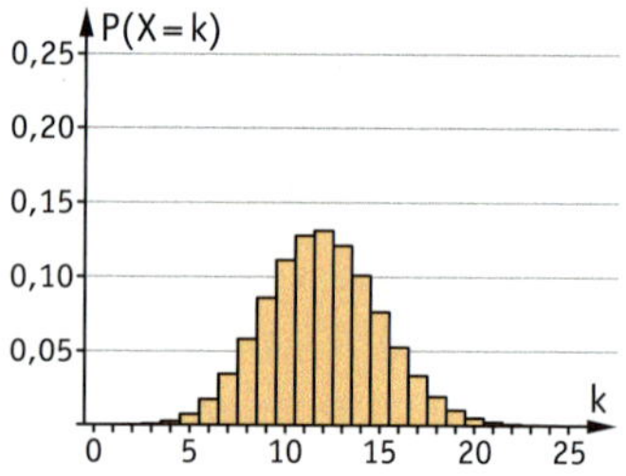

Für die Erwartungswerte gilt:

Statt $E(X)$ sagt man auch μ.

(1) $\mu_1 = 200 \cdot 0{,}05 = 10$ (2) $\mu_2 = 15 \cdot \frac{2}{3} = 10$ (3) $\mu_3 = 50 \cdot 0{,}24 = 12$

In den Beispielen (1) und (2) sind die Erwartungswerte gleich 10. Während die Zufallsgröße im Beispiel (2) nur Werte von 0 bis 15 annehmen kann, nimmt die Zufallsgröße im Beispiel (1) noch Werte über 15 an, die immer noch eine geringe Wahrscheinlichkeit haben. Die Streuung um den Erwartungswert 10 ist im Beispiel (1) somit größer als im Beispiel (2).

Bei gleichen Erwartungswerten hat also die Binomialverteilung mit der höheren Stufenzahl n eine größere Streuung der Zufallsgröße um den Erwartungswert als die Binomialverteilung mit einer geringeren Stufenzahl. Hier ist dies auch gut daran zu erkennen, dass das Histogramm im Beispiel (2) deutlich schmaler und höher ist als in Beispiel (1).

Wie kann man jedoch die Streuungen zweier Wahrscheinlichkeitsverteilungen mit verschiedenen Erwartungswerten, wie z. B. im Beispiel (1) und (3), miteinander vergleichen?

Ein Vergleich der Streuungen wäre in jedem Fall viel leichter möglich, wenn man ein quantitatives Maß für die Streuung einer Wahrscheinlichkeitsverteilung um den Erwartungswert der Zufallsgröße zur Verfügung hätte.

In der Stochastik hat man die mittlere quadratische Abweichung vom Erwartungswert – kurz *Varianz* genannt – als Maß für die Streuung gewählt. Bei der Berechnung der Varianz betrachtet man also die Quadrate der Abweichungen aller möglichen Werte der Zufallsgröße vom Erwartungswert, gewichtet mit den zugehörigen Wahrscheinlichkeiten. Im Folgenden wird sich zeigen, dass die Wurzel aus der Varianz eine besondere Bedeutung zukommt.

Definition 7: Varianz und Standardabweichung einer Zufallsgröße

Eine Zufallsgröße X nehme die Werte $a_1, a_2, \ldots, a_m$ mit den Wahrscheinlichkeiten $P(X = a_1), P(X = a_2), \ldots, P(X = a_m)$ und dem Erwartungswert μ an.

Als **Varianz V(X) der Zufallsgröße X** bezeichnet man die zu erwartende mittlere quadratische Abweichung vom Erwartungswert μ der Zufallsgröße X, also:

$$V(X) = (a_1 - \mu)^2 \cdot P(X = a_1) + (a_2 - \mu)^2 \cdot P(X = a_2) + \ldots + (a_m - \mu)^2 \cdot P(X = a_m)$$

Die Quadratwurzel aus der Varianz einer Zufallsgröße heißt **Standardabweichung σ** (Sigma) der Zufallsgröße X:

$\sigma = \sqrt{V(X)}$ ist ein Maß für die Streuung der Zufallsgröße X um ihren Erwartungswert μ.

Aufgabe

1

a) Bestimmen Sie Varianz und Standardabweichung der Zufallsgröße X: *Anzahl der Würfe mit Augenzahl 6 beim 3-fachen Würfeln* soweit wie möglich ohne einen Rechner.

b) Nutzen Sie die Überlegungen aus Teilaufgabe a) zur Bestimmung von Varianz und Standardabweichung mithilfe eines Rechners und bestimmen Sie zudem Varianz und Standardabweichung für die drei Beispiele (1) $n_1 = 200,\ p_1 = 0{,}05$ (2) $n_2 = 15,\ p_2 = \frac{2}{3}$ (3) $n_3 = 50,\ p_3 = 0{,}24$ aus der Einführung auf Seite 243.

c) Bestimmen Sie Varianz und Standardabweichung für die BERNOULLI-Ketten mit $n = 100$ und $p = 0{,}1;\ 0{,}2;\ 0{,}3;\ \ldots;\ 0{,}9$. Untersuchen Sie die Ergebnisse auf eine Gesetzmäßigkeit zur Bestimmung der Standardabweichung bei einer Binomialverteilung.
Stellen Sie eine Vermutung auf und überprüfen Sie diese an folgenden Beispielen, bei denen die Anzahl n der Stufen variiert: $p = 0{,}4$ und $n = 10,\ 20,\ 40,\ 80$.

Lösung

a) Es handelt sich um eine 3-stufige BERNOULLI-Kette mit der Erfolgswahrscheinlichkeit $p = \frac{1}{6}$ und $\mu = n \cdot p = 3 \cdot \frac{1}{6} = \frac{1}{2}$. Die Zufallsgröße X kann die Werte 0, 1, 2, 3 annehmen. In der Tabelle rechts berechnen wir die zugehörigen Wahrscheinlichkeiten und die Summanden der Varianz:

$$V(X) = (0 - \mu)^2 \cdot P(X = 0) + (1 - \mu)^2 \cdot P(X = 1) + (2 - \mu)^2 \cdot P(X = 2) + (3 - \mu)^2 \cdot P(X = 3)$$

k	P(X = k)	$(k - \mu)^2$	$(k - \mu)^2 \cdot P(X = k)$
0	$1 \cdot \left(\frac{1}{6}\right)^0 \cdot \left(\frac{5}{6}\right)^3 = \frac{125}{216}$	$\frac{1}{4}$	$\frac{125}{864}$
1	$3 \cdot \left(\frac{1}{6}\right) \cdot \left(\frac{5}{6}\right)^2 = \frac{75}{216}$	$\frac{1}{4}$	$\frac{75}{864}$
2	$3 \cdot \left(\frac{1}{6}\right)^2 \cdot \left(\frac{5}{6}\right) = \frac{15}{216}$	$\frac{9}{4}$	$\frac{135}{864}$
3	$1 \cdot \left(\frac{1}{6}\right)^3 \cdot \left(\frac{5}{6}\right)^0 = \frac{1}{216}$	$\frac{25}{4}$	$\frac{25}{864}$
		Summe:	$V(X) = \frac{360}{864} = \frac{5}{12}$
			$\sigma = \sqrt{\frac{5}{12}} \approx 0{,}65$

b) Wir berechnen nochmals Varianz und Standardabweichung aus Teilaufgabe a), diesmal jedoch mit einem Rechner.

Wir benötigen dazu zwei Listen:

- In l_1 speichern wir die Wahrscheinlichkeiten $P(X = k)$.
- In l_2 speichern wir die Werte für $(k - \mu)^2$, also $\left(k - \frac{1}{2}\right)^2$.

Die Summe der Produkte aus den Zahlen in l_1 und l_2 wird gebildet und daraus die Wurzel gezogen.

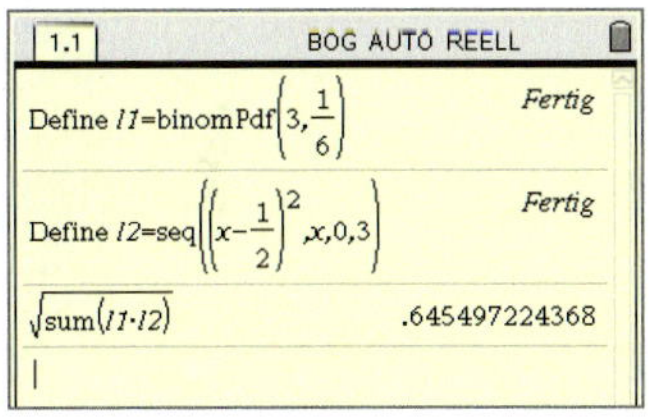

Für die oben angeführten Beispiele in der Einführung ergibt sich mithilfe eines Rechners: (1) $\sigma_1 \approx 3{,}08$ (2) $\sigma_2 \approx 1{,}83$ (3) $\sigma_3 \approx 3{,}02$

c) Dieses Verfahren mit einem Rechner wenden wir nun für die BERNOULLI-Ketten mit $n = 100$ und $p = 0{,}1;\ 0{,}2;\ \ldots;\ 0{,}9$ an und erhalten:

p	0,1	0,2	0,3	0,4	0,5	0,6	0,7	0,8	0,9
μ	10	20	30	40	50	60	70	80	90
σ	$\sqrt{9} = 3$	$\sqrt{16} = 4$	$\sqrt{21} \approx 4{,}58$	$\sqrt{24} \approx 4{,}90$	$\sqrt{25} = 5$	$\sqrt{24} \approx 4{,}90$	$\sqrt{21} \approx 4{,}58$	$\sqrt{16} = 4$	$\sqrt{9} = 3$

Es fällt auf, dass die Standardabweichung gleiche Werte hat für $p = 0{,}1$ und $p = 0{,}9$; $p = 0{,}2$ und $p = 0{,}8$; $p = 0{,}3$ und $p = 0{,}7$; $p = 0{,}4$ und $p = 0{,}6$; also müssen in einer Formel zur Berechnung von σ die Erfolgswahrscheinlichkeit p und die Misserfolgswahrscheinlichkeit $q = 1 - p$ eine gleichberechtigte Rolle spielen.

Ein Vergleich der verwendeten Werte für p, μ und σ lässt uns zu der Vermutung kommen:

$$V(X) = \sigma^2 = \mu \cdot (1 - p) = \mu \cdot q, \text{ also } \sigma = \sqrt{n \cdot p \cdot q}$$

Wir überprüfen diese Vermutung nun für die Erfolgswahrscheinlichkeit $p = 0{,}4$ und die verschiedenen Stufenzahlen n.

Wir berechnen zunächst σ gemäß Definition analog zu (1). Für den festen Wert $p = 0{,}4$ und den variablen Wert für n bestätigt sich die Vermutung für eine Formel zur Berechnung von σ bei n-stufigen BERNOULLI-Ketten.

n	$n \cdot p \cdot q$	$\sqrt{n \cdot p \cdot q}$	σ
10	2,4	$\sqrt{2{,}4} \approx 1{,}549$	1,549
20	4,8	$\sqrt{4{,}8} \approx 2{,}190$	2,190
40	9,6	$\sqrt{9{,}6} \approx 3{,}098$	3,098
80	19,2	$\sqrt{19{,}2} \approx 4{,}381$	4,381

Information

Varianz und Standardabweichung bei BERNOULLI-Ketten

In Aufgabe 1 haben wir Varianz und Standardabweichung von bestimmten Binomialverteilungen mithilfe eines Rechners bestimmt und versucht, eine Regel für ihre Berechnung zu finden. Für $n = 1$ und $n = 2$ bestimmen wir nun allgemein einen Term für die Standardabweichung σ:

1-stufige BERNOULLI-Kette mit Erfolgswahrscheinlichkeit p: $\mu = 1 \cdot p$

k	$(k-\mu)^2$	$P(X=k)$	$(k-\mu)^2 \cdot P(X=k)$
0	p^2	$1-p$	$p^2(1-p)$
1	$(1-p)^2$	p	$p(1-p)^2$

Nach Definition 1 gilt:

$$V(X) = p^2(1-p) + p(1-p)^2$$
$$= p(1-p)[p + 1 - p] = p(1-p)$$
$$= 1pq$$

also: $\sigma = \sqrt{1pq}$

2-stufige BERNOULLI-Kette mit Erfolgswahrscheinlichkeit p: $\mu = 2 \cdot p$

k	$(k-\mu)^2$	$P(X=k)$	$(k-\mu)^2 \cdot P(X=k)$
0	$4p^2$	$(1-p)^2$	$4p^2(1-p)^2$
1	$(1-2p)^2$	$2p(1-p)$	$2p(1-p)(1-2p)^2$
2	$(2-2p)^2$	p^2	$4p^2(1-p)^2$

Nach Definition 1 gilt:

$$V(X) = 2p(1-p) \cdot [2p - 2p^2 + 1 - 4p + 4p^2 + 2p - 2p^2]$$
$$= 2p(1-p) \cdot 1$$
$$= 2pq$$

also: $\sigma = \sqrt{2pq}$

Satz 3: Varianz und Standardabweichung bei Binomialverteilungen

Gegeben ist eine n-stufige BERNOULLI-Kette mit der Erfolgswahrscheinlichkeit p und der Misserfolgswahrscheinlichkeit $q = 1 - p$. Die Zufallsgröße X: *Anzahl der Erfolge* hat die Varianz $\mathbf{V(x) = n \cdot p \cdot q}$ und die Standardabweichung $\boldsymbol{\sigma = \sqrt{n \cdot p \cdot q} = \sqrt{n \cdot p \cdot (1-p)}}$.

Übungsaufgaben

2

a) Ordnen Sie den Histogrammen (1) bis (3) die entsprechende Binomialverteilung zu.

$n = 400,\ p = 0{,}1$ $n = 50,\ p = 0{,}8$ $n = 100,\ p = 0{,}4$

Begründen Sie Ihre Zuordnung.

Beschreiben Sie die Gemeinsamkeiten und die Unterschiede der Histogramme.

(1)

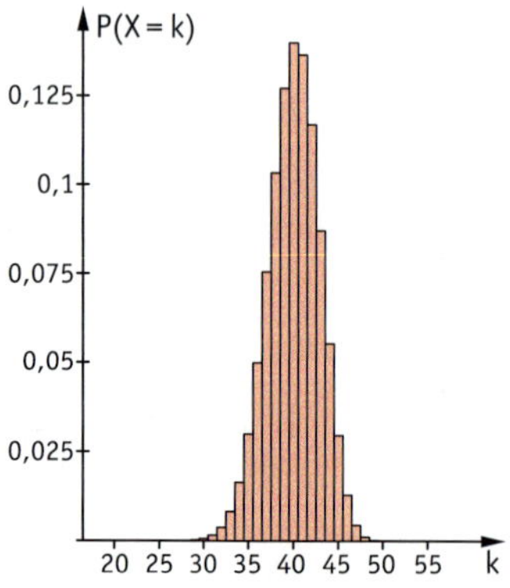

(2)

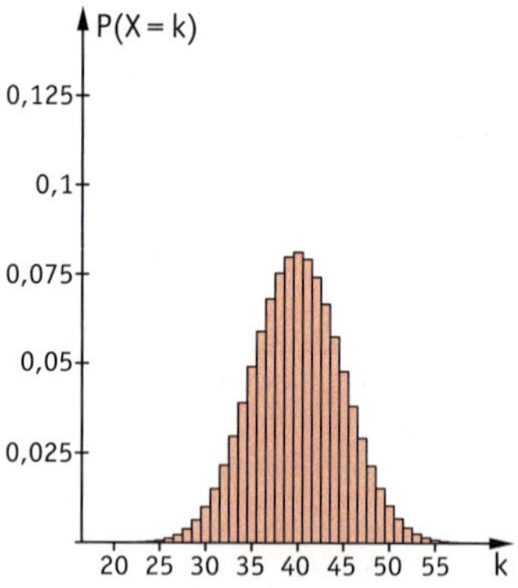

(3)

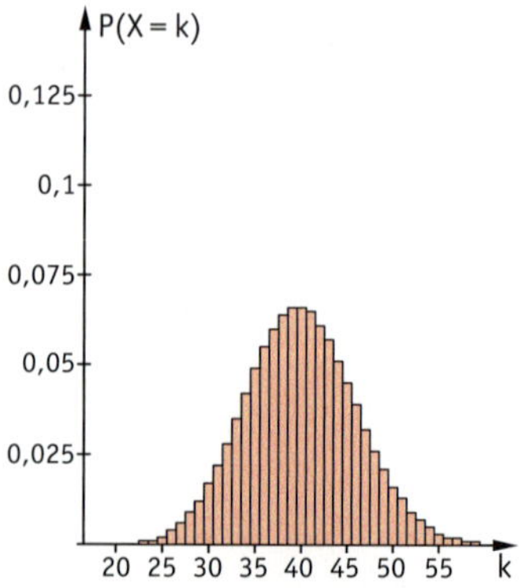

b) Berechnen Sie Varianz und Standardabweichung für die oben angegebenen Binomialverteilungen mithilfe eines Rechners.

c) Bestimmen Sie mithilfe eines Rechners die Varianz einer binomialverteilten Zufallsgröße X: *Anzahl der Erfolge bei einer n-stufigen* BERNOULLI-*Kette mit Erfolgswahrscheinlichkeit p* mit

(1) $n = 100$ und $p = 0{,}5$;

(2) $p = 0{,}4$ und $p = 0{,}6$;

(3) $p = 0{,}2$ und $p = 0{,}8$;

(4) $p = 0{,}1$ und $p = 0{,}9$.

Was fällt auf?

Stellen Sie eine Vermutung auf und überprüfen Sie diese mit anderen Werten von n und p.

3 Gegeben ist eine binomialverteilte Zufallsgröße X: *Anzahl der Erfolge.*

a) Berechnen Sie $\sigma = \sqrt{n \cdot p \cdot (1-p)}$ für $n = 50$ und $p = 0{,}1;\ 0{,}2;\ 0{,}3;\ \ldots;\ 0{,}9$.

Für welches p ist σ am größten, d. h. *streut* die Verteilung am stärksten?

b) Begründen Sie: Die Standardabweichung einer binomialverteilten Zufallsgröße mit festem n ist für $p = 0{,}5$ am größten.

Anleitung:

Untersuchen Sie die Funktion f mit $f(p) = \sqrt{n \cdot p \cdot (1-p)}$.

4 Ordnen Sie die Binomialverteilungen der BERNOULLI-Ketten mit Stufenzahl n und Erfolgswahrscheinlichkeit p den Histogrammen zu. Begründen Sie.

(1) $n = 20,\ p = 0{,}6$ (2) $n = 40,\ p = 0{,}6$ (3) $n = 40,\ p = 0{,}3$ (4) $n = 30,\ p = 0{,}3$

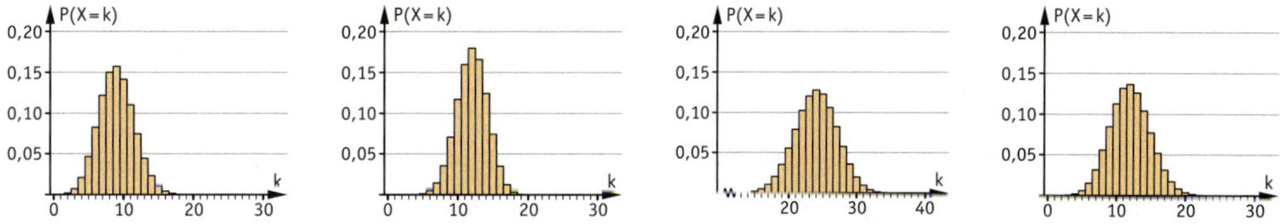

5

a) Von einer Binomialverteilung sind bekannt: $\mu = 36$ und $\sigma = 3$.

Bestimmen Sie hieraus die Stufenzahl n und die Erfolgswahrscheinlichkeit p.

b) Von einer Binomialverteilung sind bekannt: $n = 72$ und $\sigma = 2$.

Bestimmen Sie die Erfolgswahrscheinlichkeit p. Ist dies eindeutig möglich?

c) Von einer Binomialverteilung sind bekannt: $\sigma = 6$ und $p = 0{,}4$.

Bestimmen Sie den Erwartungswert μ.

6 Bestimmen Sie mithilfe eines Rechners gemäß Definition die Standardabweichung σ für die (nicht binomialverteilten) Zufallsgrößen

a) X_4: *Augenzahl beim 1-fachen Tetraederwurf*

X_6: *Augenzahl beim 1-fachen Hexaederwurf*

X_8: *Augenzahl beim 1-fachen Oktaederwurf*

X_{12}: *Augenzahl beim 1-fachen Dodekaederwurf*

X_{20}: *Augenzahl beim 1-fachen Ikosaederwurf.*

Welche Gesetzmäßigkeit ist hier zu erkennen?

b) X: *Augensumme beim 2-fachen Würfeln mit einem Hexaeder* (vgl. Histogramm rechts)

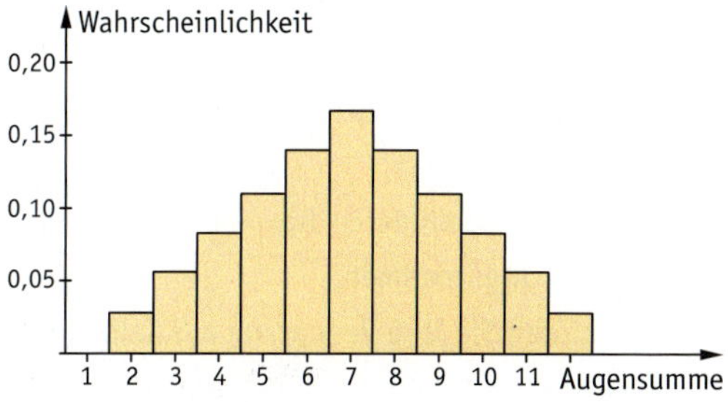

Das Problem der vollständigen Serie

Diese Fußball-Bilder gehören zu einer Sammelserie von 20 Bildern. Die Bilder sind – zufällig verteilt – Kaugummi-Packungen beigefügt. Wie viele Packungen muss man kaufen, bis man alle Bilder der Serie hat?

Das Problem der vollständigen Serie (auch als Sammelbilderproblem bekannt) gehört zu den klassischen Problemen der Stochastik, mit denen sich bereits ABRAHAM DE MOIVRE (1667 – 1754), LEONHARD EULER (1707 – 1783) und PIERRE SIMON LAPLACE (1749 – 1827) beschäftigten. In allen Einkleidungen geht es um die Frage, wie lange es dauert, bis jedes der s möglichen Ergebnisse eines Zufallsexperiments mindestens einmal aufgetreten ist. In der Beschreibung des Kugel-Fächer-Modells (siehe Seite 417) lautet dies wie folgt:

Das Problem der vollständigen Serie in der Formulierung des Kugel-Fächer-Modells

n Kugeln werden zufällig auf s Fächer verteilt.

- Wie groß ist (bei vorgegebenem n) die Wahrscheinlichkeit, dass in jedem Fach mindestens eine Kugel liegt?
- Wie viele Kugeln müssen im Mittel verteilt werden, bis in jedem Fach mindestens eine Kugel liegt? (Es wird hier also nach n gefragt.)

Wir wollen uns die Situation an einem Beispiel verdeutlichen: Bei einem Würfel (regelmäßiges Hexaeder) können die Augenzahlen 1, 2, 3, 4, 5, 6 auftreten; es gibt also $s = 6$ Fächer. Ein Würfel wird n-mal geworfen, d. h. n Kugeln werden auf die 6 Fächer verteilt. Wir betrachten die Zufallsgröße X: *Anzahl der Würfe bis zum Vorliegen einer vollständigen Serie.*

Theoretisch kann X beliebig große natürliche Zahlen annehmen.

Die Frage, wie viele Würfe notwendig sind, bis alle Augenzahlen mindestens einmal aufgetreten sind, können wir wiederum nach verschiedenen Gesichtspunkten beantworten:

- Wie groß ist die Wahrscheinlichkeit, dass nach n Würfen eine vollständige Serie vorliegt? Gesucht ist also die Wahrscheinlichkeitsverteilung der Zufallsgröße X.
- Nach wie vielen Würfen lohnt es sich, darauf zu wetten, dass eine vollständige Serie vorliegt? Gesucht ist also die Anzahl n, für welche die kumulierte Wahrscheinlichkeit den Wert von 50 % überschreitet.
- Wie viele Würfe sind im Mittel erforderlich, bis eine vollständige Serie vorliegt? Gesucht ist also der Erwartungswert der Zufallsgröße X.

1 **Erfahrungen sammeln durch Experimente und Simulationen**

a) Werfen Sie in Ihrer Lerngruppe einen Würfel so lange, bis jede der Augenzahlen mindestens einmal aufgetreten ist. Untersuchen Sie, wie viele Würfe im Mittel erforderlich sind, bis eine vollständige Serie vorliegt. Äußern Sie eine Vermutung.

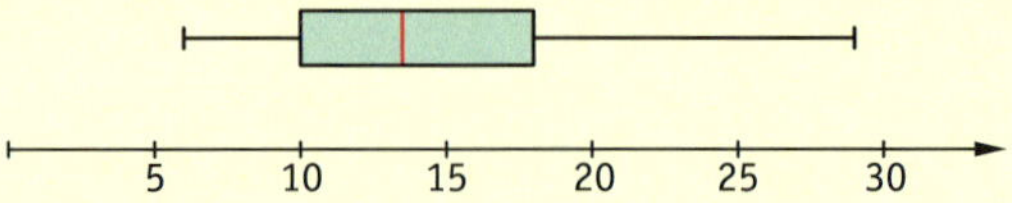

b) Im rechts abgebildeten Boxplot ist die Häufigkeitsverteilung einer Serie mit 100 Versuchen dargestellt. Welche Informationen lassen sich entnehmen?

c) Überprüfen Sie Ihre Vermutung aus Teilaufgabe a) durch eine Simulation mithilfe eines Rechners. Mit einem Rechner kann man n Zufallszahlen erzeugen, in einer Liste abspeichern und diese Liste sortieren. An der sortierten Liste kann man leichter erkennen, ob alle Augenzahlen vorkommen.

2 Den Erwartungswert der notwendigen Versuchsanzahl bestimmen

Ein Würfel (Hexaeder) wird so lange geworfen, bis jede der sechs Augenzahlen mindestens einmal aufgetreten ist. Das abgebildete Übergangsdiagramm beschreibt diesen Vorgang. Der Zustand "2 verschiedene Augenzahlen" gibt zum Beispiel an, dass *bis zu diesem Zeitpunkt* zwei verschiedene Augenzahlen aufgetreten sind.

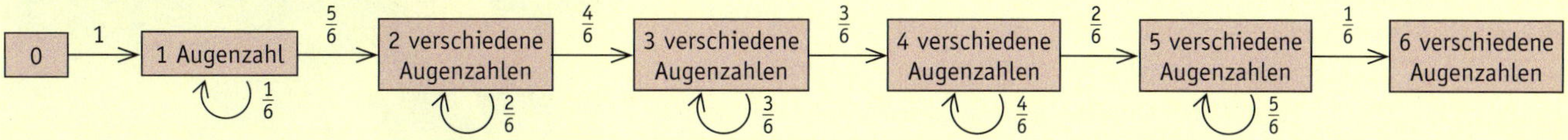

a) Erläutern Sie das Übergangsdiagramm.

b) Es ist plausibel, dass man eine Münze *im Mittel* zweimal werfen muss, bis Wappen fällt, oder dass man einen Würfel *im Mittel* 6-mal werfen muss, bis z. B. eine Sechs geworfen wird, und dass für beliebige BERNOULLI-Experimente mit der Erfolgswahrscheinlichkeit p gilt, dass das Experiment *im Mittel* $\frac{1}{p}$-mal durchgeführt werden muss, bis sich ein erster Erfolg einstellt.
Begründen Sie damit anhand des Übergangsdiagramms, dass man im Mittel
$\left(1 + \frac{6}{5} + \frac{6}{4} + \frac{6}{3} + \frac{6}{2} + \frac{6}{1}\right) = 6 \cdot \left(1 + \frac{1}{2} + \frac{1}{3} + \frac{1}{4} + \frac{1}{5} + \frac{1}{6}\right) = 14{,}7$ mal werfen muss, bis eine vollständige Serie vorliegt.

c) Berechnen Sie analog zu Teilaufgabe b) den Erwartungswert für die Anzahl der Würfe bis zum Vorliegen einer vollständigen Serie bei einem (1) Tetraeder, (2) Oktaeder, (3) Dodekaeder, (4) Ikosaeder.

d) Begründen Sie allgemein, dass man ein Zufallsexperiment mit s verschiedenen gleichwahrscheinlichen Ergebnissen im Mittel $s \cdot \left(1 + \frac{1}{2} + \frac{1}{3} + \ldots + \frac{1}{s}\right)$ mal durchführen muss, bis jedes Ergebnis mindestens einmal auftritt.

3 Wahrscheinlichkeiten schrittweise berechnen

Die Wahrscheinlichkeit für das Ereignis, dass beim Würfeln mit einem Hexaeder nach n Würfen k verschiedene Augenzahlen aufgetreten sind, soll im Folgenden mit mit $P(n; k)$ bezeichnet werden. Diese Wahrscheinlichkeit kann schrittweise berechnet werden.

a) In der folgenden Tabelle sind die Wahrscheinlichkeiten für $n = 1$ bis $n = 4$ bereits berechnet. Beschreiben Sie die Bedeutung der darin enthaltenen Wahrscheinlichkeiten. Zum Beispiel: Die Wahrscheinlichkeit, dass nach drei Würfen auch drei verschiedene Augenzahlen gefallen sind, beträgt $\frac{20}{36}$.
Begründen Sie die angegebenen Berechnungen und ergänzen Sie die Tabelle um zwei Zeilen $(n = 5;\ n = 6)$.

	k = 1	k = 2	k = 3	k = 4	k = 5	k = 6
n = 1	1	0	0	0	0	0
n = 2	$\frac{1}{6}$	$\frac{5}{6}$	0	0	0	0
n = 3	$\left(\frac{1}{6}\right)^2 = \frac{1}{36}$	$\frac{1}{6} \cdot \frac{5}{6} + \frac{5}{6} \cdot \frac{2}{6} = \frac{15}{36}$	$\frac{5}{6} \cdot \frac{4}{6} = \frac{20}{36}$	0	0	0
n = 4	$\left(\frac{1}{6}\right)^3 = \frac{1}{216}$	$\frac{1}{36} \cdot \frac{5}{6} + \frac{15}{36} \cdot \frac{2}{6} = \frac{35}{216}$	$\frac{15}{36} \cdot \frac{4}{6} + \frac{20}{36} \cdot \frac{3}{6} = \frac{120}{216}$	$\frac{20}{36} \cdot \frac{3}{6} = \frac{60}{216}$	0	0

b) Berechnen Sie die Wahrscheinlichkeiten für $n = 7, \ldots, 20$ mithilfe einer Tabellenkalkulation. Wie kann man hieraus dann den Erwartungswert der Zufallsgröße näherungsweise bestimmen? Erläutern Sie, warum es sich nur eine Näherung handelt.

c) An der Grafik rechts kann man die Wahrscheinlichkeiten $P(n; k = s)$ für die fünf regulären Körper (Tetraeder $(s = 4)$, Hexaeder $(s = 6)$, Oktaeder $(s = 8)$, Dodekaeder $(s = 12)$, Ikosaeder $(s = 20)$) ablesen.
Untersuchen Sie, ab wann es sich lohnt, darauf zu wetten, dass eine vollständige Serie vorliegt.

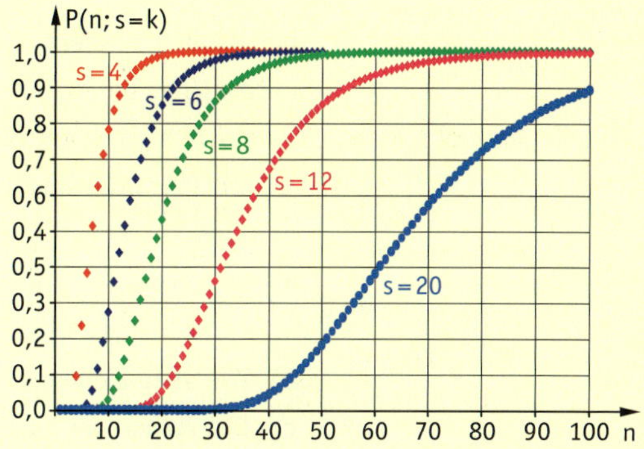

4 Verallgemeinerung

Übertragen Sie die Überlegungen aus den Aufgaben 1 bis 3 auf

a) das Sammeln von Bildern bei einer Serie von 20 Bildern;

b) das Warten auf eine vollständige Serie beim Roulette-Spiel.

Die folgenden Aufgaben helfen Ihnen bei der Organisation des selbstständigen Lernprozesses. Zur Selbstkontrolle sind alle Lösungen dieser Aufgaben im Anhang dieses Buches abgedruckt.

1 In den USA werden nicht nur im Tennis-Training, sondern auch beim Baseball- und Football-Training Ballwurfmaschinen eingesetzt. Einige Profi-Fußballvereine und Fußballschulen in Europa verwenden eine *football passing machine* als Torschussmaschine zum Torwarttraining. Ein Forscherteam hat eine Maschine so umkonstruiert, dass der Ball zufällig in die linke oder rechte Torecke und dabei auch zufällig flach oder hoch geschossen wird.

Erläutern Sie, warum sich das Training mit der Maschine als BERNOULLI-Kette auffassen lässt und geben Sie verschiedene Möglichkeiten dafür an, was dabei als „Erfolg" interpretiert werden kann.

2 Ein Würfel wird sechsmal geworfen. Als Erfolg wird bei jedem Wurf eine Augenzahl > 4 gewertet.

a) Bestimmen Sie die Binomialverteilung für die 6-stufige BERNOULLI-Kette.

b) Begründen Sie mithilfe der BERNOULLI-Formel, warum die Wahrscheinlichkeit

(1) für 1 Erfolg dreimal so groß ist wie die für 0 Erfolge;

(2) für 2 Erfolge viermal so groß ist wie die für 4 Erfolge;

(3) für 4 Erfolge fünfmal so groß ist wie die für 5 Erfolge.

3 Ein Lebensmittelhändler führt in seinem Sortiment unter anderem abgepackte Feinkostsalate, die wöchentlich geliefert werden und nach Ablauf der Haltbarkeitsfristen nicht mehr verkauft werden können. Bei der Lieferung muss der Händler immer 5er-Packungen abnehmen. Er beobachtet die Verkäufe und stellt fest, dass er von 60 eingekauften Packungen in 15 % der Fälle 50, in 10 % der Fälle 45 und in 20 % der Fälle 55 Packungen verkauft hat. In den übrigen Fällen verkaufte er alle 60 Packungen Feinkostsalat.

Der Händler verdient an einer Packung 1,20 €. An einer nicht verkauften Packung hat er 2,10 € Verlust. Untersuchen Sie, bei welcher Bestellmenge der Händler den größten Gewinn erwarten kann.

4 In einer Urne sind 1 rote, 2 grüne und 3 blaue Kugeln. Nacheinander werden Kugeln ohne Zurücklegen gezogen.

a) Bestimmen Sie die Verteilung der Zufallsgröße X: *Anzahl der notwendigen Ziehungen, bis von jeder Farbe mindestens eine Kugel gezogen wurde.*

b) Wie viele Ziehungen sind im Mittel notwendig?

c) Das Ziehen der Kugeln soll bei einem Schulfest als möglichst faires Glücksspiel angeboten werden, für das man einen Einsatz von 50 Cent bezahlen muss und für das folgende Bedingung gilt: Wenn man erst nach sechs Ziehungen drei verschiedene Farben zieht, verliert man seinen Einsatz vollständig.
Geben Sie einen möglichen Gewinnplan für das Spiel an.

5 17,3% der Einwohner Deutschlands sind jünger als 18 Jahre. Wie groß ist die Wahrscheinlichkeit dafür, dass unter 100 zufällig ausgewählten Personen

(1) genau 17 Personen jünger als 18 Jahre sind;

(2) 17 oder 18 Personen jünger als 18 Jahre sind;

(3) 99 oder 100 Personen jünger als 18 Jahre sind;

(4) genau 60 Personen mindestens 18 Jahre alt sind.

6 Eine Münze wird fünfmal geworfen.

a) Mit welcher Wahrscheinlichkeit wirft man keinmal, 1-mal, 2-mal, 3-mal, 4-mal, 5-mal Wappen?

b) Mit welcher Wahrscheinlichkeit wirft man

(1) ein- oder zweimal Wappen;

(2) vier- oder fünfmal Wappen;

(3) ein- oder zweimal Zahl;

(4) vier- oder fünfmal Zahl?

7 Bei einem Schulfest wird das Lottospiel *3 aus 12* angeboten.

a) Wie viele mögliche Tipps gibt es?

b) Mit welcher Wahrscheinlichkeit

(1) hat man bei einem Tipp lauter falsche Zahlen angekreuzt;

(2) hat man 1, 2, 3 Richtige;

(3) sind unter den drei Gewinnzahlen 0, 1, 2, 3 gerade Zahlen?

8 Eine Münze wird dreimal geworfen.

a) Bestimmen Sie die Wahrscheinlichkeitsverteilung der Zufallsgröße X: *Anzahl der Wappen*.

b) Beschreiben Sie die Ereignisse $X = 3$, $X < 2$ mit Worten und geben Sie die zugehörige Wahrscheinlichkeit an.

LK **c)** Berechnen Sie Erwartungswert und Varianz der Zufallsgröße mithilfe der Definition.

LK **9** Ein Hersteller von Glühlampen gibt eine 99%ige Garantie auf seine Produkte. Angenommen, der Anteil funktionierender Glühlampen beträgt tatsächlich genau 99%.

Mit welcher Wahrscheinlichkeit findet man in einer Stichprobe von 200 zufällig ausgewählten Glühlampen des Herstellers

(1) genau 2, (2) höchstens 2, (3) weniger als 2 defekte Glühlampen?

LK **10** Drei Personen werden zufällig ausgewählt.

a) Mit welcher Wahrscheinlichkeit haben die drei Personen in verschiedenen Monaten Geburtstag? Geben Sie einen Term an.

b) Erläutern Sie, wie man das Zufallsexperiment aus Teilaufgabe a) simulieren kann

(1) mithilfe eines Würfel und einer Münze;

(2) mithilfe eines Zufallszahlengenerators eines Rechners.

Lösungen zu Kapitel 1 (Seiten 62 bis 63)

1 **a)** $f'(x) = 21x^6 - 20x^3 + 6x^2$

b) $f'(x) = \frac{3}{2\sqrt{3x-4}}$

c) $f'(x) = \frac{x \cdot \cos\sqrt{x^2+1}}{\sqrt{x^2+1}}$

d) $f'(x) = \frac{(-4)\cdot(3x^2-2)}{(x^3-2x)^5}$

2 (A) – (3); (B) – (2); (C) – (4); (D) – (1)

3 $f'(a) = g'(a)$

$1 - 2a - 3a^2 = 4a - 8$

$0 = 3a^2 + 6a - 9$

$0 = a^2 + 2a - 3$ für $a_1 = 1$ oder $a_2 = -3$

4 **a)** Steigung der Tangente im Punkt $P(x_0 | f(x_0))$: $f'(x_0)$

b) Steigung der Normalen: $-\frac{1}{f'(x_0)}$

Gleichung der Normalen durch P: $y = -\frac{1}{f'(x_0)} \cdot x + f(x_0) + \frac{x_0}{f'(x_0)}$

b) $S_1\left(0 \middle| f(x_0) + \frac{x_0}{f'(x_0)}\right)$; $S_2(f(x_0) \cdot f'(x_0) + x_0 | 0)$

c) parallel zur y-Achse

5 **a)** $P(1|3)$; $S(3|29)$

Steigung m_s der Sekante: $m_s = \frac{29-3}{3-1} = 13$

$f'(x) = 4x + 5$

$13 = 4x + 5$ für $x = 2$

Berührungspunkt $B(2|14)$

b) $P(0{,}5|7{,}5)$; $S(2|10{,}5)$

Steigung m_s der Sekante: $m_s = \frac{10{,}5 - 7{,}5}{2 - 0{,}5} = \frac{3}{1{,}5} = 2$

$f'(x) = 3 - \frac{1}{x^2}$

$2 = 3 - \frac{1}{x^2}$ für $x_1 = 1$ oder $x_2 = -1$

Berührungspunkte: $B_1(1|8)$; $B_2(-1|0)$

6 **a)** $P(1|1)$; Tangente an f durch P: $y = 2x - 1$

Tangente an g durch P: $y = 3x - 2$

Schnittpunkte mit der y-Achse: $S_1(0|-1)$; $S_2(0|-2)$

b) Dreieck S_1S_2P

$A = \frac{1}{2} \cdot 1 \cdot 1 = \frac{1}{2}$

Länge $\overline{S_1S_2}$ *Höhe*

7 **a)** stetig für alle a und b mit $a + b = 1$,

also z. B. $a = 2$ und $b = -1$

b) $f'(x) = \begin{cases} a & \text{für } x \le 1 \\ -\frac{1}{x^2} & \text{für } x > 1 \end{cases}$

$f'(1) = a$

differenzierbar für $a = -1$ und $b = 2$

8 **a)** $f(x) = 3x^2 - 1$, $f'(x) = 6x$, $f'(-1) = -6$

Gleichung der Tangente

Ansatz: $y = -6x + n$

$P(-1|2)$ liegt auf der Tangente: $2 = (-6)\cdot(-1) + n$, also $n = -4$

Gleichung: $y = -6x - 4$

b) Die Normale in $P(-1|2)$ ist orthogonal zur Tangente. Für ihren Anstieg m gilt also $(-6)\cdot m = -1$, also $m = \frac{1}{6}$.

Ansatz: $y = \frac{1}{6}x + n$

$P(-1|2)$ liegt auf der Normalen: $2 = \frac{1}{6}(-1) + n$, also $n = \frac{13}{6}$

Gleichung: $y = \frac{1}{6}x + \frac{13}{6}$

c) Aus $P(-1|2)$ folgt $h = 1$ für die Höhe des Dreiecks.
Innenwinkel bei P beträgt 90°.

Schnittpunkt S der Normalen mit der y-Achse

$y = \frac{1}{6}\cdot 0 + \frac{13}{6}$ für $y = \frac{13}{6}$, also $S\left(0\middle|\frac{13}{6}\right)$

Schnittpunkt Q der Tangente mit der y-Achse

$y = -6 \cdot 0 - 4$ für $y = -4$, also $Q(0|-4)$

Länge der Hypotenuse: $\frac{13}{6} + 4 = \frac{37}{6}$

Also $A = \frac{1}{2} \cdot \frac{37}{6} \cdot 1 = 3\frac{1}{12}$

Für den Innenwinkel β bei Q gilt: $\tan\beta = \frac{1}{6}$, also $\beta \approx 9{,}46°$

Für den Innenwinkel α bei S ergibt sich:

$\alpha = 180° - 90° - 9{,}46° = 80{,}54°$

9 *Schnittpunkt S bestimmen*

$\frac{1}{8}x^2 = \frac{1}{x}$ $\quad | \cdot x$ mit $x \neq 0$

$\frac{1}{8}x^3 = 1$ $\quad | \cdot 8$

$x^3 = 8$ $\quad | \sqrt[3]{\ }$

$x = 2$, also $S\left(2\middle|\frac{1}{2}\right)$

Tangente an den Graphen von f in S

$f'(x) = \frac{1}{4}x$, $f'(2) = \frac{1}{2}$

Ansatz: $y = \frac{1}{2}x + b$

$S\left(2\middle|\frac{1}{2}\right)$ liegt auf der Tangente: $\frac{1}{2} = \frac{1}{2}\cdot 2 + b$, also $b = -\frac{1}{2}$

Gleichung: $y = \frac{1}{2}x - \frac{1}{2}$

Tangente an den Graphen von g in S

$g'(x) = -\frac{1}{x^2}$, $g'(2) = -\frac{1}{4}$

Ansatz: $y = -\frac{1}{4}x + b$

$S\left(2\middle|\frac{1}{2}\right)$ liegt auf der Tangente: $\frac{1}{2} = \left(-\frac{1}{4}\right)\cdot 2 + b$, also $b = 1$

Gleichung: $y = -\frac{1}{4}x + 1$

Dreieck ASB mit der x-Achse

- Höhe h von S auf die x-Achse: $h = \frac{1}{2}$
- Schnittpunkt A der Tangente an f mit der x-Achse: $0 = \frac{1}{2}x - \frac{1}{2}$ für $x = 1$, also $A(1|0)$
- Schnittpunkt B der Tangente an g mit der x-Achse: $0 = -\frac{1}{4}x + 1$ für $x = 4$, also $B(4|0)$
- $A = \frac{1}{2}\cdot\frac{1}{2}\cdot(4 - 1) = \frac{3}{4}$

Dreieck CSD mit der y-Achse

- Höhe h von S auf die y-Achse: $h = 2$
- Schnittpunkt C der Tangente an g mit der y-Achse: $C(0|1)$
- Schnittpunkt D der Tangente an f mit der y-Achse: $D\left(0\middle|-\frac{1}{2}\right)$
- $A = \frac{1}{2}\cdot\frac{3}{2}\cdot 2 = \frac{3}{2}$

10 $f'(x_0) = 2x_0$, $g'(x) = \frac{1}{2\sqrt{x}}$, $g'(9) = \frac{1}{6}$

Die Tangenten sind orthogonal zueinander, wenn gilt:

$2x_0 \cdot \frac{1}{6} = -1$, also wenn $x_0 = -3$

11 **a)** $x^2 - 2x = -x^2 + \frac{1}{2}x$

$2x^2 - \frac{5}{2}x = 0$

$4x^2 - 5x = 0$

$x \cdot (4x - 5) = 0$, für $x_1 = 0$ und für $x_2 = \frac{5}{4}$

$S_1(0|0)$, $S_2\left(\frac{5}{4}\middle|-\frac{15}{16}\right)$

$f'(x) = 2x - 2$, $f'(0) = -2$, $f'\left(\frac{5}{4}\right) = \frac{1}{2}$

$g'(x) = -2x + \frac{1}{2}$, $g'(0) = \frac{1}{2}$, $g'\left(\frac{5}{4}\right) = -2$

$\frac{1}{2} \cdot (-2) = -1$, die Graphen schneiden sich in beiden Punkten unter einem Winkel von 90°.

b) $S_1(0|0)$ liegt auch auf dem Graphen von h

$h'(x) = -4x + \frac{1}{2}$, $\left.\begin{matrix} h'(0) = \frac{1}{2} \\ f'(0) = -2 \end{matrix}\right\} \frac{1}{2} \cdot (-2) = -1$

12 $f(x) = \frac{1}{8}(x^2 - 8x + 36) = \frac{1}{8}x^2 - x + 4{,}5$

$f'(x) = \frac{1}{4}x - 1$, $f'(b) = \frac{1}{4}b - 1$

Gleichung der Tangente

Ansatz: $y = \left(\frac{1}{4}b - 1\right) \cdot x + c$

$O(0|0)$ liegt auf der Tangente: $0 = c$

$B\big(b|f(b)\big)$ liegt auf der Tangente:

$f(b) = \left(\frac{1}{4}b - 1\right) \cdot b$

$\frac{1}{8}b^2 - b + 4{,}5 = \frac{1}{4}b^2 - b$

$4{,}5 = \frac{1}{8}b^2$

$36 = b^2$ für $b_1 = 6$ und $b_2 = -6$

$B_1(6|3)$ und $B_2(-6|15)$

13 Berührungspunkt: $P(a|a^2)$

Schnittpunkte der Tangente mit der äußeren Parabel: $S_1(x_1|x_1^2 - k)$; $S_2(x_2|x_2^2 - k)$

Vermutung: P ist Mittelpunkt der Strecke $\overline{S_1S_2}$.

Beweis: Gleichung der Tangente: $y = 2a \cdot x - a^2$

$S_1\left(a - \sqrt{k}\,|\,a_2 - 2a\sqrt{k}\right)$; $S_2\left(a + \sqrt{k}\,|\,a^2 + 2a\sqrt{k}\right)$

P ist Mittelpunkt von $\overline{S_1S_2}$.

14 **a)** (1)

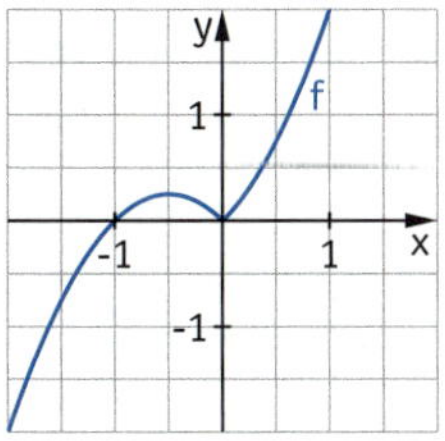

1. Schritt: Differenzenquotient an der Stelle 0:

$\frac{f(x) - f(0)}{x - 0} = \frac{(x+1) \cdot |x| - 0}{x - 0} = (x+1) \cdot \frac{|x|}{x}$

1. Fall: $x < 0$

Für $x < 0$ gilt $\frac{|x|}{x} = -1$, also $\frac{f(x) - f(0)}{x - 0} = -x - 1$

2. Fall: $x > 0$

Für $x > 0$ gilt $\frac{|x|}{x} = 1$, also $\frac{f(x) - f(0)}{x - 0} = x + 1$

2. Schritt: Ableitung bilden

1. Fall: $x < 0$

$f'(0) = \lim\limits_{x \to 0} \frac{f(x) - f(0)}{x - 0} = \lim\limits_{x \to 0} (-x - 1) = -1$

2. Fall: $x > 0$

$f'(0) = \lim\limits_{x \to 0} \frac{f(x) - f(0)}{x - 0} = \lim\limits_{x \to 0} (x + 1) = 1$

An der Stelle $x = 0$ existiert keine Ableitung.

(2)

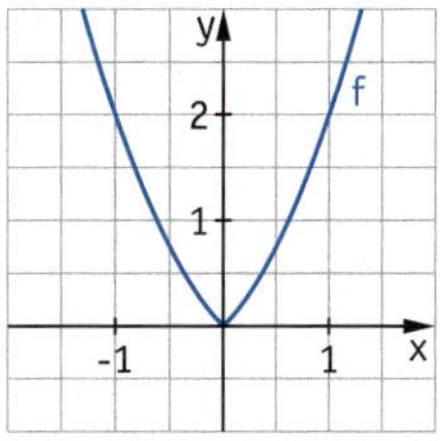

1. Fall: $x < 0$

$f'(0) = \lim\limits_{x \to 0} \frac{f(x) - f(0)}{x - 0} = \lim\limits_{x \to 0} \left((|x| + 1)\frac{|x|}{x}\right) = \lim\limits_{x \to 0} (-|x| - 1) = -1$

2. Fall: $x > 0$

$f'(0) = \lim\limits_{x \to 0} \frac{f(x) - f(0)}{x - 0} = \lim\limits_{x \to 0} \left((|x| + 1)\frac{|x|}{x}\right) = \lim\limits_{x \to 0} (|x| + 1) = 1$

An der Stelle $x = 0$ existiert keine Ableitung.

b) (1) $f(x) = x^2 + x$; $f'(x) = 2x + 1$; $f'(0) = 1$

(2) 1. Fall: $x < 0$

$f'(0) = \lim\limits_{x \to 0} \frac{(|x| + 1) \cdot x}{x} = \lim\limits_{x \to 0} (|x| + 1) = 1$

2. Fall: $x > 0$

$f'(0) = \lim\limits_{x \to 0} \frac{(|x| + 1) \cdot x}{x} = \lim\limits_{x \to 0} (|x| + 1) = 1$

Es gilt: $f'(0) = 1$

Lösungen zu Kapitel 2 (Seiten 108 bis 109)

1 Nullstellen: $x_1 = 0$; $x_2 = 2\sqrt{3}$; $x_3 = -2\sqrt{3}$

Extrem- und Wendestellen:

$f'(x) = 3(x^2 - 4)$, $f''(x) = 6x$,

$H(-2|16)$, $T(2|-16)$

$W(0|0)$

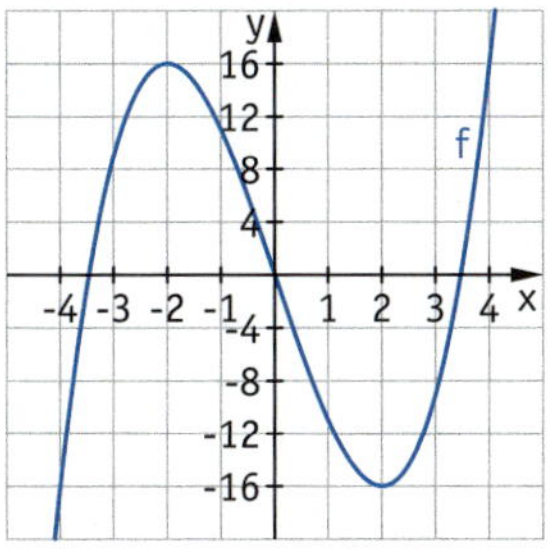

2

Graph 2 fällt [steigt] in den Bereichen, in denen Graph 1 negativ [positiv] ist; Nullstellen von Graph 1 entsprechen Extremstellen von Graph 2. Also ist Graph 1 die Ableitung von Graph 2. $H(0|1)$, $T_1(-3{,}3|-6)$, $T_2(1{,}8|-0{,}4)$, $W_1(-2|-3)$, $W_2(1|0{,}3)$.

3 **a)** $f'(x) = 3(x - 2)^2$; keine Extrempunkte, $W(2|14)$ (Sattelpunkt)

b) $f'(x) = 4x(x^2 + 3x - 4)$; $f''(x) = 4(3x^2 + 6x - 4)$;

$H(0|8)$, $T_1(-4|-120)$, $T_2(1|5)$;

$W_1\left(-1 + \frac{\sqrt{21}}{3}\,\middle|\,-\frac{272}{9} + 8\sqrt{21}\right)$, $W_2\left(-1 - \frac{\sqrt{21}}{3}\,\middle|\,-\frac{272}{9} - 8\sqrt{21}\right)$

4 **a)** Hochpunkte bei $x_1 \approx -3{,}7$ und $x_3 \approx 2{,}6$, Tiefpunkt bei $x_2 \approx 0{,}5$;

Wendestellen bei $x_4 \approx -3$, $x_5 \approx -1$ (Sattelpunkt), $x_6 \approx 0$, $x_7 \approx 2$.

b)

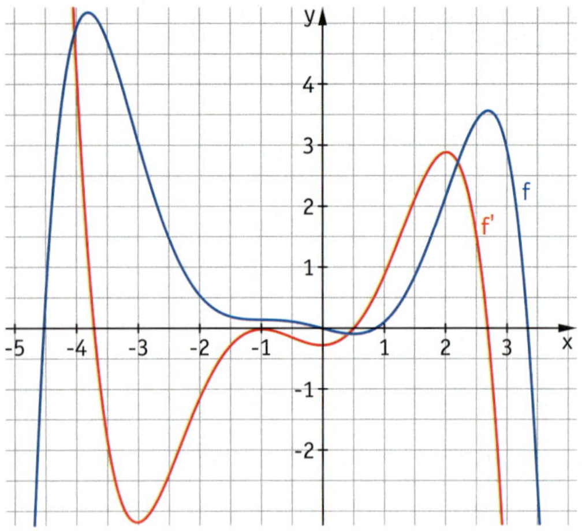

5 **a)** $x \leq -1$: Der Funktionsgraph fällt monoton.
$-1 \leq x \leq \approx -0{,}30$: Der Funktionsgraph steigt monoton.
$\approx -0{,}30 \leq x \leq \approx 3{,}30$: Der Funktionsgraph fällt monoton.
$\approx 3{,}30 \leq x$: Der Funktionsgraph steigt monoton.

b) $x \leq 0$: Der Funktionsgraph fällt monoton.
$x \geq 0$: Der Funktionsgraph steigt monoton.

6 **a)** Die Aussage ist falsch. $f(x) = x^3$ widerlegt die Aussage.

b) Die Aussage ist richtig. (vgl. S. 105, Satz 13.)

c) Die Aussage ist falsch.
Zwischen den Extrempunkten könnte eine Polstelle liegen.
Beispiel: $f(x) = x - 2 + \frac{1}{x-2}$

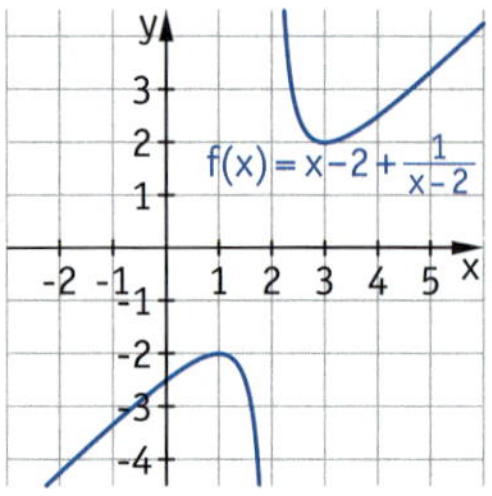

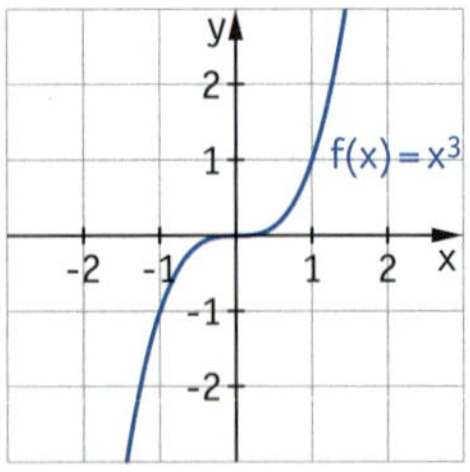

d) Die Aussage ist falsch.
$f(x) = x^3$ widerlegt für $I = [-1;\, 1]$ die Aussage, da $f'(0) = 0$ ist.

e) Die Aussage ist falsch. Sie wird widerlegt durch die Funktion f mit

$$f(x) = \begin{cases} -x^2 & \text{für } x \leq 0 \\ 0 & \text{für } 0 \leq x \leq 1 \\ (x-1)^2 & \text{für } 1 \leq x \end{cases}$$

7 **a)** $f'(x) = 0$ für $x = 0$; $f''(0) = 0$; $x = 3$ ist dreifache Nullstelle von f, also bei $x = 0$ Sattelpunkt; keine Extremstelle.

b) $f'(x) = 0$ für $x_1 = 0$, $x_2 = \frac{\sqrt{-15a}}{5}$ und $x_3 = -\frac{\sqrt{-15a}}{5}$ für $a < 0$. Für $a < 0$ gilt: $f''(x_2) \neq 0$ und $f''(x_3) \neq 0$, also Extremstellen. f besitzt keine Extremstellen für $a \geq 0$.

8 **a)** $f(x) = 3x^4 + 3x^2 - 4$: Der Graph von f ist symmetrisch in Bezug auf die y-Achse.

b) $f(x) = -2x^5 + 7x + 1$: Der Graph von f ist weder symmetrisch in Bezug auf die y-Achse noch symmetrisch in Bezug auf den Koordinatenursprung. (Es liegt eine Symmetrie bezüglich $S(0\,|\,1)$ vor.)

9 Wir setzen $f(x) = 3x^5 + 10x^4 - 20x^3 + 60x - 120$.
Der rechts abgebildete Ausschnitt aus dem Graphen der Ableitungsfunktion f′ weist neben den beiden Nullstellen drei Extrempunkte auf. Daher kann f′ als Funktion vierten Grades keine weiteren Extrempunkte und somit auch außer den beiden angezeigten Nullstellen keine weiteren Nullstellen haben.

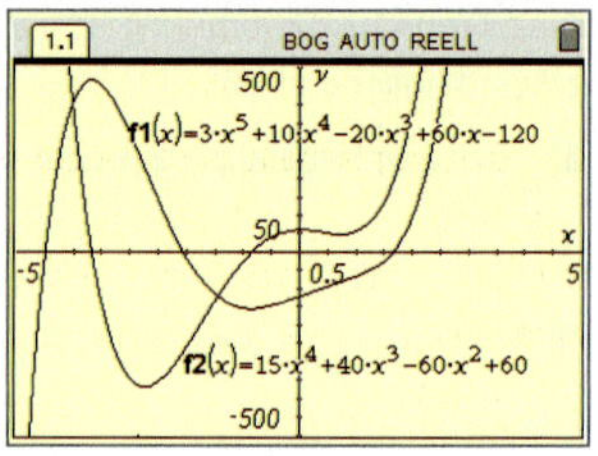

Daher kann der Graph von f außer den rechts angezeigten Extrempunkten keine weiteren Extrempunkte haben und somit auch keine weiteren Nullstellen als rechts angezeigt.
Lösungen der Gleichung: $\approx -4{,}50$; $\approx -2{,}06$; $\approx 1{,}65$

10 Wendepunkte:
$W_1(\approx -1{,}19\,|\approx -12{,}9)$,
$W_2(\approx 1{,}69\,|\approx -4{,}35)$,
$W_3(4\,|\,16)$ (Sattelpunkt)
Weitere Wendepunkte kann es nicht geben, da $f''(x)$ eine Funktion 3. Grades ist und maximal 3 Nullstellen haben kann.

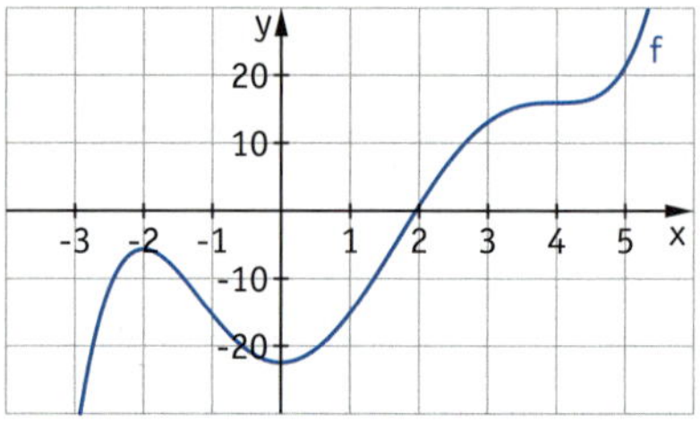

Extrempunkte: $H(-2\,|-5{,}6)$ Hochpunkt; $T(0\,|-22{,}4)$ Tiefpunkt
Weitere Extrempunkte kann es nicht geben, da $f'(x)$ eine Funktion 4. Grades ist und neben den Extremstellen an der Stelle 4 eine doppelte Nullstelle hat.
Nullstelle: $\approx 1{,}95$
Weitere Nullstellen kann es nicht geben, da es sonst auch weitere Extremstellen geben müsste.

11 $f(x) = 0$ für $x_1 = 0$ und $x_2 = 40$; die Spannweite beträgt 40.
$f'(x) = 0$ für $x_3 = 20$; Höhe des Bogens: $f(20) = 24$.

12 Zielfunktion: $f(r) = 2r(200 - \pi r)$, $0 < r < \frac{200}{\pi}$.
$f(r)$ wird genau dann maximal, wenn $r = \frac{100}{\pi}$ ist.
$f\left(\frac{100}{\pi}\right) = \frac{20\,000}{\pi} \approx 6366{,}1$.

13 Zielfunktion: $A(x) = x \cdot \left(-\frac{5}{4}x + 7\right)$ mit $3{,}2 \leq x \leq 4$
$A'(x) = 0$; $x = 2{,}8$.
2,8 liegt nicht im Definitionsbereich von A.
$A(x)$ fällt für $3{,}2 \leq x \leq 4$ monoton. Daher wird $A(x)$ für $x = 3{,}2$ maximal mit $A(3{,}2) = 9{,}6$.
Länge: 3,2 m; Breite: 3 m; Inhalt: 9,6 m².

14 *Erlös:* $E(x) = 30x$; *Kosten:* $K(x) = \frac{1}{420\,000}x^3 - \frac{1}{160}x^2 + 22x + 5\,000$;
Gewinn = Erlös − Kosten: $-\frac{1}{420\,000}x^3 + \frac{1}{160}x^2 + 8x - 5\,000$, $x \geq 0$.
Für $x \geq 0$ gilt $G'(x) = 0$
$x = 875 + \sqrt{1\,885\,625} \approx 2\,248{,}18$.
Da an dieser Stelle $g''(x) < 0$ ist, wird der Gewinn für eine Produktionsmenge von 2 248 Batterien maximal und beträgt ≈ 17 520 €.

15 $k = 0$: Nullstelle: 0; keine Extremstellen
$k > 0$: Nullstellen: 0; 5k; $H(0\,|\,0)$ Hochpunkt; $T(4k\,|-256k^5)$ Tiefpunkt
$k < 0$: Nullstellen: 0; 5k; $H(4k\,|-256k^5)$ Hochpunkt; $T(0\,|\,0)$ Tiefpunkt

Lösungen zu Kapitel 3 (Seiten 152 bis 153)

1 Der Graph sieht aus wie der einer ganzrationalen Funktion 3. Grades.
Ansatz (1) ist ungeeignet, da der Graph eine Parabel ist.
Ansatz (2) ist geeignet, da er eine allgemeine kubische Funktion beschreibt.
Ansatz (3) ist geeignet, da er eine ganzrationale Funktion 4. Grades beschreibt und der gezeichnete Graph weiter links noch einen Tiefpunkt haben könnte.
Ansatz (4) ist ungeeignet, weil er nur Potenzfunktionen 4. Grades erfasst, die in $(4|14)$ einen Extrempunkt haben.

2 **a)** Aus der Lage der Punkte auf dem Graphen ergeben sich mithilfe des Funktionsterms für f die Bedingungen:
$f(-2) = 1 \qquad f(2) = 3 \qquad f(0) = 4$
Aus der Tiefpunkt-Eigenschaft folgen mithilfe der 1. Ableitung zusätzlich die Bedingungen:
$f'(-2) = 0 \qquad f'(2) = 0$

b) Die Ableitung von f lautet: $f'(x) = 4ax^3 + 3bx^2 + 2cx + d$.

Damit ergibt sich aus $\left|\begin{array}{r} f(-2) = 1 \\ f(2) = 3 \\ f(0) = 4 \\ f'(-2) = 0 \\ f'(2) = 0 \end{array}\right|$

das Gleichungssystem $\left|\begin{array}{l} 16a - 8b + 4c - 2d + e = 1 \\ 16a + 8b + 4c + 2d + e = 3 \\ e = 4 \\ -32a + 12b - 4c + d = 0 \\ 32a + 12b + 4c + d = 0 \end{array}\right|$

3 **a)** Ansatz: $f(x) = a \cdot x^4 + b \cdot x^2 + 2$
Grad ≤ 4, da mindestens je 1 Hochpunkt und 1 Tiefpunkt; nur gerade Exponenten aufgrund der Symmetrie zur y-Achse; Schnittpunkt mit y-Achse bei 2, da $P(0|2)$ Extrempunkt
Bedingungen: $f(2) = 6$, $f'(2) = 0$
Lösung: $f(x) = -\frac{1}{4}x^4 + 2x^2 + 2$
Probe: $f''(2) < 0 \Rightarrow H(2|6)$ ist Hochpunkt
$f''(0) > 0 \Rightarrow T(0|2)$ ist Tiefpunkt

b) Zusätzliche Bedingungen: $f(1) = 5$, $f''(1) = 0$
Neuer Ansatz: $f(x) = a \cdot x^8 + b \cdot x^6 + c \cdot x^4 + d \cdot x^2 + 2$

4 **a)** a, b und c stellen den Anteil der Sorten an den 500 g insgesamt dar. Daraus ergibt sich die zweite Gleichung $a + b + c = 1$.
Da die Mischung 6,75 € kosten soll, müssen sich, wenn man die Anteile mit ihrem Preis multipliziert und aufaddiert, 6,75 ergeben.
Durch Lösen des Systems erhält man:
$\left|\begin{array}{l} c = a - 0{,}5 \\ b = 1{,}5 - 2a \end{array}\right|$
Der Anteil der Sorte C kann nicht negativ sein, deshalb erkennt man an der ersten Gleichung, dass der Anteil von Sorte A mindestens 50 % betragen muss.

b) Es ergibt sich ein neues Gleichungssystem:
$\left|\begin{array}{l} a + b + d = 1 \\ 6a + 7{,}5b + 11{,}25d = 9 \end{array}\right|$
Als Lösung ergibt sich:
$\left|\begin{array}{l} a = 2{,}5d - 1 \\ b = 2 - 3{,}5d \end{array}\right|$
Setzt man für d die geforderten 0,1 ein, so ergibt sich:
$\left|\begin{array}{l} a = -0{,}75 \\ b = 1{,}65 \end{array}\right|$
Eine solche Mischung kann es also nicht geben.

5 **a)**

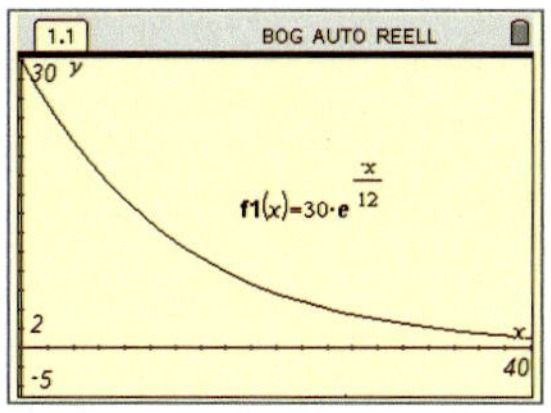

b) $f'(x) = -\frac{30}{12}e^{-\frac{x}{12}}$; $f'(38) = -\frac{30}{12}e^{-\frac{38}{12}} \approx -0{,}1054$
$f(38) = 30 \cdot e^{-\frac{38}{12}} \approx 1{,}2643$
Gleichung der Tangente: $y = -0{,}1054 \cdot x + 5{,}2679$ durch $P\big(38\,|\,f(38)\big)$

6 $t_H = 5730 = \frac{-\ln 2}{k}$; also:
$k = -\frac{\ln 2}{5730} \approx -0{,}000121$
$\ln(0{,}53) \approx -0{,}000121 \cdot t$; also:
$t \approx 5247$

7 Aus $f(0) = 2$ ergibt sich $b = 2$ und aus $f(2{,}5) = 1$ schließlich $(2{,}5a + 2) \cdot e^{-2{,}5} = 1$ und daraus $a \approx 4{,}073$.
$f(x) = (4{,}073x + 2)e^{-x}$

8 **a)** Gleichungssystem: $\left|\begin{array}{l} -a + b - c + d = 11 \\ a + b + c + d = 3 \\ 8a + 4b + 2c + d = -1 \\ 64a + 16b + 4c + d = -39 \end{array}\right|$

Lösung: $a = -1$, $b = 2$, $c = -3$, $d = 5$
$f(x) = -x^3 + 2x^2 - 3x + 5$

b) Gleichungssystem: $\left|\begin{array}{l} a = 11 \\ a + 2b = 3 \\ a + 3b + 3c = -1 \\ a + 5b + 15c + 30d = -39 \end{array}\right|$

Lösung: $a = 11$, $b = -4$, $c = 0$, $d = -1$
$f(x) = 11 - 4 \cdot (x+1) - (x+1) \cdot (x-1) \cdot (x-2)$
$= -x^3 + 2x^2 - 3x + 5$

9 Wegen $f(-x) = f(x)$ ist der Graph symmetrisch zur y-Achse und hat bei $(0|a)$ einen Tiefpunkt.

10 $f(x) = \frac{x^4 + x^2 + 1}{x^4 - x^2 + 1} = 1 + \frac{2x^2}{x^4 - x^2 + 1}$

a) Verhalten des Graphen für $x \to \infty$ und $x \to -\infty$.
$x \to \pm\infty$: Graph nähert sich der Asymptote $y = 1$ von oben
$f'(x) = \frac{4x(1 - x^4)}{(x^4 - x^2 + 1)^2}$
$f''(x) = \frac{4(3x^8 + x^6 - 12x^4 + 3x^2 + 1)}{(x^4 - x^2 + 1)^3}$
Extrempunkte: $H_1(-1|3)$, $H_2(1|3)$, $T(0|1)$

b) Definitionsbereich: $\mathbb{R}$
Wertebereich: $[1; 3]$

c) Tangente $t(x) \approx 1{,}4121x + 0{,}77242$
$P \approx (-1{,}6055\,|\,2{,}0175)$

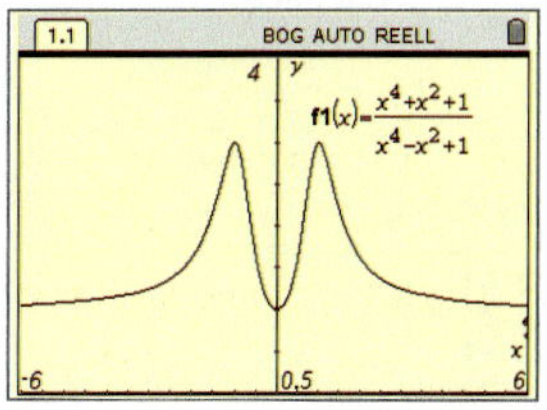

Lösungen zu Kapitel 4 (Seiten 203 bis 205)

1 Der Energieverlust innerhalb der ersten 24 Stunden beträgt $50 - 50 \cdot e^{-\frac{12}{5}} \approx 45{,}46$ Wh.

2 **a)** $F(x) = \frac{x^6}{30} - \frac{x^3}{3} + 4x + \frac{169}{30}$

b) $F(x) = \frac{2}{3}\left(\frac{1}{2}x + 4\right)^3 - \frac{250}{3}$

c) $F(x) = \frac{1}{4}x^4 - \frac{4}{3} \cdot x^3 + 2x^2 - \frac{16}{3}$

3 **a)** 2

b) $\frac{546}{5}$

c) -81

d) $3 + e - e^{-2} \approx 5{,}58$

e) $2 + e - e^{-1} \approx 4{,}35$

f) $-\frac{16}{3}$

4 **a)** $f(x) = 4 - x^2$; $g(x) = -x + 2$; $A = 4{,}5$

b) $f(x) = \sqrt{x}$; $g(x) = -\frac{3}{4}x + 3$; $A \approx 3{,}382$

5 $k = 2$

6 **a)** $A \approx 76{,}61$

b) $A \approx 13{,}17$

c) $A = \int_{\frac{\pi}{4}}^{2\pi + \frac{\pi}{4}} |\sin x - \cos x|\, dx = 2\int_{\frac{\pi}{4}}^{\frac{5\pi}{4}} |\sin x - \cos x|\, dx = 2 \cdot 2 \cdot \sqrt{2} \approx 5{,}657$

d) $A \approx 3{,}83$

7 Die Zunahme kann durch die Exponentialfunktion $f(x) = 1{,}1 \cdot 10^9 \cdot \left(1{,}015^{x-2005} - 1\right)$ beschrieben werden. Damit ergibt sich die Zunahme der Bevölkerung für den Zeitraum 2005 bis 2025 zu $f(2025) - f(2005) = 381{,}5$ Mio.

8 Tangentengleichung $y = 2 \cdot \sqrt{2} \cdot x$

$A = \frac{2}{3} \cdot \sqrt{2} \approx 0{,}94$

9 Die Gerade zu $y = 4{,}5 \cdot \left(2 - \sqrt[3]{2}\right) \approx 3{,}330$ zerlegt die mit der x-Achse eingeschlossene Fläche in zwei gleich große Teile.

10 Flächeninhalt der Öffnung: $A = 16 - \int_{-2}^{2} x^2\, dx = \frac{32}{3}$

Durchflussrate: $\frac{32}{3}(100 - e^{-t})$ (in $\frac{cm}{s}$)

Durchflussmenge innerhalb der ersten 20 Sekunden:

$\int_0^{20} \frac{32}{3}(100 - e^{-t})\, dt \approx 21\,322{,}67\ (cm^3)$

11 **a)** Schnittpunkte bei $x_0 = -2$; $x_1 = 0$; $x_2 = 1$.

$A = \left|\int_{-2}^{0} \left(f(x) - g_1(x)\right) dx\right| + \left|\int_{0}^{1} \left(f(x) - g_1(x)\right) dx\right| = \frac{37}{12}$

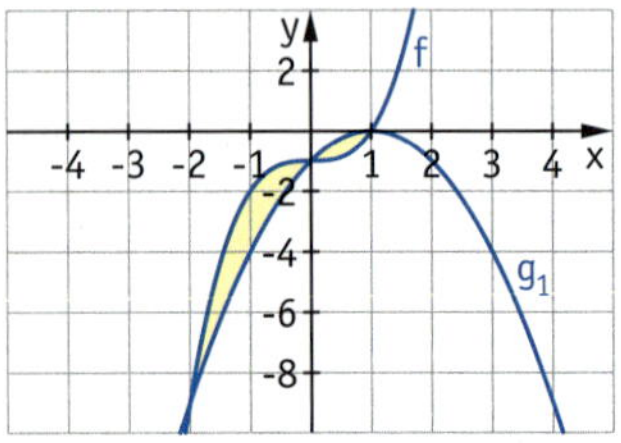

b) Schnittpunkte bei $x_0 = -2k$; $x_1 = 0$; $x_2 = k$.

$A_k = \left|\int_{-2k}^{0} \left(f(x) - g_k(x)\right) dx\right| + \left|\int_{0}^{k} \left(f(x) - g_k(x)\right) dx\right| = \frac{37}{12}k^4$

Löse $\frac{37}{12}k^4 = 12\frac{1}{3}$.

$k = \sqrt{2}$, $k > 0$

12 **a)** Die Gerade und die Parabel schneiden sich im Punkt $P(b\,|\,b^2)$. Daher hat die Gerade die Gleichung $y = b \cdot x$.
Für den Flächeninhalt A_1 der von der Geraden und der Parabel eingeschlossenen Fläche erhält man: $A_1 = \frac{b^3}{6}$. Für den Flächeninhalt A_2 der von der Parabel und der x-Achse in den Grenzen 0 und b eingeschlossenen Fläche erhält man: $A_2 = \frac{b^3}{3}$. Daher gilt $A_1 : A_2 = 1 : 2$.

b) Die Gerade und der Graph zu $y = x^n$ schneiden sich im Punkt $P(b\,|\,b^n)$. Daher hat die Gerade die Gleichung $y = b^{n-1} \cdot x$.
Für den Flächeninhalt A_1 der von der Geraden und dem Graphen zu $y = x^n$ eingeschlossenen Fläche erhält man: $A_1 = \frac{(n-1) \cdot b^{n+1}}{2 \cdot (n+1)}$. Für den Flächeninhalt A_2 der von dem Graphen zu $y = x^n$ und der x-Achse in den Grenzen 0 und b eingeschlossenen Fläche erhält man: $A_2 = \frac{b^{n+1}}{n+1}$.
Daher gilt $A_1 : A_2 = (n - 1) : 2$

13 **a)** $\int_0^k (3x^2 + 4x + 3)\, dx = [x^3 + 2x^2 + 3x]_0^k = k^3 + 2k^2 + 3k$

$k^3 + 2k^2 + 3k = 108$ für $k = 4$
(Durch Probieren oder als Nullstelle der Funktion g mit $g(k) = k^3 + 2k^2 + 3k - 108$ zu finden.)

b) $\int_0^1 (e^x + kx)\, dx = \left[e^x + \frac{1}{2}kx^2\right]_0^1$
$= e + \frac{1}{2}k - 1$
$= e - 1 + \frac{1}{2}k$

$e - 1 + \frac{1}{2}k = 2$ für $k = 6 - 2e$

c) $\int_0^k (kx - x^2)\, dx = \left[\frac{1}{2}kx^2 - \frac{1}{3}x^3\right]_0^k = \frac{1}{2}k^3 - \frac{1}{3}k^3 = \frac{1}{6}k^3$

$\frac{1}{6}k^3 = 288$ für $k = 12$.

14 $A_\Delta = \frac{1}{2} \cdot 2a \cdot a^2 = a^3$

$A = 2a^3 - 2 \cdot \int_0^a x^2 = 2a^3 - 2 \cdot \frac{a^3}{3} = \frac{4}{3}a^3$

Das Verhältnis zwischen dem Flächeninhalt des Dreiecks und dem Flächeninhalt der Fläche zwischen den Graphen beträgt immer 3 : 4.

15 **a)** $S_1 = 12\,\frac{m}{s} \cdot 120\,s = 1440\,m$
S_1 ist die Fläche unter dem Graphen von v zwischen $t = 0$ und $t = 120$.

b) $S_2 = \int_0^t v(u)\, du$

c) Da v keine Nullstelle hat, die Geschwindigkeit also nie null wird, berechnen wir den Wert t_0, ab dem das Boot sich weniger als 1 mm pro Sekunde bewegt.
$v(t_0) = 0{,}001\,\frac{m}{s}$; also
$t_0 \approx 590\,s$

$S_G = \int_0^{t_0} v(t)\, dt = 1440\,m + \int_{120\,s}^{590\,s} v(t)\, dt \approx 1440\,m + 600\,m = 2040\,m$

d) $S = \int_{t_1}^{t_2} v(t)\, dt$

16 **a)** $F(t) = \int_0^t f(u)\, du = 12t \cdot e^{-0{,}2t}$
Maximale Konzentration bei $t = 5$: ca. $22\,\frac{mg}{l}$

b) $F(t) = 12t \cdot e^{-0{,}2t}$
$\lim_{t \to \infty} F(t) = 0$

17 Die Gesamtmenge des über 25 Jahre geförderten Öls entspricht dem Flächeninhalt unter dem Graphen von f im Intervall [0; 25]. Diesen Flächeninhalt können wir näherungsweise mithilfe des

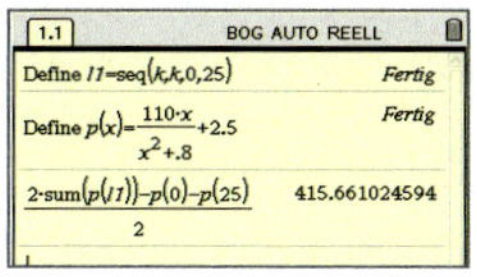

Trapezverfahrens ermitteln ($\Delta x = 1$). So erhalten wir ca. 416 Millionen Barrel Öl als Gesamtförderungsmenge für die 25 Jahre.

Lösungen zu Kapitel 5 (Seiten 252 bis 253)

1 Wenn der Zufallsgenerator der Maschine die vier Möglichkeiten tatsächlich mit gleicher Wahrscheinlichkeit zufällig auswählt und die Ergebnisse vorangegangener Torschüsse nicht berücksichtigt, dann sind die Voraussetzungen für das Vorliegen einer BERNOULLI-Kette gegeben (Unabhängigkeit der Stufen, feste Erfolgswahrscheinlichkeit).
Was man als Erfolg ansieht, ist willkürlich. Beispiele könnten sein:

- Schuss in die untere rechte Torecke [obere rechte Torecke, untere linke Torecke, obere linke Torecke] die Erfolgswahrscheinlichkeit ist jeweils 25 %;
- Schuss in die rechte Torecke (egal ob oben oder unten) [linke Torecke] die Erfolgswahrscheinlichkeit beträgt 50 %;
- Flacher Schuss [hoher Schuss] – die Erfolgswahrscheinlichkeit beträgt 50 %
- Schuss, der nicht in die linke untere Torecke geht [linke obere, rechte untere, rechte obere] – die Erfolgswahrscheinlichkeit beträgt 75 %.

2 **a)** $p = \frac{1}{3}$

k	P (X = k)
0	$\binom{6}{0}\left(\frac{1}{3}\right)^0\left(\frac{2}{3}\right)^6 = 1\cdot\frac{2^6}{3^6} = \frac{2^6}{3^6} = 0{,}0878$
1	$\binom{6}{1}\left(\frac{1}{3}\right)^1\left(\frac{2}{3}\right)^5 = 6\cdot\frac{2^5}{3^6} = \frac{2^6}{3^5} = 0{,}2634$
2	$\binom{6}{2}\left(\frac{1}{3}\right)^2\left(\frac{2}{3}\right)^4 = 15\cdot\frac{2^4}{3^6} = 5\cdot\frac{2^4}{3^5} = 0{,}3292$
3	$\binom{6}{3}\left(\frac{1}{3}\right)^3\left(\frac{2}{3}\right)^3 = 20\cdot\frac{2^3}{3^6} = 5\cdot\frac{2^5}{3^6} = 0{,}2195$
4	$\binom{6}{4}\left(\frac{1}{3}\right)^4\left(\frac{2}{3}\right)^2 = 15\cdot\frac{2^2}{3^6} = 5\cdot\frac{2^2}{3^5} = 0{,}0823$
5	$\binom{6}{5}\left(\frac{1}{3}\right)^5\left(\frac{2}{3}\right)^1 = 6\cdot\frac{2^1}{3^6} = \frac{2^2}{3^5} = 0{,}0165$
6	$\binom{6}{6}\left(\frac{1}{3}\right)^6\left(\frac{2}{3}\right)^0 = 1\cdot\frac{2^0}{3^6} = \frac{1}{3^6} = 0{,}0014$

b) $P(X = 1) = \frac{2^6}{3^5} = 3\cdot\frac{2^6}{3^6} = 3\cdot P(X = 0)$

$P(X = 2) = 5\cdot\frac{2^4}{3^5} = 4\cdot 5\cdot\frac{2^2}{3^5} = 4\cdot P(X = 4)$

$P(X = 4) = 5\cdot\frac{2^2}{3^5} = 5\cdot\frac{2^2}{3^5} = 5\cdot P(X = 5)$

3 X: Anzahl der verkauften Packungen; Y: Gewinn in Euro

a_i	$P(X = a_i) = P(Y = b_i)$	b_i	$b_i \cdot P(Y = b_i)$
45	0,10	45 · 1,20 € – 15 · 2,10 € = 22,50 €	2,25 €
50	0,15	50 · 1,20 € – 10 · 2,10 € = 39,00 €	5,85 €
55	0,20	55 · 1,20 € – 5 · 2,10 € = 55,50 €	11,10 €
60	0,55	60 · 1,20 € = 72,00 €	39,60 €
zu erwartender mittlerer Gewinn			58,80 €

Wenn nur 55 Packungen bestellt werden, dann gilt:
X: Anzahl der verkauften Packungen; Y: Gewinn in Euro

a_i	$P(X = a_i) = P(Y = b_i)$	b_i	$b_i \cdot P(Y = b_i)$
45	0,10	45 · 1,20 € – 10 · 2,10 € = 33,00 €	3,300 €
50	0,15	50 · 1,20 € – 5 · 2,10 € = 49,50 €	7,425 €
55	0,75	55 · 1,20 € = 66,00 €	49,500 €
zu erwartender mittlerer Gewinn			60,225 €

Wenn nur 50 Packungen bestellt werden, dann gilt:
X: Anzahl der verkauften Packungen; Y: Gewinn in Euro

a_i	$P(X = a_i) = P(Y = b_i)$	b_i	$b_i \cdot P(Y = b_i)$
45	0,10	45 · 1,20 € – 5 · 2,10 € = 43,50 €	4,35 €
50	0,90	50 · 1,20 € = 60,00 €	54,00 €
zu erwartender mittlerer Gewinn			58,35€

Wenn nur 45 Packungen bestellt werden, beträgt der Gewinn nur 45 · 1,20 € = 54,00 €.
Die optimale Bestellmenge ist also 55 Packungen.

4 **a)** Die Zufallsgröße X: *Anzahl der benötigten Ziehungen* kann mithilfe eines Baumdiagramms (sehr aufwendig) oder durch einfache kombinatorische Überlegungen bestimmt werden.
X = 3: Bei den drei Ziehungen werden jeweils eine rote, eine grüne und eine blaue Kugel gezogen. Hierfür gibt es $3\cdot 2\cdot 1 = 6$ mögliche Reihenfolgen. Die Wahrscheinlichkeiten der zugehörigen Pfade sind jeweils gleich, nämlich $\frac{3\cdot 2\cdot 1}{6\cdot 5\cdot 4} = \frac{1}{20}$.
Demnach gilt: $P(X = 3) = \frac{6}{20} = \frac{9}{30}$
X = 4: Bei den drei ersten Ziehungen dürfen nur zwei verschieden farbige Kugeln gezogen worden sein; bei der 4. Ziehung wird dann eine Kugel einer anderen Farbe gezogen.
Mögliche Fälle: rgg – b, rbb – g, gbb – r, bgg – r; dabei kann die Reihenfolge der ersten drei Würfe auch anders sein (jeweils 3 Möglichkeiten). Daher gilt:

$$P(X = 4) = 3\cdot\left[\frac{1\cdot 2\cdot 1}{6\cdot 5\cdot 4}\cdot\frac{3}{3} + \frac{1\cdot 3\cdot 2}{6\cdot 5\cdot 4}\cdot\frac{2}{3} + \frac{2\cdot 3\cdot 2}{6\cdot 5\cdot 4}\cdot\frac{1}{3} + \frac{3\cdot 2\cdot 1}{6\cdot 5\cdot 4}\cdot\frac{1}{3}\right] = \frac{9}{30}$$

X = 5: Bei den vier ersten Ziehungen dürfen nur zwei verschieden farbige Kugeln gezogen worden sein; bei der 5. Ziehung wird dann eine Kugel einer anderen Farbe gezogen.
Mögliche Fälle: gbbb – r, ggbb – r, rbbb – g; dabei kann die Reihenfolge der ersten vier Würfe auch anders sein (4 bzw. 6 bzw. 4 Möglichkeiten). Daher gilt:

$$P(X = 5) = 4\cdot\frac{2\cdot 3\cdot 2\cdot 1}{6\cdot 5\cdot 4\cdot 3}\cdot\frac{1}{2} + 6\cdot\frac{2\cdot 1\cdot 3\cdot 2}{6\cdot 5\cdot 4\cdot 3}\cdot\frac{1}{2} + 4\cdot\frac{1\cdot 3\cdot 2\cdot 1}{6\cdot 5\cdot 4\cdot 3}\cdot\frac{2}{2} = \frac{7}{30}$$

X = 6: Bei den ersten fünf Ziehungen dürfen nur grüne und blaue Kugeln gezogen worden sein; die rote Kugel wird erst bei der 6. Ziehung gezogen. Für die fünf ersten Ziehungen gibt es $\binom{5}{2} = \binom{5}{3} = 10$ Möglichkeiten, die alle die Wahrscheinlichkeit $\frac{3\cdot 2\cdot 1\cdot 2\cdot 1}{6\cdot 5\cdot 4\cdot 3\cdot 2}$ haben, d. h. $P(X = 6) = \frac{5}{30}$.

(Es ist auch möglich, eine der o. a. Wahrscheinlichkeiten mithilfe der Komplementärregel zu bestimmen.)

b) Im Mittel sind etwa 4,3 Ziehungen nötig. Dies kann man wie folgt berechnen:

$3 \cdot \frac{9}{30} + 4 \cdot \frac{9}{30} + 5 \cdot \frac{7}{30} + 6 \cdot \frac{5}{30} = \frac{128}{30} \approx 4{,}3$

c) Wenn das Glücksspiel fair sein soll, darf bei dem Spiel auf lange Sicht weder Gewinn noch Verlust entstehen. Für die Gestaltung des Gewinnplans gibt es unendlich viele Möglichkeiten. Allerdings verhindern die auftretenden Wahrscheinlichkeiten, dass man mit glatten Auszahlungsbeträgen (Vielfache von 10 Cent) zu einer fairen Spielregel kommt. Bei dem folgenden Beispiel eines Gewinnplans verliert der Spielteilnehmer im Mittel pro Spiel einen Euro-Cent. Man kann dies über die Berechnung des zu erwartenden Gewinns oder über die zu erwartende Auszahlung berechnen.

k	P(X = k)	Gewinn g	Auszahlung a	g · P(X = k)	a · P(X = k)
3	$\frac{9}{30}$	0,40 €	0,90 €	0,120 €	0,27 €
4	$\frac{9}{30}$	0,00 €	0,50 €	0,000 €	0,15 €
5	$\frac{7}{30}$	−0,20 €	0,30 €	−0,047 €	0,07 €
6	$\frac{5}{30}$	−0,50 €	0,00 €	−0,083 €	0,00 €
				−0,010 €	0,49 €

5 Auch wenn bei einer Erhebung sicherlich darauf geachtet würde, dass keine Person mehr als einmal erfasst wird, kann hier näherungsweise der Ansatz einer Bernoulli-Kette gemacht werden.

n = 100, p = 0,173; X: *Die ausgewählte Person ist jünger als 18 Jahre alt;*

oder p = 0,827; Y: *Die ausgewählte Person ist mindestens 18 Jahre alt.*

(1) P(X = 17) = binompdf(100, 0.173, 17) ≈ 0,105

(2) P(X = 17) + P(X = 18) = binompdf(100, 0.173, 17) + binompdf(100, 0.173, 18) ≈ 0,207

(3) P(X = 99) + P(X = 100) = binompdf(100, 0.173, 99) + binompdf(100, 0.173, 100) ≈ 0

(4) P(Y = 60) = binompdf(100, 0.827, 60) ≈ 0

6 a)

k	0	1	2	3	4	5
P(X = k)	$\frac{1}{32}$	$\frac{5}{32}$	$\frac{10}{32}$	$\frac{10}{32}$	$\frac{5}{32}$	$\frac{1}{32}$

b) (1) $P(X = 1) + P(X = 2) = \frac{15}{32}$ (3) $\frac{15}{32}$

(2) $P(X = 4) + P(X = 5) = \frac{6}{32} = \frac{3}{16}$ (4) $\frac{3}{16}$

7 a) $\binom{12}{3} = \frac{12 \cdot 11 \cdot 10}{3 \cdot 2 \cdot 1} = 220$

b) (1) $P(0\text{ Richtige}) = \frac{\binom{3}{0}\binom{9}{3}}{\binom{12}{3}} = \frac{84}{220}\ (\approx 0{,}382)$

(2) $P(1\text{ Richtiger}) = \frac{\binom{3}{1}\binom{9}{2}}{\binom{12}{3}} = \frac{3 \cdot 36}{220} = \frac{108}{220}\ (\approx 0{,}491)$

$P(2\text{ Richtige}) = \frac{\binom{3}{2}\binom{9}{1}}{\binom{12}{3}} = \frac{3 \cdot 9}{220} = \frac{27}{220}\ (\approx 0{,}123)$

$P(3\text{ Richtige}) = \frac{\binom{3}{3}\binom{9}{0}}{\binom{12}{3}} = \frac{1}{220}\ (\approx 0{,}0045)$

(3) Ziehen mit einem Griff:

6 Kugeln mit gerader Zahl und 6 Kugeln mit ungerader Zahl in der Urne.

$P(0\text{ gerade Zahlen}) = \frac{\binom{6}{0}\binom{6}{3}}{\binom{12}{3}} = \frac{20}{220} = \frac{1}{11}\ (= 0{,}\overline{09})$

$P(1\text{ gerade Zahl}) = \frac{\binom{6}{1}\binom{6}{2}}{\binom{12}{3}} = \frac{90}{220} = \frac{9}{22}\ (\approx 0{,}409)$

$P(2\text{ gerade Zahlen}) = \frac{\binom{6}{2}\binom{6}{1}}{\binom{12}{3}} = \frac{9}{22}\ (\approx 0{,}409)$

$P(3\text{ gerade Zahlen}) = \frac{\binom{6}{3}\binom{6}{0}}{\binom{12}{3}} = \frac{1}{11}\ (= 0{,}\overline{09})$

8 a)

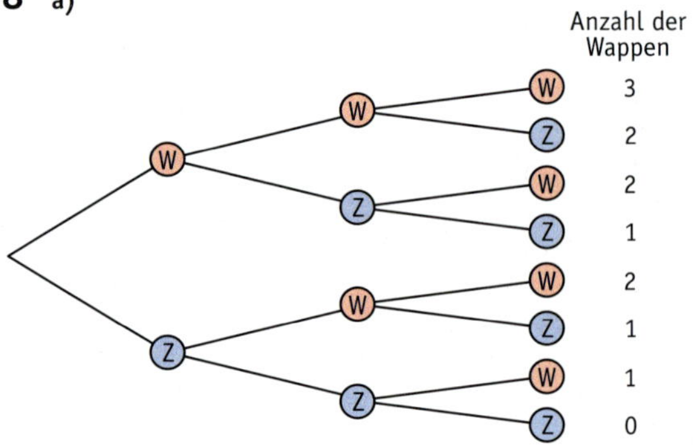

P(X = k)	k
$\frac{1}{8}$	0
$\frac{3}{8}$	1
$\frac{3}{8}$	2
$\frac{1}{8}$	3

b) X = 3: dreimal Wappen (nur Wappen; keinmal Zahl); $P(X = 3) = \frac{1}{8}$.
X < 2: weniger als zweimal Wappen (höchstens einmal Wappen; mindestens zweimal Zahl); $P(X = 0) + P(X = 1) = \frac{4}{8} = \frac{1}{2}$.

c)

k	P(X = k)	k · P(X = k)	$\left(k - \frac{3}{2}\right)^2 \cdot P(X = k)$
0	$\frac{1}{8}$	0	$\frac{9}{4} \cdot \frac{1}{8}$
1	$\frac{3}{8}$	$\frac{3}{8}$	$\frac{1}{4} \cdot \frac{3}{8}$
2	$\frac{3}{8}$	$\frac{6}{8}$	$\frac{1}{4} \cdot \frac{3}{8}$
3	$\frac{1}{8}$	$\frac{3}{8}$	$\frac{9}{4} \cdot \frac{1}{8}$
		$E(X) = \frac{3}{2} = 1{,}5$	$V(X) = \frac{24}{32} = \frac{3}{4} = 0{,}75$

9 (1) P(X = 2) = binompdf(200, 0.01, 2) ≈ 0,272

(2) P(X = 0) + P(X = 1) + P(X = 2)
= binompdf(200, 0.01, 0) + binompdf(200, 0.01, 1) + binompdf(200, 0.01, 2)
≈ 0,677

(3) P(X = 0) + P(X = 1)
= binompdf(200, 0.01, 0) + binompdf(200, 0.01, 1)
≈ 0,405

10 a) $P(\text{verschiedene Geburtsmonate}) = \frac{12}{12} \cdot \frac{11}{12} \cdot \frac{10}{12} = \frac{1320}{1728}\ (\approx 0{,}764)$

b) (1) Dreimaliger Wurf von Würfel und Münze; Zuordnung z. B.

Jan.	Feb.	März	Apr.	Mai	Juni
(1 | W)	(2 | W)	(3 | W)	(4 | W)	(5 | W)	(6 | W)

Juli	Aug.	Sept.	Okt.	Nov.	Dez.
(1 | Z)	(2 | Z)	(3 | Z)	(4 | Z)	(5 | Z)	(6 | Z)

(2) Beispielsweise: randInt (1, 12, 3).

Stichwortverzeichnis

Mathematische Symbole

Mengen, Zahlen

$\mathbb{N}$	Menge der natürlichen Zahlen
$\mathbb{Z}$	Menge der ganzen Zahlen
$\mathbb{Q}$	Menge der rationalen Zahlen
$\mathbb{R}_+$	Menge der positiven reellen Zahlen einschließlich Null
$\mathbb{R}_+^*$	Menge der positiven reellen Zahlen ohne Null
$x \in M$	x ist Element von M
$x \notin M$	x ist nicht Element von M
$\{x \in M \mid \ldots\}$	Menge aller x aus M, für die gilt ...
$\{a, b, c, d\}$	Menge mit den Elementen a, b, c, d
$\{\ \}$	leere Menge
$[a; b]$	abgeschlossenes Intervall, $\{x \in \mathbb{R} \mid a \le x \le b\}$
$]a; b[$	offenes Intervall, $\{x \in \mathbb{R} \mid a < x < b\}$
$a < b$	a kleiner b
$a \le b$	a kleiner oder gleich b
$\lvert x \rvert$	Betrag von x
$\sqrt{x}$	Quadratwurzel aus x
$\sqrt[n]{x}$	n-te Wurzel aus x
b^x	Potenz b hoch x
$\sin x$	Sinus x
$\cos x$	Kosinus x
$\tan x$	Tangens x
$\log_b x$	Logarithmus x zur Basis b
$\ln x$	natürlicher Logarithmus von x
$\underline{S}_n$	Untersumme
$\overline{S}_n$	Obersumme

Funktionen

$y = \operatorname{sgn} x$	Signumfunktion
$y = H(x)$	HEAVISIDE-Funktion
$y = [x]$	Ganzteilfunktion
$y = e^x$	e-Funktion
$y = \sin x$	Sinusfunktion
$y = \cos x$	Kosinusfunktion
$y = \tan x$	Tangensfunktion
$x \mapsto f(x)$	Zuordnungsvorschrift der Funktion f
D_f	Definitionsbereich von f
W_f	Wertebereich von f
f'	Ableitungsfunktion von f
$f'(a)$	Ableitung von f an der Stelle a
$\lim\limits_{x \to a} f(x)$	Grenzwert der Funktion f an der Stelle a
$\int_a^b f(x)dx$	Integral von a bis b der Funktion f
$y = I_a(x) = \int_a^x f(t)dt$	Integralfunktion
$y = F(x)$	Stammfunktion

Stochastik

A	Ereignis A
$\overline{A}$	Gegenereignis zu A
$A \cap B$	Und-Ereignis von A und B
$A \cup B$	Oder-Ereignis von A und B
$P(E)$	Wahrscheinlichkeit für das Ereignis E
$P_B(A)$	Wahrscheinlichkeit für A unter der Bedingung B
$h(E)$	relative Häufigkeit von E
$n!$	n Fakultät
$\binom{n}{k}$	Binomialkoeffizient n über k
μ, $E(X)$	Erwartungswert der Zufallsgröße X
$V(X)$	Varianz der Zufallsgröße X
σ	Standardabweichung
X, Y, Z	Zufallsgrößen

Bildquellenverzeichnis

Titel: Fotolia; 8.1: Minkus IMAGES, Isernhagen; 8.2: F1online digitale Bildagentur GmbH, Frankfurt/Main (PBY); 9.3: emo-pictures, Weinbergen; 10: Jeff Rogers – www.coastergallery.com; 11: Visum Foto GmbH, Hamburg (Jo Holz); 14.2; 18: Michael Fabian, Hannover; 19: A1PIX /Your Photo Today, Taufkirchen (SET); 20: Michael Fabian, Hannover; 23: mauritius images, Mittenwald (Pöhlmann); 24.2: Andy Ryan; 29: Cornelia Fischer, Gelsenkirchen; 33.1, 33.2: Michael Fabian, Hannover; 36: mauritius images, Mittenwald (Photo Researchers); 38: akg-images GmbH, Berlin; 44: Honda Motor Europe (North) GmbH, Offenbach; 50: Astrofoto Bernd Koch, Sörth (NASA); 54: Getty Images, München (Steve Fitchett); 60.1, 60.2: akg-images GmbH, Berlin; 64.1, 64.2: Fotostudio Druwe & Polastri, Cremlingen/Weddel; 68: mauritius images, Mittenwald (SST); 81: ullstein bild, Berlin (Granger Collection); 88: Michael Fabian, Hannover; 96.1, 96.2: Hans Tegen, Hambühren; 96.3: Hans Tegen, Hambühren; 99.1: Fotostudio Druwe & Polastri, Cremlingen/Weddel; 99.2: A1PIX /Your Photo Today, Taufkirchen; 99.3: Michael Fabian, Hannover; 100.1: mauritius images, Mittenwald (SST); 100.2: mauritius images, Mittenwald (M. Rock); 102: mauritius images, Mittenwald (fact); 103: Picture-Alliance, Frankfurt/Main (dpa); 107: mauritius images, Mittenwald (Firstlight); 109.1: mauritius images, Mittenwald (Bernhard Spöttel); 109.2: Visum Foto GmbH, Hamburg (Jürgen Lösel); 111: vario images GmbH & Co. KG, Bonn; 115: akg-images GmbH, Berlin; 117.1: Dr. Andreas Gundlach, Edemissen; 117.2: Helga Lade Fotoagentur GmbH, Frankfurt/Main (Gläser); 118: mauritius images, Mittenwald (Hans-Peter Merten); 120.1: Bridgeman Berlin, Berlin; 120.2: Corbis, Düsseldorf (James L. Amos); 121: Picture-Alliance, Frankfurt/Main (Rolf Kosecki); 122: Friedrich Suhr, Lüneburg; 124: Picture-Alliance, Frankfurt/Main (zb); 127: Picture-Alliance, Frankfurt/Main (Kurt Amsler/OKAPIA); 131: mauritius images, Mittenwald (Phototake); 137: Blickwinkel, Witten; 138: Caro Fotoagentur GmbH, Berlin; 139.1: Wissenschaftliche Film- und Bildagentur Karly, München (Prof. Wanner); 139.2: Jürgens Ost + Europa Photo, Berlin; 152: Getty Images, München (Bongarts); 153.1: alimdi.net, Deisenhofen (Gerhard Zwerger-Schoner); 153.2: Getty Images, München (Ryan McGinnis); 154.1, 154.2: NASA, Houston/Texas; 154.3: Getty Images, München (AFP); 158: Das Luftbild-Archiv, Wennigsen; 159.1: Steinbeis Forschungsinstitut für solare und zukunftsfähige thermische Energiesysteme, Stuttgart; 159.2: STOCK4B GmbH, München; 160: Stefanie Sudek, Berlin; 161: Keystone Pressedienst, Hamburg (Stefan Oelsner); 170: alimdi.net, Deisenhofen (Michael Dietrich); 174.1: Picture-Alliance, Frankfurt/Main (EPA/Ghemen); 174.2: Picture-Alliance, Frankfurt/Main (zb); 176: S. Werner, Hannover; 177: © Saba Laudanna, Berlin/sabalaudanna.de; 180: go digitalpro!, Wietze (Gottschalk); 181: argus Fotoarchiv GmbH, Hamburg (Peter Frischmuth); 186.1, 186.2: Fotostudio Druwe & Polastri, Cremlingen/Weddel; 186.3: Siemens Pressebild, Publicis Kommunikationsagentur GmbH, Bildredaktion, München; 188: OKAPIA KG Michael Grzimek & Co, Frankfurt/Main (NAS/Blair Seitz); 191: vario images GmbH & Co. KG, Bonn; 195: Corbis, Düsseldorf (© Atlantide Phototravel); 196: Helga Lade Fotoagentur GmbH, Frankfurt/Main (KI); 201.1: Bridgeman Berlin, Berlin (Ashmolean Museum, Oxford); 201.2: akg-images GmbH, Berlin; 205.1: mauritius images, Mittenwald (age); 205.2: mauritius images, Mittenwald (imagebroker); 205.3: OKAPIA KG Michael Grzimek & Co, Frankfurt/Main (Klaus von Mandelsloh); 206.2: Heinz Klaus Strick, Leverkusen; 207.1, 207.2: Michael Fabian, Hannover; 209: mauritius images, Mittenwald; 211.3: Keystone Pressedienst, Hamburg (DiAgentur); 212.2: Christoph & Friends/Das Fotoarchiv, Essen (Manfred Vollmer); 212.3: dieKLEINERT, München (Ralf Stumpp); 213.1: mauritius images, Mittenwald (Photononstop); 213.2: Jürgen Eis, Bonn; 213.3: vario images GmbH & Co. KG, Bonn; 214: transit-Fotografie und -Archiv, Leipzig (Thomas Roetting); 217: Landesbetrieb Mess- und Eichwesen NRW, Köln; 221: Keystone Pressedienst, Hamburg (Oliver Goernandt); 222.1: mauritius images, Mittenwald (John Warburton-Lee); 222.2: Bildagentur Hamburg, Hamburg (Rainer Waldkirch); 223: Michael Fabian, Hannover; 225: Fotostudio Druwe & Polastri, Cremlingen/Weddel; 228: mauritius images, Mittenwald (Bordis); 229.1: Dr. Andreas Gundlach, Edemissen; 229.2: Poorten, Robert, Düsseldorf; 229.3: ANDIA.fr, Pacé (Aldo Liverani); 230: mauritius images, Mittenwald (Stockbroker RF); 231: Michael Fabian, Hannover; 232: Picture-Alliance, Frankfurt/Main (akg-images); 233.1: Fotostudio Druwe & Polastri, Cremlingen/Weddel; 233.2: Michael Fabian, Hannover; 234: Picture-Alliance, Frankfurt/Main ; 237.1, 237: Picture-Alliance, Frankfurt/Main (dpa/Frank May); 241.1: JOKER:Fotojournalismus, Bonn (Karl-Heinz Hick); 241.1, 241.2a–c: Michael Fabian, Hannover; 250.1: Picture-Alliance, Frankfurt/Main (dpa/Bernd Weißbrod); 250.2: Picture-Alliance, Frankfurt/Main (dpa/Franz-Peter Tschauner); 250.3: Picture-Alliance, Frankfurt/Main (dpa-Zentralbild/Jens Wolf); 252.1: Roto Zimpel, München; 252.2: Keystone Pressedienst, Hamburg (tranquillium); 253.2: Fotostudio Druwe & Polastri, Cremlingen/Weddel; 253.3: Sinopictures, Berlin (viewchina).

Es war nicht in allen Fällen möglich, den Inhaber der Bildrechte ausfindig zu machen und um Abdruckgenehmigung zu bitten. Berechtigte Ansprüche werden selbstverständlich im Rahmen der üblichen Konditionen abgegolten.